U0795260

高等学校教材

化学工艺学

Huaxue Gongyixue

（精编版）

浙江大学　华东理工大学　编

黄仲九　房鼎业　主编

高等教育出版社·北京

内容提要

本书保持了普通高等教育“十一五”国家级规划教材《化学工艺学》（第二版）以化学反应单元工艺为主线的编写理念和教学弹性大的特点，将化学工艺学教学内容做了精选和整合。同时，适当充实了近几年来化工科技进展和我国工业建设成就等方面的内容。

全书共分 8 章：第一章绪论，第二章化工资源及其初步加工，第三章通用反应单元工艺，第四章无机化工反应单元工艺，第五章有机化工反应单元工艺，第六章煤化工反应单元工艺，第七章精细化工反应单元工艺，第八章高分子化工反应单元工艺。

本书可作为化学工程与工艺专业本科生教材，也可供化学工程各学科研究生及从事化工设计和研究的科技人员参考使用。

图书在版编目(CIP)数据

化学工艺学：精编版／黄仲九，房鼎业主编；浙江大学，华东理工大学编．--北京：高等教育出版社，2011.12(2024.7重印)

ISBN 978-7-04-033963-5

Ⅰ.①化…　Ⅱ.①黄…　②房…　③浙…　④华…　Ⅲ.①化工过程-工艺学-高等学校-教材　Ⅳ.①TQ02

中国版本图书馆 CIP 数据核字(2011)第 229696 号

策划编辑　付春江　　责任编辑　付春江　　封面设计　于文燕　　版式设计　余　杨

插图绘制　尹　莉　　责任校对　刘　莉　　责任印制　刁　毅

出版发行	高等教育出版社	咨询电话	400-810-0598
社　　址	北京市西城区德外大街 4 号	网　　址	http://www.hep.edu.cn
邮政编码	100120		http://www.hep.com.cn
印　　刷	涿州市京南印刷厂	网上订购	http://www.landraco.com
开　　本	787mm×1092mm　1/16		http://www.landraco.com.cn
印　　张	28.25	版　　次	2011 年 12 月第 1 版
字　　数	690 千字	印　　次	2024 年 7 月第 6 次印刷
购书热线	010-58581118	定　　价	43.70 元

物 料 号　33963-00

前　言

化学工艺学课程是由教育部“高等教育面向21世纪教学内容和课程体系改革计划”03-31项目组为化学工程与工艺专业设置的专业基础课程。为了满足该课程的教学需要，浙江大学和华东理工大学共同编写了《化学工艺学》教材，于2001年由高等教育出版社出版，其修订后的《化学工艺学》（第二版）被教育部评为2009年度普通高等教育精品教材。该教材拟定的教学工作量为85学时（5学分）。

考虑到目前在进行化学工艺学课程教学过程中，有些兄弟院校实施的是少学时（34学时左右）的教学计划，为更好地为课程建设和兄弟院校的教学服务，经高等教育出版社提议，由《化学工艺学》教材编写组组织撰写了《化学工艺学》（精编版）教材。

本教材保持了《化学工艺学》（第二版）以化学反应单元工艺为主线的编写理念和教学弹性大的特点，将化学工艺学教学内容做了精选和整合。同时，适当充实了近几年来化工科技进展和我国工业建设成就等方面的内容。全书的篇幅约为《化学工艺学》（第二版）的一半，教学工作量拟定为42学时（2.5学分）。

本书共分8章，由黄仲九、房鼎业担任主编。参加编写的有：浙江大学的黄仲九（第一、二、三、五章）、王晓钟（第七章）、李宝芳（第八章），华东理工大学的房鼎业（第四章）、张德祥（第六章）。浙江大学的单国荣负责全书的整理工作。

由于是第一次编写《化学工艺学》（精编版）教材，缺点和错误在所难免，教学效果也有待教学实践的检验，殷切期望兄弟院校师生和广大读者多提宝贵意见和建议，以便今后改进。

编者

2011年8月

目　录

第一章　绪　论

第二章　化工资源及其初步加工

第三章　通用反应单元工艺

第四章　无机化工反应单元工艺

第五章　有机化工反应单元工艺

第六章　煤化工反应单元工艺

第七章　精细化工反应单元工艺

第八章　高分子化工反应单元工艺

第一章

绪论

一、化学工业的范围和分类

化学工业是借助化学反应使原料的组成或结构发生变化，从而制得化工产品的工业。

用作化工生产的原料，称为化工原料，可以来自自然界，也可以人工合成。例如，由食盐生产纯碱、烧碱、氯气和盐酸；由硫黄和黄铁矿生产硫酸；由煤或焦炭生产合成氨、硝酸、乙炔和芳烃；由石油和天然气生产低级烯烃、芳烃、乙炔、甲醇和合成气（$CO+H_2$）；由淀粉或糖蜜生产酒精、丙酮和丁醇等。其中，硫酸、盐酸、硝酸、烧碱、纯碱和合成氨等无机物，合成气、乙炔、乙烯、丙烯、丁烯（丁二烯）、苯、甲苯、二甲苯、萘、苯酚和醋酸等有机物，经各种反应途径，可衍生出成千上万种无机或有机化工产品、高分子化工产品和精细化工产品，故又将它们称之为基础化工原料。

由基础化工原料制得的结构简单的小分子化工产品称为一般化工原料。例如，各种无机盐和无机化学肥料，各种有机酸及其盐类、醇、酮、醛和酯等。它们可直接作商品出售，例如，氧化铁红（Fe_2O_3）、锌钡白（俗称立德粉，是硫化锌和硫酸钡的混合物）等无机盐用作颜料和染料，氟里昂（freon，甲烷和乙烷的氟、氯或溴代化合物）用作制冷剂和气雾剂，丙烯酸酯用作建筑用涂料原料，氯化石蜡用作阻燃材料，丙酮用作工业溶剂等；也可作为原料继续参与化学反应制造大分子或高分子化合物。例如，各种有机染料和颜料、医药、农药、合成橡胶、塑料、化学纤维等。

由基础化工原料或（和）一般化工原料合成的大分子或高分子化合物，开始的目的产物是仿造天然产品。例如，由异戊二烯合成天然橡胶，由巨环化合物的酮类或内酯类合成人造麝香，由糠醛合成人造香精等。随着工农业生产的发展和人民生活水平的提高，仿制产品在数量、品种和质量上已经远远满足不了市场的需要。为此，现在的合成重点已放在制取自然界没有的，性能更为优异和奇特的新型合成产品上。例如，强度高、耐高温、防腐蚀的无机材料，新型工程塑料，合成橡胶，化学纤维，各种高效、无毒、无副作用的药物等。

除利用一般的无机和有机反应外，工业上还可以通过生化反应来生产化工产品。这一类产品统称生化制品。例如，利用微生物发酵和生物酶催化（又称酶促），可以制得乙醇、丙酮、丁醇、柠檬酸、谷氨酸、丙烯酰胺、各类抗生素药物、人造蛋白质、油脂、调味剂（如味精等）、食品添加剂和加酶洗涤剂等。随着科学技术的发展,利用生化反应制取的有机化工产品将越来越多。

到目前为止,已发现和人工合成的无机和有机化合物品种在 2 000 万种以上,被人们利用作为商品出售的有 8 万余种,而与工农业生产、国防建设和人们日常生活密切相关的产品仅 4 000 种左右,其中有的产品产量(吨位)极大,年产亿吨以上的就有硫酸、化肥和塑料等。有的则很小,每年仅需几吨甚至几千克,如染料,医药中的抗生素、干扰素等。

为了研究、开发和生产化工产品,管理好化工企业,常从学科(化学反应类型)和行业管理角度划分化学工业的范围。

按学科分类,在历史上曾将化学工业划分为无机和有机化学工业两个部门。随着科学技术的发展,近年来化学工业已细分为无机化工、有机化工、高分子化工、精细化工和生物化工等工业部门。

无机化工常指利用无机化学反应生产化工产品的工业。例如,各类无机酸、无机碱、无机盐、无机肥料、电化学产品和稀有元素等的制造。

有机化工常指生产有机小分子化合物的工业。进行的主要反应有裂解、氧化还原、加氢-脱氢、水解-水合和羰基化等,产品有低级烯烃、醇、酸、酯和芳烃等。

高分子化工是指利用聚合和缩聚反应,生产高分子化合物(相对分子质量从几千到几百万)的工业,其中常见的产品有合成橡胶、塑料、化学纤维和其他各类高分子树脂等。

精细化工产品常指具有特定功能和特定用途、生产数量小、生产技术较复杂和产品质量要求甚高的一类化工产品。由于产品附加值高,颇受人们青睐。利用的主要反应有硝化、磺化、酯化、缩合和重氮化等。产品种类有:医药、农药、染料、颜料、涂料、表面活性剂、添加剂、炸药、助剂和溶剂、催化剂等。

生物化工是指利用生物化学反应制取生化产品的工业。主要反应有微生物发酵和酶催化。产品类别有:医用和农用抗生素、有机溶剂、调味剂和食品添加剂等。

在这里要说明一点的是,精细化工与有机化工、高分子化工和生物化工之间,不存在明显的界限。例如,某些小分子有机物既可视作精细化工产品,又可视作有机化工产品;精细化工产品中的涂料和高分子化工产品一样,也是经聚合或缩聚反应制得,相对分子质量也十分巨大(从几千到几万);生物化工中的某些生化制品则常被列为精细化工产品。

在化学工业的发展史上,更重视按行业划分的方法。例如,根据化学工业的定义,曾将冶金、石油炼制、制酸和碱、制皂、制革、造纸、硅酸盐、酿造食品、塑料、橡胶、纺织、氯碱、炸药等行业划为化学工业范围。随着国民经济的发展,上述行业中的冶金、纺织由于其在国民经济中的重要性而曾经单独设部,成为原冶金部和纺织部。为了行业管理方便,将制革、制皂、酿造食品和造纸归入原轻工部,将硅酸盐归入建材部等。

现在,我国对化学工业的范围有广义和狭义两种划分方法。广义划分法不受现行管理体制的限制,将化工产品划分为 19 大类。狭义划分法参照历史状况和沿用习惯,按照现行管理体制,将化学工业划分为 20 个行业。具体划分内容见表 1-1。

世界各国对化学工业范围的划分不尽相同,例如美国按产品划分为 13 类,日本则按行业划分为 42 类。我国在 1998 年将原石油部、石油化工总公司和化学工业部合并,成立从属于国家经济贸易委员会的石油和化学工业局,从已发表的资料看,表 1-1 的名称应改为“中国石油和化学工业范围的划分”,按行业划分一栏中应增加“原油和天然气开采”和“原油加工和石油制品”两个行业；在按产品划分一栏中，应增加"原油"、"天然气"、"成品油（包括汽油、煤油和柴油）"、"燃料油"和"润滑油"等5个产品。

表1-1　中国化学工业范围的划分

序号	按产品划分	按行业划分
1	化学矿	化学肥料
2	无机化工原料	化学农药
3	有机化工原料	煤化工
4	化学肥料	石油化工
5	农药	化学矿
6	高分子聚合物	酸、碱
7	涂料和颜料	无机盐
8	染料	有机化工原料
9	信息用化学品*	合成树脂和塑料
10	试剂	合成橡胶
11	食品和饲料添加剂	合成纤维单体
12	合成产品	感光材料和磁性记录材料
13	日用化学品	染料和中间体
14	黏合剂	涂料和颜料
15	橡胶和橡塑制品	化工新型材料
16	催化剂和各种助剂	橡胶制品
17	火工产品	化学医药
18	其他化学产品（包括炼焦和林产化学品）	化学试剂
19	化工机械	催化剂、溶剂和助剂
20	—	化工机械

* 信息用化学品是指能接受电磁波信息的化学制品，如感光材料，紫外、红外、X光等射线材料和接受这类波的磁性材料、记录磁带、磁盘等。

二、化学工业的现状和发展方向

由上述对化学工业范围的划分中，不难看出，化学工业是一个多品种、多行业、服务面广、配套性强的工业。据统计，化学工业的产品有约60%用于基础工业和交通运输业，30%用于农业和轻工业，10%用于建筑材料等其他行业。由于产品的经济效益好，需求量大，世界各国都以较快的速率发展化学工业。在美、日、德、英、法、意及前苏联等化学工业发达的国家，化工生产总值一般占国民生产总值（GDP）的5%~7%；占工业总产值的7%~10%，在各工业部门列2~4位。进入21世纪，最初几年化学工业增长速率并不快，2007年爆发的全球金融危机使全球经济遭受重创，2008年大多数的发达国家的经济出现负增长，直到2009年第一季度后才呈现触底反弹迹象。在此期间，全球化学工业也经历了经济大萧条，需求大崩溃的阵痛。但中国的崛起和中东石油化工工业的蓬勃发展，给全球化学工业带来了新的发展机遇和增长动力。

始于20世纪90年代的世界经济全球化，促使世界化学工业进行了结构大调整，并通过并购、重组和优化企业组织结构等措施,提高企业的竞争力和市场占有率,从而为企业获得长期、稳定的高额利润。这种企业结构大调整,即使在全球经济危机期间也未中止,那些财力较为雄厚、债务较少的大公司不畏金融危机带来的风险,趁市场萧条、价格暴跌、某些企业陷入倒闭困境之机,实现低成本并购,依此达到发展企业优良资产,优化资本结构,实现可持续发展的目的。例如,2008 年 1 月 2 日荷兰阿克苏诺贝尔公司以 162 亿美元完成了对英国 ICI 公司的收购;2009 年 4 月 1 日,陶氏化学公司以 163 亿美元收购罗门哈斯(Rohm&Haas)公司;此外,超过 100 亿美元收购交易的还有萨比克收购 GE 塑料,美国阿波罗管理公司收购亨斯曼公司,美国 Access 工业公司收购利安德巴塞尔公司等。

20 世纪 90 年代以来,化工产品的生产能力和化工技术研究开发也取得了长足的进步。化工企业重视规模经营、集约化和综合利用以期取得最大利润;化工产品讲究多品种、高质量、功能化和差别化;化工新材料也不断研制出来,如各种高强度、低质量、耐高温,具有特殊光学或电学性能的塑料、陶瓷、纤维、由环氧树脂和金属组成的复合材料等,它们大多已能进行工业化生产;超细微技术在工业上已得到广泛应用;利用生物技术生产肥料、医药、农药、化工产品已实现工业化,生物酶催化聚合制造可生物降解塑料已进入试生产阶段;无铅汽油已在全世界得到广泛使用;洁净煤技术[例如煤气化联合循环发电(IGCC)技术]已进入工业实施阶段;高温超导材料已趋实用化;纳米材料(例如纳米陶瓷、纳米铜和纳米碳管等)不断发展;无机膜(如陶瓷膜等)有望用于天然气分离等。

新中国成立以来,我国的化学工业也取得了举世瞩目的成就。在 20 世纪 80 年代前化学工业的发展重点是基本无机化工原料、化肥和农药,在 80 年代后发展重点转向有机化工原料及合成材料。进入 21 世纪后,前 6 年的增长速率平均约为 13.0%。2007—2008 年受全球经济衰退的影响,我国的化学工业增速略有下降,2009 年后得到恢复性增长。中国台湾近年来,化学工业的发展也相当迅速,其中尤以石油化工发展最快,已成为东南亚塑料、橡胶及其制品的重要供应基地。我国大陆现有化学品制造企业 2.5 万家,从业人员 500 多万人,能生产 4.5 万余种化工产品,已建成比较完整的化工生产体系。上海、南京、青岛、北京、天津、大连、沈阳、吉林和兰州等城市的化学工业比较发达,化学工业产值约占全国化学工业总产值的 30%以上。自 1961 年在兰州建成第一套乙烯装置(生产能力为 5 000 t/a)以来,我国的石油化工工业得到了巨大的发展,2009 年我国的乙烯产量已达 $1\ 072.2\times10^4$ t/a,居世界第二位。已建成的大型石油化工企业有:北京燕山石油化工公司、扬子石油化工公司、大庆石油化工总厂、齐鲁石油化工公司、上海石油化工股份有限公司、上海赛科石油化工公司、茂名石油化工公司、吉化集团公司、镇海炼油化工股份有限公司、中国海洋石油总公司等 30 余家,石油化学工业已成为我国世纪之交国民经济的四大支柱产业之一。1949 年新中国建立初期,我国的化学工业总产值只有 3.2 亿元,2009 年已达到 64 833.99亿元,有多种大宗商品的生产能力位居世界前列,其中硫酸、合成氨、化肥、农药、电石、染料、磷矿、磷肥和胶鞋等居世界第 1 位,乙烯、烧碱、轮胎居世界第 2 位,涂料居世界第 3 位,我国的化学工业已成为世界化学工业的重要组成部分。为适应经济全球化的潮流,增强产品的竞争能力,我国正在积极组建以跨国经营为目标,具有国际竞争力的大型企业和企业集团,并积极参与海外矿产资源的并购,为我国化学工业的发展打下坚实基础。表 1-2 列出了 2008 年我国一些重要化工产品的产量。

表 1-2　2008 年我国重要化工产品的产量

产品名称	产量	产品名称	产量
石油	1.897 0 亿 t/a	尿素	5 630 万 t/a
天然气	761 亿 m^3/a	钾肥	330 万 t/a
煤炭	27.16 亿 t/a	磷肥	1 285 万 t/a*
乙烯	1 025.6 万 t/a	硫酸	5 379 万 t/a
醋酸	171.8 万 t/a	烧碱	1 852.16 万 t/a
苯乙烯	283.6 万 t/a	浓硝酸	168.42 万 t/a
乙二醇	256.3 万 t/a	农药	190.2 万 t/a
合成树脂	3 129.6 万 t/a	磷矿（折 P_2O_5 30%）	6 000 万 t/a
合成橡胶	238.3 万 t/a	硫铁矿（折 S 35%）	1 600 万 t/a
合成纤维	2 241.3 万 t/a	钾矿（以 K_2O 计）	2 400 万 t/a

*　为 2007 年数据

我国的化学工业发展水平与发达国家相比，还存在不小的差距。具体表现在生产规模较小，大多低于国际公认的经济规模，因而生产成本较高；大型装置和大型工业生产设备主要依靠进口，自给率低；产品品种少、功能化和差别化率低；环境污染严重和能耗较高等。因此，我国的化工产品在国际市场上的竞争力不强。为追赶世界先进水平，我国已制订了化学工业近期和中长期的发展规划，要求新建项目的生产能力一定要在经济规模以上，对现有企业通过技改扩大生产规模，提高经济效益。在消化吸收国外引进装置的基础上，提高装置或设备的自给能力。重视节能和环保技术并在企业中积极组织实施等。继国家科委 863 计划后，超级 863（S-863）高技术研究发展计划也已启动，争取在 2050 年前将中国的化学工业主要技术经济指标达到中等发达国家水平。

21 世纪的化学工业前景一片光明。首先环保问题将受到普遍关注。总的奋斗目标是采用化学及化工的技术和方法，设计、研制、开发和生产对人类健康、社会安全、生态环境无害的化学品及其工艺，这就是现在普遍论述的绿色化学和绿色化工的基本概念。它们又被称为可持续发展化学和化工，主要特点是实现原子经济性，即要求投入的原料分子中每个原子都能转化为对人类有用的产物，即反应没有废物，做到“零排放”。这样既可节约资源，又从源头上解决环境污染这一难题。很显然，逐步实现绿色化学和化工生产是发展循环经济和经济可持续发展的基础和必要条件。20 世纪末提出的低碳经济理念是人类实现绿色化学和化工生产，实现经济可持续发展的第一步。低碳经济是指碳生产力（单位质量二氧化碳排放所产出的 GDP）和人文发展均达到一定水平的经济形态，其特点是对人文发展施加了碳排放的约束。近期要求在不改变其能源结构和产业结构的前提下提高能源利用效率和碳生产力，实现相对的低碳排放；中长期则要求借助清洁能源替代及低碳技术应用，实现碳排放总量的绝对下降。现在，低碳经济理念已深入人心，并已具体落实在世界各国制定的国策中。初见成效的例子有：发电厂的节能减排，高能耗的钢铁、建材、电解行业的兼并和落后产能的淘汰，对汽油、柴油质量的严格控制，洁净煤技术的全面实施等。与此同时，发展新能源产业也受到世界各国的重视，像美国、西欧、日本和我国等都已制定出具体的发展规划，力图占领这一领域的科学技术制高点。在逐步实现低碳经济理念的同时，绿色化学和化工生产技术也在不断进步和提高，努力实现“零排放”设想的一个例子是环氧丙烷的生产。传统的生产方法有共氧化法和氯醇法，二者大约各占世界年生产能力的一半。前者虽然三废较少，但工艺流程长，基建投资大；后者有副产物以及大量废水和废渣产生，每生产1 t环氧丙烷需要消耗1.35～1.85 t Cl_2，副产50～150 kg二氯丙烷，废渣 $CaCl_2$ 约2 t，含有机物的废水40～80 t。氯气不但腐蚀设备，也会污染环境。美国DOW化学公司将环氧丙烷装置与氯碱电解装置相结合，已建成年产40万t环氧丙烷的生产装置，采用烧碱作皂化剂，产生的NaCl送装置内设置的氯碱电解车间，NaCl电解生成氯气和烧碱，将二者再送回环氧丙烷生产车间。这种生产方法环氧丙烷收率可提高5%，节能5%，没有废渣，产生的废水也大为减少。最近一项专利报道表明，环氧丙烷的绿色组装又可再进一步。该法不用氯气和烧碱，也不采用过氧化氢作氧化剂，在双极板框式电解槽中通入丙烯，在阳极上水电解产生的氧自由基与丙烯发生环氧化反应生成环氧丙烷。在阴极上，在阴极钛硅催化剂涂层的催化作用下将由阳极产生的氧分子和氢质子催化生成过氧化氢，丙烯再与后者反应生成环氧丙烷，即在阳极和阴极上都产生环氧丙烷。这种成对合成技术大幅度地节约了电能，也没有污染物产生。因此，这一技术若能在工业上获得应用，无疑是一种技术的升华。

粮食一直是困扰人类生存的一大难题，在21世纪将会获得彻底解决。总的目标是人类的食品将越来越多地通过化学合成来解决，而不仅仅是由土地种植得到。化学与生物学的结合及其界面学科的发展将使上述设想成为可能。21世纪初期，化肥将由目前的低浓度、单质肥向高浓度、多元化、专用肥方向发展，由速效型、低利用率向省工、省力的缓效化、高利用率方向发展。在2001年召开的第12届世界肥料大会上提出了生产缓释/控释肥料的建议。因为这种肥料有出色的农化特性，在作物生长期内，养分释放曲线与作物需肥曲线保持基本一致，因此一次性全量施肥即可满足作物整个生长期的需要，而不必多次追肥，节省劳动力并减轻施放追肥时机械对作物的伤害。现在美国、日本和我国都已制造出包覆型或包裹型粒状化肥，氮肥的利用率可达80%以上，肥效期从1个月到3年可以任意调节。为了农业发展的可持续性，有机肥和生物肥，其中特别是生物肥料，将得到迅速发展，它对改良土壤和改善生态环境、提高农作物产量和质量大有好处，可以真正做到无公害。美国开发成功的一种“垦易活性生物肥”，其核心是一种活性微生物，能将空气中的氮固定，还能将土壤中的不溶性磷转化为水溶性磷，改善土壤的板结。今后，农药产量不会大幅度增加，逐渐向高效、无毒方向发展，利用生物农药和基因工程技术提高农作物抗病虫害能力，已受到人们的普遍重视，不久也将大量应用在农业生产中。

进入21世纪，能源的结构和组成也将有大的变化：包括风能、太阳能、水力能、生物质能、核能、潮汐能、地热以及煤炭的清洁高效利用、车用新型燃料等新能源将得到大力发展；以氢、甲烷和合成气为燃料的燃料电池将得到广泛应用；甲烷水合物（可燃冰）、非常规天然气（页岩气、致密岩气和煤层甲烷气）、油页岩和油砂等天然资源的勘探、开采技术将有突破性进展，它们将成为21世纪人类重要的能源来源之一。随着能源结构和组成的改变，它们和环境的关系也变得越来越友好。

化工新材料在21世纪也将得到蓬勃发展。原有的三大合成材料（塑料、橡胶和合成纤维），在品种、质量、性能和差别化方面都会得到很大发展。在20世纪末科学研究成果的基础上，纳米材料将在粉末冶金、石油化工、精细化工、电子工业等领域获得广泛应用，超导材料将被制成线材、带材、薄膜广泛应用在电力、化工、机械、计算机等各个部门，在节约能源和节省金属材料上发挥巨大作用；以陶瓷、金属、聚合物为基础的复合材料，高强度、高模量的纤维，以及耐高温黏合剂和密封剂等新材料将陆续问世，并将广泛应用在航空航天、化工、冶金、交通运输等工业部门。

生物化工也将得到很大发展，不久的将来将广泛利用生物酶催化技术在比较缓和的反应条件下生产一般的化工产品；利用农副产品生产燃料乙醇、有机酸、抗生素、精细化学品的规模将越来越大，如上所述，生物农药也将获得大发展。

20 世纪 90 年代后，发展循环经济和知识经济已成为国际社会的两大趋势。“循环经济”一词最早由美国经济学家波尔丁提出，主要指在人、自然资源和科学技术的大系统内，在资源投入、企业生产、产品消费及其废弃的全过程中，把传统的依赖资源消耗的线形增长经济，转变为依靠生态型资源循环来发展的经济。其特征是低开采、高利用、低排放、高回收，所有的物质和能源都要在这个不断进行的经济循环中得到合理和持久的利用，以把经济活动对自然环境的影响降低到尽可能小的程度。循环经济和国民经济可持续发展是紧密地联系在一起的，只有实施循环经济，才能促进国民经济可持续发展。中国经济近 20 年来发展迅速，但主要在资源和生态环境严重透支的条件下来实现的，以这种模式发展经济是难以为继的。为此，2005 年 11 月国家正式启动循环经济试点工作，国家发改委提出化工发展循环经济的主要技术有：① 资源节约和替代技术；② “三废”资源综合利用和再生资源回收利用技术；③ 有毒有害原材料的替代技术；④ 延长产业链和相关产业链技术；⑤ 清洁工艺生产技术和污染治理技术等。相信不久的将来，定会收到显著的效果。

发展知识经济也是推动全球经济发展的重要手段。过去发展经济主要靠资源、靠能源，称为“物质经济”，随着科学技术的发展，人类发展经济主要靠自己不断创新的知识与智慧，生产出的产品技术含量高，因此附加值也高。而本身消耗的原材料并不比普通产品多。

为了满足工业发展的需要，研究人员不仅应在学识上受过高层次培训，而且也应该是具有远见的科学家，并具备善于合作的能力。现在许多公司正在大力研究产业界与学术界之间的界面问题，要求大学多开设一些跨专业的课程，将科学与商业相结合，培养出的学生既具有学术水平，又具有商业头脑。

三、 化学工艺学与化学工业的关系

化学工艺学是研究由化工原料加工成化工产品的化学生产过程的一门科学，内容包括生产方法的评估、过程原理的阐述、工艺流程的组织、设备的选用和设计，以及生产过程中的节能、环保和安全问题。根据化学反应类型和特点，或生产的产品的不同，化学工艺学又可细分为各种工艺学。例如，无机化工工艺学、有机化工工艺学、高分子化工工艺学、酿造工艺学、水泥工艺学、精细化工工艺学和生物化工工艺学等。

化学工艺学与化学工业的发展紧密联系在一起，而且是相互依存，相互促进的。远在上古时代，人们对淀粉和糖蜜的发酵、天然药物的加工、造纸、制革、天然染料的提取等已积累了不少生产经验，冶铜、冶铁和火药制造技术的发明，有力地推动社会生产力的发展和人类文明建设，但在这段漫长的岁月里，不可能用理论来指导生产，化学工艺学处在感性认识阶段。

12 世纪中国的造纸和火药制造技术传入欧洲，推动了欧洲文化艺术和军事技术的发展。作坊式的生产方式逐渐被机械化生产所取代。随着人民物质生活水平的提高，对纺织、印染、医药、化妆品、农药和化学肥料等产品提出了愈来愈多和愈来愈高的要求，因而大大激发了人们对化学研究的热情。科学家们期盼通过科学研究解决出现在生产上和制成品上的种种问题。于是，各种化学现象被认识，各种化学定律被发现。例如，波义耳发现了气体定律，拉瓦锡发现了物质不灭定律，道尔顿提出了原子学说等。利用已获得的化学知识，人们开始阐述化学反应和化工生产过程原理，化学工艺学由此产生，化学工业已处于萌芽状态。

18 世纪后，化学工业进入成长和发展期。首先建立起来的是无机化学工业，1788 年路布兰提出了以芒硝（$Na_2SO_4 \cdot H_2O$）、石灰石和煤为原料，经煅烧和浸取生产纯碱的方法；1859 年铅室法生产硫酸获得成功；1892 年电解食盐水生产氯气和烧碱的工业装置投入生产等。随着冶金和城市煤气工业的发展，在 18 世纪末建立了以煤焦油为原料的有机化学工业体系。利用由煤焦油中分离出来的苯、甲苯、二甲苯、苯酚、萘和蒽等有机物合成了一系列有机化工产品。例如，由苯经硝化制得硝基苯，继而合成苯胺和苯胺紫，后者是由人工合成的第一个天然染料；再如，以萘或蒽为原料制得蒽醌，继而开发成功了蒽醌系列染料。除染料外，药品、香料和炸药等多种有机化工产品也被大量生产出来。例如，由苯酚合成水杨酸，继而制得阿司匹林；由苯酚合成水杨醛继而制得多种香料；由甲苯合成 TNT 炸药等。1888 年用焦炭和生石灰制得电石，继而得到乙炔；用煤造气制 CO 和 H_2 获得成功。与此同时，各种反应单元开始从实验室进入中间试验车间或生产装置，并逐步建立了相应的反应单元工艺。热力学不断发展，相继发现了热力学第一、第二和第三定律，确定了化学平衡原理和化学结构概念，1869 年门捷列夫发表了元素周期律。

19 世纪末到 20 世纪 50 年代，是以煤为原料，经电石生产乙炔，继而生产出数以万计的有机化学品的时代。与此同时，各种性能优良的高分子化工产品得到开发和开始应用于工、农业生产和人民的日常生活。合成氨生产装置建成。由于战争需要，各种火工产品、人造汽油等被大量生产出来。在此期间，化学工艺学也得到了发展，建立了诸如缩合、聚合、酶反应和羰基合成等新的反应单元工艺，并对某些反应单元工艺可以作出半定量或定量的描述。热力学的发展日臻完善，化学反应动力学得到蓬勃发展，各种高效反应器相继开发出来，使各种反应单元工艺得到进一步的改良，提高了生产效率，改进了产品的质量，取得了明显的经济效益。所有这些成果都大大推动了化学工业的发展。

20 世纪 50 年代后期，开始了以石油和天然气为原料合成有机化学品的新时期。石油和天然气经热裂解可以生产出大量的低级烯烃、乙炔和芳烃，它们逐步取代了电石乙炔，成为有机合成的主要原料。目前，世界上有机化工产品的 80%～90%来自石油和天然气，石油化学工业已成为现代化学工业的重要组成部分。由于合成原料路线的改变，大大地促进了化学工艺学的发展，更新、更先进的反应单元相继建立。有机合成一改过去无休止试验的局面，应用了“分子设计”（合成物分子设计）理论，使合成产品快速、完美地得以实现。与此类似，催化剂的研制和开发采用了“催化剂分子设计”，使催化剂的研制和开发时间大为缩短，品质大为提高。现在，以 CH_4，$CO(CO_2)$，CH_3OH 和 H_2 为原料的碳一化学工业正在兴起，生物化工已初具规模。

进入 21 世纪，随着化学工业的发展，化学工艺学将面临诸如由于化工产品的精细化和个性化、原料路线转变，以及发展绿色化工工艺等问题的挑战，化学工艺学又将迎来大发展的好机遇。人们已经清楚地认识到，在知识经济大潮下的化工产品，不论是大宗化学品还是精细化学品，都将具备精细化和个性化的特征。为此生产厂家必须根据用户要求、资源、设备、技术和管理等条件，为精细化和个性化的化工产品专门开发一种最经济、最有效的新的化学工艺，即要求化学工艺也要精细化和个性化。化学工艺的精细化还表现在对生产控制要求更高和更精细方面；众所周知，石油是一个由多种物质组成的混合物，而煤是一个结构复杂的大分子化合物，在21世纪用煤和天然气替代石油生产化工产品的发展过程中，必定会产生很多新工艺和新技术；同样，为了实现绿色化工工艺，必须开发高收率、低废弃物的工艺技术，“零排放”工艺，废物再生利用和循环工艺，用可再生资源代替不可再生资源工艺，以及生产更安全的工艺技术等。科学技术的发展也将推动化学工艺学的发展。例如，在化学合成中，将利用计算机模拟和模型化研究分子间及分子内部的热力学和动力学模型，为选择反应条件、确定控制因素和设计反应器提供完整、详尽和可靠的资料，为改进化学工艺提供可靠的依据。又如，利用计算化学、组合化学和计算机辅助分子设计，进行化工产品的设计和合成，从而大大加快化工产品的研制过程和新的化学工艺的创立。

由以上简单叙述可知，化学工艺学和化学工程学一样，是化学工业的基础学科，它随着化学工业的发展产生、发展和壮大，反过来它的发展壮大，又促进化学工业的迅猛发展，高水平的化学工业必定有高水平的化学工艺学支撑着它。21世纪世界化学工业前途远大，化学工艺学也必将欣欣向荣的向前发展，并将继续对化学工业作出巨大的贡献。

第二章

化工资源及其初步加工

化学工业的原料来源很广,可来自矿产资源、海洋资源、动物、植物、空气和水,也可以取自农、林、牧、渔产品及其副产物等。其中矿产资源最为重要,是化学工业的主要原料来源。

矿产资源中,有化学矿、煤炭、石油和天然气等。它们在自然界中分布很不均匀,只有那些品位较高、储藏量丰富的矿藏才有工业开采价值。

由海洋资源生产化工产品还处于开创阶段,但潜力巨大,已成为21世纪人类获取化工产品的重要来源。

农、林、牧、渔产品及其副产物也是化学工业的原料。由于收购和储存困难,品种单调,难以建设规模较大的工业生产装置。

水是一种宝贵的资源,也是化工生产的重要原料,因此保护水资源,合理使用水资源,对化工生产十分重要。

2-1 化学矿

我国化学矿资源丰富。新中国成立以来,通过大量地质勘探,已探明储量的有20多个矿种,即:黄铁矿、自然硫、硫化氢气藏、磷矿、钾盐、钾长石、明矾石、蛇纹石、化工用石灰岩、硼矿、芒硝、天然碱、石膏、钠硝石、镁盐、沸石岩、重晶石、碘、溴、砷、硅藻土、天青石等。

化学矿用途十分广泛,除用作生产化肥、酸、碱、无机盐的原料外,还可用于国民经济其他工业部门。例如,磷矿除用来制造磷肥和磷酸外,还可制得白磷和红磷,白磷做农药,红磷做火柴。磷矿还用于冶炼青铜、含磷生铁等;又如,钾盐矿除用来制造各种无机和有机盐外,还用于医药、建材等工业部门。

下面以磷、硫两种矿产为重点,介绍我国化学矿的资源特点和分布状况。

(1) 资源比较丰富,但分布不均衡　磷矿分磷块岩、磷灰石和岛磷矿三种。我国磷矿资源十分丰富,据1980年世界磷酸盐矿床调查报告称,约占全世界磷矿资源总量(1 175.18 Gt)的10%,仅次于摩洛哥(450 Gt)、南非(175 Gt)、美国(172 Gt),与前苏联(118 Gt)并列世界第四位,但分布不均衡,绝大部分集中在西南和中南地区,仅云南、贵州、四川、湖北和湖南五省的蕴藏量就约占全国总储量的 90%，以致形成南磷北运的局面。

我国黄铁矿相对集中在广东、内蒙古、安徽、四川 4 个省，约占全国黄铁矿总储量的 85%。

我国的明矾石矿集中在浙江省苍南、安徽省庐江等几个地区。

我国钾矿主要集中分布在青海省柴达木盆地，仅察尔汗盐湖就占我国钾矿资源总量的 93.72%，云南省江城思茅占资源总量的 5.5%。

(2) 高品位矿储量比较少　我国磷矿石品位偏低，已探明地质品位平均在 $w(P_2O_5)=17\%$，$w(P_2O_5)=30\%$ 以上的高品位磷矿比较少(只有 7.4%)，因此，矿石的富集任务繁重。

我国黄铁矿含硫在 w(硫)= 35%以上的富矿也比较少，平均品位为 w(硫)= 18%。

因此，我国已加强矿石采矿、选矿和加工技术的研究，着眼于贫矿利用，走人工富集的道路。

(3) 选矿比较困难，利用较为复杂　我国磷矿资源，硅钙型的胶磷矿占的比重较大，给选矿带来一定困难。

黄铁矿资源中，凡与岩浆活动有关的矿床，大多属于综合性矿体，综合利用较为复杂。例如，湖南浏阳七宝山黄铁矿中有硫、铜、铅、锌、金、银，还伴生有铟、碲、镉和锗等。而沉积型黄铁矿则往往与煤、铝土、耐火黏土矿共生。

我国化学矿，无论是固体还是液体矿床，多属于一两种矿物伴生多种有益组分的综合性矿床。例如，我国多数盐湖固体或固-液态矿床多是钾盐、芒硝、天然碱、硼及多种盐类的混合物，浙江省苍南、安徽省庐江的明矾石是硫、铅和锌的复盐。

综合性矿床需经复杂的采选、冶炼过程方能利用，开发初期投资较大，技术难度也大。但是一旦技术突破，其经济效益是十分可观的。

现在，我国已建成一批大型化学矿生产基地，解决了胶磷矿和盐湖型卤水生产钾肥等难题，综合性矿体的综合利用也取得不少成果。

为满足国内经济建设的需要，多年来我国还从南非进口高品位磷矿，从加拿大和中东地区进口硫黄等。

2-2 煤炭

1990 年 1 月 1 日由世界能源机构公布的世界煤炭储量为 1.6 Tt，人均煤炭资源占有量为 312 t。我国煤炭资源比石油和天然气丰富得多，据统计，到 2005 年末，世界煤炭剩余可采储量为 0.909 Tt，我国为 0.114 5 Tt，占世界可采量的 12.6%，仅次于美国和俄罗斯，列世界第 3 位。2008 年我国原煤开采量为 2.76 Gt，位列世界第 1 位。我国原煤主要用作燃料，在一次性能源消费中约占 70%，有人估计，随着中国天然气的大量开采，这一比例会有所降低。煤炭及其加工副产物用作化工原料已有相当长的历史，并为有机化学工业的发展作出过巨大的贡献，20 世纪 50 年代前，有机化工产品主要是以煤-电石-乙炔为基础组织生产的。50 年代后，原料路线转向石油和天然气。主要原因是石油和天然气开采、运输和加工方便，因而价廉易得；石油和天然气是由低相对分子质量有机化合物组成的混合物，可以采用简单的物理(例如蒸馏和萃取等)和化学(例如催化裂化和催化重整等)加工方法将它们彼此分离或改变它们的结构，从而制得大量的有机化工产品。而煤是一种巨大的高相对分子质量化合物，必须经过深度加工(例如焦化、气化和液化等)才能打破它们的分子键,获得组成极其复杂的低相对分子质量化合物,想进一步制得纯品,将是十分困难的。采用从前的乙炔路线生产化工产品,生产成本比以石油和天然气为原料制得的产品要高得多,缺乏商业竞争力,因此,煤化工的发展不快。但是,地质勘探资料显示,石油资源已日趋枯竭(有人估计它的储量仅够人类今后 50~60 年的消费),未来的有机化学工业的资源将主要来自煤炭和天然气。因此,世界各国都在努力开发煤炭和天然气的化工应用技术,以期在不久的将来,能以煤炭和天然气为原料大量制取廉价优质的有机化学品。

一、 煤的种类和特征

由于成煤植物和生成条件的不同,煤一般可以分为三大类:腐殖煤、残殖煤和腐泥煤。由高等植物形成的煤称为腐殖煤。由高等植物中稳定组分(角质、树皮、孢子、树脂等)富集[一般含量都在 w(碳)= 50%~60%]而形成的煤称为残殖煤。这两类煤都在沼泽环境中形成。主要由湖沼、泻湖中的藻类等浮游生物在还原环境下经过腐败分解而形成的煤称为腐泥煤。在自然界中分布最广最常见的是腐殖煤,如泥炭、褐煤、烟煤、无烟煤就属于这一类。残殖煤的分布不广,储量也不大,云南省禄劝的角质残殖煤,江西省乐平、浙江省长广的树皮残殖煤,以及山西省大同煤田的少量孢子残殖煤夹层等属于这一类。腐泥煤的储量并不多,研究也较不完整,我国山东省鲁西煤田有腐泥煤。属于腐泥煤类的还有藻煤、胶泥煤、油页岩等。油页岩是带有大量矿物质[w(矿物质)= 40%以上]的藻煤,辽宁省抚顺、广东省茂名及吉林省桦甸等地储藏丰富,位居世界第 4 位,预测储量为 0.452 Tt,查明资源量为 31.5 Gt,按含油率 6%计算,相当于石油量分别为 27.12 Gt 和 1.89 Gt,这对石油资源日益紧缺的中国而言,无疑是一笔巨大的财富。目前油页岩主要用于制造人造石油,它的综合利用技术正在进行广泛的研究和开发。我国南方许多省区的石煤也是属于生长在早古生代地层中的一种腐泥煤。另外,还有主要由藻类和较多腐殖质所形成的腐殖腐泥煤,如山西浑源和大同,山东新汶、兖州、枣庄等地的烛煤,以及用于雕琢工艺美术品的抚顺的煤精等。

腐殖煤类和腐泥煤类的主要特征示于表 2-2-01。

表 2-2-01 腐植煤类和腐泥煤类的几种主要特征

特征 \ 种类	腐殖煤类	腐泥煤类
颜色	褐色和黑色	褐色占多数
光泽	光亮的居多	暗
用火柴燃烧	不燃烧	燃烧,有沥青味
有机物的氢含量	一般 w(氢)<6%	一般 w(氢)>6%,可达 11.5%
低温焦油产率	一般小于 20%	一般大于 25%

根据煤化程度的不同,腐殖煤类又可分为泥炭、褐煤、烟煤及无烟煤四个大类,现将它们的特征简述如下。

(1) 泥炭 又称草炭,是棕褐色或黑褐色的不均匀物质。含水量高达 w(水)= 85%~95%。

经自然风干燥后水分可降至 w(水)= 25%~35%,此时相对密度可达 1.29~1.61。泥炭中含有大量未分解的植物根、茎、叶的残体,有时用肉眼就可以看出,因此泥炭中的木质素和碳水化合物的含量较高。含碳量为 w(碳)<50%。此外,泥炭中还含有一种在成煤过程中开始形成的、可用碱抽出、用酸沉淀的新物质(即腐殖酸)和可被某些有机溶剂抽出的酸性沥青等。

(2) 褐煤 大多呈褐色或暗褐色,因而得名。无光泽,相对密度为 1.1~1.4。随煤化程度的加深,褐煤颜色变深变暗,相对密度增加,质地变得致密,水分减少,腐殖酸开始时增加,以后又减少。外表上已看不到未分解的植物组织残体,含碳量为 w(碳)= 60%~70%,热值为 23~27 MJ/kg(相当于 5 500~6 500 kcal/ kg)。

(3) 烟煤 灰黑色至黑色,燃烧时火焰长而多烟。不含有腐殖酸,因它已溶合成为更复杂的中性的腐殖质。硬度较大,相对密度为 1.2~1.45。多数能结焦,含碳量为 w(碳)= 75%~90%,热值为 27.2~37.2 MJ/kg(相当于 6 500~8 900 kcal/kg)。在工业生产上,为更合理地利用煤炭资源,根据煤化程度,结合煤的挥发分和黏结性,又将烟煤细分为长焰煤、气煤、肥煤、焦煤和瘦煤等。

(4) 无烟煤 俗称白煤或红煤。呈灰黑色,带有金属光泽,是腐殖煤类中最年老的一种煤。相对密度为 1.4~1.8。燃烧时无烟,火焰较短,不结焦,含碳量一般在 w(碳)= 90%以上,热值为 33.4~33.5 MJ/kg(相当于 8 000~8 500 kcal/kg)。

应当指出,无烟煤不是腐殖煤煤化程度最深的煤种,它还可转化为石墨。因石墨与煤相比,性质上有很大的差别(如有耐高温、高导热和导电性、晶体结构规整等特性,不含氢、氧、氮等杂质),也不再用作燃料和生产化工原料气的资源,因此没有将石墨归入煤类。表 2-2-02 列出上述煤类的主要特征。

表 2-2-02 各种腐殖煤的主要特征

特征	泥炭	褐煤	烟煤	无烟煤
颜色	棕褐色为主	褐色、黑褐色	黑色	灰黑色
光泽	无	大多数暗	有一定光泽	有金属光泽
外部条带	有原始植物残体	不明显	呈条带状	无明显条带
燃烧现象	有烟	有烟	多烟	无烟
水分	多	较多	少	较少
相对密度	—	1.1~1.4	1.2~1.5	1.4~1.8
硬度	很低	低	较高	高

二、煤的化学组成和分子结构

煤中有机物主要由碳、氢、氧及少量氮、硫和磷等元素构成,各种煤所含的主要元素组成见表 2-2-03。

表 2-2-03 煤的元素组成

组成＼种类	泥炭	褐煤	烟煤	无烟煤
w(C)/%	60~70	70~80	80~90	90~98
w(H)/%	5~6	5~6	4~5	1~3
w(O)/%	25~35	15~25	5~15	1~3

煤的分子结构随煤化程度的加深而越来越复杂。但都以芳核结构为主,还具有烷基侧链和含氧、含氮、含硫基团,近似组成为$(C_{135}H_{97}O_9NS)_n$。图 2-2-01 示出了某些煤种的基本结构单元。由于煤中含有大量的芳核结构,以它为原料来制取芳烃、稠环和杂环等类化合物(如苯类、酚类、喹啉、吡啶、咔唑等),要比石油方便。目前世界上由煤得到的苯约占苯总产量的 25%,萘约占萘总产量的 85%,蒽、苊、芘占其总产量的 90%以上,咔唑、喹啉均占 100%,炭黑占炭黑总产量的 25%。

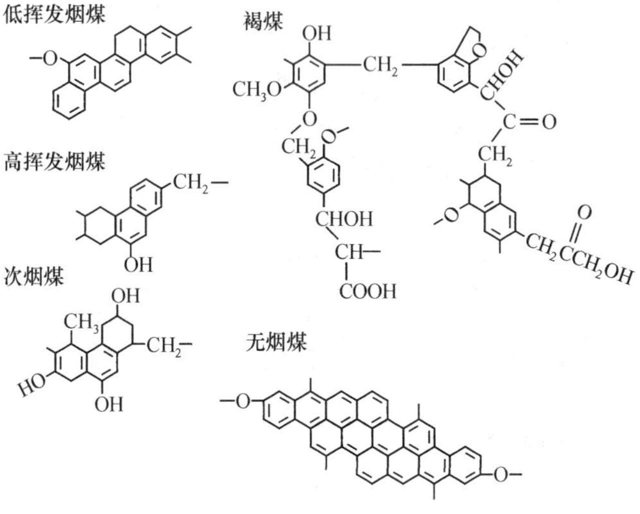

图 2-2-01 不同类型煤的基本结构单元示意图

(注:次烟煤是一种挥发物含量较低的烟煤)

三、选煤和煤的储存

1. 选煤

由地下矿井或露天煤矿开采出来的原煤,含有不少杂质,若直接外运,不但浪费大量运力、增加用户的利用难度,而且筛选出来的杂质会成为三废,污染周围环境。因此,需进选煤厂加工成精煤,才能送用户使用。选煤厂常用的加工程序见图 2-2-02,各主要工艺环节有:

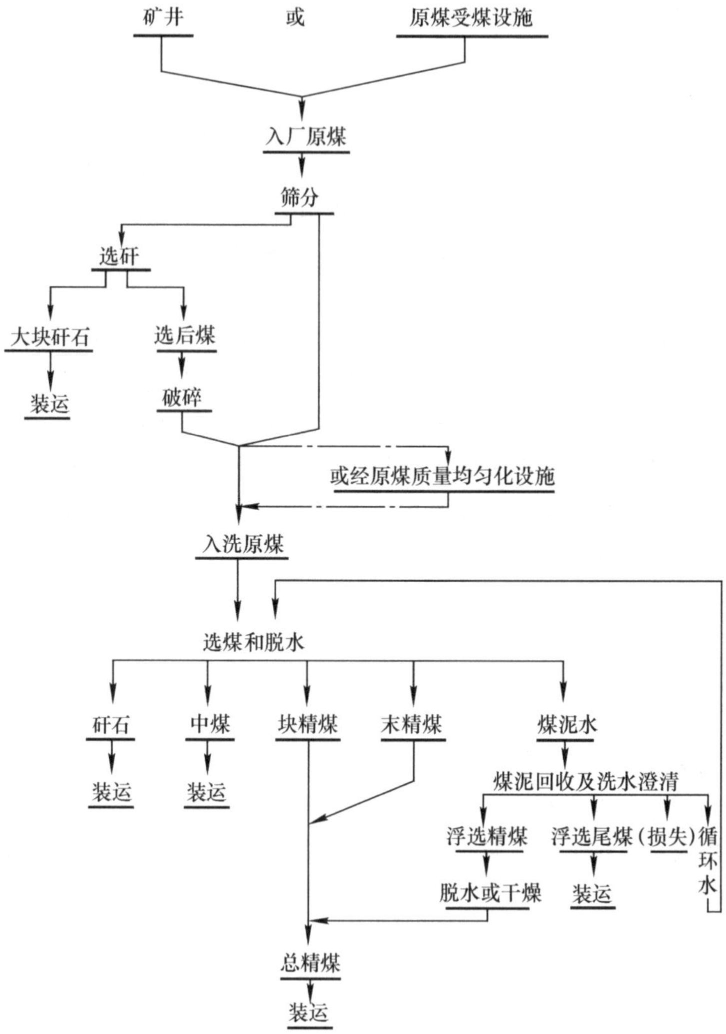

图 2-2-02 选煤厂常用的加工程序图

(1) 原煤准备作业 其任务是将入厂原煤进行预处理,选出大块矸石、木块和铁器等杂物。为了达到洗选机械对入料粒度的要求,通常还要将大块原煤破碎到某个粒级。为使原煤质量均匀化,还设有如混煤、配煤和分装等设施。

(2) 选煤和脱水作业 采用跳汰选煤或重介选煤工艺,将混入煤中的矸石和煤分开,再经脱水后可得块精煤、末精煤、中煤和矸石等产品。

(3) 煤泥精选回收和洗水澄清作业 把水洗(或重介)作业中没有得到有效分选的细粒煤泥集中起来,进行浓缩后再用浮选设备精选。浮选得到的精煤和尾煤分别脱水,澄清水循环再用。北方冬天寒冷,为防止浮选得到的煤炭在装运过程中冻结,一般还设置浮选精煤火力干燥设备。

（4）生产技术检查　生产过程中各环节均要采样进行测量或化验分析，以便及时调整生产操作条件和控制产品质量。

（5）产品运销作业　将各种选煤产品，按用户要求，分别装运出售。

2. 煤的储存

煤在空气中储存时，受空气中的氧、水分和气温变化等影响，其物理性质、化学性质以及工艺性质会发生一系列变化，这种变化称为煤的风化。经风化的煤发热量减少、热加工产率降低、黏结性变坏、燃烧时火焰变短等。风化过程中若热量散发不出，会促使煤层温度上升，最后可能会引发煤的自燃。因此，从防止煤的风化角度讲，煤的储存量愈少愈好。但为保证工厂连续生产，必须储备一定数量的煤，为此，安全储煤方法就显得十分重要。常用的储存方法有两类，一类是尽量使煤和空气隔绝。如把煤压紧制成煤砖储存；把煤储存于惰性气体中；储存于水中；储存在半密闭的槽形煤场中等。我国采用较多的是将煤堆尽量压紧，并在上面覆盖 50 mm 厚的黏土，在夏天再喷上一层石灰，以减少对太阳光的吸收。另一类是使煤堆中空气流通以利散热。例如，在煤堆中装有风筒以增加通风。这种方法能有效防止煤的自燃，但不能减缓煤的风化，对炼焦煤的储存来说不宜采用。但对于储存一般燃料用煤而言，由于方法简便，采用此法还相当普遍。

四、煤炭的综合利用

1. 泥炭的综合利用

泥炭的综合利用途径主要有以下几方面：

（1）直接利用或不用化学处理而经过其他加工方法的间接利用　如做保温材料、泥炭纤维板、农用肥料，通过生化加工制农用肥料、饲料、甲烷等，用作工业废水废气处理剂，也可直接用作民用和工业燃料（最高热值可达 16.7 MJ/kg）。

（2）从泥炭中分离出有价值的产品　经水解可得单糖水解物，进而可制得乙醇、糠醛、甲醇、乙二醇、多元醇、乙酸、草酸、丙酮、甘油及葡萄糖等；水解残渣可制活性炭。泥炭经溶剂抽提或碱抽提可制得泥炭蜡或腐殖酸。

（3）泥炭的化学处理　用浓硫酸处理可制得磺化泥炭用作离子交换剂；用生石灰处理可得纸浆，用氨水（或液氨）处理可制氨化泥炭，后者是一种含氮较高的优质肥料。泥炭也可用来制氢，在高温下氧化可制得各种有机酸。

（4）泥炭的热加工　泥炭可作气化、液化和低温干馏的原料，从泥炭分出的纤维经适度氧化，用金属盐的水溶液（如醋酸铜）浸渍，再经干燥，在惰性介质中炭化可制得金属碳纤维，用来制造导电混凝土、硬纸板等，泥炭也可制成活性炭，作为金属催化剂的载体。

2. 褐煤的综合利用

褐煤的利用也非常广泛，现简述如下：

（1）直接利用　可用作燃料、土壤改良剂、复合肥料、建筑用隔热材料、植物生长刺激剂、回收金属和稀有元素的吸附剂、铁矿石还原剂等。

（2）褐煤的热加工　褐煤可经气化、液化和炼焦制得合成气、合成液体燃料、焦炭等产品，经焙烧可制得炭素材料，经炭化和活化可制得活性炭。

（3）褐煤的化学加工　褐煤用浓、稀硝酸氧化分解可制得硝基腐殖酸，用作土壤改良剂、杀虫杀菌剂等，经重铬酸钾氧化分解可制得铬腐殖酸，用作钻井泥浆的调整剂和稳定剂。褐煤经有机溶剂抽提可制得植物生长刺激剂、杀虫剂、钻井泥浆处理剂；经氟化可制得氯氟化碳油类，后者用作防爆液体和电工用油类。褐煤经水解可制得脂肪羧酸、苯酚等，此外，褐煤与 Na_2CO_3 的水溶液共煮可制得纤维纸浆。以褐煤为原料还可制得 10 多种氨基酸等。

3. 烟煤和无烟煤的综合利用

烟煤和无烟煤（其中特别是烟煤）是目前煤炭资源中经济价值最高的两类煤，与化工、发电、城市民用燃料关系密切。表 2-2-04 列出了它们的主要用途。

表 2-2-04　几类煤种的主要利用途径

煤种	主要利用途径	煤种	主要利用途径
无烟煤	民用燃料，合成氮肥、炭素材料、活性炭、磺化煤等的原料，烧制钙、镁磷肥，烧石灰、水泥，直接作为还原剂、瘦化剂、过滤剂等	弱黏煤	配煤炼焦，气化原料，电厂燃料
贫煤	民用、动力发电、工业锅炉的燃料，气化原料	不黏煤	动力和民用燃料，气化原料
瘦煤	配煤炼焦的瘦化成分	天然焦	民用和锅炉燃料，烧石灰和砖瓦等，制造煤气、合成氨和小高炉炼铁用原料
焦煤	优质炼焦的原料	半石墨	民用燃料，制造碳化硅、电石、电极等炭素材料的原料
肥煤	配煤炼焦成分，干馏制城市煤气的原料	煤矸石	燃料，制造煤气、建筑材料、造型砂、提炼结晶氯化铝等化工产品的原料
长焰煤	动力发电，气化、民用燃料和低温干馏原料	石煤	燃料，制造建筑材料，提炼化工原料，肥料

应该指出，我国 70% 左右的煤炭被用作燃料，对环境污染十分严重，节能减排已刻不容缓，急需实现煤炭的综合利用。行之有效的办法有实行煤矿-电力-建材-化工、煤矿-电力-煤气-化工、钢铁-炼焦-化工-煤气-建材等行业的组合；实行煤炭气化-F-T 合成-煤气、煤炭气化-化工合成-低级烯烃、煤炭气化-化工合成-液体燃料等煤化工单元工艺组合。

最近由煤炭气化制合成气-联产化工产品-清洁煤发电技术（IGCC）的组合取得成功，美国已建成 IGCC 发电联产氢气的装置，我国山东兖矿集团已建成 IGCC 联产甲醇的示范装置。还有的企业在尝试将煤炭生产液体燃料的装置建在炼油厂或石化厂附近，以节省设备投资，合理利用能源，从而降低生产成本。上述种种措施，已证明能明显起到节能减排的效果。

图 2-2-03 所示为碎煤加压气化生产城市煤气联产柴油和 F-T 硬蜡工艺流程，其中 $1^{\#}$硬蜡是一种珍贵的高级蜡，只能用人工合成或由煤加工提炼得到，用作抛光蜡。$2^{\#}$硬蜡相当于从石油中提炼出来的微精硬蜡，市场销售很好。

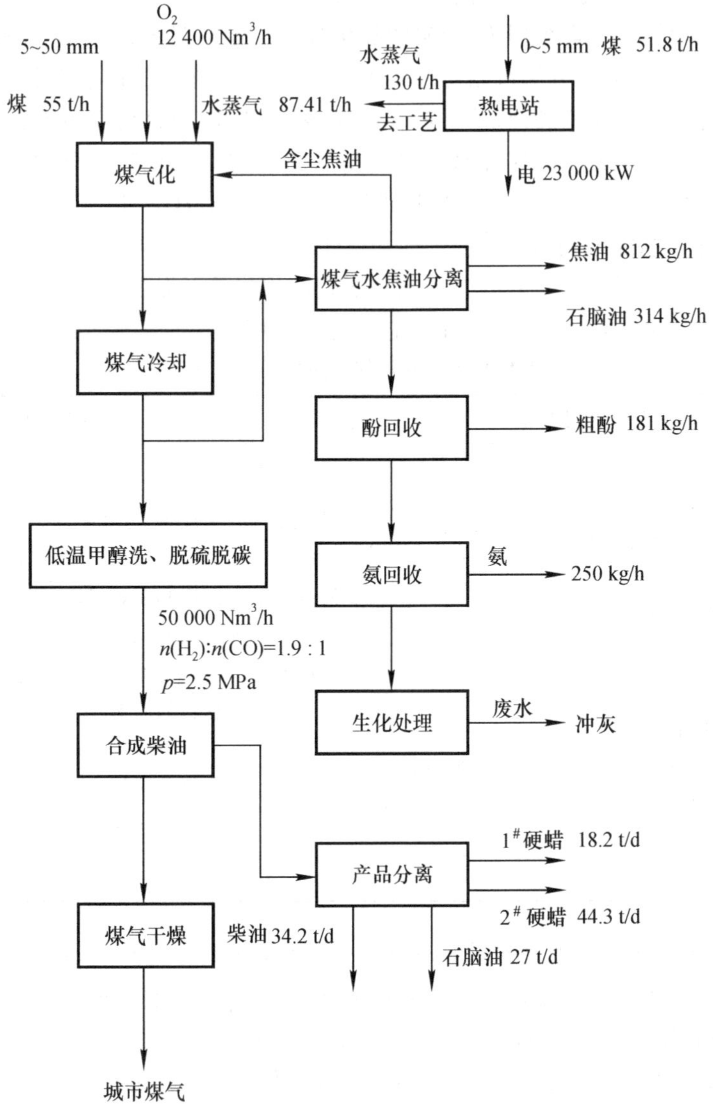

图 2-2-03　碎煤加压气化生产城市煤气联产柴油和 F-T 硬蜡工艺流程图

城市煤气：$CO<4.9\%$①；H_2 51.4%；CH_4 21%；CO_2 19%；C_nH_m 2.19%；$\sum S$ 1.3×10^{-6}

规模 30 699 Nm^3/h；压力 2.3 MPa；热值 $Q=13\ 878\ kJ/Nm^3$

2-3 石油

石油又称原油，存在于地下多孔的储油构造中，由低级动、植物在地压和细菌的作用下，经过

① 气体指的为体积分数 φ，以后文中气体的百分数无特别注明均指体积分数。

复杂的化学变化和生物化学变化而形成。一般认为演变过程为:动、植物油脂(蛋白质)→沥青基石油→环烷基石油→混合基石油→石蜡基石油。随着演变过程的推进,石油的相对分子质量下降,轻质馏分增加,含氢比例增大。即石蜡烃含量增加,环烷烃含量减少,最终石蜡烃变成低级烷烃,甚至演变成天然石油气。由此可知,地质储藏年代久远的石油多为石蜡基石油。反之,则多为沥青基或环烷基石油。现已探明,石油主要储藏在中东(伊拉克、科威特、沙特阿拉伯、伊朗和阿联酋等),加拿大,利比亚,委内瑞拉,俄罗斯等国家。我国自1956年发现克拉玛依油田以及1959年发现大庆油田以来,又探明了不少大油田,已大规模开采的有:克拉玛依、大庆、大港、胜利、辽河和中原油田等,正在建设的有新疆塔里木盆地、陕甘宁盆地和冀东南堡等地的油田,但总体上讲,我国是一个贫油国家,石油产量不能满足国内消费的需求,每年需要进口大量原油,对外依存度已在50%以上。表2-3-01列出了2009年某些国家或地区的石油储量、石油产量和炼油能力。

表 2-3-01 2009年某些国家或地区的石油储量、石油产量和炼油能力

石油储量/亿 t			石油产量(估计值)/亿 t			炼油能力(常压蒸馏)/亿 t		
名次	国家	数量	名次	国家	数量	名次	国家	数量
1	沙特阿拉伯	354.503 6	1	俄罗斯	4.957 4	1	美国	8.881 7
2	加拿大	238.991 9	2	沙特阿拉伯	3.960 0	2	中国	3.403 0*
3	伊朗	187.713 7	3	美国	2.668 5	3	俄罗斯	2.714 2
4	伊拉克	156.860 0	4	中国	1.886 5	4	日本	2.311 8
5	科威特	138.446 0	5	伊朗	1.862 5	5	印度	1.417 8
8	俄罗斯	81.840 0	8	伊拉克	1.200 0	7	德国	1.205 3
13	中国	27.757 4	13	巴西	0.975 0	12	巴西	0.954 1
14	美国	26.081 0	25	印度	0.332 0	17	中国台湾	0.655 0
世界合计		1 847.104 8	世界合计		35.251 3	世界合计		43.611 7

资料来源:美国《油气杂志》2009年12月21日。

* 2008年年底中国常压蒸馏能力已达4.38亿 t。

一、石油的性质、组成和分类

原油是一种有气味的黏稠液体,其色泽一般是黄到黑褐色或青色,相对密度为0.75~1.0,热值43.5~46 MJ/kg,是多种烃类(烷烃、环烷烃和芳烃等)的复杂混合物,并含有少量的硫、氧和氮的有机化合物,平均碳含量$\overline{w}(C)=85\%\sim87\%$,平均氢含量$\overline{w}(H_2)=11\%\sim14\%$,O,S,N含量合计为1%。

石油中所含硫化物有硫化氢、硫醇(RSH)、二硫化物(RSSR)和杂环化合物等。多数石油含硫总量小于1%,这些硫化物都有一种臭味,对设备和管道有腐蚀性。有些硫化物如硫醚、二硫化物等本身无腐蚀性,但受热后会分解生成腐蚀性较强的硫醇与硫化氢,燃烧后生成的二氧化硫会污染空气，硫化物还能使催化剂中毒，所以除掉油品中的硫化物是石油加工过程中的重要环节。

石油中的氮化物含量在千分之几至万分之几，胶质愈多，含氮量也愈高。氮化物可分为碱性（如吡啶、喹啉等）和非碱性（如吡咯、咔唑和金属卟啉化合物）两类，后者化学性质活泼，在空气中极易氧化缩合生成黑色的胶质。在石油炼制中，由于它们的存在会影响轻质油品（如汽油和柴油）的储存安定性等。石油中胶状物质（胶质、沥青质、沥青质酸等）对热不稳定，很容易发生叠合和分解反应，所得产物的结构非常复杂，相对分子质量也很大，绝大部分集中在石油的残渣（如渣油）中，油品愈重，所含胶质状物也愈多。

石油中的氧化物含量变化很大，从千分之几到百分之一，主要是环烷酸和酚类等，它们是有用的化合物，应加以回收利用，同时它们呈酸性，对设备和管道也有腐蚀性。

国际石油市场上常用的计价标准是按比重指数°API①（或密度）和含硫量分类的，其分类标准见表 2-3-02 和表 2-3-03。

表 2-3-02 原油按°API 分类标准

类别	°API	密度(15 ℃)/$g\cdot cm^{-3}$	密度(20 ℃)/$g\cdot cm^{-3}$
轻质原油	>34	<0.855	<0.851
中质原油	34~20	0.855~0.934	0.851~0.930
重质原油	20~10	0.934~0.999	0.930~0.996
特稠原油	<10	>0.999	>0.996

表 2-3-03 原油按含硫量分类标准

原油类别	w(硫)/%
低硫原油	<0.5
含硫原油	>0.5

工业上也常按原油的化学组成来分类，可分为石蜡基原油、中间基原油和环烷基原油三类。

石蜡基原油的特点是烷烃含量一般 w(烷烃)>50%，密度较小，含蜡量较高，凝点高，含硫、含氮和含胶质较低。大庆原油和南阳原油是典型的石蜡基原油。

环烷基原油的特点是环烷烃和芳烃的含量较多，密度较大，凝点较低，一般含硫、含胶质、含沥青质较多，所以又称沥青基原油。胜利油田的孤岛原油和单家寺原油等属于环烷基原油。

中间基原油的性质介于上述两者之间。

1935 年由美国矿务局提出的，目前应用较多的原油分类法是把原油放在特定的简易蒸馏设备中，按照规定的条件进行蒸馏，切割出的 250~275 ℃和 395~425 ℃两个馏分分别作为第一关键馏分和第二关键馏分，测定它们的密度并以此进行分类，最终确定原油的类别。具体的分类标准分别示于表 2-3-04 和表 2-3-05。

① 欧美各国原油密度多用比重指数°API 表示，而不用比重表示。两者关系按 $°API=\frac{141.5}{比重}-131.5$ 换算，且均为 60°F（15.6℃）时单位体积的质量。按国标比重应改为相对密度，重量应改为质量，温度单位不用°F，而用℃或 K。

表 2-3-04 关键馏分分类标准

关键馏分	石蜡基	中间基	环烷基
第一关键馏分	$d_4^{20}<0.8210$ °API>40	$d_4^{20}=0.8210\sim0.8562$ °API=33 ~ 40	$d_4^{20}>0.8562$ °API<33
第二关键馏分	$d_4^{20}<0.8723$ °API>30	$d_4^{20}=0.8723\sim0.9305$ °API=20~30	$d_4^{20}>0.9305$ °API<20

表 2-3-05 关键馏分特性分类

序号	第一关键馏分的类别	第二关键馏分的类别	原油类别
1	石蜡	石蜡	石蜡
2	石蜡	中间	石蜡-中间
3	中间	石蜡	中间-石蜡
4	中间	中间	中间
5	中间	环烷	中间-环烷
6	环烷	中间	环烷-中间
7	环烷	环烷	环烷

表 2-3-06 示出我国主要原油的一般性质。原油种类也按关键馏分特性分类法分类。

表 2-3-06 我国主要原油的一般性质

项目 \ 原油名称	大庆原油	大港原油	任丘原油	胜利原油(孤岛)	新疆原油	中原原油
相对密度(d_4^{20})	0.860 1	0.882 6	0.883 7	0.946 0	0.870 8	0.846 6
黏度(50 ℃)/(mPa·s)	23.85	17.37	57.1		30.66	10.32
凝点/℃	31	28	36	-2	-15	33
w(蜡)/%	25.76	15.39	22.8	7.0	—	19.7
w(沥青质)/%	0.12	13.14 (沥青质+胶质)	2.5	7.8	—	—
w(胶质)/%	7.96		23.2	32.9	11.3	9.5
w(残炭)/%	2.99	3.2	6.7	6.6	3.31	3.8
酸值/[mg(KOH)·g^{-1}]	0.014	—	—	—	—	—
w(灰分)/%	0.002 7	0.018	0.009 7	—	—	—
闪点/℃(开口)	34	<42	70	—	5(闭口)	
w(硫)/%	—	0.12	0.31	2.06	0.09	0.52
w(氮)/%	0.13	0.23	0.38	0.52	0.26	0.17
原油种类	低硫 石蜡基	低硫环烷 中间基	低硫 石蜡基	含硫环烷 中间基	低硫 中间基	含硫 石蜡基

现在世界上纯粹生产液体燃料的炼油厂已很少见,原因是经济效益不理想,有时甚至还会亏损。大多数的炼油厂,都将生产燃料和生产化工产品结合起来,靠化工产品为企业提升利润,既合理利用了石油资源,又使炼油企业对环境更友好。像这样的炼油厂,一般都具有以下装置:常减压蒸馏、催化裂化、催化重整、烷基化、延迟焦化、尿素脱蜡等。20 世纪 60 年代后还出现了加氢裂化装置。图 2-3-01 示出了燃料-化工型炼油厂原油加工过程。

二、原油的预处理和常减压蒸馏

1. 原油的预处理

在油田脱过水后的原油,仍然含有一定量的盐和水,所含盐类除有一小部分以结晶状态悬浮于油中外,绝大部分溶于被油包裹的水滴中,形成较为稳定的油包水型乳化液。

原油含盐和水对后续的加工工序带来不利影响。水会增加燃料消耗和蒸馏塔顶冷凝冷却器的负荷;原油中所含无机盐主要是氯化钠、氯化钙、氯化镁等,其中以氯化钠的含量为最多,$w(\text{NaCl})\approx75\%$左右。这些盐类受热后易水解生成盐酸,腐蚀设备,也会在换热器和加热炉管壁上结垢,增加热阻,降低传热效果,严重时甚至会烧穿炉管或堵塞管路。由于原油中盐类大多残留在重馏分油和渣油中,所以还会影响油品二次加工过程及其产品的质量。因此,在进入炼油装置前,要将原油中的盐含量脱除至小于 3 mg/L,水含量 $w(\text{水})<0.2\%$。

由于原油与水形成的是一种比较稳定的乳化液,炼油厂广泛采用的是加破乳剂和高压电场联合作用的脱盐方法,即所谓电脱盐脱水。为了提高水滴的沉降速率,电脱盐过程是在 80~120 ℃甚至更高(如 150 ℃)的温度下进行的。图 2-3-02 所示为二级电脱盐原理流程。原油自油罐抽出,与破乳剂、洗涤水按比例混合后经预热送入一级电脱盐罐进行第一次脱盐、脱水。在电脱盐罐内,在破乳剂和高压电场(强电场梯度 500~1 000 V/cm,弱电场梯度为 150~300 V/cm)的共同作用下,乳化液被破坏,小水滴聚结生成大水滴,通过沉降分离,排出污水(主要是水及溶解在其中的盐,还有少量的油)。一级电脱盐的脱盐效率约为 90%~95%。经一级脱盐后的原油再与破乳剂及洗涤水混合后送入二级电脱盐罐进行第二次脱盐、脱水。通常二级电脱盐罐排出的水含盐量不高,可将它回流到一级混合阀前,这样既节省用水又减少含盐污水的排出量。在电脱盐罐前注水的目的在于溶解原油中的结晶盐,同时也可减弱乳化剂的作用,有利于水滴的聚集。经过两次电脱盐工序后,原油中的含盐和含水量已能达到要求,可送炼油车间进一步加工。

在加工含硫原油时,还需向经脱水和脱盐的原油中加入适量的碱性中和剂和缓蚀剂,以减轻硫化物对炼油设备的腐蚀。

随着原油日益重质化和劣质化,原油的破乳难度不断提高,能耗和污染物(废水等)排放量增加。为此急需采用新的脱盐脱水技术。我国齐鲁石化研究院、洛阳石化工程公司和中石化洛阳分公司等联合开发成功超声波-电脱盐组合技术,并于 2009 年 1 月通过由中国石化集团公司组织的技术鉴定。中国石油天然气股份有限公司庆阳分公司应用此技术也取得了良好的效果。此外,正在开发的还有微波破乳法、磁处理法、生物法、生物破乳和普通化学破乳剂组合成的复合破乳法等工业技术。

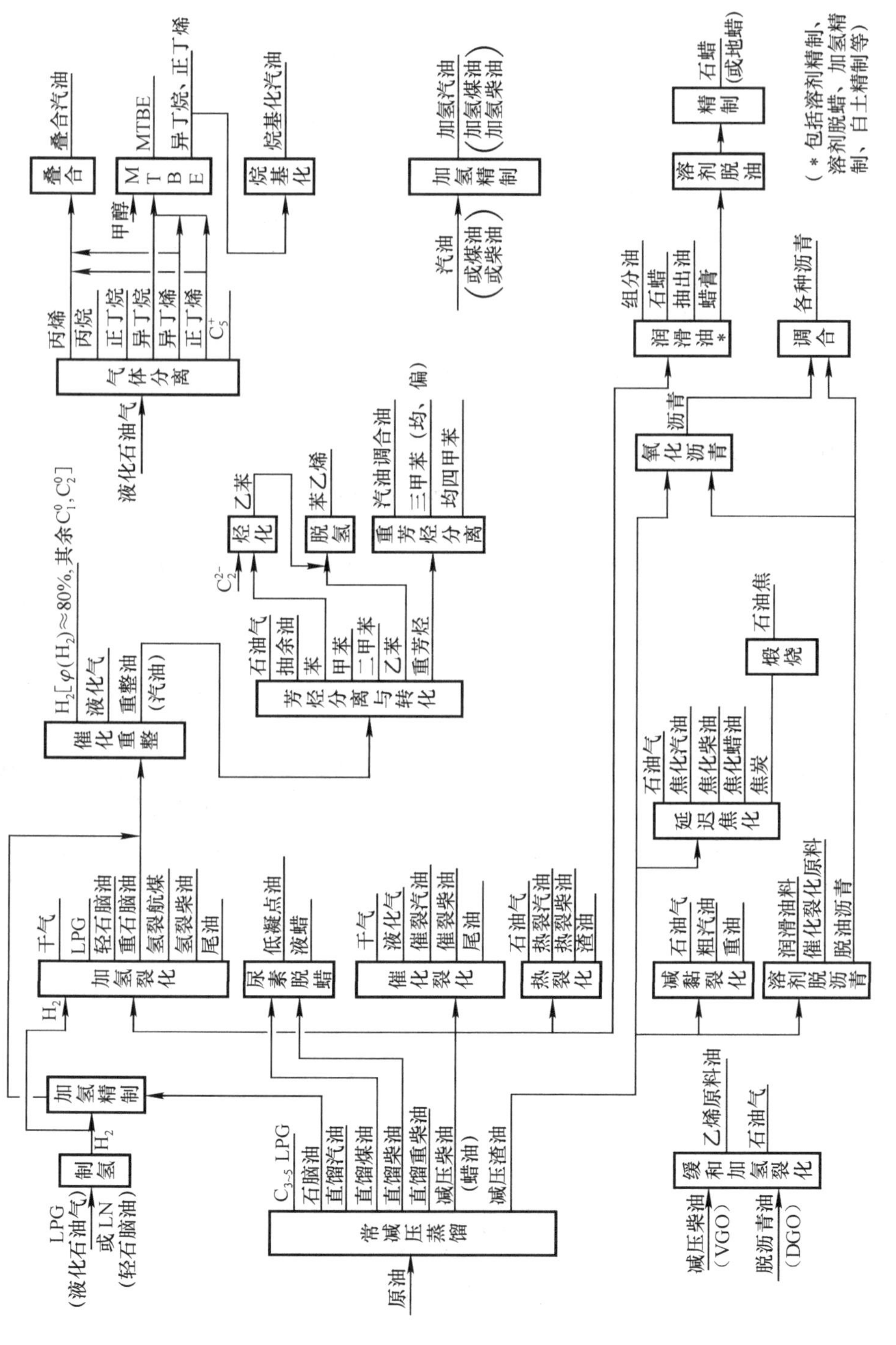

图2-3-01 炼油厂原油加工示意图

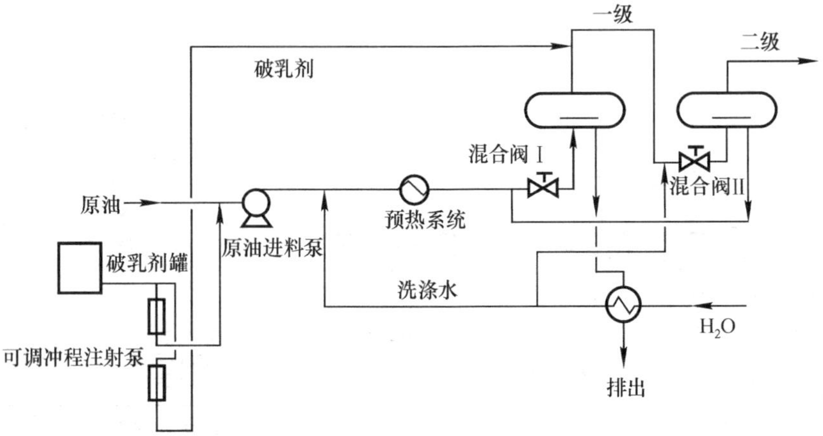

图 2-3-02 二级电脱盐原理流程图

2. 原油的常减压蒸馏

原油的常减压蒸馏流程示于图 2-3-03。经脱盐、脱水后的原油，预热至 210～250 ℃后进入初馏塔，轻汽油和水蒸气由塔顶蒸出，冷却到常温后，进入分离器分离掉水和未凝气体，得轻汽油（国外称"石脑油"）。未凝气体称为"原油拔顶气"，占原油质量的 0.15%～0.4%，其中乙烷占 2%～4%，丙烷约 30%，丁烷约 50%，其余为 C_5 及 C_5 以上组分，可用作燃料或生产烯烃的裂解原料。轻汽油一部分作回流，一部分作汽油组分，当含硫量较低时（如大庆油初馏得到的轻汽油）亦可用作重整原料油。初馏塔底油料称作拔顶油（又称拔顶原油），经加热炉加热至 360～370 ℃，进入常压塔，塔顶压力为 0.13～0.17 MPa（表），塔顶出汽油，第一侧线出煤油，第二侧线出轻柴油，第三侧线出重柴油。为与油品二次加工所得汽油、煤油和柴油区分开来，在它们前面冠以"直馏"两字，以表示它们是由原油直接蒸馏得到的。将沸点高于 350 ℃的常压塔釜重油（又称常压渣油）在加热炉中加热至 390～400 ℃，进入减压塔，减压塔顶压力一般为 1～5 kPa，采用减压操作是为了避免在高温下重组分的分解（裂解）。减压塔侧线油和常压塔三、四线油，总称"常减压馏分油"，用作炼油厂的催化裂化等装置的原料。表 2-3-07 是我国一个燃料-化工型炼油厂常压蒸馏工序所控制的温度指标例子，原料是大庆原油。

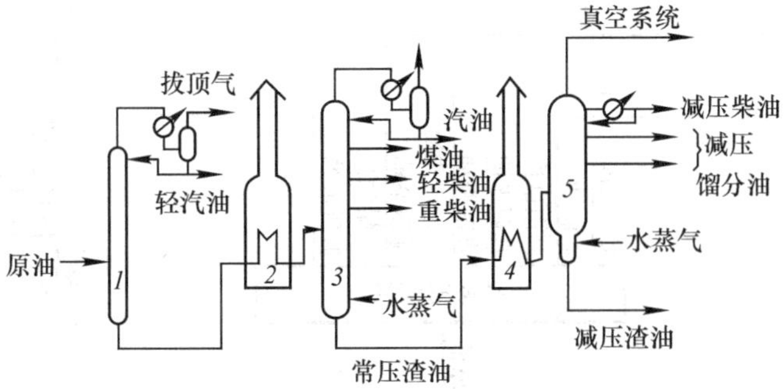

图 2-3-03 原油常减压蒸馏工艺流程图

1. 初馏塔；2. 常压加热炉；3. 常压塔；4. 减压加热炉；5. 减压塔

表 2-3-07 常压蒸馏塔切割的馏分

控制点位置	所在塔板层数	指标/℃	油品种类	产率/%
常压塔顶	40	95~100 0.005 MPa(表)	汽油	5.0
常压一线	29~31	145~150	煤油	9.1
常压二线	17~19	267~270	轻柴油	6~7
常压三线	13~15	330~335	重柴油	6~7
常压塔底	0	345~350	重油	65~75

在我国某些炼油厂,减压塔切割的油品常用来生产润滑油,此时该塔塔顶出柴油馏分,减压一线出轻质润滑油馏分,减压二线出中质润滑油馏分,减压三线出重质润滑油馏分,塔釜为减压渣油。

所得汽油的质量指标中,最重要的是馏分组成(馏出10%,20%,…,90%和干点的温度)、辛烷值①和安定性。馏分组成与蒸馏塔的操作有关;安定性是指生成胶质的难易性,与原油的性质有关,若为二次加工(例如催化裂化)所得汽油,还与汽油中不饱和烃含量有关;汽油的辛烷值是汽油的抗爆震性能指标,在正常工况下,汽油与空气形成的燃料混合气,在汽油机的汽缸中受热并被压缩,随后产生过氧化物。后者若积累的浓度合适,则在汽缸上止点即被电火花塞点燃,产生高温和高压,推动活塞向下运动做功,火焰前锋逐渐向未燃的混合气传播而形成平稳的正常燃烧。若混合器积累的过氧化物速率太快,还未到上止点(此时仍处加压状态)就发生自燃或在上止点除在电火花塞点火处点燃混合气体外,还在其他区域同时发生自燃,上述两种情况均会在汽缸内引发猛烈燃烧,产生高温和高压(高出常态 2 ~ 4 倍),冲击汽缸壁及其部件,形成爆震。由于燃烧速率太快,部分混合气未燃烧即被排出汽缸,产生冒黑烟现象。爆震的结果是使机械零部件损坏和使汽油机热效率下降。汽油的抗爆震性能与汽油的化学组成有关,芳烃的抗爆震性能最好,辛烷值最高,其次是环烷烃、烯烃和异构烷烃。而直链烷烃的抗爆震性最差,辛烷值最低。

众所周知,汽油机的压缩比越高,热效率也越高,耗油率下降,燃料油的经济性可明显提高。但汽油机的压缩比越高,汽缸内温度和压力也越高,发生爆震的倾向也越大,故压缩比高的汽油机,需使用与之匹配的高辛烷值汽油。过去,为提高汽油辛烷值常采用以下办法:① 添加甲基环戊二烯三羰基锰(MMT)等金属类抗爆剂;② 增加汽油中的芳烃、环烷烃和异构烷烃的量,其中效果最优者为添加芳烃的量;③ 添加烷基醚或者烷基醇,用得最多,效果最好者为甲基叔丁基醚(MTBE)。现在因环保问题,应用受到限制。

近20年来,世界各国汽车急剧增多,汽车排放出的尾气对环境污染日益严重,人们对环境的保护也越来越重视。首先提出汽油无铅化,这已在美国、西欧和日本得到实施,我国也于2000年1月1日停止生产含铅汽油,废止70号汽油。随后,美国、欧洲、日本和我国等国家和地区多次修订了车用汽油标准。具体见表2-3-08。2009年12月31日前我国已全面实施车用汽油国III

① 辛烷值是汽油在内燃机中燃烧时,抗爆震性能的指标。辛烷值愈大,抗爆震性能愈高,汽油的质量也愈好。辛烷值的指标是这样测定的,将异辛烷规定为100,正庚烷为0,两者以不同比例混合,制成标准燃料汽油。然后在标准汽油机中,将待测汽油和标准汽油相比,两者在标准汽油机中抗爆震性能一样,则待测汽油的辛烷值就是同测标准汽油中异辛烷的百分含量。测定方法有马达法和研究法两种。通常取两者的平均值作为汽油指标,市售汽油号数即为辛烷值数值。由于异辛烷的抗爆震性能不属最优,故某些有机化合物或某些汽油,辛烷值有超过100者。

的质量标准,要求汽油中烯烃体积分数不大于 30%,芳烃的体积分数不大于 40%,苯体积分数不大于 1%,硫质量分数不大于 150 μg/g,而北京市已执行国 IV 标准,要求烯烃体积分数不大于 25%,硫质量分数不大于 50 μg/g,我国车用汽油质量也逐渐接近国际先进水平。

表 2-3-08 美国、欧洲、日本车用汽油标准

项目	硫含量/(mg · kg^{-1})	苯含量/%	芳烃含量/%	烯烃含量/%	氧含量/%	蒸气压/kPa
美国 1990 年平均	339	<1.6	<28.6	<10.8	0.0	<60
美国 2000 年 RFG	150	<2.0	<25	<10	2.1	44~68.9
美国 2005 年 RFG	30	<1.0	<25	6~10	1.6~3.0	46.2~51.8
美国加州 2003 年	15	<0.7	<22	<4.0	1.8~2.2	48.3
欧盟 2000 年	150	<1.0	<42	<18	<5	<60
欧盟 2005 年	50	<1.0	<35	10~14	<2.7	<60
日本 1996 年	100	<5	<42	<10	<1.6	
日本 2000 年	100	<1	<42	<10	<1.6	<10
日本 2005 年	30	<1	<42	<10	<1.6	<10

表 2-3-08 所列蒸气压是汽油挥发度的指标,其值愈大,汽油蒸发的倾向愈大。汽油中蒸气压较高的组分主要是轻质烃类,通过限制蒸气压,可以减少汽油因蒸发而逸散的挥发性毒物(主要是苯)和烃类(C_5 以下烃类)的量。研究表明,当汽油中芳烃的体积分数>25%后,汽车尾气中氮氧化合物(NO_x)、未燃烧烃(HC)和一氧化碳的含量将急剧增加。芳烃中的苯是公认的致癌物质,挥发性大,在汽车尾气中是数量最多的有机毒物,因此必须从芳烃中除去。汽油中的烯烃除对汽油安定性不利外,因具有较高的光化学反应活性,能促进地面臭氧的生成,因此,其含量也应加以控制,以减少臭氧的生成量。减少烯烃还可使汽车尾气中 NO_x 含量下降。与此相反,适当增加汽油中的氧含量,对提高汽油品质则大有好处。研究表明,随着汽油中氧含量的增加,汽车尾气中的 CO 量和未燃烧烃类量可减少。增加汽油的氧含量主要通过添加可以用作燃料的含氧化物来实现。上述提及的烷基醚(如 MTBE)和烷基醇都是有机含氧化合物,它们不仅能够提供低挥发性的氧,而且由于其辛烷值高,蒸气压低,也是一种替代汽油中芳烃和轻质烯烃的理想组分。以甲基叔丁基醚为例,它在汽油中的添加量将达到汽油总量的 10%左右。为达到日益严格的新汽油配方的要求,我国正在对催化裂化、催化重整和烷基化等装置,从原料到操作工艺加以调整,以期早日生产出对环境污染较小的优质成品汽油。

所得柴油,常用十六烷值①来衡量它在内燃机中的自燃性能。考虑到环保要求,也如汽油一样,制定了各种指标。表 2-3-09 列出了 2002 年版《世界燃料规范》的一些主要标准限值。表中的Ⅳ类标准已成为正式标准。各国可根据自身的条件选用其中的一类。汽、柴油进口国亦可依据其中一类标准要求供货商提供汽、柴油油品。

① 十六烷值:柴油在内燃机中自燃性能的指标,在单缸发动机中测定,当试验油料的自燃性和十六烷与 2-甲基萘某一混合物的自燃性能相同时,待测油料的十六烷值就是混合油料中十六烷的体积分数值。

表 2-3-09 2002 年版《世界燃料规范》的一些主要标准限值

	Ⅰ类	Ⅱ类	Ⅲ类	Ⅳ类
汽油				
硫含量/($mg\cdot kg^{-1}$)	1 000	200	30	5~10
氧含量/%(质量分数)	2.7	2.7	2.7	2.7
芳烃含量/%(体积分数)	50.0	40.0	35.0	35.0
烯烃含量/%		20.0	10.0	10.0
柴油				
十六烷值	48	53	55	55
硫含量/($mg\cdot kg^{-1}$)	3 000	300	30	5~10
总芳烃含量/%(体积分数)		25	15	15

三、 催化裂化和加氢裂化

原油经过常减压蒸馏得到的直馏汽油，一般不超过 25%(中东地区有些国家出产的原油可大大高于此值)，而且主要是直链烷烃，辛烷值低，只有 50 左右，不能直接用作发动机燃料。而有些油料如减压塔塔釜流出的渣油产量很大，约占原油质量的 30%。还有常减压馏分油、润滑油制造和石蜡精制的下脚油、催化裂化回炼油、延迟焦化的重质馏分油等，沸点范围 300~550 ℃，相对分子质量较大，在工业上用处不大。因此人们就很自然地产生了利用这些油料通过裂解反应来增产汽油的想法，并建立了相应的生产装置。此外，在少数场合也利用轻质油品作裂解原料油，例如，以生产航空汽油为主要目的时，常常采用直馏粗柴油(瓦斯油)、焦化汽油、焦化柴油等作裂解原料，这样做除可显著地增产汽油外，还可提高所得汽油和柴油的品质。

1. 热裂化

热裂化要在加热和加压下进行。根据所用压力的高低，分高压热裂化(2.0~7.0 MPa，450~550 ℃)和低压热裂化(0.1~0.5 MPa，550~770 ℃)。热裂化反应，主要是把含碳原子数多的高相对分子质量的烃类裂化为碳原子数少的低相对分子质量的烃类，同时伴有脱氢、环化、聚合和缩合等反应。产品有热裂化气、裂化汽油、煤油、残油和石油焦炭等。热裂化汽油辛烷值仍较低，只有 50 左右，安定性不好，有恶臭，装置开工周期短，因此在炼油厂中热裂化已被催化裂化所取代。

在热裂化方法中，还有一种称之为减黏裂化(visbreaking)的方法，所用原料仍是重质油，目的是将重质油轻度裂化，使所得的燃料油黏度和凝固点降低，以改善其质量。亦可用来生产作为裂化原料的重油和少量轻油，操作条件比以生产汽油为目的的热裂化缓和一些，反应温度 400~500 ℃，压力 0.4~0.5 MPa。

2. 催化裂化

催化裂化装置建立的主要目的是增加汽油的产量。表 2-3-10 示出了某些国家汽油组分构

表 2-3-10　2002 年欧、美、日及中国汽油组分构成比较　　单位:%

汽油组分	欧洲	美国	日本* 1#(2#)	中国 (2003 年)
催化裂化汽油	32	38	25(55)	74.1
重整汽油	45	24	35(25)	14.6
烷基化油	6	14	20(0)	0.5
异构化油	11	5		
含氧化合物**	4	4	7(7)	1.0
其他***	2	15	13(13)	9.8

* 日本 1#汽油 RON 为 96;2#汽油 RON 为 89;

** MTBE,TAME,ETBE 等;

*** 直馏汽油、拔头油、C_4 等。

成比较。由表 2-3-10 可见,我国汽油构成中催化裂化汽油占了 74.1%,美国占 38%。由此可知,催化裂化装置在炼油企业的重要性。催化裂化所采用的原料如上所述。工业上常将用作催化裂化原料的重质油料统称为"蜡油"。由于使用催化剂,裂化反应可以在较低的压力(常压或稍高于常压)下进行。催化剂有人工合成的无定形硅酸铝($SiO_2 \cdot Al_2O_3$),Y 型分子筛、ZSM-5型沸石以及用稀土改性的 Y(或 X)型分子筛。催化裂化反应器有固定床、移动床和流化床三类,现在多采用流化床反应器,它又可细分为等高并列式、高低并列式和同轴式三种。等高并列式的催化裂化原理流程见图 2-3-04。采用的催化剂是平均粒径为 60~80 μm 的微球,故又称微球型催化剂。催化剂在反应器中呈流化状态,油品加热到反应温度,在催化剂作用下发生裂解反应。反应中有少量粒径较小的催化剂随裂解产物一起上升,在旋风分离器中分开,气体上升、催化剂下降至流化层继续参与催化反应。表面积满焦炭而又失去了活性的催化剂,由于粒大且重,沉在流化层下层,并通过输送管,送往再生器中。在此通入空气烧焦,催化剂粒子变小,活性恢复并被加热到一定温度,再返回反应器重新使用。因此,再生器不仅恢复了催化剂的活性,而且也提供了

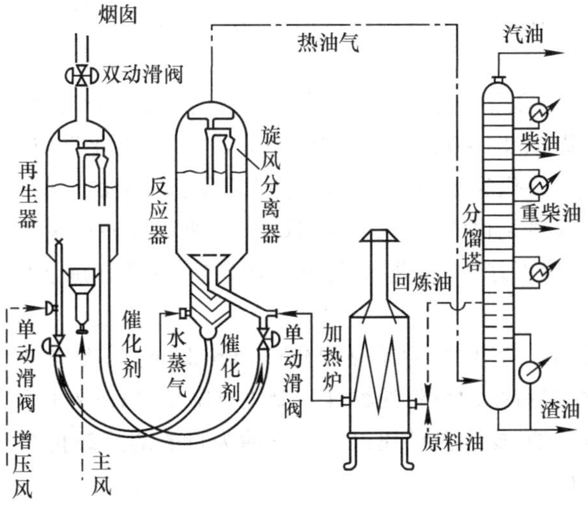

图 2-3-04　等高并列式催化裂化原理流程图

裂解反应所需的温度和大部分热量。

由于使用了催化剂，与热裂化相比，烷烃分子链的断裂在中间而不再在末端，因此产物以 C_3、C_4 和中等大小的分子（即从汽油到柴油）居多，C_1 和 C_2 的产率明显减少。异构化、芳构化（如六元环烷烃催化脱氢生成苯）、环烷化（如烷烃生成环烷烃）等的反应在催化剂作用下，得到加强，从而使裂解产物中异构烷烃、环烷烃和芳香烃的含量增多，使裂化汽油的辛烷值提高。在催化剂作用下，氢转移反应（缩合反应中产生的氢原子与烯烃结合成饱和烃的反应）更易进行，使得催化汽油中容易聚合的二烯烃类大为减少，汽油安定性较好。当然，催化裂化和热裂化一样，也会发生聚合、缩合反应，从而使催化剂表面结焦。由于进行的裂解、缩合（脱氢）、芳构化等反应都是吸热的，因此从总体上说，和热裂化一样，催化裂化也是吸热的。

等高并列式流化床反应工艺，返混严重，为达到一定的反应转化率，原料气需在反应器中停留较长时间，由此引发的二次反应会相当严重。在 20 世纪 60 年代采用无定形硅酸铝催化剂时，由于催化剂活性低，因停留时间稍长而引起的二次反应不剧烈。但随后开发成功的分子筛催化剂，由于催化活性较高，在等高并列式流化床中，二次反应则十分严重，使催化裂化汽油产率明显下降。下面介绍的高低并列式和同轴式流化床反应器，油气和催化剂之间发生的催化裂化反应主要在 1 根直管（提升管）中完成，油气和催化剂混合物以活塞流流态快速（7~8 m/s，停留时间 1~4 s）通过直管，得到的油气转化率高，二次反应受到明显抑制，催化裂化汽油产率可提高 7%，生焦率降低 1%，汽油、柴油安定性好，装置的处理能力可提高 40%。同轴式流化床装置，将反应器和再生器同轴叠置，催化剂与油气在提升管反应器中反应后，经分离器分离，已转化油气从顶部流出，催化剂从分离器下部进入汽提段，在这里用蒸汽脱除催化剂带入的少量油气，最后催化剂进入再生段再生。催化剂循环量用再生段底部的塞阀调节。高低并列式提升管流化床工艺流程见图 2-3-05。相应工艺简述如下：新原料油（如减压馏分油）与回炼油浆混合后，加热至 370 ℃，以雾化状态喷入提升管反应器的下部（油浆直接进入提升管），与来自再生器的高温（约

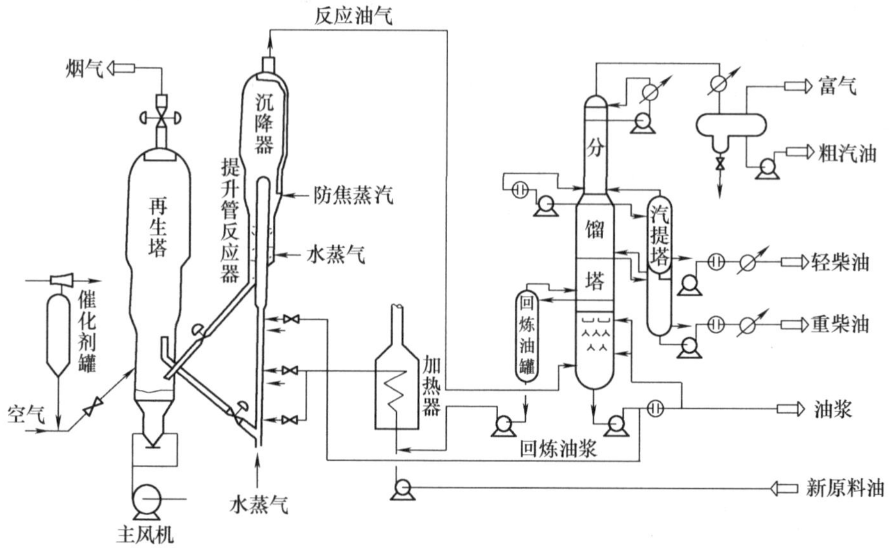

图 2-3-05 高低并列式催化裂化工艺流程

650～700 ℃)催化剂接触并立即汽化,油气与雾化蒸汽及预提升蒸汽一起携带着催化剂以 7～8 m/s的线速向上流动,边流动边进行反应,在 470～510 ℃的温度下停留 2～4 s,然后以 13～20 m/s的高线速通过提升管出口,经快速分离,大部分催化剂被分出落入沉降器下部,油气携带少量催化剂经两级旋风分离器分出夹带的催化剂后进入集气室,通过沉降器顶部的出口进入分馏系统。

积炭催化剂由沉降器进入其下面的汽提段,用过热水蒸气脱除吸附在催化剂表面上的少量油气,再经待生斜管、待生单动阀进入再生器,与来自再生器底部的空气接触形成流化床层,进行再生反应,放出的热量可使流化床密相段温度维持在 650～680 ℃,再生器顶部压力为 0.15～0.26 MPa(表),床层线速为0.7～1.0 m/s。再生后的催化剂含碳量 w(C)<0.2%,经淹流管、再生斜管及再生单动滑阀返回提升管反应器循环使用。

烧焦产生的烟气,经再生器稀相段进入两级旋风分离器分出携带的大部分催化剂后,烟气经集气室和双动滑阀排入烟囱。

流程中的单动滑阀,其作用是在发生事故时,切断反应器和再生器,防止催化剂倒流,开停工时,不使催化剂和空气进入反应器,开工时调节催化剂循环量,正常操作时处于完全开启状态;双动滑阀用以调节再生器的压力,使之与反应器保持一定的压差。

鉴于现行提升管反应器存在提升管过长造成过度裂化使目的产物收率减少,催化剂在提升管后半段因严重失活而不能有效发挥催化作用,不能实现大剂油比操作,不同原料在同一反应器中存在恶性竞争等缺点,已开发成功两段提升管催化裂化技术,即将一个长提升管改为两个短提升管,分别与再生器构成两路循环。一段反应生成的油气,分离出目的产物后,进入第二段提升管反应器,与再生剂接触继续进行反应,从而实现短反应时间、催化剂接力、大剂油比和新鲜原料及循环油料在不同的反应器中在各自理想的条件下进行反应。这种称之为 TSRFCC 技术已应用在多产轻油,多产丙烯兼顾轻油,以及多产烯烃的催化裂化工艺中。

催化裂化产物主要是气体(称为催化裂化气)和液体。固体产物(焦炭)生成量不多,且在催化剂再生器中已被烧掉。催化裂化气产率为原料总质量的 10%～17%,其中乙烯含量为 3%～4%,丙烯为 13%～20%,丁烯为 15%～30%,烷烃约占 50%,具体组成举例如表 2-3-11 所示。据统计,一个处理能力为 1.2×10^6 t/a 的催化裂化装置,约可副产乙烯 5 000～7 000 t,丙烯38 000 t,异丁烯 12 000 t,正丁烯 45 000 t,剩余约 50%的烷烃,是生产低级烯烃的裂解原料装置。因此,催化裂化气实际上是一个很有经济价值的化工原料气源。在国内外的大中型炼油厂中,都建有分离装置,将催化裂化气中的烯烃逐个地分离出来,经进一步提纯后用作生产高聚物的单体或有机合成原料。

表 2-3-11　催化裂化气组成举例

组成	φ/%	组成	φ/%	组成	φ/%	组成	φ/%
H_2	0.1	C_3H_8	7.0	n-C_4H_8	9.2	n-C_5H_{12}	6.3
CH_4	3.2	C_3H_6	20.3	i-C_4H_8	6.2	i-C_5H_{12}	2.9
C_2H_6	4.1	n-C_4H_{10}	4.6	反-2-丁烯	8.5		
C_2H_4	2.9	i-C_4H_{10}	18.4	顺-2-丁烯	6.0		

催化裂化所得液体产品以催化裂化汽油居多，约占裂解原料总质量的40%～50%，我国催化裂化汽油的典型组成见表 2-3-12。由表 2-3-12 可见，汽油中芳烃含量比较低[w(芳烃)<25%]，苯含量也大大低于 1%[w(苯)= 0.35%]，但烯烃含量严重超标，w(烯烃)= 39.63%，催化裂化汽油中的硫含量甚高，也需将它脱除干净。为达到国Ⅲ和国Ⅳ车用汽油的质量标准，尚需在原料、设备、操作和催化剂等方面作出很大努力。在催化裂化汽油中因有芳烃、环烷烃和异构烷烃，辛烷值可达到 70～90，如表2-3-10所示，因产量甚大，已成为我国商品汽油的主要组分（占 74.1%）。

表 2-3-12 我国催化裂化汽油典型组成

项目	w/%										
	C_4	C_5	C_6	C_7	C_8	C_9	C_{10}	C_{11}	C_{12}	C_{13}	合计
烷烃	0.81	7.03	7.28	5.82	4.94	3.54	3.02	2.55	1.33	0.06	36.38
烯烃	3.50	10.66	9.26	7.65	4.94	2.50	0.51	0.61			39.63
环烷烃			1.33	2.17	1.67	1.87	0.67	1.14			8.85
芳烃			0.35	1.63	4.41	5.04	3.59				15.02
合计	4.31	17.69	18.22	17.27	15.96	12.95	7.79	4.3	1.33	0.06	

催化裂化柴油占裂化原料油总质量的 30%～40%，其中轻柴油的质量占柴油总质量的 50%～60%。催化裂化柴油中含有大量芳烃，是抽提法回收芳烃的原料。经抽提后，可大大提高柴油的十六烷值，改善柴油的品质。抽提所得芳烃中含有甲基萘，经加氢脱烷基后可制得萘（又称石油萘，以示与焦化制得的萘相区别）。柴油中含有烯烃，安定性差，因此柴油出厂前还需经过加氢处理。

分出汽油和柴油的重质油馏分，可以仍回催化裂化装置做原料用，故它又称回炼油（因里面包含较多的催化剂微粒，容易磨损燃油泵和堵塞燃料油喷嘴，不宜作燃料使用），但因含重质芳烃多，易结焦，也不是理想的催化裂化原料油，现多用作加氢裂化原料油。

3. 加氢裂化

加氢裂化是催化裂化技术的改进。在临氢条件下进行催化裂化，可抑制催化裂化时发生的脱氢缩合反应，避免焦炭的生成。操作条件为压力 6.5～13.5 MPa，温度 340～420 ℃，可以得到不含烯烃的高品位产品，液体收率可高达 100%以上（因有氢加入油料分子中）。原料可以是城市煤气厂的冷凝液（俗称凝析油）、重整后的抽余油、由重质石脑油分馏所得的粗柴油、催化裂化的回炼油等。本法的工艺特点可简述如下：

(1) 生产灵活性大　使用的原料油范围广，连高硫、高氮、高芳烃（如多环芳烃）的劣质重馏分都能加工，加氢裂化产品结构可根据市场需要进行调整。

(2) 产品收率高，质量好　产品中含不饱和烃少，含重芳烃和非烃类杂质更少，故产品安定性好、无腐蚀。加氢裂化副产气体以轻质异构烃为主。

(3) 没有焦炭沉积，所以不需要再生催化剂，因而可使用固定床反应器；总的过程是放热的，所以反应器需要冷却，而不是加热。

工业上成熟的加氢裂化催化剂有非贵金属（Ni，Mo，W）催化剂和贵金属（Pd，Pt）催化剂两种，这些金属与氧化硅-氧化铝或沸石组成双功能催化剂，催化剂的裂化功能由氧化硅-氧化铝或沸石提供，加氢功能由上述金属提供。

加氢裂化用反应器有固定床、沸腾床和悬浮床 3 种。固定床加氢裂化工艺中，只用 1 个反应器，原料的加氢精制和加氢裂化在同一反应器中进行，上段为加氢精制，下段为加氢裂化，称为一段加氢裂化流程；用 2 个反应器，1 个为加氢精制，另 1 个为加氢裂化或 1 个进行加氢精制和部分加氢裂化，1 个加氢裂化的工艺称两段加氢裂化流程。在这里，进行加氢精制的目的是除去原料油中的硫、氮、氧等杂质和二烯烃等，以改善加氢裂化所得的油料的质量。在两段加氢裂化的基础上又发展成串联加氢裂化工艺，采用抗硫抗氨催化剂，将 2 个反应器直接串接起来，省去了 2 个反应器之间原设置的脱氨塔（氨由原料中的氮化物加氢生成）。固定床工艺在我国应用相当普遍；沸腾床加氢裂化，工艺比较复杂，自控要求高，国内还尚未工业化；悬浮床又称浆液床或淤浆床，国内尚处在开发研究阶段。

图 2-3-06 所示为有 3 个反应器串联使用的加氢裂化工艺流程，加氢裂化原料为孤岛原油的减压渣油，其处理量为 8.4×10^5 t/a。

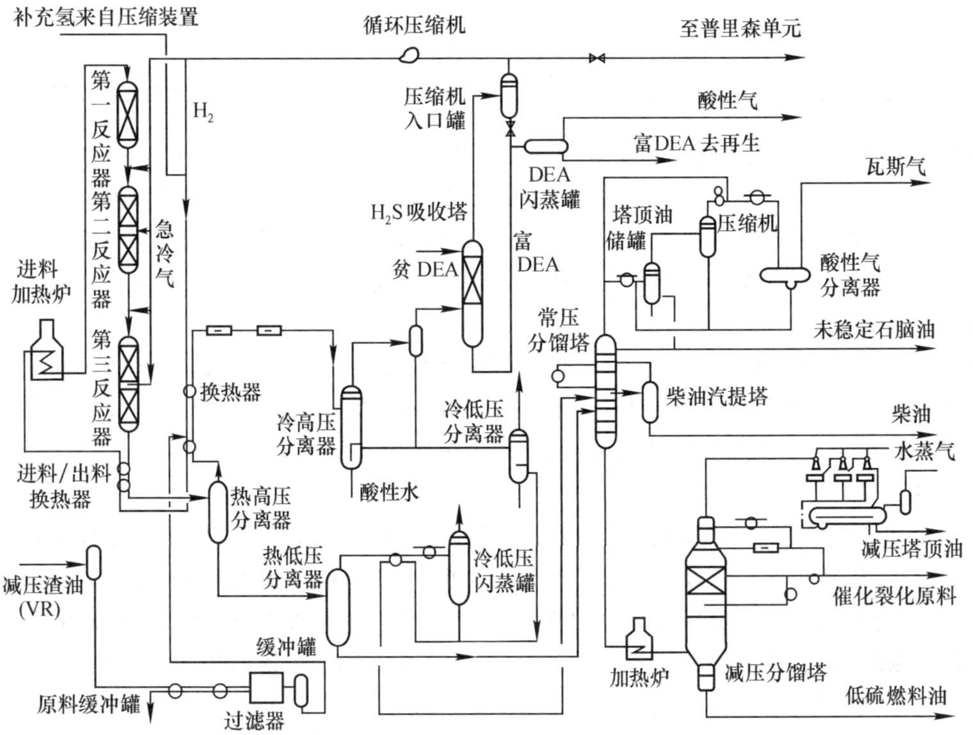

图 2-3-06　加氢处理装置工艺流程图

减压渣油经换热器、过滤器、缓冲罐至进料泵，经加压后，与补充氢气（新鲜氢）和循环氢气混合，然后经换热器、加热炉加热至反应温度，进入串联的反应器组。在反应器之间和反应器内床层之间设有控制反应温度的急冷氢注入点，反应器内装有不同功能的催化剂。

反应流出物经换热冷却至 370 ℃后送入高压分离器进行气-液分离，液体降压到 2.7 MPa 后进入热低压分离器，进行溶解气闪蒸，热低压分离器的液体直接去常压分馏塔下部，气体经换热和冷却后进冷低压闪蒸罐，罐顶气体去补氢压缩机；热高压分离器的气体经换热和冷却后进入冷高压分离器，冷高压分离器的液体去冷低压分离器闪蒸出酸性气体，冷高压分离器的气体经 H_2S 吸收塔脱硫后去循环氢压缩机和氢提浓单元。冷低压分离器的液体和冷低压闪蒸罐的冷凝液一起经换热到 320 ℃后去常压分馏塔。

常压分馏塔塔顶产物是含硫不凝气体和未稳定的石脑油，侧线产品是柴油。塔底油经加热后去减压分馏塔，减压分馏塔侧线产品是优良的催化裂化原料，塔底是低硫燃料油。

产品收率和性质，见表 2-3-13。

表 2-3-13 减压渣油加氢裂化产品收率和性质

项目	9.5～160 ℃	160～350 ℃	350～538 ℃	>538 ℃
收率/%，(对进料)	2.0～2.11	11.0～12.95	32.0～38.2	44.89～48.59
相对密度(d_4^{20})	0.738 9	0.852 4	0.907 1	0.940 2
w(硫)/%	—	0.006	0.013	0.250
总氮/(μg · g^{-1})	40	390	1 700	3 300
	w(烷)∶w(环烷)∶w(芳) = 65∶25∶10	倾点/℃ = −23 十六烷值 = 46～50		w(康氏残碳)/% = 11.5～13

表 2-3-13 中，9.5～160 ℃为石脑油馏分，可作为重整原料或制造乙烯的原料；160～350 ℃可作为优质柴油；大于 350 ℃馏分经减压切割，350～538 ℃馏分作催化裂化原料，大于 538 ℃馏分可作为低硫燃料的调和料。

加氢裂化的缺点是所得汽油的辛烷值比催化裂化低，须再经重整将它的辛烷值提高，因需高压和消耗大量的氢，操作费用比催化裂化高，工业上，加氢裂化是用来作为催化裂化的一个补充，而不是代替催化裂化。例如，它可以用来加工从催化裂化得到的沸点范围在汽油以上的、含有较多多核芳烃的油料，而这些油料是很难进一步催化裂化的。

四、 催化重整和芳烃抽提

重整是将轻质原料油，如直馏汽油、粗汽油等，经过热或催化剂的作用，使油料中的烃类重新调整结构，生成大量芳烃的工艺过程。采用这一工艺的初始目的也和催化裂化一样，是为了制得高辛烷值的汽油。随着有机化工的发展，对芳烃的需求量骤增，由煤干馏所得芳烃已远远不能满足市场的需要，而重整油料中芳烃的含量可达 w(芳烃)= 30%～60%，有的甚至高达 70%，比催化裂化汽油中的芳烃含量高得多，因此很自然地就成为获取芳烃的重要途径。在美国和中国，用催化重整制得的芳烃占芳烃总量的 2/3 左右。

重整可以分热重整和催化重整两种。现在工业上用的主要是催化重整。

1. 热重整

热重整不用催化剂，用轻度热裂化方法来调整重整原料油中烃类的结构。反应温度为525～575 ℃，压力为 2.0～7.0 MPa，裂化时间为 10～20 s。重整的目的是在高压下使低辛烷值汽油变为高辛烷值汽油。此外，还可获得较多的轻质烯烃。因此，从气体利用方面来讲，热重整是值得注意的，但与催化重整相比，所得汽油收率低、辛烷值低、稳定性差。所以，除特殊情况外，热重整已被催化重整所取代。

2. 催化重整

催化重整因长期使用铂催化剂，故又被人们称为铂重整。经研究，在铂催化剂作用下，催化重整反应主要有：

① 六元环烷烃的脱氢

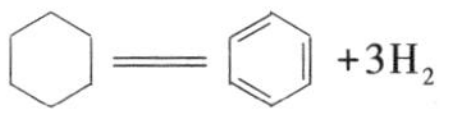

（强吸热）

② 五元环烷烃异构化后再脱氢

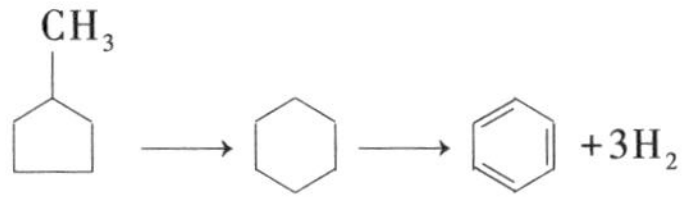

（强吸热）

③ 烷烃环化再脱氢

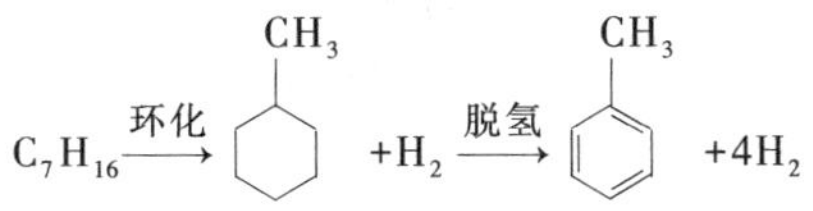

④ 烷烃异构化

$$C_6H_{14} \longrightarrow CH_3-\underset{\displaystyle CH_3}{\underset{|}{CH}}-\underset{\displaystyle CH_3}{\underset{|}{CH}}-CH_3$$

⑤ 加氢裂化

$$C_8H_{18}+H_2 \longrightarrow C_5H_{12}+C_3H_8$$

以上五类反应中，①，②，③三类反应都生成芳烃，所以叫做“芳构化反应”。反应①和②在铂催化剂存在下，进行得非常迅速，是希望发生的主要反应。另外，芳构化反应伴生大量氢气。从主要反应是一个强吸热和体积增大的反应来判断，操作应在加热和低压下进行。但低压下易造成催化剂表面结焦，使催化剂很快失活，故催化重整一般在加压下进行。

表 2-3-14 给出了我国催化重整汽油的典型组成和性质。由此表可见，重整原料经过催化重整后，可得到总质量分数为 85.5% 的催化重整汽油，其中芳烃的质量分数高达64.2%，因此是获取芳烃的好原料。我国 2002 年用于调配成品汽油的重整油（辛烷值在 90 以上）并不多，只占汽油总量的 14.6%（见表 2-3-10），其余则用作芳烃抽提的原料。

表 2-3-14 我国催化重整汽油典型组成和性质

性质	大庆油	性质	大庆油
密度（20 ℃）/（$g \cdot cm^{-3}$）	0.789 2	干点/℃	182
收率/%	85.5	族组成	
馏程/℃		w（烷烃）/%	35.2
初馏点/℃	52	w（环烷烃）/%	0.5
$w=10\%$	69	w（芳烃）/%	64.2
$w=50\%$	110	其中 w（苯）/%	18.0
$w=90\%$	149		

铂重整所用原料的"族组成"(烷烃、环烷烃、烯烃和芳烃各"族"的含量比例)对生产过程和产品产量的影响很大,由上述化学反应知道,原料中环烷烃愈多,芳烃的产率愈高。反之,若烷烃多,则只适宜用来生产高辛烷值的汽油。因此,在生产中若以生产高辛烷值汽油为主要目的,则宜采用宽馏分油,若以生产芳烃为主要目的,则应选用窄馏分油。生产各种芳烃时的适宜馏程见表 2-3-15。

表 2-3-15 生产各种芳烃时的适宜馏程

目的产物	适宜馏程/℃	目的产物	适宜馏程/℃
苯	60 ~ 85	苯-甲苯-二甲苯	60 ~ 145
甲苯	85 ~ 110	高辛烷值汽油	90 ~ 180
二甲苯	110 ~ 145	轻芳烃-汽油	60 ~ 180

催化重整对原料油中的某些杂质含量有严格的限制,因为它们会使催化剂中毒。铂系催化剂对砷特别敏感,要求原料油中含砷量不大于 1 $ng \cdot g^{-1}$。因此,在进入重整反应器前,原料油要进行加氢处理以除去这些杂质。表 2-3-16 示出了重整原料油经加氢处理后应达到的指标。

表 2-3-16 经加氢处理后重整油中杂质的限量

杂质名称	含量限制/($ng \cdot g^{-1}$)	杂质名称	含量限制/($\mu g \cdot g^{-1}$)
砷	<1	硫,氨	<5
铅	<10	氯	<1
铜	<10	水	<5

催化重整所采用的催化剂,最早是 Pt/Al_2O_3,意即由 $w(Pt) \approx 0.5\%$ 的 Pt 负载(一般用浸渍法)在 $\alpha-Al_2O_3$,$\gamma-Al_2O_3$ 或它们的混合物上制得的催化剂。为了提高催化剂的酸性,需在催化剂中添加以氟化物或氯化物状态存在的 w(卤化物) = 0.1% ~ 0.8%的卤素。最简单的一种添加方法是用氯铂酸(H_2PtCl_6)浸渍氧化铝,生成的 $AlCl_3$ 保留在催化剂表面。提高酸度,是为了增强催化剂的异构化功能。20 世纪 70 年代后,采用双组分催化剂,其中以 Pt-Re 催化剂的应用最为广泛,此外还有铂锡、铂铱等双组分催化剂。近来二组分催化剂又有改进,如由高铂含量变成低铂含量,由低铼铂比(1∶1)①变成高铼铂比(3∶1),此外还出现了三组分催化剂(如 Pt-Ir-Zn,Pt-Pb-K 等)和非 Pt 重整催化剂,但在工业上应用还不多。催化剂改进的目的是为了延长催化剂使用寿命,减少贵金属 Pt 的用量,获得更为缓和的工艺条件和更为理想的芳烃产率及组成。

3. 芳烃抽提

催化重整油经脱戊烷等低分子烃类后,含有 w(芳烃) = 30% ~ 60%。其余的 w(非芳烃) = 40% ~ 70%主要为烷烃和环烷烃等。选用一种抽提剂(例如二乙二醇醚),它极易溶解芳烃,而不太能溶解非芳烃,将这种溶剂加入重整油料中,经搅拌、静置就可形成两相,一相富含芳烃,称抽提相,另一相主要为非芳烃,还含有少量的芳烃和抽提剂,称抽余相。可以采用间歇式多次抽提,也可采用连续抽提法。我国全部采用连续抽提法。该法的优点是生产连续化、产品质量好。用

① 此处比例应为各组分的物质的量比或称摩尔比。

作抽提的溶剂，要有高度的选择性，即尽可能将芳烃全部抽提出来；要求与芳烃有足够的沸点差，以便在精馏时，很方便地将它们分离；还要求有足够的热稳定性、抗氧化安定性、无毒和价廉。工业用芳烃抽提剂对芳烃的溶解能力由高至低的次序为：*N*-甲基吡咯烷酮，四乙二醇醚>环丁砜，*N*-甲酰基吗啉>二甲基亚砜，三乙二醇醚>二乙二醇醚。而选择性以环丁砜和二甲基亚砜为最好，三乙二醇醚和 *N*-甲酰基吗啉次之，*N*-甲基吡咯烷酮最差。此外，环丁砜还具有密度大、沸点高、比热容小的优点。因此，在众多工业用抽提剂中，要数环丁砜最好，其次是 *N*-甲酰基吗啉和四乙二醇醚。

4. 催化重整工艺流程简述

催化重整工艺按催化剂的再生形式分为：

① 固定床半再生式　这是目前应用较广的一种催化重整工艺，催化剂再生时需停工，再生完毕后再开工。由于再生周期较长（一年左右 1 次）故称为"半再生"。该工艺具有投资小，操作费用低，适用于不同生产规模等特点。

② 固定床循环再生式　由多个固定床反应器组成，其中 1 个再生，其余参与反应，需要时切换，整个装置不需停工，可连续生产。这种工艺因投资大，现已很少采用。

③ 移动床连续再生式　反应器和再生器都是移动床，由于催化剂连续循环于反应器和再生器之间，可保证催化剂的活性和选择性一直处于良好状态，因而可得高收率、高质量的产品，因而具有更好的经济效益和市场竞争力。截止 2009 年 6 月，我国催化重整装置总加工能力为 30.89 Mt/a，约占原油加工能力的 7.89%，其中连续重整装置的加工能力为 20.89 Mt/a，半再生重整装置的加工能力为 10.00 Mt/a。我国催化重整占原有加工能力的比例低于世界平均水平（13.42%），因此，有很大的发展空间。

（1）固定床半再生式工艺　工艺流程示于图 2-3-07。工艺过程包括：

① 预脱砷和预分馏工序　将重整原料油加热到 200 ℃左右，通过含铜脱砷催化剂床层或以硅酸铝小球裂化催化剂作吸附剂，脱除大部分砷，然后进入"预分馏塔"，塔顶切割去 0~60 ℃的"重整拔头油"，塔底油（60~130 ℃或 40~140 ℃）进入预加氢工序。我国不少炼油厂不设预脱砷装置，脱砷是在预加氢工序中完成的。

② 预加氢工序　主要作用是脱除 S，O，N，As 等杂质。预分馏塔塔底油料与富氢气（由重整过程产生）混合，加压至 2.0 MPa 后，在加热炉中加热到 320~370 ℃，进入预加氢固定床反应器，内装钼酸钴催化剂小球，氢气在反应器中的作用是加氢、带出杂质气体和导出加氢反应产生的热量。加氢后的油料经冷凝将油和尾气分开，尾气中含有 H_2S，H_2O 和 NH_3 等，用作燃料烧掉。冷凝下来的油进入汽提塔，用富氢气吹出溶于已加氢油料中的杂质气体，由此得到催化重整油料。

③ 催化重整工序　油料与富氢气混合[氢油的体积比为（1 200~1 400）:1]，加压到氢分压达 2.0~3.0 MPa，在加热炉中加热至 485~510 ℃，进入重整固定床反应器，反应器内装填小球状或片状铂系催化剂。由于重整反应是强吸热的，所以一般由三个反应器串联，反应器之间设管式加热炉供热。主要的芳构化反应在第一个反应器中完成，故三个管式加热炉中第一个热负荷最大。反应器反应温度依次递增，从 400~450 ℃升到 480~500 ℃。冷凝下来的反应产物称"重整油"。

④ 后加氢工序　尽管重整是在临氢条件下进行，但仍免不了在重整油中混入部分不饱和烃，它们若混入芳烃产品中，会使芳烃变色，质量变坏，故要在和预加氢基本相同的条件下再进行

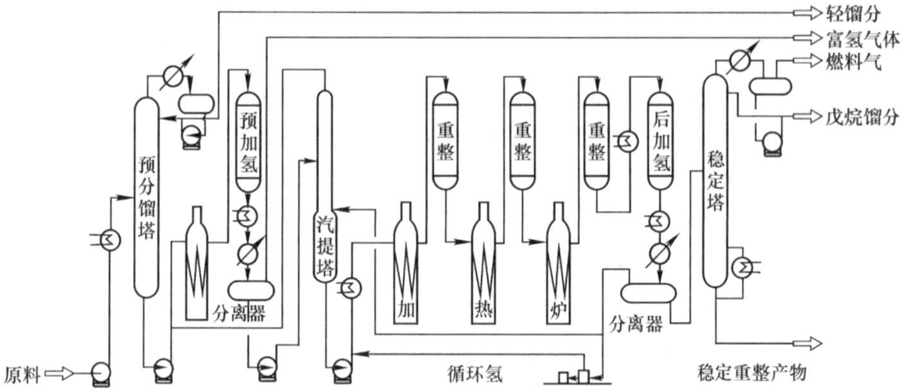

图 2-3-07 固定床半再生式工艺流程

一次加氢操作,这一操作称为后加氢。

⑤ 稳定系统 重整反应物经高压分离器进入稳定塔,脱去气态烃及戊烷后,可作芳烃的抽提原料或作高辛烷值汽油的掺合油料。高压分离器分出的气体是富含氢气的"重整气",一部分继续循环使用,一部分输出系统,作工业氢源。

我国因建设重整装置起步较晚,大多数采用较为先进的麦格纳固定床半再生重整工艺,工艺流程图与 2-3-07 类似,不同之处是循环氢采用两段混氢工艺,分别从第一、第三反应器前混合,可降低系统压降,节省压缩功,防止高温下积炭,从而延长催化剂寿命。催化剂采用分级装填,第一、第二反应器装填选择性高、抗污染能力强的等铼铂比催化剂,第三、第四反应器装填抗积炭能力强的高铼铂比催化剂,由于总体反应选择性改善,C_5^+ 产品收率、氢气产率及芳烃产率均略高于常规重整工艺。

⑥ 芳烃抽提 目前,国内外广为采用的是与催化重整工艺相匹配的,以环丁砜为抽提剂,由美国 Shell 公司开发成功,Shell 和 UOP 公司联合设计的 Sulfolane 工艺。对苯含量高的原料,如焦油粗苯或乙烯裂解汽油等,芳烃含量大于 70%(其中苯含量高达 80% ~ 90%),国内外大多采用以 *N*-甲酰基吗啉(亦有用环丁砜加助溶剂)为抽提剂的抽提蒸馏工艺,该项工艺具有流程短、投资省、操作简便、能耗低等优点。国内北京石油化工科学研究院开发成功的 SED 法(采用环丁砜加助溶剂为抽提剂),已在上海赛科石油化工有限责任公司获得工业应用。Sulfolane 工艺流程示于图 2-3-08。催化重整所得含芳烃原料油在抽提蒸馏塔中进行抽提,塔上部流出的抽余相(非芳烃油料),经水洗塔水洗回收

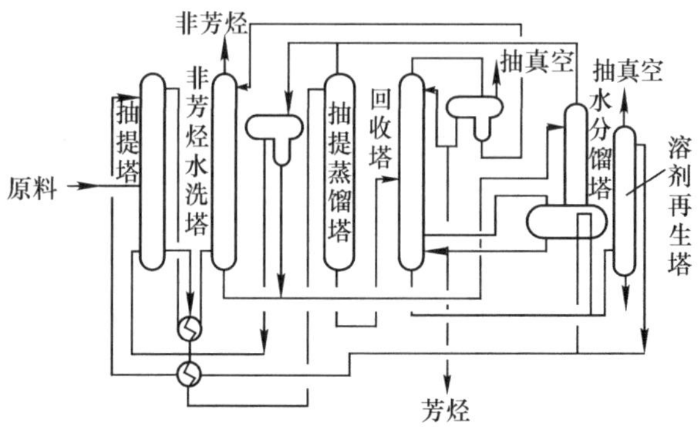

图 2-3-08 环丁砜抽提流程

抽提剂后，用作车用汽油或催化裂化原料油；抽提塔釜流出的富溶剂油，在抽提蒸馏塔中进一步分出非芳烃油料后，在回收塔中分出芳烃，大部分溶剂油（抽提剂）送回抽提塔，少量送溶剂再生塔。在再生塔中于真空条件下分出轻、重组分后，与未再生的溶剂油合并；非芳烃水洗塔以及分离器底部含抽提剂的水，进水分馏塔以回收抽提剂，塔顶水蒸气冷凝冷却后仍用作非芳烃洗涤水。

⑦ 芳烃分离　来自抽提工序的混合芳烃先经白土处理除去微量不饱和烃，然后进入精馏系统。先在初馏塔中分出非芳烃（C_5 馏分），再在苯、甲苯、二甲苯塔（该塔塔底出重苯）、第二二甲苯塔和乙苯塔中分出苯、甲苯、二甲苯、邻二甲苯、乙苯和间二甲苯-对二甲苯馏分。C_8 芳烃中，由于沸点差较小，用精馏法分离的塔板数较多。例如，若分出邻二甲苯需 100～150 块板，分出乙苯需 300～350 块板，而间位和对位二甲苯沸点差更小，不足 1 ℃（间二甲苯为 139.1 ℃，对二甲苯为 138.4 ℃），已不能用精馏方法分离，工业上用得较多者是模拟移动床法。该法利用吸附剂（常用 Y 型分子筛）和解吸剂（常用甲苯或二乙基苯）在自动控制的移动床内，连续地将对二甲苯先吸附后解吸，最后与间二甲苯分离。此外，工业化的分离方法还有深冷结晶分离法和络合分离法。

（2）移动床连续再生式重整工艺　它简称为连续重整工艺。主要有美国 UOP 公司的 Platformer 工艺和法国石油研究所（IFP）的 Aromiger 工艺。它们的主要差别在于反应器的布置不同。UOP 采用重叠式，IFP 采用并列式。这两种工艺均在较低的压力（0.35 MPa）和较低的氢油分子比（小于 3）下操作。移动床连续重整工艺对重整原料的处理以及出重整反应器后重整油料的处理与固定床半再生式工艺基本相同，反应和催化剂再生部分则有明显差别。图 2-3-09 和图 2-3-10 为 UOP 工艺（第二代）的反应部分和再生部分工艺流程。经预处理的重整原料油与循环氢气混合后再与重整出料油热交换、经加热炉加热后进入重叠式移动床反应器第一段，与再生后的催化剂接触反应，因是吸热反应，油气被冷却后从第一段底部流出，经加热炉加热后进入第二段上部，依此类推，由第三段底部出来的重整油气进入后续的冷凝分离系统；再生催化剂由反应器顶部进入，从反应器底部流出，进入提升连接器、用氢气将催化剂提升至再生器顶部，依次通过烧焦、氧氯化、焙烧干燥区，使催化剂得到再生。再生器底部也有一个提升连接器，用氢气将催化剂

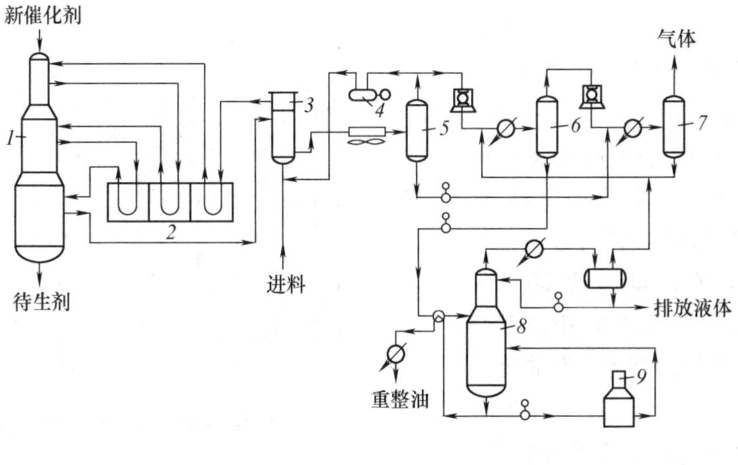

图 2-3-09　UOP 工艺（第二代）的反应部分工艺流程

1. 反应器；*2*，*9.* 加热炉；*3.* 混合进料交换器；*4.* 压缩机；*5.* 分离器；*6*，*7.* 再接触器；*8.* 脱丁烷塔

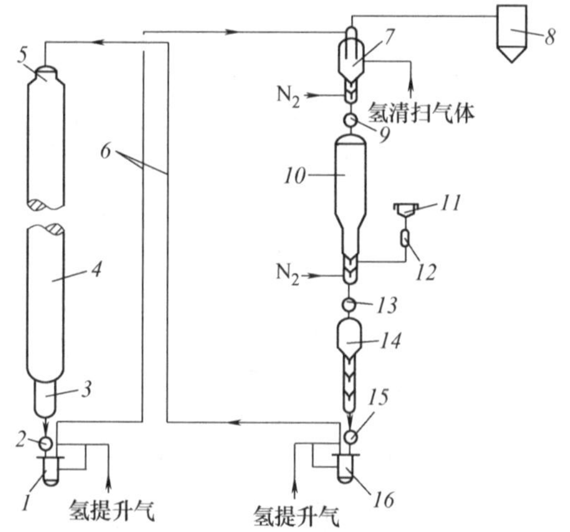

图 2-3-10 UOP 工艺(第二代)的再生部分工艺流程

1. 提升连接器 1;*2*,*15.* 间断阀;*3.* 催化剂收集器;*4.* 反应器;*5.* 脉冲带;*6.* 催化剂提升管线;*7.* 分离器;*8.* 粉尘收集器;*9*,*13.* 隔离阀;*10.* 再生器;*11.* 漏斗;*12.* 催化剂填加;*14.* 闭锁料斗;*16.* 提升连接器 2

提升至反应器顶部;IFP 开发的连续重整工艺,设 3 个并列的移动床反应器,油料加热后,从第 1 反应器上部进入,底部流出,再经加热从第 2 反应器上部进入,底部流出,依此类推,最后从第 3 反应器底部流出进入冷凝和分离系统。催化剂从第 1 反应器顶部进入,流至底部提升器,用 N_2 提升至第 2 反应器顶部,依此类推,从第 3 反应器流出的催化剂进入提升器后用 N_2 提升至再生器顶部,开始再生作业。

五、 延迟焦化

减压渣油、热裂化渣油以及一些不好处理的各种重质油品(又称重残油),在炼油厂中常采用“焦化”的方法让它们转化为更有经济价值的轻质油品,生成的焦炭经过焙烧等工序,除去其中所含的挥发性物质后,可制得电极焦。生成的焦化气体,富含轻质烯烃,如乙烯、丙烯和丁烯等,可用作化工原料。

实现焦化的工艺过程主要有三种,即:釜式焦化、延迟焦化和流化焦化。

1. 釜式焦化

工艺过程比较简单,但比较陈旧。它是把油装到一个焦化釜中,在釜底加热,使釜内油品焦化。从釜顶引出焦化产生的油品蒸气和低分子烃类气体。焦化完成后,就可以出焦。本法的缺点很多:间歇操作,生产能力小;钢材和燃料消耗量大;清焦困难,劳动条件差等,现已日趋淘汰。

2. 延迟焦化

这是目前普遍采用的一种方法。考虑到重残油的碳氢比高,非常容易结焦的这一特点,将原料油快速加热到比较高的温度(480~500 ℃),使重残油在管式加热炉中,来不及发生焦化就被送到一个中空的容器(称焦炭塔),让加热的油品在其中反应结焦,使加热和焦化不同时发生,故称为延迟焦化。工艺流程见图 2-3-11。

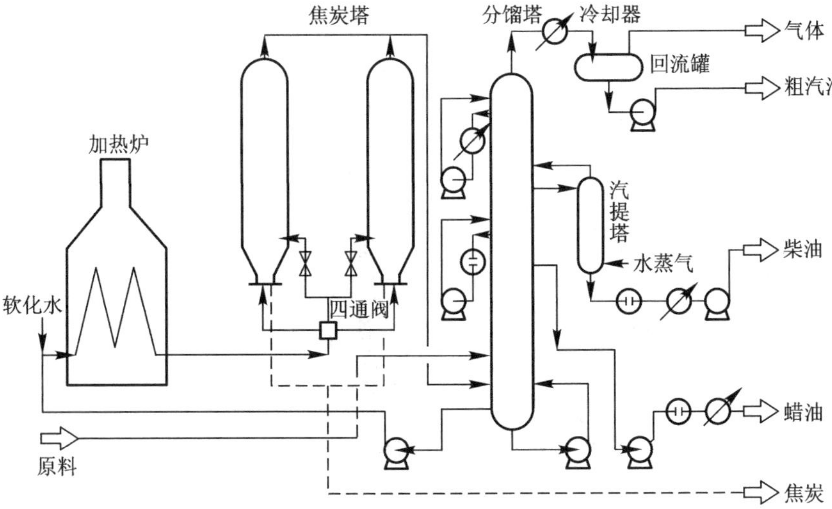

图 2-3-11 延迟焦化流程图

原料油经预热后,先进入分馏塔下部,与焦炭塔顶过来的焦化油气在塔内接触换热,原料油被加热的同时,也将原料油中的轻组分蒸发出来,过热的焦化油气则被降温到可进行分馏的温度(一般小于 400 ℃),焦化油气中的沸程相当于原料油的重组分也被冷凝下来,它被称为循环油,也随原料油一起经加热至 500 ℃左右,通过四通阀从焦化塔底部进入,进行焦化反应。为防止油料在加热炉炉管中反应结焦,需向炉管内注水、产生的蒸汽推动原料油在炉管内快速流动(一般为 2 m/s 以上),注水量约为原料油量的 2%左右;进入焦炭塔的高温原料油,需在塔内停留足够长时间,以便充分进行焦化反应。反应生成的油气从焦炭塔顶引出进入分馏塔。被原料油冷却的焦化油气在分馏塔内经分馏得到焦化气、汽油、柴油和蜡油;焦炭塔内结焦达一定程度后就切换到另一个焦炭塔中继续作业。原先的焦炭塔则进行清焦作业,一般采用水力清焦法,用高压水(水压可达 10 MPa)从焦炭塔底部开始将焦炭打碎,焦炭从底部排出。一般设 2~4 个焦炭塔切换使用,每个焦炭塔的切换周期约 48 h,其中生焦过程约占 24 h,具体生焦时间与原料油性质及对焦炭质量要求有关。表 2-3-17 列出了延迟焦化工艺焦化产品的产率,表 2-3-18 列出了焦化富气组成。由两表可以看出,延迟焦化不仅能增产内燃机用油料和燃料油,而且焦化富气也是获取低级烯烃的宝贵原料。

表 2-3-17 延迟焦化产品的产率

产品	产率/%(对原料)	
	一般范围	抚顺石油二厂
焦化富气	6~8	7.5
汽油	10~20	16.7
轻柴油	20~30	31.8
蜡油(重柴油)	20~30	26.0
石油焦	15~20	16.2
损失	0.5~2.5	1.8

表 2-3-18 焦化富气组成

产品	延迟焦化		釜式焦化
	w/%	φ/%	φ/%
氢	0.7	8.2	14.7
甲烷	35.7	52.5	40.6
乙烷+乙烯	23.4	18.8	14.9
丙烷	13.5	7.1	7.8
丙烯	5.0	2.8	3.7
丁烷	5.7	2.4	2.9
丁烯	3.9	1.6	1.1
C_5	6.3	2.1	6.8
O_2,N_2,CO_2	5.8	4.5	

3. 流化焦化

流化焦化原理和延迟焦化一样,即快速加热后在反应器中发生焦化反应。焦化反应器结构与石油流化床催化裂化反应器相似,所不同的是不用催化剂,而是用大小为微米级的微小焦炭粒子,这些粒子被加热到 500 ℃左右后进入反应器,与反应器的油蒸气接触并进行焦化反应。气态产物从反应器顶引出,反应中生成的焦炭附着在焦炭粒子上面,当它不断增大体积及质量到一定程度就不能再进行流化而从反应器底部的分离器中分出,送往一个和催化裂化再生器相似的燃烧器中,在这里焦炭颗粒部分燃烧掉,颗粒由大变小,质量由重变轻,自身也被加热,然后它们再返回反应器,如此往复循环。在燃烧器下部可取出一部分多余的焦炭。本法的特点是液体产品的产率较高、焦炭产率较低、生产连续化、不需要繁重的清焦劳动。据报道,美国有些炼油厂采用流化焦化工艺,但当今世界炼油工业仍以发展延迟焦化为主。

2-4 天然气

世界上天然气资源极其丰富,据美国《油气杂志》2009 年的统计,探明储量达187.044 5 Tm^3,2008 年的开采量达 3.018 7 Tm^3。主要用作能源。在世界能源消费结构中,仅次于石油,约占消费量的 35%,用作化工的仅占天然气总产量的 5%左右。目前世界上约有 84%的合成氨,90.8%的甲醇,39%的乙烯(含丙烯)及其衍生产品是用天然气和天然气凝析液为原料制得的。中国的天然气储量为 3.081 Tm^3,居世界第 13 位。我国 2008 年的天然气产量为807 亿 m^3,预计 2015 年将达 1 200 亿 m^3,2020 年将达 1 500 亿 m^3。化工用天然气占天然气总产量的 22.1%。合成氨总产能的 20%、甲醇总产能的 32%是以天然气为原料制得的,但因我国天然气用作城市燃气数量猛增,化工用气占天然气总量的比例在逐渐下降。与发达国家相比,我国的天然气化工处于起步阶段,发展空间巨大。

一、天然气的分类和组成

天然气是埋藏在地下的可燃性气体，它可以单独存在。例如，四川自贡的天然气井；还可与石油和煤伴生，称为油田伴生气（油田气）和煤田伴生气（煤层气）。从组成来看，可将天然气划分为：

（1）干气　主要成分是 CH_4，其次是 C_2H_6，C_3H_8 和 C_4H_{10}，并含有少量的 C_5 以上重组分，CO_2，N_2，H_2S 和 NH_3 等。它稍加压缩不会有液体产生，故被称为干气。属于这一类的有天然气井和煤田伴生气。

（2）湿气　除 CH_4 和 C_2H_6 等低碳烷烃外，还含有少量轻汽油，对它稍加压缩就有汽油析出来，故称湿气。属于这一类的天然气有油田伴生气。天然气的成分随产地不同而有所差异，甚至随开采的时间和气象条件的变化而变化。代表性的天然气组成如表 2-4-01 所示。从表中的数据可以看出，含 C_2 以上烷烃愈多，天然气的相对密度愈大。表 2-4-02 示出了两种油田气的组成。

表 2-4-01　我国几种天然气的组成　φ/%

编号	相对密度	CH_4	C_2H_6	C_3H_8	H_2S	不饱和烃	CO_2	H_2	N_2
1	0.622 2	89.99	0.19	0.10	1.46	0.03	3.1	0.07	5.01
2	0.578 3	97.55	0.54	0.15	0.50	—	1.0	0.04	1.33
3	0.561 4	97.88	0.41	0.04	0.097	—	0.295	0.12	1.18

表 2-4-02　油田气的组成　φ/%

A	CH_4	C_2H_6	C_3H_8	C_4H_{10}	C_5H_{12}	CO_2
干气	83.7	0.6	0.2	—	—	11.5
湿气	10.7	17.8	35.7	19.7	8.4	7.5

干气中绝大部分是甲烷，因此是制造合成氨和甲醇的好原料，由于热值很高，也是很好的燃料。湿气中乙烷以上烃类含量高，像利比亚和沙特阿拉伯油田气中乙烷体积分数分别达到 19% 和 15%以上，对它们加适当压力会被液化，常被称为“液化石油气”（LPG），用作热裂化原料或民用燃料；C_5 以上烷烃，稍加压缩即被凝析出来，常被称为“凝析汽油”，也是热裂化制低级烯烃的好原料。

现在，天然气开采行业内常将天然气划分为常规天然气和非常规天然气两类。常规天然气是指正常开采多年的天然气井和油田伴生气等，非常规天然气是指近期才小量开采或正在开发的煤层气、页岩气、致密岩气和可燃冰（甲烷水合物）等。地质勘探表明，非常规天然气储量相当丰富，仅可燃冰资源就相当于目前全世界油气资源总量的 1 ~ 2 倍。人们相信，在未来 20 ~ 30 年，煤层气、页岩气和致密岩气将能大规模开采，可燃冰的开采技术将被突破并能形成一定的生产规模。

二、天然气的初步加工

由天然气井、油田、煤层中产生的天然气，不宜直接用作化工原料，还需脱除有害组分，并将各组分分离，然后才能将所得各种组分合理利用。图 2-4-01 示出了通常的天然气初步加工处理工艺流程。

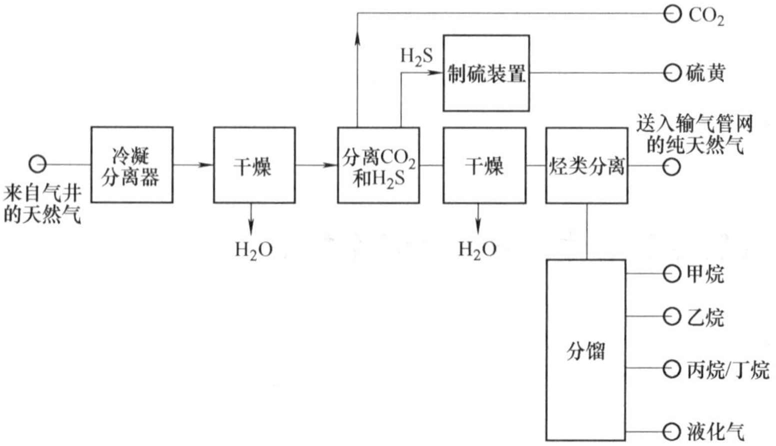

图 2-4-01 天然气加工处理流程图

由图 2-4-01 所示可以看出，天然气经加工处理后，可得到硫黄、纯天然气和低级烷烃。硫黄目前主要用来制造硫酸，纯天然气大量用作燃料，少部分用作化工原料，低级烷烃主要用作化工原料。

天然气中的 H_2S 是在制硫装置中转化为硫黄的，该装置常采用克劳斯法流程。在克劳斯氧化燃烧器中，于 1 200 ℃下硫化氢部分燃烧生成二氧化硫，释放出的热量可用于制造水蒸气。随后，气体进入克劳斯催化反应器，用铝土矿作催化剂，于 300～350 ℃将进料气转化为气态硫，用水喷淋冷却即析出液态硫黄。过程的反应如下：

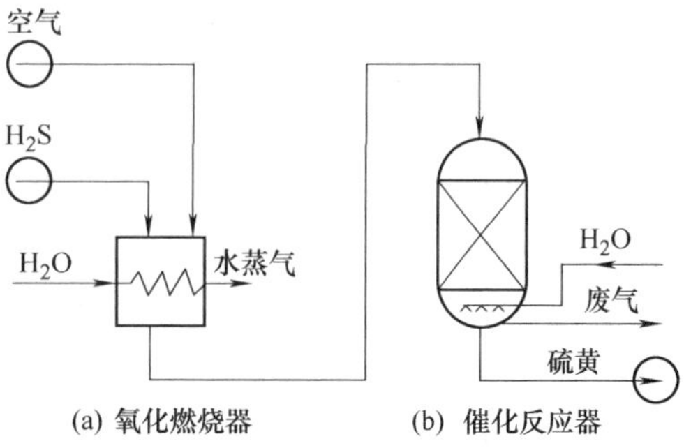

图 2-4-02 克劳斯法流程图

$$H_2S+1\frac{1}{2}O_2 \longrightarrow SO_2+H_2O$$

$$SO_2+2H_2S \longrightarrow 3S+2H_2O$$

$$H_2S+\frac{1}{2}O_2 \longrightarrow S+H_2O$$

图 2-4-02 所示的流程俗称传统克劳斯工艺流程。它一般设立 2 ～ 4 个催化反应器（又称 2～4级转化器），硫黄回收率可分别达到 93%、95%和 97%，尾气中 $\varphi(SO_2)=0.8\%$ ～ 1.8%。针对

传统克劳斯工艺存在硫黄回收率低，尾气中 SO_2 过高的弊病，开发出超级克劳斯工艺和超优克劳斯工艺。超级克劳斯工艺在传统克劳斯工艺中最后一级转化器后，添加 1 个选择性催化氧化反应器（又称超级克劳斯转化器），在通入过量空气的情况下将尾气中剩余的 H_2S 选择性氧化为元素硫，可使硫黄回收率提高至 99%，故这种流程又称超级克劳斯-99 型工艺。若在转化器和选择性氧化反应器之间设立 1 个加氢还原转化器，将尾气中的 SO_2、COS、CS_2 还原成 H_2S，则硫黄回收率可达到 99.5%，故这种流程又称超级克劳斯-99.5 型工艺。超优克劳斯工艺是在超级克劳斯-99 型流程的最后一级转化器下面装填 1 层加氢还原催化剂，将硫黄回收率由 99%提高至 99.4%，与超级克劳斯-99.5 型工艺相比，省去 1 个加氢还原转化器，投资稍省，特别适宜现有克劳斯装置的技术改造，而两者尾气中 SO_2 含量都能达到国家规定的排放标准（$<0.05\%$）。克劳斯法工艺技术已广泛地应用于天然气、煤气和石油馏分加氢后所得 H_2S 的尾气处理，是目前由 H_2S 制取硫黄的重要工艺。

三、由天然气制液体燃料和燃料添加剂

天然气大量用作民用和工业用燃料。近年来，车用液体燃料（汽油和柴油）价格一路飙升，为此，由天然气制液体燃料和燃料添加剂，受到人们的高度关注，并以较快的速度形成较大的生产能力，以图缓解成品油供应紧张的局面。

天然气可直接用作汽车燃料，世界各国都在组织车队进行试验或试运行，并已积累了不少经验，但存在运输、罐装和使用等安全问题，应用受到限制；以天然气为原料先制成合成气（$CO+H_2$），再经 F-T 合成制得汽油、煤油和柴油属清洁燃料，生产技术成熟，随着催化剂性能的改进，生产成本已由 1987 年的 30 美元/桶降至 2000 年的 15 美元/桶，足以与由石油加工得到的液体燃料相竞争。本法存在的主要问题是投资费用高，建设一套生产能力为 330 万桶/年生产装置需花费 10 亿美元。该法 2005 年的生产能力已达 880 万吨/年，预计在未来 15 年内，生产能力将增至 4 500~7 500 万吨/年。该类生产装置我国国内也在积极筹建中。

由天然气合成甲醇，规模大，技术成熟。甲醇可掺和在汽油和柴油中，或直接用作燃料使用。用作掺和燃料成本比单纯的汽油和柴油高，政府要补贴才可施行。直接用作燃料，热值仅为汽油的一半，且容易吸水分层，一不小心容易造成发动机熄火，甲醇对金属和橡胶还有一定的腐蚀性。此外，甲醇本身以及尾气中含有的甲醛对人体有害，因此甲醇的应用也受到限制。

20 世纪 70 年代初，美国 Mobil 公司开发成功由甲醇制汽油的工艺技术（MTG 工艺），随后已建成 100 桶/天汽油的示范装置。所得汽油辛烷值高，无硫、氮等组分，属清洁油品，甲醇亦可用作燃料电池车的燃料。上述两项技术在国内外都受到充分重视，都在大力开发中。

以甲醇为原料生产油品添加剂（亦可称掺和剂）已形成很大的生产能力，主要有甲基叔丁基醚（MTBE）、二甲醚和碳酸二甲酯等。甲基叔丁基醚掺入汽油后，不仅能显著提高汽油的辛烷值，而且能明显降低汽车尾气中有毒成分的排放量。二甲醚和碳酸二甲酯能掺入汽油和柴油，除提高汽油和柴油的品质外，也可减轻汽油机和柴油机尾气对环境的污染。现在国内外都在建设 100 万吨/年以上的生产装置。

目前，我国的甲醇主要由煤制得，相信不久的将来，大部分的甲醇将由天然气得到。

四、天然气的化工利用

纯天然气和低级烷烃的化工利用主要有四条途径。

(1) 经转化先制成合成气($CO+H_2$),或含氢很高的合成氨原料气,然后进一步合成甲醇、氨、高级醇和羰基化产品。

(2) 经部分氧化制乙炔。

(3) 经热裂解制乙烯、丙烯、丁烯、丁二烯和乙炔。

(4) 直接制造化工产品。例如制造炭黑、氢氰酸、各种氯甲烷、硝基甲烷、甲醇和甲醛等。

天然气的化学加工方向见表 2-4-03。

表 2-4-03 天然气的化学加工方向

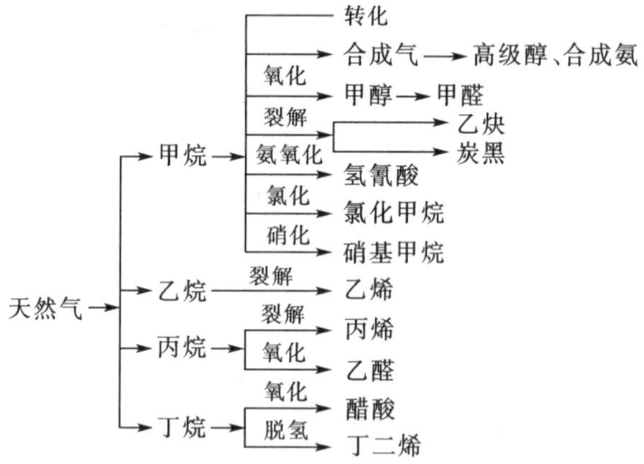

2-5 其他化工资源

一、农、林、牧、渔产品及其副产物

农、林、牧、渔产品及其副产物等生物资源属再生资源,取之不尽,用之不竭,有广阔的发展前途。目前,大力开发的是生物质能源,如燃料乙醇、生物柴油、沼气等。利用热解或热解液化技术,生产合成气和液体燃料的工业技术也已日臻完善;用来生产的化工产品也很多,多属精细化工类,大宗化学品则较少。以下对农、林、牧、渔产品及其副产物等生物资源为原料生产的化工产品作一扼要介绍。

① 溶剂　原料为米、麦、高粱、薯类等含淀粉的物质,经水解和发酵制得。

$$\underset{(多缩己糖)}{(C_6H_{10}O_5)_n} \xrightarrow{水解} \underset{(己糖)}{C_6H_{12}O_6} \xrightarrow[丙酮-丁醇酶]{发酵} CH_3(CH_2)_2CH_2OH + CH_3\underset{\underset{O}{\|}}{C}CH_3 + C_2H_5OH + CO_2\uparrow$$

② 麦芽糖和葡萄糖 以淀粉类物质为原料，经水解制得。

$$2\underset{(多缩己糖)}{(C_6H_{10}O_5)_n} \xrightarrow{水解} \underset{(麦芽糖)}{C_{12}H_{22}O_{11}} \xrightarrow{水解} \underset{(葡萄糖)}{2C_6H_{12}O_6}$$

③ 糠醛和糠醇 以玉米芯、棉籽壳、油菜壳等为原料经水解和加氢得到：

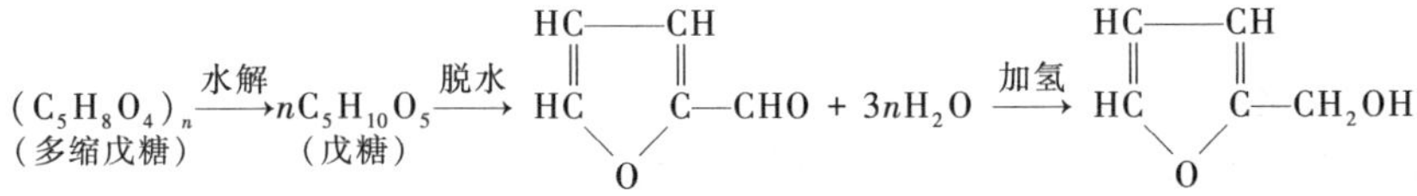

④ 木糖和木糖醇 以木屑、稻草、玉米芯等为原料经水解和加氢制得。

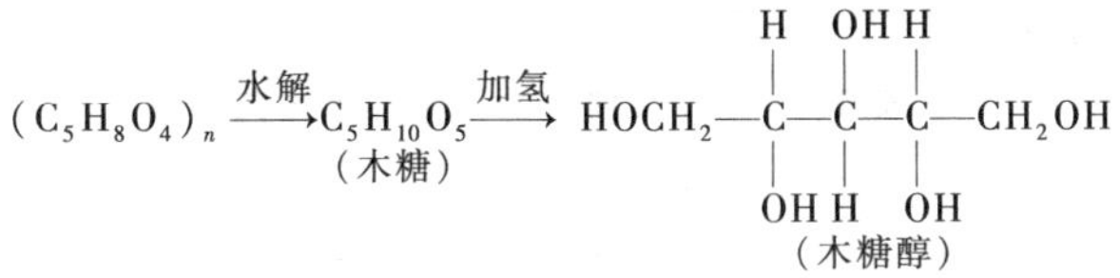

⑤ 由淀粉类物质经发酵可制得多种有机酸和氨基酸。如柠檬酸、乳酸、醋酸、葡萄酸、衣康酸、苹果酸、富马酸、丙酸、谷氨酸、赖氨酸和 L-蛋氨酸等。其中的乳酸经聚合可制得可生物降解的聚乳酸(PLA)，它又称“生物质塑料”，是目前唯一能在生产成本上和性能上与石油基塑料相竞争的植物基塑料。

⑥ 由淀粉水解糖液经发酵制抗生素，如青霉素、链霉素、四环素和土霉素等。

⑦ 由油脂水解制脂肪酸和甘油。

⑧ 利用抽提(萃取)剂提取动、植物中香精、精油和药物等。

应当指出，农、林、牧、渔产品及其副产物的综合利用还存在原料与产品质量比过大，收购有季节性，容易发生霉变等问题，给原料的收、储、运带来不小的困难。有些产品要用粮食(如大米、小麦、玉米等)做原料，与人、畜争粮，在全球粮食紧缺的情况下，发展肯定会受到限制。有些产品生产规模不大，生产成本较高，还难与以石油、天然气为原料生产所得相匹敌。但是，随着科学技术的发展、生产工艺技术的不断开发和改进、原料路线的改变，上述困难都会逐步得到改善。利用农、林、牧、渔产品及其副产物的范围将会不断扩大，生物质燃料和生物化工产品不仅品种增多，而且生产规模也将会越来越大，必将成为 21 世纪替代化石能源的重要措施。

二、 海洋化工资源

辽阔的海洋也蕴藏着丰富的化工资源，已得到工业应用的有：海盐的制造，碘、钾盐和镁盐的提取，海洋生物制药，制高级油脂，制甲壳素和壳聚糖，以及制革等。最近的地质勘探表明，海洋深处存在大量的甲烷水合物(又称可燃冰)，数量之巨是目前全世界油气资源总和的 1~2 倍，但总体而言，海洋资源的利用进展缓慢。现在，对海洋资源的开发已引起人们的高度重视，以海洋资源为基础的海洋化工正在形成，相信在 21 世纪，海洋化工资源必将为化学工业的发展作出重大贡献。

习题

1. 煤、石油和天然气在开采、运输、加工和应用诸方面有哪些不同?

2. 为了多产芳烃,在催化重整中要控制哪些工艺参数?

3. 查阅有关文献资料,写一篇名为“21 世纪的天然气化工”的小论文。

4. 除课文已叙述之外,试举两个以农副产品为原料生产化工产品的例子,简单地描述一下它们的生产过程。

参考文献

[1] 余黎明,白颐.我国天然气工业发展的机会和条件探析.化学工业,2009,(2):1-16.

[2] Piel W J. Ethers will play key role in“clean”gasoline blends. Oil&Gas J,1989,87(49):40-44.

[3] Gilman R H. Capital Outlays for gasoline reformulation canbe minimized. Oil&Gas J,1990,88(36):44-49.

[4] 吉田高年,琢岛宽,植野積夫. 石油と碳の化学.2 版.东京:共立出版社株式会社,1984(昭和 60 年).

[5] 吕家欢.清洁燃料生产技术选择. 当代石油化工,2006,14(3):6-12.

[6] 周惠娟,米庆云.国内外车用燃料标准的发展及其对炼油工业的影响。当代石油化工,2003,11(12):25-28.

[7] 袁忠勋.几种芳烃抽提工艺技术的分析对比. 石油炼制与化工,1994,(6):35-41.

[8] 华东石油学院.石油炼制工程:下册.北京:石油工业出版社,1988.

[9] 吴指南.基本有机化工工艺学.修订版.北京:化学工业出版社,1990.

[10] 赵仁殿,金彰礼,陶志华,等.芳烃工学.北京:化学工业出版社,2001.

[11] 张建芳,山红红.炼油工艺基础知识. 北京:中国石化出版社,1994.

[12] 李建华,曹祖宾. 世界各国油页岩的组成及综合利用.辽宁化工,2007,36(2):110-112.

[13] 汪家铭.超级克劳斯硫黄回收技术浅析及展望.化肥工业,2009,(4):16-22.

[14] 苗兴东.催化裂化技术的现状及发展趋势. 河北化工,2007,30(1):6-9.

[15] 山红红,李春义.催化裂化技术进步近况.当代石油化工,2006,14(1):29-31.

[16] 张广瑞,张庆金,王平彪,等.F-T 合成和天然气化工的未来.河北化工,2009,(4):31-35.

第三章

通用反应单元工艺

3-1 氧化

利用氧化反应,将氧原子引进化合物内,或由化合物中除去氢原子,以制取化工产品的想法已成为化学工业中生产诸如硫酸、硝酸、醇、酮、醛、酸和环氧化物等的重要方法。能输送氧或夺取氢原子的物质称为氧化剂,最廉价最常用的氧化剂是空气和氧气。此外,如硝酸、重铬酸盐、次氯酸盐、过氧化物等也广为采用。氧化反应常在气相或液相下进行,为加快反应速率,提高目的产物的收率及缓和反应条件,一般都使用催化剂,此时的反应称为催化氧化。

一、 概述

1. 氧化反应的分类

(1) 按作用物与氧的反应形式来分类　氧化反应主要有以下九类:

① 氧原子直接引入作用物的分子内。

例如

$$SO_2+\frac{1}{2}O_2 \longrightarrow SO_3$$

$$CH_2=CH_2+\frac{1}{2}O_2 \longrightarrow CH_3CHO$$

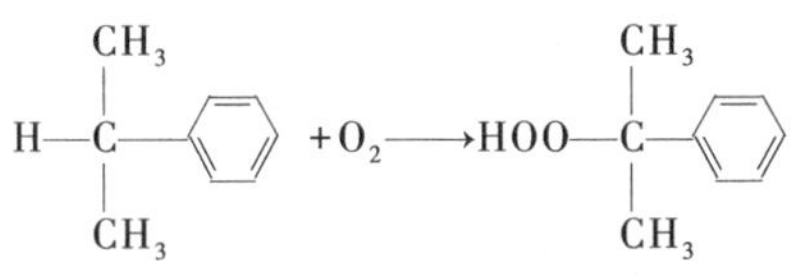

(过氧化氢异丙苯)

② 作用物分子只脱去氢,氢被氧化为水(称为氧化脱氢)。

例如

$$C_2H_6+\frac{1}{2}O_2 \longrightarrow C_2H_4+H_2O$$

$$CH_3CHOHCH_3+\frac{1}{2}O_2 \longrightarrow CH_3COCH_3+H_2O$$

③ 作用物分子脱氢（氢被氧化为水）并同时添加氧。

例如
$$CH_2=CH-CH_3+O_2 \longrightarrow CH_2=CH-CHO+H_2O$$

（丙烯醛）

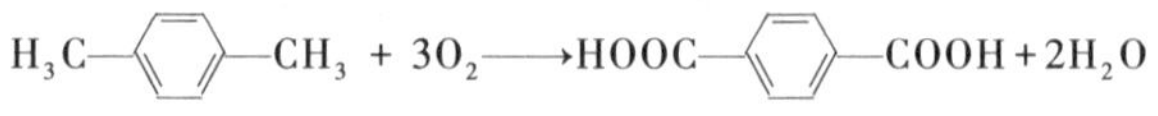

（对苯二甲酸）

④ 两个作用物分子共同失去氢，氢被氧化为水（称为氧化偶联）。

例如
$$CH_2=CH-CH_3+NH_3+1\frac{1}{2}O_2 \longrightarrow CH_2=CH-CN+3H_2O$$

（丙烯腈）

$$2C_6H_5CH_3+O_2 \longrightarrow C_6H_5CH=CH-C_6H_5+2H_2O$$

（1,2-二苯乙烯）

⑤ 碳-碳键部分氧化，作用物分子脱氢和碳键的断裂同时发生（称为部分降解氧化）。

例如

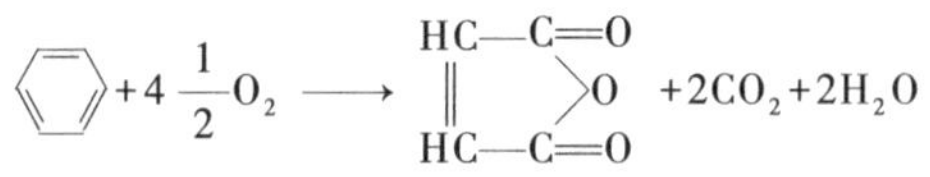

$$CH_3CH=CH_2+O_2 \longrightarrow CH_3CHO+HCHO$$

⑥ 碳-碳键完全氧化（称为完全降解氧化）。

例如
$$C_2H_6+\frac{7}{2}O_2 \longrightarrow 2CO_2+3H_2O$$

$$C_2H_5OH+3O_2 \longrightarrow 2CO_2+3H_2O$$

⑦ 间接氧化。

例如
$$CH_4+H_2O \longrightarrow CO+3H_2$$
$$CH_4+2H_2O \longrightarrow CO_2+4H_2$$

⑧ 氮-氢键的氧化。

例如
$$NH_3+\frac{5}{4}O_2 \longrightarrow NO+\frac{6}{4}H_2O$$

⑨ 硫化物的脱氢或氧化。

例如
$$H_2S+\frac{1}{2}O_2 \longrightarrow S+H_2O$$

$$CS_2+3O_2 \longrightarrow CO_2+2SO_2$$

（2）按反应相态分类　在工业上氧化反应按相态来区分，可分为气-液相氧化（习惯上称为液相氧化）和气-固相氧化（固相为催化剂，气相为反应物及空气或纯氧）。对相同的相态，其反应机理、设备类型、生产流程组织、反应系统的优化方法以及其他工程问题（如防爆、反应热能利用等）往往十分类似，对较深入地研究反应工程与工艺的内在联系也很有用处。事实上，欲开发一个液相氧化或气-固相氧化工艺，开发初期往往采用了相同相态下其他氧化反应的成果和经验，这样做常可能收到事半功倍的效果。

2. 氧化反应的共同特点

（1）氧化反应是一个强放热反应，尤其是完全氧化反应，释放出的热量比部分氧化反应要大

8~10 倍。故在氧化过程中，应严格控制反应温度，及时移走反应热。若释放出的反应热不及时移走，会使反应温度升高，反应速率加快，释放出比原先更多的热量，这又会进一步促使反应温度的上升。这一恶性循环的结果，不仅会损害催化剂的活性和对反应的选择性，还会酿成爆炸事故。表3-1-01列出了某些烃类与空气混合后的爆炸极限。氧化反应这一特点，在氧化反应器的设计上必须引起高度重视，除考虑足够的传热面积，以移走热量（如在外部加夹套、内部装冷却盘管等），设备上还必须开设防爆口，装上安全阀或防爆膜。反应温度最好能自动控制，至少装上自动报警系统。工业上在操作中常用在原料气中掺入惰性气体（如水蒸气、氮气、二氧化碳等）的办法稀释作用物，以降低反应激烈程度，控制反应热的生成。

表 3-1-01　某些烃类与空气混合的爆炸极限

爆炸极限	φ(烃)/%								
	乙炔	乙烯	丙烯	*n*-丁烯	丁二烯	苯	甲苯	邻二甲苯	萘
下限	2.3	3~3.5	2.0	1.7	2.0	1.4	1.27	1.0	0.9
上限	82	16~29	11.1	9.0	11.5	9.5	7.0	6.4	5.9

（2）氧化反应途径多样，生成的副产物也多，这给后续的分离工序造成一定的困难，工艺流程的组织也会复杂一些。

（3）从热力学趋势看，烃类氧化成 CO_2 和水的倾向性很大。因此，在氧化反应中，控制不当容易造成深度氧化，导致原料和氧化中间产物（它往往是我们所需要的）的损失。为此必须选择性能优良的催化剂并及时终止氧化反应。

3. 氧化剂

按照 Fieser 的分类方法，氧化剂可以分为 8 种。

（1）氧或空气　它们是最廉价的氧化剂。过去以空气为主，后改用氧气作氧化剂的日益增多，这是因为制氧虽需增加空气分离设备和动力消耗，但可使氧化反应器体积减小，放空的反应尾气量减少，避免或减少了随惰性气体一起排放出去的原料气的损失，经过经济方面的综合平衡采用氧气作氧化剂往往更有利。

（2）氧化物　金属氧化物有：三氧化铬（CrO_3）、四氧化锇（OsO_4）、四氧化钌（RuO_4）、氧化银（Ag_2O）和氧化汞（HgO）等；非金属氧化物有：二氧化硒（SeO_2）、三氧化硫（SO_3）和三氧化二氮（N_2O_3）等。

（3）过氧化物　有过氧化铅（PbO_2）、过氧化锰（MnO_2）、过氧化氢（H_2O_2）和过氧化钠（Na_2O_2）等。

（4）过氧酸　无机过氧酸有：过氧硫酸（H_2SO_5）和过氧碘酸（HIO_4）等；有机过氧酸有：过氧苯甲酸（$C_6H_5CO_2OH$）、三氟过氧乙酸（CF_3CO_2OH）、过氧乙酸（CH_3CO_2OH）和过氧甲酸（HCO_2OH）等。它们的氧化能力的顺序为

$$CF_3CO_2OH \geqslant HCO_2OH > CH_3CO_2OH > C_6H_5CO_2OH$$

（5）含氧盐　有高锰酸盐（如高锰酸钾）、重铬酸钾、氯酸盐（如氯酸钾）、次氯酸盐、硫酸铜和四醋酸铅等。

（6）含氮化合物　常用的有硝酸、赤血盐[$K_4Fe(CN)_6$]和硝基苯。

（7）卤化物　金属卤化物有：氯化铬酰（CrO_2Cl_2）和氯化铁。非金属卤化物只有 *N*-溴代丁

二酰亚胺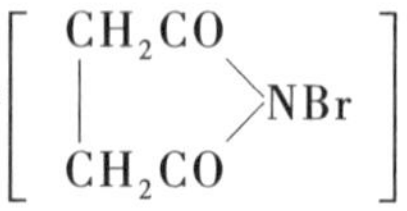。

(8) 其他氧化剂 有臭氧、发烟硫酸、熔融碱和叔丁醇铝[$AlOC(CH_3)_3$]等。

以上氧化剂在使用过程中,往往需配用相应的催化剂来提高氧化反应的速率和选择性。有些氧化剂亦可用作氧化催化剂,如四氧化锇可以用作过氧化氢的氧化催化剂,氧化银可以用作氧气(或空气)的氧化催化剂等。

4. 反应热的合理利用

氧化反应是强放热反应,释放出的热量若能合理利用,对节约工厂能源、降低生产成本有重要意义。现将反应热的合理利用方式简单介绍如下。

对反应温度在 300 ℃以上者,比较好的办法是利用反应热副产中、高压水蒸气,过热后用来带动空气压缩机的透平和其他大功率泵,当然也可以用来发电。然后将背压抽出的 0.5~1.5 MPa左右压力的水蒸气用于装置的加热,其反应热合理利用原则流程见图 3-1-01。中、高压水蒸气在进入透平前一定要过热,以免在透平机中产生液滴,使叶轮穿孔甚至断裂,一般过热几十度。在列管式固定床中可以用熔盐来过热,流化床反应器则可在浓相段加设水蒸气过热管,以免为此专门设置水蒸气过热加热炉。

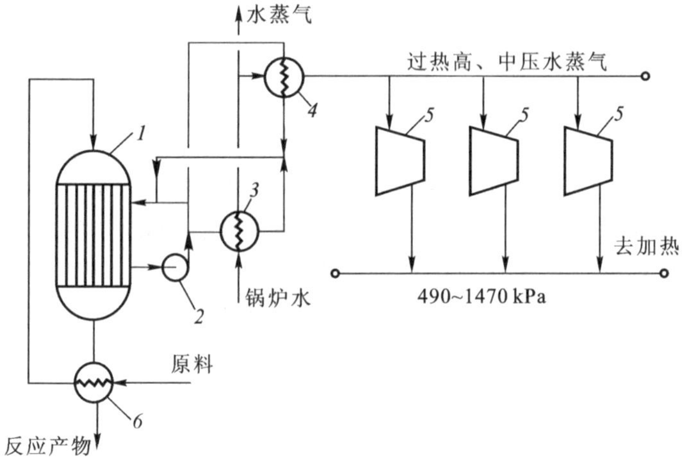

图 3-1-01 反应热合理利用的原则流程图

1. 反应器;*2.* 泵;*3.* 废热锅炉;*4.* 水蒸气过热器;*5.* 透平;*6.* 换热器

为了利用大量低位废热(例如低压水蒸气和 80~100 ℃左右的热水等),近年来有人正在研究采用沸点低于 100 ℃的工作介质来带动透平,工作介质有丁烷、氟里昂等。它们用进料泵加压进入气体发生器,用低位废热来蒸发,得到的高压工作介质蒸气用来带动透平做功,透平可以是背压型或全凝型,从透平出来的低压工作介质蒸气用水冷凝成液体,再进入进料泵循环。这些系统比水蒸气透平复杂,所以费用较高,目前尚未普遍采用。有些工厂利用上述工作介质作高温分离塔塔顶冷凝器的冷却剂,汽化后用作低温分离塔塔釜再沸器的供热源,也收到了很好的节能效果。

氧化尾气常具有一定压力(例如 0.3~1 MPa),在放空前可考虑使用膨胀透平机来利用其能量,以带动鼓风机或泵。尾气压力越高,数量越大,利用膨胀机的效果就越好。

现代化工企业往往由多个分厂或车间组成,氧化工段反应热的利用可与整个化工企业统筹考虑,使热能的综合利用更为合理。

鉴于工业上以氧气或空气作氧化剂的场合最多,也最重要,在以后的论述中我们将主要阐明用氧气或空气作氧化剂的氧化过程。

二、二氧化硫催化氧化制硫酸

硫酸是无机化学工业中最重要的产品之一。主要用途是制造化肥,它消费硫酸总产量的70%左右,其中磷肥消费硫酸总产量的60%以上。事实上,有不少硫酸生产装置是为磷肥厂配套而建设的。硫酸的其他用途有:提铀、炼钛、石油精制和烷基化、金属清洗、木材水解、合成洗涤剂、医药、染料、炸药、香料,以及三大合成材料等;生产硫酸的原料主要有硫黄、有色金属冶炼烟气(其中铜冶炼烟气占有色金属冶炼烟气制酸量的50%以上)、硫铁矿和石膏(包括制磷酸时副产的磷石膏)。为消除 H_2S 对大气的污染,用含 H_2S 的天然气、炼厂气、各种烟气或尾气制酸也受到世界各国的重视。就世界范围而言,生产硫酸的主要原料是硫黄,约占硫酸总产量的65%,其次是硫铁矿,约占16%,其他占19%。我国硫黄资源贫乏,过去相当长一段时间里,主要用硫铁矿制酸(约占总酸量的80%左右),从20世纪90年代开始,因从国外进口硫黄制酸成本低,建厂投资省,环境污染小,以及国际硫黄售价不断下滑等原因,我国已建和在建了一批生产能力为10万 t/a 至 80万 t/a 的硫黄制酸装置,使生产硫酸的原料构成发生了很大的变化。据统计,2006年我国硫酸总产量为50.44 Mt/a,位居世界第一位。其中硫黄制酸占44.3%,有色金属冶炼烟气制酸占23.1%,硫铁矿制酸占31.6%,其他占1.0%。但是,2005年我国 SO_2 的总排放量已高达25.49 Mt/a,亦居世界第一位,对大气的污染已相当严重,为此国家制定的"十一五"规划纲要明确指出,到2010年 SO_2 排放量要比"十五"期末减少10%,减排任务相当艰巨。现在已出台的具体减排措施有:在建的硫酸生产装置,排出的尾气中 SO_2 的含量一定要达标(小于500 μL/L)后才允许生产,已建的生产装置要限期达标,对新建大型制酸装置总体生产能力加以限制,对废酸(主要来自石化和钢铁企业)、废气(各种工业烟气和尾气)中的 SO_2 和 H_2S 要加以回收和利用,这不仅可直接减少 SO_2 和 H_2S 的排放量,而且用它们来制酸可减少对新鲜硫酸的消费量。

硫酸纯品是一种无色透明的油状液体,工业品因含有杂质,呈淡黄色、黄色乃至棕色。品种有 $w(H_2SO_4)=75\%\sim78\%$ 的稀硫酸,$w(H_2SO_4)=93\%$ 或 98%(俗称93酸和98酸)的浓硫酸,以及含游离 SO_3 的体积分数 $\varphi(SO_3)=20\%$ 或 65%(俗称105酸和115酸)的发烟硫酸。硫酸有强烈的腐蚀作用,浓硫酸遇水会释放出大量热量,对碳水化合物(如棉、麻、木材等)或人的皮肤会有强烈的脱水作用,发烟硫酸还会释放出大量 SO_3 污染环境,因此硫酸在生产、储运以及使用时要注意安全,谨防发生生产和人身伤害事故。

1. 生产方法和工艺过程

在硫酸生产历史上,出现过三种生产方法,即塔式法、铅室法和接触法。

(1) 塔式法和铅室法　是古老的生产方法。在中间装填瓷圈的塔形结构的设备或中空的铅

室中进行,所用催化剂是二氧化氮,氧化过程可用下列反应式表示:

$$SO_2+NO_2+H_2O \longequal H_2SO_4+NO$$

$$SO_2+N_2O_3+H_2O = H_2SO_4+2NO$$

$$2NO+O_2 = 2NO_2$$

$$NO_2+NO = N_2O_3$$

由此制得的硫酸的质量分数 $w(H_2SO_4)=65\%\sim75\%$,仅用作生产肥料(如过磷酸钙等),工业应用因浓度不高而受到限制。而且含硝化物硫酸对设备的腐蚀相当严重。目前,世界上用本法生产硫酸的工厂已很少,我国也于 1993 年关闭了最后一家塔式法硫酸制造厂。

(2) 接触法 在 20 世纪 50 年代后建厂,现在基本上取代了塔式法和铅室法。该法是将焙烧制得的 SO_2 与固体催化剂(开始是铂,后改用 V_2O_5,现为含铯钒催化剂)接触,在焙烧炉气中剩余氧的参与下[通常还需配入适当空气或富氧空气以控制 $\varphi(O_2)/\varphi(SO_2)$ 值恒定],SO_2 被氧化成 SO_3,后者与水作用可制得浓硫酸[$w(H_2SO_4)=98.5\%$]和发烟硫酸[含游离 $\varphi(SO_3)=20\%$ 左右]。

接触法生产硫酸经过以下四个工序。

① 焙烧矿石(或硫黄) 制备 SO_2 化学反应式如下:

$$4FeS_2+11O_2 = 2Fe_2O_3+8SO_2 \text{(硫铁矿焙烧)}$$

$$S+O_2 \longrightarrow SO_2\uparrow \text{(硫黄焙烧)}$$

硫铁矿分普通硫铁矿[其中大部分为黄铁矿,亦含有白铁矿、磁铁矿,含量 w(硫)$=25\%\sim53\%$]、浮选硫铁矿[与有色金属伴生,含量 w(硫)$=32\%\sim40\%$]和含煤硫铁矿[是煤矿的杂质,含量达 w(硫)$=40\%$]三种,主要成分有 FeS,FeS_2,Fe_2O_3,Fe_3O_4 和 FeO 等,矿物中还含有铅、镁、钙、钡的碳酸盐,砷、硒、铜、银、金等化合物。在氧含量过剩的情况下,为使矿物中的硫全部转化成 SO_2,焙烧温度需在 600 ℃以上,此时烧渣中,铁主要以 Fe_2O_3 存在(尚有少量 Fe_3O_4)。上述碳酸盐分解生成氧化物后又与炉气中 SO_3 反应生成硫酸盐。砷和硒的化合物转化为氧化物,在高温下升华逸入炉气中成为对制酸有害的杂质。矿石中的氟化物在焙烧过程中转变成气态 SiF_4,也进入炉气中。此外,工业上还有在弱氧化气氛中焙烧矿石,目的在于获得主要成分是具有磁性的 Fe_3O_4 的铁精砂[一般含 w(铁)$>55\%$]的磁性焙烧。有以回收矿渣中有色金属为目的,在空气过剩量很大(过剩系数为 1.5~2.0)情况下的焙烧,此时有色金属钴、铜和镍等以硫酸盐形式存在于矿渣中,而铁则以 Fe_2O_3 形式存在,工业上称为硫酸化焙烧。还有以回收砷为目的的脱砷焙烧等。上述三种焙烧方法,在本书 4-1 节中再行详述。

矿石的焙烧过去采用多层式机械焙烧炉,生产能力小,回收矿石中的硫不完全。现在广泛采用沸腾焙烧炉,矿石粉碎至粒度为 6 mm 左右,炉膛温度 680~720 ℃,炉顶温度在 900~950 ℃,生产能力是机械焙烧炉的 2.5 倍以上。对原料的适应性也比机械焙烧炉强,但炉气含尘量高(标准状态下达 200~300 g/m^3,是机械焙烧炉的 20~30 倍),动力消耗大。

② 炉气精制 目的是除去各种杂质,如三氧化二砷、二氧化硒、氟化氢、矿尘、水蒸气和酸雾等。其中三氧化二砷使钒催化剂中毒和催化剂中的钒逃逸,二氧化硒使钒催化剂中毒和使成品酸带色,氟化氢(由 SiF_4 水解产生)则会腐蚀设备。它们在低温下(30~60 ℃)很容易用水或酸洗涤炉气而除去。炉气净化有水洗流程和酸洗流程两种,水洗流程会产生大量废水[5~15 t(废水)/t(成品硫酸)],故现在多用酸洗流程[废水量<0.2 t(废水)/t(成品硫酸)]。经冷却除尘的

炉气用稀酸洗涤,稀酸可循环使用,多余者可外送(如送磷肥厂)。

近年来,我国利用冶炼烟气的制酸厂和少数小型硫酸厂,采用热浓酸[($w(H_2SO_4)=93\%$的硫酸]洗涤流程,炉气冷至 270~300 ℃后即进入热酸塔用热浓酸逆流洗涤,炉气中绝大部分硫酸蒸气以液滴形式进入浓酸中,生成的酸雾(一种悬浮在气流中的含酸微小水滴)大为减少,可省去电除雾器,设备可用铸铁制造,SO_3 不受损失,但 As_2O_3,SeO_2 和 HF 不能脱除干净,应用受到限制。

③ 转化 精制后的炉气,借助钒催化剂,利用炉气中剩余的氧气(或补充少许空气)将二氧化硫氧化为三氧化硫。通常,SO_2 的转化率可达 99%以上。

④ 吸收 用硫酸[$w(H_2SO_4)=98.5\%$]吸收三氧化硫制得商品级浓硫酸或发烟硫酸。用浓硫酸吸收 SO_3 比用水吸收 SO_3 更容易,而且不会产生酸雾。若工厂需生产工业级($w=98.5\%$)硫酸,只需将吸收后的浓硫酸加水稀释到 $w=98.5\%$,一部分用作吸收剂返回吸收塔,一部分作商品出售。若生产发烟硫酸[w(硫酸)$=104.5\%$,含游离 $\varphi(SO_3)=20\%$],则将 SO_3 气先通入发烟硫酸塔,用浓硫酸吸收,达到产品所需求的游离 SO_3 量后,排出作产品出售,吸收尾气再送去制 $w=98.5\%$的浓硫酸。

上述四个工序中,二氧化硫转化为三氧化硫最为关键,这是因为 SO_2 不能自动被氧氧化为 SO_3,必须使用催化剂,而催化剂的性能及消耗定耗又直接影响到 SO_2 的利用率和生产成本。

2. 二氧化硫催化氧化的反应机理

二氧化硫的氧化属气-固相催化氧化反应,当无催化剂时,反应活化能是 209 kJ/mol,反应不易进行,在钒催化剂上反应时,反应活化能降至 92~96 kJ/mol。催化氧化机理由四个步骤构成。

① 钒催化剂上存在着活性中心,氧分子吸附在它上面后,O═O 键遭到破坏甚至断裂,使氧分子变为活泼的氧原子(俗称原子氧),它比氧分子更易与 SO_2 反应。

② SO_2 吸附在钒催化剂的活性中心,SO_2 中的 S 原子受活性中心的影响被极化。因此很容易与原子氧结合在一起,在催化剂表面形成络合状态的中间物种。

③ 这一络合状态的中间物种,性质相当不稳定,经过内部的电子重排,生成了性质相对稳定的吸附态物种。

$$\underset{\text{(络合状态中间物种)}}{\text{催化剂}\cdot SO_2\cdot O} \longrightarrow \underset{\text{(吸附态物种)}}{\text{催化剂}\cdot SO_3}$$

④ 吸附态物种在催化剂表面解吸而进入气相。

经研究,在上述四个步骤中,第一步骤进行得最慢(即氧分子均裂变成氧原子),整个反应的速率受这个步骤控制,故将它称为 SO_2 氧化为 SO_3 的控制阶段(或称控制步骤)。

以上我们讨论了在催化剂上发生的反应(称为表面反应),实际上影响 SO_2 氧化成 SO_3 的反应速率还有另一些因素。例如气流中的氧分子和 SO_2 分子扩散到催化剂外表面的速率,催化剂外表面上的氧分子和 SO_2 分子进入催化剂内表面(催化剂微孔中)的速率,SO_3 从催化剂内表面扩散到外表面,以及 SO_3 从催化剂外表面扩散到气流的速率,包括表面反应在内,其中最慢者将成为整个化学反应的控制步骤,在工业生产中,应尽量排除或减弱扩散阻力,让表面反应成为控制步骤,此时采用高效催化剂就会对生产产生巨大的推动作用。

3. 二氧化硫催化氧化工艺过程分析

(1) 平衡转化率 平衡转化率是反应达到平衡时的 SO_2 转化率,常用 x_e 表示。在实际操作中，化学反应不会达到平衡程度（这需要花费很长的时间），所得到的转化率总比平衡转化率小，两者差距往往被用来评判实际生产中有多少改进余地的一个重要指标。

SO_2 氧化成 SO_3 是一个放热的、体积缩小的可逆反应：

$$SO_2(\text{气})+\frac{1}{2}O_2(\text{空气})\rightleftharpoons SO_3(\text{气}) \qquad \Delta H^{\ominus}(298\ \text{K})=-98\ \text{kJ/mol}$$

经过实验验证，它的平衡常数 K_p 值可根据质量作用定律得到：

$$K_p=\frac{p^*(SO_3)}{p^*(SO_2)\cdot p^{*0.5}(O_2)} \tag{3-1-01}$$

反应的平衡常数与温度的关系服从范托夫定律，可用式（3-1-02）表示如下：

$$\lg K_p=\frac{4\ 905.5}{T}-4.645\ 5 \tag{3-1-02}$$

各温度下的平衡常数值列于表 3-1-02。

表 3-1-02 不同温度下的平衡常数

温度/℃	K_p	温度/℃	K_p	温度/℃	K_p	温度/℃	K_p
400	442.9	450	137.4	525	31.48	600	9.37
410	345.5	475	81.25	550	20.49	625	6.57
425	241.4	500	49.78	575	13.70	650	4.68

达到平衡时，平衡转化率 x_e 可由下式求得：

$$x_e=\frac{p^*(SO_3)}{p^*(SO_2)+p^*(SO_3)} \tag{3-1-03}$$

由式（3-1-01）和式（3-1-03）我们可以得到：

$$x_e=\frac{K_p}{K_p+\sqrt{1/p^*(O_2)}} \tag{3-1-04}$$

若以 a，b 分别表示 SO_2 和 O_2 起始摩尔分数，p 为反应前混合气体的总压力，以 1 mol 混合气为计算基准，通过物料衡算可得到氧的平衡分压为

$$p^*(O_2)=\frac{b-0.5\ ax_e}{1-0.5\ ax_e}\cdot p \tag{3-1-05}$$

将式（3-1-05）代入式（3-1-04）得到：

$$x_e=\frac{K_p}{K_p+\sqrt{\dfrac{1-0.5\ ax_e}{p(b-0.5\ ax_e)}}} \tag{3-1-06}$$

式（3-1-06）中等式两边都有 x_e，故要用试差法来计算 x_e。

由式（3-1-06）知，影响平衡转化率的因素有：温度、压力和气体的起始浓度。当炉气的起始组成 $\varphi(SO_2)$ 为 7.5%，$\varphi(O_2)$ 为 10.5%，$\varphi(N_2)$ 为 82%时，用式（3-1-06）可计算出不同压力、温度下的平衡转化率 x_e，结果示于表3-1-03。

表 3-1-03　平衡转化率与温度和压力的关系

t/℃	p/MPa					
	0.1	0.5	1.0	2.5	5.0	10.0
400	0.991 5	0.996 1	0.997 2	0.998 4	0.998 8	0.999 2
450	0.975 0	0.982 0	0.992 0	0.994 6	0.996 2	0.997 2
500	0.930 6	0.967 5	0.976 7	0.985 2	0.989 4	0.992 5
550	0.849 2	0.925 2	0.945 6	0.964 8	0.974 8	0.982 0
600	0.726 1	0.852 0	0.889 7	0.926 7	0.946 8	0.961 6

由表 3-1-03 的数据可以看出平衡转化率随反应温度的上升而减小，因此在操作时希望尽可能降低反应温度。压力对平衡转化率的影响与温度相比要小得多，特别在 400～450 ℃范围内压力对平衡转化率的影响甚微，因此可以考虑在常压或低压下进行操作。

利用式(3-1-06)还可计算得到在 0.1 MPa 总压力下不同起始浓度的平衡常数，表 3-1-04 示出了这些数据。

表 3-1-04　起始浓度不同时的 x_e 值

t/℃	$a=7$ $b=11$	$a=7.5$ $b=10.5$	$a=8$ $b=9$	$a=9$ $b=8.1$	$a=10$ $b=6.7$
400	0.992	0.991	0.990	0.988	0.984
450	0.975	0.973	0.969	0.964	0.952
500	0.934	0.931	0.921	0.910	0.886
550	0.855	0.849	0.833	0.815	0.779
560	0.834	0.828	0.810	0.790	0.754

由表 3-1-04 可见，随着炉气中 SO_2 浓度的上升和 O_2 含量的下降，平衡转化率对温度的变化越来越敏感，要想提高生产能力(即提高炉气中 SO_2 的浓度)，直接招致的后果是平衡转化率的下降，在其他操作条件相同的情况下，由于浓度推动力的减小实际转化率也会随着下降，使吸收塔后尾气中残留的 SO_2 增加。要想保持尾气中 SO_2 的低水平，只有降低炉气中 SO_2 的浓度或降低炉气的反应温度，但后者造成反应速率下降，反应时间增加，这两种调控方法都会导致生产能力的下降。因此，SO_2 和 O_2 的起始浓度的选择要慎重。

(2) 反应速率　经过实验研究，在钒催化剂上，二氧化硫氧化的动力学方程式为

$$\frac{dx}{dz}=\frac{273}{273+t}\frac{k'}{a}\left(\frac{x_e-x}{x}\right)^{0.8}\left(b-\frac{1}{2}ax\right) \qquad (3-1-07)$$

由式(3-1-07)可以看出影响反应速率的因素有：反应速率常数 k'、平衡转化率 x_e、瞬时转化率 x 和气体起始组成 a 和 b。而 k'和 x_e 由温度决定，它们是温度的函数。表 3-1-05 列出了在钒催化剂上，二氧化硫的反应速率常数与温度的关系。因此反应速率可以看成是温度和炉气起始组成的函数。在实际生产中，炉气起始组成变化不大。式(3-1-07)中的 a 和 b 可看做常数，将

表 3-1-05 SO_2 在钒催化剂上的反应速率常数

t/℃	k′	t/℃	k′	t/℃	k′
390	0.25	440	0.87	525	4.6
400	0.34	450	1.05	550	7.0
410	0.43	460	1.32	575	10.5
420	0.55	475	1.75	600	15.2
430	0.69	500	2.90		

某一温度下的 k′值和 x_e 值代入式(3-1-07),同时固定转化率 x 的值,我们就可由式(3-1-07)得到该温度下的反应速率,改变温度又可得到另一个反应速率值,由此我们就可制得图 3-1-02[图中的炉气组成为 $\varphi(SO_2)=7\%$,$\varphi(O_2)=11\%$和 $\varphi(N_2)=82\%$]。由图 3-1-02 可见,在一定的

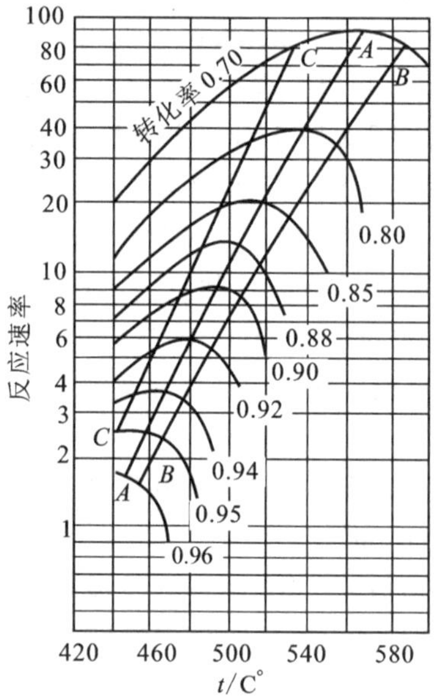

图 3-1-02 在不同转化率下,二氧化硫氧化速率与温度的关系

瞬时转化率下得到的反应速率-温度曲线有一最大值,此值对应的温度称为某瞬时转化率下的最适宜温度。将各最大值连成一条 A-A 曲线后,可以看出转化率愈高,则对应的最适宜温度愈低;在相同的温度下,转化率愈高则反应速率愈低,因此转化率和反应速率之间就出现矛盾,要求反应速率大(这可增大生产能力)转化率就小,反应就不完善,反之要求转化率高,反应速率势必小,反应完全,但生产能力减少。在特定转化率下出现最适宜温度的原因是因为在低温时(如 420 ℃左右)利用升温促使 k'增大导致反应速率增加的影响比由于升温引起平衡转化率下降导致反应速率降低的影响为大,反应速率净值随温度的升高而增加,曲线向上。当温度超过最适宜温度后,平衡转化率的降低对反应速率的影响超过反应温度对反应速率的影响,反应速率净值随温度的升高而下降,曲线向下。为了解决上述矛盾,工厂实际生产中,让炉气在不同温度下分段反应,先在 410~430 ℃一段反应,利用起始 SO_2 浓度较高、传质推动力较大这一优势,将 70%~

75%的 SO_2 转化为 SO_3。然后进入第二段，在 450~490 ℃下快速反应，将 SO_3 转化率提高至 85%~90%。最后进入第三段在 430 ℃反应，将 SO_2 转化率提高到 97%~98%。若此时再想提高 SO_2 的转化率，可让炉气进入第四、第五段，在更低温度下反应，但因反应速率缓慢，花费的反应时间比前几段要多，而且最终转化率很难达到 99%以上。为缩短反应时间，提高 SO_2 的转化率，现在工业上广泛采用将经三段转化后的炉气进入吸收塔，用浓硫酸将 SO_3 吸收掉，然后进入下一个转化器（反应器），进行第二次转化，此时对可逆反应 $SO_2+\frac{1}{2}O_2 \rightleftharpoons SO_3$ 而言，由于 SO_3 被吸收，SO_2 转化成 SO_3 的传质推动力大增，SO_2 的转化率提高，出第二转化器的炉气最后进入第二吸收塔将生成的 SO_3 吸收掉，出塔尾气中的 SO_2 含量大多可达到国家排放标准（小于500 $\mu L \cdot L^{-1}$）。前述的只通过一次转化的工艺称为“一转一吸”工艺，采用二次转化，二次吸收的工艺称为“二转二吸”工艺，这一工艺可将 SO_2 的总转化率提高到 99.5%~99.9%，这不仅最大限度地利用了 SO_2 资源，而且也大大降低了硫酸厂尾气的治理难度，减轻了尾气对大气的污染。在“二转二吸”工艺中，有的第一次转化分三段，第二次转化分二段，这种流程称为“3+2”流程，与此相仿，工业上还有“3+1”、“2+1”、“2+2”和“4+1”流程等。现在一般认为当进转化炉的炉气中 $\varphi(SO_2)<8.5\%$ 时，选用“3+1”流程为宜，若 $\varphi(SO_2)=8.5\%\sim11\%$ 或更高时，选用“3+2”流程为宜，对浓度高达 $\varphi(SO_2)=22\%\sim25\%$ 的某些冶炼烟气，可以采用德国奥图泰（Outotec）技术公司开发成功的 LOREC®工艺技术。国内阳谷祥光铜业有限公司冶炼烟气 $\varphi(SO_2)$ 高达 16%，引进该工艺技术后，从转化器三段出口引出一股烟气，经省煤器冷却至 280 ℃后用高温循环风机输送到转化器一段入口，与沸腾炉来新鲜烟气混合，$\varphi(SO_2)$ 降至 12%，然后进入转化器一段，避免了因烟气浓度过高，导致转化器一段温度飙升的现象。该项工艺技术处理 $\varphi(SO_2)=22\%\sim25\%$ 烟气的方法是除采用部分烟气循环外，在常规“3+2”装置前加 1 台二段床层预转化器和 1 座预吸收塔。这两个设施可将 $\varphi(SO_2)=25\%$ 的烟气降至 12%。LOREC® 工艺技术可使 SO_2 的转化率达到 99.95%，尾气中 SO_2 浓度小于 300 mg/m^3。

（3）起始浓度和 $n(O_2)/n(SO_2)$ 值① 在硫酸工业发展初期，广泛采用“一转一吸”工艺，考虑到催化剂用量（它直接影响生产成本）和总转化率等因素，SO_2 的起始浓度定在 $\varphi(SO_2)=7.0\%$，此时 $n(O_2)/n(SO_2)$ 值约 1.5。采用“二转二吸”工艺后，允许 SO_2 起始浓度大幅度提高，从而使生产装置的生产能力增加。经实验研究，发现 $n(O_2)/n(SO_2)$ 的值与总转化率之间有密切关联，在一定条件下，只要能保证固定的 $n(O_2)/n(SO_2)$ 值，就可获得同样的转化率，而并不受原料变化的影响。但采用不同的工艺，$n(O_2)/n(SO_2)$ 值与总转化率的对应关系是不同的，同一个 $n(O_2)/n(SO_2)$ 值采用了“3+2”流程所对应的总转化率要大于“3+1”流程，而“3+1”流程要大于“2+2”流程，具体关系如图 3-1-03 所示。由图 3-1-03 可见，要达到总转化率为 99.7%的标准（此时尾气中 SO_2 浓度 ≤300 $\mu L \cdot L^{-1}$），“3+2”流程 $n(O_2)/n(SO_2)$ 值为0.78，“3+1”流程 $n(O_2)/n(SO_2)$ 值为 1.06，“2+2”流程 $n(O_2)/n(SO_2)$ 值为 1.18，我国“二转二吸”工艺绝大多数采用的是“3+1”流程，转化器进口的 SO_2 浓度与国外相比偏低[国外 $\varphi(SO_2)=9.3\%$ 左右，国内 $\varphi(SO_2)=8.0\%\sim8.5\%$]，$\varphi(O_2)$ 为7.5%~8.3%，$n(O_2)/n(SO_2)$ 值为 0.88~1.04，由图 3-1-03 可

① O_2/SO_2 值一般指 $n(O_2)/n(SO_2)$ 比值，对于气体，此比值也等于体积分数比 $\varphi(O_2)/\varphi(SO_2)$，本书中若不指明则为 O_2 与 SO_2 的物质的量比（摩尔比）。

见，即使$n(O_2)/n(SO_2)$值为0.88，总转化率亦应达到99.5%以上，但实际上总转化率为99.0%~99.5%，能长期达到99.5%的工厂甚少，因而大有改进余地。“3+2”流程自20世纪80年代由美国孟山都环境化学公司（MEC）开发成功以来，由于具有可提高转化器进口SO_2浓度[$\varphi(SO_2)=$10%以上]、配入的空气量可减少10%~15%、总转化率高和尾气中SO_2的浓度低等优点，已在国外广为采用。现在，国内已能进行“3+2”工艺设计，并成功地应用于国内改建企业或老企业的技术改造中。

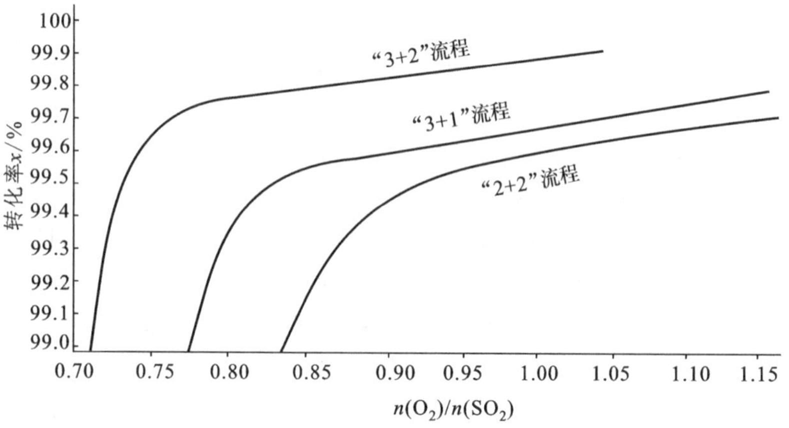

图3-1-03 三种流程转化率与$n(O_2)/n(SO_2)$值的关系

(4) 催化剂 在我国推广“3+2”流程，技术关键在于催化剂。因为随着起始的$\varphi(SO_2)$的提高，放出热量增加，导致转化温度明显上升，普通催化剂忍受不了。在转化器一段，炉气温度不高，要求催化剂在较低温度（如360 ℃）下就有高活性，这类催化剂的作用是“引燃”。从第一层下部起，转化反应进入正常反应区，使用在高温下仍能长期保持高活性的催化剂，起“主燃”作用。现在国内广为采用的是S101—2H型、S107—1H型和S108—H型三种催化剂，它们为环状钒催化剂。比较先进的有S101—2H(Y)型和S107—1H(Y)型，它们是菊花环钒催化剂，床层阻力降比前者小，抗堵能力比前者强；堆密度小、强度高这两个指标已达到国际先进水平。上述二系列催化剂化学成分基本相同，主催化剂为V_2O_5，助催化剂为K_2O，K_2SO_4，TiO_2，MoO_3等，载体为硅胶、硅藻土及其混合物。其中S107—1H型和S107—1H(Y)型，起燃温度360~370 ℃，正常使用温度400~580 ℃，适宜作“引燃层”催化剂；S101—2H型和S101—2H(Y)型起燃温度380~390 ℃，正常使用温度420~630 ℃，适宜作“主燃层”催化剂。美国孟山都环境化学公司开发成功LP—120型、LP—110型和Cs—120型催化剂，丹麦托普索公司开发成功VK型系列催化剂，德国巴斯夫（BASF）公司开发成功04型系列催化剂，其中Cs—120型、VK—58型和04—115型是含铯催化剂（一种含K-Cs-V-S-O等成分的多组分催化剂），起燃温度低（350~380 ℃），使用温度上限达650 ℃，性能优良，但价格较贵（约为普通型的2.5倍），适宜于作“引燃层”催化剂。用作“主燃层”催化剂的主要成分是V_2O_5，K_2O和Na_2O，不含铯，起燃温度370~380 ℃，使用温度上限为650 ℃，它们多为环形催化剂。其中的LP—120型，使用寿命可长达10年。04—115型虽用作“引燃层”催化剂，但它抗高温的能力十分强，在650 ℃下连续运转9个月，活性没有任何影响，而普通的“主燃层”催化剂，操作几天就已完全失活。04—115型催化剂抗毒性能也特别好，几乎不受工艺气体中所含杂质(例如微量 As 和 Pb 之类的重金属)的影响。此外,据报道,日本 6S 圆柱形催化剂的催化性能也不差。上述国外公司生产的催化剂经合理组合,装入转化器内,均允许炉气中 $\varphi(SO_2)>10\%$,而且可保证尾气中 SO_2 含量小于 300 $\mu L \cdot L^{-1}$。

4. 硫铁矿和硫黄制酸工艺流程

在硫酸生产中,冶炼烟气制酸流程与硫铁矿制酸工艺流程大致相同,这里仅介绍硫铁矿制酸和硫黄制酸工艺流程。

(1) 硫铁矿制酸工艺流程 硫铁矿制酸流程有多种,图 3-1-04 所示是我国新建的一座中型硫酸厂的生产工艺流程,该厂生产能力为 20 万 t/a,采用“3+1”流程。将 $w(S)>40\%$,w(As 或 F)$<0.15\%$的精硫铁矿砂,粉碎至平均粒径为 0.054 mm(20 目以上的大于 55%)加入沸腾炉,该炉下部通入空气,使硫铁矿在炉内呈沸腾状焙烧,沸腾炉中层温度(800±25)℃,上层出口温度(925±25)℃,炉气组成 $\varphi(SO_2)=11\%\sim12.5\%$,$\varphi(SO_3)=0.12\%\sim0.18\%$,其余为 N_2 和 O_2。炉气从沸腾炉上部流出进入废热锅炉,回收热量,产生 3.82 MPa 的过热水蒸气,炉气被冷却至(350±10)℃,含烟尘 290~300 g/m³,进入旋风除尘器和电除尘器,将绝大部分的固体微粒脱除下来(电除尘的除尘效率>99.63%),电除尘器出口含尘量约 0.1 g/m³。炉气进入净化工段。在这里炉气经冷却塔进一步冷却后,进入洗涤塔,用 $w(H_2SO_4)=15\%$左右的稀硫酸洗涤炉气,进一步脱除 As,F 及其他微量杂质,稀硫酸循环使用,多余的送本厂磷酸车间作萃取磷酸用。电除雾器脱除下来的酸液仍回洗涤塔。经电除雾器(共四台,二二并联,共二级)处理后,炉气中酸雾可脱至 0.005 g/m³。进入干吸工序,用 93%硫酸进一步脱除炉气中的水分(<0.05 g/m³)。进入转化器

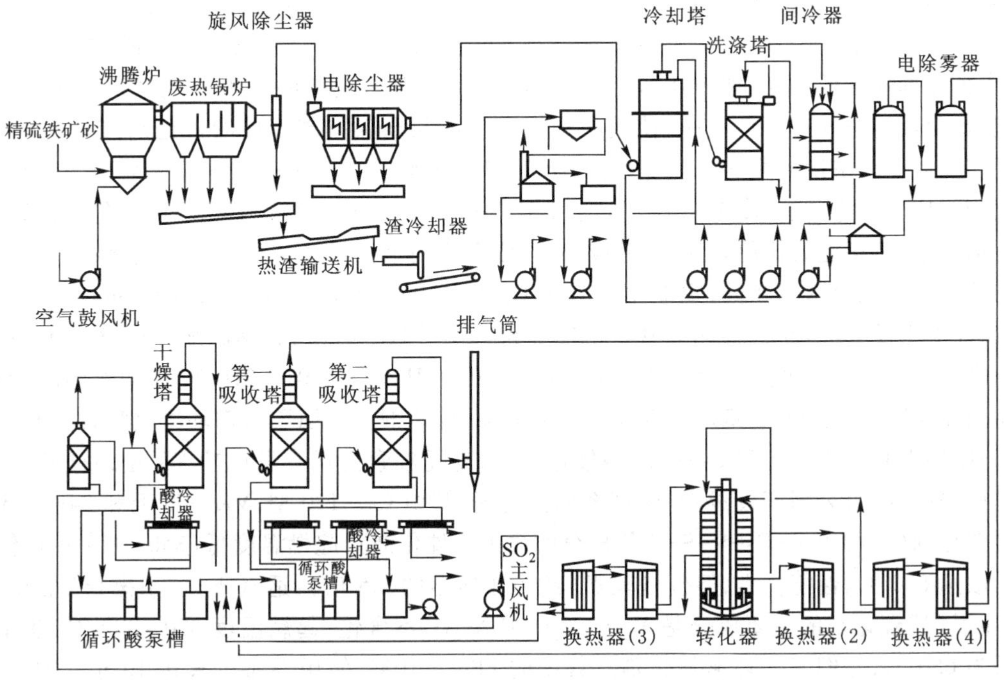

图 3-1-04 硫酸装置工艺流程图

前配成的工艺气组成为 $\varphi(SO_2)=(8.5\pm0.5)\%$，$\varphi(O_2)=(9.0\pm0.5)\%$，$\varphi(N_2)=82.5\%$。转化器共分四段，第一段装 S101—2H 型和 S107—1H 型催化剂，反应温度控制在 410～430 ℃；第二段装 S101—2H 型催化剂，温度 460～465 ℃；第三段装 S107—1H 型催化剂，温度控制在425～430 ℃；经三段转化，转化率达到 93%左右，然后经换热和在第一吸收塔吸收 SO_3 后，再进入第四段，第四段装 S107—1H 型催化剂，反应温度 410～435 ℃，转化率达到 99.5%，然后经换热后进入第二吸收塔，在此将 SO_3 吸收，在排放出的尾气中，SO_2 含量约 454 $\mu L \cdot L^{-1}$ 达到国家排放标准。焙烧工序产生的矿渣和从旋风除尘器及电除尘器下来的粉尘，经冷却增湿后（图中未画出）送到钢铁厂作炼铁原料。

本流程只生产 $w(H_2SO_4)=98.5\%$ 的浓硫酸，不生产发烟硫酸。

（2）硫黄制酸工艺流程　图 3-1-05 示出的是我国新建的一座大型硫黄制酸厂的生产工艺流程，该厂规模为 14 万 t/a，采用“3+1”流程，转化器用催化剂，为美国孟山都环境化学公司的 LP—120 型和 LP—110 型环状催化剂。

原料用液体硫黄加热至 130～150 ℃用硫黄泵输送至焚硫炉，该炉为卧式喷雾式炉，温度为 1 000～1 050 ℃，炉气中 SO_2 浓度控制在 $\varphi(SO_2)=(10\pm0.5)\%$。炉气经第一废热锅炉换热后进入转化器，催化剂装填和使用情况见表 3-1-06，总转化率一般在 99.7%左右。在生产过程中，采用美国霍尼韦尔 S900 型模块的 DCS 系统进行自动化控制以降低员工劳动强度，改善劳动条件，确保生产安全可靠。本流程可生产发烟硫酸、98 酸和 93 酸三个产品，发烟硫酸可根据用户需要生产含游离 SO_3 浓度不同的产品牌号。

表 3-1-06　催化剂装填及使用情况

段	催化剂类型	装填量/m^3	设计（进口/出口）温度/℃	实际（进口/出口）温度/℃
一	LP—120	15	416/600	420/600
二	LP—120	15	440/521	440/530
三	LP—110	21	440/462	440/500
四	LP—110	29	425/442	425/460

5. 转化器简介

转化器都为固定床反应器，各段反应器的换热，有的采用内部设置热交换器，有的采用外部换热器，有的采用二者结合。内部换热器焊缝处因 SO_3 腐蚀会发生气体渗漏造成 SO_2 转化率下降，但结构紧凑连接管道大量减少。少数转化器采用冷激式，用冷气体（如冷炉气或空气）冷激。因用冷炉气加入各段，导致 SO_2 最终转化率下降，故仅用作第一段后的冷激气，以后各段仍需用间接换热方法除去反应热。冷空气作冷激一般用在最后几段，以免反应气体过度稀释造成 SO_2 浓度过分下降导致 SO_2 转化率下降。用硫黄制酸时，炉气不必经过湿法净化，炉气温度较高，不经预热即送入转化器，因此，各段之间可全部采用空气冷激降温。硫黄制酸亦可全部采用外部冷却换热，如图 3-1-05 所示，以利于反应温度的调节和防止气体渗漏。

德国和前苏联等国家在 20 世纪 70 年代曾开发沸腾床转化器，并进行了中间试验，但因催化剂容易破碎，形成的粉末被气体带出，造成催化剂的损失和分离粉尘的困难，这种工艺没有在工业上得到推广应用。

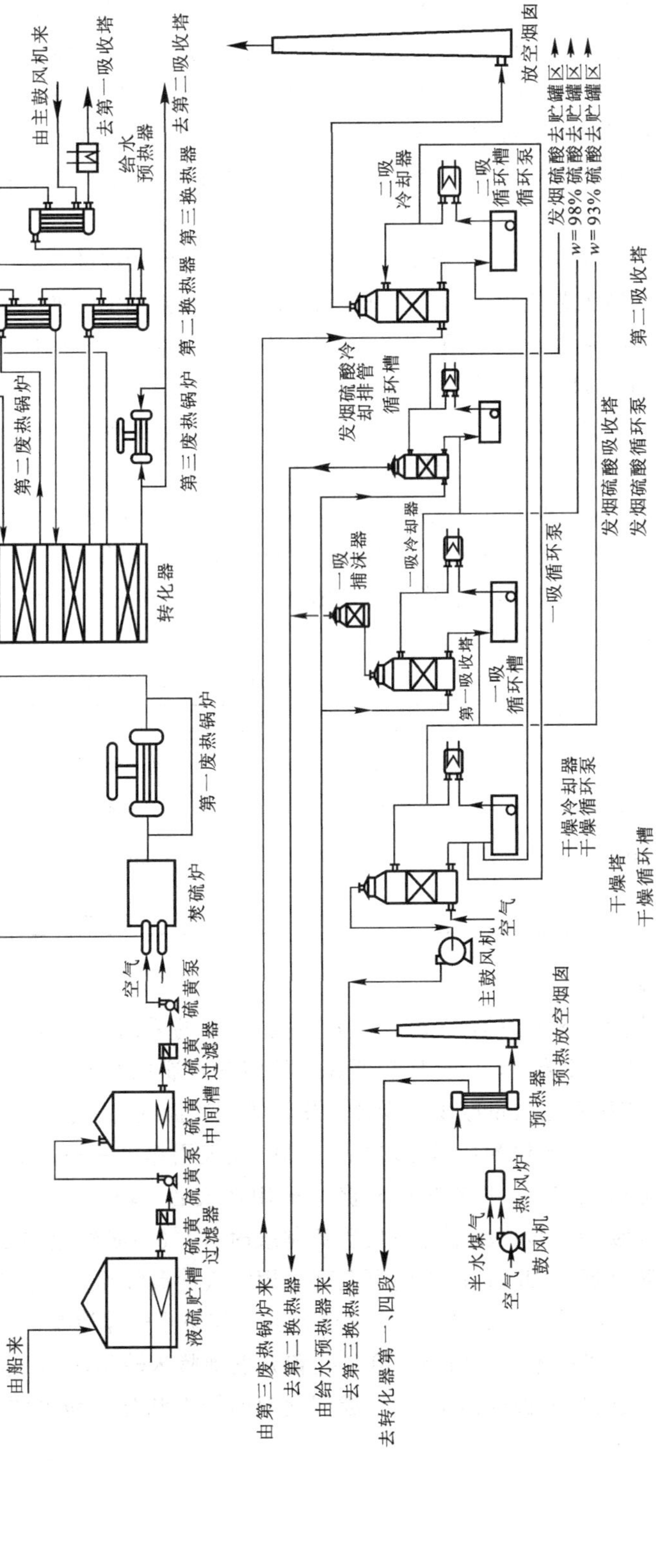

图 3-1-05　14 万 t/a 硫黄制酸工艺流程图

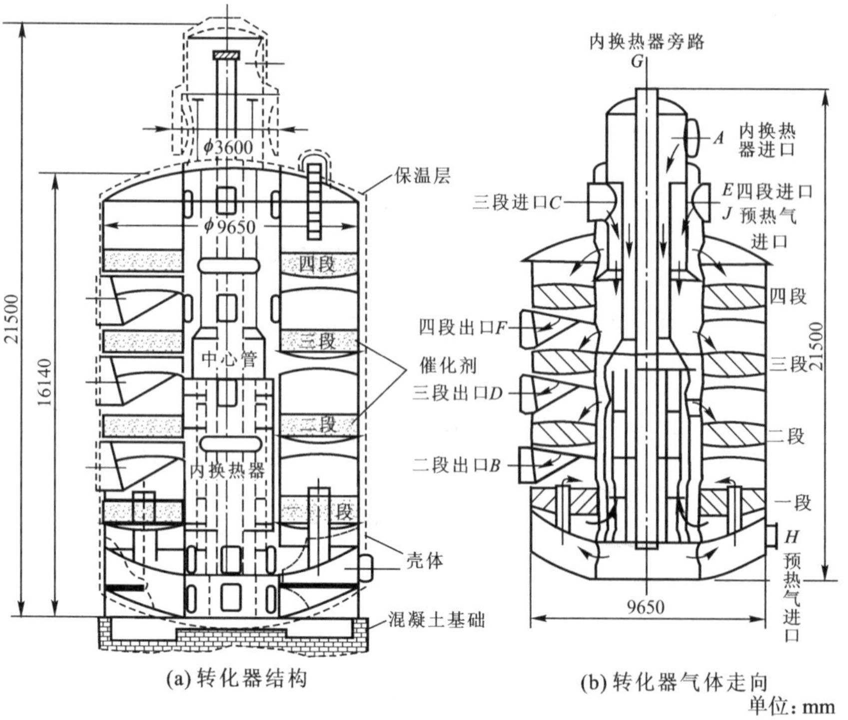

图 3-1-06 转化器结构及气体走向示意图

图 3-1-06 示出的是硫铁矿制酸工艺流程中（见图 3-1-04）的转化器结构和转化器气体走向。它是从加拿大 Chemetics 公司引进的一台不锈钢转化器。与普通转化器相比，有如下优点：

（1）转化器采用 304 不锈钢制造，它的耐热性能比碳钢好，因此不必再衬耐火砖。

（2）转化器中心圆柱体内装有不锈钢气体换热器（为管壳式换热器），从而省去了第一催化剂床层到换热器的气体管道。

（3）催化剂床的全部侧向进气都为多孔环形进气，保证了气体沿转化器截面的良好分布。

（4）把工作状态条件最恶劣的第一段催化剂床层（该段反应最激烈，热效应最大，温升也最大）设置在转化器底部，为操作人员过筛、更换催化剂提供了方便。

由图 3-1-06 可见，除一、二段间用器内间接换热外，其余各段均采用器外间接换热。

6. 三废治理

硫酸生产中会有废渣、废液和废气（尾气）产生，有的要利用，有的则要治理。以硫铁矿为原料生产硫酸时，有大量废渣产生。沸腾炉渣和旋风除尘器下来的粉尘，其中 w（铁）>45%，可用作炼铁原料，电除尘器及净化工序稀酸沉淀池沉淀物等固体粉尘可用作水泥厂原料。某些硫铁矿炉渣中还含有丰富的 Co，Cu，Ni，Pb，Zn，Au 和 Ag 等金属，可采用炉渣氯化焙烧等方法，将它们从炉渣中分离出来，残渣仍可用作炼铁原料。回收的金属将为工厂创造更高的经济效益。此外，还有少量炉渣可用来制造硫酸铁、铁红颜料、电焊条和磁性氧化铁粉等。因此，硫酸生产中的废渣，只要综合利用得当，就不会造成环境污染。

由第二吸收塔顶排放出来的尾气，其中 $\varphi(SO_2)<500\ \mu L\cdot L^{-1}$时，已达到国家排放标准，可直

接排入大气。超过这一标准,就要对尾气进行治理。

积极的治理方法是采用物理的或化学的方法治理尾气,将 SO_2 从尾气中除去。目前,已开发了 200 余种烟气脱硫(FGD)技术。在各种 FGD 方法中,非再生 FGD 技术虽然存在各种各样的缺点,但因其具有工艺简单、脱硫效率高等优点,在应用上占有主导地位。图 3-1-07 示出的是

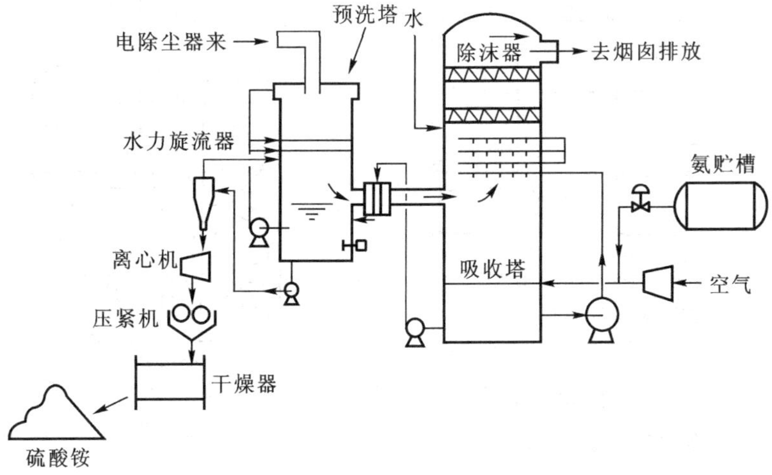

图 3-1-07　氨洗涤烟气脱硫法流程简图

美国通用电力公司(GE)的氨洗涤烟气脱硫法工艺流程。烟气除尘后进入预洗塔,与饱和的硫酸铵接触,进行绝热蒸发冷却,溶液增浓,有硫酸铵结晶析出。该塔不加入氨,pH<2,能有效地防止二氧化硫在预洗塔内被吸收。冷却并饱和水蒸气后的烟气,经除沫器进入吸收塔,烟气与稀硫酸铵溶液逆流接触,脱去二氧化硫。在稀硫酸铵溶液循环槽内,鼓入空气,将吸收的 SO_2 转化为硫酸铵,净化后的烟气经除沫器由烟囱排放。中试结果表明,当烟气中 SO_2 含量达 6 100 $\mu L \cdot L^{-1}$ 时,脱硫率高达 99%(即烟气中 SO_2 含量仅存 61 $\mu L \cdot L^{-1}$),而且烟气中氨含量接近于零(最高为 3 $\mu L \cdot L^{-1}$),所得硫酸铵结晶平均粒度为 300 μm,很容易脱水分离,经两次脱水后的产品纯度高达 99.6%。据 GE 公司测算,综合成本(固定资产投资和操作费用)比石灰石法低 4%。一个年产 18 万吨硫酸铵的废气脱硫装置已在筹建中。现在,国内外对硫酸装置尾气和冶炼烟气尾气,还采用吸收(吸附)-脱吸法将尾气中的 SO_2 吸收(吸附),然后解吸得高浓度的 SO_2 气体,后者返回制酸系统制酸。国内采用的有:CANSOLV 可再生胺法(吸收剂为有机胺,脱硫效率达 98%以上,解吸所得 SO_2 浓度>99%)、离子液循环吸收法[吸收剂是有机阳离子或无机阴离子,并添加少量活化剂,脱硫效率>95%,解吸后 SO_2 浓度为 $\varphi(SO_2) = 20\% \sim 40\%$]。此外还有 WSA 法、非稳态转化工艺等。与现行的石灰/石灰石-石膏法、湿式氨法、钠碱法等相比,能耗、水、吸收(吸附)剂等消耗较大,尚需进一步改进。

硫酸厂废水主要来自净化焙烧炉气体的洗涤水。污水中除含微量硫酸(在焙烧炉中少量 SO_2 转化为 SO_3)外,还含有 2~30 mg(As)/L,约 10 mg(F)/L,它们在废水中的含量都大大超过污水排放标准。过去采用水洗流程,每生产 1 t 硫酸产生 10~15 t 废水,因此废水治理量很大。现在多采用封闭净化流程(即稀酸洗流程),每生产 1 t 硫酸只产生 80~100 L 废水,使得废水量

大为减少。废水治理多采用中和法,常用的中和剂是石灰(或石灰石),也有用纯碱或烧碱的。石灰不仅价廉易得,而且它还与污水中所含有的大量铁离子反应生成氢氧化铁絮凝体,把废水中的重金属(如铅、镉)、砷等吸附并共沉淀,从而使污水得以净化。

7. 硫酸生产工业技术进展

(1) 富氧焙烧　采用膜法富氧技术焙烧硫铁矿,可使焙烧及净化系统的炉气量减少 32%左右,干吸和转化系统炉气量减少 20.9%~23.5%。由于氧浓度提高,使沸腾炉焙烧强度提高 43%,SO_2 催化转化的热力学平衡推动力、动力学速率均有较大提高,最终转化率可达到 99.6%,尾气中 SO_2 排放量可减少 42%。图 3-1-08 示出的是减压式膜分离流程。产生的富氧空气中氧含量可稳定在$\varphi(O_2)=30\%$左右。

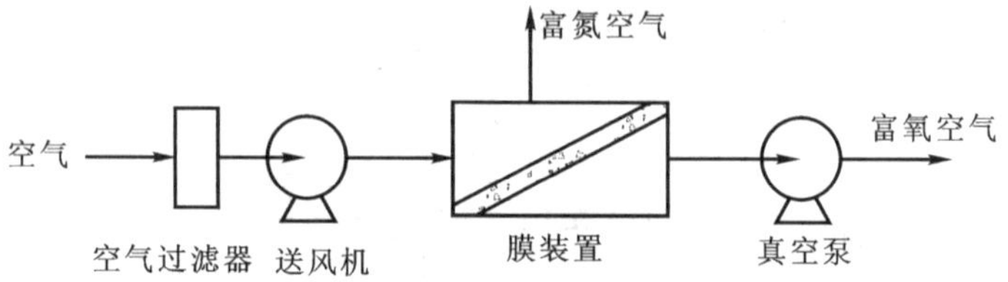

图 3-1-08　减压式膜分离流程图

(2) 热管技术　热管工作原理见图 3-1-09。典型的热管是一封闭的圆管,内壁紧贴有数层毛细物质(如金属丝网),构成吸液芯,在吸液芯内充有一定量的工作液体。管内的空气在制造时已被抽走,因此热管在工作时内部处于负压状态。当加热热管的一端时,吸液芯的工作液体将受热汽化,工作液蒸气在管内两端的微小压差作用下从加热端流向较冷的一端,冷凝为液体并放出热量。工作液体在吸液芯毛细力的作用下流回受热端再次汽化,如此往复循环,形成连续的热量转移。由于热管内部的热量传递是依靠工作液体的相变及工作液蒸气流动完成的,因此热阻极小,导热效率极高。由以上叙述可知,使用时热管的一端插入供热体,另一端则插入加热体。我国热管技术已用于硫酸生产中的中低温废热的回收。例如上海硫酸厂采用热管技术,回收 SO_3 废热,吨酸产汽量在 300 kg 左右。湛化集团公司利用热管技术在“二转二吸”装置中回收中温废热,每小时多产水蒸气 2 100 kg。热管技术还可用于高温热的回收。例如用作沸腾床高温热的回收。图 3-1-10 为用于“3+1”流程转化器的热管技术,由图3-1-10可见,热管可以直接布

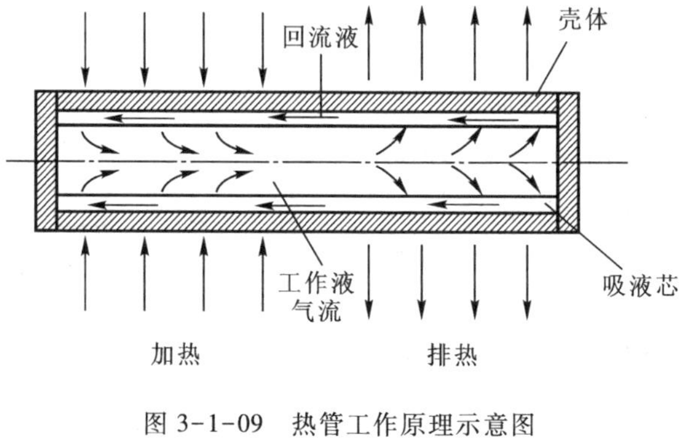

图 3-1-09　热管工作原理示意图

置在转化器内部，结构紧凑，流程管线减少，散热损失小，与普通内部换热器相比，流体阻力也大为减小。

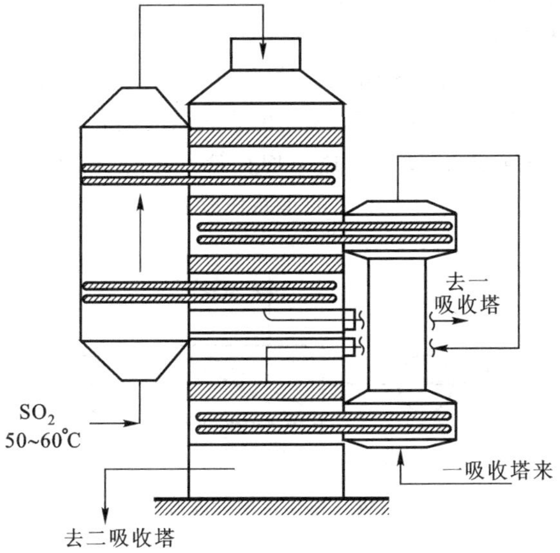

图 3-1-10 热管换热式"3+1"两次转化流程图

（3）利用 HRS 技术回收低温热 HRS 技术由美国 MEC 公司开发成功。硫黄（或硫铁矿）制酸工艺中，硫黄焚烧（或硫铁矿焙烧）、二氧化硫转化和三氧化硫吸收这 3 个反应步骤均为放热反应，产生的热量分别占总热量的 56%、19%和 25%。前 2 步骤产生的热量为高、中温位热，通过废热锅炉、蒸汽过热器及省煤器回收，生产次高压或中压蒸汽。第 3 步骤传统工艺是采用 80 ℃左右的浓硫酸来吸收 SO_3，该过程产生的热量用循环冷却水移走，即占总热量 25%的低温位热量最终没有被利用，白白流失于环境之中。采用 HRS 工艺，可回收低温位的 75%热能，典型工艺流程示于图 3-1-11。图中的 HRS 热量回收塔取代了传统的两转两吸工艺中的第一吸收塔（或一转一吸工艺中的吸收塔），含 SO_3 气体从塔底进入，由塔顶排出。该塔内装上下两级填料层，下一级填料层上部进入的是 220 ℃ $w(H_2SO_4)=99\%$ 以上的硫酸（此浓度下的硫酸腐蚀性略有下降），设备由专用合金制造，能保证在此酸度和温度下长期稳定地运作。上一级填料层上部进入的是温度与传统工艺一样的第二吸收塔来酸，以确保 SO_3 的吸收率。两股酸汇合流入与塔相连的泵槽，然后用酸循环泵送入 HRS 锅炉，产生0.3~1.0 MPa的饱和蒸汽，由于酸吸收 SO_3 后浓度增加，需通过稀释器加水以维持浓度，加水后的循环酸送回 HRS 热回收塔。多余的高温酸经 HRS 加热器（加热锅炉给水）和 HRS 预热器（加热进除氧器的脱盐水）换热后去第二吸收塔泵槽。HRS 锅

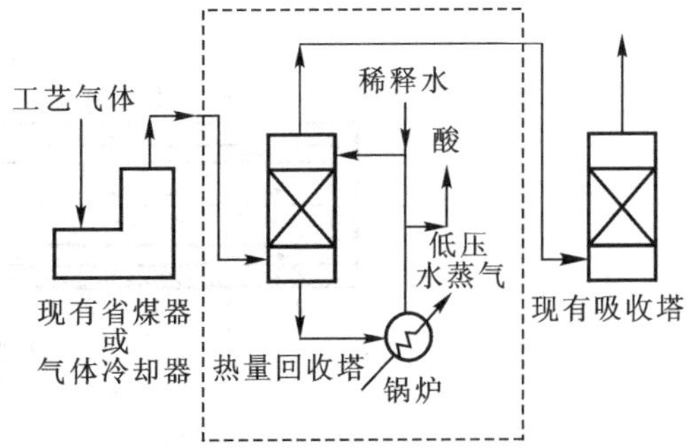

图 3-1-11 典型的 HRS 工艺流程

炉的产汽量为 0.5 t/t 酸左右，为提高热回收所得蒸汽的品级和数量，可向进口气体中喷入低压饱和蒸汽(0.3 MPa)，这样可多得中压蒸汽。亦可在 HRS 工艺中增设 1 个中间汽包，用出 HRS 锅炉的中压蒸汽(1.0 MPa)直接加热高压蒸汽锅炉给水，将锅炉给水温度提高到中压蒸汽饱和温度，从而增加高压蒸汽产量。近年来，美国 MEC 公司又推出了将 HRS 与联合循环发电实行最佳组合的 Super HRS(超级 HRS)工艺。包括 HRS、燃气透平和蒸汽透平。原理是用燃气透平的热排放气在热回收蒸汽发生器中使 HRS 蒸汽过热，后者进入蒸汽透平发电机。即将燃气透平原本要排放的热能转化成可以利用的过热能，并在蒸汽透平发电机中有效地转化为电能，而 HRS 则提供了与典型的联合循环燃气透平机所耗燃料相当的蒸发潜热，从而可节约燃料近 50%。HRS 装置也可用在冶炼气制酸上，此时每吨酸可回收 0.6 t 蒸汽。但 HRS 工艺对酸温和酸浓度控制要求非常严格，稍有偏差即会发生严重腐蚀。为防止锅炉泄漏，要经常用仪器检测。建造 HRS 系统投资也较大。因此，HRS 装置适合在大型制酸装置上使用。从 1987 年在挪威建成第一套 HRS 装置以来，全球共建成 23 套，其中 2 套在我国内地，它们的生产能力分别为 3 000 t/d 和 1 800 t/d。

(4) 阳极保护管壳式浓硫酸冷却器　用作干燥(干吸)塔、吸收塔热浓硫酸的冷却器(酸冷器)，因热浓硫酸有很强的腐蚀性，设备或管路会发生渗漏现象，破坏操作正常进行。为此我国开发了用 RS—2 型钢材制作的板式酸冷却器和带阳极保护的管壳式浓酸冷却器，后者已有 450 台在生产中运行，设计、制造水平已接近国际先进水平，有关部门推荐为首选产品。它的基本原理为：凡与浓硫酸接触的部分均为“阳极”，另外设置两根从水箱处穿过管板、折流板且与换热管平行的金属棒作为“阴极”，通过“电解液”(浓硫酸)形成电流回路。恒电位仪通过控制“控制参比电极电位”，输出变化的阳极电流，使阳极(冷却器)处于稳定的钝化区内(浓硫酸-不锈钢体系)，依靠在钝化区所形成的钝化膜阻止冷却器在浓硫酸中的腐蚀。“监测参比电极”用来监测阴极(冷却器)的电位分布，若监测电位不在规定的电位上下限内(即阳极处于稳定的钝化区内)，可实施报警，查其原因。保护系统简图示于图 3-1-12。具体操作为系统先用 $w=98\%$ 硫酸进行检查清洗和试漏，待酸循环正常且无泄漏后，开始启用阳极保护装置供电致钝。先加 30 A 电流，24 h 后电流将逐渐降至 5 A 以下，转入维钝状态。再经约 48 h，电流逐渐下降至 1.1~1.5 A，并稳定在这个范围，投入正常运行，再经一段时间运行后，维钝电流降至 0.2~0.6 A，说明钝化膜更加致密稳定，防腐蚀效果更好。经实践验证，该系统有明显的经济效益，也能大大降低工人的劳动强度，改善工厂生产环境，在阳极保护系统的作用下，不锈钢的腐蚀度每年小于0.01 mm。

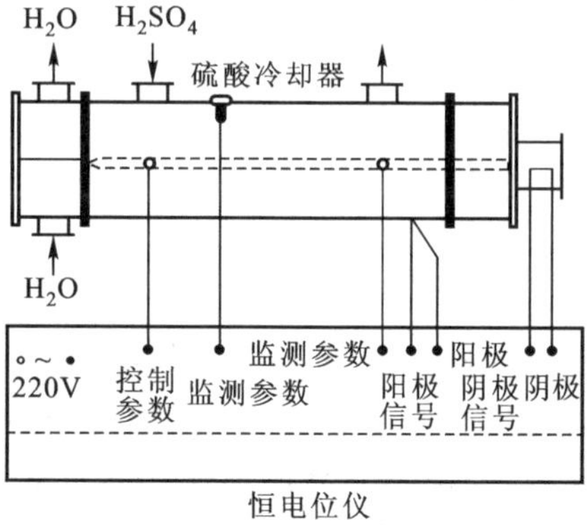

图 3-1-12　“酸冷器”阳极保护系统示意图

三、氨催化氧化制硝酸

硝酸和硫酸一样，也是无机化学工业中的重要产品，但它的产量比硫酸要小得多，1988 年全世界的硝酸产量为 2 717.5 万 t/a，增长缓慢。我国 2005 年硝酸的生产能力达 544.7 万 t/a，预计 2010 年生产能力达到 900 万 t/a 左右，5 年内平均增速为 7.9%。硝酸大部分用来制造肥料，如硝酸铵、氮磷钾复合肥料等，亦大量用来制造炸药、染料和医药中间体、硝酸盐和王水等，还用作有机合成原料。

硝酸是五价氮的含氧酸，纯硝酸是无色液体，相对密度 1.502 7，熔点 -42 ℃，沸点 86 ℃。一般工业品带微黄色。$w(HNO_3)$ = 86% ~ 97.5% 的浓硝酸又称发烟硝酸，它是溶有二氧化氮的红褐色液体，在空气中猛烈发烟并吸收水分。硝酸是强氧化剂，有强腐蚀性，在生产、使用和运输中要注意安全。与硫酸不同，硝酸与水会形成共沸混合物，共沸点与温度和压力的关系示于图3-1-13，由图 3-1-13 可见，共沸点随压力的增加而上升，但共沸点下的硝酸浓度却基本一样。在 101.32 kPa 下共沸点温度为 120.5 ℃，相应的$w(HNO_3)$ = 68.4%。因此，不能直接由稀硝酸通过蒸馏方法制得浓硝酸，而应该首先将稀硝酸脱水，制成超共沸酸（即浓度超过共沸点时的硝酸浓度），经蒸馏最后才能制得浓硝酸。

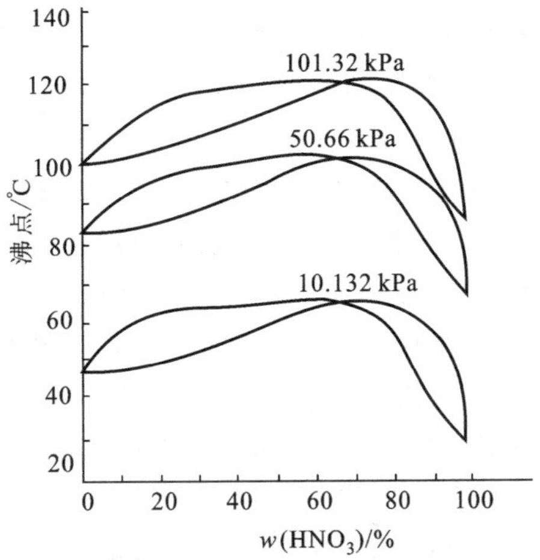

图 3-1-13 HNO_3-H_2O 系统的沸点、组成与压力的关系曲线

1. 生产方法综述

在 17 世纪，人们用硫酸分解智利硝石（$NaNO_3$）来制取硝酸。硫酸消耗量大，智利硝石又要由智利产地运来，故本法目前已趋淘汰。1932 年建立了氨氧化法生产硝酸的工业装置，所用原料是氨和空气。氨氧化的催化剂是编织成网状的铂合金（常用铂-铑网），产品为稀硝酸[硝酸浓度为 $w(HNO_3)$ = 45% ~ 62%]和浓硝酸[硝酸浓度为 $w(HNO_3)$ = 98%]。

（1）稀硝酸生产过程

① 氨氧化　主要反应有：

$$4NH_3+5O_2 = 4NO+6H_2O \qquad \Delta H^{\ominus}(298\ K)=-907.28\ kJ/mol$$

这是一个强放热反应。反应温度 760～840 ℃，压力 0.1～1.0 MPa，通过铂网的线速率大于 0.3 m/s，$\varphi(O_2)/\varphi(NH_3)=(1.7\sim2.0):1$，在以上工艺条件下，氨的氧化率可达 95%～97%。

② NO 的氧化　出氨氧化反应器（亦称氧化炉）的反应气经废热锅炉和气体冷却器分出冷凝稀酸后，在低温下（小于 200 ℃）利用反应气中残余的氧继续氧化生成 NO_2：

$$2NO+O_2 = 2NO_2 \qquad \Delta H^{\ominus}(298\ K)=-112.6\ kJ/mol(NO)$$

$$NO+NO_2 = N_2O_3 \qquad \Delta H^{\ominus}(298\ K)=-40.2\ kJ/mol(NO)$$

$$2NO_2 = N_2O_4 \qquad \Delta H^{\ominus}(298\ K)=-56.9\ kJ/mol(NO_2)$$

其中生成 N_2O_3 和 N_2O_4 的反应，其反应速率极快（分别为 0.1 s 和 1×10^{-4} s），而生成 NO_2 的反应则慢得多（约 20 s 左右），因此是整个氧化反应的控制步骤。上列三个反应是可逆放热反应，反应后系统的化学计量数减少，因此降低反应温度，增加压力有利于 NO 氧化反应的进行。NO 的氧化度 $\alpha(NO)$ 与温度和压力的关系示于图 3-1-14。由图 3-1-14 可见，当温度低于 200 ℃，压力为0.8 MPa时 $\alpha(NO)$ 接近 100%，常压时 $\alpha(NO)$ 也能达到 90% 以上，实际操作时 $\alpha(NO)$ 在 70%～80%之间，反应气即可送吸收塔进行吸收操作。

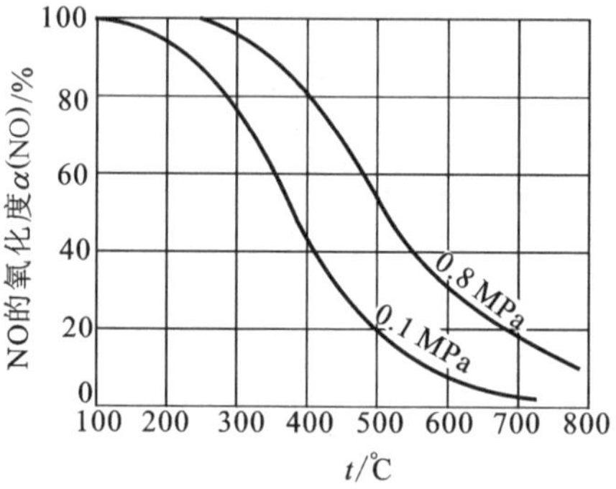

图 3-1-14　NO 的氧化度 α(NO)与温度、压力的关系

NO 的氧化是一个非催化氧化反应，反应时间比氨氧化反应长得多，前者为 20 s 左右，而后者仅为 2×10^{-4} s。当氧氨比 $\gamma=1.7\sim2.0$ 时，相应的氨浓度为$\varphi(NH_3)=11.5\%\sim9.5\%$。为加速 NO 的氧化速率，此时需配入二次空气（它又可用作漂白塔的吹出气），将反应气中氧浓度控制在 $\varphi(O_2)=7.0\%$左右。

③ 吸收　吸收在加压下进行。氮氧化合物中除 NO 外，其他的氮氧化合物在吸收塔内与水发生如下反应：

$$2NO_2+H_2O = HNO_3+HNO_2 \qquad \Delta H^{\ominus}(298\ K)=-116.1\ kJ/mol(NO_2)$$

$$N_2O_4+H_2O = HNO_3+HNO_2 \qquad \Delta H^{\ominus}(298\ K)=-59.2\ kJ/mol(N_2O_4)$$

$$N_2O_3+H_2O = 2HNO_2 \qquad \Delta H^{\ominus}(298\ K)=-55.7\ kJ/mol(N_2O_3)$$

因在常温下 N_2O_3 很容易分解成 NO 和 NO_2，因此由上列第三式生成 HNO_2 的量不大，可以忽略不计。上列各式生成的 HNO_2 只有在温度低于 0 ℃，以及浓度极小时方才稳定，在工业生产

条件下,它会迅速分解:

$$3HNO_2 \xlongequal{} HNO_3+2NO+H_2O \qquad \Delta H^{\ominus}(298\ K)=75.9\ kJ/mol(HNO_2)$$

因此,用水吸收氮氧化物的总反应式可写作:

$$3NO_2+H_2O \xlongequal{} 2HNO_3+NO \qquad \Delta H^{\ominus}(298\ K)=-136.2\ kJ/mol(NO_2)$$

即 NO_2 中 2/3 生成硝酸,1/3 变成 NO,它仍需返回到氧化系统参与氧化反应,而且由于受共沸酸浓度的限制,硝酸浓度不会很高,一般在 $w(HNO_3)=60\%$左右。

现有的稀硝酸生产方法有 5 种,即常压法、中压法(0.25~0.50 MPa)、高压法(0.7~1.2 MPa)、综合法(氧化为常压,吸收为加压)和双加压法(氧化为中压,吸收为高压)。

常压法氧化和吸收都在常压下进行,设备投资和动力消耗都较省,但制得的硝酸浓度不高 $w(HNO_3)=45\%\sim52\%$,排出的尾气中氮氧化合物NO_x(NO,NO_2 及其他氮氧化合物的总称)含量高,要增加处理装置,经治理后才能排入大气。

中压法、高压法和双加压法(统称全压法)氧化和吸收都在加压下进行,设备投资和动力消耗大,但制得的酸浓度高,可达 $w(HNO_3)=65\%\sim72\%$,尾气中氮氧化合物 NO_x 的含量比较低,容易处理或直接排放。其中双加压法加压方式合理,吸收率达 99.5%,尾气中 NO_x 只有 180 $\mu L\cdot L^{-1}$左右,可直接经烟囱排入大气,因此是值得大力推广的生产方法。

综合法氧化在常压下进行,吸收在加压下进行,设备投资和动力消耗介于常压和加压之间,硝酸浓度仍可达到 $w(HNO_3)=65\%\sim72\%$。

上述 5 种工艺的技术经济指标示于表 3-1-07。

表 3-1-07 5 种生产方法的技术经济指标比较

项目	常压法	综合法	中压法	高压法	双加压法
氧化压力(表)/MPa	0.11~0.22	0.10	0.45	0.8~0.9	0.45
吸收压力(表)/MPa	0.098~0.18	0.35	0.40	0.7~0.8	1.10
氨氧化率/%	96~97	96~97	96	~95	96
吸收率/%	85~92	96	98	~97	~99.7
酸浓度/%	40~45	43~45	50~53	53~55	58~60
尾气中 NO_x 浓度/10^{-6}	5 000~10 000 常压碱吸收	2 500 常压碱吸收	1 000~1 500 加压碱吸收	2 000~2 500	<200
处理后尾气中 NO_x 浓度/10^{-6}	600~1 300	600~1 300	200~500	200	不需处理
尾气处理氨耗/($kg\cdot t^{-1}$酸)	~	8	7	7(尾气 NO_x 以 200 计)	0
总氨耗/($kg\cdot t^{-1}$酸)	308~330	290	293	~304	~283
铂耗/($g\cdot t^{-1}$酸)	0.06	0.06	~0.1	1.8~2.0	~0.1
投资/万元			50 kt/a 生产规模 ~2 600	50 kt/a 生产规模 2 300 ~2 500	100 kt/a 生产规模 8 000

由表 3-1-07 可见，常压法和综合法技术经济指标较差，1999 年国家已明文规定不允许上新的生产装置。高压法存在氨耗、铂耗和电耗高等缺点，但投资小。像美国因氨价格便宜，采用高压法的不少，而西欧及我国因氨价格高，大多采用技术经济指标较为先进的双加压法。

（2）浓硝酸生产过程　生产浓硝酸有直接法、间接法和超共沸酸精馏法三种，直接法即由氨直接合成浓硝酸，基建投资较大，只在国内外大型工厂中采用。间接法是先生产稀硝酸再设法将稀硝酸中水分脱除，将浓度提高至共沸酸浓度以上，最后经蒸馏得到 $w(HNO_3)=98\%$ 成品硝酸。这种生产方法适宜于中小型浓硝酸生产装置，在国内外采用比较普遍。超共沸酸精馏法是设法脱除氧化气中较多的水分，使 NO_x 直接生成超共沸酸，再经蒸馏制得浓硝酸的方法，被认为是制造浓硝酸的一种好方法。

① 直接法（又称直硝法）生产过程　直接法由氨和空气经氧化直接合成浓硝酸，生产的关键是除去反应生成的水。反应经历以下 5 个步骤：

1）制一氧化氮　氨和空气通过铂网催化剂，在高温下被氧化成一氧化氮，并急冷至 40～50 ℃，使生成的水蒸气经冷凝而除去。

2）制二氧化氮　一氧化氮和空气中的氧反应，生成 NO_2 后，残余的未被氧化的 NO 和 $w(HNO_3)>98\%$ 的浓硝酸再反应，被完全氧化成二氧化氮：

$$2NO+O_2 = 2NO_2$$

$$NO+2HNO_3 \xrightleftharpoons{40℃} 3NO_2+H_2O$$

3）分出二氧化氮　在低温下用浓硝酸 $[w(HNO_3)>98\%]$ 吸收二氧化氮成为发烟硝酸，不能被吸收的惰性气体（N_2 等）排出系统另行处理。

$$NO_2+HNO_3[w(HNO_3)>98\%] \xlongequal{-10℃} HNO_3 \cdot NO_2（发烟硝酸）$$

4）制纯 NO_2 并冷凝聚合为液态四氧化二氮　加热发烟硝酸，它热分解放出二氧化氮，然后把这种纯的 NO_2 冷凝成为液态四氧化二氮：

$$HNO_3 \cdot NO_2 \xlongequal{加热} HNO_3+NO_2$$

$$2NO_2 \xlongequal{冷凝聚合} N_2O_4$$

5）高压釜反应制浓硝酸　将液态四氧化二氮与稀硝酸混合（要求稀硝酸中水分与液态 N_2O_4 成一定比例）送入高压釜，在 5.0 MPa 压力下通入氧气，四氧化二氮与水（来自稀硝酸）和氧反应直接生成 $w(HNO_3)=98\%$ 的浓硝酸。

$$2N_2O_4+2H_2O+O_2 \xlongequal[65\sim75℃]{5.0\ MPa} 4HNO_3 \qquad \Delta H^{\ominus}(298\ K)=-78.83\ kJ/mol$$

为了加快反应的进行，加入的液态 N_2O_4 应比理论量多些，这样制得的是含大量游离二氧化氮（即发烟硝酸）的白色浓硝酸，将它放到漂白塔内，通入空气，把游离的 NO_2 吹出，制得 $w(HNO_3)=98\%$ 的成品浓硝酸。二氧化氮经回收冷凝后再送到高压釜使用。

如果氨的氧化不用空气，而采用纯氧（需加水蒸气稀释以防爆炸），制得的一氧化氮浓度可高些，这对以后的制酸操作是有利的。但需建造制氧装置和增加动力消耗。与下面阐述的间接法相比，直接法投资大，生产成本高，尾气中 NO_x 含量亦高，需治理后才能排放。但该法能副产 N_2O_4，后者可用于军工及某些特殊行业，售价较高，可弥补生产成本高的不足。

② 间接法（又称间硝法）　间接法所用脱水剂有硫酸、硝酸镁、硝酸钙和硝酸锌等。经过多

年生产实践的筛选，现在几乎全部采用硝酸镁。

硝酸镁是三斜晶系的无色晶体，变成水溶液后，随浓度的不同，可以形成多种结晶水合物，图 3-1-15 示出了 $Mg(NO_3)_2-H_2O$ 系统的结晶曲线。图中 D 点是临界溶解温度，即当 $w[Mg(NO_3)_2]=57.8\%$ 时，其结晶温度为 90 ℃，此时析出 $Mg(NO_3)_2 \cdot 6H_2O$ 结晶。F 点为转熔点，即当 $w[Mg(NO_3)_2]=81.1\%$ 时，其结晶温度为 130.9 ℃，此时 $Mg(NO_3)_2$ 和 $Mg(NO_3)_2 \cdot 2H_2O$ 结晶共同析出。因此在选择硝酸镁操作温度时，应该避开这些最高点，以免溶液结晶。当 $w[Mg(NO_3)_2]>67.6\%$ 时，其结晶温度随溶液浓度增加而迅速上升，$w[Mg(NO_3)_2]>81\%$ 时，则结晶温度直线上升，在此浓度下操作极易造成管道堵塞。因此，硝酸镁浓度太稀脱水效果固然不好，太高则也难以操作，在实际生产中一般控制在 $w[Mg(NO_3)_2]=64\%\sim80\%$ 之间，即不超过 80%（一般为 $w[Mg(NO_3)_2]=72\%$），加热器出口（即吸水后稀硝酸浓度）不低于 64%。硝酸镁法浓缩原理如下：$w[Mg(NO_3)_2]=72\%\sim74\%$ 的硝酸镁溶液加入稀硝酸中，便立即吸收稀硝酸中的水分，使硝酸浓度提高到 $w(HNO_3)=68.4\%$ 以上，而硝酸镁由于吸收水分，浓度下降至 $w[Mg(NO_3)_2]=65\%$ 左右，此时在硝酸和硝酸镁混合溶液的气相中 $\varphi(HNO_3)=80\%$ 以上，再将后者精馏即可得到成品浓硝酸。$Mg(NO_3)_2-HNO_3-H_2O$ 三元混合物沸腾时所产生的 HNO_3 蒸气成分可由该三元混合物平衡相图求得。从而可确定浓缩硝酸所需的最低硝酸镁的用量。

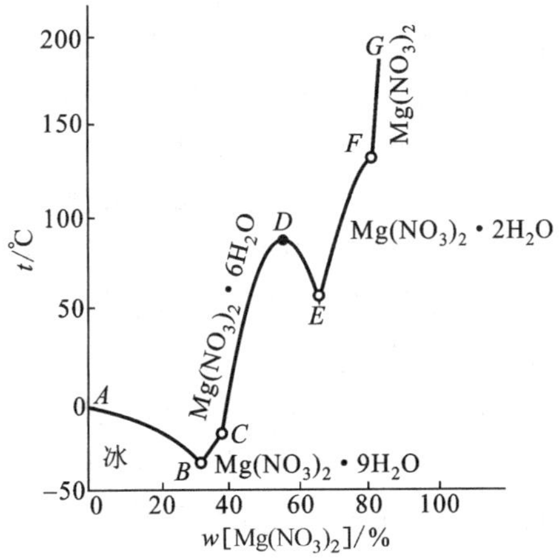

图 3-1-15 $Mg(NO_3)_2-H_2O$ 系统的结晶曲线

硝酸镁的脱水在真空下进行。不同真空度下，硝酸镁水溶液的沸点见表 3-1-08。

表 3-1-08 不同真空度下硝酸镁水溶液的沸点

品种	质量分数/%	真空度/kPa					
		80.0	82.7	85.3	88.0	90.7	93.3
		沸点/℃					
纯硝酸镁	71.21	137.7	134.6	131.3	127.3	124.0	—
	73.94	145.2	142.0	138.5	135.0	131.2	127.3
含杂质的硝酸镁*	69.69	143.6	140.5	137.0	133.6	129.0	—
	71.52	147.1	143.1	139.7	136.0	132.4	—
	72.72	151.4	148.0	144.6	140.4	—	—

* 硝酸镁中的杂质主要有 $Ca(NO_3)_2$，$Al(NO_3)_3$，$Fe(NO_3)_3$ 等。

③ 超共沸酸精馏法 该法由西班牙 Espimdesa 公司开发成功，技术关键是要求氨氧化反应后气体中水分要尽量除尽[冷凝酸浓度 $w(HNO_3)<2\%$]，使脱水后系统总物料中生成硝酸的浓度超过稀硝酸共沸点的浓度。脱水反应气在氧化塔中用共沸酸氧化，使 NO 转化成 NO_2，在超共

沸酸吸收塔中吸收生成浓度为 $w(HNO_3)=80\%\sim90\%$ 的 HNO_3，再进入超共沸酸精馏塔、热酸漂白塔制得为 $w(HNO_3)=98\%$ 成品酸。本法具有可大型化、投资省、运行费用低的优点，是目前最经济的方法，排出的尾气中 NO_x 含量在 200 μL · L^{-1} 以下，故可直接排放，不会造成环境污染。

现将三种浓硝酸生产方法可变成本的比较示于表 3-1-09。表中(1)为超共沸酸精馏法；(2)为中压法(压力 0.45 MPa)制取稀硝酸，再用硝酸镁法制浓硝酸；(3)为双加压法(氧化 0.45 MPa，吸收 1.15 MPa)制稀硝酸，再用硝酸镁法制浓硝酸。由表 3-1-09 可见，超共沸酸精馏法可变成本最低，比中压法低 118.24 元/吨，比双加压法低 87.83 元/吨，对一个全年生产 5 万吨浓硝酸的工厂而言，超共沸酸精馏法可节约生产成本 420~600 万元/年。

表 3-1-09 三种浓硝酸生产的可变成本比较

项目	消耗量					单价 元 · 吨$^{-1}$	价格差/元	
	(1)	(2)	(3)	(1)-(2)	(1)-(3)		(1)-(2)	(1)-(3)
液氨/(kg · t^{-1})	285	296.67	289.5	-11.67	-4.5	1 500	-17.51	-6.75
铂/(g · t^{-1})	0.086	0.1	0.12	-0.014	-0.034	145 元 · 克$^{-1}$	-2.03	-4.93
脱盐水/(t · t^{-1})	1.0	1.0	0.5	0	0.5	1.6	0	0.8
循环水/(t · t^{-1})	85	215	250	-130	-165	0.15	-19.5	-24.75
低压水蒸气/(t · t^{-1})	0.181	1.9	3.65	-1.719	-3.469	50	-85.95	-173.45
中压水蒸气/(t · t^{-1})			-0.34		0.34	70		23.8
电/(kW · h · t^{-1})	434	360	56	74	378	0.3 元 · 度$^{-1}$	22.2	113.4
轻质氧化镁/(kg · t^{-1})		1.5	1.5	-1.5	-1.5	8.5 元 · 千克$^{-1}$	-12.75	-12.75
一次水/(t · t^{-1})	9	22.8	25	-13.5	-16	0.2	-2.7	-3.2
合计							-118.24	-87.83

2. 氨的接触氧化原理

(1) 氨氧化的化学平衡 氨的接触氧化随反应条件和使用催化剂的不同可生成不同的产物：

$$4NH_3+5O_2 \xlongequal{} 4NO+6H_2O \qquad \Delta H^{\ominus}(298\ K)=-905.5\ kJ/mol \tag{3-1-08}$$

$$4NH_3+4O_2 \xlongequal{} 2N_2O+6H_2O \qquad \Delta H^{\ominus}(298\ K)=-1\ 103.1\ kJ/mol \tag{3-1-09}$$

$$4NH_3+3O_2 \xlongequal{} 2N_2+6H_2O \qquad \Delta H^{\ominus}(298\ K)=-1\ 267\ kJ/mol \tag{3-1-10}$$

除了上列反应外，还可能产生以下副反应：

氨的分解 $2NH_3 \xlongequal{} N_2+3H_2 \qquad \Delta H^{\ominus}(298\ K)=91.8\ kJ/mol$

一氧化氮的分解 $2NO \xlongequal{} N_2+O_2 \qquad \Delta H^{\ominus}(298\ K)=180.3\ kJ/mol$

NH_3 和 NO 相互作用 $4NH_3+6NO \xlongequal{} 5N_2+6H_2O \qquad \Delta H^{\ominus}(298\ K)=-1\ 804\ kJ/mol$

(3-1-08)~(3-1-10)三个反应在 900 ℃时的平衡常数，根据能斯特(Nernst)公式计算结果如下：

$$K_{p1}=\frac{p_{NO}^4 \cdot p_{H_2O}^6}{p_{NH_3}^4 \cdot p_{O_2}^5}=1\times10^{53}$$

$$K_{p2}=\frac{p_{N_2O}^{2}\cdot p_{H_2O}^{6}}{p_{NH_3}^{4}\cdot p_{O_2}^{4}}=1\times10^{61}$$

$$K_{p3}=\frac{p_{N_2}^{2}\cdot p_{H_2O}^{6}}{p_{NH_3}^{4}\cdot p_{O_2}^{3}}=1\times10^{67}$$

所得平衡常数 K_{p1},K_{p2},K_{p3}数值巨大,说明这三个反应实际上是三个不可逆反应。其中 K_{p3}特别巨大,若没有催化剂,氨氧化结果将主要生成氮气和水蒸气。

(2) 氨氧化催化剂和催化机理　采用的催化剂都为铂合金,常用的有 Pt-Rh,Pt-Rh-Pd 二元和三元合金,有的铂合金中还加进 Co,Ni 和 Mo 等金属以降低催化剂成本和减少铂在 1 500 ℃高温下的挥发性消耗。

氨催化氧化的反应机理,与 SO_2 和 O_2 在 V_2O_5 催化剂上的反应相仿,包括以下几个步骤:

① 由于铂吸附氧的能力很强,铂催化剂表面吸附的氧分子中的共价键被破坏,生成两个氧原子;

② 铂催化剂表面从气体中吸附氨分子,随后氨分子中的氮和氢原子与氧原子结合;

③ 进行电子的重新排列,生成一氧化氮和水分子;

④ 铂对 NO 和水分子的吸附能力较小,它们在铂催化剂表面脱附,进入气相中。

研究表明,气相中氨分子向铂网表面的扩散是整个催化氧化过程的控制步骤,也就是说整个反应是由外扩散控制的。

(3) 氨催化氧化的反应动力学　根据上述反应机理,捷姆金等导出 800~900 ℃间在 Pt-Rh 网上的宏观反应动力学:

$$\lg\frac{\varphi_0}{\varphi_1}=0.951\frac{Sm}{dV_0}[0.45+0.288(dV_0)^{0.56}] \tag{3-1-11}$$

式中:φ_0——氨空气混合气中氨的体积分数,%;

φ_1——通过铂网后氮氧化物气中氨的体积分数,%;

S——铂网的比表面积(活性表面面积/铂网截面积),cm^2/cm^2;

m——铂网的层数;

d——铂丝的直径,cm;

V_0——标准状态下气体流量,$L\cdot h^{-1}\cdot cm^{-2}$(铂网截面积)。

在实际生产中,φ_0,S,m,d 是已知的,则通过式(3-1-11)就可求得在不同 V_0 下的 φ_1 值,从而求得反应转化率 x:

$$x=\frac{\varphi_0-\varphi_1}{\varphi_0}$$

x 包括氨在主、副反应中的转化率,因此要比前述的氧化率为大。

(4) 氨催化氧化工艺条件的选择　氨接触氧化的工艺,首先要保证有高的氧化率,这样可降低氨的消耗和硝酸的生产成本;其次是应考虑有较高的生产强度和比较低的铂消耗,最大限度地提高铂网工作时间,从而达到操作的稳定性、生产的连续性。

① 温度　氨氧化生成一氧化氮虽在 145 ℃时已开始,但到 300~400 ℃时生成量仍旧很少,主要还是生成单质氮(N_2)和水蒸气。要使一氧化氮产率达到 97%~98%,反应温度必须不低于 780 ℃。但反应温度过高,由于一氧化氮分解,一氧化氮产率不但不升高,还会有下降的可能,而

且当反应温度高于 920 ℃时，铂的损失将大大增加（主要是铂在高温下挥发加剧）。一般氨在常压下催化氧化温度控制在 780～840 ℃，加压下为 870～900 ℃。

② 压力　从反应本身看，操作压力对于一氧化氮的产率没有影响，加压氧化（如在 0.8～1.0 MPa下操作）比常压氧化的氧化率还要低 1%～2%，但铂催化剂的生产强度却因此而大为提高。例如常压下每千克铂催化剂每昼夜只能氧化 1.5 t 氨，而在 0.9 MPa 下可氧化 10 t 氨，同一设备生产能力可提高 5～6 倍。但压力过高，加剧了气体对铂网的冲击，铂网的机械损失（摩擦、碰撞后变成粉末）增大，因此一般采用 0.3～0.5 MPa，国外也有高达 1.0 MPa 的。

③ 接触时间　混合气体通过铂催化剂层的时间称为接触时间。为保证氨的氧化率达到最大值，接触时间不能太长（即气流线速率太小），因为这要降低设备的生产能力，而且氨容易分解成单质氮，使氧化率降低。接触时间也不能太短，太短氨来不及氧化就离开铂催化剂层，同样会使氧化率降低。生产实践证实，常压下接触时间以 1×10^{-4} s 左右为宜，加压下以 1.55×10^{-4} s 左右为宜。

④ 混合气组成　提高混合气中氧的浓度，即增加催化剂表面原子氧的浓度，不仅可强化氨氧化反应，而且也有利于一氧化氮氧化成二氧化氮。但氨氧化反应加快，反应热增多，若温度控制不好，就会烧坏催化剂，甚至会酿成爆炸事故。图 3-1-16 示出了混合气配比与氨氧化率的关系。由图可见，直线 *1* 表示完全按生成一氧化氮反应时的理论情况，曲线 *2* 表示生产实际情况。由曲线 *2* 可知，$\gamma=n(O_2)/n(NH_3)$ 达到 1.7 后，氧化率已递增不大，故一般将 γ 值维持在 1.7～2.2 之间，此时氧的过剩量比理论值约高 30%。不过，当反应温度较高时，例如达到 800 ℃，反应速率已足够快，γ 值可稍微低一些，取 1.5～1.6。若采用非铂催化剂，由于它的活性较小，γ 值应大于 2，以保持足够的氨氧化速率，否则氧化率会急剧降低。

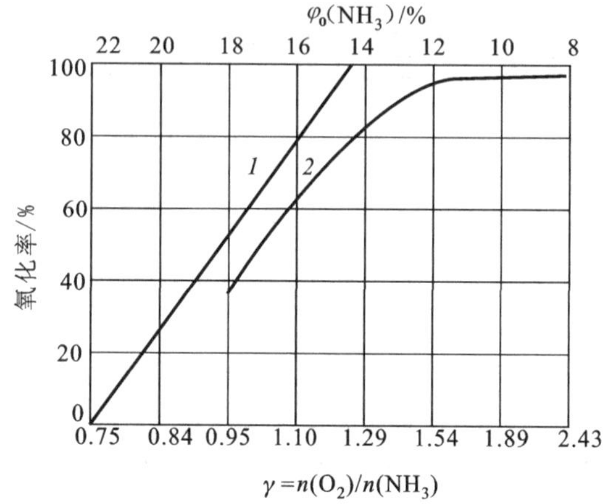

图 3-1-16　氨氧化率与氨空气混合气中氧氨比的关系

根据 γ 值就可求得混合气体中 $\varphi(NH_3)=9.5\%\sim11.5\%$范围。

⑤ 爆炸及预防措施　当混合气中氨达到一定浓度时，可能会引起爆炸。$NH_3-O_2-N_2$ 混合气体的爆炸极限示于表 3-1-10。在混合气中通入水蒸气，可使爆炸极限范围变窄，甚至消失。例如，在混合气中通入 φ（水蒸气）>10%的水蒸气时，在 45 ℃的温度下已没有爆炸危险。因此在生产中一般都加入一定量的水蒸气，这样即使将氨浓度提高到 $\varphi(NH_3)=13\%\sim14\%$也是安全的。

表 3-1-10　$NH_3-O_2-N_2$ 混合气的爆炸极限　　以 $\varphi(NH_3)$/%计

(O_2+N_2)混合气中 $\varphi(O_2)$/%	20	30	40	50	60	80	100
最低	22	17	18	19	19	18	13.5
最高	31	46	57	64	64	77	82

为防止爆炸，必须严格控制操作条件，使气体均匀地通过铂网；合理设计接触氧化设备；添加水蒸气；消除引爆隐患（如设备应良好接地，不用铁器敲击管路和设备，不穿带铁钉的鞋，车间不准吸烟等）。

3. 硝酸生产工艺流程

（1）双加压法制稀硝酸流程　本法典型的工艺流程示于图 3-1-17，现简述如下。

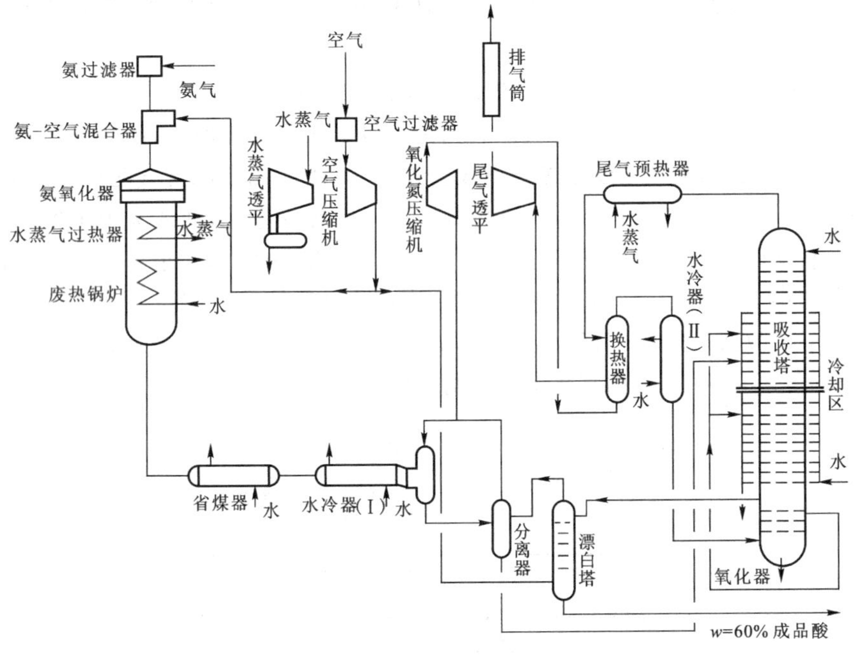

图 3-1-17　双加压法制稀硝酸流程图

① 氨的氧化和热能回收　氨和空气分别进入过滤器，以除去气体中夹带的固体粉尘和油雾等对氨氧化催化剂有害的杂质，净化后的气体经混合器混合[混合气中 $\varphi(NH_3)\approx 9.5\%$]后进入氨氧化器，经与铂铑网接触，$\varphi(NH_3)$ = 96%～97%的氨被氧化为一氧化氮，气体的温度也上升至约 860 ℃，此气体经氨氧化器下部的水蒸气过热器和废热锅炉回收热量后出氨氧化反应器的温度约为400 ℃。

② NO 的氧化及吸收　一氧化氮气体离开废热锅炉并经省煤器回收热量后，被冷却至约156 ℃。当温度下降时，气体中的 NO 被氧化成 NO_2，然后进入水冷器(Ⅰ)，进一步冷却至40 ℃。在这里，氧化氮(NO_x)气体与冷凝水反应生成 $w(HNO_3)$ = 34%的稀硝酸。酸-气混合物经分离器分离，稀硝酸送入吸收塔。由水冷器(Ⅰ)来的氧化氮气体，与来自漂白塔的二次空气相混合后进入氧化氮压缩机，被压缩至 1.0 MPa(表)。气体经换热器被冷却至 126 ℃，又经水冷器(Ⅱ)进一步冷却至

40 ℃后，氧化氮气体和冷凝酸一并送入吸收塔底部的氧化器继续氧化，在塔中氧化氮气体被水吸收生成硝酸，吸收塔的塔板上设有冷却盘管用以移走吸收热和氧化热，当塔内液体逐板流下时和氧化氮气体充分接触，酸浓度不断提高，在塔底部收集的 $w(HNO_3)=65\%\sim67\%$。

③ 漂白　自吸收塔来的 $w(HNO_3)=65\%\sim67\%$ 的硝酸里溶入很多 NO_x 气体，被送至漂白塔顶部，用二次空气将 NO_x 气体从硝酸中吹出，引出的成品酸浓度为 $w(HNO_3)=60\%$，含 $w(HNO_2)<0.01\%$，温度为 62 ℃，经冷却至约 50 ℃后，送往成品酸贮槽。由吸收塔顶出来的尾气，经尾气预热器，被加热至约360 ℃，热气体进入尾气透平，可回收约 60%的总压缩功，最后经排气筒排入大气。排入大气的尾气中 NO_x 含量约为 180 $\mu L\cdot L^{-1}$。

（2）间接法生产浓硝酸流程　间接法生产浓硝酸流程包括稀硝酸制造和稀硝酸浓缩两部分，前述 5 种稀硝酸生产方法都可与之配套。图 3-1-18 示出的是稀硝酸的浓缩流程，用的脱水剂是硝酸镁。现简述如下。

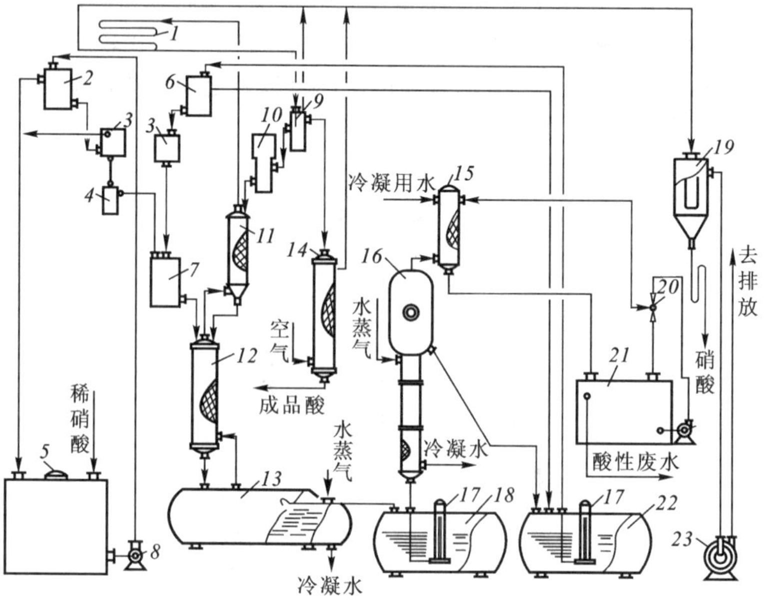

图 3-1-18　硝酸镁法浓缩稀硝酸工艺流程图

1. 硝酸冷凝器；*2.* 稀硝酸高位槽；*3.* 流量计；*4.* 液封；*5.* 稀硝酸贮槽；*6.* 浓硝酸镁高位槽；*7.* 混合器；*8.* 离心泵；*9.* 酸分配器；*10.* 回流酸流量计；*11.* 精馏塔；*12.* 提馏塔；*13.* 加热器；*14.* 漂白塔；*15.* 大气冷凝器；*16.* 蒸发器；*17.* 液下泵；*18.* 稀硝酸镁槽；*19.* 集雾器；*20.* 水喷射泵；*21.* 循环水池；*22.* 浓硝酸镁贮槽；*23.* 风机

$w[Mg(NO_3)_2]=72\%\sim76\%$ 的浓硝酸镁溶液和稀硝酸按(4~6)∶1的质量比在混合器 *7* 混合后，自提馏塔 *12* 顶部加入。该塔为填料塔，塔温 115~130 ℃，所需热量由设在塔下部的加热器 *13* 提供。$w(HNO_3)=80\%\sim90\%$ HNO_3 蒸气从提馏塔顶逸出进入精馏塔 *11* 中，该塔也是填料塔，塔顶逸出的是温度为 80~90 ℃的 $w(HNO_3)=98\%$ HNO_3 蒸气，经硝酸冷凝器 *1* 进入酸分配器 *9*，在这里气体经集雾器 *19* 用风机 *23* 排出至稀硝酸系统，液体一部分(2/3)作回流，一部分(1/3)进漂白塔，经漂白后得到 $w(HNO_3)=98\%$ 成品酸；由提馏塔底部流出的稀硝酸镁溶液进入加热器 *13*。用

1.3 MPa 间接水蒸气加热，在174~177 ℃下脱硝（脱除 NO_2）。产生的蒸气用作提馏塔的热源。出加热器 *13* 的稀硝酸镁 $w[Mg(NO_3)_2]=62\%\sim67\%$，用液下泵打入膜式蒸发器 *16* 进行蒸发。经浓缩，硝酸镁提浓到 $w[Mg(NO_3)_2]=72\%\sim76\%$ 流入硝酸镁贮槽 *22* 中循环使用。由膜式蒸发器出来的蒸气，进入大气冷凝器 *15* 用水直接冷却，冷却水流入循环水池 *21*，尾气用水喷射泵 *20* 抽出，循环水池多余的酸水送废水处理系统。

4. 氧化炉结构和技术特性

比较完善的氧化炉必须具备下列条件：

① 使氨和空气混合气能在铂网的整个截面上均匀流过；

② 能保证维持接触区域的温度；

③ 为了减少热损失，应在保持最大的接触面积下尽可能缩小体积；

④ 结构简单，易于拆卸，流体阻力要小。

现在广为采用的氧化炉是由上下两个圆锥体和中间一个圆柱体所组成的容器，锥体的角度应该满足氨-空气混合气分解均匀和铂网受热均匀，一般成65°~75°比较适宜。图 3-1-19 示出了这种氧化器的结构示意图。氨-空气混合气的流向可以由上向下或由下向上，用得最普遍的

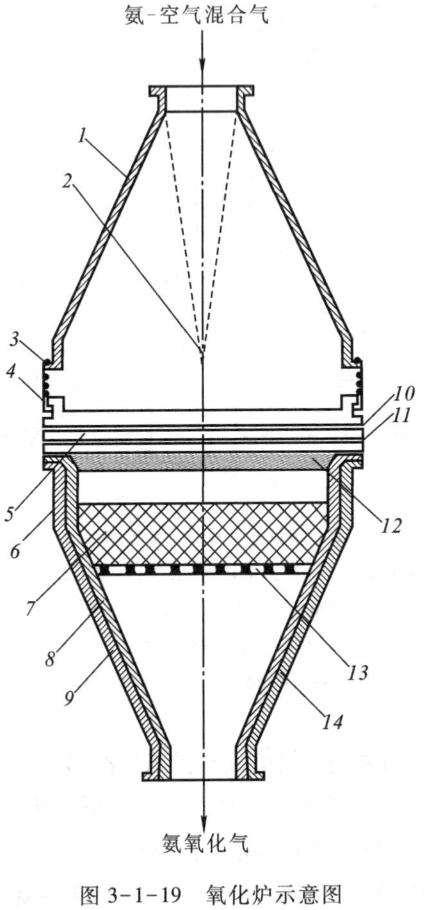

图 3-1-19　氧化炉示意图

1. 上锥体；*2.* 锥形气体分布器；*3.* 视孔；*4.* 上圆柱体；*5*，*12.* 铂催化剂层；*6.* 下圆柱体；*7.* 消音环；*8.* 绝热材料；*9.* 耐火砖；*10.* 压网圈；*11.* 托网梁；*13.* 花板；*14.* 下锥体

是由上向下，这种流向的优点是下锥体内可用耐火砖衬里，减少了散热损失；在氧化炉与废热锅炉设计成联合设备时（见图 3-1-20），可以更加有效地回收热量；气流方向与铂网的重力方向一

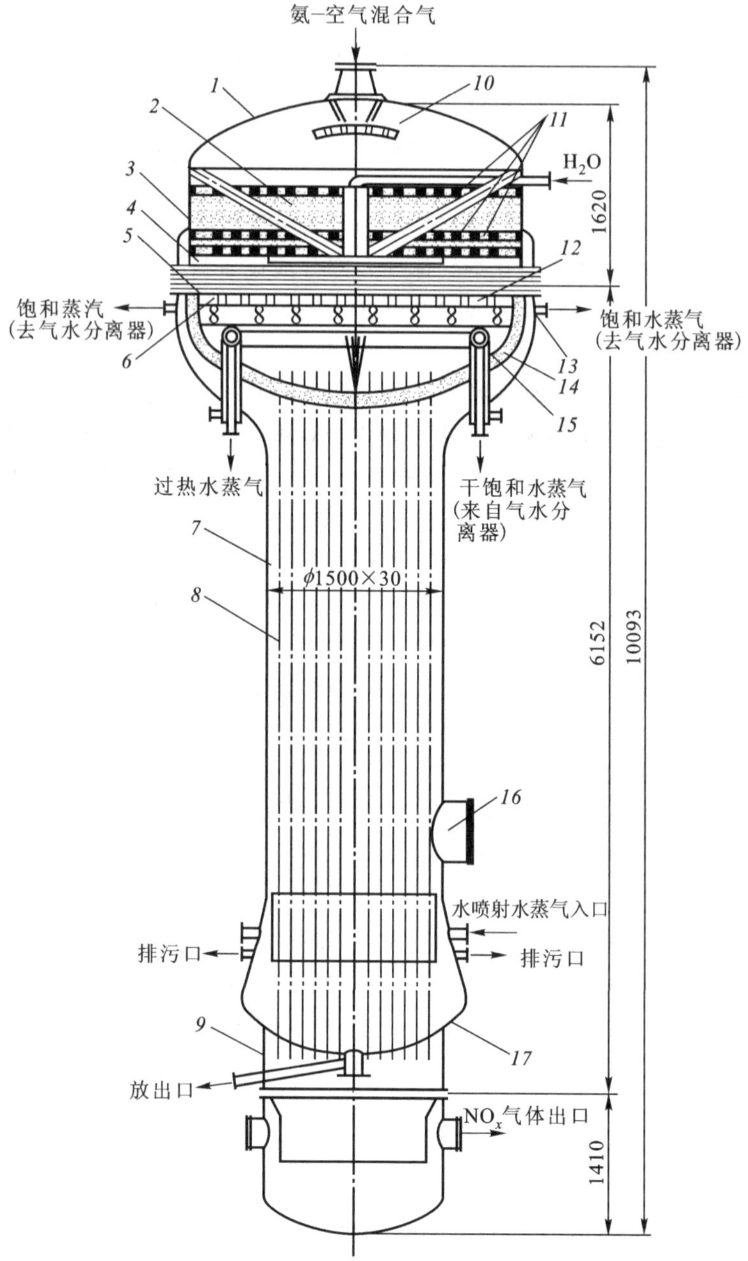

图 3-1-20 氧化炉-废热锅炉联合装置示意图

1. 氧化炉炉头；*2.* 铝环；*3.* 不锈钢环；*4.* 铂-铑-钯网；*5.* 纯铂网；*6.* 石英管托网架；*7.* 换热器；*8.* 列管；*9.* 底；*10.* 气体分布板；*11.* 花板；*12.* 水蒸气加热器（过热器）；*13.* 法兰；*14.* 隔热层；*15.* 上管板（凹形）；*16.* 人孔；*17.* 下管板（凸形）

致,可以减少铂网的振动,降低铂的损失。上锥体设有锥形气体分布器,使气流分布均匀及避免网前形成涡流;下锥体的花板上,堆放有 ϕ25 mm×25 mm×5 mm 的瓷环,起消除音响的作用,故称消音环;上下圆柱体用法兰连接,法兰之间设有压网圈,用来夹紧铂网;上圆柱体上装有四个视孔及分析氨的取样孔,视孔用来观察铂网灼热时的颜色,以判断温度高低及铂网受热是否均匀;在下圆柱体上有点火孔,供开工时在此伸入点火器之用。此外,尚有测温孔及分析 NO 的取样孔;氧化炉的气体导出部分的锥形表面,可以使大量的热反射到处于水平位置的催化剂上,借以保证铂网均匀地加热,并使催化区域保持足够高的温度。因此,下锥体的表面隔热及外部保温是很重要的。

氧化炉气体导出部分的材料在加压操作时,一般用耐热高铬钢制作,常压或低压时用碳钢作壳体,内衬石棉板和耐火砖。用作氧化炉气体导入部分或设备衬里的材料有铝、镍、铬镍合金和不锈钢等;氧化炉直径(指圆柱体)有 2 m,2.2 m,3 m,3.5 m 等,可单独设立,也可与废热锅炉联合设置。

图 3-1-20 为一大型氧化炉-废热锅炉联合装置。氧化炉直径为 3 m,采用 5 张 Pt-Rh 网和 1 张纯铂网组成催化剂层,在 0.35 MPa 压力下操作,NO 的氧化率可达 98%。联合装置上部为氧化炉炉头,中部为过热器,下部为立式列管换热器。氨-空气混合气由氧化炉炉头顶部送入,经气体分布板、铝环和不锈钢环填充层,使气体均匀分布在铂网上,通过铂催化剂层进行氨的氧化,产生的大量反应热可将反应气温度升到 850 ℃,在过热器中将 228 ℃的饱和水蒸气加热成为 390 ℃,2.5 MPa 的过热水蒸气,反应气温度降至 745 ℃,进入下部列管式换热器,与列管间的水进行换热产生饱和水蒸气,本身温度降至 240 ℃,由换热器底部送出。该设备生产能力大,铂网的生产强度高,设备的热利用好,锅炉部分阻力小,操作方便。

最近,法国 GP 公司,又将图 3-1-20 所示装置作了如下改进:

① 氧化炉外壁设有夹套锅炉;

② 氧化炉铂网采用栏式吊框,确保受热不变形;

③ 氧化炉点火采用回转燃氢点火器,铂网加热均匀。

5. 硝酸尾气的处理

目前,国内外硝酸尾气的处理可归纳为三大类,即:催化剂还原法、各种溶剂吸收法和固体物质(如分子筛)吸附法。工业上广泛采用第 1,2 类。此外,还有少数采用稀释法。

(1) 催化剂还原法 可分为选择性和非选择两种,均采用铂、钯、铑和钌等贵金属作催化剂。

① 选择性还原法 在 250~350 ℃下进行,还原剂为 NH_3,发生以下 3 个主要反应:

$$4NH_3+6NO \longrightarrow 5N_2+6H_2O \qquad \Delta H^{\ominus}(298\ K) = -1\ 809.7\ kJ/mol$$

$$8NH_3+6NO_2 \longrightarrow 7N_2+12H_2O \qquad \Delta H^{\ominus}(298\ K) = -2\ 735.3\ kJ/mol$$

$$4NO+4NH_3+O_2 \longrightarrow 4N_2+6H_2O$$

此外还有极少量 NO 和 N_2O 生成。本法 NO_x 转化率可达 99%,尾气中 NO_x 含量小于 200 μL · L^{-1},$n(NH_3):n(NO_x)=1$,无过量氨。此法的缺点是需消耗大量的氨[6 kg(NH_3)/t(硝酸)]。

② 非选择性还原法 利用 H_2 和甲烷作还原剂,在 400~800 ℃,将硝酸尾气中的 NO_x 除去。反应式可表达如下:

$$2H_2+O_2 = 2H_2O \qquad (1)$$

$$H_2+NO_2 \xlongequal{} NO+H_2O \quad (2)$$

$$2H_2+2NO \xlongequal{} N_2+2H_2O \quad (3)$$

$$CH_4+2O_2 \xlongequal{} CO_2+2H_2O \quad (4)$$

$$CH_4+4NO_2 \xlongequal{} 4NO+CO_2+2H_2O \quad (5)$$

$$CH_4+4NO \xlongequal{} 2N_2+CO_2+2H_2O \quad (6)$$

上列 6 式中,(1)和(4)是供热反应,(2)和(5)为脱除 NO_2(称为脱色反应)的反应,(3)和(6)为销毁反应,如果燃料气不足,只能使 NO_2 还原为 NO 并消耗一部分 O_2。还原剂又是供热用燃料,故称为非选择性还原。本法也能将 NO_x 脱除至小于 200 $\mu L \cdot L^{-1}$,但是要消耗大量燃料气,800 ℃高温尾气带走的热量应充分利用以减少热损失。

(2) 溶液吸收法

① 碱液吸收法　采用纯碱或 NaOH 水溶液作吸收剂,因纯碱制作方便,价格便宜,在国内外应用比 NaOH 水溶液多。纯碱吸收的主要反应为

$$NO+3NO_2+2Na_2CO_3 \longrightarrow 3NaNO_2+NaNO_3+2CO_2$$

NO_x 的吸收率可达 50%~80%,亚硝酸钠可回收利用。20 世纪 80 年代上海化工研究院开发成功“改进碱吸收处理硝酸尾气技术”(简称配气法)。具体做法是在硝酸尾气中引进浓的 NO_x,配成 NO_2,NO 物质的量相当的酸尾气,用碱吸收该尾气,副产亚硝酸钠和硝酸钠产品,尾气中 NO_x 从 2 000~8 000 $\mu L \cdot L^{-1}$降至 800 $\mu L \cdot L^{-1}$,既可改善环境,又可获得亚硝酸钠和硝酸钠产品,提高了企业的经济效益。该法适用于常压法、综合法和 0.45 MPa 全加压法硝酸生产装置。

② 亚硫酸溶液吸收法　利用硫酸尾气回收的排出液(亚硫酸铵和亚硫酸氢铵)来洗涤硝酸尾气中的 NO_x 达到较好的综合效果,吸收率可达 75%以上。吸收反应如下:

$$4(NH_4)_2SO_3+2NO_2 \longrightarrow 4(NH_4)_2SO_4+N_2$$

$$2NH_4OH+2NO_2 \longrightarrow 2NH_4NO_3+N_2$$

$$2NH_4OH+N_2O_3 \longrightarrow 2NH_4NO_2+H_2O$$

$$NH_4HSO_3+NH_4OH \longrightarrow (NH_4)_2SO_3+H_2O$$

上述反应中第 1 个是主要反应。由上面叙述可知,本法是企业综合治理各类尾气的中间一环,应用有一定局限性。

③ 延长吸收法　采用比一般吸收法更大的吸收容积和较低的吸收温度,以取得更好的吸收效果。此法适合高压法(如 0.6~0.8 MPa 以上全加压法),可使吸收后的 NO_x 气部分排出,部分返回吸收塔进口,本法缺点是增加了投资费用。

④ 稀硝酸加钒盐吸收法　在硝酸中添加钒盐,用来吸收尾气中的 NO,使后者氧化、吸收生成硝酸。例如在 $w(HNO_3)$ = 10%~30%硝酸中添加钒盐 $w(V_2O_5)$ = 2%~3%,逆向吸收尾气,能将含 NO_x800~3 000 $\mu L \cdot L^{-1}$尾气(停留时间约 130 s)中的 NO_x 脱除 90%以上,富液用 100 ℃的少量空气解吸,NO_x 返回硝酸生产系统。

⑤ 硝酸吸收法　以气液体积比为 35∶1,气温 20 ℃,用 $w(HNO_3)$ = 20%~30%不含 NO_x 的 HNO_3 处理 $w(NO)$ = 1%~2%的尾气,脱除率可达 90%,用空气解吸出 NO_x,后者返回硝酸生产系统。

以上五法中,以碱液吸收法应用最为普通。

(3) 固体物质吸附法　此法用分子筛、硅胶、活性炭及离子交换树脂等固体物质作吸附剂,

其中活性炭的吸附容量最高，分子筛次之，硅胶较差。分子筛不吸附 NO，所以要先将 NO 氧化成 NO_2。可用热空气和水蒸气再生分子筛，回收 NO_x，但再生周期短，在国内外未被普遍采用。

四、乙烯环氧化制环氧乙烷

低级烯烃的气相氧化都属非均相催化氧化范畴。催化剂为毫米级或微米级微粒，它们分别用于固定床或流化床反应器。

烯烃气相氧化可制得很多有用的有机化合物，其中比较重要的有乙烯环氧化制环氧乙烷、丙烯氧化偶联制丙烯腈、丙烯环氧化制环氧丙烷以及丁烯氧化制顺丁烯二酸酐（俗称顺酐）等。

环氧乙烷（EO）是乙烯工业衍生物中仅次于聚乙烯而占第二位的重要有机化工产品。它除部分用于制造非离子表面活性剂、氨基醇、乙二醇醚外，大部分用来生产乙二醇（EG），后者是制造聚酯树脂的主要原料。也大量用作抗冻剂。现在几乎所有的环氧乙烷都与乙二醇生产结合在一起。EO 下游产品日本有5 000余种、欧美也有 1 000 余种，而我国仅有 300 余种，差距甚大，需要大力发展，迎头赶上。近几年来，国内 EO 产量远不能满足消费需要，仅乙二醇一项，2008 年进口量就达 5.22 Mt/a，自给率仅为 27.3%，EO 下游产品进口的品种和数量也逐年大幅递增。因此，继续新建大型 EO/EG 生产装置以满足国内市场需要势在必行。

1. 生产方法

环氧乙烷有两种生产方法：氯醇法和直接氧化法。

(1) 氯醇法　本法于 1925 年由美国联碳公司（UCC）首先实现工业化。生产过程包括两个基本反应：乙烯与次氯酸反应（俗称次氯酸化）和氯乙醇脱氯化氢反应（俗称环化或皂化）。

① 次氯酸化反应

$$HOH + Cl_2 \rightleftharpoons HOCl + HCl$$

$$CH_2{=}CH_2 + HOCl \longrightarrow \underset{Cl}{\underset{|}{CH_2}}—\underset{OH}{\underset{|}{CH_2}}$$

主要副反应有：

$$CH_2{=}CH_2 + Cl_2 \longrightarrow \underset{Cl}{\underset{|}{CH_2}}—\underset{Cl}{\underset{|}{CH_2}}$$

还有生成二氯二乙醚的副反应：

$$CH_2{=}CH_2 + Cl_2 + \underset{Cl}{\underset{|}{CH_2}}—\underset{OH}{\underset{|}{CH_2}} \longrightarrow \underset{Cl}{\underset{|}{CH_2}}—CH_2—O—CH_2—\underset{Cl}{\underset{|}{CH_2}} + HCl$$

次氯酸化反应温度为 40～60 ℃，$n(C_2H_4):n(Cl_2)=(1.1\sim1.2):1$，即乙烯是过量的。压力对反应没有影响，只需满足克服系统阻力就行。

② 氯乙醇的皂化（环化）反应

$$2\ \underset{Cl}{\underset{|}{CH_2}}—\underset{OH}{\underset{|}{CH_2}} + Ca(OH)_2 \longrightarrow 2\ \underset{\diagdown\ O\ \diagup}{CH_2—CH_2} + CaCl_2 + 2H_2O$$

副反应为

$$2\ \underset{Cl}{CH_2}-\underset{OH}{CH_2}+Ca(OH)_2 \longrightarrow 2\ \underset{OH}{CH_2}-\underset{OH}{CH_2}+CaCl_2$$

当有氧化镁杂质存在时，还可能生成少量醛类：

$$2\ \underset{Cl}{CH_2}-\underset{OH}{CH_2}+Ca(OH)_2 \longrightarrow 2CH_3CHO+CaCl_2+2H_2O$$

工业上除用 $Ca(OH)_2$ 作皂化剂外，还采用 NaOH 溶液。操作中应将皂化剂缓慢加入氯乙醇中，否则，在碱性介质中生成的环氧乙烷会大量水解生成乙二醇。皂化反应压力为 0.12 MPa，温度为 102～105 ℃，在此条件下，可保证生成的环氧乙烷立即从液相逸出（环氧乙烷沸点 10.7 ℃），避免环氧乙烷的水解。本法可以采用低浓度乙烯［w（乙烯）≈50%］为原料，乙烯单耗低、设备简单、操作容易控制，有时还可联产环氧丙烷。但生产成本高［生产 1 t（产品），需消耗 0.9 t（乙烯）、2 t（氯气）和 2 t（石灰）］，产品纯度不高，只能用来生产表面活性剂。氯气和氢氧化钙没有进入产品分子中，而是变成工业废渣，不仅浪费了氯气和石灰资源，而且还会严重污染环境。此外，氯气、次氯酸和 HCl 等都会造成设备腐蚀和环境污染。因此本法从 20 世纪 50 年代起，已被直接氧化法取代。我国原有近 40 家工厂用本法生产环氧乙烷，现已减至 10 多家，生产能力仅 2 万～3 万 t/a。

在这里值得提出的是，目前世界上仍大量采用本法由丙烯来生产环氧丙烷，生产工艺流程也极其相似。这主要是丙烯直接氧化制环氧丙烷还处在研究开发阶段，用其他方法（如自氧化法）生产得到的环氧丙烷在技术经济方面还未占明显优势之故。

（2）直接氧化法　本法于 1938 年也由美国 UCC 公司开发成功。由于受当时工业技术水平的限制，直至 20 世纪 50 年代才开始建造大型工业生产装置。1953 年美国科学设计公司（SD 公司）建成年产 2.7 万吨直接空气氧化法制环氧乙烷生产装置，1958 年美国壳牌化学开发公司（Shell 公司）首先建成以氧气为氧化剂的 2 万 t/a 环氧乙烷生产装置。现在，氧气来源渠道多，价格低廉，近年来，建造的绝大多数生产环氧乙烷的工厂采用纯氧直接氧化技术。一些原先用空气作氧化剂的环氧乙烷工厂也纷纷改用纯氧直接氧化技术。纯氧直接氧化技术的优点是由排放气体带走的乙烯量比空气法少，乙烯的消耗定额比空气法小［前者为 0.83～0.9 t（乙烯）/t（EO），后者为 0.90～1.05 t（乙烯）/t（EO）］，设备和管道比空气法少。我国直接氧化法中，除 20 世纪 70～80 年代引进的少数几套空气法装置外，绝大多数亦为氧气法，新建和拟建的 EO/EG 装置则全部采用氧气法。

乙烯经银催化剂催化，可一步直达生成环氧乙烷。

主反应为

$$2CH_2=CH_2+O_2 \longrightarrow 2\ \underbrace{CH_2-CH_2}_{\diagdown O \diagup} \qquad \Delta H^{\ominus}(298\ K)=-105.3\ kJ/mol(C_2^{=}) \tag{1}$$

副反应有

$$CH_2=CH_2+3O_2 \longrightarrow 2CO_2+2H_2O \qquad \Delta H^{\ominus}(298\ K)=-1\ 320.5\ kJ/mol(C_2^{=}) \tag{2}$$

$$\underbrace{CH_2-CH_2}_{\diagdown O \diagup}+2\frac{1}{2}O_2 \longrightarrow 2CO_2+2H_2O \tag{3}$$

$$CH_2{=\!=}CH_2+\frac{1}{2}O_2 \longrightarrow CH_3CHO \qquad (4)$$

$$CH_2—CH_2+O_2 \longrightarrow 2CH_2O \qquad (5)$$

$$\underset{\diagdown\;O\;\diagup}{CH_2—CH_2} \longrightarrow CH_3CHO \qquad (6)$$

在实际生产条件下，乙醛很快被氧化生成 CO_2 和水：

$$CH_3CHO+2O_2 \longrightarrow 2CO_2+H_2O \qquad (7)$$

因此所得反应产物主要是环氧乙烷、二氧化碳和水，生成的乙醛量小于环氧乙烷量的0.1%，生成的甲醛量则更少。但它们对环氧乙烷产品质量影响很大，会严重妨害环氧乙烷的深度加工。因此，在工艺流程中，有专门的脱醛设备将醛脱至符合产品质量要求。从反应(1)和(2)可知，它们虽都是放热反应，但反应(2)释放出的热量是反应(1)的 12.5 倍。因此必须采用优良催化剂和严格控制操作条件(其中对选择性的控制尤为重要)，使反应(2)不会太激烈。否则，若反应(2)进行较快，释放出的热量又来不及传出系统，就会导致反应温度迅速上升，产生“飞温”现象，这不仅会使催化剂因烧结而失活，甚至还会酿成爆炸事故。这一点也是为什么直接氧化法迟迟不能进行大规模工业生产的重要原因之一。

2. 乙烯环氧化催化剂和催化原理

(1) 催化剂　乙烯环氧化反应对催化剂的要求是反应活性要好，这样可降低反应温度。这是因为生成环氧乙烷和二氧化碳反应的活化能分别为63 kJ/mol和 84 kJ/mol，降低温度对主反应更有利；其次是选择性要好。选择性好，意味着副反应减弱，由副反应释放出的热量减少，反应温度容易控制，产物环氧乙烷的收率可以提高；再次是使用寿命要长。银催化剂中银的含量一般在 $w(Ag)=10\%\sim20\%$，个别的甚至高达 $w(Ag)=35\%$。因此，银催化剂的售价相当高，延长催化剂使用寿命相当于降低工厂的生产成本；最后还要考虑催化剂的孔结构、比表面积、导热性、耐热性和强度等要符合生产的要求。银催化剂由活性组分、助催化剂和载体三部分组成。现在经过各国催化工作者的努力，可以做到活性组分银与载体结合牢固，银分布均匀，银粒大小适宜、银粒烧结倾向小。银催化剂近年来改进最大的地方是助催化剂，重点是提高催化剂的选择性。原先采用的助催化剂有碱金属盐(如添加钾盐)、碱土金属盐(如添加钡盐)和稀土元素化合物，它们对提高催化剂综合性能有好处，例如添加钾盐提高了催化剂的选择性(达 76%)，添加钡盐可增加催化剂的抗熔结能力，有利于提高催化剂的热稳定性，延长它的使用寿命，并可提高催化活性(但使催化剂选择性有所降低)。近 10 多年来，添加了碱金属铯盐，明显地提高了催化剂的选择性(从 76%提高到 82%以上)。现在，美国、日本多家公司开发的银催化剂的选择性可达 85%～90%，我国自己开发的催化剂，如 YS—8 型催化剂选择性也可达到 88%以上，已接近世界先进水平。银催化剂常用的载体有：碳化硅、α-氧化铝和含有少量 SiO_2 的 α-氧化铝等，它们的比表面积一般小于 1 m^2/g，孔隙率为 50%左右，平均孔径 4.4 μm 左右或更大，这些载体特征符合强放热氧化反应的需要。此外，它们的导热性和耐热性也符合要求。导热性不仅与导出反应热有关，而且对反应器床层温度均匀化也有重大作用。提高选择性，限制副反应放热量及采用导热性能好的载体可使反应器床层中的热点不明显，这对延长催化剂使用寿命和安全生产是极为重要的。催化剂的制备过去常用黏结法，即将上述三种组分用黏结剂黏合在一起，再经干燥和热分解制得具有催化活性的催化剂颗粒,这种制备方法的缺点是活性组分分布不均匀、银粉容易剥落、强度差,不能承受高空速,寿命不长。现在普遍采用浸渍法,即将载体浸入水溶性的有机银(如烯酮银、乳酸银或银-有机铵络合物等)和助催化剂溶液中,然后进行洗涤、干燥和热分解。这种制备方法活性组分银获得高度分散,银晶粒在载体外表面和孔壁上分布均匀,与载体结合也较牢固,能承受高空速。制得的催化剂都为中空圆柱体。如上所述,银含量一般在 $w(Ag)=10\%\sim20\%$。

表 3-1-11 示出了三家催化剂供应商为天津石化 420 kt/a 乙二醇装置提供的催化剂性能状况。由表 3-1-11 可见,DOW 公司的 METEOR—200 型催化剂选择性及催化活性比较高,综合性能最好。但在使用过程中需添加反应促进剂以提高催化剂的性能,在后续流程中又需将反应促进剂脱除,使流程变得颇为复杂。另外,DOW 公司催化剂中银含量高达 $w(Ag)=35\%$,因此售价相当高。

表 3-1-11 三家专利商的催化剂性能比较

		Shell	DOW	SD
催化剂型号		S—882	METEOR—200	SD—Syndox
$w(Ag)/\%$		13.1~13.9	35.0	9.5
催化剂选择性/%	初期	88.9	90.5	83.5
	末期	84.9	87.0	80
	平均	87.6	89.0	
反应入口温度/℃	初期	235	222	215
	末期	260	255	242
反应压力/MPa(G)		1.6	1.6	2.0
时空产率/[$kg(EO)\cdot h^{-1}\cdot m^{-3}(cat)$]		145	200	180
催化剂寿命/a		3	3	3
催化剂用量/m^3		284	203	225

(2) 催化氧化机理 乙烯在银催化剂上的氧化机理,至今仍有不少地方没有搞清楚,下面介绍的是大多数研究者认同的观点。

① 氧被银表面活性中心吸附的形态是不同的 在强活性中心上(例如在四个邻近的清洁的银原子上),氧很容易吸附上去,活化能仅约 12.54 kJ/mol,并发生解离吸附,氧分子双键均裂,形成原子氧离子:

$$O_2+4Ag(\text{邻近})\longrightarrow 2O^{2-}(\text{吸附})+4Ag^+(\text{邻近})$$

(原子氧离子)

当银表面缺乏四个邻近的清洁银原子时,氧分子就难吸附上去(吸附活化能约 33.02 kJ/mol)而且不发生氧分子的解离:

$$O_2+Ag\longrightarrow O_2^-(\text{吸附})+Ag^+$$

(分子氧离子)

较高温度时,银原子会迁移,故又有可能形成 4 个银原子邻近的强吸附中心,氧吸附上去并发生氧分子的解离吸附，但形成困难(吸附活化能高达60.19 kJ/mol)。

$$O_2+4Ag(\text{非邻近}) \longrightarrow 2O^{2-}(\text{吸附})+4Ag^{+}(\text{邻近})$$

② 乙烯与吸附氧之间的相互作用　乙烯与吸附态原子氧离子作用强烈，放出大量反应热，产物是二氧化碳和水，只有吸附态的分子氧离子才能与乙烯发生环氧化，生成环氧乙烷。

③ 吸附热　氯有较高的吸附热，它能优先占领银表面的强吸附中心，从而大大减少吸附态原子氧离子的生成，抑制了深度氧化反应。当银的表面有四分之一被氯适宜遮盖时，深度氧化反应几乎完全不会发生。

因此在生产中，在适宜温度下，加适量氯，银催化剂表面的第一种吸附状态将被完全抑制，第三种吸附态因吸附活化能很高，也可以忽略。这样乙烯便只与吸附态的分子氧离子进行选择性氧化：

$$O_2^{-}(\text{吸附})+CH_2{=\!=}CH_2 \longrightarrow \underset{\diagdown\ O\ \diagup}{CH_2{-}CH_2} +O(\text{吸附})$$

生成的原子氧与乙烯发生深度氧化反应生成二氧化碳和水：

$$6O(\text{吸附})+CH_2{=\!=}CH_2 \longrightarrow 2CO_2+2H_2O$$

将上面两个反应式合并，就可知 7 份乙烯中有 6 份乙烯用来合成环氧乙烷(选择性为85.7%)，剩余 1 份乙烯则生成 CO_2 和水。

近年来 Force 和 Bell 提出，吸附态的原子氧离子是乙烯选择性氧化的关键物种，它既可生成环氧乙烷，亦可生成 CO_2 和水。气相中乙烯与吸附态原子氧离子反应生成环氧乙烷，而吸附态乙烯则与吸附态原子氧离子反应生成二氧化碳和水。添加的抑制剂二氯乙烷，除占据银表面的强活性中心外，还会挤占部分乙烯的吸附位，使吸附态乙烯的浓度下降，从而提高乙烯生成环氧乙烷的选择性。在单晶或多晶表面上用红外光谱仪测得的结果也有利于这一假设。由此推测，合成环氧乙烷的选择性有可能会超过 85.7%。事实上，前面已经叙及有不少催化剂制造公司制造出的银催化剂，初始选择性已超过 86%。

(3) 反应动力学方程　在银催化剂上进行的乙烯直接氧化反应，到目前为止，虽然进行了大量的研究工作，但由于对反应机理还没有统一的看法，因此各研究者提出的动力学方程也不一样。此外，由于催化剂的改进(如活性组分、助催化剂和载体原材料的选用，它们在催化剂中的含量以及制备方法的变化等)，也会影响动力学方程的形式。下面介绍的是苏联学者乔姆金M H 和库利科夫 H B 提出的动力学方程式。他们认为在催化剂表面上乙烯氧化生成环氧乙烷和乙烯深度氧化为 CO_2 和水的活性中心是同一氧化物，即 $Ag_2^{(S)}O_2$。由此提出的反应机理如下：

$$ZO + C_2H_4 \begin{cases} \longrightarrow Z + C_2H_4O \\ \longrightarrow ZC_2H_4O \end{cases} \qquad (1)$$

$$ZO+C_2H_4 \longrightarrow Z+CH_3CHO \qquad (2)$$

乙醛为中间产物，它氧化生成 CO_2 和水。

$$CH_3CHO+5ZO \longrightarrow 2CO_2+2H_2O+5Z \qquad \text{快速}(2')$$

$$2Z+2O_2 \longrightarrow 2ZO_2 \qquad (3)$$

$$Z+ZO_2 \longrightarrow 2ZO \qquad \text{快速}(3')$$

$$ZC_2H_4O \rightleftharpoons Z+C_2H_4O \qquad (4)$$

$$ZO+C_2H_4O \rightleftharpoons ZO \cdot C_2H_4O \qquad (5)$$

$$ZO+H_2O \rightleftharpoons ZO \cdot H_2O \tag{6}$$

$$ZO+CO_2 \rightleftharpoons ZO \cdot CO_2 \tag{7}$$

$Ag^{(S)}$表示银的表面化合物,Z 表示 $Ag_2{}^{(S)}O$,ZO 表示 $Ag_2{}^{(S)}O_2$。

作者根据上述反应机理,导出了以载于浮石上的银为催化剂,以氯为助催化剂的反应动力学方程:

$$r_{EO}=\frac{k_1 \cdot p_{C_2H_4}}{A}$$

$$r_{CO_2}=\frac{k_2 \cdot p_{C_2H_4}}{A}$$

$$A=L\frac{p_{C_2H_4}}{p_{O_2}}(1+K_4 \cdot p_{C_2H_4O})+(1+K_5 \cdot p_{C_2H_4O}+K_6 \cdot p_{H_2O}+K_7 \cdot p_{CO_2})$$

$$L=\frac{k_1+6k_2}{2k_3}$$

式中:r_{EO},r_{CO_2}——生成 C_2H_4O 和 CO_2 的速率;

p——各组分的分压;

$K_5 \sim K_7$——反应(5)~(7)的平衡常数;

k_1,k_2,k_3——反应(1),(2),(3)的速率常数。

当乙烯浓度低于爆炸下限时,乙烯的氧化在氧过剩的情况下进行,生成环氧乙烷的速率方程式可以简化为如下形式:

$$r'_{EO}=\frac{k_1 \cdot p_{C_2H_4}}{1+K_5 \cdot p_{C_2H_4O}}$$

式中,k_1 和 K_5 为常数,在此情况下反应对乙烯是一级,对氧是零级,即氧浓度的变化对反应速率没有影响。这一方程似乎对空气氧化法较为适宜。

当乙烯处于高浓度范围,即超过爆炸上限和氧含量小时:

$$r''_{EO}=\frac{(k_1/L)p_{O_2}}{1+K_4 \cdot p_{C_2H_4O}}$$

式中,k_1,L 和 K_4 是常数,反应对氧是一级,对乙烯是零级。对氧气法而言,乙烯浓度为 w(乙烯)= 15%左右,低于爆炸上限[乙烯在空气中的爆炸范围为 φ(乙烯)= 2.7% ~ 36%]。因此反应对乙烯和 O_2 应均在 0~1 级之间。这一假设,与实验数据相当吻合。

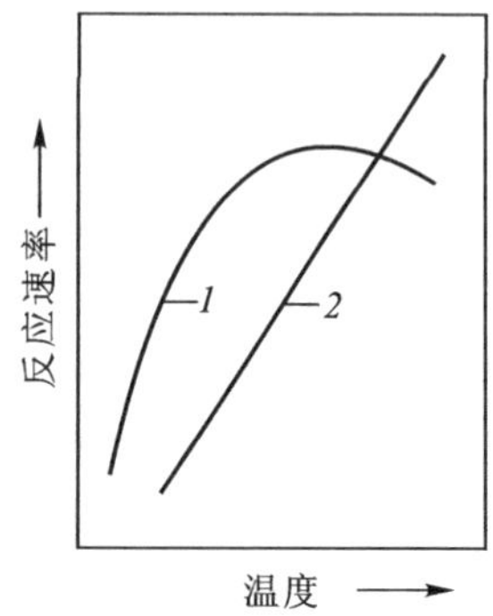

图 3-1-21　乙烯环氧化生成环氧乙烷和二氧化碳的反应速率与温度的关系

1.环氧乙烷;*2*.二氧化碳

3. 工艺条件的选择

(1) 反应温度　前已叙及,因深度氧化反应的活化能比生成环氧乙烷的主反应高,前者为 61.7~123.5 kJ/mol,后者为 52.2~108.8 kJ/mol,故在较低温度下反应是有利的。图 3-1-21 形象地示出了这一规律性。但反应温度不能太低,否则会导致反应速率太慢,转化率太低,没有工业意义。在实际生产中,反应温度往往取决于催化剂。能保证催化剂发挥正常的催化功能(主要指转化率和选择性)时的温度即为操作中应控制的反应温度,一般空气氧化法控制在 220~290 ℃,氧气氧化法控制在 204~270 ℃。

(2) 空速 空速有体积空速和质量空速之分。前者为单位时间内通过单位体积催化剂的物料体积数。单位为 $V_{物料}/(V_{催化剂}\cdot h)$ 或 $V_{物料}/(V_{催化剂}\cdot s)$;后者为单位时间内通过单位质量催化剂的物料质量。单位为 $m_{物料}/(m_{催化剂}\cdot h)$ 或 $m_{物料}/(m_{催化剂}\cdot s)$。体积空速常用于气-固相反应,质量空速常用于液-固相反应。空速大,物料在催化剂床层停留时间短,若属表面反应控制,则转化率降低,选择性提高。反之,则转化率提高,选择性降低。适宜的空速与催化剂有关,应由生产实践确定。对空气氧化法而言,工业上主反应器空速一般取 7 000 h^{-1}左右。此时的单程转化率在 30%~35%之间,选择性可达 65%~75%。对氧气氧化法而言,空速为 5 500~7 000 h^{-1},此时的单程转化率在 15%左右,选择性大于 80%。

(3) 反应压力 由于主、副反应都可视作不可逆反应,操作压力对反应影响不大。但工业上考虑到加压可提高反应器的生产能力,而且对后续的吸收操作是必不可少的,因此直接氧化法均在加压下进行。但压力不能太高,除会增加设备费用外,还会促使环氧乙烷聚合及催化剂表面结炭。现在,工业上广为采用的压力是 1.0~3.0 MPa。

(4) 原料纯度和配比 原料气中的杂质会使催化剂中毒,反应选择性下降(如铁离子会促使环氧乙烷异构成乙醛),热效应增大(如原料气中的 H_2,C_3 以上烷烃和烯烃会发生完全氧化反应,从而释放出大量反应热),影响爆炸极限(如氩气的存在使原料气爆炸极限变宽,增加爆炸危险性)。一般要求原料乙烯中的杂质含量为

C_2	C_3 以上烃	硫化物	氯化物	H_2
$<5\ \mu L\cdot L^{-1}$	$<10\ \mu L\cdot L^{-1}$	$<1\ \mu L\cdot L^{-1}$	$<1\ \mu L\cdot L^{-1}$	$<5\ \mu L\cdot L^{-1}$

原料气的组成首先考虑的是安全生产。氧含量必须低于爆炸极限浓度,乙烯浓度也必须控制,除考虑爆炸危险外,还需考虑它因放空而造成的损失(这对空气法尤为重要)和释放的热量。对空气氧化法而言,现在有两种配比,即高氧低乙烯[$\varphi(O_2)$= 12%~16%,φ(乙烯)= 1.8%]和低氧高乙烯[$\varphi(O_2)$= 5.8%~7.2%,φ(乙烯)= 3.5%~5.0%]。因低氧高乙烯的生产能力大,经济效益好,采用比较广泛。为减少因增加原料乙烯的浓度而造成的放空乙烯的损失,除设置主反应器外,还增设 1~2 个副反应器,让准备放空的尾气,在副反应器中再次进行乙烯环氧化反应。用纯氧作氧化剂时,需放空的尾气量大为减少,故由空气法的连续排放改为氧气法的定期少量排放。乙烯浓度控制在 φ(乙烯)= 15%~25%,O_2 浓度控制在 $\varphi(O_2)$= 6%~8%,不需增设副反应器。

4. 氧化法工艺流程

如前所述,目前世界各国新建环氧乙烷装置都采用氧气氧化法工艺。图 3-1-22 和图 3-1-23 是氧气氧化法环氧乙烷的合成工序和回收工序流程图。

界区外进入的加压乙烯,在循环压缩机出口加入循环气流中,在此附近的循环气管路上加入二氯乙烷抑制剂和甲烷致稳剂(起使气体爆炸极限变窄,使之更安全的作用,同时由于导热性好,使反应温度更均匀,选择性提高 2%~4%)。进料气从反应器顶部进入,压力为 1.72~2.17 MPa。氩气随氧气进入,在系统中积累,由于加入大量的甲烷致稳气体,氩气在反应系统中的浓度不会很高。多采用固定床列管式反应器,管内充填催化剂,反应放出的热量或者经由沸腾水热虹吸锅炉直接发生水蒸气,或者经由沸腾煤油传热间接发生水蒸气。发生的高压水蒸气常用

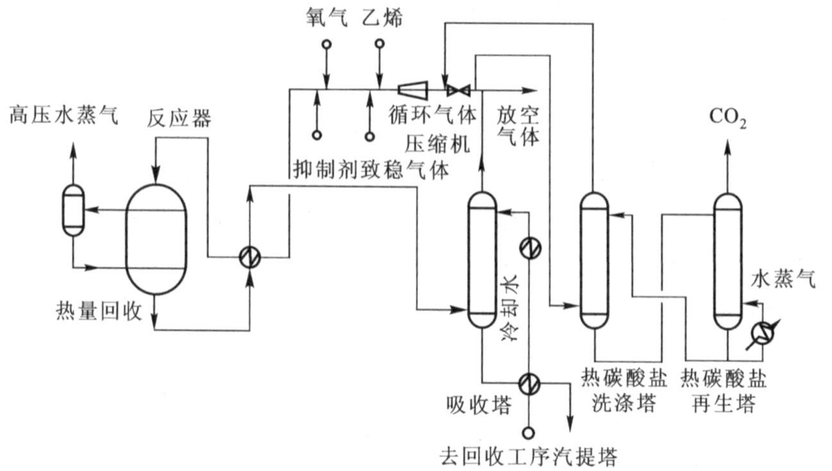

图 3-1-22 EO 的合成工序流程图

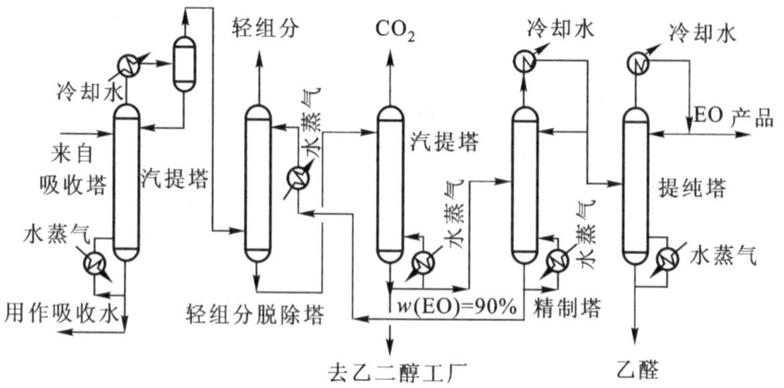

图 3-1-23 EO 的回收工序流程图

来推动装置内的各种压缩机，由此排出的低压水蒸气则用于再沸器或者其他需水蒸气供应的地方。

出反应器的反应气经换热冷却后送入吸收塔，用循环贫水吸收环氧乙烷，塔底液为循环富水，送环氧乙烷回收工序，其中少量环氧乙烷会转化成乙二醇，可从排放的循环富水中回收乙二醇。

吸收塔塔顶气体返回循环气体压缩机升压后，再通入反应器。有一股间歇排放的吸收塔塔顶气体分流，以防止惰性气体在系统中积累过多，但也由此造成乙烯、氧气和甲烷的损失。分出的另一股吸收塔顶气体，导入热碳酸钾洗涤塔，脱除 CO_2 后再返回反应器系统。采用汽提塔回收环氧乙烷，可在减压，也可在加压至 0.1~0.7 MPa 下操作，循环富水经加热和汽提，在汽提塔塔顶释放出了较高浓度的环氧乙烷蒸气，塔底为循环贫水，经换热后仍用作吸收液。

汽提塔顶气经冷凝后，进入后续的蒸馏精制工序，除去伴随环氧乙烷的轻组分杂质，并使环氧乙烷脱水提浓。这些精馏塔的配置可以变动，如果汽提操作在减压下进行，则需用压缩机增压后才能进行后面的精馏操作。在流程的最后设置一个提纯塔,可将环氧乙烷中乙醛含量降至1 $\mu g \cdot g^{-1}$以下。

5. 氧化反应器简介

非均相催化氧化都是强放热反应,而且都伴随有完全氧化副反应的发生,放热更为剧烈。故要求采用的氧化反应器能及时移走反应热。同时,为发挥催化剂最大效能和获得高的选择性,要求反应器内反应温度分布均匀,避免局部过热。对乙烯催化氧化制环氧乙烷而言,由于单程转化率较低(约 10%~30%),采用流化床反应器更为合适,在 20 世纪 50~60 年代,世界各国均对此进行试验,终因银催化剂的耐磨性差,容易结块以及由此而引起的流化质量不好等问题难以解决,直到现在还没有实现工业化。催化剂被磨损不仅造成催化剂的损失,而且会造成"尾烧",即出口尾气在催化剂粉末催化下继续进行催化氧化反应,由于反应器出口处没有冷却设施,反应温度自动迅速升至 460 ℃以上,流程中一般多用出口气体来加热进口气体,此时进口气体有可能被加热到自燃温度,有发生爆炸的危险。

也有人采用移动床反应器,乙烯的总转化率可达到 93%,环氧乙烷收率达到 64%,但也因催化剂磨损等问题解决不了,没有能实现工业化。

目前,世界上乙烯环氧化反应器全部采用列管式反应器。其结构与普通的换热器十分相近,管内装填催化剂,管间(壳程)流动的是处于沸点的冷却液(过去常用导生油,后改用煤油,近年来都采用高压下处于沸点的热水),因冷却液的沸点是恒定的,控制其沸点与反应温度之差在 10 ℃以下,移走的反应热转为冷却液的蒸发潜热,因为蒸发潜热很大,冷却液的流量也很大,因此能保证经反应管管壁传出的热量能及时移走,从而达到控制反应温度的目的。图 3-1-24 为用水为载热体的反应装置示意图。

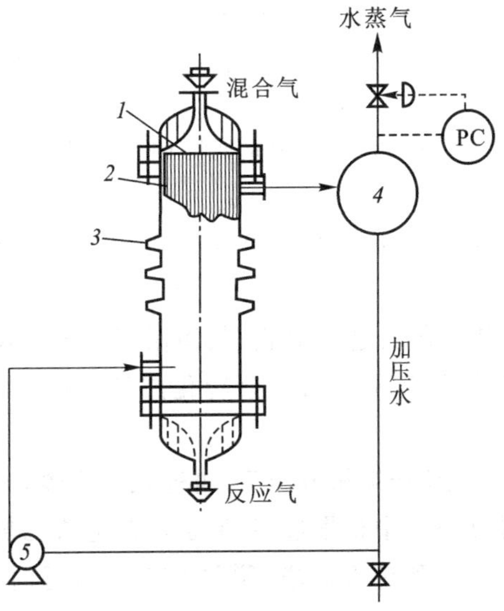

图 3-1-24　以加压热水作载热体的反应装置示意图

1. 列管上花板;*2.* 反应列管;*3.* 膨胀圈;*4.* 气水分离器;*5.* 加压热水泵

Shell公司的反应管管径为 ϕ44.9 mm×3.0 mm，UCC公司为 ϕ34.9 mm×2.75 mm，SD公司为 ϕ38.1 mm×3.4 mm。与常用油冷反应器比较，由于管径增大，相应的空速降低，原料乙烯浓度提高，在环氧乙烷生产能力相同的情况下，总建造费用降低 5%～10%，选择性提高0.5%～1.0%。因此，在 20 世纪 80 年代后期新建的环氧乙烷装置全部采用沸水反应器。

反应器的外壳用普通碳钢制成，列管及与原料气（或反应气）相接触的部分分别用不锈钢无缝钢管（也有用渗铝管的）及含铬或含镍的钢制造，这是因为二氧化碳在操作条件下对普通碳钢有强腐蚀作用；作为催化剂活性抑制剂的二氯乙烷，在操作条件下也会少量分解生成含氯有机化合物，对普通碳钢产生腐蚀作用；银催化剂对各种杂质很敏感，不允许有设备腐蚀物落在催化剂上。

反应器上、下封头设有防爆膜和催化剂床层测温口，原料气由上封头进口进入，反应气由下封头出口流出，即气流流向与催化剂重力方向一致，以减小气流对催化剂的冲刷。

6. 安全生产技术

环氧乙烷生产车间易燃易爆物料很多，氧化反应器因"尾烧"或乙烯-氧气混合器因设计不合理等原因，都有可能酿成爆炸事故，西欧、罗马尼亚和我国等都曾发生过氧化反应器的爆炸事故。在各种有机化学品的生产中，环氧乙烷生产应当十分重视安全生产问题。除按国家规定布置车间设施、敷设电器及照明线路、配备消防用具外，还需严格生产过程控制，主要有：

（1）氧化反应器生产过程的控制　列管式反应器反应管沿径向温度分布较为均匀，这是因为采用小管径、沸腾水（加压热水）的缘故。但沿轴向温度分布就不均匀，原料气入口，由于参与反应物料浓度高，反应速率快，释放出来的反应热量大于传给冷却剂的热量，原料气温度较快地上升。与此同时，由于冷热两侧温差增加，传热速率加快，当反应产生的热量等于散失的热量，原料气温度达到最高点，这一温度称为热点，过热点后，原料气产生的反应热量小于散失热量，反应气体温度较快地下降，与此同时，由于冷热两侧温差减小，传热速率下降，这一因素导致反应温度下降速率变慢。催化剂在运行初期，活性高，热点位置较高（原料气由上向下流过反应管时），随着操作时间的延长，催化剂逐渐老化，热点位置也逐渐下移。氧化反应器反应管的热点温度应严加控制，热点温度过高，小则烧毁催化剂，大则会因热点附近由于反应温度过高，来不及将反应热传出，造成催化剂床层温度猛烈上升（俗称"飞温"），有可能酿成爆炸事故。影响热点温度高低和位置的因素有原料气入口温度、原料气起始浓度和壁温。这些操作参数，在一定范围（由小变大）内变动，对热点的影响不敏感，但达到某一水平后，再向上升高稍许，热点温度则会显著地猛烈上升，例如原料气入口温度由 200 ℃升至 230 ℃，热点温度仅提高 2～5 ℃，但当温度从 230 ℃升至 232 ℃时，虽然只升高 2 ℃，但热点温度却猛烈升高 10 ℃，从 232 ℃升至 233 ℃，虽然只升高 1 ℃，但热点温度猛烈升高 15 ℃，即此时的热点温度对原料气入口温度相当敏感，热点进入参数敏感区，进入参数敏感区最小的一点温度称为临界温度。对壁温和原料起始浓度这两个操作参数，也有参数敏感区和相应的临界温度。很显然，在敏感区操作是相当危险的。由上面讨论可知，在采用列管式固定床氧化反应器时，各操作参数的选择，不仅要考虑反应的转化率和选择性，还必须考虑参数的敏感区（最好能知道各种参数的临界值）。现在，工业上对原料气入口温度和原料气初始浓度都已加以严格控制，对冷却剂温度也已控制，一般与热点的温差小于 10 ℃，以避免进入参数敏感区。

提高催化剂的选择性，也是控制热点温度的重要措施。在氧化器中，主、副反应热相差 12.5

倍,提高反应选择性,可大幅度减少反应放热量,反应管轴向温度分布容易均匀,热点不明显。与此同时,径向温度分布则更为均匀,可允许反应管增大管径,大幅度提高单管生产能力,反应器总管数可大幅下降,从而节省设备投资。

列管式氧化反应器也有“尾烧”现象发生,从而导致爆炸事故。为此工业上要求催化剂要达到规定强度,保证长期运转中不易粉化;采用由上向下的流向以减小气流对催化剂的冲刷,从而在相当程度上减少粉尘量;有不少工业装置在气流出口处采取冷却措施(如喷入少量冷水降温),以防止“尾烧”现象的发生。

冷却剂的选用对氧化反应器的安全操作也十分重要。过去采用导生油(联苯-联苯醚的混合物),因蒸气对人体有一定毒害,从 20 世纪 80 年代起改用煤油作冷却剂。煤油对人体的毒害虽然比导生油小得多,来源充足且价格低廉,但它在 200 ℃以下操作,已超过它的闪点(自燃点为 330~350 ℃,闪点为 50 ℃左右),万一泄漏,热煤油与空气接触有可能燃烧,危险性较大。近 10 多年来,已改用加压水作为冷却剂,克服了煤油的上述缺点,而且传热系数增大、流程简单、热能的利用率也比导生油和煤油高(加压水可直接产生高压水蒸气,导生油和煤油需流出反应器在另一个换热器中产生高压水蒸气)。但因水蒸气压力颇高,所用管板要很厚,并要保证管子与花板接口处不渗漏;管壳直径大,要耐高压,不但壁厚而且制造也困难,上述问题不能妥善解决,也会给生产产生一个潜在的不安全因素。

(2) 混合器生产过程的控制　氧化工段另一个不安全因素是混合器。为避免混合器内氧浓度局部区域过高而发生着火和爆炸,在设计和制造中,必须使含氧气体从喷嘴高速喷出,其速率大大超过含乙烯循环气体的火焰传播速率,并使从喷嘴平行喷出的多股含氧气体各自与周围的循环气体均匀混合,从而避免产生氧浓度局部过高的现象,尽量缩小非充分混合区。此外,还应防止含乙烯循环气体返回到含氧气体的配管中。日本触媒公司提出了新型安全混合方法和相应的烃-氧混合装置。将含氧气体引入吸收塔气-液接触塔盘上的吸收液中,与引入的反应生成气安全混合,然后,在吸收塔中经吸收环氧乙烷后,含乙烯、氧组分的混合气再经净化和补加乙烯,用作反应原料进入反应器反应。该公司申请的专利指出,在吸收塔中将含氧气体的入口设置在吸收塔气-液接触塔盘间,含氧气体从塔盘液层底部通入混合区空间。含乙烯气体从吸收塔底引入,通过若干层塔盘上吸收液层逐渐上升到气体混合区,在混合区内与含氧气体混合,随后进入吸收塔顶部冷却器,再经火焰屏蔽设施后循环至反应工段,塔顶进入的吸收水吸收环氧乙烷后从塔釜送往解吸塔。这种混合方式的特点是不设置专用的混合器,而是利用原有吸收塔作烃-氧混合装置。在吸收塔的塔盘上有含水的吸收液存在,即便发生局部着火燃烧,也能很快被吸收液熄灭,说明这种烃-氧混合方法是比较安全的。

五、其他重要氧化工艺简介

1. 丙烯氨氧化(氧化偶联)制丙烯腈

把烯烃、芳烃、烷烃及其衍生物与空气(或氧气)、氨气混合通过催化剂制得腈类化合物的方法称为氨氧化法,按氧化反应的分类,这类反应亦称氧化偶联。有代表性的,已工业化的反应主要有下列几种:

$$CH_4+NH_3+\frac{3}{2}O_2 \longrightarrow HCN+3H_2O \qquad \Delta H^{\ominus}(298\ K)=-472.79\ kJ/mol$$

$$C_3H_6+NH_3+\frac{3}{2}O_2 \longrightarrow CH_2{=}CH{-}CN+3H_2O \qquad \Delta H^{\ominus}(298\ K)=-518.74\ kJ/mol$$

$$C_6H_5CH_3+NH_3+\frac{3}{2}O_2 \longrightarrow C_6H_5CN+3H_2O \qquad \Delta H^{\ominus}(298\ K)=-527.18\ kJ/mol$$

$$C_6H_4(CH_3)_2+2NH_3+3O_2 \longrightarrow C_6H_4(CN)_2+6H_2O \qquad \Delta H^{\ominus}(298\ K)=-1\ 033.45\ kJ/mol$$

研究表明,氨氧化制腈类用催化剂与烃类氧化制醛类用催化剂[如丙烯氧化制丙烯醛、间(对)二甲苯氧化制苯二甲醛等]十分类似,氨氧化催化剂往往亦可用作醛类氧化催化剂,其原因是由于这两类反应经过类似的历程,形成相同的氧化中间物之故。

上列反应中以丙烯氨氧化合成丙烯腈最为重要,就世界范围而言,在丙烯系列产品中,它的产量仅次于聚丙烯,居第二位。丙烯腈是生产有机高分子聚合物的重要单体,85%以上的丙烯腈用来生产聚丙烯腈。由丙烯腈、丁二烯和苯乙烯可制得 ABS 树脂,由丙烯腈和苯乙烯共聚可制得 SAN 树脂,它们是用途广泛的工程塑料。丙烯腈经催化水合可制得丙烯酰胺,由丙烯腈经电解加氢偶联(又称电解加氢二聚)可制得己二腈,它们是重要的有机合成原料。此外,丙烯腈在合成医药、农药、高分子絮凝剂等行业也有广泛的用途。

丙烯腈在常温下是无色透明的液体,剧毒,在室内允许的浓度为 0.002 mg/L,在空气中的爆炸极限为 φ(丙烯腈)= 3.05% ~ 17.5%。丙烯腈化学性质极其活泼,能发生聚合、加成、腈基化和腈乙基化等反应,纯丙烯腈在光的作用下就能自行聚合,所以在成品丙烯腈中,要加入少量阻聚剂,如对苯二酚甲基醚(MEHQ)、对苯二酚、氯化亚铜和胺类化合物等。

(1) 丙烯腈氨氧化的原理

① 化学反应　在工业生产条件下,丙烯氨氧化反应是一个非均相催化氧化反应:

$$CH_3CH{=}CH_2+CH_3+\frac{3}{2}O_2 \longrightarrow CH_2{=}CHCN+3H_2O \qquad \Delta H^{\ominus}(298\ K)=-518.74\ kJ/mol(C_3^{=})$$

与此同时,在催化剂表面还发生如下一系列副反应。

1) 生成乙腈(ACN)。

$$CH_3CH{=}CH_2+\frac{3}{2}NH_3+\frac{3}{2}O_2 \longrightarrow \frac{3}{2}CH_3CN+3H_2O \qquad \Delta H^{\ominus}(298\ K)=-522\ kJ/mol(C_3^{=})$$

2) 生成氢氰酸(HCN)。

$$CH_3CH{=}CH_2+3NH_3+3O_2 \longrightarrow 3HCN+6H_2O \qquad \Delta H^{\ominus}(298\ K)=-941\ kJ/mol(C_3^{=})$$

3) 生成丙烯醛。

$$CH_3CH{=}CH_2+O_2 \longrightarrow CH_2{=}CHCHO+H_2O \qquad \Delta H^{\ominus}(298\ K)=-351\ kJ/mol(C_3^{=})$$

4) 生成乙醛。

$$CH_3CH{=}CH_2+\frac{3}{4}O_2 \longrightarrow \frac{3}{2}CH_3CHO \qquad \Delta H^{\ominus}(298\ K)=-268\ kJ/mol(C_3^{=})$$

5) 生成二氧化碳。

$$CH_3CH{=}CH_2+\frac{9}{2}O_2 \longrightarrow 3CO_2+3H_2O \qquad \Delta H^{\ominus}(298\ K)=-1\ 925\ kJ/mol(C_3^{=})$$

6）生成一氧化碳。

$$CH_3CH=CH_2+3O_2 \longrightarrow 3CO+3H_2O \qquad \Delta H^{\ominus}(298\ K)=-1\ 067\ kJ/mol(C_3^{=})$$

上列副反应中，生成乙腈和氢氰酸的反应是主要的。CO_2，CO 和 H_2O 可以由丙烯直接氧化得到，也可以由丙烯腈、乙腈等再次氧化得到。除上述副反应外，还有生成微量丙酮、丙腈、丙烯酸和乙酸等副反应。因此，工业条件下的丙烯氨氧化过程实际上是相当复杂的。为提高丙烯的转化率和丙烯腈的选择性，研制高性能催化剂是非常重要的。

考察丙烯腈氨氧化过程发生的主、副反应，发现每个反应的平衡常数都很大。因此，可以将它们看做不可逆反应，反应过程已不受热力学平衡的限制，考虑反应动力学条件就可。由于所有的主、副反应都是放热的，因此在操作过程中及时移走反应热十分重要，用移走的反应热产生3.92 MPa（绝）水蒸气，用作空气压缩机和制冷机的动力，对合理利用能量，降低生产成本是很有意义的。

② 催化剂　丙烯氨氧化所采用的催化剂主要有两类，即 Mo 系和 Sb 系催化剂。Mo 系催化剂由 Sohio 公司开发，由 C—A 型已发展到 C—49 型，C—89 型和 C—49 MC 型等。Sb 系催化剂由英国酿酒公司首先开发，在此基础上，日本化学公司又相继开发成功 NS—733A 型，NS—733B 型和 NS—733D 型。近年来，我国亦研究开发了不少 Mo 系催化剂，如 MB—82 型和 MB—86 型等。上述两类催化剂都为多组分催化剂，为提高流化床催化剂的耐磨性，采用粗孔微球形硅胶（直径约为 55 μm）为载体，m（活性组分）：m（载体）= 1：1，再经喷雾干燥成型。

③ 反应机理和动力学　丙烯氨氧化生成丙烯腈的反应机理，目前主要有两种观点。

1）两步法　可简单地用下式表示：

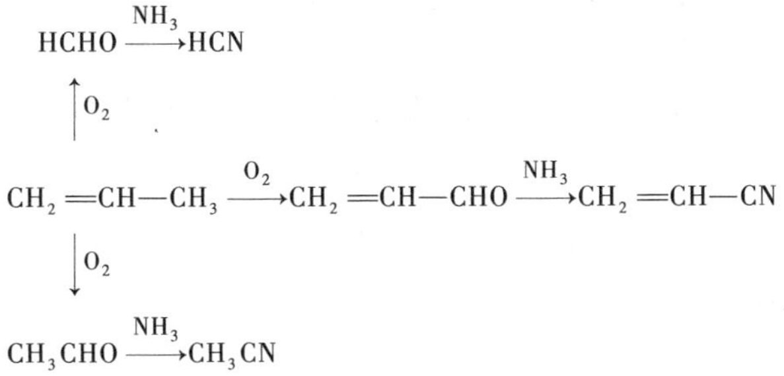

该机理认为，丙烯氨氧化的中间产物是相应的醛——丙烯醛、甲醛和乙醛，这些醛是经过烯丙基型反应中间体形成的，且这些中间体都是在同一催化剂表面活性中心上产生的，只是由于后续反应不同，导致不同种类醛的生成；然后醛进一步与氨作用生成腈。而一氧化碳、二氧化碳可从氧化产物醛继续氧化生成，也可由丙烯完全氧化直接生成。根据该机理，丙烯氧化成醛是合成丙烯腈的控制步骤。

2）一步法　该机理也可简单地用下式表示：

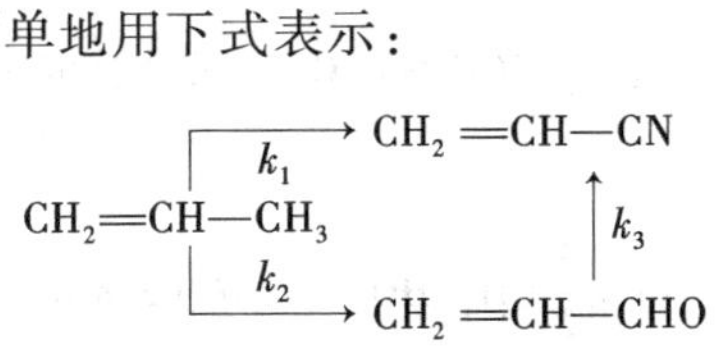

一步法机理认为，由于氨的存在使丙烯氧化反应受到抑制，上式中 $k_1/k_2 \approx 40$ 表明，反应生成的丙烯腈总量的 90%以上不经丙烯醛中间产物而直接可由丙烯生成。该反应机理由 BP 公司的 Grasselli 等人提出，并经实验证实，适用于钼铋及锑系催化剂，因此，较两步法机理更有说服力。

研究表明当氨和氧的浓度达到反应方程式中的计量比例后，反应速率与氨和氧的浓度无关，即反应对丙烯是一级，对氨和氧是零级。反应速率可简单地表示为

$$r=k\cdot p(C_3H_6)$$

式中：k——反应速率常数；

$p(C_3H_6)$——丙烯的分压。

当催化剂中无磷时　$k=2.8\times10^5 e^{\frac{-67\,000}{RT}}$；

当催化剂中含磷时　$k=8.0\times10^5 e^{\frac{-76\,000}{RT}}$。

(2) 工艺条件的选择

① 原料纯度和配比　采用 w(丙烯) = 92%～94%的原料丙烯即能满足工艺要求，但对杂质气体中的某些组分含量有一定限制，应用时要严格控制。在这些杂质气体中，丙烷和其他烷烃（乙烷、丁烷等）对氨氧化反应没有影响，只是稀释了丙烯的浓度，但因含量甚少[φ(丙烷及其他烷烃) ≈ 1%～2%]，反应后又能及时排出系统，不会在系统中积累，因此对反应器的生产能力影响不大；乙烯没有丙烯活泼，一般情况下少量乙烯的存在对氨氧化反应无不利影响；丁烯及高碳烯烃化学性质比丙烯活泼，会对氨氧化反应带来不利影响，不仅消耗原料混合气中的氧和氨，而且生成的少量副产物混入丙烯腈中，给分离过程增加难度，而硫化物的存在则会使催化剂活性下降。

原料氨的纯度达到肥料级就能满足工业生产要求；原料空气一般需经过除尘、酸-碱洗涤，除去空气中的固体粉尘，酸性和碱性杂质后就可在生产中使用。

丙烯和空气的配比，除满足氨氧化反应的需要外，还应考虑：1) 副反应要消耗一些氧；2) 保证催化剂活性组分处于氧化态。为此，要求反应后尾气中有剩余氧气存在，一般控制尾气中 $\varphi(O_2)$ = 0.1%～0.5%。但氧的加入量也不宜太多，过量的氧（这意味着带入大量的 N_2）使丙烯浓度下降，影响反应速率，并使反应器生产能力下降；过量的氧能促使反应产物离开催化剂床层后继续发生气相深度氧化反应，使反应选择性下降。此外，过量的氧不仅增加空气净化的负荷，而且稀释了产物，给产物的回收增加难度。根据操作经验，较为合适的配比为 $n(C_3H_6)$: n(空气) = 1:9.5～10.0。

丙烯和氨的配比，除满足氨氧化反应外，还需考虑副反应（例如生成乙腈、丙腈及其他腈类等）的消耗及氨在催化剂上分解或氧化成 N_2，NO 和 NO_2 等的消耗。另外，过量氨的存在对抑制丙烯醛的生成有明显的效果。但氨的用量也不能过量太多，这不仅增加了氨的消耗定额，而且未反应的氨还要用硫酸中和将它从反应气体中除去，也增加了硫酸的消耗。工业生产中氨的用量比理论量略高，一般为 $n(NH_3)/n(C_3H_6)$ = (1.1～1.15) :1。

② 反应温度　反应温度对丙烯的转化率、生成丙烯腈的选择性和催化剂的活性都有明显影响，近年来，由于催化剂性能的不断改进，适宜的操作温度在逐渐下降，现在多为 435～450℃。生产中发现，反应温度达到 500 ℃时，有结焦、堵塞管路的现象发生，而且因丙烯深度氧化，反应尾气中 CO 和 CO_2 的量也开始明显增加。因此，实际操作中应控制反应温度低于 500 ℃，若接近或超过 500 ℃，应当采取紧急措施（如喷水蒸气或水）降温。

③ 反应压力　丙烯氨氧化的主、副反应化学反应平衡常数 K 的数值都很大，故可将这些反应看做不可逆反应。此时，反应压力的变化对反应的影响仅表现在动力学上。由前述的动力学方程可知，反应速率与丙烯的分压成正比，故提高丙烯分压，对反应是有利的，而且还可提高反应

器的生产能力。但在加快反应速率的同时，反应热也在激增，过高的丙烯分压使反应温度难以控制。实验又表明，增加反应压力，催化剂的选择性会降低，从而使丙烯腈的收率下降，故丙烯氨氧化反应不宜在加压下进行。对固定床反应器，为了克服管道和催化剂阻力，反应进口气体压力为0.078~0.088 MPa（表压），对于流化床反应器，为0.049~0.059 MPa（表压）。

④ 接触时间和空速　接触时间的定义可用下式计算：

$$接触时间(s)=\frac{反应器中催化剂层的静止高度(m)}{反应条件下气体流经反应器的线速率(m/s)}$$

适宜的接触时间与催化剂的活性、选择性以及反应温度有关，对于活性高、选择性好的催化剂，适宜的接触时间应短一些，反之则应长一些；反应温度高时，适宜的接触时间应短一些，反之则应长一点。一般生产上选用的接触时间，流化床为5~8 s（以原料气通过催化剂层静止高度所需的时间表示），固定床为2~4 s。

空塔线速简称空速，是指反应混合气在反应温度、压力下，通过空床反应器的速率，可表示为

$$空塔线速(m/s)=\frac{反应条件下单位时间进入反应器的混合气体量(m^3/s)}{反应器横截面积(m^2)}$$

接触时间与空塔线速有关，对于一定床层的催化剂而言，空塔线速与接触时间成反比。在接触时间相同的情况下，增加空塔线速允许增加催化剂用量和原料气投料量，从而达到增加产量的目的，而且空塔线速的增加还有利于传热。所以工业生产中都倾向采用较高的空塔线速操作。但空塔线速不宜过高。过高，虽然接触时间仍可满足要求，但原料气在催化剂表面的停留时间会明显减少，结果导致丙烯转化率和丙烯腈单程收率下降。对流化床反应器而言，空塔线速还受到催化剂密度、颗粒度和粒径分布、反应器高度和旋风分离器回收催化剂能力等的限制，空塔线速过高，吹出的催化剂量增加，不仅造成催化剂的损失，而且还会影响反应后气体的处理，一般流化床反应器的空塔线速采用0.4~0.6 m/s。

(3) 丙烯腈生产工艺

丙烯腈生产工艺包括：丙烯腈的合成，主、副产品的回收，主、副产品的精制三部分。

① 丙烯腈的合成　丙烯腈合成的工艺流程见图3-1-25。纯度为97%~99%的液态丙烯和99.5%~99.9%的液氨，经蒸发、换热至70 ℃后混合进入流化床反应器下部，空气经除尘净化后

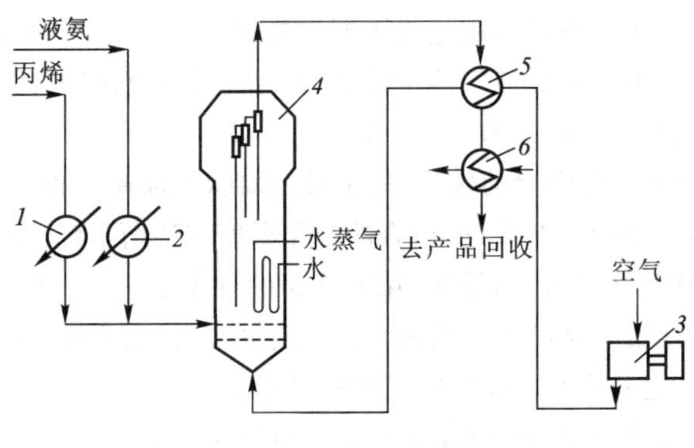

图3-1-25　丙烯腈合成的工艺流程图

1. 丙烯蒸发器；*2.* 液氨蒸发器；*3.* 空气压缩机；*4.* 流化床反应器；*5*,*6.* 换热器

从流化床反应器底部进入，这两股物流在流化床层底部瞬间混合并进行反应。反应浓相段设有U型冷却管控制反应温度在440 ℃左右，反应热用冷却管内的高压软水携走(同时副产4.0 MPa过热水蒸气)。随反应气上升的少量催化剂细末，经反应器上部设有的三级旋风分离器回收，仍返回沸腾区参与催化氨氧化反应，极少量的催化剂粉末随反应气流出。流出流化床反应器的反应气，经热交换后冷却至200 ℃，进入后续的回收工序。

② 回收　工艺流程见图3-1-26。

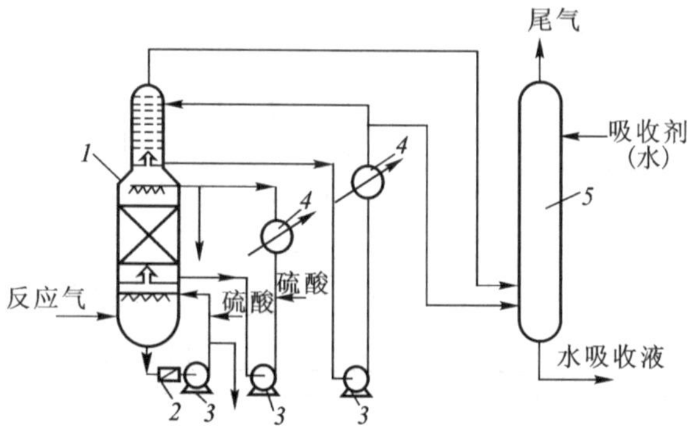

图3-1-26　氨氧化反应后气体的酸洗和水吸收工艺流程图

1. 氨中和塔；*2.* 过滤器；*3.* 循环泵；*4.* 冷却器；*5.* 水吸收塔

冷却至200 ℃的反应气进入氨中和塔下部，用pH=5.5 ~ 6.0的稀硫酸洗涤，将大部分氨、反应气夹带的催化剂粉末、高沸物、聚合物等除去。温度降至84 ℃。然后进入氨中和塔中部，反应气在此再次被pH=5.5 ~ 6.0的稀硫酸洗涤以除净残余的氨、催化剂粉末等，温度降至80 ℃，两次洗涤用稀硫酸独自循环和配酸调pH。进入塔上部的反应气，用中性水洗涤除去夹带的酸末，并被冷却至40 ℃后进入水吸收塔，用35 ℃的吸收水吸收丙烯腈、氢氰酸和乙腈等主、副产物。未被吸收的尾气，含N_2，CO_2，CO，未反应的丙烯、氧气和丙烷，以及未被吸收的少量丙烯腈、氢氰酸和乙腈等，经焚烧后排入大气。水吸收液送后续精制工序，氨中和塔上部中性洗涤水，因反应气有冷凝水析出而数量增加，多余部分也送吸收塔。氨中和塔底部稀硫酸水，抽出一部分回收硫铵，分出催化剂粉末、高沸物和聚合物后，回硫铵母液槽。

③ 丙烯腈、氢氰酸和乙腈的精制　丙烯腈的精制工序流程见图3-1-27。

来自吸收塔的吸收水经预热进入回收塔上部，该塔是一个复合塔，上部作解吸用，下部作萃取精馏用，故又称作萃取解吸塔，用水作萃取剂。塔顶控制温度在71 ℃(即水与丙烯腈形成共沸物的温度)，塔顶蒸汽经冷却冷凝，油水分层，水相返回回收塔上部，油相进入脱氰塔。该塔塔顶得粗氢氰酸(后者再经精馏可得到纯度为99.5%的成品氢氰酸)，塔底液进入成品塔(即丙烯腈精馏塔)，制得纯度为99.5%以上的成品丙烯腈。由成品塔底抽出一股釜液用作回收塔上部萃取水；由回收塔上部抽出一股富含乙腈的料液进入乙腈塔，该塔上部采出粗乙腈，后者经化学、物理方法处理后，制得纯度为99%的成品乙腈。该塔釜液返回回收塔用作萃取水；由回收塔下部抽出一股液体，经换热后用作吸收塔吸收水；由回收塔底部抽出一股液体去四效蒸发器，浓缩液送去焚烧，冷凝液返回系统。

图3-1-27未画出氢氰酸和乙腈的精制工艺流程。

用作生产合成纤维的丙烯腈的规格为

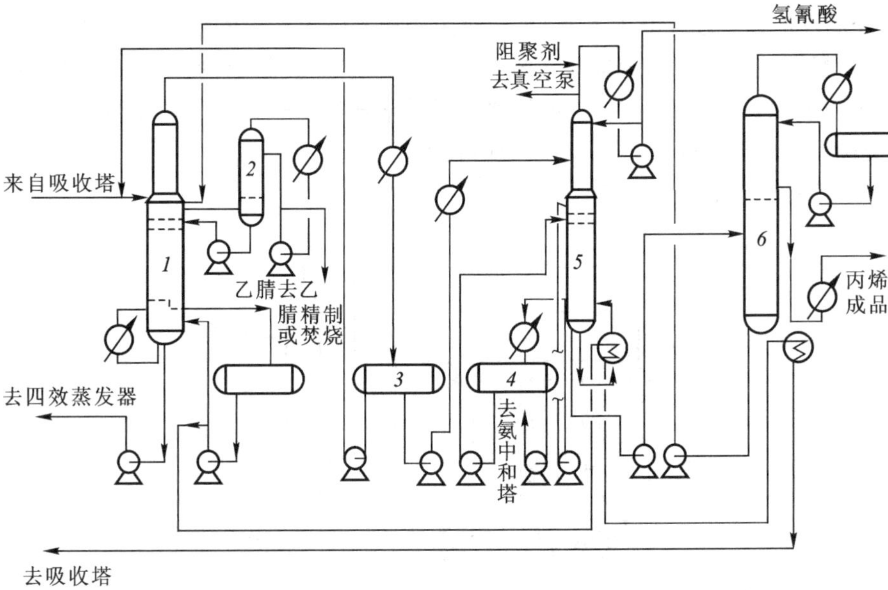

图 3-1-27 丙烯腈的精制工艺流程图

1. 回收塔；2. 乙腈塔；3,4. 分层器；5. 脱氰塔；6. 成品塔

w(丙烯腈) > 99.5% w(丙烯醛) < 10 μg·g^{-1} w(乙腈) < 100 μg·g^{-1}

w(水) = 0.2% ~ 0.45% w(氢氰酸) < 5 μg·g^{-1}

④ 合成反应器 丙烯腈合成反应器有流化床和固定床两种。固定床反应器因存在生产能力比较低，反应温度不均匀，催化剂不能充分发挥催化作用，以及需用熔盐作热载体携出反应热等缺点，工业上应用并不多。现在世界上普遍采用的是由美国 Sohio 公司开发成功的细粒子湍流床反应器，它具有处理能力大、操作平稳、结构简单、经济效益高等优点。图 3-1-28 为这种反应器的结构示意图。催化剂粒径分布为 0~44 μm 的占(w) = 25%~45%，44~88 μm 的占(w) = 30%~60%，大于 88 μm 的占(w) = 15%~30%。空气分布板、丙烯和氨分配管均为管式分布器，空气分布板均匀开孔，丙烯和氨分配管的开孔可以是等距离的，也可以是不等距的。两个分布器的距离为 0.53 mm，形成一个催化剂的再生区，可使催化剂处于高活性的氧化状态。丙烯和氨气与空气分别进料，可使原料混合气的配比不受爆炸极限的限制，比较安全，因而不需要用水蒸气做稀释剂，这对保持催化剂活性和延长催化剂寿命，以及对后处理过程减少含氰污水的排放都有好处。这一反应器也存在一定缺陷，主要是气相返混影响反应的选择性。从反应机理来看，要求床层下部处于低氧烯比状态，在获得一定转化率(如

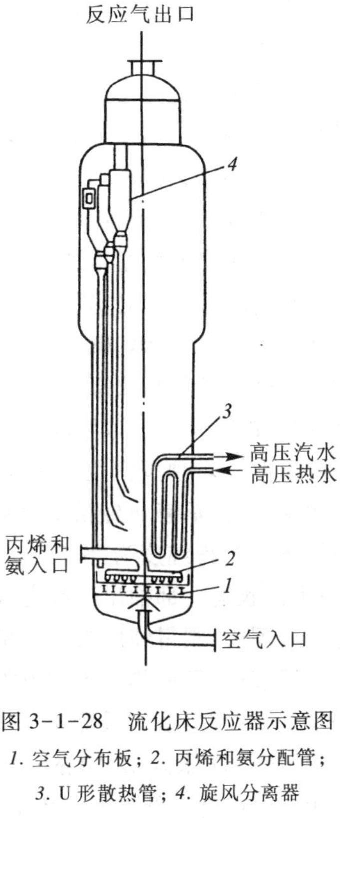

图 3-1-28 流化床反应器示意图

1. 空气分布板；2. 丙烯和氨分配管；3. U 形散热管；4. 旋风分离器

80%)的同时,提高反应的选择性,在床层上部处于高氧烯比状态,让剩余的丙烯继续反应,转化率达 98%以上,这样反应的结果为高转化率和高选择性,很显然 Sohio 反应器不能做到这一点。现在,国内外都在朝这方面努力,以期开发出更为优良的丙烯腈合成反应器。

2. 异丙苯液相自氧化合成苯酚和丙酮

在液相氧化反应中,有一类有机物的氧化机理具有自由基链反应特征,在没有催化剂存在下当链引发产生的自由基浓度达到某一定值时,链反应即能自动加速地进行下去,这类反应称为自氧化反应。自由基积累到某一程度所需时间称为诱导期,诱导期可以很短,例如几秒、几分,这时不需用催化剂帮忙来缩短诱导期,但有些自氧化反应的诱导期很长,需几小时乃至几天,这对工业生产影响甚大,故就需采用催化剂来缩短链引发产生自由基的过程。自氧化反应工业上主要用来生产有机酸和过氧化物,如条件控制适宜,也可使反应停留在中间阶段从而获得醇、醛和酮等中间氧化物。对合成酸、酮和醇类化合物常用的催化剂是醋酸或环烷酸的过渡金属盐类,有时还需添加一些促进剂来促进催化剂的催化活性,它们起助催化剂的作用。对合成过氧化物,因其自身能分解产生自由基引发链反应,从理论上讲可以不用催化剂。重要的自氧化产品及其生产条件示于表 3-1-12。采用的氧化剂通常为空气或氧气,它们需要溶入催化液后才能参加氧化反应,实际的反应区域是整个催化液的体相而不是气-液相接触表面,因此这类反应可以归入均相催化氧化一类。

表 3-1-12 催化自氧化的重要氧化产品

原料	主要氧化产品	催化剂	反应条件
丁烷	醋酸和甲乙酮	醋酸钴	167 ℃左右,6 MPa,醋酸作溶剂
轻油	醋酸	丁酸钴或环烷酸钴	147~177 ℃,5 MPa
高级烷烃	高级脂肪酸	高锰酸钾	117 ℃左右
高级烷烃	高级醇	硼酸	167 ℃左右
环己烷	环己醇和环己酮	环烷酸钴	147~157 ℃
环己烷	环己醇	硼酸	167~177 ℃
环己烷	己二酸	醋酸钴,促进剂乙醛	90 ℃,醋酸作溶剂
甲苯	苯甲酸	环烷酸钴	147~157 ℃,303 kPa
对二甲苯	对苯二甲酸	醋酸钴,促进剂乙醛或	117 ℃左右,3 MPa,醋酸作溶剂
		醋酸钴,促进剂溴化物	217 ℃左右,3 MPa,醋酸作溶剂
乙苯	过氧化氢乙苯		147 ℃左右
异丙苯	过氧化氢异丙苯		107 ℃左右
乙醛	醋酸	醋酸锰	67 ℃左右,152~505 kPa
乙醛	醋酸,醋酐	醋酸钴,醋酸锰	45 ℃左右,醋酸乙酯
异丁烷	过氧化氢异丁烷		107~127 ℃,0.5~3 MPa

在表 3-1-12 中列出的某些有机过氧化物,例如过氧化氢乙苯,过氧化氢异丙苯和过氧化氢异丁烷等,相对于其他过氧化物而言,它们还比较稳定,不易分解,这是因为在这些烃分子中叔 C—H 键$\left[\mathrm{R{-}\overset{|}{\underset{|}{C}}{-}H}\right]$解离能最小(伯 C—H 键的解离能为 422.9~435.4 kJ/mol,叔 C—H 键解离能为 381.0 kJ/mol)最易受到攻击,由此而产生的过氧化物相对地也较稳定。例如 $\mathrm{C_6H_5{-}\overset{CH_3}{\underset{CH_3}{C}}{-}OOH}$ 和$(CH_3)_3COOH$ 等就比较稳定,可以制备得到,又如 $\mathrm{C_6H_5{-}\overset{CH_3}{\underset{H}{C}}{-}OOH}$,虽是仲

C—H键位置，因受苯基的影响也比较稳定，但其稳定性已比前两个差些。这些稳定的过氧化物，在工业上都有重要的用处，例如：

① 分解为酚并联产酮：

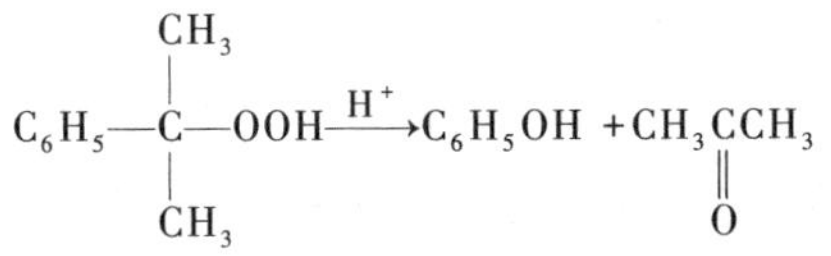

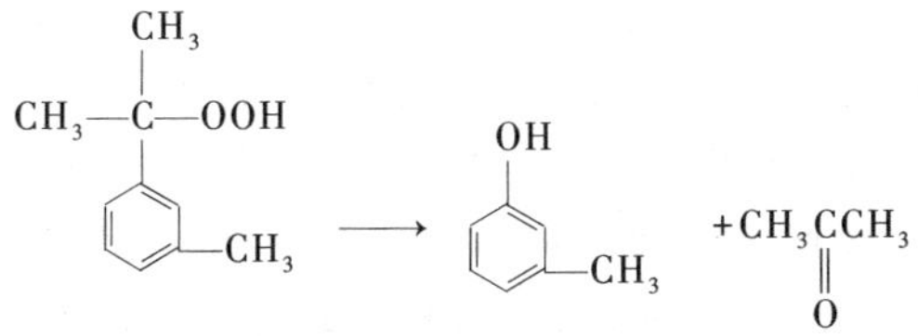

目前，全世界苯酚总产量的90%和丙酮总产量的50%以上是用上列的方法生产的。

② 作为环氧化剂与丙烯反应生成环氧丙烷并联产苯乙烯或叔丁醇：

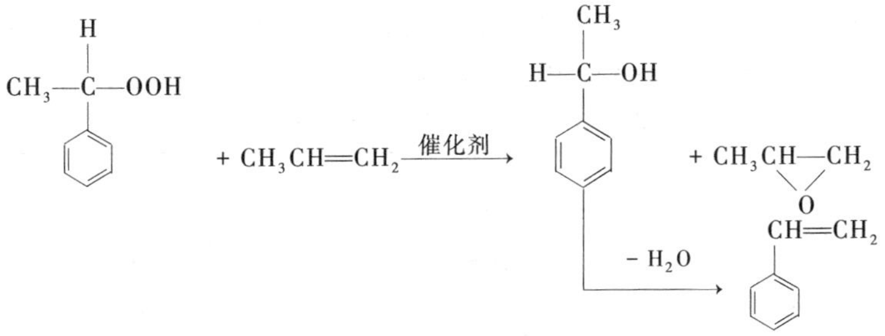

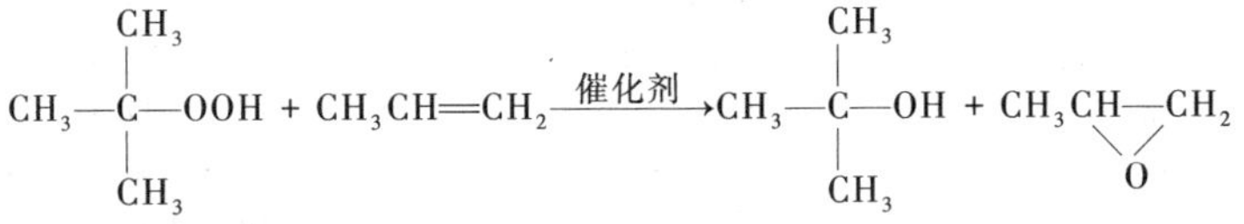

目前，全世界环氧丙烷总产量的40%左右是用上列的方法制造的。

此外，过氧化氢乙苯经分解可制得甲基苯甲醇和苯乙酮等。

现以异丙苯法制苯酚和丙酮为例说明自氧化的基本原理及生产过程。

异丙苯是由苯和丙烯经烷基化反应制得的。催化剂常用的有无水三氯化铝和负载在硅藻土上的磷酸催化剂。异丙苯绝大部分用来生产苯酚和丙酮，其他的工业用途不多。生产方法有UOP法、MonSanto法和SD法。在1978年由美国Chemical Research & Licensing公司开发成功了催化精馏法，据报道这是一种很有发展前途的新工艺。

由异丙苯生产苯酚和丙酮，必须经过两个阶段，第一阶段由异丙苯经过自氧化生成过氧化氢异丙苯（简称CHP），CHP是一种有机过氧化物，化学性质非常活泼，遇到硫酸即可分解成苯酚和丙酮。在遇到碱（特别是强碱）、热或与某些化学品（如四氧化三铁）接触时会剧烈分解，因此在制备CHP时要特别注意安全。第二阶段是由CHP分解制取苯酚和丙酮。

（1）反应原理　异丙苯和氧反应生成CHP的反应式如下：

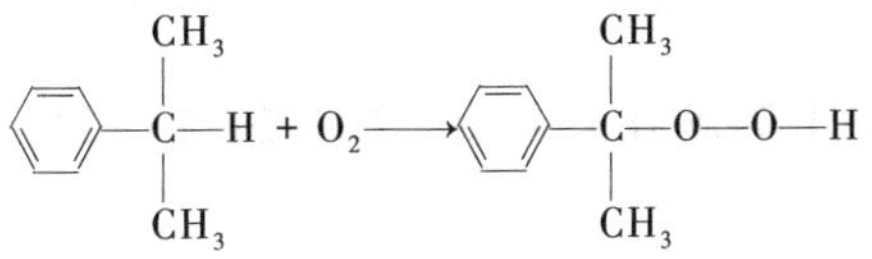

和一般的自由基链反应一样,由链引发、链增长和链终止三步组成。

① 链引发　链引发可能有以下三种形式:

1) 由引发剂引发(以 In 代表引发剂分子)

$$In_2 \longrightarrow 2In\cdot$$

$$In\cdot + RH \longrightarrow R\cdot + HIn$$

2) 由异丙苯的分解和脱氢(R 代表异丙苯基)

$$RH \longrightarrow R\cdot + H\cdot$$

$$RH + O_2 \longrightarrow R\cdot + HO_2\cdot$$

3) 由 CHP 分解引发

$$ROOH \longrightarrow RO\cdot + HO\cdot$$

$$RO\cdot + RH \longrightarrow ROH + R\cdot$$

$$HO\cdot + RH \longrightarrow R\cdot + H_2O$$

在氧化反应中到底按照哪一种方式进行,要由具体条件来决定。

② 链增长

$$R\cdot + O_2 \longrightarrow R—O—O\cdot$$

$$ROO\cdot + RH \longrightarrow ROOH + R\cdot$$

③ 链终止　链终止由多种原因引起

$$R\cdot + H\cdot \longrightarrow RH$$

$$ROO\cdot + H\cdot \longrightarrow ROOH$$

$$R\cdot + R\cdot \longrightarrow R—R$$

除上述情况以外,氧化反应抑制剂(如微量苯酚)的存在也是链终止的一个原因:

$$R\cdot + C_6H_5OH \longrightarrow RH + C_6H_5O\cdot$$

$$ROO\cdot + C_6H_5OH \longrightarrow ROOH + C_6H_5O\cdot$$

新生的自由基 $C_6H_5O\cdot$ 比原先的自由基 R· 和 ROO· 活性低,从而使链反应终止。

除主反应外,还发生下列副反应:

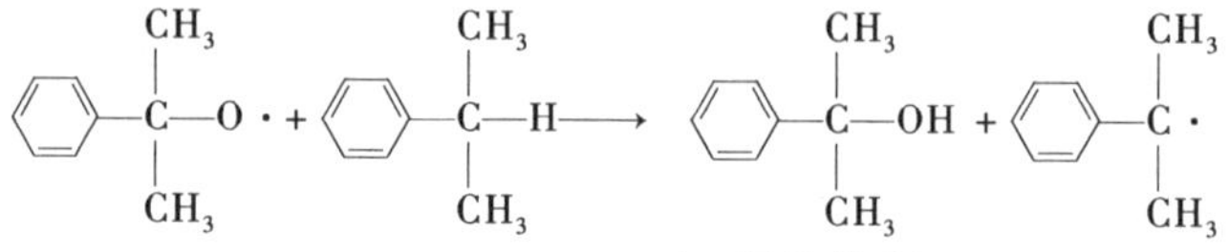

(二甲基苄醇)

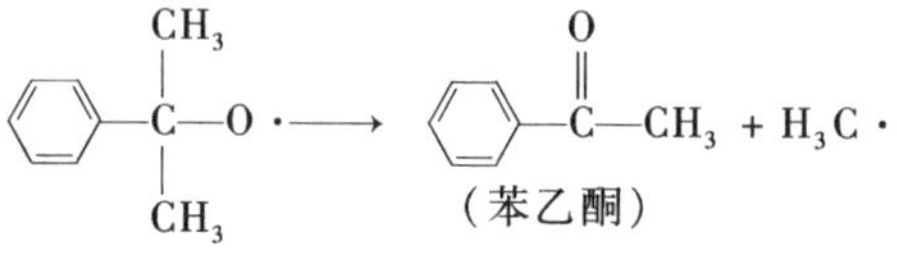

(苯乙酮)

$$H_3C\cdot + O_2 \longrightarrow HCHO \longrightarrow HCOOH$$

$$H_3C\cdot + O_2 \longrightarrow CH_3OH$$

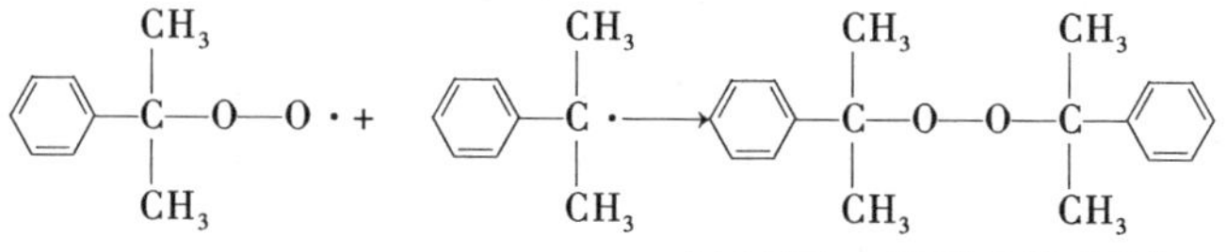

[过氧化二异丙苯(DCP)]

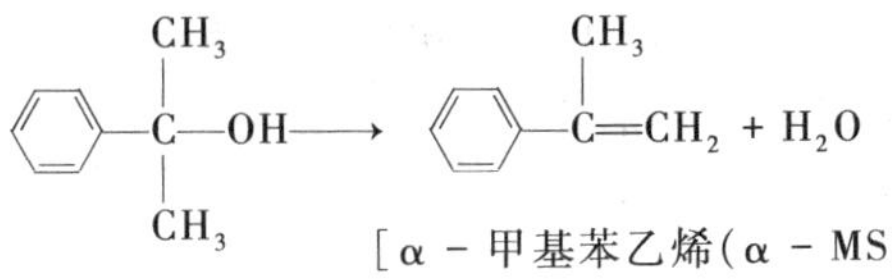

[α - 甲基苯乙烯(α - MS)]

异丙苯自由基链反应,在工业上链引发是采用 CHP 分解的方式进行的,在这一前提下,根据静态原理可以导出 CHP 的生成速率方程:

异丙苯的反应速率
$$-\frac{dc_i}{dt}=kc_ic_H^{\frac{1}{2}}$$

当 CHP 浓度甚低[例如 w(CHP)<40%],可以假设只生成两种副产物(苯乙酮和二甲基苄醇)。

副产物的生成速率
$$\frac{dc_{MA}}{dt}=k'c_H$$

由此得到 CHP 的生成速率为
$$\frac{dc_H}{dt}=kc_ic_H^{\frac{1}{2}}-k'c_H$$

式中:c_i——异丙苯浓度,mol/L;

c_H——CHP 浓度,mol/L;

c_{MA}——苯乙酮和二甲基苄醇浓度之和。

在工业生产中常用 CHP 的钠盐(CHP—Na)作为异丙苯氧化反应的引发剂,加入量为异丙苯总量的 w(CHP—Na)= 0.5%~1.5%,加入 CHP—Na 后,诱导期消失,而且反应进行很快,在 110 ℃反应时,CHP 积累速率可以达 w(CHP)=(3%~5%)·h^{-1}。

CHP—Na 由浓度为 w(CHP)= 80%的 CHP 与浓度为 w(NaOH)= 10%~20%的 NaOH 水溶液反应制得。

此外,正在开发的引发剂有:过渡金属离子络合物,过渡金属盐及过渡金属离子的多聚金属卟啉等。

为防止副产物有机酸(如甲酸、苯甲酸等)促进 CHP 分解,工业上常加入碳酸钠,反应液的 pH 应控制在 6~8。

(2) 氧化工艺条件

① 反应温度 反应温度对反应速率影响很大,在 60 ℃时反应接近于零,但随着温度的升高,CHP 分解反应速率也加快,所以适宜的反应温度是由转化率、选择性和单位反应体积的生产能力所决定的,目前工业上温度控制在 95~105 ℃,这时的反应选择性可以达到 90%~95%。

② 压力 目前工业上采用的反应压力大都为 0.4~0.6 MPa。压力本身对反应速率影响不大,但因是强放热反应,可以利用液体蒸发来撤除反应热,并产生低压水蒸气。压力降低,蒸发量太大,这时为了保持反应温度就需要加热,对热量利用也不利。

美国 UOP/Ailied 工艺采用低压工艺,压力接近常压,这对设备制造和提高生产能力(反应器可以做得大一些)有好处,但要求反应温度降至 85 ℃左右以减少加热用水蒸气量。

③ 氧分压 研究表明,在氧分压为 0.006 5~0.065 MPa 时,氧化速率与氧分压的 0.2 次方成正比,所以提高氧分压对反应有利。但与此同时还须考虑反应的安全问题,要求反应器尾气中 $\varphi(O_2)$= 4%~6%,以避开爆炸范围,据此可推算出空气加入量。

④ 原料纯度　原料中杂质会消耗自由基或促进 CHP 的分解，有些杂质虽然对反应没有影响，但会影响产品苯酚和丙酮的质量（例如由丁苯氧化生成的2-苯基-2-丁烯），所以也应严格限制。工业异丙苯规格见表 3-1-13。

表 3-1-13　工业异丙苯规格

项目	纯度	乙苯	丁苯	溴值	苯酚	α-MS	硫
指标	>99.9%	<500 $\mu g \cdot g^{-1}$	<500 $\mu g \cdot g^{-1}$	<50	<10 $\mu g \cdot g^{-1}$	<200 $\mu g \cdot g^{-1}$	<1 $\mu g \cdot g^{-1}$

（3）分解工艺条件　CHP 在酸催化下发生分解反应，生成苯酚和丙酮：

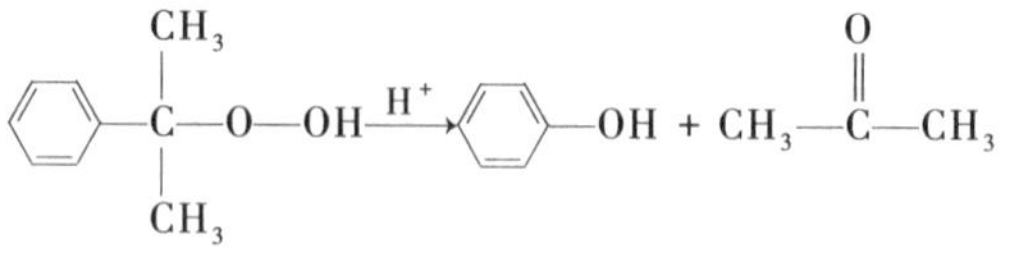

此外，还有生成二甲基苄醇、甲基苄酮 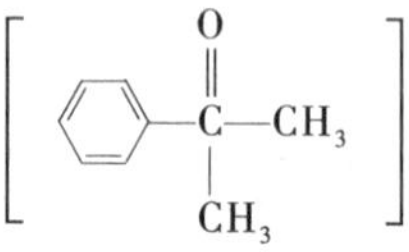 、枯酚、α-甲基苯乙烯（α-MS）、α-MS 二聚体和亚异丙基丙酮等副产物。

CHP 分解用催化剂常用的是硫酸，还有用 SO_2 和离子交换树脂作催化剂的。

CHP 分解的工艺条件：

① 硫酸用量　提高硫酸用量反应速率明显加快，但副产物也明显增多。所以在工业上装置内硫酸用量取小值，一般 $w(H_2SO_4)=0.07\%\sim0.2\%$。

② 反应温度　一般采用较低的反应温度，主要考虑的因素是苯酚的收率和移热方式。采用分解液外循环移热方式时，一般控制在 50～60 ℃，采用丙酮蒸发移热时，反应温度是反应器中混合物的沸点，一般为 80 ℃左右。

③ 停留时间　CHP 酸分解的主、副产物化学活性都较高，如果物料在反应器内停留时间过长，它们相互间继续反应会生成更多副产物。目前工业反应器的平均停留时间约为 0.5 h。

④ 含水量　水由原料（硫酸、丙酮等）带入及副反应产生。水对 CHP 酸分解速率影响很大，随水含量增加，CHP 的分解速率迅速下降，这可从在不同含水量时，分解液残留 CHP 含量的变化清楚地看出。含水量也影响分解反应的总收率，当含水量 $w(\text{水})=0.5\%\sim10\%$时，含水量与分解的主、副反应速率常数都呈线性关系，但在含水量 $w(\text{水})\leqslant0.5\%$时，含水量的变化对主反应速率的影响明显大于对副反应的影响。工业上，据此确定适宜的含水量，在以丙酮为介质，硫酸为催化剂的条件下为 $w(\text{水})=1\%\sim1.4\%$。

（4）工艺流程　异丙苯法生产苯酚和丙酮的工艺流程可分为氧化、提浓、分解、分解液分离和产品精制四部分。图 3-1-29 为氧化工艺流程，图 3-1-30 和图 3-1-31 为 CHP 分解工艺流程。

图 3-1-29 中的原料包括由烃化系统送来的异丙苯和从提浓工序和回收工序提纯精制后的异丙苯，混合后经碱洗、换热进入氧化塔 *3* 的下部，空气也从氧化塔 *3* 底部送入，作用物和空气平行向上流动，从塔上部侧线［$w(\text{CHP})\approx15\%$］流出进入氧化塔 *4* 下部，此塔底部送入补充空气，与氧化液一起向上平行流动，从该塔上部侧线流出的氧化液 $w(\text{CHP})=25\%$，送入分层罐 *8*，从罐

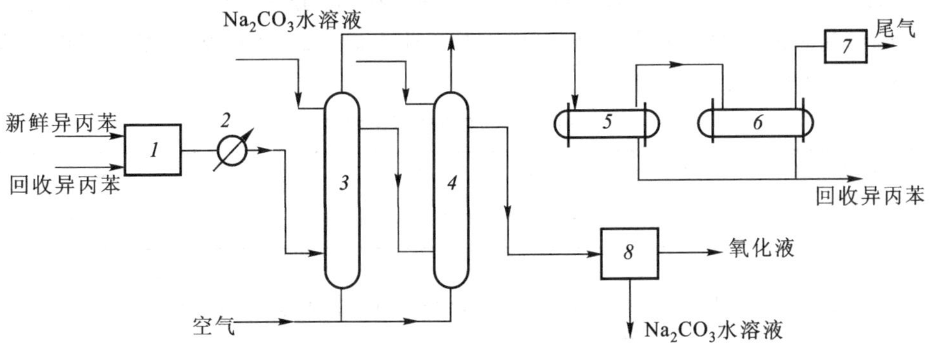

图 3-1-29　氧化工艺流程示意图

1. 异丙苯贮槽;*2.* 预热器;*3*,*4.* 氧化塔;*5*,*6.* 冷凝器;*7.* 尾气处理系统;*8.* 分层罐

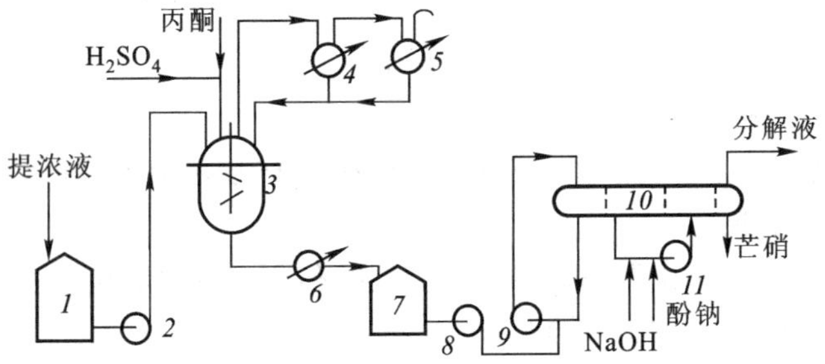

图 3-1-30　CHP 分解工艺流程示意图(丙酮蒸发移热)

1. 浓 CHP 贮罐;*2*,*8*,*9*,*11.* 离心泵;*3.* 分解反应器;

4,*5.* 冷凝器;*6.* 冷却器;*7.* 分解液中间罐;*10.* 中和罐

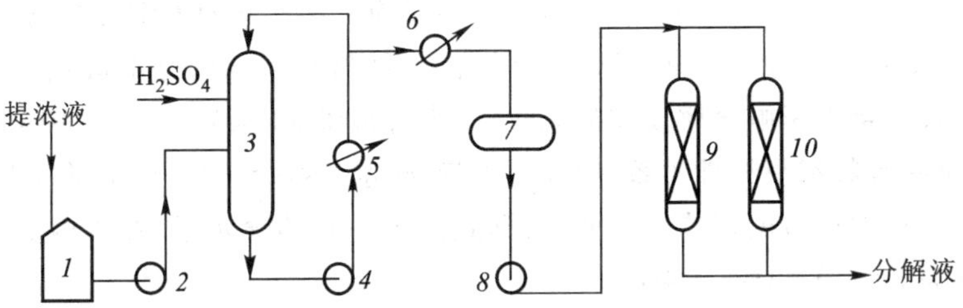

图 3-1-31　CHP 分解工艺流程示意图(外循环散热)

1. 浓 CHP 贮罐;*2*,*4*,*8.* 离心泵;*3.* 分解反应器;

5. 外循环冷却器;*6.* 分解液冷却器;*7.* 中间罐;*9*,*10.* 离子交换柱

底排出水和碳酸钠,分层罐 *8* 上部采出的反应液送氧化液提浓工序。氧化塔 *3* 和 *4* 的塔顶尾气经冷却冷凝回收异丙苯后,送尾气处理系统。

图 3-1-30 是以丙酮为介质的 CHP 分解工艺流程。来自提浓工序的提浓液[w(CHP)=80%左右]用泵送入分解反应器 *3*,丙酮和硫酸经过计量,控制一定的比例加入 *3* 中,分解反应器是一个带搅拌的釜式反应器,反应热靠丙酮蒸发移走,蒸发出的丙酮蒸气,经冷凝和冷却后返回分解反应器。反应液从釜底流出,经冷却后进入中间罐,再用离心泵 *8* 将其送到分解液循环离心泵 *9* 的入口,与从中和罐 *10* 来的芒硝(Na_2SO_4)水溶液混合,经分解液循环离心泵 *9* 循环返回中和罐 *10*。通过这一个循环实现利用芒硝水溶液抽提分解液中的硫酸。抽提到芒硝水溶液中的硫酸用酚钠或 NaOH 中和。中和后的分解液从中和罐 *10* 上部采出,送产品分离精制工序。含酚废水(亦含芒硝)从下部排放到酚水处理工序。中和罐是一个内设三块隔板的卧式贮罐。

图 3-1-31 是采用外循环散热的 CHP 分解流程。分解反应器为一槽型反应器,提浓液与硫酸在槽内混合反应,反应液用泵作体外冷却循环,少量采出经冷却后送入分解液中间槽。循环液量与采出液量之比为 10:1或更高,以便将反应温度维持在 60 ℃左右。采出的含硫酸分解液用泵经阳离子交换柱进行中和(有两根离子交换柱,切换使用),流出的分解液送后续工序。

分解液中除苯酚和丙酮外,如前所叙,还有很多副产物,甚至在精馏过程中由于相互反应,还会生成新的副产物,有些副产物还会与苯酚形成二元或三元共沸体系,再加上工业上对苯酚和丙酮纯度要求甚高,因此,丙酮和苯酚的精制难度较大。

丙酮精制采用 53~67 kPa 压力,真空蒸馏虽然有利丙酮与水的分离,但若真空度太高,因丙酮沸点太低,难以采用。丙酮精制中脱除醛类比较困难,一般采用化学法,用 NaOH 促使醛类缩合而除去。有时也辅以物理法,另设一个脱醛塔,在高回流比(如 300 或更高)下,将残留醛类脱除。

苯酚精制也有化学法、物理法两大类。当对苯酚纯度要求不高(如普通工业级苯酚),大多采用共沸精馏法,若纯度要求很高,则需再设萃取精馏工序或用化学法(利用催化剂将杂质自身或与苯酚缩合变成重组分)作进一步精制。

表 3-1-14 示出了异丙苯法生产苯酚和丙酮的原料和公用工程消耗。

表 3-1-14 原料和公用工程消耗 以生产 1 t 苯酚计

项目	三井油化工艺	美国公司 A	美国公司 B
m(苯)/t	0.926	0.883	0.929
m(丙烯)/t	0.537	0.476	0.541
电能/(kW·h)	467	336	277.8
m(蒸汽)/t	6.05	4.05	~8.5
m(水)/t	6.19	335	595.3

图 3-1-32 示出由苯和丙烯经烷基化,再经自氧化制苯酚和丙酮的主要工艺过程。

应当指出,虽然异丙苯法是目前世界上生产苯酚的主要方法,生产能力占苯酚总产量的92%以上,但因联产丙酮,有其一定的局限性。这是因为每生产 1 t 苯酚要联产 0.62 t 丙酮,苯酚需求旺盛,而丙酮则是滞销产品,为增加苯酚产量,必须事前落实好丙酮销路。为此,日本已开发成功一种新工艺,将过剩的丙酮重新转化为丙烯,用作烃化原料。不仅解决了丙酮的销售困难,而且也减少了原料丙烯的消耗,收到了良好的经济效益。

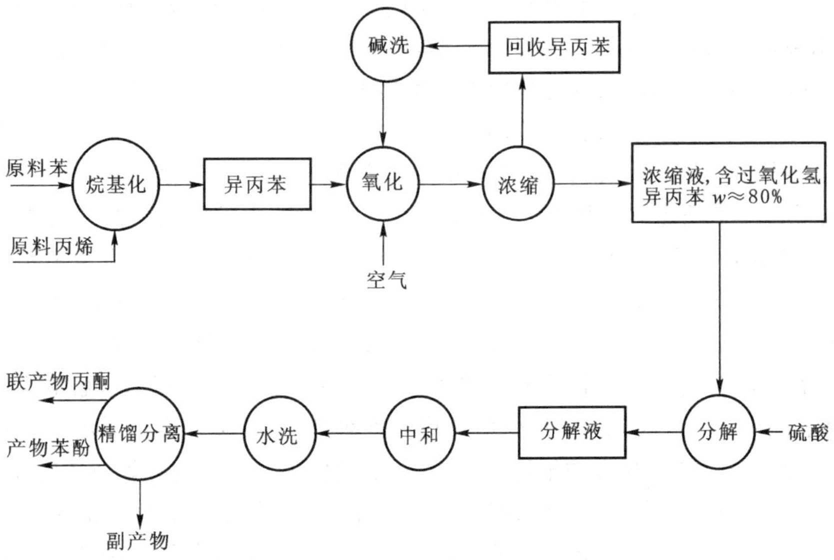

图 3-1-32 异丙苯法生产苯酚、丙酮的主要过程示意图

已实现工业化的苯酚生产方法还有甲苯氧化(又称甲苯-苯甲酸)法。反应分两步进行,第 1 步甲苯在 130~140 ℃,0.8~1.0 MPa、空气为氧化剂,可溶性钴盐[溴化钴,加入量为甲苯质量分数 m(Co 盐)= 0.1%~0.3%]为催化剂的工艺条件下,液相氧化生成苯甲酸。第 2 步是在 Cu^{2+}、空气和蒸气存在下让熔融的苯甲酸转化成苯酚和 CO_2,产品收率以甲苯计约为 68%。此法的最大优点是只生产苯酚,缺点是苯酚收率低,生产 1 t 苯酚需消耗 1.45 t 甲苯,0.3 kg 钴和 3 kg 铜,国际市场上甲苯的价格高于苯,因而甲苯氧化法生产成本比异丙苯法高,现在只有美国、荷兰和日本少数几个国家建有生产装置,生产能力仅占世界苯酚总生产能力的 4%左右。此外,正在开发的还有以苯为原料,N_2O 为氧化剂的一步法工艺(Alphox 工艺);以苯为原料,H_2O_2 为氧化剂的一步法工艺,以及由正丁烯与苯经烷基化生成仲丁基苯,后者经氧化生成过氧化氢仲丁基苯,最后经分解得到苯酚和甲乙酮的工艺等。

讨论课一 工艺流程的组织

以本节教材内容为主,补充收集有关资料讨论:

1. 同一原料生产相同产品按不同工艺条件组织的工艺流程;
2. 不同原料生产相同产品组织的工艺流程;
3. 在工艺流程组织中如何具体体现工艺流程的先进性和合理性。

要求:

(1) 简述列举的工艺流程;

(2) 指出该工艺流程的特点(或优缺点)。

3-2 氢化和脱氢

氢化(hydrogenation)系指氢气与化合物之间进行的化学反应。通常在催化剂存在下进行,是还原反应的一种。它又可细分为加氢和氢解(hydrogenolysis)两大类。前者氢分子进入化合物内,使化合物还原,或提高不饱和有机化合物的饱和度。例如棉籽油、鱼油等经加氢可变为饱和的硬化油;后者又称为破坏加氢,在加氢的同时有机化合物分子发生分解,此时氢分子一部分进入生成物大分子中,另一部分进入裂解所得的小分子中。例如煤粉和重质石油馏分经氢解变为轻质油料,含硫、氧、氮的有机化合物经氢解变为烃类、硫化物、水和氨等。

脱氢(dehydrogenation)系指从化合物中除去氢原子的过程,是氧化反应的一个特殊类型。它可以在加热而不使用催化剂的情况下进行,称为加热脱氢,也可在加热又使用催化剂的情况下进行,称为催化脱氢。

加氢和脱氢是一对可逆反应,即在进行加氢的同时,也发生脱氢反应。究竟在什么条件(温度、压力等)下有利于加氢或脱氢,可由热力学计算求得平衡转化率后来判断。一般而言,加氢过程中反应系统分子总数减少,而且释放热量。因此,加压和降低反应温度对加氢有利。反之,脱氢过程中反应系统分子总数是增加的,而且吸收热量。因此,减压和升高反应温度对脱氢有利。现在已找到提高脱氢平衡转化率的方法,即在脱氢时加入少量氧,让它与脱出的氢反应生成水,可使脱氢平衡转化率接近100%。此时氢与氧化合释放出的热量,足以用来维持脱氢反应所需的温度,无需另设加热设备。这种称作氧化脱氢的工艺已在工业上得到广泛的应用。

加氢和氢解,例如由氢气和氮气制造合成氨,一氧化碳与氢制造甲醇,苯酚(或苯)加氢制造环己醇(或环己烷),硝基苯加氢制造苯胺以及前述的煤粉和重质石油馏分氢解制造轻质油料等,在国民经济中均有重要意义。

脱氢是获得烯烃或二烯烃的主要途径。例如由乙烷经脱氢可制得乙烯,由丁烷或丁烯脱氢可制得丁二烯等。它们是聚合物最重要的单体。此外像甲醇脱氢制甲醛,异丙醇脱氢制丙酮等,到目前为止仍是制造甲醛和丙酮的重要工业生产方法。

氢化和脱氢在反应机理、使用催化剂等方面有不少共同之处,本节将它们合并在一起讲述。

一、概述

1. 氢化

氢化通常在加压下进行,增加压力对提高平衡转化率和反应速率都有利。

但在实际使用中,受到经济和技术方面(如需消耗高的压缩功率和需用耐压设备、管路)的限制。

氢化是一个放热过程,表 3-2-01 示出了某些化合物的氢化热。通常认为消耗 1 mol 氢放出的热量愈多,则氢化反应愈容易进行。

表 3-2-01 一些化合物的氢化热

化合物	加氢产物	放热量 / 4.186 84 kJ/mol	消耗 1 个 H_2 分子所放出的热量 / 4.186 84 kJ
$CH\equiv CH$	$CH=CH_2$	42.3	42.3
$C_6H_5NO_2$	$C_6H_5NH_2$	100.0	33.0
$CH_2=CH_2$	C_2H_6	32.6	32.6
RNO_2(R 为烷基)	RNH_2	90.0	30.0
羰基化合物	醇	~20.0	~20.0
苯	环己烷	49.8	16.6

氢化催化剂大致可分为金属催化剂、合金催化剂、金属氧化物和硫化物催化剂以及均相配位催化剂。金属催化剂,例如 Pt,Pd,Ru,Ni,Co,Fe 和 Cu 等,它们通常负载于载体上(如负载在 SiO_2,Al_2O_3,活性炭、硅藻土以及沸石上),不仅仍具有高的催化活性,节约金属,而且利用载体的各种性能,使催化剂更能符合工业生产的要求。金属催化剂容易中毒,故对原料中的杂质(例如 S,N,As,P,Cl 以及重金属等)有严格的限制;合金催化剂可分为骨架催化剂和熔铁催化剂两类。骨架催化剂是由 Ni,Co,Fe 等金属与金属铝先制成合金,再用碱液除去铝,制得多孔、高比表面积的催化剂。常用的有骨架镍和骨架钴催化剂,它们的催化活性很高,在空气中会自燃。熔铁催化剂是由 Fe-Al-K 等组成的合金,制成后经破碎筛分即可使用,主要用作合成氨催化剂;金属氧化物和硫化物催化剂,例如 $CuCrO_2$,$CaO-MoO_3-Al_2O_3$,WS_2 和 NiS 等。它们的加氢活性比金属催化剂低,故需较高的反应温度和压力,但加氢操作容易控制,金属硫化物催化剂还具有抗硫中毒强的特性;均相络合催化剂,例如 $RhCl(P\Phi_3)_3$,$RuCl(H)(P\Phi_3)_3$,$[Co(CN)_5]^{3-}$ 等(Φ 代表苯基,$P\Phi_3$ 代表三苯基膦),加氢活性高,选择性强,反应在常温常压下就能进行,但需用贵金属 Rh 和 Ru,催化剂与产品较难分离,催化剂容易流失,增加生产成本又污染了产品。目前已研究出将络合催化剂固定在载体上(载体可以是无机物或有机高聚物)的方法,被称作均相络合催化剂的固体化,可望克服均相络合催化剂的上述缺点。

工业上氢化可在气相也可在液相下进行。气相氢化常采用固定床和流化床反应器,反应热可通过器外冷却或反应器内设置冷却构件移走,因氢化热比氧化热小得多,有时也采用冷原料气与反应气分段混合(即常称的冷激)来降低反应温度。气相氢化增加氢分压可以提高氢化反应速率,增加作用物浓度,也可提高氢化反应速率,反应级数为 0~1 级。有少数情况,作用物的浓度(或分压)对氢化反应速率的影响是负面的;液相氢化通常在鼓泡床、移动床和流化床反应器中进行。由于有液相存在,反应热的移走比较方便。但因要保持在反应温度下呈液相,操作压力比气相法要高一些。反应在液-固(催化剂为固体)表面进行,此时,增加氢分压,有利于氢的溶解,因而也可提高氢化反应速率。为满足反应温度下呈液相的需要,往往要另加溶剂,此时不同溶剂对氢化反应的转化率和选择性会产生不同程度的影响,为此,选择适宜溶剂对液相氢化而言相当重要。

2. 脱氢

升温和降压对脱氢有利,所需温度与催化剂的脱氢活性及反应物分子中 C—H 键断裂能有关。表 3-2-02 示出 C—C 键和 C—H 键断裂能的一些数据。

表 3-2-02 键断裂能

分子	断裂的键	断裂能 / 4.186 84 kJ/mol	分子	断裂的键	断裂能 / 4.186 84 kJ/mol
$C_6H_5CH_2—CH_3$	C—C	75	$\cdot CH=CH—H$	C—H	39
$C_2H_5—H$	C—H	96	$HOCH_2—H$	C—H	92
n-$C_3H_7CH_2—H$	C—H	101	RO—H	O—H	100
$CH_2=CH—H$	C—H	104	$CH_3—CH_2O\cdot$	C—C	10
$\cdot CH_2CH_2—H$	C—H	37	$C_6H_5CH_2—H$	C—H	63
$CH_3—CH_3$	C—C	83	$CH_3CHO\cdot$ ｜ H	C—H	21
$\cdot CH_2—CH_3$	C—C	93	—	—	—

除了上述的脱氢和裂解反应外，还会产生聚合结焦的副反应，这是因为半脱氢中间物种和脱氢产物若在催化剂表面停滞过久（如这些物种在催化剂表面吸附太强，脱附困难）就会发生这类副反应。例如：

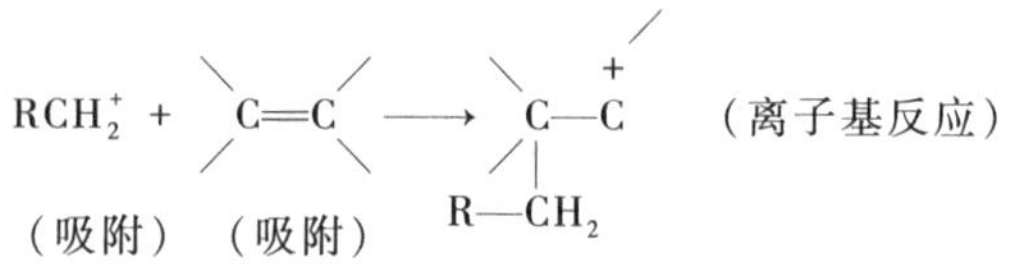

或

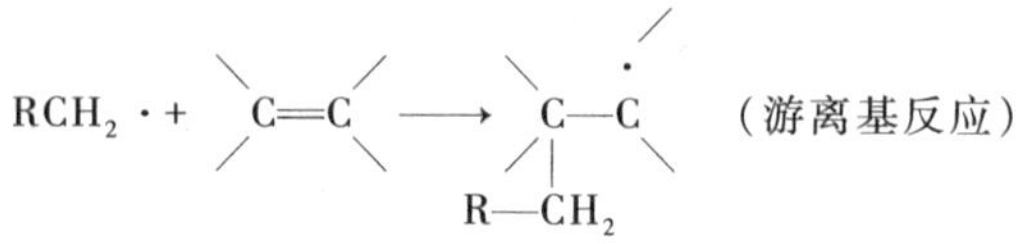

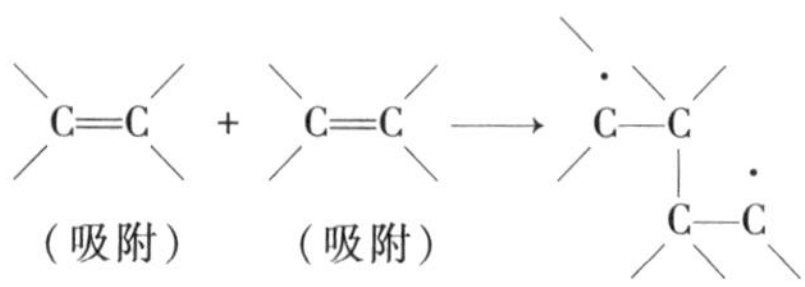

如果产物是二烯烃类，则更易发生聚合结焦。

如：

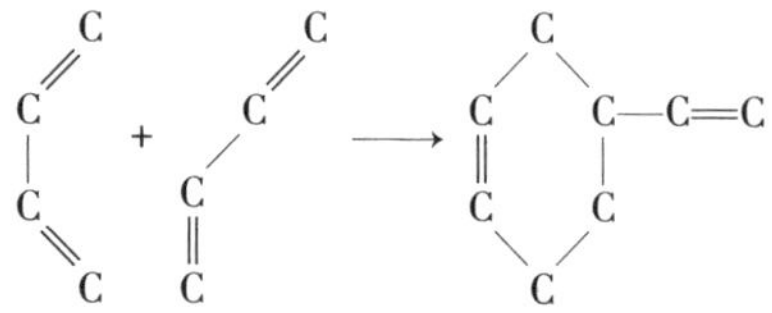

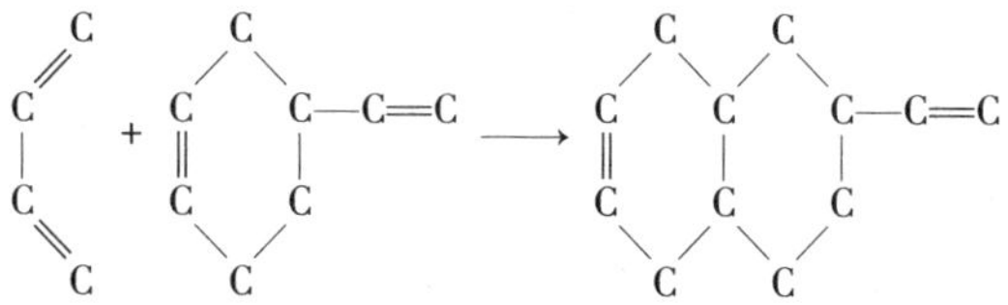

由于在催化剂活性中心上覆盖了大分子结焦物，将影响催化剂的催化活性和使用寿命，因此

需要对结焦副反应加以抑制。常用的办法是在脱氢催化剂中加助催化剂 K_2O,K_2CO_3 或 MgO 等。它们的主要作用是:稀释催化剂表面的脱氢活性中心,并将活性组分分割成较独立的微小区域;这类助催化剂呈碱性,可中和一部分活性过强的活性中心(通常为强酸中心),抑制裂解;碱性成分的增加亦有利于中间体 RCH_2^+ 迅速脱去第二个氢而形成结构稳定的产物,也有利于产物烯烃的脱附,还可以促进水蒸气清除结焦的反应:

$$C+H_2O \xrightarrow{K_2O} CO+H_2$$

此外,在工业上为防止聚合结焦也常采用降低原料气压力或添加水蒸气稀释反应物的办法。水蒸气不仅有利于清焦,而且还因为 H_2O 分子的竞争吸附可大大减弱烯烃在吸附中心上的吸附,减少聚合结焦副反应的发生。

综上所述,脱氢反应的反应速率取决于键断裂能的大小和催化剂的活性,而反应压力则不仅要满足热力学上的要求,而且还需考虑如何防止结焦副反应的发生。

脱氢催化剂和加氢催化剂在种类和组成上十分相似,有一些催化剂,在加氢时使用,在脱氢时也可使用,这是因为催化剂在催化正反应的同时,也催化逆反应。即催化剂不能改变化学反应的平衡,平衡产物取决于反应条件(例如温度、压力等)。但最佳加氢催化剂是不是就是最佳脱氢催化剂呢?研究表明又通常不是,其中的原因通常与工艺条件有关。例如铜是加氢很好的催化剂,但脱氢时,若反应温度过高就不能应用,因为铜离子或铜微晶在高温下易迁移,形成活性很小的铜小颗粒,可使催化剂失活。

脱氢催化剂可以分为以下三类:

① 金属 金属以铂活性最大,其次是钯、铑、铜、铬、铁、镍、钒等。例如在铜催化下,乙醇脱氢生成乙醛,丙烯醇脱氢生成丙烯醛等。

② 金属氧化物 它们大多为半导体。因此有人用电子理论来解释它们的加氢或脱氢催化活性。主要有:ZnO,NiO,Al_2O_3,Fe_2O_3,Cr_2O_3,CaO,V_2O_5,Mo_2O_3,$CoMoO_4$ 等。例如在氧化铁催化下,乙基苯脱氢生成苯乙烯的反应等。该类催化剂用得较多者有氧化铬-氧化铝系列催化剂和氧化铁系列催化剂。

③ 金属盐类 金属盐类应用的有碳酸钾、碱土金属磷酸盐等。例如磷酸钙-镍盐用作丁烯脱氢生成丁二烯的催化剂,碳酸钾用作烷基苯脱氢催化剂等。

二、 氢的来源

氢气有多种工业来源。

(1) 水电解制氢 在工业上曾被广为采用。中国有不少制造双氧水的工厂,糠醛加氢制糠醇以及木糖加氢制木糖醇的工厂采用本法取得氢气。本法生产成本高,电能消耗大,只有在少数电力资源充沛,电价低廉的地方(如小水电站附近)才适用。此外,氯碱工厂电解 NaCl 溶液在制得氯气和烧碱的同时也可得到氢气。

(2) 副产氢气的回收 焦炉煤气中含氢 φ(氢)= 60%左右,石油热裂解气经深冷分离可得到纯度较高的氢气,石油炼厂铂重整装置和某些脱氢装置等的副产氢气,它们也是重要的工业氢源,可直接用作加氢的氢源(例如催化重整装置副产的氢气可直接用作油品加氢的氢源),或经提纯后用作高纯氢源。例如焦炉煤气经变压吸附可制得纯氢。

(3) 由煤制氢 在历史上曾是主要的制氢方法。先将煤或焦炭等固体燃料在高温下与空气和水蒸气作用,生成含氢煤气,用脱硫剂脱除硫化氢,将 CO 变换成 CO_2 后压缩至 1.8 MPa,用加压水洗去大量 CO_2(亦可用吸收剂吸收 CO_2,经解吸后可得到工业级 CO_2 气源),再经进一步压缩至 12.0 MPa,用铜氨液洗涤除去残余的 CO 和 CO_2 后,可得到纯净的氢氮混合气(工厂中称为精炼气),它是合成氨的原料气。煤或焦炭用氧气和水蒸气作气化剂,可制得氢,一氧化碳和二氧化碳的混合气,它可用作合成甲醇的原料气。若将这种混合气(工业上常称之为合成气)中的 CO 和 CO_2 转化为氢,则最终可制得纯氢。

(4) 由气态烃和轻油转化制氢 这是目前主要的制氢方法。原料多为天然气,也有用石脑油的。

由气态烃和轻油转化制氢,常采用水蒸气转化法和部分氧化法。

① 水蒸气转化法 在高温和镍催化剂作用下,烃类原料与水蒸气进行转化反应,生成 H_2,CO 和 CO_2。以甲烷气为例可表示如下:

$$CH_4+H_2O \rightleftharpoons CO+3H_2$$

$$CH_4+2H_2O \rightleftharpoons CO_2+4H_2$$

$$CO+H_2O \rightleftharpoons CO_2+H_2$$

上列三个反应都是吸热反应,需从反应器外部获得热量,常采用固定床管式反应器。反应温度 800 ℃左右,压力 2.0 MPa。表 3-2-03 列出了以天然气为原料所得混合气体的组成。该种气体可用于合成氨、合成甲醇及合成其他有机化合物。序号 4 是合成甲醇用的合成气,另配入了 CO_2。

表 3-2-03 由天然气制得的合成气组成 $\varphi/\%$

序号	CO_2	CO	H_2	CH_4	N_2	序号	CO_2	CO	H_2	CH_4	N_2
1	0.3	31.9	67.1	0.6	0.12	3	2.6	34.5	61.4	0.3	1.4
2	0.5	32.0	65.6	0.2	1.7	4	11.22	13.12	70.36	4.68	0.62

② 部分燃烧法 将原料烃在供氧不足的情况下进行部分氧化反应:

$$CH_4+\frac{1}{2}O_2 \longrightarrow CO+2H_2$$

进料中 $n(C):n(O)$ 之比要求接近化学计量数,即 1:1。该法的优点是对原料烃的限制较小,自身供热。缺点是需纯氧作氧化剂,要建立一个空气分离装置为之配套,生产成本比水蒸气转化法高,因此目前世界上水蒸气转化法比部分氧化法应用更为广泛。表 3-2-04 列出了不同烃类原料用部分氧化法所得合成气组成,反应温度 1 400~1 500 ℃,系非催化反应。

表 3-2-04 部分氧化法制得的合成气组成 $\varphi/\%$

原料 \ 组分	H_2	CO	CO_2	CH_4	N_2	S
天然气	60.9	34.5	2.8	0.4	1.4	
石脑油	51.6	41.8	4.8	0.4	1.4	70×10^{-6}
重燃料油	46.1	46.9	4.3	0.4	1.4	0.9

近 10 多年来，由于石油价格飞涨和石油深加工技术的进步，以天然气、轻油（石脑油）、重质油、煤制氢的格局有了很大的变化，轻油和重质油制氢已不具备市场竞争能力，原有生产装置通过改造，制氢原料已改为天然气和煤，即所谓的“油改气”和“油改煤”。

由上述两法制得的合成气，含有二氧化碳、硫化物及炭黑等，需精制脱除。经精制的合成气称粗合成气，视目的产物的不同，还需进行配气，即将 CO 和 H_2 的物质的量比[即 $n(CO)$ 和 $n(H_2)$]调整到需要的比例。五种类型的合成气组分及其配比如下：

合成气组成和配比	主要用途
$n(H_2):n(N_2)=3:1$	合成氨
$n(H_2):n(CO)=2:1$	甲醇
[或 $n(H_2):n(CO_2)=3:1$]	
$n(H_2):n(CO)=1:1$	羰基合成
$n(CO)$ 或 $n(CO)+n(H_2O)$	光气、甲酸、草酸、丙酸、新酸及丙烯酸酯类
$n(H_2)$	H_2O_2，各种还原和氧化过程

由合成气制工业级氢气，还需将 CO 变换成 H_2。图 3-2-01 示出的是烃类水蒸气转化制氢流程。经过脱硫预处理的原料气与水蒸气混合进入转化炉，炉内设有一定数量的反应管，内装镍催化剂。操作压力约 2.0 MPa，反应温度800 ℃。由转化炉出来的气体经废热锅炉回收热量，然后在水急冷器中冷却到 380~400 ℃，再进入 CO 中温变换反应器。在铁-铬或钴-铜催化剂作用下，CO 的含量降到 $\varphi(CO)=3\%$左右，由中温变换反应器出来的气体经换热器换热及冷却器冷却，温度降至 180~200 ℃，进入低温变换反应器，在铜-锌催化剂作用下，使 CO 含量降到 $\varphi(CO)=0.3\%$左右，由低温变换反应器出来的气体，在吸收塔中用环丁砜-乙醇胺溶液除去气体中的 CO_2，使其含量降至 $\varphi(CO_2)=0.3\%$以下。所得粗氢气再经过水洗以回收夹带的环丁砜-乙醇胺溶液，然后加热到300 ℃进入甲烷化反应器。在 $Ni-Al_2O_3$ 催化剂作用下，粗氢气中残余的 CO，CO_2 与氢气反应生成甲烷，制得 φ(氧化物)<0.1%的工业氢气。此工业氢气可用于加氢合成或加氢精制。用量最大者当数合成氨，它消耗氢气总产量的 50%左右。

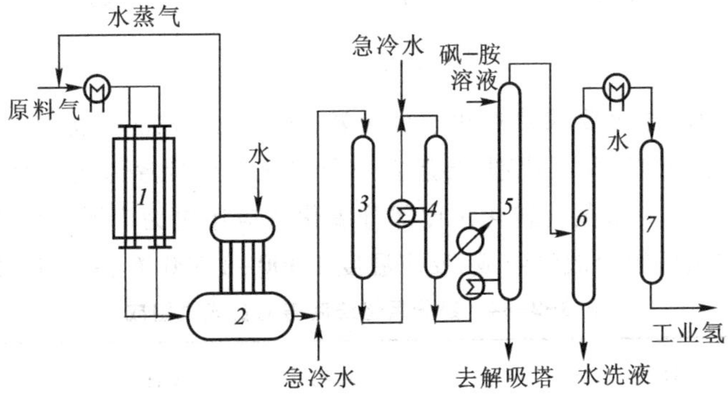

图 3-2-01　烃类水蒸气转化制氢流程图

1. 转化炉；*2.* 废热锅炉；*3.* CO 中温变换器；*4.* CO 低温变换器；*5.* CO_2 吸收塔；*6.* 水洗塔；*7.* 甲烷化反应器

由成分为 $w(C_2)=26\%$，$w(C_4)=70\%$，其他 C_1，C_3，C_5 组分占 w(其他)$=4\%$的液化石油气，经水蒸气转化，变换和净化后，制得的工业氢气组成为

$\varphi(H_2)=98\%$	$\varphi(CO+CO_2)$	$\leqslant 20\ \mu L \cdot L^{-1}$
$\varphi(CH_4)=2\%$	$\varphi(H_2O)$	$\leqslant 10\ \mu L \cdot L^{-1}$

三、 氮加氢制合成氨

目前全球合成氨生产能力已达 160 Mt/a，我国的生产能力达 45 Mt/a，居全球第 1 位。合成氨主要用来生产氮肥，还有少量(约占氨量的 10%)用于制造硝酸、纯碱、含氮无机盐、制药、氨基塑料、聚酰胺、丁腈橡胶等产品，亦广泛用作冷冻剂。

1. 反应原理

氨合成的化学反应式为

$$N_2+3H_2 \xrightleftharpoons[\text{催化剂}]{300\sim600℃,8\sim45\ MPa} 2NH_3$$

或

$$\frac{1}{2}N_2+\frac{3}{2}H_2 \xrightleftharpoons[\text{催化剂}]{300\sim600℃,8\sim45\ MPa} NH_3$$

反应热焓为：$\Delta H(18\ ℃)=-92\ kJ/mol$

$\Delta H(659\ ℃)=-111.2\ kJ/mol$

其平衡常数可由下式求得：

$$K_p=\frac{p_{NH_3}}{p_{N_2}^{0.5}\cdot p_{H_2}^{1.5}} \tag{3-2-01}$$

高压下的平衡常数不仅与温度和压力有关，而且与气体组成有关。在 30~60 MPa 范围内，氢-氮-氨系统的化学平衡常数应用逸度代替分压来求算：

$$K_f=\frac{f_{NH_3}}{f_{N_2}^{0.5}f_{H_2}^{1.5}} \tag{3-2-02}$$

K_f 为用逸度表示的平衡常数。

式中：f_{N_2}，f_{H_2}，f_{NH_3}——氮、氢和氨在纯态和平衡温度及总压下的逸度。

$$f_i=\gamma_i\cdot p_i$$

式中：f_i——气体组分 i 的逸度；

γ_i——气体组分 i 的逸度系数；

p_i——气体组分 i 的分压。

由此可得

$$K_f=\frac{\gamma_{NH_3}}{\gamma_{N_2}^{0.5}\cdot\gamma_{H_2}^{1.5}}\cdot\frac{p_{NH_3}}{p_{N_2}^{0.5}\cdot p_{H_2}^{1.5}}=K_\gamma K_p \tag{3-2-03}$$

式中

$$K_\gamma=\frac{\gamma_{NH_3}}{\gamma_{N_2}^{0.5}\cdot\gamma_{H_2}^{1.5}}$$

K_γ 为用实际气体的逸度系数 γ 表示的平衡常数校正值。

由式(3-2-03)可知,要求得高压下的 K_p,必须先求得 K_f 和 K_γ。K_f 可按下式计算得到:

$$\lg K_f=\frac{2\ 250.322}{T}-0.853\ 40-1.510\ 49\ \lg T-25.898\ 7\times10^{-5}T$$
$$+14.896\ 1\times10^{-8}T^2 \qquad (3-2-04)$$

由(3-2-04)式可知 K_f 仅是温度的函数,与压力无关,随温度升高而降低,表3-2-05示出不同温度下的 K_f 值。

表 3-2-05 不同温度下的 K_f 值

T/K	298.16	300	400	500	600	700	800	900	1 000
K_f	677	606	5.682	0.300 8	0.039 87	0.009 048	0.002 908	0.001 181	0.000 596 2

K_γ 可由逸度图表中查得各气体组分的逸度系数后求得,也可由实验测定,在压力小于 60 MPa 时计算值与实验值相当符合。表 3-2-06 示出由实验测得的氨合成的 K_γ 值。由 K_f 和 K_γ 值求得的 K_p 值示于表 3-2-07。由表 3-2-07 可见,高压和较低的反应温度对氨的合成是十分有利的。相对而言,温度的影响比压力更大。在合成氨工业发展初期曾采用 70~100 MPa 的高压来提高氨合成的转化率。这给设备制造和操作安全带来不少的困难。后来经过不断改进,特别是催化剂的更新,使反应压力和温度不断下降。工业上合成氨有三种方法:

高压法	45 MPa 以上	500~600 ℃
中压法	20~35 MPa	470~550 ℃
低压法	8~15 MPa	350~430 ℃

表 3-2-06 氨合成的 K_γ 值(实验值) 单位:MPa^{-1}

p/MPa	400 ℃	425 ℃	450 ℃	475 ℃	500 ℃
1.01	0.990	0.991	0.992	0.993	0.994
5.07	0.958	0.958	0.965	0.970	0.978
10.01	0.907	0.918	0.929	0.941	0.953
30.4	0.744	—	0.757	0.765	0.773
60.8	0.457	—	0.512	0.538	0.578
101	0.212	—	0.285	0.334	0.387

表 3-2-07 氨合成的平衡常数 K_p 与温度和压力的关系 单位:MPa^{-1}

t/℃	p/MPa					
	0.101 3	10.13	15.20	20.27	30.39	40.53
350	0.259 1	0.297 96	0.329 33	0.352 70	0.423 46	0.513 57
400	0.125 4	0.138 42	0.147 42	0.157 59	0.181 75	0.211 46
450	0.064 086	0.071 31	0.074 939	0.078 99	0.088 35	0.099 615
500	0.036 555	0.039 882	0.041 570	0.043 359	0.047 461	0.052 259
550	0.021 302	0.023 870	0.024 707	0.025 630	0.027 618	0.029 883

高压法已遭淘汰,国内外大型合成氨厂[生产能力 30 万吨(氨)/年以上]都采用低压法,若使用国产低温高活性催化剂,设计压力多选用 15 MPa。我国的中型合成氨厂大多采用中压法,一般采用国产催化剂,设计压力多选用 30 MPa。

氨合成是可逆反应,反应达到平衡时的氨浓度称为平衡氨浓度,用 $x^*_{NH_3}$ 表示,它与平衡常数 K_p、总压、氢氮比[用 $\gamma=n(H_2)/n(N_2)=\varphi(H_2)/\varphi(N_2)$ 表示]和惰性气体含量 x_i 有关,其关系式可表达为

$$\frac{x^*_{NH_3}}{(1-x^*_{NH_3}-x_i)^2}=K_p\cdot p\frac{\gamma^{1.5}}{(\gamma+1)^2} \qquad (3-2-05)$$

当 $\gamma=3$, $x_i\approx 0$ 时,上式可简化为

$$\frac{x^*_{NH_3}}{(1-x^*_{NH_3})^2}=0.325K_p\cdot p \qquad (3-2-06)$$

这样,可由温度和压力就能计算出 $x^*_{NH_3}$,计算结果示于表 3-2-08。

表 3-2-08 不同温度和压力下的平衡氨浓度($\gamma=3$, $x_i=0$)

p / MPa t / ℃	1.013 3	3.039 9	5.066 5	10.133 0	30.399 0	60.798 0	101.330 0
200	50.66	67.56	74.38	81.54	89.94	95.37	98.29
250	28.34	47.22	56.33	67.24	81.38	90.66	96.17
300	14.73	30.22	39.41	52.04	70.96	84.21	92.55
350	7.41	17.78	25.23	37.35	59.12	75.62	87.46
400	3.85	10.15	15.27	25.12	47.00	65.20	79.82
450	2.11	5.86	9.15	16.43	35.82	53.71	69.69
500	1.21	3.49	5.56	10.61	26.44	42.15	57.47
550	0.76	2.18	3.45	6.82	19.13	31.63	41.16
600	0.49	1.39	2.26	4.52	13.7	23.10	31.43
650	0.33	0.96	1.53	3.11	9.92	16.02	20.70
700	0.23	0.68	1.05	2.18	7.28	12.60	12.87

由(3-2-05)式可知,当温度、压力以及惰性气体含量一定时,要使 $x^*_{NH_3}$ 为最大时的条件为 $\frac{d}{d\gamma}\left[\frac{\gamma^{1.5}}{(\gamma+1)^2}\right]=0$。

即

$$\frac{1.5\gamma^{0.5}(\gamma+1)^2-2\gamma^{1.5}(\gamma+1)}{(1+\gamma)^4}=\frac{(\gamma+1)\gamma^{0.5}[1.5(\gamma+1)-2\gamma]}{1+\gamma^4}=0$$

式中:$(\gamma+1)$, $\gamma^{0.5}$ 和 $(1+\gamma)^4$ 均不为零,欲使等式成立只有使 $1.5(\gamma+1)-2\gamma=0$,由此解得 $\gamma=3$。即当氢氮比等于化学计量数比时,平衡氨的体积分数最大。图 3-2-02 示出在 500 ℃时,不同氢氮比时的平衡氨的体积分数 $\varphi^*(NH_3)$。由图3-2-02可以看出,同一氢氮比,平衡氨的体积分数随

压力的升高而增加；同一压力下氢氮比为 $\gamma=3$ 时，平衡氨的体积分数最大。考虑到高压下气体混合物的非理想性质对 K_p 值的影响，$\varphi^*(NH_3)/\%$ 为最大时的氢氮比应较 3∶1略低，大约在 2.90∶1到 2.68∶1之间变动，由于在这个最优条件下的平衡氨浓度仅比氢氮比为3∶1时大 0.1 左右，因此并不具有实际意义。

由式(3-2-05)可知，惰性气体含量(x_i)对平衡氨浓度是有影响的，具体的变化趋势示于图 3-2-03。由图 3-2-03 可见，惰性气体对平衡氨浓度的影响还是相当大的。随着惰性气体含量的增加，平衡氨浓度很快下降，合成反应推动力减小，转化率变小，导致生产能力下降。因此，在生产中要选择一个合理的惰性气体含量，并用排放少量合成气的办法稳定惰性气体在合成气中的含量。

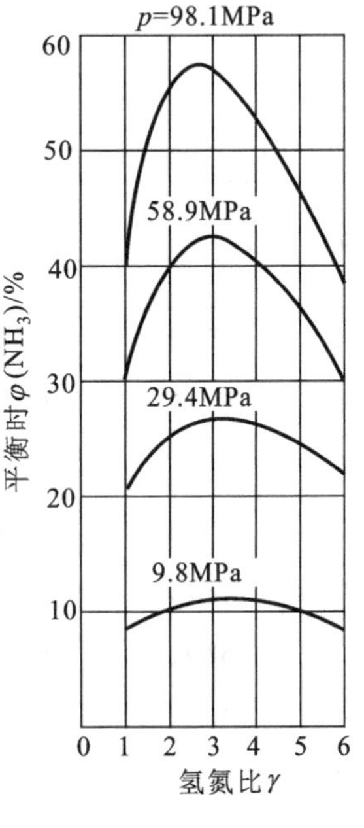

图 3-2-02　500 ℃时平衡氨浓度与氢氮比的关系

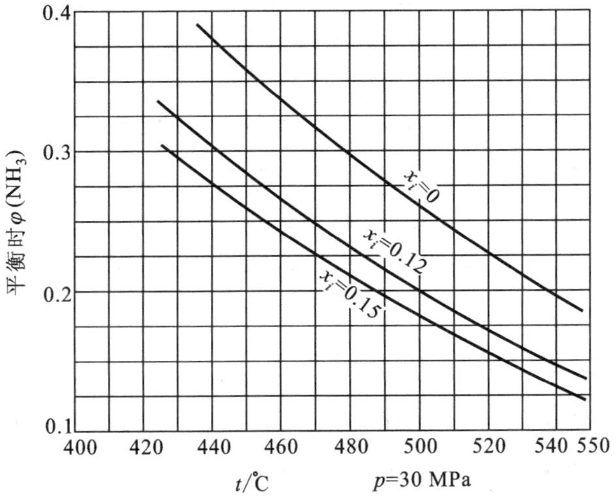

图 3-2-03　惰性气体对平衡氨浓度的影响曲线

自 20 世纪发明由磁铁矿与适量助催化剂[如 $w(Al_2O_3)=2\%\sim4\%$，$w(K_2O)=0.5\%\sim0.8\%$，$w(CaO+MgO)=3\%\sim4\%$等]混合制备熔铁合成氨催化剂以来，经研究确认，最好的催化剂组成 $n(Fe^{2+})/n(Fe^{3+})\approx0.5$，与磁铁矿中 $n(Fe^{2+})$ 和 $n(Fe^{3+})$ 比例相接近。当今世界各国生产的催化剂(俗称传统催化剂)的母体组成均为 $w[(Fe_3O_4),(Fe^{2+}/Fe^{3+})]$ 在 0.4～0.8 范围内。有了这一研究结果，在相当长一段时间里，研究重点移至助催化剂上，以助催化剂的调变作用来改善催化剂性能，例如有人在熔铁催化剂中添加 $w(Co)=15\%$的 Co，在低于 400 ℃时，比活性是无钴催化剂的 3 倍。英国 ICI 公司有关专利披露了该公司合成氨催化剂的组成($w/\%$)如下：

Fe_3O_4	CoO	CaO	K_2O	Al_2O_3	MgO	SiO_2
余额	5.2	1.9	0.8	2.5	0.2	0.5

该催化剂与无钴催化剂相比，在 4.0 MPa 压力下，不同温度下的比活性(以无钴催化剂为

100)：

450 ℃	400 ℃	350 ℃
134	144	160

我国中原化肥厂采用英国ICI公司的AM-V合成氨工艺，使用的就是含钴的ICI74—1型催化剂，操作压力10.0 MPa，温度450 ℃左右，空速5 000 h^{-1}，氨净值$\varphi(NH_3)=10\%\sim11\%$。除添加钴外，还有添加稀土的催化剂，效果也很好。浙江工业大学在1985年突破母体定型论的观点，采用具有维氏体（Wustite，$Fe_{1-x}O$，$0.04\leqslant x\leqslant0.10$）相结构的FeO为熔铁催化剂的母体化学成分，研制出FeO基氨合成催化剂，它具有低温活性高，还原容易的特点，已在国内多家合成氨厂使用，效果良好。近年来，日本、英国和意大利等国研制出负载钌（Ru）和钌的羰基化合物[$Ru_3(CO)_{12}$]为母体的钌催化剂，载体为石墨化炭、活性炭、Al_2O_3或SiO_2，也有将钌酸钾（$KRuO_4$）浸渍在石墨上制成催化剂的。现在已实现工业化的仅KBR公司1家，该公司开发成功的KAAP工艺，使用的氨合成塔内设置4个床层，第1床层装填熔铁催化剂（其量占催化剂总量的50%），第2～第4床层装填钌催化剂，反应压力9 MPa，出口氨量$\varphi(NH_3)\approx21.7\%$（净氨值达18%以上），建成2套装置，生产能力均为1 850 t/d。正在研究和开发的钌催化剂还有Ba-Ru/MgO，Ba-Ru/BN等。此外，尚在开发的非熔铁催化剂有Fe_3Mo_3N，Co_3Mo_3N，Ni_2Mo_3N和Cs/Co_3Mo_3N等，经实验室验证，它们的催化活性比熔铁催化剂高得多（通常为2～4倍），稳定性亦好。

合成氨用熔铁催化剂由熔融法制得，即将精选的磁铁矿与助催化剂一起在电炉中炼制，制成的固熔体经破碎和筛选，大中型合成塔采用粒度为6～13 mm不规则颗粒状催化剂，小型合成塔采用粒度为2.2～3.3 mm不规则颗粒状催化剂。

研究表明，在氢气作用下，铁还原成活性铁（又称α-Fe）。合成氨的催化机理可表达如下：

$$N_2+[K-Fe]\longrightarrow N_2[K-Fe]\text{（}N_2\text{的活化吸附）}$$

$$N_2[K-Fe]\longrightarrow 2N[K-Fe]\text{（}N_2\text{解离为N）}$$

$$2N[K-Fe]+H_2\longrightarrow 2NH[K-Fe]\text{（生成NH）}$$

$$2NH[K-Fe]+H_2\longrightarrow 2NH_2[K-Fe]\text{（生成}NH_2\text{）}$$

$$2NH_2[K-Fe]+H_2\longrightarrow 2NH_3[K-Fe]\text{（生成}NH_3\text{）}$$

$$2NH_3[K-Fe]\longrightarrow 2NH_3+[K-Fe]\text{（}NH_3\text{脱附）}$$

在这些步骤中，氮在催化剂表面上的活化吸附速率最慢，故是氨合成的控制步骤。对氮的活化吸附能力，太弱固然不好，太强不利于氮的解离，而α-Fe对氮的吸附及解离刚好符合反应要求，这就是为什么合成氨工业一直沿用铁系催化剂的根本原因。就上述的钌催化剂而言，经研究发现，与铁一样，N_2在钌催化剂上的活化吸附是合成氨反应的控制步骤，但H_2的吸附对N_2的活化吸附有强烈的抑制作用，为此在操作时需降低H_2/N_2比，像KAAP工艺中除降低H_2/N_2比外，还让原料气先与熔铁催化剂反应，目的就是消除部分H_2对N_2的活化吸附的抑制作用。研究还发现钌催化剂对NH_3的脱附抑制比铁催化剂小，有利于NH_3的脱附，因而可得到较高的氨产率。

经实验研究，氨合成反应的本征反应动力学方程可表达如下：

$$r_{NH_3}=\frac{d[NH_3]}{dt}=k_1\cdot p_{N_2}\left(\frac{p_{H_2}^3}{p_{NH_3}^2}\right)^{\alpha}-k_2\left(\frac{p_{NH_3}^2}{p_{H_2}^3}\right)^{\beta}$$

式中： r_{NH_3}——氨的生成速率；

k_1,k_2——正逆反应的反应速率常数；

p_{H_2},p_{N_2},p_{NH_3}——氢、氮、氨的分压力，MPa；

α,β——由实验测得的常数。对铁催化剂 $\alpha=\beta=0.5$。上式适用于1.0～50 MPa 范围，内扩散的影响没有计入。

大量的研究工作表明，工业反应器内的气流条件足以保证气流与催化剂颗粒外表面的传递过程能强有力地进行。因此，外扩散阻力可忽略不计。但反应气流在催化剂微孔内的扩散阻力（即内扩散阻力）却不容忽略，即内扩散速率对反应有影响，图3-2-04示出不同粒度催化剂对出口氨的体积分数的影响。由图 3-2-04 可见，反应温度低于 380 ℃时，出口氨的体积分数受粒度影响较小，超过 380 ℃时，在催化剂活性温度范围内，温度愈高，出口氨的体积分数受粒度影响愈显著。由此可知，径向反应器由于采用小颗粒催化剂，虽然接触时间比轴向反应器少，但内扩散阻力小，有利于氨的合成反应，故仍能得到高的转化率。

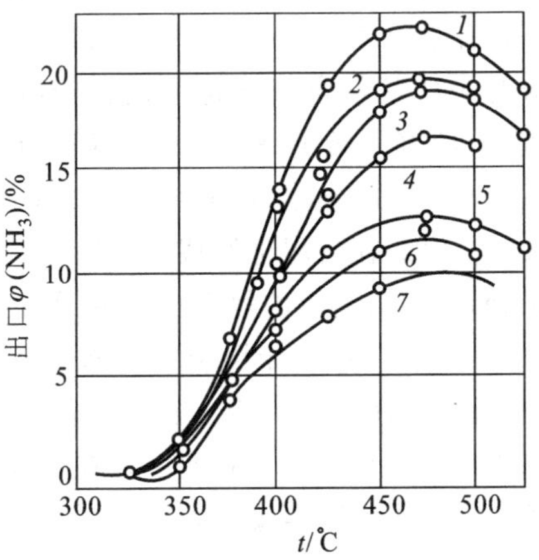

图 3-2-04 不同粒度催化剂出口氨的体积分数与温度的关系（30.4 MPa，30 000 h^{-1}）

1. 0.6 mm；*2.* 2.5 mm；*3.* 3.75 mm；*4.* 6.24 mm；*5.* 8.03 mm；*6.* 10.2 mm；*7.* 16.25 mm

内扩散的阻滞作用通常用内表面利用率 ξ 表示。实际的氨合成速率应是 ξ 与化学动力学速率 r_{NH_3} 的乘积。内表面利用率 ξ 的数值与催化剂粒度及反应条件有关。通常情况下，温度愈高，内表面利用率愈小；氨含量愈大，内表面利用率愈大；催化剂粒度增加，内表面利用率大幅度下降。

2. 工艺条件的选择

由上述原理，可定出合成氨的最佳工艺条件，主要包括操作压力、温度、空速和气体组成等。

（1）压力 从化学平衡和反应速率两个方面考虑，提高操作压力对反应都是有利的，它不仅能提高设备的生产能力，还可简化氨的分离流程。但对设备的材质和加工提出了更高的要求，操作中催化剂易压碎，这会增加反应气体的流动阻力和影响催化剂的使用寿命，操作安全性亦差。因此目前都在设法降低操作压力。为保证具有较高的平衡氨浓度，在降低压力的同时，要求催化剂在比较低的反应温度下即有较高的反应活性。

（2）温度 要求随压力的下降而降低。但受催化剂制约，一般多选用催化剂活性较高，且能长期稳定运转时的温度作为操作温度，并要求催化剂床层温度分布均匀。操作中，反应初期因催化剂反应活性好，反应温度可以控制低一点，随着催化剂使用时间的增长，催化剂的活性下降，反应温度可以控制高一点。

（3）空速 是反应气在催化剂床层停留时间的倒数。空速亦有一个最适宜的范围。每个空速有一个最适宜的温度，它们亦与氨的体积分数之间存在对应关系，请参见表 3-2-09。一般对中压法（30 MPa）选用10 000 h^{-1}，对低压法（15 MPa）选用 5 000 h^{-1}为宜。

（4）气体组成 操作中合成气中的惰性气体会积累起来，为保持惰性气体在合成气中含量稳定,合成气需少量排放(排放气包括放空气和弛放气两部分),排放量约占新鲜补充原料气的 φ(排放)=10%。一般中压法维持惰性气体(CH_4+Ar)的量为 φ(惰性气体)=16%,低压法为 φ(惰性气体)=8%左右。

(5) 入塔气中氨含量 入塔气中的氨是由于氨分离不可能非常彻底而随循环气带入的。若入塔气中氨含量高,氨净值(出口氨含量与进口氨含量之差)就小,使生产单位产品的循环气量增多,耗费的压缩功增加。而想降低入塔气中的氨含量,则又会增加分离氨所需的电能消耗,因此入塔气中氨含量存在一个适宜值。一般中压法(30 MPa)入塔气中氨含量 $\varphi(NH_3)$=3.2%~3.8%、低压法(15 MPa)为 $\varphi(NH_3)$=2.0%~3.2%。

表 3-2-09 空速与反应温度和氨的体积分数的关系

t / ℃ ; φ(氨)/% ; 空速/h^{-1}	425	450	475	500	525
15 000	14.5	19.6	21.6	23.0	19.3
30 000	11.7	14.6	17.7	18.8	16.7
45 000	9.4	12.7	15.2	16.5	15.7
60 000	8.0	11.2	13.3	14.6	14.6

现代合成氨厂,采用纯氧制氢,氮气由空气深冷分离装置(简称空分装置)制得,最后按工厂实际操作需要配成合成用原料气,虽增加了空分装置的投资和操作费用,但用配气方式制得原料气将更科学和更合理。

3. 工艺流程的评析

世界各国采用的工艺流程颇多。图 3-2-05 示出的湖南安淳高新技术有限公司开发成功的 III JD3000 氨合成系统工艺流程。生产规模为 200~250 kt/a,反应压力 20~22 MPa,空速 6 000 h^{-1},净氨值 15%左右。

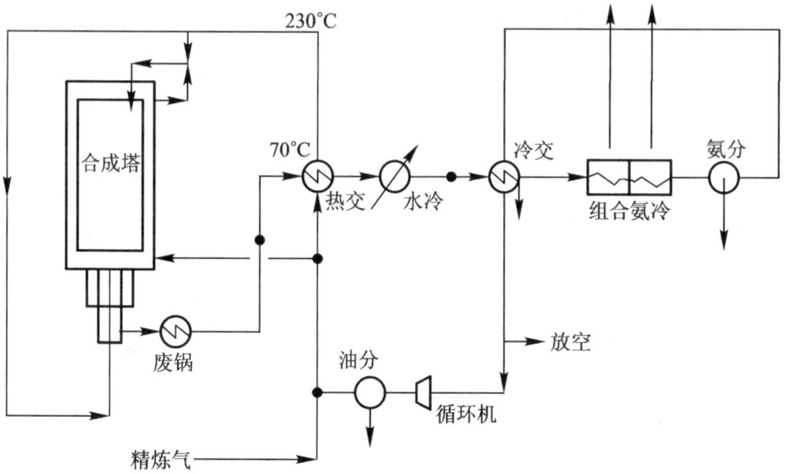

图 3-2-05 III JD3000 氨合成系统工艺流程

反应后出塔气体（含氨 $\varphi(NH_3)$ = 16% ~ 18%，温度 420 ℃）依次经过废锅（副产 3.5 ~ 3.9 MPa 蒸气，温度降至约 275 ℃）、热交换器（冷至 70 ℃）、水冷器（冷至 40 ℃）、冷交换器（降至16 ℃）后分离出冷凝氨。气体再经一级氨冷（-5 ℃）、二级氨冷（-23 ℃），再次分离冷凝氨后，进冷交换器管内，被加热至 25 ~ 28 ℃，送至循环压缩机。出循环压缩机气体经油分离器后，与补入的新鲜气混合（含氨 $\varphi(NH_3)$ = 1.8% ~ 2.2%）后分两股进塔：一股（占总气量 15% ~ 20%）进环隙；另一股（占总气量 80% ~ 85%）送热交换器，加热至 240 ℃后再分成两股，一股（占总气量 30% ~ 35%）与出环隙的未反应气混合，从塔顶进中层热交换器加热，然后进第 1 绝热段。其余（占总气量 50%）进下层热交换器加热；所有气体均被加热至 380 ℃后依次进入第 1、第 2 和第 3 催化剂床层反应，反应后气体出塔。采用 XA209 型氨合成催化剂，它是一种含高钴［m(Co) = 2%以上］稀土和多种助催化剂的高活性、低压、宽温型氨合成催化剂，起始零米层温度 340 ~ 350 ℃，热点温度 500 ℃左右。

我国的大型合成氨工厂，大多从国外引进成套技术和设备，有凯洛格（Kellogg）四床层轴向激冷技术和丹麦托普索径向塔技术。这两项技术与国外现有技术相比，存在氨净值低［$\varphi(NH_3)$ = 9% ~ 11%］、压力降大（0.6 ~ 0.7 MPa）的缺点。托普索 S—100 型还存在催化剂筐丝网易损坏、催化剂容易泄漏等缺点。现在世界上比较先进的有布朗三塔三废锅氨合成圈、伍德两塔两废锅氨合成圈、托普索 S—250 型氨合成圈和卡萨里轴径向氨合成工艺等四种。

布朗三塔三废锅氨合成圈的工艺流程示于图 3-2-06。图上详细标注了各设备的温度和压力等操作参数。布朗三塔三废锅氨合成圈主要由 3 个绝热氨合成塔和 3 个废锅组成。塔内有催化剂筐套，气体由外壳体与筐体间环隙从底部向上流过，再由上向下轴向流过催化剂床。该流程以天然气为原料，生产能力1 000 t(NH_3)/ d，合成压力 15 MPa，最终出口合成气中含氨量为 $\varphi(NH_3)$ = 21%，反应副产 12.5 MPa 高压水蒸气。由于事先已将新鲜补充原料气用深冷净化法处理，其中的 CH_4，H_2O，CO_2，CO 和 Ar 等气体已脱除，氢氮比也得到调整，故合成系统没有弛放

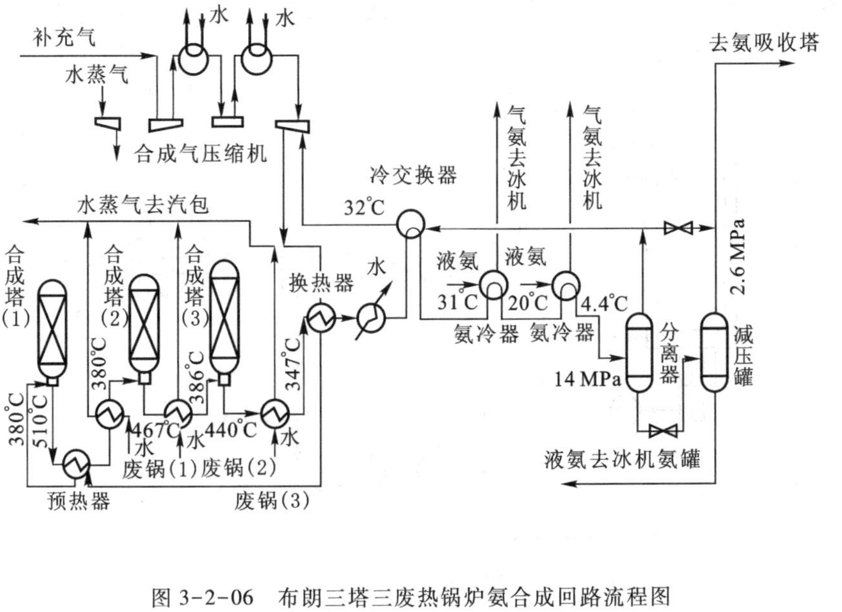

图 3-2-06　布朗三塔三废热锅炉氨合成回路流程图

气排放。

伍德两塔三床两废锅氨合成圈流程示于图 3-2-07，流程中合成塔(1)有两个催化剂层，并设置双层内换热器，径向流动。据称这种结构使反应温度的分布十分接近最优的反应温度，气体循环量和压力降小，投资和能耗节省，副产高压水蒸气多。原料为石油渣油，合成塔压力 16 MPa，合成塔(1)出口温度473 ℃，合成塔(2)出塔气温度为 442 ℃，经废锅、水冷和氨冷后，分出合成气中的大部分氨，分氨后的合成气(即循环气)大部分去合成气压缩机，少量吹出气(即弛放气)送氢回收系统。设计氢氮比为 2.8:1，入塔气中氨含量 $\varphi(NH_3)=3.5\%$，最终出塔气含氨 $\varphi(NH_3)=22.8\%$，分氨温度 0 ℃，副产 10.2 MPa 高压蒸汽，产量 1.54 $t/t(NH_3)$。

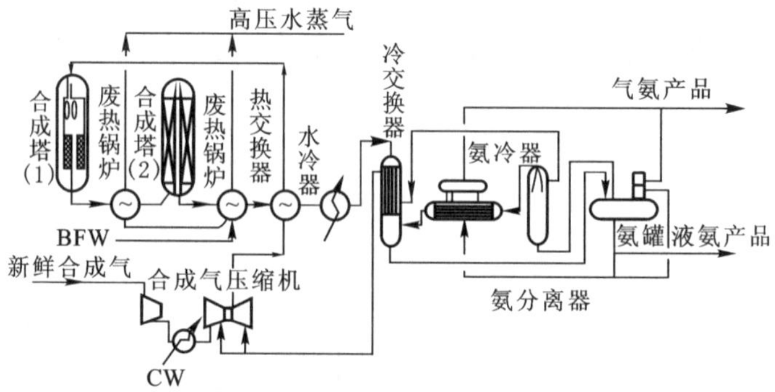

图 3-2-07 伍德两塔两废锅氨合成圈示意图

托普索两塔两废锅氨合成圈(简称 S—250 系统)流程示于图 3-2-08。图上注有温度和压力等操作参数的具体数值。托普索 S—250 系统由无下部换热的 S—200 型塔和 S—50 型塔串联组成。采用 1.5~3.0 mm 颗粒催化剂，S—200 径向塔阻力仅 0.2 MPa，S—50 塔阻力约0.1 MPa。与大颗粒催化剂相比，催化活性要高 25%。催化剂床间间接冷却，免除了激冷气稀释反应气的不利因素。该系统还包括：① 废锅和锅炉给水回收废热；② 合成塔进出气换热器、水冷器、氨冷

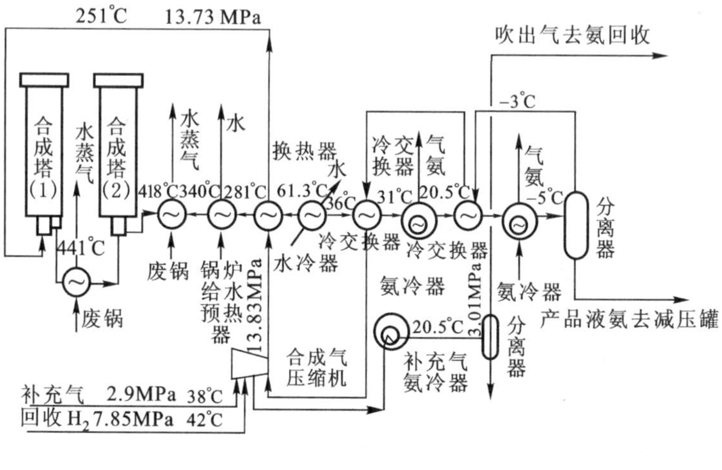

图 3-2-08 托普索 S—250 型氨合成圈示意图

器和冷交换器、氨分离器及新鲜气氨冷器等。以天然气为原料。

卡萨里轴径向合成氨工艺流程示于图 3-2-09。来自循环压缩机的原料气进入热交换器(E-3),温度升至 180~240 ℃,进入合成塔(R-1)。出口塔气中$\varphi(NH_3)$= 19%~22%,温度为 400~450 ℃,经废锅(E-1)(产生 10 MPa 水蒸气)、锅炉给水预热器(E-2)、热交换器(E-3)、水冷器(E-4)冷却。部分氨被冷凝下来,气-液混合物再在换热器(E-5)中被冷循环气冷却,然后进入两级氨冷器,用液氨在-10 ℃下蒸发吸热,将气-液混合物冷至 0 ℃,液氨在氨分离器(Y-1)被分离。气相即冷循环气,它在 E-5 中被加热至 30 ℃,进入循环压缩机(其中抽出一股作弛放气),经补充新鲜原料气和两级压缩后,返回合成塔。合成塔操作压力 14.78 MPa,进(出)塔气体温度 182(422)℃,氨净值$\varphi(NH_3)\geqslant 14\%$。卡萨里技术已在我国 10 多个中型合成氨厂应用,操作实践表明,该技术具有催化剂和热能利用率高,节能效果好,操作、安装、维修简单,安全可靠等优点。

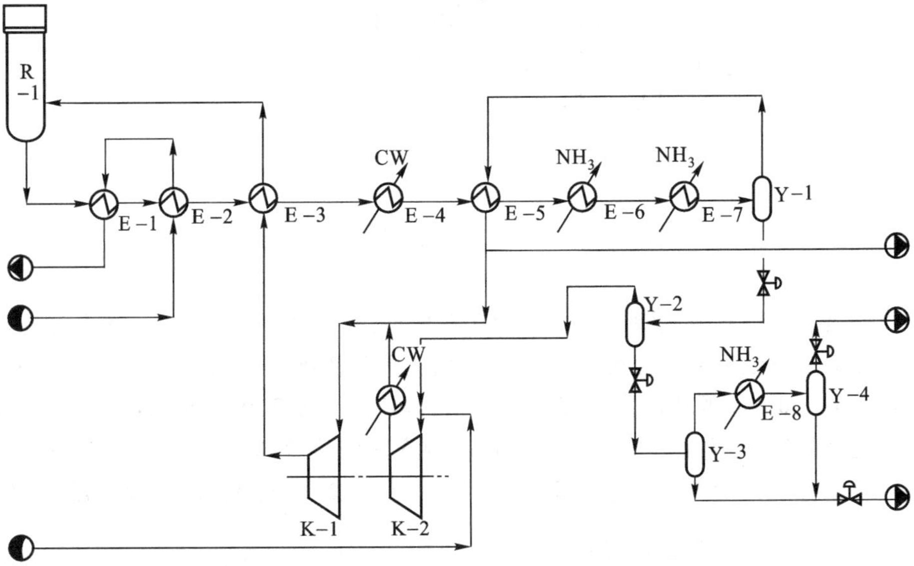

图 3-2-09 卡萨里轴径向合成氨工艺流程图

R-1. 合成塔; E-1. 废锅; E-2. 锅炉给水预热器; E-3. 换热器; E-4. 水冷器; E-5. 换热器; E-6,E-7,E-8. 氨冷器; K-1. 循环气压缩机; K-2. 原料气压缩机; Y-1~Y-4. 氨分离器

以上 4 种氨合成圈各有特色,从技术改造的角度来讲,卡萨里轴径向工艺更好些,因为不需要增加合成塔,在原塔上进行改造,投资少、合成气转化率高、能耗低、操作压力低(8~18 MPa),可采用活性好的小颗粒(粒度 1.5~3.0 mm)催化剂。从新建厂的角度来讲,布朗和伍德氨合成圈较好,因为是一次性投资,投资省、能耗低。中国涪陵、合江和锦西三个厂已引进布朗工艺(用天然气为原料)。伍德合成圈工艺能耗最低[28.8 GJ/t(NH_3)],大庆石化总厂已引进该技术,原料为石油渣油。表 3-2-10 示出 4 种合成圈的对比。

表 3-2-10 4 种合成圈的对比

项目	布朗	伍德	托普索(S—250)	卡萨里
塔数	3	2	2	1
塔型	轴向	径向	径向	轴径向
废锅	3	3	2	1
催化剂床数	3	3	3	3
净化方法	冷却	液氨法	热法	

据文献报道,托普索公司将推出更先进的 S—300 型氨合成塔;荷兰研制成功气-固混合流动的合成塔,据称合成气转化率可达 100%,循环能耗降低 75%,冷却水降低 50%;前民主德国在新鲜合成气进入合成循环系统前增加一个氨合成塔,此方法可显著地提高合成氨产量、降低天然气消耗。以上这些合成工艺发展新动向,应引起人们的高度重视。

4. 排放气中氢的回收技术

为了保持合成循环气中惰性气体含量稳定,需要经常排放少量气体。此气体除惰性气体外,还含有大量的有效氢氮气,将其中的氢回收,可增加氨的产量降低合成氨的能耗[节能约 0.58×10^6 kJ/t(NH_3)]。回收方法有中空纤维膜分离、变压吸附和深冷分离三种,其中中空纤维膜分离法投资省、效果好,在三种方法中占有明显的优势。

1979 年美国孟山都公司开发成功选择性渗透膜技术[又称普里森(Prism)中空纤维渗透技术],并成功应用于合成氨工业。现在我国也能生产中空纤维膜 N_2-H_2 分离器。

中空纤维膜是以聚砜、二甲基乙酰胺为原料加工成中空内腔的纤维丝,再涂以高渗透性聚合物,具有选择性渗透特性。由于水蒸气、氢、氨和二氧化碳渗透较快,而甲烷、氮、氩、氧和一氧化碳等渗透较慢,这样就使渗透快的与渗透慢的分离。中空纤维丝的外径通常是 500~600 μm、内径为 200~300 μm,做成 3~6 m长的纤维束装入耐高压金属壳体内,纤维束一端被密封,另一端用特殊配方的环氧树脂黏结在一起。此膜分离器直径为 10~20 cm(图 3-2-10),加压排放气从侧面入口进入分离器壳程,由于不同气体分子在中空纤维丝内外壁两侧压力的差异,使氢通过膜壁并渗透入中空腔内,从中空丝口敞开的一端排出,其他气体由分离器顶部出口,从而回收了大部分的氢气。

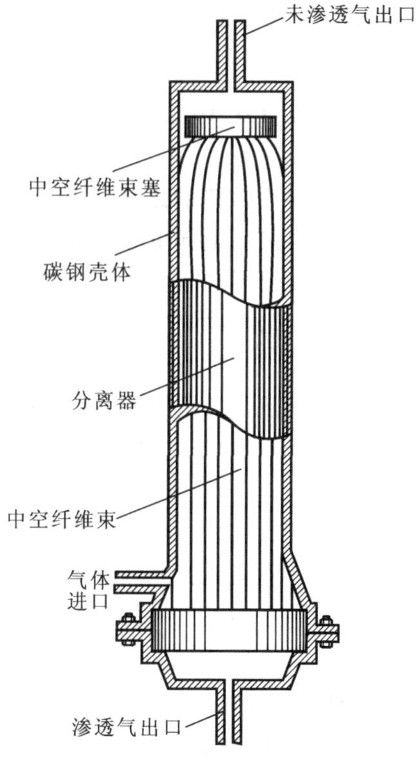

图 3-2-10 中空纤维膜分离器示意图

图 3-2-11 为排放气膜分离系统流程。由于中空纤维暴露在含有200 $\mu L\cdot L^{-1}$氨的气氛中会失效,故在回收氢气前先将排放气用水进行洗涤,使排放气中的氨含量降至 200 $\mu L\cdot L^{-1}$以下。然后经加热器加热到 30~40 ℃左右,进入串联排列的膜分离器。分离器台数取决于排放气量,氢回收率可达 95%,氢气纯度为 90%以上,国内已应用于部分大、中、小型合成氨厂。

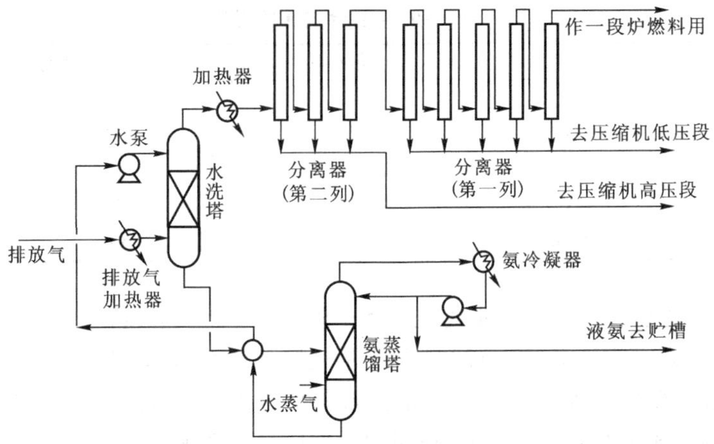

图 3-2-11 中空纤维膜回收氢装置示意图

深冷分离(净化)法在一些大型合成氨厂也得到广泛应用。该法脱除惰性气体有两条途径:① 让新鲜补充原料气先经深冷分离处理,脱除惰性气体后,再加入合成系统。因此,合成系统就不需排放弛放气;② 由合成系统排放的弛放气,用深冷分离法回收 H_2 后将弛放气排放。很显然,深冷分离法生产成本和设备投资比中空纤维膜分离法高,仅适宜在大型合成氨厂使用。

5. 各种合成塔的比较

合成塔是氨合成的关键设备。图3-2-12示出的是凯洛格公司的氨合成塔,该塔外筒像热水瓶胆,在缩口部位密封以解决大塔径密封困难。内件包括四层催化剂、层间气体混合装置(冷激管口挡板)以及列管式换热器。原料气体由塔底封头接管 *1* 进入塔内,向上流经内外筒之环隙以冷却外筒,气体穿过催化剂筐缩口分别向上流过换热器 *11* 与上筒体 *12* 的环形空间,折流向下穿过换热器 *11* 的管间,被加热到 400 ℃左右入第一层催化剂,经反应后温度升到 500 ℃左右,在第一、二层间反应气与来自接管 *5* 的冷激气混合降温,然后进入第二层催化剂。依此类推,最后气体由第四层催化剂底部排出,折流向上穿过中心管 *9*、换热器 *11* 的管内,换热后经波纹接管 *13* 流出塔外。该塔的优点是:用冷激气调节反应温度,操作方便,结构简单,筒体上开设人孔,装卸催化剂方便,缺点是瓶式结构虽有利于密封,但在焊接合

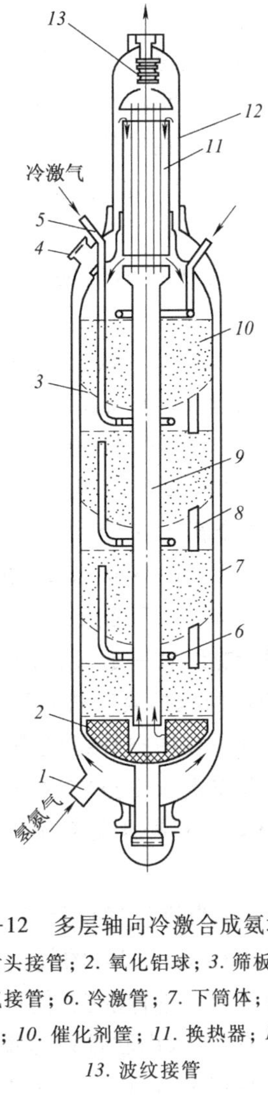

图 3-2-12 多层轴向冷激合成氨塔示意图

1. 塔底封头接管; *2*. 氧化铝球; *3*. 筛板; *4*. 人孔; *5*. 冷激气接管; *6*. 冷激管; *7*. 下筒体; *8*. 卸料管; *9*. 中心管; *10*. 催化剂筐; *11*. 换热器; *12*. 上筒体; *13*. 波纹接管

成塔封头前，必须将内件装妥。日产 1 000 t(NH_3)的合成塔总重达 300 t，运输和安装均较困难。

图 3-2-13 是托普索公司的径向冷激式合成塔简图。上述的凯洛格公司的氨合成塔，气体流向都为轴向，而本塔气体流向则是径向的。反应气体从塔顶接口进入向下流经内外筒之间的环隙，再进入换热器的管间，冷副线由塔底封头接口进入，二者混合后沿中心管进入第一段催化剂床层，气体沿径向呈辐射状流经催化剂层后进入环形通道在此与塔顶接口来的冷激气混合，再进入第二段催化剂床层，从外部沿径向向内流动，最后由中心管外面的环形通道下流，经换热器管内从塔底接口流出塔外。

与轴向冷激式合成塔比较，其优点是气体呈径向流动，流速低，即使采用小颗粒催化剂，压力降仍然较小(只有轴向的 10%~30%)，因而可以允许提高空速，增加塔的生产能力。通常采用粒度为 1.6~2.6 mm 催化剂，其比表面积大，内扩散影响小，有利于催化反应进行，从而可以提高氨净值，亦有利于催化剂的还原。由于压力降低可采用离心式压缩机，降低动力消耗。该塔存在问题是如何有效地保证气体均匀流经催化剂床层而不会偏流，更不允许发生短路，因为对充分利用催化剂不利。根据这一点，径向塔不适用于小型塔。为了克服上述缺点，可在催化剂筐外设双层圆筒，与催化剂接触的一层均匀开有大量小孔，另一层圆筒开孔率很低，当气流以高速穿过此层圆筒时，受到一定的阻力，以使气体均匀分布。另外在上下二段催化剂层中，仅在一定高度上装设多孔圆筒。催化剂装填高出多孔圆筒，以防止催化剂床层下沉时气体短路。

图 3-2-14 所示是我国近年自行开发设计的中型合成氨用合成塔结构示意图(对应的工艺流程见图 3-2-05)。该合成塔为三层四段、三径一轴结构，径向段占床高 70%，第 1 层为轴向绝热段，第 2 层包括径向间冷段和绝热段，第 3 层为径向绝热段。所有气体均被加热至 380 ℃后依次进入第 1、第 2 和第 3 催化剂床层反应。合成塔塔径为 ϕ2 200 或 ϕ2 400，合成塔高径比 8~9。

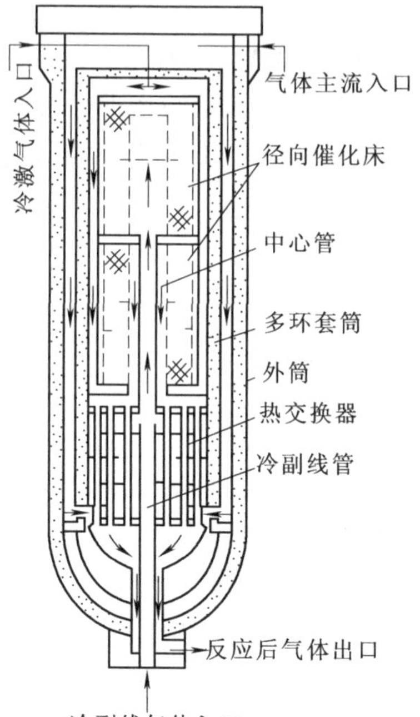

图 3-2-13 托普索公司的径向合成塔简图

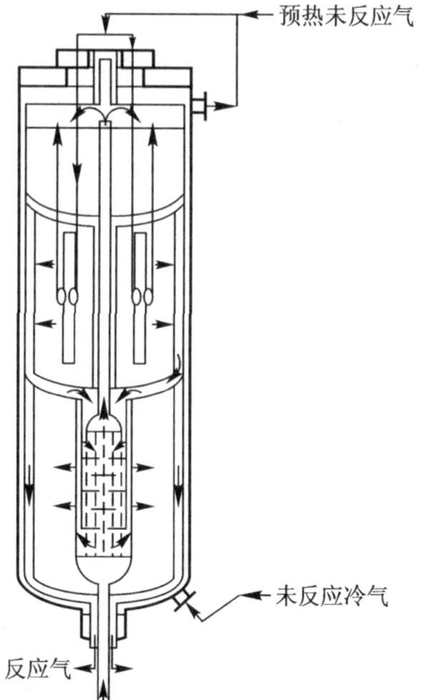

图 3-2-14 III JD3000 二合一氨合成塔结构简图

图 3-2-15 所示为卡萨里轴径向氨合成塔内件示意图。这是一种轴-径混流型或称混合流动型合成塔，由三层催化剂叠合而成，床层顶层不封闭，层与层之间密封简单，又能拆开，装卸催化剂较为方便。催化剂用金属丝网包裹后装在内外筒壁的环隙内，内外筒壁按一定间距钻孔。外筒壁开圆孔，起气体分布器作用。内筒壁上端不开孔，强迫气体作轴径向流动，内筒壁上开的是桥型(凸型)多孔壁洞，除起均布气流外，还对气流起缓冲作用，约 5%～10%的气流进入轴-径向流动区，其余进入径向流动区，高压空间利用率可达 70%～75%。装填的是阻力低、收缩小的球形催化剂，可以获得低压力降，因此可在低压合成系统正常工作，氨合成率也相当高。

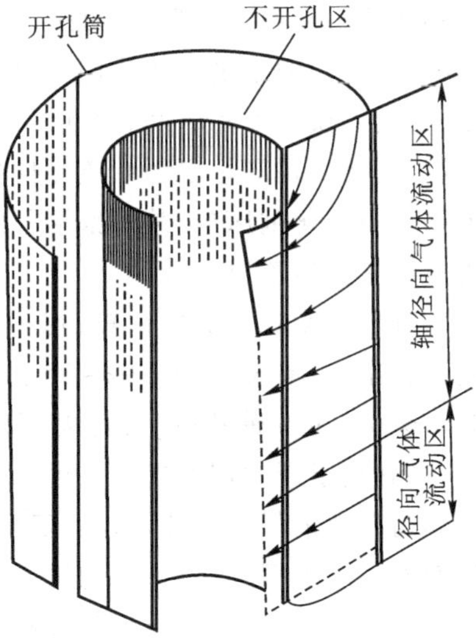

图 3-2-15 卡萨里轴径向氨合成塔内件示意图

此外，比较先进的合成塔还有凯洛格公司的卧式合成塔、球形合成塔和绝热-冷激-内冷复合式两次氨合成塔等。卧式合成塔外形为一卧式瓶胆，具有上述径向合成塔的优点，不需要高大厂房框架和大型起重吊装设备，对基础也没有特殊要求，但占地面积较大；球形合成塔在国外常用。按外形可分为单球、联球及单球组合氨合成塔。按内件结构又可分为内冷式和绝热式两种。球形合成塔耐压，消耗钢材少，制造成本低，高度低，安装、维修时不要大型起重设备和高大框架，工厂投资省。球形氨合成塔特别适用于大型氨合成装置。绝热-冷激-内冷复合式两次氨合成塔把单层轴向催化剂分成上下两层，热交换器分成内外两个，成为两段串联式合成塔，一次合成后的高温气体经换热降温后由塔底引出，进入一次氨分离系统，分离氨后返回合成塔进行二次合成。由于将氨分离再合成，生产能力提高 40%，单位氨循环气量可减少 60%，但工艺流程长，合成塔结构复杂，可靠性差，除适用于有两个以上氨合成系统的工厂，循环机能力又不足时的改造外，一般较少采用。

四、乙苯脱氢制苯乙烯

苯乙烯是用于生产各种弹性体、塑料和树脂的重要单体。2008 年世界苯乙烯产能为 3 317.4 万 t/a，随着中东地区苯乙烯产能的迅速递增，到 2013 年将供大于求高达 250 万 t/a。我国 2008 年的苯乙烯产能为 317.4 万 t/a，约占世界总产能的 9.6%，但需求旺盛，对外依存度高达 57.4%，到 2010 年我国苯乙烯产能达到 600 万 t/a，供需基本平衡。但我国苯乙烯企业规模偏小，生产技术相对落后，生产成本较高，与国外产品竞争时，处于不利地位。因此今后应尽快采用先进技术对现有装置进行改造，逐步提高装置的生产规模，降低生产成本，以增强市场竞争力。

1. 工艺路线的评述

现代苯乙烯生产装置不论采用乙苯脱氢法还是乙苯和丙烯共氧化(亦称自氧化)法，都需用原料乙苯,乙苯生产往往是苯乙烯生产装置的一个组成部分。工厂的技术经济评价和工艺技术也常将乙苯生产考虑在内,因此,本节对苯乙烯生产方法的评述也包括乙苯部分。

(1) 乙苯生产方法评述　乙苯可由炼油厂有关生产装置(如催化重整、催化裂化和热裂化)得到的 C_8 芳烃馏分中获得[约占 C_8 芳烃的 w(乙苯) = 15 %~25 %],但量少(不足乙苯总生产量的 10 %),乙苯与关键组分对二甲苯沸点差仅为 2.2 ℃,分离和精制难度较大。工业上分离乙苯的精馏塔实际塔板数达 300~400 块(相当于理论板数 200~250 块),三塔串联,塔釜压力 0.35~0.4 MPa,回流比 50~100,得到的乙苯纯度在 99.6 %以上。

90 %以上的乙苯是由苯与乙烯经烷基化(工厂中常称烃化)制得的:

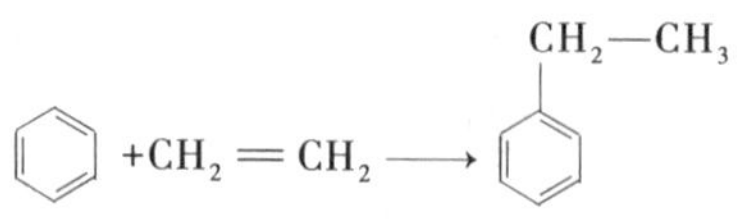

副产物有二乙苯和多乙苯,它们可经分离、提纯作为化工产品出售,例如二乙苯可用来生产二乙烯苯,后者用作合成树脂的交联剂和改性剂;亦可经烷基转移反应,与苯作用生成乙苯。

现在,生产乙苯的方法有下列四种:传统 $AlCl_3$ 液相法、均相 $AlCl_3$ 液相法、分子筛气相法和 Y 型分子筛液相法。

传统 $AlCl_3$ 液相法在 1935 年就开发成功,现在使用最广的是 UCC/Badger 工艺。$AlCl_3$ 溶解于苯、乙苯和多乙苯的混合物中,生成络合物,并与液态苯形成液-液二相反应体系。在同一反应器中,进行烷基化反应的同时,二乙苯和多乙苯与苯发生烷基转移反应。乙烯的转化率接近 100 %,烷基化反应收率97.5 %,每生产 1 t 乙苯副产焦油 1.8~2.7 kg。催化剂、苯及多乙苯等可循环使用。

此法反应介质腐蚀性强,设备需考虑防腐问题;对原料中的杂质含量要求严格,$AlCl_3$ 用量大,物耗、能耗很高,环境污染严重,副产焦油量大。优点是工艺流程简单,操作条件要求较低,烷基化反应与烷基转移反应在同一反应器中完成。此法已日趋淘汰。

均相 $AlCl_3$ 液相法又称 M/L(Monsanto/Lummus)均相烷基化法。属传统 $AlCl_3$ 液相法的改良方法。催化剂和干燥苯处于均一相中,由于反应体系保持均相,可加速烷基化反应,催化剂用量少,是传统 $AlCl_3$ 液相法的 1/4,副产焦油比传统 $AlCl_3$ 液相法少 2/3,反应器虽仍设一台,但将它设计为双层圆筒形,内筒进行烷基化反应,控制反应温度较高,乙烯完全反应,外筒进行烷基转移反应。多乙苯生成率低,烷基化反应收率增至 99 %,但此法仍存在 $AlCl_3$ 腐蚀、环境污染、设备投资较高等缺点。中国有不少传统 $AlCl_3$ 液相法乙苯制造工厂,可利用此法进行改造,花费资金不多,收到的经济效益和社会效益却很大。

分子筛气相法是 20 世纪 70 年代由 Mobil 和 Badger 公司开发成功,又称 M/B 工艺,采用新型分子筛催化剂,完全避免了 $AlCl_3$ 催化剂带来的一系列问题。本法中使用的 ZSM—5 型分子筛是一种合成多孔分子筛催化剂,催化性能好,对乙苯的选择性可达 99.5 %,反应器为塔式反应器,由六段催化剂床层串联组成,苯在高温(400 ℃左右)和中压(1.2~1.6 MPa)下以气相与乙烯进入反应器顶部床层,并在每个床层补充进料,进行气相烷基化反应,m(苯)/m(乙烯) = 18.5,乙烯转化率 99.8 %,苯循环。回收后的多乙苯进入烷基转移反应器进行烷基转移反应,烷基转移反应器规模较小,操作条件为:压力 0.6~0.7 MPa,温度 441~445 ℃,n(苯)/ n(多乙苯) = (1~1.51):1,苯单程转化率为 15 %,乙苯收率达 98 %,催化剂有效期为 2 年,再生周期一年以上;烷基转移反应器催化剂可在不中断生产情况下再生。此法的催化剂用量少、寿命长,无催化剂循环,无腐蚀,不需处理催化剂废液,无污染;乙苯收率高;物耗、能耗低;可副产水蒸气;流程短、投资少。我国大庆石油化工总厂,广东广州乙烯股份有限公司已引进此法的工艺技术。

Y 型分子筛液相法是 20 世纪 80 年代由 Lummus,Unocal,UOP 三家公司联合开发成功,又称 L/U/U 工艺。该法采用 Y 型分子筛催化剂,催化活性高,寿命可长达 3 年以上,选择性较好,结焦率低。烷基化反应器分二段床层,苯与乙烯以液相进行烷基化反应,各床层处于绝热状态,反应温度 255~270 ℃,压力 3.7~4.4 MPa,反应体系保持液相 m(苯)/m(乙烯)= 19.5,苯的单程转化率为16.2 %,乙烯全部反应,苯循环。多乙苯进入烷基转移反应器进行烷基转移反应,反应压力 3.7 MPa,温度 220~275 ℃,n(苯)/n(多乙苯)= 7∶1,乙苯收率99 %以上。该法优点是无腐蚀、三废少;副产少、乙苯收率高、纯度高;催化剂寿命长、性能好;能耗、物耗低;反应条件比较缓和;投资少。预计今后几年内,转让速度将赶上或超过 M/B 气相法。我国吉林化学工业公司已引进这一工艺技术。表 3-2-11 示出了上述四种方法的工艺条件。表 3-2-12 示出了四种方法技术经济指标。

表 3-2-11 四种乙苯生产方法工艺条件对比

项目	传统 $AlCl_3$	均相 $AlCl_3$	M/B	L/U/U
催化剂类型	$AlCl_3$	$AlCl_3$	ZSM—5	Y 型分子筛
烷基化反应器				
压力/MPa	0.1~0.15	0.7~0.9	1.2~1.6	3.7~4.4
温度/℃	95~130	140~200	390~410	255~270
烷基转移反应器				
压力/MPa	—	—	0.6~0.7	3.7
温度/℃	—	—	441~445	220~275
催化剂寿命/年	一次损耗	一次损耗	2	3
n(苯)/n(乙烯)	2.9~3.3	1.3	5.7	6

由表 3-2-11 和表 3-2-12 可见,无论原料消耗还是能量消耗,M/B 和 L/U/U 法均比传统 $AlCl_3$ 液相法和均相 $AlCl_3$ 液相法好。M/B 法和 L/U/U 法相比,后者是液相操作,反应温度比 M/B 法低 100 多度,在能耗上有明显优势。因此二者的竞争将会越来越激烈。

表 3-2-12 四种工艺生产方法的技术经济指标对比 以每吨乙苯计

项目	传统 $AlCl_3$	均相 $AlCl_3$	M/B	L/U/U
乙烯单耗/kg	273	263	259	259
苯单耗/kg	764	734	704	716
催化剂单耗/kg	8~12	2~3	0.01	0.07
副产焦油/kg	2.2	0.9	3	5.8
水蒸气/t	1.3	-0.8	-0.7	-2.1
燃料/10^4J	6.47	2.09	1.46	3.77
电能/10^7J	9.4	3.2	3.2	0.14

除上述四种已工业化的生产技术外，还有 Alkar 气相法和催化蒸馏法。Alkar 气相法 1960 年由 UOP 公司开发成功并实现工业化，采用 BF_3 催化剂，可使用低浓度乙烯[w(乙烯)＝8 %～10 %]，反应条件较缓和，反应介质无腐蚀性，设备投资少，成本低，催化剂活性高，寿命长。但对原料乙烯中杂质要求严格，能耗和原料消耗高，没有在工业上推广应用；1990 年以后，CDTECH 公司和 Lummus 公司开始转让催化蒸馏制乙苯技术，技术经济指标良好，已在工业上广泛应用。由中国抚顺石油化工公司、中国科学院大连化学物理研究所和洛阳石油化工工程公司联合开发成功的催化裂化干气制乙苯的工艺技术，为催化裂化干气中稀乙烯[乙烯 $\varphi(C_2)$＝10 %～30 %]的利用开辟了一条便捷而有效的途径，有明显的经济效益，现已在全国各石化公司推广使用。

(2) 苯乙烯生产方法评述　现在工业上苯乙烯主要由两种方法生产：

① 乙苯脱氢法

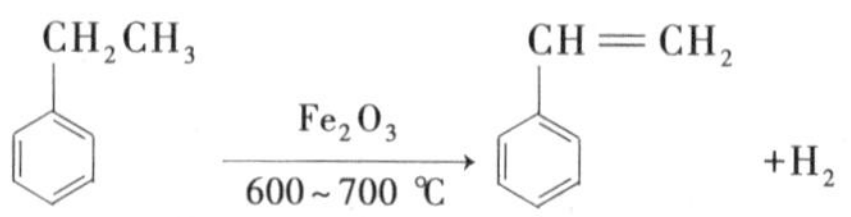

本法工艺成熟，苯乙烯收率达 95 %以上。全世界苯乙烯总产量的 85 %左右是用本法生产的。近 10 年来，在原先乙苯脱氢法的基础上，又发展了乙苯脱氢-氢选择性氧化法，可使乙苯转化率明显提高，苯乙烯选择性也上升了 4～6 个百分数(92 %～96 %)，被认为是目前生产苯乙烯的一种好方法。

② 乙苯与丙烯共氧化(自氧化)法　乙苯先氧化成过氧化氢乙苯，然后与丙烯进行环氧化反应制得苯乙烯并联产环氧丙烷：

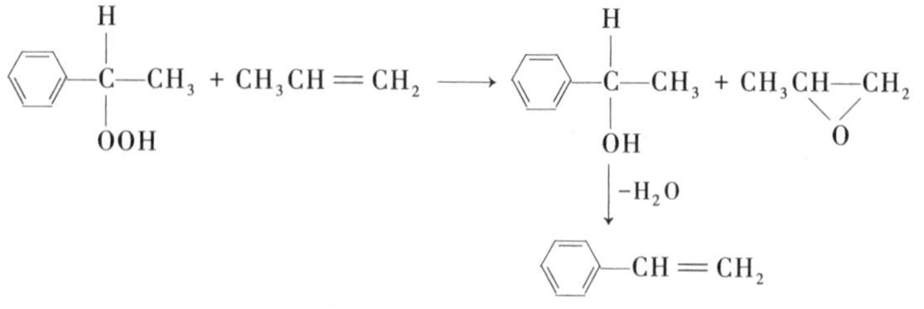

本法俗称 Halcon 法，生产的苯乙烯约占世界苯乙烯总产量的 12 %，优点是能耗低，可联产环氧丙烷，因此综合效益好。但工艺流程长，经济规模(即能盈利的最小生产规模)大，联产两种产品受市场制约大。

③ 其他生产方法　日本东丽公司开发 Stex 法，从裂解汽油中萃取分离出苯乙烯，纯度大于 99.7 %，但产量有限。

美国 DOW 公司以丁二烯为原料生产苯乙烯：

$$2CH_2=CH-CH=CH_2 \xrightarrow{\text{二聚}} \text{乙烯基环己烯}$$

$$\text{乙烯基环己烯} \xrightarrow{\text{脱氢}} C_6H_5CH=CH_2+H_2$$

本法苯乙烯总收率在 90 %以上，成本较低。

乙烯和苯经氧化偶联也可生产苯乙烯：

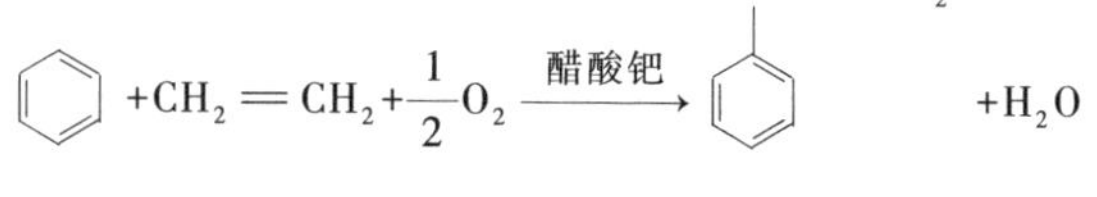

以甲苯为原料生产苯乙烯：

$$2C_6H_5CH_3+2PbO \xrightarrow[540\sim650\ ℃]{常压} C_6H_5CH=CHC_6H_5+2Pb+2H_2O$$

$$C_6H_5CH=CHC_6H_5+CH_2=CH_2 \longrightarrow 2C_6H_5CH=CH_2$$

$$2Pb+O_2 \longrightarrow 2PbO$$

或

$$2C_6H_5CH_3+2CH_3OH \xrightarrow[离子交换的分子筛催化剂]{碱或碱土金属} C_6H_5C_2H_5+C_6H_5CH=CH_2+2H_2O+H_2$$

以上诸法除萃取分离法已被某些工厂采用外，其余的因技术经济原因没有得到推广应用。

(3) 苯乙烯一体化工艺技术经济指标比较　如上所述，乙苯脱氢制苯乙烯是目前世界上最主要的工艺技术，现将世界上广泛采用的苯乙烯一体化工艺（即由苯和乙烯生产苯乙烯整体工艺）的技术经济指标作一比较。广泛采用的苯乙烯一体化工艺有：Monsanto/Lummus 的均相 $AlCl_3$ 液相乙苯工艺与 Monsanto/Lummus/UOP 的减压绝热脱氢制苯乙烯工艺相结合的 M/L 工艺，Mobil/Badger 的 ZSM—5 型分子筛气相乙苯工艺与 Fina/Badger 的减压绝热脱氢制苯乙烯工艺相结合的 M/B/F 工艺，Lummus/Unocal/UOP 的 Y 型分子筛液相乙苯工艺与 Lummus/Unocal/UOP 的减压绝热脱氢制苯乙烯工艺相结合的 L/U/U 工艺，以及汇集多项新技术（其中包括 Unocal 的 Y 型分子筛催化剂与 CDTECH 的催化蒸馏技术相结合的 L/U/U 乙苯工艺和 SMART 苯乙烯工艺，即乙苯脱氢-氢选择性催化氧化工艺），具有良好发展前景的 SMART 工艺。上述苯一体化工艺的技术经济指标示于表 3-2-13。由表 3-2-13 可知，M/B/F 工艺物耗量最低，其他三种工艺物耗相近，M/B/F 工艺能耗稍高于 L/U/U 和 SMART 工艺。从整体而言，M/B/F 工艺先进、无腐蚀、无污染、收率高、成本低因而竞争力强，L/U/U 工艺同样无腐蚀、无污染、能耗较低，但工艺流程长，催化剂耗量比 M/B/F 高，现已成为 M/B/F 的有力竞争对手。SMART 工艺虽然采用氢选择性氧化工艺增加了氧气和氧化催化剂的消耗，但其生产能力大、乙苯转化率高、能耗低，目前特别适用于旧装置的改造以提高生产能力，待工业化完成后，估计能占领大部分市场，目前已有伊朗一家石化公司引进该工艺技术。

表 3-2-13　苯乙烯一体化技术经济指标对比　　以每吨苯乙烯计

项目	M/L 工艺	M/B/F 工艺	L/U/U 工艺	SMART 工艺*
乙烯单耗/kg	285	285	285	285
苯单耗/kg	786	774	788	788
$AlCl_3$/kg	3.0			
ZSM—5/kg		0.01		
Y 型沸石/kg			0.08	0.08
脱氢 G84—C/kg	0.4	0.4	0.4	0.4
水蒸气/t	0.5	2.3	0.5	0.4
冷却水/m^3	63	208	91	81
电/(kW·h)	45	29	93	84
燃料/kg	129	89	179	134

* 估算值。

2. 工艺原理

（1）化学反应 主反应：

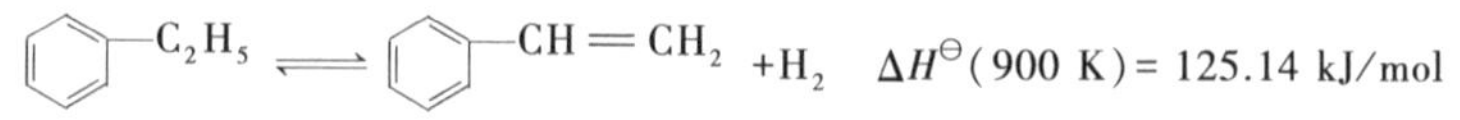

由于苯环比较稳定，在通常的铁系或锌系催化剂作用下，苯环不会被脱氢。脱氢只能发生在侧链上。

乙苯脱氢副反应主要有裂解和加氢裂解两种：

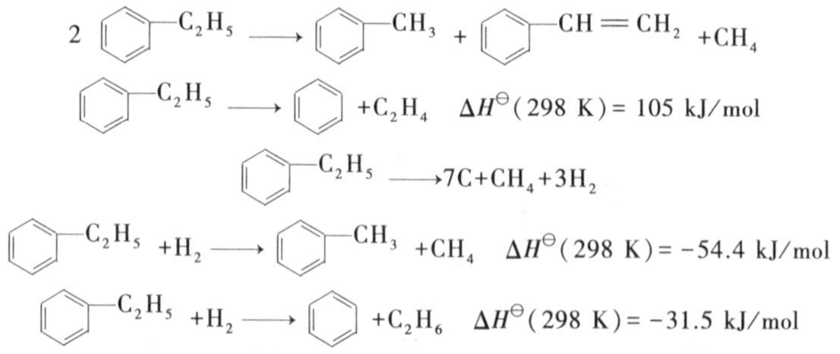

在水蒸气存在时：

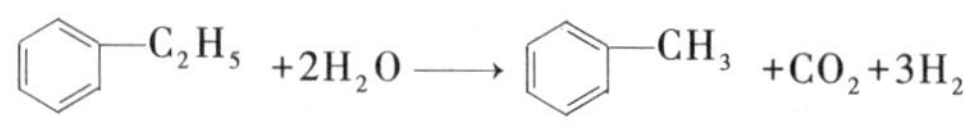

苯乙烯、乙烯等不饱和物在高温下会聚合、缩合产生焦油和焦，它们会覆盖在催化剂表面使催化剂活性下降。副产物有甲苯［w(甲苯)＝3.5 %左右］和苯［w(苯)＝1 %左右］以及 C_2H_6，CH_4，H_2，CO_2 和碳(焦)等。

（2）热力学分析 从平衡常数与温度的关系式

$$\frac{\mathrm{d}\ln K_p}{\mathrm{d}T}=\frac{\Delta H}{RT^2}$$

判断，脱氢反应是一个吸热反应，ΔH 为正值，因此平衡常数 K_p 随温度的上升而增大，故可采用提高温度的办法来增大平衡常数及平衡转化率。表 3-2-14 示出了乙苯脱氢反应的平衡常数与温度的关系。

表 3-2-14 乙苯脱氢反应的平衡常数

T/K	700	800	900	1 000	1 100
K_p	3.3×10^{-2}	4.71×10^{-2}	3.75×10^{-1}	2.00	7.87

乙苯脱氢裂解副反应，也是一个吸热反应，随温度的上升，平衡常数也会增大，因此与主反应在热力学上存在竞争。加氢裂解副反应则是一个放热反应，随温度上升平衡常数是减小的，但即使温度高达 700 ℃，它的平衡常数仍很大，与乙苯脱氢相比在热力学上仍占绝对优势。但加氢裂解副反应要有氢存在时才能进行，而氢是由乙苯脱氢产生的，因此加氢裂解副反应受到乙苯脱氢的制约。与此同时，由于加氢裂解消耗氢，也会对主反应产生影响。图 3-2-16 示出了乙苯脱氢主副反应平衡常数随温度的变化曲线，据此可将在特定温度下得到的平衡常数作一比较。

乙苯脱氢反应是分子数增加的反应，故降低压力有利于提高平衡转化率。由主反应可求得：

$$K_p=\frac{p_{\mathrm{S}}p_{\mathrm{H_2}}}{p_{\mathrm{EB}}}$$

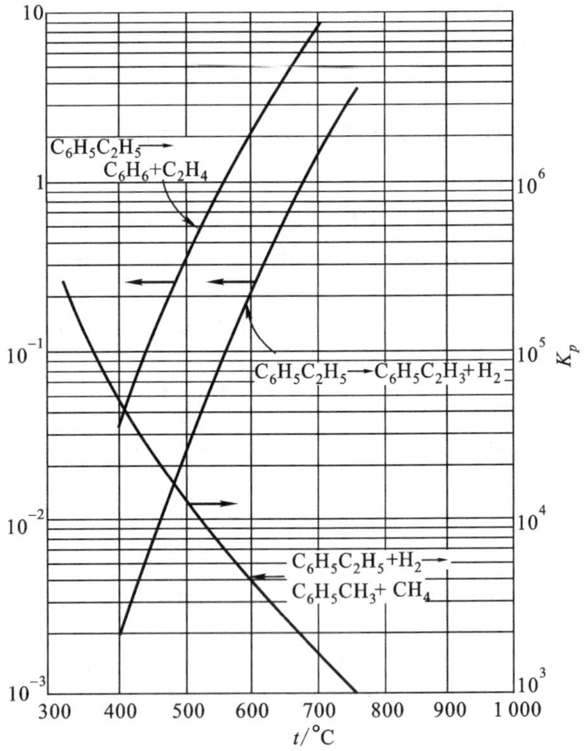

图 3-2-16　乙苯脱氢主副反应平衡常数比较

设 x_e 为乙苯(EB)的平衡转化率,总压为 p,则反应达到平衡时,乙苯、苯乙烯(S)及 H_2 的分压分别为 $(1-x_e)p/(1+x_e)$,$x_ep/(1+x_e)$,$x_ep/(1+x_e)$,故

$$K_p=\frac{x_e^2}{1-x_e^2}p$$

$$\frac{K_p}{p}=\frac{x_e^2}{1-x_e^2}$$

或

$$x_e=\sqrt{\frac{K_p}{K_p+p}}$$

由上式可知,降低总压 p 可增大平衡转化率 x_e。

工业上,乙苯脱氢反应除采用低压或负压外,还采用惰性气体作稀释剂来降低烃的分压,以提高平衡转化率。常用的稀释剂是水蒸气,它不仅提高了乙苯脱氢反应的平衡转化率,还可消除催化剂表面的结焦。有时也可用作载热体,供给乙苯脱氢所需的热量。图 3-2-17 示出了乙苯平衡转化率与 n(水蒸气)/n(乙苯)用量的关系。由图 3-2-17 可知,水蒸气用量比增加,乙苯平衡转化率随之增加,但达到 10 以后,增加缓慢,再提高水蒸气用量比,效果不十分明显,能耗却大幅上升,故在选用水蒸气用量比时,必须作综合考虑。

(3) 催化剂和催化原理　目前,国内外乙苯脱氢制苯乙烯最常用的是铁系催化剂。此外还有采用锌系催化剂的。

乙苯脱氢催化剂的开发始于 20 世纪 30 年代,至今已有 80 年左右的历史,早期铁系催化剂的主要组分为 Fe-K-Cr。Fe 和 K 是必不可少的组分,在催化剂制备过程中它们会形成活性相 $KFeO_2$,是催化活性的主要来源,氧化钾还能催化水煤气反应:

$$C+H_2O \xrightarrow{K_2O} CO+H_2$$

从而清除催化剂表面的结炭。氧化铬是高熔点金属化合物,它的作用是提高催化剂的热稳定性,还可能起着稳定铁的价态的作用。但 Cr 有毒,在制备和使用过程中会污染环境。1974 年第 1 个不含铬的催化剂 G—64C 面世,它以钼、锌或锡替代铬,随后高选择性的无铬催化剂 G—84C 被开发出来,它成为 20 世纪 80 到 90 年代最重要的乙苯脱氢催化剂之一。经研究,催化剂中加入铈,可使苯乙烯的生成率(即选择性)提高,这是因为氧化铈以微晶状态分布在活性相表面,它有很强的储放氧能力,晶格氧活性高,同时在脱氢反应条件下还可部分还原产生 Ce^{3+}/Ce^{2+} 离子偶,并通过 Redox 过程,不断由水蒸气向活性相输送晶格氧,提高活性相 $KFeO_2$ 促进氧转移脱氢的能力。而钼的加入可减少苯和甲苯的产生,即可抑制乙苯加氢裂解副反应,因而提高了苯乙烯的选择性。

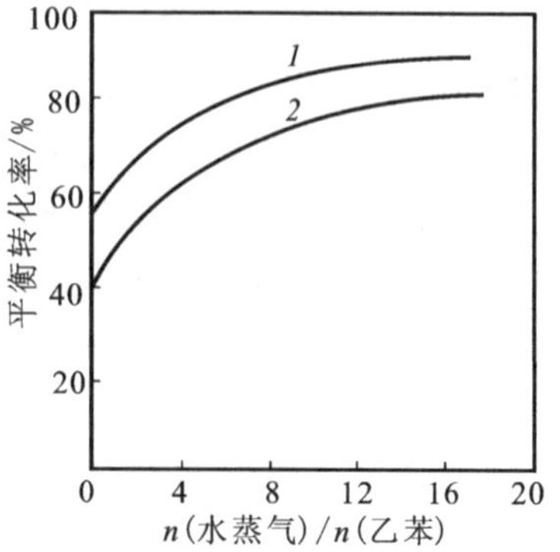

图 3-2-17　乙苯平衡转化率与 n(水蒸气)/n(乙苯)关系

1. 总压 101.3 kPa(温度 900 K);
2. 总压 202.6 kPa(温度 900 K)

乙苯脱氢反应要求在低压或负压下进行。研究还表明,催化剂颗粒内扩散阻力对催化反应也有明显影响,为此各大催化剂制造公司对催化剂颗粒的大小和形状都做了研究,例如 BASF 公司将催化剂制成截面为星状和十字状,以及蜂窝状等构型,试图降低床层压降,消除催化剂颗粒内扩散阻力。

催化脱氢反应机理有游离基机理和离子基机理两种,对乙苯脱氢使用的氧化铁系催化剂而言,据研究属游离基机理,此时反应物以均裂方式脱去氢原子。如:

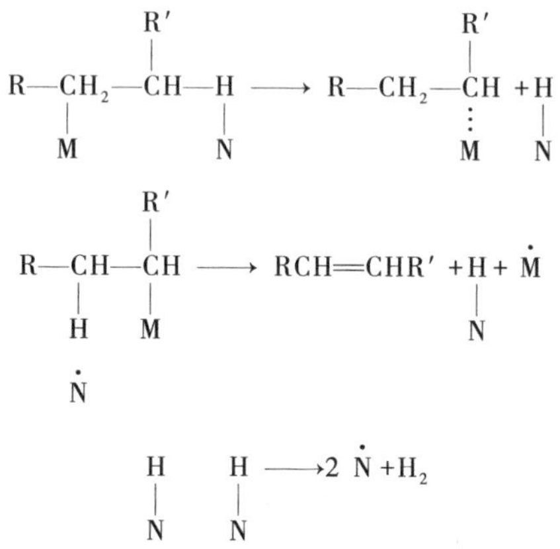

式中,$\dot{M}$代表催化剂上金属原子或离子,$\dot{N}$可代表催化剂上的金属原子或离子,亦可代表催化剂

表面上存在的氧原子[O]或 · O^-。这些游离基或相当于游离基的金属原子或离子$\dot{M}$,均可使C—H键发生均裂脱氢。按上述机理要求催化剂能提供具有未配对电子的活性中心$\dot{M}$或$\dot{N}$,而且它们还需有颇大的成键能力和大多分布在催化剂表面,以便可与C—H键上的氢原子接触和作用。满足这种机理要求的脱氢催化剂有金属(如Pt,Ni,Cu等)催化剂、氧化物和硫化物催化剂。

也有人认为氧化铁催化剂在反应条件下可能以Fe_3O_4形式存在,含有Fe^{2+},Fe^{3+}及氧缺位。该反应的微观过程是乙苯的苯环首先在Fe^{2+}(Fe^{3+})上进行σ-π型络合吸附,并以苯环大π键电子对Fe^{2+}(Fe^{3+})的σ-给予为主,使苯环带上部分正电荷δ^+,苯环的共轭大π键可因超共轭效应使侧基α-碳上的氢活化,α-氢与吸附位邻近的晶格氧键连,形成—OH,而β-氢的脱除可按直接脱氢和氧转移脱氢两条途径进行。

(4) 反应动力学　乙苯在氧化铁系催化剂上脱氢的动力学图式如下图所示。

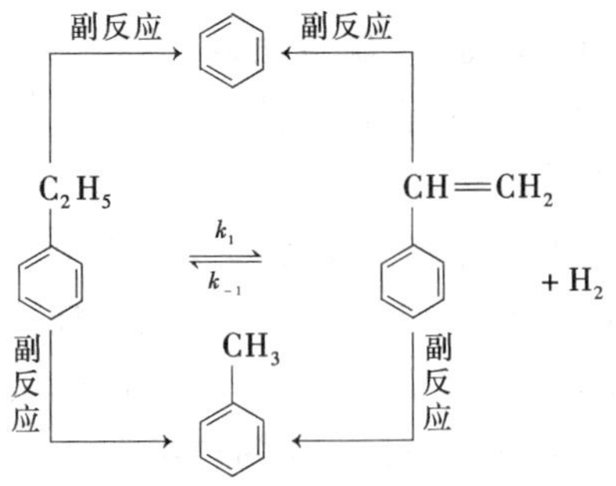

可按双位吸附机理来描述其反应动力学方程,主反应的速率方程为

$$r=r_1-r_{-1}=\frac{k_1\lambda_{EB}\left(p_{EB}-\frac{p_Sp_H}{K'}\right)}{(1+\lambda_{EB}p_{EB}+\lambda_Sp_S)^2}$$

$$K'=\frac{\lambda_{EB}}{\lambda_S\lambda_H}K_p$$

式中：　r——主反应苯乙烯的净生成速率；

k_1——表面反应速率常数；

p_{EB},p_S,p_H——分别为乙苯、苯乙烯和氢分压；

K_p——主反应的平衡常数；

λ_{EB},λ_S,λ_H——分别为乙苯、苯乙烯和氢的吸附系数。

由于λ_{EB}远比λ_S小,上列方程中分母项可改为$(1+\lambda_Sp_S)^2$,对脱氢起阻滞作用的主要是产物苯乙烯。

脱氢反应在等温床和绝热床中进行,研究发现,内扩散阻力不容忽略,图3-2-18和图3-2-19分别示出了反应初期催化剂颗粒度对乙苯脱氢反应速率和选择性的影响。由这两图可以看出,采用小颗粒催化剂不仅可提高脱氢反应速率,也有利于选择性的提高。所以工业脱氢催化剂的颗粒不宜太大,一般粒度为3.18 mm和4.76 mm的条形催化剂。在制备时应添加孔径调节剂以改进催化剂的孔结构。氧化铁系催化剂在使用一段时间后会慢慢老化,随着催化剂活性的下降,反应转为表面反应控制步骤,内扩散的影响不明显甚至会消失。

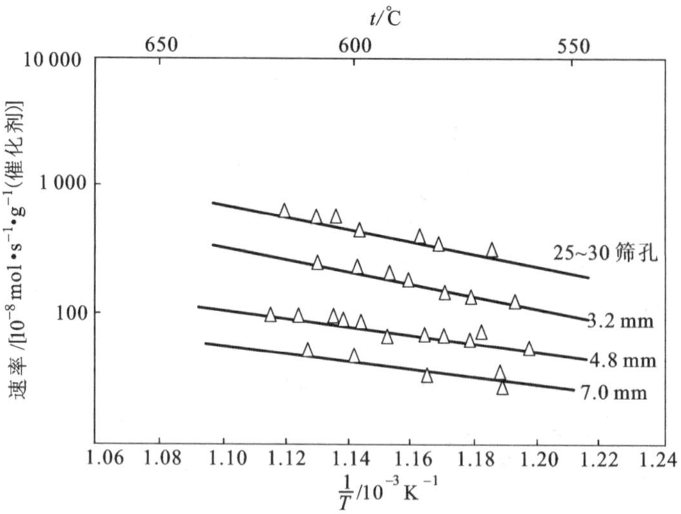

图 3-2-18 催化剂的颗粒度对乙苯脱氢反应速率的影响曲线

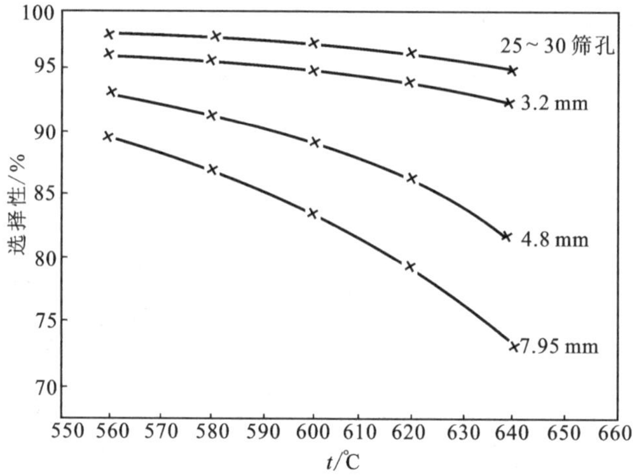

图 3-2-19 催化剂的颗粒度对乙苯脱氢选择性的影响曲线

3. 工艺条件的选择

脱氢反应过程所需控制的主要操作参数有反应温度、压力、稀释剂用量和原料烃空速。

(1) 反应温度 由于反应是吸热的,提高反应温度对热力学平衡和反应速率都有利。但在高温下,裂解、聚合等副反应的反应速率增加更快,导致反应选择性下降,催化剂因表面结焦,活性下降,速率加快,再生周期缩短。但反应温度的确定与采用的催化剂种类、使用时间、反应器类型(绝热式或等温式),以及操作压力等有关,一般为 560~650 ℃。

(2) 操作压力 在上述热力学分析中,已对操作压力作了阐述,低压或负压对操作是有利的,为降低乙苯分压,采用添加稀释剂(如水蒸气)也是可行的办法,而且因系统总压大于大气压,反应安全性提高,但此时要求催化剂具有耐水性(否则只能在低压或负压下操作),并尽可能降低反应器的阻力。

（3）水蒸气和乙苯的用量比 根据早期工业生产实践，绝热反应器的 m（水蒸气）/m（乙苯）= 2.42∶1左右，等温多管反应器所需水蒸气量比绝热反应器少一半左右，这是因为后者靠管外烟道气供热的缘故。现在，催化剂经过不断改进，水油比已明显下降，一般为 m（水蒸气）/m（乙苯）=（1.1~2.2）∶1。等温多管反应器水油比为 m（水蒸气）/m（乙苯）=（1.1~1.7）∶1。

（4）乙苯液空速 乙苯液空速小，在催化剂床层停留时间长，转化率高，但由于连串副反应的竞争，使选择性下降，催化剂表面结焦量增加，再生周期缩短。空速过大，转化率低，未转化的原料回收循环量大，若是绝热式反应器，水蒸气的消耗也将明显增加。现在工业上一般采用的液空速为 0.4~0.6 h^{-1}。

4. 乙苯脱氢和催化脱氢-氢选择性氧化工艺流程

目前已工业化的乙苯脱氢制苯乙烯工艺有乙苯催化脱氢和乙苯脱氢-氢选择性氧化工艺两种，后者是一种新工艺，正在全世界推广应用。

（1）催化脱氢工艺

① 多管等温反应器乙苯脱氢工艺流程 工艺流程示于图 3-2-20。原料乙苯蒸气和一定量水蒸气以 m（水蒸气）/m（乙苯）=（1.04~1.56）∶1混合后，经第一预热器、热交换器和第二预热器预热至 540 ℃左右，进入反应器进行催化脱氢反应，反应后的脱氢产物离开反应器的温度为 580~600 ℃，经与原料气热交换回收热量后，进入冷凝器进行冷却冷凝，冷凝液分去水后送粗苯乙烯贮槽，不凝气体中 $\varphi(H_2)$ = 90 %左右，其余为 CO_2 和少量 C_1 和 C_2 烃类，一般用作燃料气，也可作工业氢源。

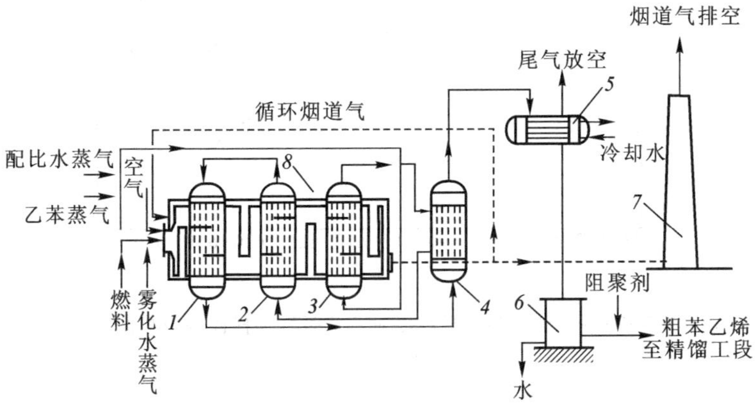

图 3-2-20 多管等温反应器乙苯脱氢工艺流程图

1. 脱氢反应器；*2.* 第二预热器；*3.* 第一预热器；*4.* 热交换器；*5.* 冷凝器；*6.* 粗乙苯贮槽；*7.* 烟囱；*8.* 加热炉

多管等温反应器列管中装有催化剂，脱氢反应所需热量通过管壁（见图3-2-21）由高温烟道气供给，为使高温烟道气温度均匀而且不会很高，常抽出部分烟道气循环使用。

与后面叙述的绝热反应器乙苯脱氢工艺流程相比，多管等温反应器进口温度低，利用乙苯浓度高的有利条件获得较高转化率,并行副反应也不太激烈,因而选择性好;出口温度高,保证转化率仍较大,副反应因乙苯消耗也将有所减弱,出口温度控制适宜,聚合和缩合等连串副反应也不会太激烈。因此,等温反应比绝热式优越,转化率和选择性都较高,一般单程转化率可达 40 %~45 %,苯乙烯的选择性达 92 %~95 %。但为使径向反应温度均匀,管径受到限制(100~185 mm),装填的催化剂量有限,要形成较大生产能力需要数千根反应管,反应器结构复杂,还需大量的特殊合金钢材,故反应器造价高。因此本工艺在工业上应用不普遍,大型生产厂家很少采用。

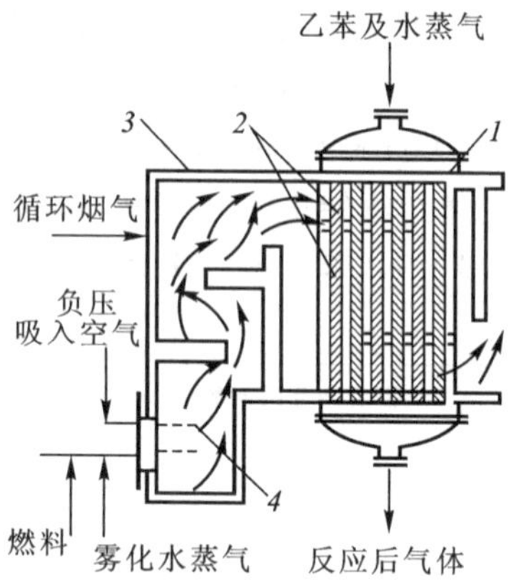

图 3-2-21 乙苯脱氢等温反应器示意图

1. 多管反应器;*2.* 圆缺挡板;

3. 耐火砖砌成的加热炉;*4.* 燃烧喷嘴

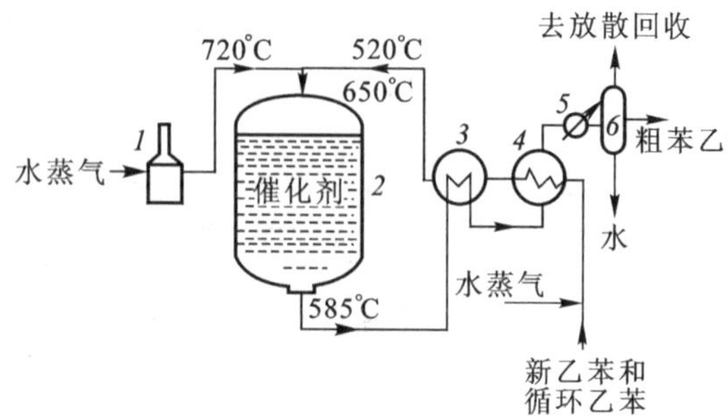

图 3-2-22 绝热反应器乙苯脱氢工艺流程图

1. 水蒸气过热炉;*2.* 脱氢反应器;*3*,*4.* 热交换器;

5. 冷凝器;*6.* 分离器

② 绝热式反应器脱氢工艺流程 图 3-2-22 示出了早期采用的单段绝热反应器脱氢工艺流程。循环乙苯和新鲜乙苯与占蒸气总量 10 %的水蒸气混合后,与高温脱氢产物进行热交换被加热到 520~550 ℃,再与过热到 720 ℃的其余 90 %的过热水蒸气混合,进入脱氢反应器,脱氢产物离开反应器时的温度为 585℃左右,经热交换回收热量后,再进一步冷却冷凝,冷凝液分离去水后,进粗苯乙烯贮槽,尾气中 $\varphi(H_2)=90\ \%$左右,可用作燃料气或工业氢源。因最终加热乙苯原料气的是过热水蒸气,水蒸气用量比前述的等温反应器工艺大近一倍。操作的工艺条件为:操作压力 138 kPa 左右,m(水蒸气)/m(乙苯)= 2.42∶1左右,乙苯液空速(LHSV)0.4~0.6m^3/[h · m^3(催化剂)]。由于仅由过热水蒸气一次供热,反应器进口温度过高,出口温度偏低(相差约 65℃),如上分析,这样的温度分布对反应是不利的,因此单段绝热式工艺单程转化率仅为 35 %~40 %,选择性也较低,约为 90 %左右。此外,由于使用大量水蒸气,冷凝冷却用水量甚大,冷凝下来的工艺水也很多,这些工艺水中含有少量芳烃和焦油,需经处理后,重新用于产生水蒸气循环使用,因此本工艺能耗也相当大。

单段绝热反应器脱氢工艺的优点是绝热反应器结构简单,制造费用低,生产能力大,一只大型单段绝热反应器苯乙烯的生产能力可达 6 万 t/a。为克服上述缺点,降低原料乙苯单耗和能耗,20 世纪 70 年代以来在反应器和脱氢条件方面作了许多改进,收到了较好的效果,现简述如下。

1) 单段绝热反应器 采用几个单段绝热反应器串联使用,反应器间设加热炉,进行中间加热以补充热量和提升反应气体进入下一段时的温度。图 3-2-23 为我国自行设计的二段(中间加热)绝热式减压脱氢工艺流程。采用国产 GS—05 型乙苯脱氢催化剂、轴径向脱氢反应器。乙苯经乙苯预热器(E101)预热至 80~90 ℃后和配料水蒸气混合,温度达 140~150℃,进乙苯再热器(E102)和脱氢气热交换后温度升至 400~450 ℃,再进入静态混合器(M101)和来自加热炉(F101)的过热水蒸气(700 ℃)进行混合,达到 590~630 ℃进入第一反应器(R101),R101 的脱氢气进中间再热器(E103)和来自 F101 的 800~850 ℃的过热水蒸气进行热交换,脱氢气温度升至 600~630 ℃进入第二反应器(R102)。第二反应器的脱氢气经 E102 和废热锅炉(EX102)后,送后冷系统和物料回收系统。主要操作参数:第一反应器(进口/出口)温度为 635 ℃/615 ℃,压力0.07 MPa,第二反应器(进口/出口)温度为 640 ℃/620 ℃,压力 0.05 MPa;*m*(水蒸气)/*m*(乙苯)=(1.3~1.8):1;乙苯液空速 0.4~0.5 h^{-1}。主要技术指标为:乙苯单程转化率为 62 %;苯乙烯选择性为 95 %;*m*(水蒸气)/*m*(乙苯)=(1.3~1.5):1;物耗 *m*(乙苯)/*m*(苯乙烯)= 1.15:1。

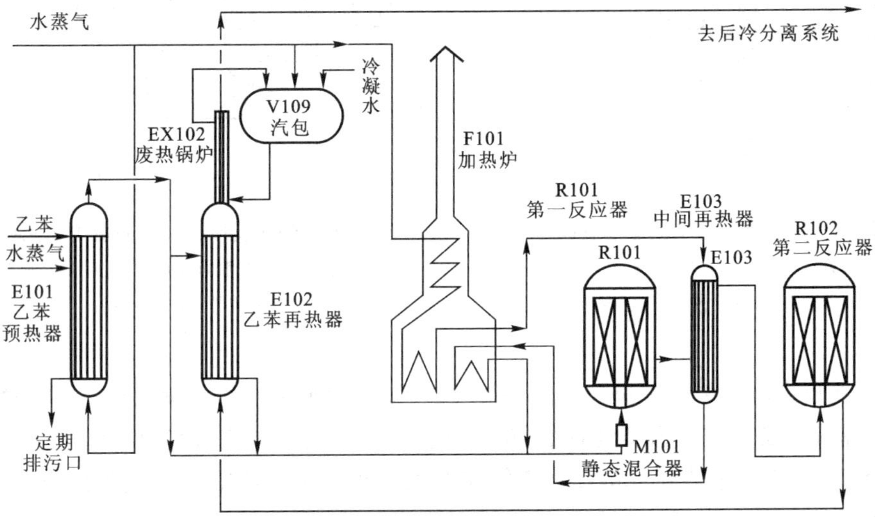

图 3-2-23 减压脱氢工艺流程示意图

图 3-2-24 所示为几个单段绝热反应器串联使用的另一种形式。采用一台反应器,将催化剂分成几段,段与段之间通入过热水蒸气加热,提升进入下一段反应器的温度。图 3-2-24 右侧示出了经水蒸气提温后,沿床层高度温度的变化情况。采用几段绝热床层串联使用后,与单段绝热床层相比,进口温度降低,出口温度升高,有利于乙苯转化率和苯乙烯选择性的提高,单程转化率可达 65 %~70 %,选择性 92 %左右。

2) 采用分别装入高选择性和高活性(高转化率)催化剂的两段绝热反应器 第一段装入高选择性催化剂[如含 $w(Fe_2O_3)$ = 49 %-$w(CeO_2)$ = 1 %-*w*(焦磷酸钾)= 26 %-*w*(铝酸钙)= 20 %-$w(Cr_2O_3)$= 4 %的催化剂]以减少副反应,提高选择性。第二段装入高活性催化剂[如含 $w(Fe_2O_3)$= 90 %-$w(K_2O)$= 5 %-$w(Cr_2O_3)$= 3 %的催化剂],以克服温度下降带来的反应速率下降的不利影响,结果可使乙苯单程转化率提高到 64.2 %,选择性达到 91.6 %,水蒸气消耗量由单段的 6.6 t(水蒸气)/t(苯乙烯),降至 4.5 t(水蒸气)/t(苯乙烯),生产成本降低 16 %。

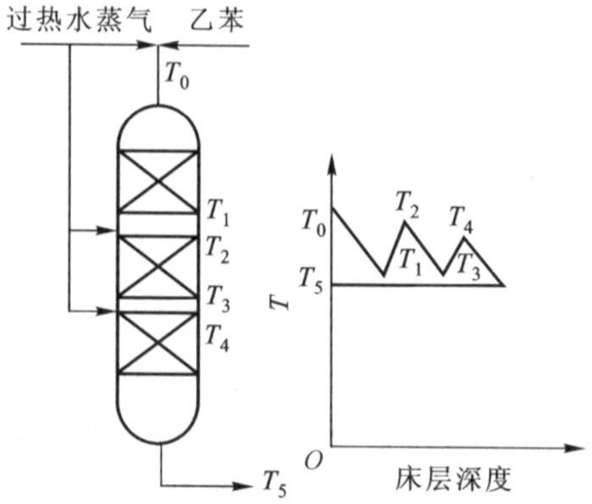

图 3-2-24 多段式绝热反应器及温度分布曲线

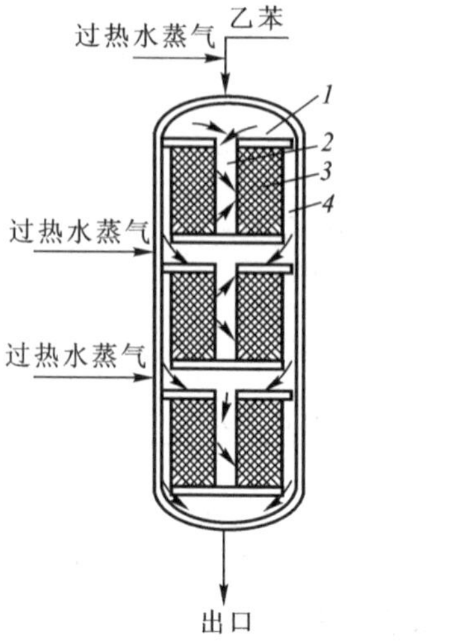

图 3-2-25 三段绝热式径向反应器示意图

1. 混合室;*2.* 中心室;*3.* 催化剂室;*4.* 收集室

3) 采用多段径向绝热反应器 上述轴向填充床绝热反应器,采用小颗粒催化剂,可提高反应的转化率和选择性,但气体阻力增加,操作压力相应提高,对乙苯脱氢不利,制约了反应的转化率和选择性的进一步提高。图 3-2-25 为三段绝热式径向反应器,每一段都由混合室、中心室、催化剂室和收集室组成,乙苯蒸气与一定量过热水蒸气先进入混合室,充分混合后由中心室通过钻有细孔的钢板制圆筒壁,喷入催化剂层,脱氢产物经钻有细孔的钢板制外圆筒,进入由反应器的环形空隙形成的收集室。然后再进入第二混合室再与过热水蒸气混合,经同样过程后直至反应器出口。这种反应器阻力降很小,制造费用虽比轴向催化床高,但仍比等温反应器便宜,水蒸气用量低于一段绝热式反应器,乙苯单程转化率可达 60 %以上,选择性也高。

4) 其他 有些工艺同时选用绝热反应器和等温反应器技术,发挥等温和绝热的优点;有些工艺采用三段绝热反应器,使用不同催化剂。操作条件为:反应温度 630~650 ℃,压力 50.6~131.7 kPa(绝压),m(水蒸气)/m(乙苯)=(1.04~2.08):1,最终单程转化率达 77 %~93 %,选择性 92 %~96 %。

通过以上种种改进措施,提高了乙苯的转化率和苯乙烯的选择性,水蒸气用量也大为减少。

(2) 催化脱氢-氢选择性氧化工艺 1985 年日本三菱公司应用 UOP 公司的乙苯脱氢-氢选择性氧化工艺(简称 Styro-Plus 工艺),建设了一个 5 000 t/a 苯乙烯生产装置,至今生产情况良好,标志着这一工艺技术工业化成功。随后,此工艺与其他先进工艺一起汇集为 SMART 工艺。本法的实质,是用部分氧化方法,将脱氢反应生成的氢气氧化生成水。

$$H_2+\frac{1}{2}O_2 \longrightarrow H_2O \qquad \Delta H^{\ominus}(298\ \mathrm{K})=-242\ \mathrm{kJ/mol}$$

反应放出的大量热量用于加热初步脱氢后被冷却下来的反应物料,使过热水蒸气的消耗大为降低[从原先的 m(水蒸气)/m(反应物)=(1.7~2.0):1降至 m(水蒸气)/m(反应物)=(1.1~

1.2)∶1],由于氢的消耗,使化学平衡向生成苯乙烯方向移动,从而大大提高乙苯的单程转化率。表3-2-15示出了Styro-Plus工艺与乙苯脱氢工艺的比较。

表3-2-15 Styro-Plus工艺与乙苯脱氢工艺的比较

工艺 / 指标	乙苯脱氢工艺	Styro-Plus工艺
反应器入口温度/℃	600	615
压力(绝压)/MPa	0.14	0.056
单程转化率/%	70	82.5
选择性/%	94	95.5
m(水蒸气)/m(乙苯)	1.5~2.0	1.1~1.7

Styro-Plus工艺的工艺流程示于图3-2-26。它与传统乙苯催化脱氢法相似,不同之处是它采用了如图3-2-27所示的Styro-Plus多段式反应器。该反应器顶部为脱氢催化剂床层,乙苯和过热水蒸气由此进入反应器并呈辐射流状流动(由中心流向器壁)以与催化剂床层充分接触。在第一层床层进行初步脱氢后,反应气进入第二段。该段装填二层催化剂,上层为数量较少的氧化催化剂层(以Pt为催化活性组成,Sm和Li为助催化剂,氧化铝为载体的高效氧化催化剂),下层为脱氢催化剂层。含氧气体(一般用空气,亦可以用氧气)在靠近氧化层的地方引入反应器并与反应流股均匀混合后流过氧化层,氧化放出热量将反应流股加热至规定温度,然后进入下面的脱氢层,其余各段依此类推,由于各段物流温差小,脱氢催化反应可在优化条件下进行。反应中可将氢气转化掉75 %~85 %。

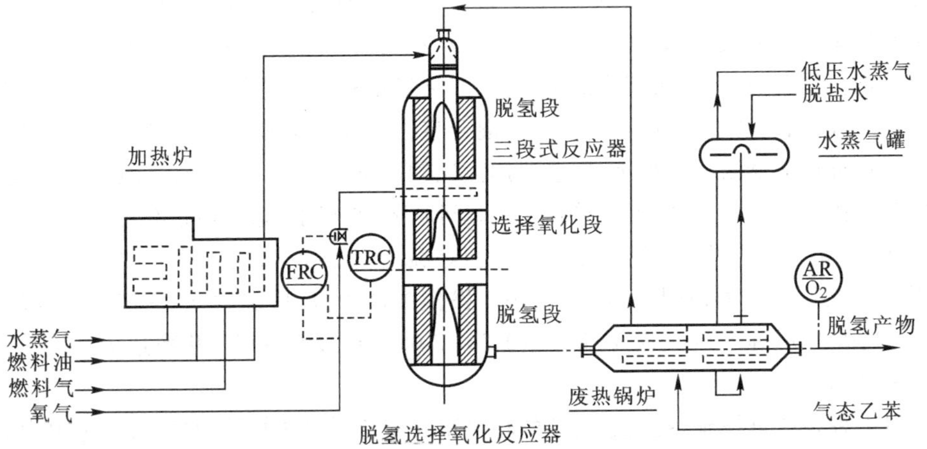

图3-2-26 Styro-Plus工艺三段式反应器系统工艺流程图

如图3-2-26所示Styro-Plus工艺中采用三段式反应器,一段进行催化脱氢反应,然后在流出的物料中加入一定量氧气或空气以及水蒸气,混合后进入第二段。二段中装填有高选择性氧化催化剂和脱氢催化剂,氧和氢反应产生的热量使反应物料升温,氧全部消耗,烃无损失。二段出口物料进入三段,在此完成脱氢反应。在脱氢反应条件为:温度620~645 ℃、压力0.03~0.13 MPa、m(水蒸气)/m(乙苯)=(1~2)∶1时,乙苯转化率为85 %,苯乙烯选择性为92 %~

96 %。该工艺技术具有以下优点：

① 脱氢产生的氢气大部分被氧化掉，使反应向生成苯乙烯的方向移动，乙苯单程转化率可达 80 % 以上，乙苯循环量因而可大幅度减少；生成苯和甲苯的副反应因而得到抑制；氧化反应热可提升反应物料的温度，因而不需要中间换热器和相关管线，节约了能量和设备投资费用。

② 可用于原生产装置的改造。改造容易，费用亦低。

目前世界上至少已有 5 套生产装置采用此工艺进行工业化生产，一些拟建装置大多准备采用此工艺技术。

现正在研究乙苯氧化脱氢法制苯乙烯，采用既有脱氢又有氧化功能的催化剂，脱氢和氧化同时进行，转化率达 40 %~50 %，但深度氧化比较厉害，试验还处于实验阶段。

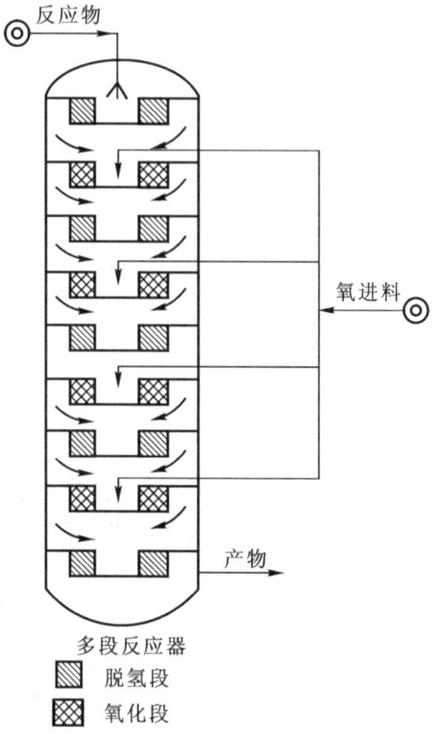

图 3-2-27 Styro-Plus 多段脱氢-氢选择性氧化反应器示意图

5. 脱氢液的分离和精制

脱氢产物粗苯乙烯（也称脱氢液或炉油），除含有目的产物苯乙烯外，还含有尚未反应的乙苯和副产物苯、甲苯及少量焦油；具体组成因脱氢方法和操作条件不同而异，表 3-2-16 示出了不同工艺的炉油组成。由表 3-2-16 可见，各组分沸点差较大，可用精馏方法分离，其中乙苯-苯乙烯的分离是最关键部分，两者沸点差小（约 9 ℃），加之苯乙烯在温度高时易自聚，除加阻聚剂（二硝基苯酚、叔丁基邻苯二酚等）外，塔釜温度需控制在 90 ℃ 以下，因此必须采用减压操作。为减小塔的阻力降，现采用林德公司开发成功的压力降小、效率高的筛板塔，能用一台精馏塔分离，不仅简化了流程，水蒸气用量也可减少一半。Lummus/Monsanto 绝热床脱氢制苯乙烯工艺中，苯乙烯的分离和精制流程示于图 3-2-28。

表 3-2-16 不同工艺得到的粗苯乙烯组成

组分	沸点/℃	组成 w/%		
		等温反应器脱氢	二段绝热反应器脱氢	三段绝热反应器脱氢
苯乙烯	145.2	35~40	60~65	80.9
乙苯	136.2	55~60	30~35	14.66
苯	80.1	1.5 左右	1.5 左右（苯、甲苯合计）	0.88
甲苯	110.6	2.5 左右		3.15
焦油		少量	少量	少量

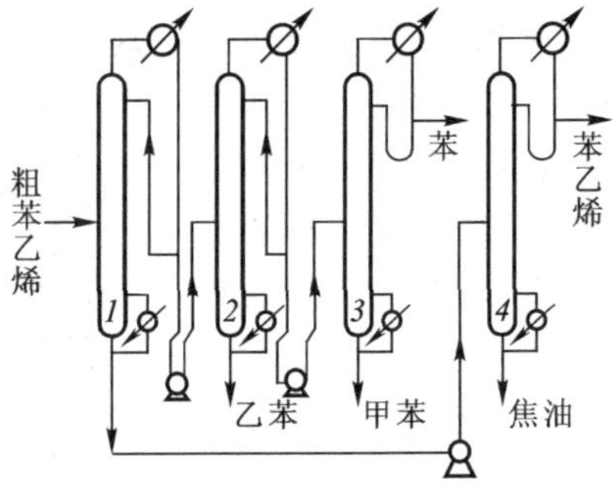

图 3-2-28 粗苯乙烯的分离和精制流程

1. 乙苯蒸出塔；*2.* 苯、甲苯回收塔；*3.* 苯、甲苯分离塔；*4.* 苯乙烯精馏塔

脱氢反应液经一系列换热、降温、冷却后进入分离罐，将粗产品与水分离，粗产品去精馏单元，水相去汽提塔；精馏单元设有四个塔和一个薄膜蒸发器。乙苯/苯乙烯分离塔在真空下操作并注入阻聚剂，塔底得粗苯乙烯，塔顶馏出的物料中含有乙苯、苯、甲苯等；粗苯乙烯进入苯乙烯精馏塔，塔顶得苯乙烯产品，塔釜去薄膜蒸发器（图中未画出）、蒸发器顶部出料为苯乙烯，返回苯乙烯精馏塔下部。蒸发器底部出料为焦油，用作燃料；含有乙苯和轻组分的物料进入乙苯回收塔，塔底得回收乙苯，它与新鲜乙苯混合后用作脱氢反应器进料。乙苯回收塔顶气相冷凝后用作苯/甲苯分离塔进料，该塔塔顶馏出苯，返回乙苯单元用作烃化原料，塔底出甲苯，作为副产品送出界区外。

苯乙烯成品贮槽要求没有水、无铁锈，因为有水时铁锈会与阻聚剂反应，使成品带色，并有加速聚合的危险；贮槽中阻聚剂加入量一般为 5～15 $\mu g \cdot g^{-1}$；成品槽环境温度不宜高，保存期也不宜过长。

6. 脱氢反应器的改进

脱氢反应器是乙苯脱氢工艺的核心，整个工艺是围绕它来展开的。在脱氢工艺流程的叙述中，我们已对各反应器的结构作了简要介绍，以下阐述这些反应器的近期发展和改进，最后介绍一种处在实验阶段的热管反应器。

Lurgi 等公司 1985 年实现等温反应器一步法等温脱氢新工艺的工业化，使用 Na_2CO_3-K_2CO_3 熔盐加热，温度可调。该法与原先的等温反应器相比，m(水蒸气)/m(乙苯)比例可进一步减小，转化率和选择性可进一步提高，因而生产成本比原先的等温反应器低，具有一定的发展前景。

轴向绝热反应器阻力大，操作压力难以进一步降低，上海石油化工研究院将它改成轴径向反应器，操作压力从原来单台反应器的 0.138 MPa 降至 0.05～0.07 MPa，这对提高脱氢反应速率是非常有利的。

径向绝热反应器阻力小，在负压下操作，可采用比轴向催化床层用催化剂更小的催化剂颗粒，虽然接触时间比轴向床少，但因颗粒小，反应表面积大，反应速率并没有降低。在上述条件下反应转化率和选择性均较高，由于结构紧凑，有效地防止了热脱氢反应，减少了聚合物生成量。

国内外对利用热管技术改进多管等温反应器进行了实验研究，取得了多项研究成果。采用工质是钾或钠的热管，蒸发段可用烟道气或电加热，冷凝段深入乙苯脱氢催化剂内部，供给脱氢所需能量。热管反应器的乙苯转化率比列管式等温反应器提高 10 %~13 %,生产能力提高 69 %,能耗节约达 20 %以上。表 3-2-17 列出了这两种反应器的操作指标比较。合理的大型化装置结构还需进一步研究,因此本法的工业化还有待时日。

表 3-2-17 两种反应器的操作指标比较

项目	列管式等温反应器	热管反应器
乙苯转化率/%	40~50	50~58
苯乙烯产率/%	95	95~97
反应器生产能力 / kg(苯乙烯)/[h · m^{-3}(催化剂)]	210	355
反应温度/℃	580	在狭窄的最佳温度区间内

3-3 电解

一、分类和基本概念

电解(electrolysis)是利用在作为电子导体的电极与作为离子导体的电解质的界面上发生的电化学反应进行化学品的合成、高纯物质的制造,以及材料表面的处理过程。通电时,电解质中的阳离子移向阴极,吸收电子,发生还原作用,生成新物质;电解质中的阴离子移向阳极,放出电子,发生氧化作用,亦生成新物质。例如电解熔融氯化钠:

$$NaCl \longrightarrow Na^+ + Cl^-$$

阴极:

$$Na^+ + e^- \longrightarrow Na$$

阳极:

$$2Cl^- - 2e^- \longrightarrow Cl_2$$

电解过程中能量变化的特征是电能转化为电解产物蕴藏的化学能。

1. 分类

根据目的和目标产物的不同,电解过程可作如下分类。

- 电解
  - 电解制造
    - 电解提取
      - 水溶液电解质,如 Zn, Mn 和 Cr 等
      - 熔融盐电解质,如 Al, Mg 和 Na 等
    - 电解合成
      - 无机产物,如 $NaClO_3$, MnO_2 和 PbO_2 等
      - 有机产物,如己二腈,对氟苯甲醛等
  - 电解精炼,如 Cu, Pb, Ni 和 Al 等

电解精炼是利用电解方法将金属粗品提炼成精品的过程。例如，以粗铜为原料（阳极）通过电解得到纯铜（精铜）的过程称为铜的电解精炼。与之类似，还有 Pb，Ni，Al 和 Fe 等金属的电解精炼等。

电解制造是指利用电解方法制造化学物质的过程。产物是单质者，称为电解提取（亦称电解冶金）。水溶液电解质大多是金属氯化物或硫酸盐的水溶液，电解效率高，操作条件较简单，能制得化学活性不甚高的金属，如 Zn，Mn 和 Cr 等。对活泼金属，如碱金属、碱土金属、稀土金属、铝，以及钛等，由于电解时易析出氢而难以得到这些金属，故常采用熔融盐为电解质的电解方法，如 Na，Mg 和 Al 等的制造；产物是化合物的，称为电解合成。它可分为无机电合成（无机电解合成）和有机电合成（有机电解合成）两大类。无机电合成中，要数氯碱工业（由食盐水通过电解生产氯气、氢气和烧碱的工业部门）最为重要。此外，还可以制备许多其他无机化合物，特别是一些用常规化学方法不易制备的强氧化剂或具有很高反应活性的无机化合物，如高锰酸钾、过氧化氢、铬酸、过二硫酸（$H_2S_2O_8$）和铁氰化钾[$K_3Fe(CN)_6$]等。有机电合成按电极表面发生的有机反应类别，可细分为阳极电合成法（如电化学环氧化反应、电化学卤化反应、苯环及苯环上侧链基团的电氧化反应、杂环化合物的电氧化反应，以及含氮、硫化合物的电氧化反应等），阴极电合成法（如阴极二聚和交联反应、有机卤化物的电还原反应、羰基化合物的电还原反应、硝基及腈基化合物的电还原反应等），以及成对电合成法（阳极和阴极上可同时合成同一产品或不同目的产品）；按电极反应在整个有机合成中的地位和作用，有机电合成又可分为直接和间接有机电合成法两类。直接有机电合成法有机合成反应直接在电极表面完成。间接有机电合成法有机物的氧化（还原）反应采用传统的化学方法进行，但氧化剂（还原剂）反应后以电化学方法再生，然后循环使用。例如，采用 Mn^{3+}/Mn^{2+} 为电解媒质后，蒽经氧化制蒽醌。采用 Ce^{4+}/Ce^{3+} 为电解媒质，萘经氧化制萘醌等。反应过程中电解媒质中的高价离子参与氧化反应，被还原为低价离子后在阳极上放电再转化为高价离子。氧化反应可以在电解槽中进行，亦可在电解槽外的反应器中进行，因而间接电合成有槽内式和槽外式两种操作方式。常用的电解媒质有金属离子、非金属离子、有机化合物及金属有机化合物等。目前用得最多的是金属离子电解媒质。

除上面叙述的电解制造和电解精炼外，在纳米材料的电化学合成方面，电解工艺也卓有成效。例如，可以获得晶粒尺寸在 1~100 nm 的多种纳米晶体材料（包括金属、合金、半导体、纳米金属线、纳米叠层膜，以及其他复合镀层），投资成本较低，产率也较高，工艺灵活，容易实现产业化。

现在，电解工业已成为化学工业重要的组成部分。电解工艺还与多种生产过程紧密结合，成为进行绿色生产的重要环节。但是，电解消耗的电能相当可观，因而所得产品的生产成本往往比其他生产方法高，只有在用其他方法难以制得目的产物，或者虽能制造但会造成严重环境污染时才考虑采用电解方法。应当指出，电解有时也有三废产生，也应积极治理，以免造成环境污染。

本节分别以食盐水电解制氯气和烧碱（无机电合成），以丙烯腈电解偶联制己二腈和以己二酸-甲酯经电解缩合制癸二酸（有机电合成）为例阐述电解合成原理和电解工艺过程。

2. 基本概念

(1) 离子的放电顺序　在电解质溶液中阴离子或阳离子都不止一种。例如用隔膜法电解食盐水溶液时，阴离子有 Cl^- 和 OH^-，阳离子有 Na^+ 和 H^+，通电后它们都向相应的电极迁移，但离子放电有一定顺序，即按一定的析出电位大小进行。在上例中，阴极的析出电位 H^+ 为 -1.2 V，Na^+

为-2.6 V, H^+虽在电解质中含量甚少,因析出电位比 Na^+高,仍能由阴极呈气态析出。阳极的析出电位 Cl^-为 1.52 V, OH^-为 2.06 V,因此在阳极上析出的只能是 Cl_2。

(2) 法拉第电解定律　法拉第在 1834 年提出的电解定律可表达为:在电解中,96 485 C 的电荷量产生$\frac{1}{Z}$ mol 的化学物质。例如 96 485 C 会产生 1.007 g 的氢,会从银盐的溶液中沉积 107.870 g的银,从铜盐的溶液中沉积出 63.54 g/2 = 31.77 g 的铜,从铝盐的溶液中沉积 26.981 5 g/3 = 8.994 g 的铝等。

因 1 C = 1 A·s,故 1 法拉第电荷量可用 26.8 A·h 来表示,若需在电极上析出质量为 M 的物质,则所需电荷量为

$$Q=\frac{ZM}{A_r}\cdot F$$

式中:Q——得到质量为 M 物质所需的电荷量,A·h;

M——需要得到的物质的质量,g;

Z——离子价数;

F——1 法拉第电荷量,等于 96 485 C 或 26.8 A·h;

A_r——相对原子质量。

因为电荷量 $Q=I\tau$,故上式又可表达为

$$I\tau=\frac{ZM}{A_r}\cdot F$$

$$M=\frac{I\tau A_r}{Z\cdot F}=\frac{I\tau A_r}{26.8\cdot Z}$$

式中:τ——电流通过时间,h。

有时也用电化当量 K 来计算电荷量。电化当量 K 定义为 1 A·h 电荷量所析出物质的质量。例如在阴极上析出 Cl_2 的电化当量为

$$K=\frac{35.5}{26.8}=1.323\ [\mathrm{g/(A\cdot h)}]$$

由此,上式生产质量为 M 的物质所需的电荷量可表示为

$$Q=\frac{M}{K}$$

(3) 分解电压、过电压和电压效率

① 分解电压　又称分解电势和分解电位。假设一电池反应达到化学平衡:

$$a\mathrm{A}+b\mathrm{B}\rightleftharpoons c\mathrm{C}+d\mathrm{D}$$

若在电池内有$\frac{1}{Z}$ mol 物质变化,电池电动势为 E,它与自由能变化(ΔG)之间的关系可表示为

$$E=-\frac{\Delta G}{ZF}=E^{\ominus}-\frac{RT}{ZF}\ln\frac{a_{\mathrm{C}}^{c}a_{\mathrm{D}}^{d}}{a_{\mathrm{A}}^{a}a_{\mathrm{B}}^{b}}$$

式中:　$E^{\ominus}$——各组分活度为 1 时的标准电动势;

$a_{\mathrm{A}},a_{\mathrm{B}},a_{\mathrm{C}},a_{\mathrm{D}}$——平衡时物质 A,B,C,D 的活度。

此反应的逆反应需要的电压即为理论分解电压。化学反应达到平衡时：

$$E_r=\frac{\Delta G}{ZF}=-E$$

式中：E_r——理论分解电压。

② 过电压 又称超电压或过电位。一般而言，电解质溶液的电阻是很小的。在强烈搅拌以消除电解质离子浓度差的条件下，测得的电极电位与理论分解电压的差称为该电极的过电压。影响过电压的因素很多，如电极材料、电极表面状态、电流密度、温度、电解时间的长短、电解质的性质和浓度以及电解质中的杂质等。析出气体，例如氢、氧等时，产生的过电压相当大，而析出金属则除 Fe，Co 和 Ni 外，产生的过电压一般均很小。电极表面粗糙，电解的电流密度降低以及电解液的温度升高，可以降低电解时的过电压。其中，电极材料对过电压的影响最大。表 3-3-01 示出了过电压与电极材料的关系。

表 3-3-01 过电压（H_2，O_2，Cl_2）与电极材料的关系（25 ℃）

电极产物		H_2（1 $mol\cdot L^{-1}$ H_2SO_4）			O_2（1$mol\cdot L^{-1}$ NaOH）			Cl_2（NaCl 饱和溶液）		
电流密度/（$A\cdot m^{-2}$）		10	1 000	10 000	10	1 000	10 000	10	1 000	10 000
电极材料	海绵状铂	0.015	0.041	0.048	0.40	0.64	0.75	0.005 8	0.028	0.08
	平光铂	0.24	0.29	0.68	0.72	1.28	1.49	0.008	0.054	0.24
	铁	0.40	0.82	1.29	—	—	—	—	—	—
	石墨	0.60	0.98	1.22	0.53	1.09	1.24	—	0.25	0.50
	汞	0.70	1.07	1.12	—	—	—	—	—	—

③ 电压效率 电解槽两极上所加的电压称为槽电压。它包括：理论分解电压 E_r、过电压 E_O、电流通过电解液的电压降 ΔE_L 和通过电极、导线、接点等的电压降 ΔE_R，即

$$E_{槽}=E_r+E_O+\Delta E_L+\Delta E_R$$

理论分解电压 E_r 对槽电压 $E_{槽}$ 之比，称为电压效率 η_E。即

$$\eta_E=E_r/E_{槽}\times100\ \%$$

η_E 值一般为 45 %～60 %。

（4）电流效率、电流密度和电能效率

① 电流效率 在实际生产过程中，由于有一部分电流消耗于电极上产生的副反应和漏电现象，电流不能 100 %被利用，所以不能按前述的法拉第电解定律来精确计算所需的电荷量。工业上常用同一电荷量所得实际产量与理论计算所得量之比来表示电流效率 η_I。

$$\eta_I=\frac{实际产量}{理论产量}\times100\ \%$$

电解食盐水溶液时，它的电流效率可分为氯的电流效率、碱的电流效率和氢的电流效率，其中最重要的是氯的电流效率。影响析氯反应的副反应有两类，一类是电极/溶液界面发生的电化学副反应，使部分氯转化为副产物，另一类是没有电子参加的溶液中的副反应（例如氯溶入电解液生成次氯酸和盐酸），也消耗了部分的氯，从而使氯的电流效率降低。表 3-3-02 示出某些电解过程的电流效率。

表 3-3-02 某些电解过程的电流效率

电解过程	电流效率	电解过程	电流效率
NaOH 溶液电解生产 O_2 和 H_2	>99%	食盐水电解生产氯酸钠	90%
食盐水电解生产 Cl_2 和 H_2	90%~96%	醋酸电解生产乙烷	85%
熔融 NaOH 电解生产金属 Na	80%		

② 电流密度　电流密度系指电极面上单位面积通过的电流强度，单位为 $A\cdot cm^{-2}$。在实际生产中为了控制分解电压，需采用合理的电流密度。某些电解过程所需的电流密度如表 3-3-03 所示。

表 3-3-03 某些电解过程的电流密度

电解过程	电流密度/($A\cdot cm^{-2}$)	电解过程	电流密度/($A\cdot cm^{-2}$)
电解精制铜	0.015	隔膜法生产 NaOH	0.12~0.24
电解精制铝	1.5	水银法生产 NaOH	0.15
电解水	0.07	离子膜法生产 NaOH	0.1~0.4

③ 电能效率　为电压效率与电流效率的乘积，可表达为

$$\eta=\eta_E\cdot\eta_I$$

也可写成

$$\eta=\frac{\text{生产 1 t(产品)理论电能消耗}}{\text{生产 1 t(产品)实际电能消耗}}$$

虎克(Hooker)电解槽的电能效率为 64 %~75 %。

也有用生产单位物质(质量)所需的电能来表示电能效率的。某些电解过程的电能效率示于表 3-3-04。这种表示方法没有直接揭示能量(或电能)的有效利用率，还需与理论值比较才能得出结果，但它便于横向比较，同类电解槽或不同电解槽的优劣，考察此值就一目了然。

表 3-3-04 某些电解过程的电能效率

电解过程	$\dfrac{\text{电能效率}}{kW\cdot h\cdot kg^{-1}}$	电解过程	$\dfrac{\text{电能效率}}{kW\cdot h\cdot kg^{-1}}$
电解萃取铜	2.03	电解 NaOH 溶液生产 O_2	6.61
离子膜法生产 NaOH	2.75	电解熔融 NaOH 生产 Na	10.46
水银法生产 NaOH	3.30	电解 NaOH 溶液生产 H_2	51.54
水银法生产 Cl_2	3.74		

(5) 空时产率　空时产率是指单位体积的电解槽在单位时间内所得产物的物质的量，其单位常用 $mol\cdot L^{-1}\cdot h^{-1}$表示。它是衡量电解槽生产能力的指标，与单位体积电解槽内通过的有效电流成正比，即和电流密度、电流效率、单位体积内的电极面积三者的乘积成正比。增大电极面积与电解槽体积的比值，可提高电解槽的生产能力。

二、食盐水电解制氯气和烧碱

氯碱工业是利用电解食盐水溶液来生产氯气、烧碱和氢气的工业部门。目前市场上供应的氯气和烧碱绝大部分是用电解法生产的。

用食盐水电解制造氯气和烧碱有三种方法:①隔膜法;②汞阴极法;③离子交换膜法。其中的汞阴极法虽然生产出的氯气和烧碱的质量较好,能耗也低,但因汞对环境的污染难以消除,现已日趋淘汰。离子交换膜法各项技术经济指标明显优于隔膜法,已成为当代氯碱生产的发展方向,新建氯碱企业多采用离子交换膜法进行生产。我国因受离子膜制造技术的限制,离子膜法的烧碱产量仅占烧碱总产量的 30 %,远低于发达国家水平。现在国内对离子交换膜的研制相当活跃,相信不久的将来会替代售价高昂的进口膜,广泛用于我国的氯碱生产装置上。

氯气和烧碱是整个化学工业的基础产品之一,应用十分广泛。因此氯碱工业在化学工业中占有重要地位。氯气和烧碱在电解过程中同时生成,为使氯碱工业具有最大的经济效益,氯气和烧碱的需求平衡十分重要。例如若工业部门对氯气的需求量有较大增长时,计划部门必须为烧碱的出路作出妥善安排,否则大量过剩的烧碱积压在工厂仓库里,会给氯碱工厂带来不少麻烦,甚至会使有些氯碱工厂倒闭。

食盐水溶液的电解在阴阳极上进行的电化反应有:

阳极: Cl^-放电 $2Cl^- = Cl_2 + 2e^-$

阴极: H^+放电 $2H_2O = 2H^+ + 2OH^-$

$$2H^+ + 2e^- = H_2$$

留在溶液中的 OH^- 与 Na^+ 形成 NaOH 溶液,整个阴极反应可写成

$$2H_2O + 2Na^+ + 2e^- = 2NaOH + H_2\uparrow$$

总的电解反应可表达为

$$2Na^+ + 2Cl^- + H_2O \xrightleftharpoons{\text{直流电}} \overbrace{2NaOH + H_2\uparrow}^{\text{阴极}} + \overset{\text{阳极}}{Cl_2\uparrow}$$

如上所述,除主反应外,在两极也会有副反应发生。

1. 隔膜法工艺过程

(1) 电解槽的结构和性能 食盐水电解工艺中,利用电解槽内隔膜将阳极产物(氯气)和阴极产物(氢气和烧碱)分开的电解生产工艺称为隔膜电解法。电解原理见图 3-3-01。浓度为 310~330 g/L 的精盐水进入阳极室生产氯气,Na^+ 及剩余的 NaCl 溶液以一定流速(至少要大于 OH^- 向阳极的迁移速率)通过隔膜进入阴极室以保持阴极室的电中性。由阴极室流出的是含 130~150 g(NaOH)/L 和 160~210 g(NaCl)/L 的稀碱液。电解槽阳极过去多用石墨,现在普遍采用的是在纯钛上镀上 RuO_2-TiO_2 混合物及催化剂(Pt、Ir、Co_3O_4、PbO_2 等)的金属阳极(商品名 DSA)。在大型高负荷隔膜电解槽中还广泛采用扩张阳极(商品名 EDSA,装有弹簧组装时可收缩和扩张)。与石墨阳极相比,金属阳极具有析氯过电压低,耐氯腐蚀,氯气纯度高,电流效率高,使用寿命长以及电解槽密封性能好等优点。而且槽电压也较低,可降低能耗 10 %以上,提高设备生产能力 50 %左右。隔膜过去是将由石棉纤维和碱溶液混合形成的浆液,借助真空吸附在

铁阴极网袋上制成,现在广泛采用的是改性隔膜,它是在上述浆液中添加适量氟树脂(如四氟乙烯、聚多氟偏二氯乙烯、聚全氟乙烯-丙烯等)和少量非离子型表面活性剂,搅匀,真空抽吸而制成隔膜,再在 95 ℃下干燥,在低于树脂分解温度下熔融让石棉纤维与树脂均匀浸润,冷却后牢牢黏在一起,形成坚韧,具有弹性,形状固定的隔膜。与普通石棉隔膜相比,厚度薄,膜电压降低,阳、阴极间距小(3 mm 左右),而且具有一定机械强度,安装时不易碰坏,寿命可长达 1~2 年。用作阴极的网袋也由铁改为软钢或不锈钢。为降低氢超电压,常采用喷砂的办法让软钢表面变得粗糙,或将不锈钢网袋在 130 ℃下用质量分数 w(烧碱)= 70 %的烧碱处理,让其表面溶出部分 Cr,形成富 Ni 的多孔状表面。

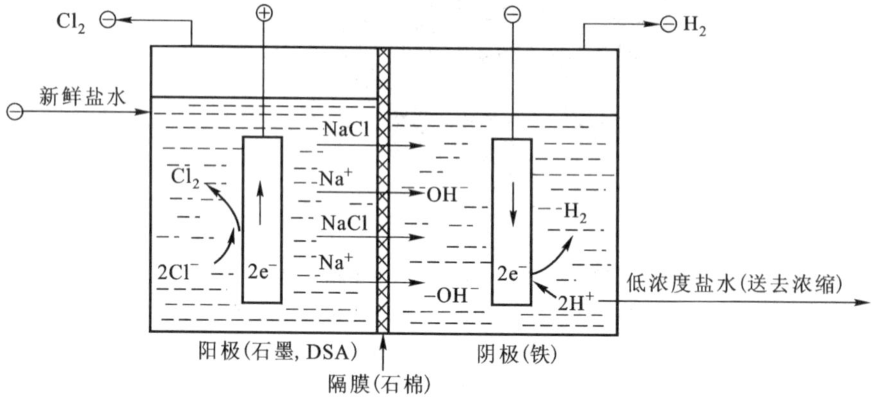

图 3-3-01 隔膜法电解槽原理示意图

电解槽有水平式和立式隔膜电解槽两种,现在广泛使用的是立式隔膜电解槽,结构示意于图 3-3-02。

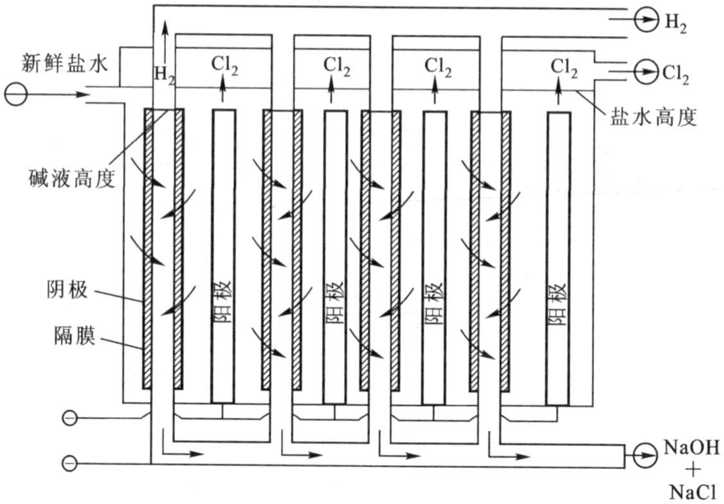

图 3-3-02 具有垂直电极和充满阴极室的隔膜电解槽结构简图

我国绝大多数隔膜法氯碱厂采用 Hooker 电解槽或在此基础上改进的 MDC 隔膜电解槽。图

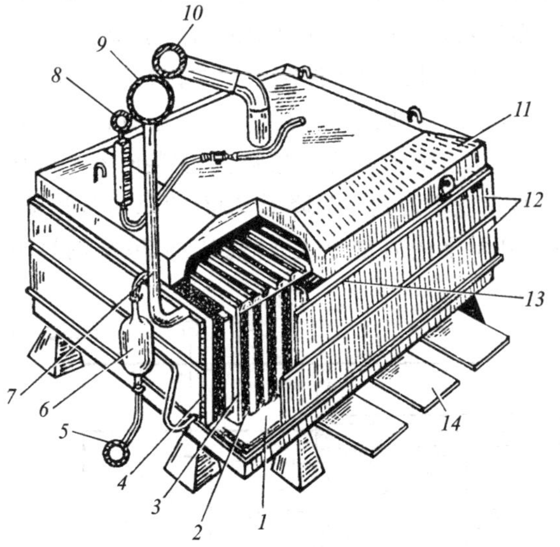

图 3-3-03 Hooker 型电解槽示意图

1. 槽底；*2.* 阴极；*3.* 阳极；*4.* 阴极区；*5.* 排碱管道；*6.* 断电器；*7.* 导氢管道；*8.* 盐水管道；*9.* 氢收集管；*10.* 氯收集管；*11.* 槽盖；*12.* 阴极母线；*13.* 外壳；*14.* 阳极母线

3-3-03 所示为虎克型电解槽的结构示意图。电解槽采用下接线，通过槽底 *1* 接入阳极 *3*。在梳状阴极 *2* 表面沉积有石棉隔膜。盐水由管道 *8* 进入，碱液经断电器 *6* 导入排碱管道 *5*，氢气则沿管道 *7* 进入收集管 *9*，氯气从电解槽排出进入收集管 *10*。电流借助母线 *12* 经外壳接入阴极。梳状阴极的结构示意于图 3-3-04。国外广泛采用的还有 Glamor 电解槽（为复极式电解槽）和 Hooker-Uhde 电解槽等。

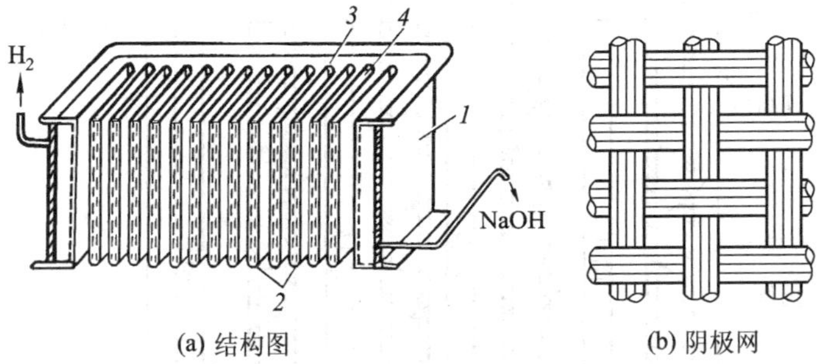

图 3-3-04 梳状阴极示意图

1. 阴极室；*2.* 梳子；*3.* 阴极区；*4.* 阳极区

（2）工艺流程 工艺流程示于图 3-3-05。可分为盐水精制、电解、氯气和氢气处理、液氯、碱液蒸发以及固碱制造等工序。原盐有海盐、湖盐、井盐和矿盐四种。盐水精制包括化盐、精制、澄清、过滤、重饱和、预热、中和、盐泥洗涤等过程。化盐在化盐桶中进行。化盐用水从底部分布器进入，原盐从顶部连续加入，逆流接触，控制温度 50～60 ℃，停留时间大于 30 min，粗饱和盐水从桶上部出口溢出。精制在精制反应器中进行，在加入的 $BaCl_2$，Na_2CO_3 以及回收盐水中带入的 NaOH 的作用下，粗盐水中的 SO_4^{2-}，Ca^{2+}，Mg^{2+} 等杂质生成 $BaSO_4$，$CaCO_3$ 和 $Mg(OH)_2$ 等沉淀。Na_2CO_3 和 NaOH 加入量应略大于反应理论需要量，$BaCl_2$ 的加入量以反应后盐水中 SO_4^{2-} 小于 5 g/L 的标准加以控制。

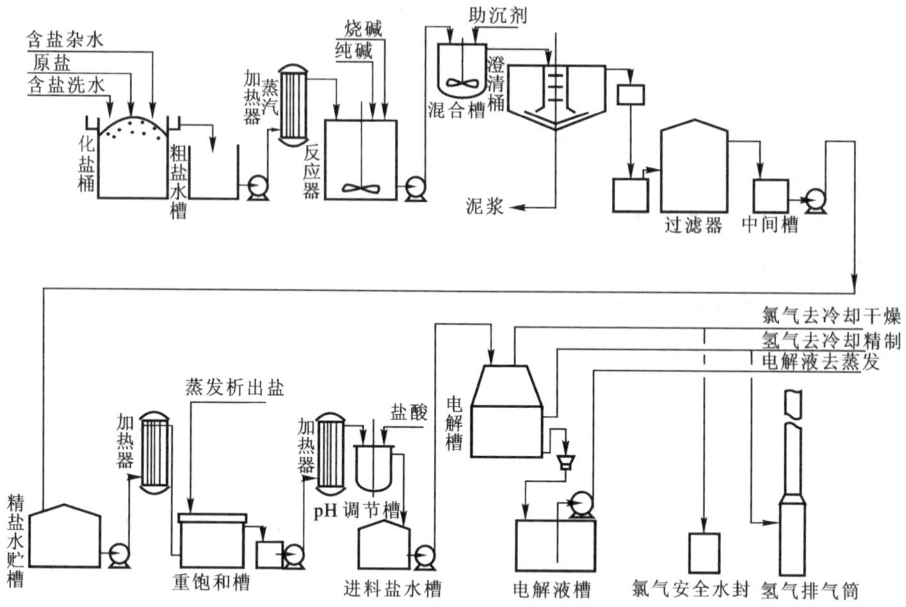

图 3-3-05 隔膜法电解制氯碱工艺流程示意图

利用电解槽来的氢气预热盐水，氢气冷却后，经氢气压缩机压缩、干燥后外送。预热盐水再经重饱和槽盐层制成精制饱和盐水，具体质量指标为：

$\rho(NaCl) \geqslant 315$ g/L；

$\rho(SO_4^{2-}) \leqslant 5$ g/L；

$\rho(Ca^{2+}+Mg^{2+}) \leqslant 5$ mg/L；

pH＝7.0～8.0。

进槽盐水如采用酸性盐水时，在 pH 调节槽中加盐酸调节 pH＝3～5。

电解槽精制盐水入口温度为 75～80 ℃，电解槽内因部分电能转化为热能而维持在 95 ℃左右。阳极室保持 20～30 Pa 的负压，当系统能保持密封而氯气不致泄漏时，某些工厂也采用正压操作；除控制阳极室的液面高于隔膜外，还必须控制阴极室氢气压力，以免氢气渗漏入氯气，发生电解槽爆炸事故。从阴极上引出的氢气纯度一般可达 99 %(干基)，为防空气混入，氢气输送管道应保持正压操作。

由电解槽引出的氯气经冷却后，用浓硫酸脱水干燥，然后送往液氯工序或其他氯产品生产工序。

为防止氯气外逸,设有氯气事故泄漏洗涤器。

由电解槽流出的稀碱液,含有大量 NaCl,在稀碱液蒸发浓缩工序中,NaCl 呈结晶析出,经过分离后制成盐泥浆供盐水重饱和使用。稀碱液经浓缩可制得含 $w(NaOH)=50\ \%$的液碱商品或桶碱、片碱和粒碱等固体烧碱商品。

由电解槽流出的稀碱液中含有 $NaClO_3$,它不仅影响产品质量,而且会腐蚀蒸发设备。脱除的方法是在稀碱液中加入联氨:

$$2NaClO_3+3N_2H_4 \longrightarrow 2NaCl+3N_2+6H_2O$$

联氨还是腐蚀抑制剂,在高温下可与碱液中的溶解氧结合,起到保护蒸发设备免受腐蚀的作用。

隔膜法与离子膜法相比存在以下缺点:

① 所得碱液稀,约 10 %左右,需浓缩至 30 %或 50 %才能作商品出售,蒸汽消耗达 5 t/t 产品(以 30 %烧碱液计),而且产品含盐多,质量差;

② 电解槽电阻高,电流密度低(约 $0.2\ A\cdot cm^{-2}$),电流效率低,消耗的电能大;

③ 隔膜法存在石棉绒污染环境问题,需进行防治。

2. 离子交换膜法工艺过程

(1) 工艺原理 本法采用的阴极和阳极材料与隔膜法相同,只是用离子交换膜代替隔膜法的石棉(或改性)隔膜。离子交换膜具有很好的选择性,只有一价阳离子(Na^+,H_3O^+)能通过薄膜进入阴极室,在此放电产生 H_2 和 OH^-,而 OH^-不能通过薄膜进入阳极室(膜两边 OH^-的浓度差可达 $10\ mol\cdot L^{-1}$),阳极室仅将 Cl^-还原为 Cl_2,Cl^-和未分解的大部分的 NaCl,不能通过薄膜进入阴极室,因此,精制食盐水进入阳极室经电解后,淡盐水仍由阳极室流出,离子交换膜法电解原理见图 3-3-06。

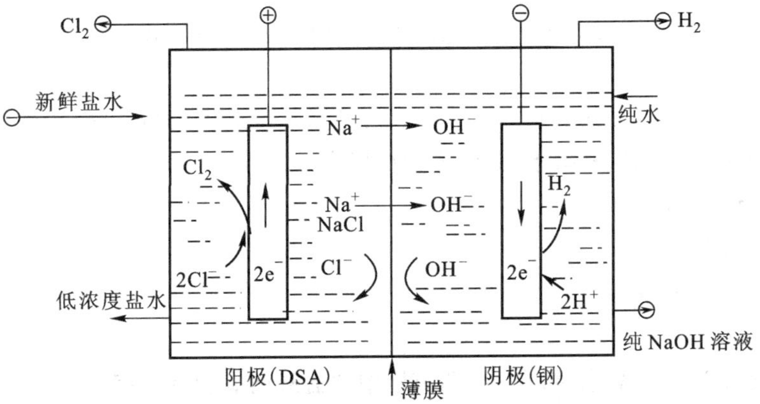

图 3-3-06 离子交换膜法电解槽的原理图

离子交换膜是四氟乙烯同具有离子交换基团的全氟乙烯基醚单体的共聚物。制成膜后,再用聚四氟乙烯织物增强。膜的溶胀度、机械强度、化学稳定性基本上符合工业生产要求,使用寿命在两年以上。早期开发成功的是全氟磺酸膜(交换基是磺酸基—SO_3H),它的膜电阻小,电解电耗低。但由于磺酸基的亲水性,对电解槽阴极室的 OH^-穿过膜的阻挡性差,导致电解电流效率低。尤其是当 NaOH 浓度大于 20%时,电流效率将降至 80%以下,此时因生产成本上升而无法进行工业化生产。随后开发成功的是全氟羧酸膜(交换基是羧基——COOH),该膜亲水性小,含水率低,在 NaOH 浓度达到 35%时,仍有较高的电流效率(96%以上)。但膜电阻大。现在工业上广泛采用的是全氟羧酸-磺酸复合膜,它既具有全氟羧酸膜阻止 OH^- 迁移性能好、电流效率高的优点,又具有全氟磺酸膜电阻小,化学性能稳定,氯气中氢含量少,膜使用寿命长等优点。商品有用层压法制得的 Nafion 901 膜,及有用化学处理所得的日本德山曹达公司的 Nesepta—F 膜、旭化成公司生产的复合膜等。我国山东省东岳集团已开发成功氯碱用离子膜和燃料电池膜,并进行了产业化生产。

离子交换膜的工作原理示意图如图 3-3-07 所示。由图 3-3-07 可见,在膜的微孔中挂着磺酸基团,其上有可交换的 Na^+,阳极电解液(盐水)中有大量 Na^+,通过离子交换将磺酸基上的 Na^+ 交换下来,后者通过微孔,进入阴极电解液,而带负电的 Cl^- 和 OH^- 因受磺酸根基团的静电排斥作用,很难通过微孔。根据上面的叙述可知,若精制盐水中含有较多的多价阳离子(如 Ca^{2+},Mg^{2+},Al^{3+},Fe^{3+} 等),由于它们很容易占有多个磺酸基团,增加了精制盐水中的 Na^+ 进行离子交换以及渗过膜微孔的难度。因此,在工业上常将食盐水作二次精制处理,以将多价阳离子脱除至允许含量以内。

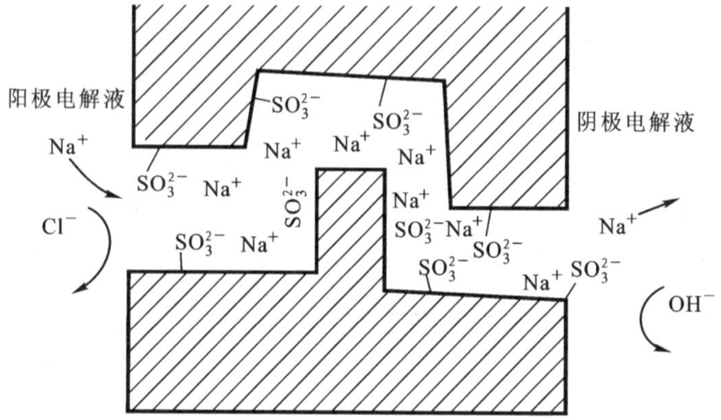

图 3-3-07 Na^+ 透过磺酸盐阳离子交换薄膜微孔的示意图

图 3-3-08 示出了离子交换膜电解槽单槽结构。单槽由钢制框架 *1* 构成,阳极面内部用钛覆盖层 *2*。阳极由贴紧的电极基板(钛板)和外伸阳极的钻孔钛板 *6* 组成。后者用钛电流引片 *5* 与电极基板 *4* 相固定,电极基板 *4* 的另一面用爆炸法与钢板紧密接触后再焊接,其上面用钢制电流引片 *8* 固定外伸的钻孔阴极 *7*,单槽借助支撑棒固定在电解槽上,电解槽是复极式压滤式结构,由 88 个单槽组成。所示结构由日本旭硝子化学公司设计,并在日本得到广泛应用。

(2) 工艺流程 离子交换法流程见图 3-3-09。分一次盐水精制、二次盐水精制、电解、碱液蒸发等工序。一次盐水精制同隔膜电解法,但从澄清出来的一次精制盐水还有一些悬浮物,它们会妨碍二次盐水精制中螯合塔的正常操作(一般要求盐水中悬浮物小于 1 $mg \cdot L^{-1}$),因此还需进入盐水过滤器,常用的过滤器有涂有助滤剂 α -纤维素的炭素管和聚丙烯管过滤器,以及叶片式过滤器。二次盐水精制在两台或三台串联的螯合树脂塔中进行。常用的螯合树脂有氨基磷酸型螯合树脂(如 Duolite ES467,能将 Ca^{2+} 脱至 20 $\mu g \cdot L^{-1}$,脱除能力顺序为 $Mg^{2+} > Ca^{2+} > Sr^{2+} >$

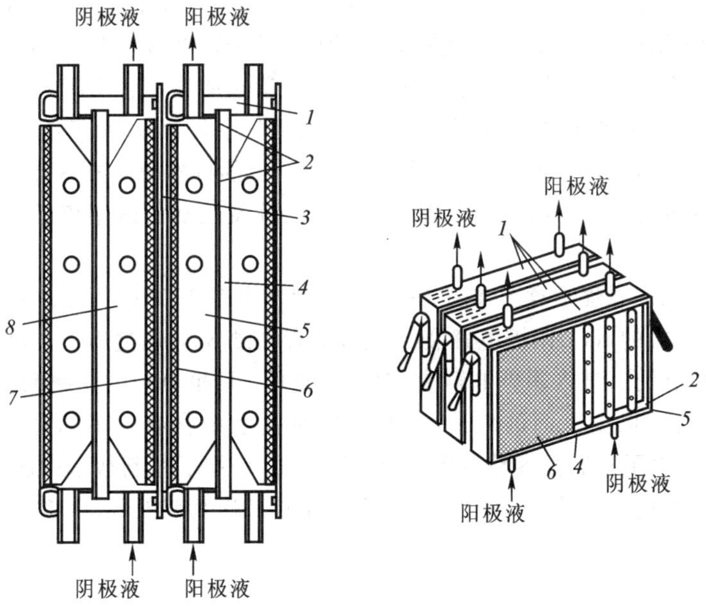

图 3-3-08 离子交换膜电解槽单槽示意图

1. 钢制框架；*2.* 钛覆盖层；*3.* 隔膜；*4.* 电极基板；*5.* 钛电流引片；*6.* 外伸阳极；*7.* 外伸阴极；*8.* 钢制电流引片

Ba^{2+})，亚氨基二乙酸型树脂(如日本三菱化成工业株式会社生产的 CR—10 型)。此外，日本三井东压公司还开发成功 OC—1048 型阳离子交换树脂，可将 Ca^{2+}脱除至 0.05 mg · L^{-1}以下。

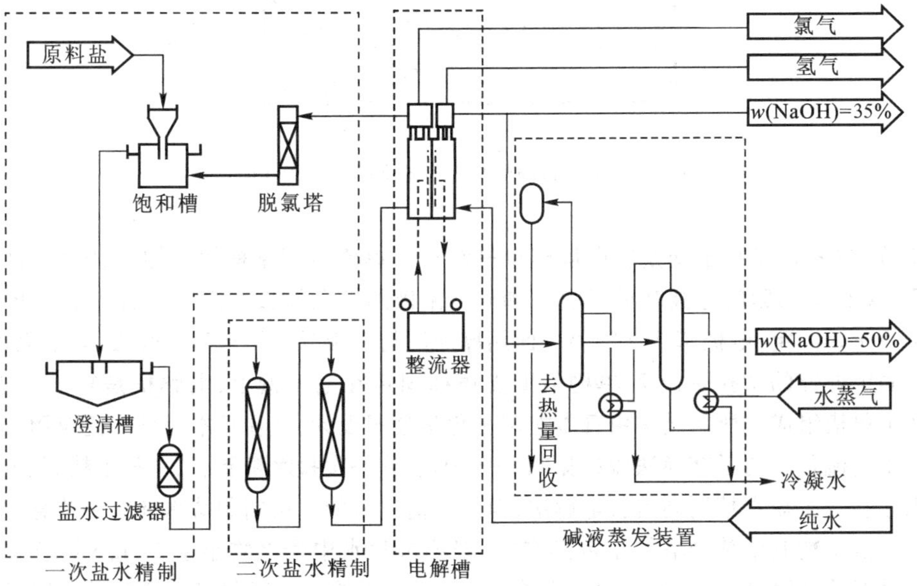

图 3-3-09 FLEMION 流程图

三、有机电解合成

1. 电解还原法由丙烯腈合成己二腈

己二腈主要用来制造己二胺：

$$NC-(CH_2)_4-CN+4H_2 = H_2N-(CH_2)_6-NH_2$$

己二胺是生产尼龙-66的主要原料。尼龙属聚酰胺类聚合物，在工业、民用及国防上需求量甚大。现在，工业上采用较多的是以丁二烯为原料，与氢氰酸反应合成己二腈的方法：

$$CH_2=CHCH=CH_2+2HCN \longrightarrow NC(CH_2)_4CN$$

也有采用由己二酸经氨化和脱水合成己二腈的方法：

$$HOOC(CH_2)_4COOH+2NH_3 \longrightarrow H_4NOOC(CH_2)_4COONH_4$$

$$H_4NOOC(CH_2)_4COONH_4 \xrightarrow{-H_2O} NC(CH_2)_4CN$$

近20年来，由于丙烯能大量廉价地由烃类热裂解制得，以及丙烯腈的生产规模的扩大，采用有机电解合成工艺由丙烯腈经电解还原法（又称电解偶联法）制取己二腈的方法已实现工业化，而被认为是一种较有发展前途的工业生产技术。

（1）工艺原理　丙烯腈电解偶联法又称作丙烯腈直接电解加氢二聚法，电化学反应如下：

阳极
$$H_2O-2e^- \longrightarrow \frac{1}{2}O_2+2H^+$$

阴极
$$2CH_3=CHCN+2H^++2e^- \longrightarrow NC(CH_2)_4CN$$

总的电解反应为

$$2CH_2=CHCN+H_2O \xrightleftharpoons{\text{直流电}} \underset{(\text{阳极})}{\frac{1}{2}O_2}+\underset{(\text{阴极})}{NC(CH_2)_4CN}$$

丙烯腈在阴极上氢化二聚分为三步。第一步，丙烯腈结合两个电子和一个氢质子，生成丙烯腈阴离子：

$$CH_2=CHCN+2e^-+H^+ \longrightarrow [CH_2CH_2CN]^-$$

第二步，形成的丙烯腈阴离子与丙烯腈反应生成二聚阴离子：

$$[CH_2=CH_2CN]^-+CH_2=CHCN \longrightarrow [NCCH(CH_2)_3CN]^-$$

第三步，二聚阴离子与氢质子反应生成己二腈：

$$[NCCH(CH_2)_3CN]^-+H^+ \longrightarrow NC(CH_2)_4CN$$

此外，电解中还发生生成丙腈和重组分等的副反应。

（2）电解槽　生产己二腈采用带有电解液强烈循环的复极式压滤式电解槽，结构示意于图3-3-10。这种电解槽的主要部件是由耐有机溶剂的塑料（聚丙烯、氟塑料等）制成的电极板 *1*。板的侧面凹口内分别安装阴极 *2* 和阳极 *3*，两电极用金属销钉 *4* 相连接。电极板体内有沟 *5* 用于导进或导出溶液至阳极和阴极室。沟具有孔洞 *6*，溶液沿孔洞均匀分布在电极室。每个电极板夹在两个隔膜架 *7* 之间，后者也是用塑料制成。隔膜架的中部压装隔膜 *8*。电解槽两端安装面板 *9*，且各有一个电极。

工业电解槽由25～30个单槽组装而成，每个单槽面积大小约1 m^2。线性负载为1.0～2.0 kA。

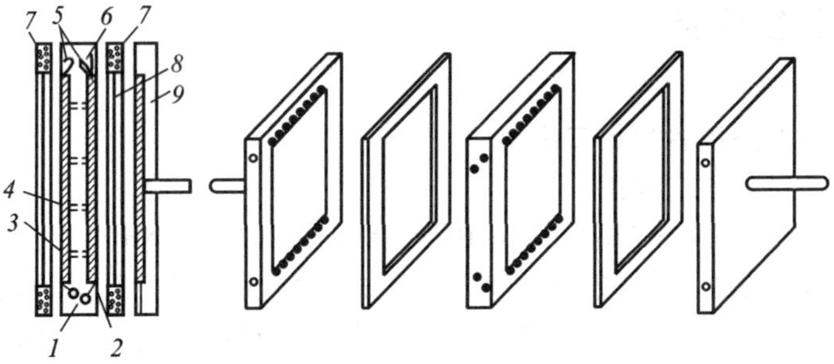

(a) 单槽侧面　　　　(b) 各部件的外形

图 3-3-10　电解液具有高循环速度的压滤式电解槽的单槽示意图

1. 电极板；2. 阴极；3. 阳极；4. 连接销钉；5. 溶液进出沟；6. 分配孔洞；

7. 隔膜架；8. 隔膜；9. 具有接线的端面板

电解槽用的隔膜现多采用磺化聚乙烯离子交换膜。阴极要求采用具有较高氢过电位的材料，如铅、镉和石墨等。目前大多采用镉阴极，因为它可以在较长的使用期内获得较高的、稳定的己二腈产率。阳极在隔膜式电解槽中采用 w(银) = 1 % ~ 2 % 的铅合金，在无隔膜电解槽中，采用具有较低析氧过电位的材料，例如磁铁矿或铁。此时，为阻止铁被腐蚀，在电解液中需加入少量乙二胺四乙酸，铁阳极的损耗为 0.8 ~ 1.0 mm(铁)/a，丙烯腈在这些阳极上的氧化不明显。

上述的电解槽不仅适用于丙烯腈的电解偶联，也适用于可用电化学方法合成的其他有机化合物。

(3) 工艺条件

① 电解液组成　采用 w(磷酸钾) = 10 % ~ 15 % 的磷酸钾溶液作为丙烯腈进行电解偶联的本底电解液。后者还需加入磷酸使溶液的 pH 保持在 8.5 ~ 9.0。为获得己二腈的高产率，操作应在具有给质子能力较差的介质中进行，为降低双电层中质子的浓度，溶液中还需加入四烷基铵阳离子(最有效的是四乙基铵阳离子)，它会更紧密地覆盖在电极表面，从双电层中取代出水分子，从而抑制水电离出过多的氢质子。丙烯腈加入量是大大过量的[丙烯腈在溶液中的饱和浓度约为 w(丙烯腈) = 5 %]，因而电解液形成本底溶液和丙烯腈两相。在复相介质中实现己二腈的制造，不仅可以增大己二腈的质量产率(见图3-3-11)和电流效率，而且丙烯腈具有萃取己二腈的功能，使生成的己二腈及时转移到有机相(丙烯腈)中，从而可省去从水相(本底溶液)中分离己二腈的工序。

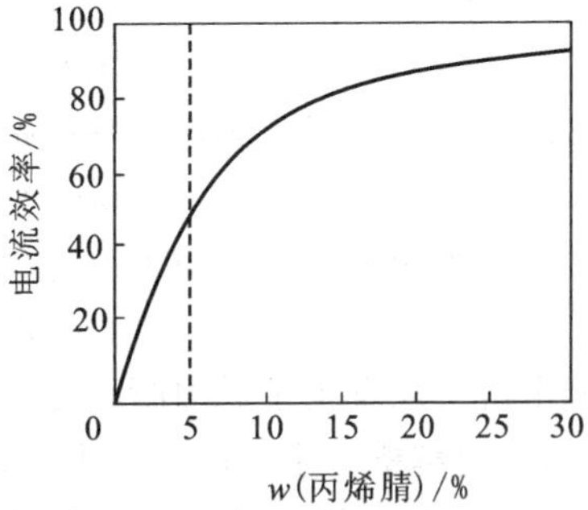

图 3-3-11　水相中丙烯腈含量对己二腈产率的影响曲线（虚线表示丙烯腈的溶解度）

② 电流密度　最佳电流密度取决于使用的电极材料。己二腈在石墨和铅阴极上获得最高产率时的电流密度为 0.6 ~ 0.8 kA/m^2，在镉阴极上则可达2 kA/m^2。

③ 电解温度 电解在 30~50 ℃下进行,温度不能高于 50 ℃,高于此温度,副反应加剧,会影响己二腈的产率和产品纯度。

④ 工艺流程 有隔膜式电解槽和无隔膜电解槽两种工艺流程,前者应用较普遍。图 3-3-12 示出了采用隔膜式电解槽的工艺流程,由日本旭硝子化学公司开发成功。

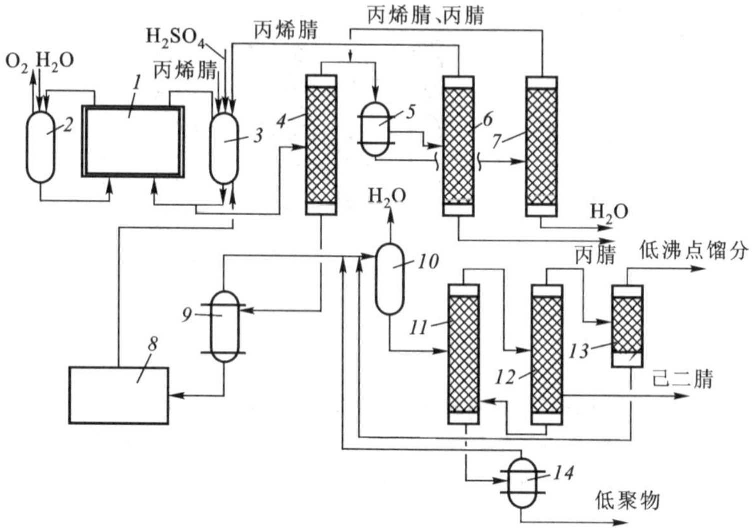

图 3-3-12 隔膜式电解槽制造己二腈工艺流程
——日本旭硝子化学公司工艺流程图

1. 电解槽;*2.* 阳极液容器;*3.* 阴极液容器;*4.* 汽提塔;*5,9.* 弗洛连斯容器(倾析器);*6.* 丙烯腈蒸出塔;*7.* 挥发物自水层蒸出塔(水汽提塔);*8.* 阴极液纯化装置;*10.* 蒸发器;*11.* 低聚物析出塔;*12.* 自己二腈除去挥发物的塔;*13.* 己二腈自轻馏分中析出塔;*14.* 低聚物收集器

由本底电解液与丙烯腈形成的乳化液在电解槽和阴极电解液槽之间进行不断的循环,一部分溶解在阴极电解液中的丙烯腈通过阴极表面发生电解加氢二聚反应生成己二腈。

一部分阴极电解液送入汽提塔 *4*,蒸出低沸点馏分,内含丙烯腈、丙腈和水的共沸物,在弗洛连斯容器(又称倾析器)*5* 中加以分离,上面有机层在丙烯腈蒸出塔 *6* 分出丙腈和丙烯腈,后者返回电解系统。倾析器下层水相排入水汽提塔 *7*,蒸出溶于水的有机物,后者返回倾析器 *5*。汽提塔 *4* 釜液流入弗洛连斯容器(倾析器)*9*。将己二腈半成品与阴极水溶液加以分离,己二腈半成品在蒸发器 *10* 内脱水干燥,并经低聚物析出塔 *11*,自己二腈除去挥发物的塔 *12* 及己二腈自轻馏分中析出塔 *13* 中分别分出低聚物、低沸点物后,制得高纯度的己二腈。

该工艺流程的缺点是使用隔膜式电解槽,它需要照顾两个循环,即阳极循环和阴极循环。

图 3-3-13 所示的是无隔膜电解槽制己二腈的工艺流程。磷酸钾水溶液、磷酸四乙基铵和丙烯腈分别从计量槽 *1~3* 经计量后进入由电解槽 *4*、冷却器 *5* 和离心泵组成的循环回路。水相和有机相的体积比 V(水相):V(有机相)= 1:0.5。溶液的循环速率约 0.2 m/s,以保证溶液在电极间隙间丙烯腈与水相呈细乳状液。随着电解的进行,丙烯腈不断地从计量槽 *3* 流入电解塔。

电解过程中部分水被分解,因此需从计量槽 *1* 不断地定量地加入磷酸四乙基铵溶液。磁铁矿阳极腐蚀形成磷酸铁,消耗磷酸,因此对电解槽内循环的水相要定期(五昼夜至少一次)分析

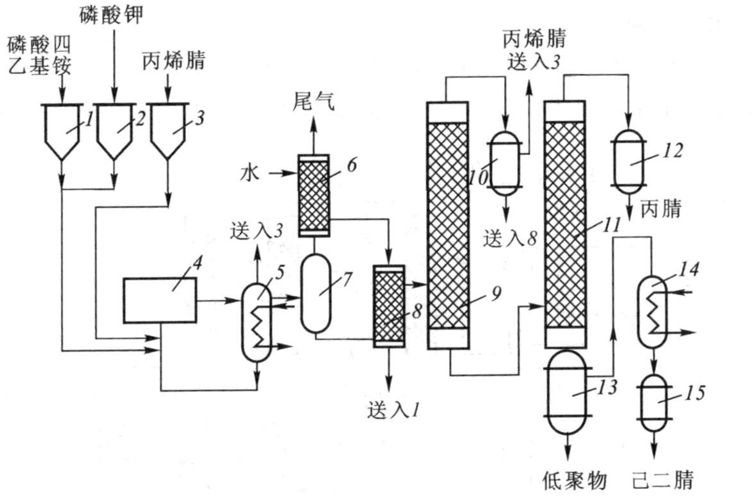

图 3-3-13 无隔膜电解槽制造己二腈的工艺流程图

1,2,3. 计量槽;*4*. 电解槽;*5*. 冷却器;*6,8*. 洗涤塔;*7*. 相分离器;*9,11*. 精馏塔;*10*. 丙烯腈-水共沸物收集器;*12*. 丙腈收集器;*13*. 蒸馏釜;*14*. 冷凝器;*15*. 己二腈收集器

其中磷含量,并及时从计量槽 *2* 补入磷酸钾。借助相分离器 *7* 自循环液流中分出含 w(己二腈)= 30 %,w(丙腈)= 0.5 %~3.0 %,w(四乙基铵盐)≈0.1%和 w(丙烯腈)≈67 %的有机相。

有机相在洗涤塔中用水洗涤以分离出季铵盐(它溶于水),后者返回电解系统。洗涤水先经过洗涤塔 *6*,吸收来自电解槽的气体产物,特别是丙烯腈蒸气。然后再流入洗涤塔(为填料塔)*8* 洗涤有机物。自该塔上部流出的有机相在精馏塔 *9* 进行精馏并在收集器 *10* 中分离出未参与电化学反应的丙烯腈(纯度约为 96 %),后者返回电解系统。因为电解在水介质中进行,故返回的丙烯腈无需脱水。此外返回的丙烯腈中还存在少量[w(丙腈)≈3 %]丙腈,它对电解过程也不会产生不良影响,因而也不必将它们分离。收集器 10 下层为水相,含 w(丙烯腈)≈7.0 %的丙烯腈,送往洗涤塔 *8* 以提取季铵盐。精馏塔 *9* 塔釜液除己二腈及其低聚物外,还有 w(丙腈)≈9 %的丙腈,在精馏塔 *11* 中,在 54 kPa 下,将丙腈从塔顶蒸出,塔釜液[含 w(己二腈)≈94 %]流入蒸馏釜 *13*,在 1.3 kPa 的真空条件下将高纯己二腈蒸出,己二腈纯度大于 99 %。

采用隔膜式电解槽工艺消耗丙烯腈为 1.1 t(丙烯腈)/t(己二腈),电能 4 000 kW · h/t(己二腈),水蒸气为 5 t(水蒸气)/t(己二腈),阳离子交换膜寿命为 1 年以上,无隔膜电解槽工艺,消耗 1.15 t(丙烯)/t(己二腈),电能 3 000 kW · h/t(己二腈),因此两种工艺都具有商业竞争能力。

2. 电解氧化法由己二酸单甲酯合成癸二酸

癸二酸是生产尼龙-1010 的主要原料,也大量用来生产耐寒增塑剂(癸二酸二丁酯和癸二酸二辛酯),还用作环氧树脂固化剂癸二酸酐的原料。

现在工业上癸二酸由蓖麻油经皂化、酸化和裂化等工序制得,由于蓖麻油是从蓖麻籽中提取出来的,生产成本较高。

前苏联开发成功癸二酸电合成工艺。由己二酸一甲酯经电解缩合制得癸二酸二甲酯:

$$2CH_3OOC(CH_2)_4COOH \xrightarrow{电合成} CH_3OOC(CH_2)_8COOCH_3+2CO_2+H_2$$

癸二酸二甲酯经水解制得癸二酸：

$$CH_3OOC(CH_2)_8COOCH_3+H_2O = HOOC(CH_2)_8COOH+2CH_3OH$$

因此，由己二酸生产癸二酸需经过三个步骤，第一步为己二酸与甲醇反应生成己二酸一甲酯，第二步己二酸一甲酯经电化学缩合生成癸二酸二甲酯，第三步癸二酸二甲酯水解生成癸二酸。

（1）工艺原理　研究表明，己二酸一甲酯缩聚的电化学反应在阳极上进行，在有机溶剂介质例如甲醇中，缩聚物产率要比水中高，因为在这种情况下，只有很少一部分电流消耗在溶剂的氧化上。在高正电位下，阳极的氧化表面开始吸附羧酸离子以置换水分子，因而放电顺序发生改变，由水分子的放电改为羧酸离子的放电：

$$RCOO^- \longrightarrow RCOO\cdot + e^-$$

生成的羧酸自由基，在阳极表面处于吸附状态，它会脱去羧基继而进行自由基二聚化生成缩聚物：

$$RCOO\cdot \longrightarrow R\cdot + CO_2$$
$$2R\cdot \longrightarrow R—R$$

在甲醇溶液中，己二酸一甲酯的解离度很低，不利于羧酸离子的生成，因此实际的电解液中还需加入纯碱（Na_2CO_3），将己二酸一甲酯部分中和生成己二酸一甲酸钠盐，由此很容易得到羧酸离子：

$$CH_3OOC(CH_2)_4COONa \rightleftharpoons CH_3OOC(CH_2)_4COO^- + Na^+$$

因此，实际的电解过程，不会产生氢气。

电解液为 w(己二酸一甲酯) = 46 % 的甲醇溶液，如上所述，为提高羧酸基团的解离度，还需加入 $w(Na_2CO_3)$ = 10 % 左右的纯碱，并控制含水量为 0.15 %～2.5 % 以减少析出 O_2 的副反应。

升高温度不会降低癸二酸二甲酯的产率，而且能明显提高溶液的电导，对电解是有利的，但受甲醇沸点所限制。

在获得高正电压的前提下，最经济的电流密度为 2～3 kA · m^{-2}，选用的阳极材料为铂。

在上述条件下，电解槽的电流效率为 75 %，癸二酸二甲酯的收率为 82 %。

（2）电解槽　合成癸二酸二甲酯的箱式电解槽结构示于图 3-3-14。它是一个不锈钢制矩形电解槽体 *1*，其中固定一组电极 *2*。它由交替的阳极和阴极钻孔板组成。阴极板由不锈钢或钛制成，阳极则由焊上铂箔的钛板制成。槽盖上有接管，用于导出液-气乳状液。后者沿着垂直管道进入位于电解槽上方 2～3 m 高处的外伸冷却器 3。在冷却器内甲醇蒸气被冷凝，气体与液体分离。气体（主要是 CO_2 和空气）排入大气，而液体沿管道返回电解槽。电解槽中溶液用空气搅拌，以防酯类在阴极表

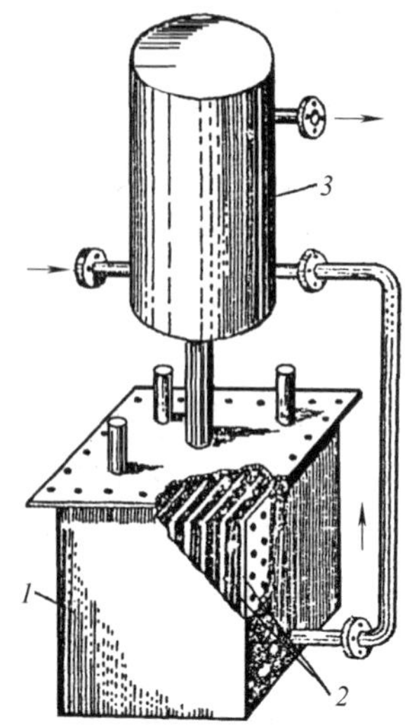

图 3-3-14　用于合成癸二酸二甲酯的电解槽示意图

1. 电解槽体；*2.* 电极组；*3.* 外伸的冷却器

面附近与碱液发生皂化反应。工业电解槽的负载为 12~15 kA。

(3) 工艺流程　由己二酸制癸二酸的工艺流程示于图 3-3-15。己二酸、甲醇和回收的己二酸混合物进入酯化器 *1*。反应温度 200~220 ℃,压力 0.9~1.48 MPa。酯化生成己二酸一甲酯后的物料经节流在蒸馏釜 *2* 中蒸出甲醇和水。二者送入精馏塔 *13* 以制取无水甲醇,无水甲醇返回酯化系统。

己二酸酯的混合物(有一甲酯和少量二甲酯)和未反应的己二酸由蒸馏釜 *2* 下部送入两个串联使用的真空精馏塔 *3*,塔 *3* 中蒸出的己二酸二甲酯返回酯化系统,塔 *3* 釜液送精馏塔 *4*,在此塔蒸出己二酸一甲酯,未反应的己二酸自塔底返回酯化系统。

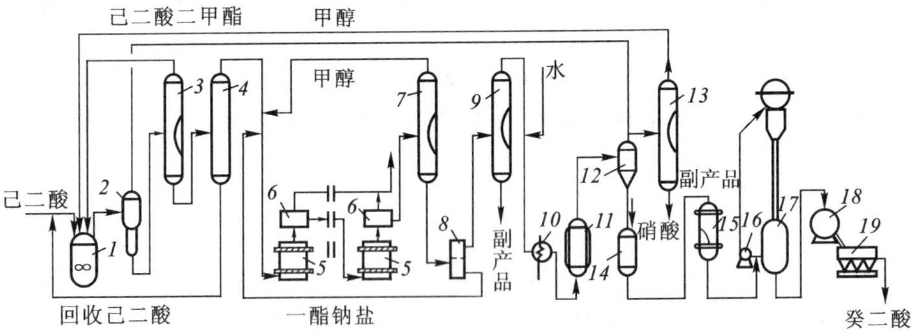

图 3-3-15　制造癸二酸的工艺流程图

1. 酯化器;*2*. 蒸馏釜;*3*,*4*,*7*,*9*,*13*. 精馏塔;*5*. 串联电解槽;*6*. 相分离器;*8*. 分离器;*10*. 加热器;*11*. 连续运行的高压水解釜;*12*. 蒸馏釜;*14*. 己二酸一甲酯水解装置;*15*. 过滤器;*16*. 泵;*17*. 真空结晶器;*18*. 真空过滤器;*19*. 沸腾干燥器

己二酸一甲酯送入两个串联使用的电解槽 *5*,含有己二酸一甲酯钠盐的甲醇溶液(即电解液)在铂阳极上进行癸二酸二甲酯的合成。每个串联电解槽与用于气-液分离的相分离器 *6* 组合成套,液相部分由相分离器 *6* 送入精馏塔 *7*,在 30~85 ℃和真空(5.9 kPa)条件下蒸出甲醇后,釜液进入分离器 *8*,分成有机相和水-盐相两层,水-盐相经蒸发浓缩(图中未画出)后返回电解系统。有机相进入精馏塔 *9*,塔釜排出己二酸二甲酯、戊酸酯和烯戊酸酯等副产物,塔顶馏出粗癸二酸二甲酯,后者加水后在加热器 *10* 中加热后进入连续操作的高压水解釜 *11* 进行水解。水解完毕后的油-水混合物经节流后在蒸馏釜 *12* 蒸出甲醇等轻组分,后者在精馏塔 *13* 中精馏,塔顶出甲醇,它返回酯化系统,塔釜为轻组分副产物。蒸馏釜 *12* 的釜液流入连续操作的水解装置 *14*,用 $w(HNO_3)=0.1\ \%\sim0.5\ \%$硝酸作催化剂使癸二酸一甲酯和二甲酯以及副产物完全水解。随后,所得癸二酸溶液用活性炭纯化,经过滤器 *15* 过滤,送入真空结晶器 *17* 结晶。癸二酸晶体在真空过滤器 *18* 分离析出,最后在沸腾干燥器 *19* 中干燥。

讨论课二　化工生产的三废治理

以硫酸、硝酸生产为主,收集资料讨论:

1. 化工生产中的废气治理
2. 化工生产中的废水治理

3. 化工生产中的废渣治理。

习题

1. 氧化反应有哪些特点？这些特点与工艺流程的组织有什么具体的联系？
2. 二氧化硫催化氧化生成三氧化硫，为什么要在不同温度条件下分段进行？
3. 硝酸生产中，氧化炉的哪些构件是为满足工艺要求而设置的？
4. 简述环氧乙烷生产中车间的安全问题。
5. 氨合成有多种工艺流程，试说说它们的主要特点。
6. 评价一个工艺过程的主要技术经济指标有哪些？
7. 简述离子膜法电解原理。

参考文献

[1] 张化刚. 阳谷祥光铜业 700 kt/a 冶炼烟气制酸系统的运行. 硫酸工业，2009(1)：20-23.

[2] Karl H. Daum. LUREC® 工艺——冶炼烟气制酸装置经济运营之关键. 硫酸工业，2010，(1)：8-16.

[3] 古成龙.铜陵 200 kt/a 硫酸装置的国产化和设备引进.硫酸工业，1994(4)：3-10.

[4] 张超林.论“3+2”式两次转化工艺氧硫比与转化率的关系.硫酸工业，1994(2)：10-16.

[5] 佘韬. 低浓度二氧化硫烟气制酸技术进展. 硫酸工业，2009，(4)：8-11.

[6] 张向阳.阳极保护冷却器在硫酸生产中的应用.湖北化工，1995，25(4)：46-47.

[7] 唐文骞.超共沸酸精馏法制浓硝酸.化工设计，1997(3)：11-15.

[8] 化学工业出版社组织编写.硝酸.见：化工生产流程图解.北京：化学工业出版社，1992：52-58.

[9] Brian J. Ozero, Joseph V. Procelli. Can developments keep ethylene Oxide Viable? Hydrocarbon Processing，1984，63(3)：55-61.

[10] 张翔宇.环氧乙烷/乙二醇工艺技术比较.化工设计，2006，16(3)：7-12.

[11] 谢定中. 氨合成系统技术发展. 化肥工业，2009，36(2)：4-7.

[12] 黄仲九.丙烯腈.见：张旭之，等.丙烯衍生物工学.北京：化学工业出版社，1995：111-165.

[13] 红枫.国外合成氨催化剂的生产和技术进展.化工文摘，2003(9)：53-54.

[14] 李明，李斌.国内外苯乙烯生产技术进展.化工文摘，2004(4)：44-47.

[15] Westerterp K R, Kuczynskl M. Retrofit methanol plants with this coverter system. Hydrocarbon Processing，1986，65(11)：80-83.

[16] 王祝祁.苯乙烯引进技术评析.石油化工，1997，26(3)：197-203.

[17] 张有谟.2000 年世界离子膜法氯碱工业前景.江苏化工，1996，24(1)：4-9.

[18] 吴指南.基本有机化工工艺学.北京：化学工业出版社，1990.

[19] 库特利雅夫采夫 H T，等.陈国亮，等，译.应用电化学.上海：复旦大学出版社，1992：130-216.

[20] 周文华,杨辉荣,方岩雄.有机电合成技术进展.辽宁化工,2003,32(4):175-177.

[21] Richard Newman.Hydrocar Engin,2004(11):47-50.

[22] 李玉芳.苯酚生产技术进展.化工文摘,2004(3):37-39.

[23] 朱凌皓,张殿豪.苯酚及其衍生物.见:赵仁殿,等.芳烃工学.北京:化学工业出版社,2001:360-367.

[24] 邹彬,胡燚,黄鑫江,周小平,黄和.苯酚生产工艺的研究进展.石油化工,2009,38(5):575-579.

[25] 徐晓燕,申屠华德,张志孝.两转两吸转化工艺流程的选择及工艺参数的确定.硫酸工业,2007(3):4-8.

第四章

无机化工反应单元工艺

无机化工是以天然资源为原料生产硫酸、硝酸、盐酸、磷酸等无机酸，纯碱、烧碱等无机碱，合成氨和化肥，以及无机盐等化工产品的工业。无机化学工业包括硫酸工业、纯碱工业、氯碱工业、合成氨工业、化肥工业和无机盐工业等部门。

硫酸工业的主要产品有浓硫酸、发烟硫酸、液态三氧化硫、液态二氧化硫等。硫酸生产中涉及硫铁矿的焙烧、硫黄的焚烧等固体原料加工过程、含二氧化硫的气体净化过程、二氧化硫催化氧化过程和三氧化硫吸收过程等单元工艺。

纯碱工业的主要产品是碳酸钠、碳酸氢钠与氯化铵等。纯碱生产中涉及母液吸氨过程、氨盐水碳化过程、碳酸氢钠的煅烧过程、母液冷析盐析过程等单元工艺。

氯碱工业的主要产品是烧碱(氢氧化钠)、氯气和盐酸等。烧碱生产中涉及食盐水的电解、电解液蒸发浓缩、氢气和氯气合成氯化氢等单元工艺。

合成氨工业的主要产品是氨。氨生产中涉及天然气、石脑油蒸气转化过程、渣油部分氧化过程、煤气化过程、合成氨原料气脱硫、脱碳净化过程、合成气中一氧化碳变换反应过程和氨的合成过程等。

化肥工业的主要产品是氮肥、磷肥和钾肥。氮肥涉及氨的化学加工；磷肥涉及磷矿石的酸解过程和热加工过程；钾肥涉及钾矿的酸解、碱解与复分解过程。

无机盐工业产品繁多，大多无机盐产品都涉及矿物的化学加工，如硼矿、钡矿、钾矿、硅石、萤石、锰矿、铬矿、钼矿、钛矿、锌矿、铝土矿、锶矿等的化学加工。

无机化工反应的单元工艺中有一些单元工艺，如氧化、加氢、脱氢、电解等，已在通用反应单元工艺中阐述。本章主要介绍与无机化工各类产品均有密切关系的化学矿物固相加工单元工艺。

化学矿物的固相化学加工单元工艺有三种类型。一是“湿法”化学加工，即用酸、碱对矿物进行化学浸取，使其从不溶性物质转化为可溶性物质。二是“热法”化学加工，即采用煅烧、焙烧或烧结的方法对固相原料进行化学加工。三是采用复分解或置换反应工艺，使固相原料发生化学转化。

无机化工中化学矿物的固相加工生产化工产品的生产流程一般包括以下过程：

(1) 原料准备　化学矿物首先应加以破碎、磨细与筛分处理，必要时还要对矿物作精选处理,选矿的方法有手选、磁选和浮选等方法。

(2) 化学矿的热处理 采用焙烧、煅烧和烧结工艺对矿物进行热法化学加工。

(3) 化学矿的浸取 用合适的溶剂对矿物进行浸取,使有效组分从固相转移到溶液中来,浸取过程可以是物理浸取或化学浸取。

(4) 过滤 浸取过程中有效组分进入溶液,而其余物质仍留在固相中,需进行过滤将它们分离。常用的过滤设备有压力式过滤、真空式过滤和离心式过滤。

(5) 溶液的精制 滤液中还可能残留溶解性杂质,需进行精制和提纯,精制的方法有蒸馏、吸附、液-液萃取、离子交换、膜分离、沉淀和结晶等单元过程。

(6) 蒸发 用水蒸气加热物料,采用 2~3 效真空蒸发装置,使溶剂汽化,提高溶液的浓度。

(7) 结晶 溶液在蒸发或结晶的过程中,使产品从溶液中结晶出来。对工业结晶产品的要求是颗粒粗大、均匀。为此要控制好溶液的过饱和度、搅拌速率和冷却速率。结晶过程在冷却式结晶器、蒸发式结晶器、真空式结晶器或塔式结晶器中进行。

(8) 干燥 为防止湿物料的结块或有效组分的分解,需用热空气或烟道气为加热介质对产品进行干燥。

鉴于上述单元过程中,不少过程是物理过程,如破碎、过滤、筛分、结晶、干燥等已在化工原理中阐述,本章主要介绍化学矿物加工为无机化工产品中的典型单元反应工艺过程——焙烧、煅烧、浸取等,以及复分解过程。

4-1 焙烧与煅烧

焙烧与煅烧是两种常用的化工单元工艺。焙烧是将矿石、精矿在空气、氯气、氢气、甲烷、一氧化碳和二氧化碳等气流中不加或配加一定的物料,加热至低于炉料的熔点,发生氧化、还原或其他化学变化的单元过程,常用于无机盐工业的原料处理中,其目的是改变物料的化学组成和物理性质,便于下一步处理或制取原料气。煅烧是在低于熔点的适当温度下,加热物料,使其分解,并除去所含结晶水、二氧化碳或三氧化硫等挥发性物质的过程。两者的共同点是都在低于炉料熔点的高温下进行,不同点是前者是原料与空气、氯气等气体以及添加剂发生化学反应,后者是物料发生分解反应,失去结晶水或挥发组分。

一、焙烧与工业应用

1. 焙烧的分类与工业应用

矿石、精矿在低于熔点的高温下,与空气、氯气、氢气等气体或添加剂起反应,改变其化学组成与物理性质的过程称为焙烧。在无机盐工业中它是矿石处理或产品加工的一种重要方法。

焙烧过程根据反应性质可以分为以下几类,每类都有许多实际工业应用。

(1) 氧化焙烧 硫化精矿在低于其熔点的温度下氧化,使矿石中部分或全部的金属硫化物变为氧化物,同时除去易挥发的砷、锑、硒、碲等杂质。硫酸生产中硫铁矿的焙烧是最典型的应用实例。硫化铜、硫化锌矿的火法冶炼也用氧化焙烧。

硫铁矿(FeS_2)焙烧的反应式为

$$4FeS_2+11O_2 = 2Fe_2O_3+8SO_2\uparrow$$

$$3FeS_2+8O_2 = Fe_3O_4+6SO_2\uparrow$$

生成的 SO_2 就是硫酸生产的原料,而矿渣中 Fe_2O_3 与 Fe_3O_4 都存在,到底哪一个比例大,要视焙烧时空气过剩量和炉温等因素而定。一般工厂,空气过剩系数大,含 Fe_2O_3 较多;若温度高,空气过剩系数较小,渣成黑色,且残硫较高,渣中 Fe_3O_4 多。焙烧过程中,矿中所含铝、镁、钙、钡的硫酸盐不易分解,而砷、硒等杂质转入气相。

硫化铜(CuS)精矿的焙烧分半氧化焙烧和全氧化焙烧两种,分别除去精矿中部分或全部硫,同时除去部分砷、锑等易挥发物质。过程为放热反应,通常无需另加燃料。半氧化焙烧用以提高铜的品位,保持形成冰铜所需硫量;全氧化焙烧用于还原熔炼,得到氧化铜。焙烧多用流态化沸腾焙烧炉。

锌精矿中的硫化锌(ZnS)转变为可溶于稀硫酸的氧化锌也用氧化焙烧,温度 800~900 ℃,空气过剩系数 1.1~1.2,焙烧后产物中 90 %以上为可溶于稀硫酸的氧化锌,只有极少量不溶于稀酸的铁酸锌($ZnO\cdot Fe_2O_3$)和硫化锌。

有时,氧化焙烧过程中除加空气外,还加添加剂,矿物与氧气、添加剂共同作用。如铬铁矿化学加工的第一步是原料铬铁矿与纯碱氧化焙烧,在工业上广泛采用。原料铬铁矿[要求 $w(Cr_2O_3)>35\ \%$],在 1 000~1 150 ℃下氧化焙烧为六价铬:

$$2Cr_2O_3+2Na_2CO_3+3O_2 = 2Na_2Cr_2O_7+2CO_2\uparrow$$

(2) 硫酸化焙烧 使某些金属硫化物氧化成为易溶于水的硫酸盐的焙烧过程,主要反应有

$$2MeS+3O_2 \longrightarrow 2MeO+2SO_2$$

$$2MeO+SO_2+O_2 \longrightarrow MeO\cdot MeSO_4$$

$$MeO\cdot MeSO_4+SO_2+O_2 \longrightarrow 2MeSO_4$$

式中:Me 为金属。例如一定组成下的铜的硫化物,在 600 ℃下焙烧时,生成硫酸铜;在 800 ℃下焙烧时,生成氧化铜。所以控制较高的 SO_2 气氛及较低的焙烧温度,有利于生成硫酸盐;反之,则易变为氧化物,成为氧化焙烧。

对锌的硫化矿及其精矿,用火法冶炼时,用氧化焙烧;用湿法处理时,采用硫酸化焙烧。

(3) 挥发焙烧 将硫化物在空气中加热,使矿物中被提取组分变为挥发性氧化物,呈气态分离出来,例如,火法炼锑中将锑矿石(含 Sb_2S_3)在空气中加热,氧化为易挥发的 Sb_2O_3:

$$2Sb_2S_3+9O_2 \longrightarrow 2Sb_2O_3\uparrow+6SO_2\uparrow$$

此反应从 290 ℃开始,至 400 ℃可除去全部硫。

(4) 氯化焙烧 借助于氯化剂(如 Cl_2,HCl,NaCl,$CaCl_2$ 等)的作用,使物料中某些组分转变为气态或凝聚态的氯化物,从而与其他组分分离。金属的硫化物、氧化物或其他化合物在一定条件下大都能与化学活性很强的氯反应,生成金属氯化物。金属氯化物与该金属的其他化合物相比,具有熔点低、挥发性高、较易被还原,常温下易溶于水及其他溶剂等特点。并且各种金属氯化物生成的难易和性质上存在明显区别。化工生产中,常利用上述特性,借助氯化焙烧有效地实现金属的分离、富集、提取与精炼的目的。氯化焙烧视原料性质及下一步处理方法的不同,可分为中温氯化焙烧与高温氯化焙烧,前者是使被提取的金属氯化物在不挥发条件下进行,所产生的氯

化物用水或其他溶剂浸取而与脉石分离；后者是被提取的金属氯化物在能挥发的温度下进行，所形成的氯化物呈蒸气状态挥发，与脉石分离，然后冷凝回收。此法用于菱镁矿（$MgCO_3$）与金红石（TiO_2）的氯化，以生产镁和钛，也用于处理黄铁矿烧渣，综合回收铜、铅、锌、金、银等。

氯化离析焙烧是氯化焙烧的一种特例，在矿石中加入适量的碳质还原剂（如精煤或焦炭）和氯化剂，在弱还原气氛中加热，使矿石中难选的金属成氯化物挥发，再在炭粒表面还原为金属，并附着在炭粒上，随后用选矿方法富集，制成精矿。此法可用于某些难选或低品位的氧化矿（如氧化铜矿）。

在无机盐生产中，新建的钛白粉（TiO_2）装置多采用氯化法。金红石矿或钛铁矿渣与适量的石油焦混合后，加入流态化炉中，通入氯气在 800～1 000 ℃下进行氯化，其反应式为：

$$TiO_2+(1+\beta)C+2Cl_2 \longrightarrow TiCl_4+2\beta CO+(1-\beta)CO_2$$

式中：β 为排出炉气中 $\varphi(CO)/\varphi(CO+CO_2)$ 的比值。纯 $TiCl_4$ 是无色透明液体，但此过程所得粗 $TiCl_4$ 含有杂质，将杂质分离后，可制金属 Ti 或 TiO_2。

（5）还原焙烧　将氧化矿预热至一定温度，然后用还原气体（含 CO，H_2，CH_4 等）使其中某些氧化物部分或全部还原，以利于下一步处理。例如贫氧化镍矿预热到 780～800 ℃，用混合煤气还原，使铁的高价化合物大部分还原为 Fe_3O_4，少量还原为 FeO 及金属铁，镍与钴的氧化物还原成易溶于 $NH_3-CO_2-H_2O$ 溶液的金属镍和钴。

磁化焙烧也属于还原焙烧，其目的是将弱磁性的赤铁矿（Fe_2O_3）还原为强磁性的磁铁矿（Fe_3O_4），以便于磁选，使之与脉石分离。

无机盐生产中，重晶石（主要含 $BaSO_4$）的化学加工主要采用还原焙烧法，是生产各种钡化合物最经典、最重要、使用最广的方法。还原焙烧所用重晶石矿的品位要高，一般 $w(BaSO_4)>98\ \%$，$w(SiO_2)<2\ \%$，否则将影响产品质量。重晶石与煤粉在转炉中，于 1 000～1 200 ℃的高温下，还原焙烧成硫化钡（俗称黑灰），反应式为

$$BaSO_4+2C \longrightarrow BaS+2CO_2$$

经浸取分离所得的硫化钡溶液，可进而制成其他钡化合物。亦可用氢气、甲烷、天然气代替煤粉进行还原焙烧，在悬浮炉中还原重晶石，该法可强化还原过程。

2. 焙烧过程的物理化学基础

（1）焙烧过程热力学　焙烧过程中有气体产物产生，一般为不可逆反应。研究焙烧过程热力学主要是根据相图确定反应产物的相区。

焙烧过程中发生许多反应。以方铅矿焙烧为例，总反应式为

$$2PbS+3O_2 \longrightarrow 2PbO+2SO_2$$

此为全脱硫焙烧，或完全程度的氧化焙烧。对锌、铜、铁也能写出类似的完全焙烧反应式。

若焙烧温度较低，则形成硫酸盐：

$$PbS+2O_2 \longrightarrow PbSO_4$$

$$2PbO+2SO_2 \longrightarrow 2PbSO_4$$

温度较高时，氧化物可被硫化物还原得到金属：

$$2PbO+PbS \longrightarrow 3Pb+SO_2$$

可以采用控制温度和氧势（即压力）以得到所需的氧化态。以锌精矿而言，因最后要用碳还原，故需要氧化焙烧尽可能将硫除净。而对浸出之矿石，目的是形成尽可能的水溶性硫酸盐。

研究焙烧热力学时，还要注意气相中会生成三氧化硫（Me 为金属离子）：

$$SO_2+1/2O_2 \xlongequal{} SO_3$$

$$MeSO_3 \xlongequal{} MeO+SO_2$$

在一定的反应条件下，反应的产物到底是氧化物还是硫酸盐要由 lg[$p(SO_2)$/MPa]-lg[$p(O_2)$/MPa]的优势图来判断，由相图来确定产物组成。

温度为 1 000 K 的 Ni-O-S 优势区域图，见图 4-1-01。在总压为0.1 MPa（1 大气压）下，若气体组成为 $\varphi(O_2)$= 3 %～10 %，$\varphi(SO_2)$= 3 %～10 %，则所得区域见小方形 A，此时稳定的固相是 $NiSO_4$。若气体组成为$\varphi(O_2)$= 1 %，$\varphi(SO_2)$= 1 %，则为 B 点，此时 NiO 是稳定的。对于图中的 C 点，相应的$p(SO_2)$= 0.25 Pa，$p(O_2)$= 5 Pa，要求压力如此之小，在工业生产中是不可能形成的。

温度为 950 K 时焙烧铜、钴的硫化矿能产出纯度为 97 %的可溶性铜与纯度为 93.5 %的可溶性钴。焙烧炉气体分析为 $\varphi(SO_2)$= 8 %，$\varphi(O_2)$= 4 %，将950 ℃的铜与钴优势区域图重叠于图 4-1-02。表示在工业焙烧铜钴矿石的作业点（点 A）恰好在 $CoSO_4$，$CuSO_4$ 区域中。如果需要在浸取时，将铜与钴分离，焙烧条件可控制在点 B，则会生成不溶于水的氧化铜与可溶于水的氧化钴，此分离操作也已在工业中应用。

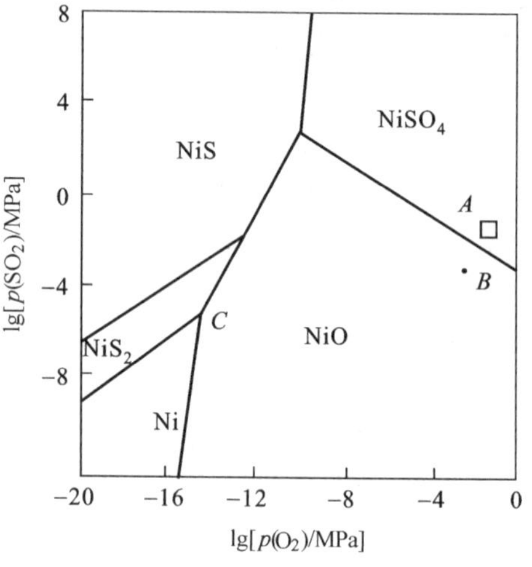

图 4-1-01　1 000 K 时 Ni-O-S 优势区域图

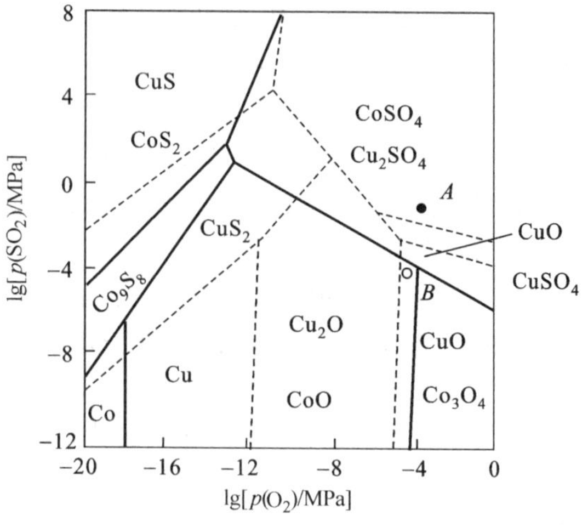

图 4-1-02　950 K 时 $\frac{Co}{Cu}$-S-O 重叠优势区域图

也可用温度对平衡的影响以移动优势区域位置以便产生出所需之最终产品。

（2）焙烧过程动力学与影响焙烧速率的因素　焙烧过程是气-固相非催化过程，由于颗粒之间无微团混合，所以反应速率的考察对象是颗粒本身。宏观反应过程包括气膜扩散（外扩散）、固膜扩散（又称产物层扩散或灰层扩散，内扩散）及在未反应芯表面上的化学反应。目前研究宏观反应速率最常用的是收缩未反应芯（又称缩芯）模型，当颗粒大小不变或颗粒大小改变时，当反应控制、内扩散控制或外扩散控制时，可以推导出不同的反应速率公式，详见化学反应工程专著。这类宏观反应速率公式还不能得心应手地应用于设计，设计工作多仍停留在经验或半经验基础上。

焙烧炉生产能力的大小，取决于焙烧的反应速率，反应速率越快，在一定的残留物指标下，单位时间内焙烧的固体矿物就越完全，矿渣残留物就低。在实际生产中不仅要求焙烧的矿物量多，而且要求烧得透，即排出的矿渣中残留物要低。影响焙烧速率的因素很多，有温度、粒度、氧含量等。

① 温度的影响　一般来说，温度越高，焙烧速率也越快。以硫铁矿氧化焙烧为例，当温度达到硫铁矿着火点以上才开始燃烧。各种硫铁矿的着火点要看它的矿物组成，杂质特征及粒度大小。硫铁矿的理论焙烧温度可达 1 600 ℃，但沸腾焙烧炉一般维持焙烧温度为 800～900 ℃之间，多余的热量需要移走，包括设置冷却装置或废热锅炉。虽然硫铁矿的焙烧速率是随着温度升高而加快，但工厂生产中并不是把温度无限的提高，而是控制在一定范围内，这主要是受到焙烧物的熔结和设备损坏的限制。例如 FeS 和 FeO 能够组成熔点为 940 ℃的低熔点混合物，远离它们各自熔点而熔结。一旦熔结成铁，焙烧速率会显著下降，烧结过程迅速恶化，操作不当引起结疤。为了防止焙烧过程中的熔结现象，各生产过程中都采取有效冷却措施，严格控制温度。

② 固体原料粒度的影响　焙烧过程是一个气-固相非催化反应过程，焙烧速率在很大程度上取决于气-固相间接触表面的大小，接触表面大小主要取决于原料的粒度，即它的粉碎度。当粒度小时，空气中的氧能够较易地和固体颗粒表面接触，并易于达到被焙烧的颗粒内部，生成的二氧化硫气体也能很快离开，扩散到气流主体中去。如果矿石粒度过大，除接触面减少外，还在未反应芯外部，生成一层致密的产物层，阻碍氧气继续向中心扩散，生成的二氧化硫也不能尽快离开，造成在炉中停留时间内，原料矿中的硫来不及焙烧透，使排出的矿渣中硫含量增高。

实际生产中是否要求矿石越小越好呢？也不是。粒度过小，不但会增加矿石被粉碎磨细的工作量，而且会增加除尘处理的工作量，故一般在沸腾焙烧炉中使用的固体颗粒平均粒度在 0.07～3.0 mm 之间。

③ 氧气含量的影响　气体中氧的含量对固体原料的焙烧速率也有很大影响。因为金属硫化物矿物的焙烧速率，取决于氧通过遮盖在颗粒表面的产物层向内扩散的速率，如果进入焙烧炉气体中的氧含量少，则单位时间内氧分子向矿粒内部扩散的分子就要少，金属矿物的焙烧速率就要慢些。所以在金属矿物焙烧时必须搅动矿粒，使矿物表面更新、改善矿粒间的接触情况、促使氧气达到焙烧物料的表面上，以提高焙烧速率。沸腾炉焙烧时，用空气直接搅动矿料，使矿石在流化状态下焙烧，单位反应表面积大，气-固接触充分，焙烧过程能以极快速率进行。

3. 典型氧化焙烧工艺——硫铁矿焙烧制硫酸原料气

硫铁矿是硫化铁矿物的总称，它包括主要成分为 FeS_2 的黄铁矿与主要成分为 Fe_nS_{n+1}（$n \geq 5$）的磁硫铁矿。纯粹的黄铁矿 w(硫)= 53.45 %，磁硫铁矿 w(硫)= 36.5 %～40.8 %。硫铁矿有块状和粉状两种。块状硫铁矿是专门从矿山开采供制硫酸使用的含硫量符合工业标准的原矿；粉状硫铁矿包括专门为制硫酸而开采的、经过浮选符合工业标准的硫精矿。对于块矿，在焙烧前要经过破碎、筛分等作业，一般不需要进行干燥；对于粉矿，在焙烧前需进行干燥、破碎与筛分。

硫铁矿焙烧的化学反应是 FeS_2 的氧化，它分两步进行，首先是 FeS_2 的热分解，而后为分解产物的氧化。

$$2FeS_2 \longrightarrow 2FeS + S_2(g)$$

$$S_2(g) + 2O_2 \longrightarrow 2SO_2 \uparrow$$

$$2FeS+3O_2 \longrightarrow 2FeO+2SO_2\uparrow$$

$$2FeO+0.5O_2 \longrightarrow Fe_2O_3$$

实际上焙烧炉中过剩空气较少，故矿渣中的铁有 Fe_2O_3 和 FeO 两种形态，Fe_2O_3 和 FeO 的比例取决于炉中氧的分压。

硫铁矿焙烧的总反应式为

$$4FeS_2+11O_2 = 2Fe_2O_3+8SO_2\uparrow$$

$$3FeS_2+8O_2 = Fe_3O_4+6SO_2\uparrow$$

硫铁矿的焙烧是强放热反应，除可供反应自热外，还需要移走反应余热。在空气中焙烧黄铁矿获得含 SO_2 的炉气，理论最高浓度为 $\varphi(SO_2)=16.2\ \%$。现代硫铁矿的焙烧都采用沸腾焙烧技术。

硫铁矿焙烧工艺流程见图 4-1-03。焙烧工序的主要设备有沸腾焙烧炉、废热锅炉和电除尘器。沸腾焙烧炉的出口炉气约 900 ℃，经废热锅炉降温至350 ℃。炉气中矿尘部分在废热锅炉中沉降，其余大部分在旋风除尘器中除去，剩余矿尘在电除尘器中再除去。送往净化工序的气体含尘量<0.2 g/m^3。当电除尘器具有更高的捕集效率时，也可不用旋风除尘器。所有矿渣（矿灰）经矿渣增湿器喷水增湿，降温至 80 ℃以下，以便运输。

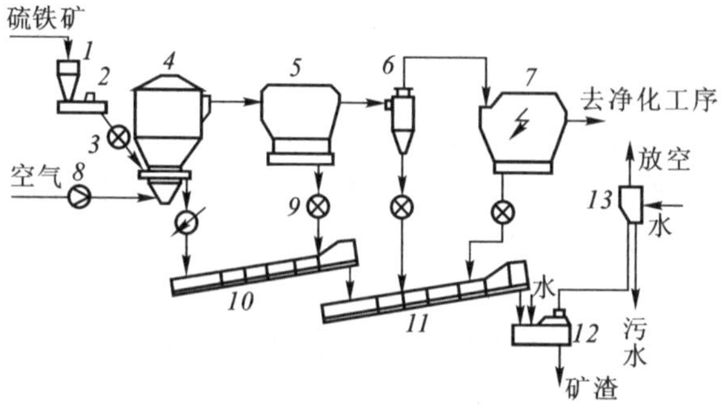

图 4-1-03 硫铁矿焙烧工艺流程图

1. 贮矿斗；*2.* 皮带秤；*3.* 给料器；*4.* 粉体焙烧炉；*5.* 废热锅炉；*6.* 旋风除尘器；*7.* 电除尘器；*8.* 空气鼓风机；*9.* 显形推灰线；*10,11.* 链式运输机；*12.* 矿渣增湿机；*13.* 蒸汽洗涤器

4. 典型氯化焙烧工艺——氯化法制造钛白粉

钛白粉（TiO_2）是一种重要的无机化工产品，在涂料、油墨、造纸、塑料、橡胶、化纤、陶瓷等工业中有重要用途。

钛白粉的生产工艺有硫酸法和氯化法两种工艺路线。硫酸法工艺路线较长，生产过程中有大量的废气排放和废液生成，污染严重。氯化法工艺简单，20 世纪 50 年代末实现工业化，由于其流程紧凑合理，“三废”少，产品质量高，现在氯化法钛白粉产量已经超过硫酸法。

氯化法钛白粉生产对原料的要求比硫酸法高，要使用 $w(TiO_2)=90\ \%\sim95\ \%$以上的天然金红石矿。主要工艺过程有天然金红石矿的氯化焙烧制取四氯化钛，四氯化钛的氧化及钛白粉的表面处理三个部分。

(1) 天然金红石矿的氯化焙烧 氯化通常在沸腾炉中进行。先用空气使干燥的金红石矿粉流态化,并加热至 650 ℃左右,然后加入焦炭粉,待温度升至 900 ℃时,用氯气替代空气入炉。金红石矿与氯气、焦炭粉发生如下反应:

$$TiO_2(\text{天然金红石矿})+2C+2Cl_2 \longrightarrow TiCl_4+2CO$$

从氯化焙烧炉中出来的气体含有 $TiCl_4$,还含有其他杂质。气体冷却到200 ℃左右,大部分杂质冷凝在炉灰上沉降下来,气体经进一步冷却,冷凝为液态粗 $TiCl_4$,经提纯后送往氧化炉。由于 $TiCl_4$ 的沸点与 $FeCl_3$,$AlCl_3$,$SiCl_4$ 等的沸点不同,可采用精馏法将粗 $TiCl_4$ 进行提纯,得到高浓度的液态 $TiCl_4$。

(2) $TiCl_4$ 的氧化 $TiCl_4$ 的氧化反应是一个气相反应,温度在 1 400~1 500 ℃,反应时间只需几毫秒,不像硫酸法焙烧需要几个小时。

$$TiCl_4+O_2 \longrightarrow TiO_2+2Cl_2$$

进氧化炉前,液态 $TiCl_4$ 先蒸气化并预热至 90~100 ℃,氧气也要预热至此温度,两者同时喷入氧化炉,进行快速强放热反应。反应在几毫秒内发生,为避免生成的 TiO_2 晶体在高温下长大并相互黏结而结疤,初生的 TiO_2 晶体不可碰器壁,且需要急剧降温,以极高流速通过冷却套管冷却至 600 ℃左右。反应产物经旋风分离器进一步冷却后,用袋滤器将 TiO_2 收集下来,含氯尾气经处理后返回氯化焙烧使用。$TiCl_4$ 氧化时需要加入 $AlCl_3$ 作为成核剂(晶种),$AlCl_3$ 随 $TiCl_4$ 一同蒸气化,混合后进入氧化炉内。$TiCl_4$ 在氧气中燃烧所放出的热量还不足以使物料上升到氧化反应的温度,需要外供热量帮助升温。

$TiCl_4$ 的氧化是一个技术难度很高的高温反应,其难度在于:高温下 $TiCl_4$ 腐蚀性很强,在 1 000 ℃高温下对材料的防腐蚀要求很高;$TiCl_4$ 与氧气喷入反应器的速率达 10 m/s,这种高速混合有很大的难度;而且在几微秒的时间中控制 TiO_2 晶体颗粒的大小也是很困难的事情,此外还要防止 TiO_2 在器壁上结疤。

(3) 钛白粉的表面处理 生成的钛白粉还要用无机或有机表面处理剂进行处理。无机表面处理剂中铅、硅包膜用得最多,以提高钛白粉产品的耐候性与在不同介质中的分散性能;有机表面处理剂有乙醇胺、丙二醇、三羟甲基丙烷等,以提高钛白粉产品在不同介质中的润湿性能。

5. 焙烧设备

焙烧过程中的主产物如果是固体物料,应使其物理化学性质适合后续作业,而且要提供适宜的物理状态。用反射炉焙烧的金属,如铜,焙烧后的物料应是细粉料。相反,鼓风炉炼铅,必须是一定大小的烧结块;焙烧过程的主产物如是气体,在粉尘和杂质含量方面有一定的要求。工业主要焙烧技术有炉膛焙烧、飘悬焙烧、沸腾焙烧和烧结焙烧。

(1) 炉膛焙烧 在一直立多膛炉中进行,有 8~12 层炉床。矿石由顶部加入,并由炉膛内一层层向下降落,此时硫化矿颗粒与上升气流接触进行焙烧。内壁衬以耐火砖,在中心轴上连续旋转耙臂随轴转动,矿石被耙推向外缘或内缘之开孔,降至下一层。转动耙臂需冷却。每天可焙烧块状炉料 100~200 t,通常过程是自热的,炉料的氧化足以提供热能。

(2) 飘悬焙烧 由多膛焙烧炉改进而来。对多膛焙烧的研究发现,氧化主要发生在与炉气接触的矿石表面,特别是由一层降落到另一层的瞬间,据此开发出飘悬焙烧。焙烧在类似于拆除中间几层的多膛炉中进行,精矿通常是湿的;在上部一、二层干燥后,穿过燃烧室下落,焙烧矿下落并汇集于底层后从炉内卸出。此过程中燃烧量不足,需燃烧辅助燃料以维持焙烧温度。

（3）沸腾焙烧　又称流态化焙烧，是固体流态化技术在化工、冶金中的应用。沸腾焙烧炉中，矿石粒子在悬浮状态下进行焙烧，床层由上升的气流及运动着的烧渣粒子群所构成，气体与固体粒子在床层中剧烈湍动，加快了气-固两相间的传递过程，因此焙烧强度高，且床层温度均匀。

化工行业应用沸腾焙烧炉对金属硫化物（包括浮选矿或经破碎的块矿等）进行氧化焙烧，硫酸化焙烧、磁化焙烧等作业，过程中都有二氧化硫气体产生。伴随金属硫化物的氧化，有反应热放出，大多数反应能自热进行。产生的烧渣用作冶金原料，产生的二氧化硫气体用于制造硫酸。

沸腾炉的出现给硫酸工业与有色冶金工业的矿物焙烧带来了重大变革。目前世界上容积最大的沸腾焙烧炉设在西班牙帕洛斯厂的硫酸装置内，其炉床面积为 123 m^2，容积为 2 800 m^3，设计能力为 1 000 t(H_2SO_4)/d。

沸腾焙烧炉结构见图 4-1-04。炉体为钢壳衬保温砖，内层衬耐火砖，为防止冷凝酸腐蚀，钢壳外面有保温层；炉子的下部是风室，设有空气进口管，其上是空气分布板。空气分布板上是耐火混凝土炉床，埋设有许多侧面开有小孔的风帽。炉膛中部为向上扩大的圆锥体，上部焙烧空间的截面积比沸腾层截面积要大，以减少固体粒子的吹出。沸腾层中装有与废热锅炉循环泵连接的冷却管，炉体还有加料口、矿渣出口、炉气出口、二次空气进口、点火口等接管，炉顶设有防爆孔。

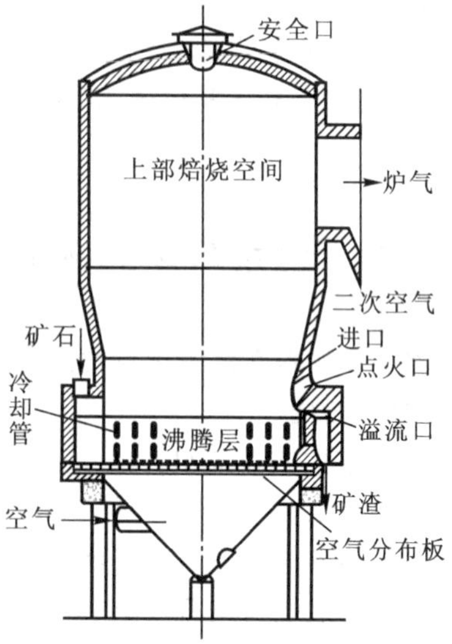

图 4-1-04　沸腾焙烧炉示意图

沸腾焙烧炉分直筒型炉与扩大型炉两种。直筒型炉多用于有色金属精矿的焙烧，其焙烧强度低。我国大部分铜精矿与锌精矿沸腾炉、美国多尔型沸腾焙烧炉均属此类型。上部扩大的异径炉早期用于破碎矿块的焙烧，后来发展到用于多种浮选矿的焙烧。

沸腾焙烧炉的主要操作条件是焙烧强度、沸腾层高度、沸腾层温度及炉气成分等：① 焙烧强度，习惯上以 t[折合成 w(硫) = 35 %的矿]/(m^2 · d)计算。焙烧强度与沸腾层操作气速成正比，气速一般在 1~3 m/s 范围内，焙烧不太细的浮选矿，焙烧强度为 15~20 t/(m^2 · d)；焙烧通过 3 mm×3 mm 筛孔的破碎块矿时，焙烧强度为 30 t/(m^2 · d)；② 沸腾层高度，炉内排渣溢流堰离风帽的高度可看做是沸腾层高度，一般为 0.9~1.5 m，相应的风室压力为 0.1~0.15 Pa（表压）；③ 沸腾层温度，随硫化矿物及焙烧方法不同而异。黄铁矿氧化焙烧温度约850~950 ℃，铜、钴、镍等精矿硫酸化焙烧约 640~700 ℃，锌精矿氧化焙烧约1 070~1 100 ℃，锌精矿硫酸化焙烧约 900~930 ℃；④ 炉气成分。空气是焙烧的反应剂与流化介质，黄铁矿焙烧时，空气用量略多于化学计量，炉气中$\varphi(SO_2)$ = 13 %~13.5 %，$\varphi(SO_3)$ <0.1 %。而硫酸化焙烧时，空气过剩系数较大，故炉气中 SO_2 浓度低，而 SO_3 含量较高。

沸腾焙烧炉与块矿多膛炉相比，具有如下特点：① 焙烧强度高数十倍至数百倍以上；② 矿渣残硫低；③ 可以焙烧低品位矿；④ 炉气中 SO_2 浓度高，而 SO_3 浓度低；⑤ 在硫化矿焙烧过程中可以回收大量热能产生中压水蒸气，其中 35 %~45 %的水蒸气是通过沸腾层中的冷却管获得；⑥ 炉床温度均匀；⑦ 结构简单，无转动部件，投资省，维修费用少；⑧ 自动化程度高，操作费用低;⑨ 开车迅速而方便,停车引起的空气污染少。但沸腾炉炉气带尘较多,空气鼓风机动力消耗较大。

沸腾焙烧炉仍在不断强化,出现了一些新的进展:① 进一步提高焙烧强度。新开发的高气速返渣沸腾焙烧炉、双层沸腾焙烧炉与熔渣炉是增加生产能力、减小设备容积的新型设备。富氧焙烧、纯氧焙烧和加压法的应用,也在很大程度上强化了焙烧过程;② 余热的进一步利用。如熔渣炉在 1 200 ℃下操作,为设置高压水蒸气废热锅炉创造了条件,1 t 普通硫铁矿可得 0.6~0.7 t 以上的水蒸气,相当于 500 MJ 的热能;③ 生产自动化,使炉温、加料量、加空气量、炉气成分检测等项目都采用自动控制,从而在最佳条件下进行;④ 烧渣的综合利用。高品位的硫铁矿直接用作炼铁原料,并能提炼有色金属与贵金属。低品位的矿料进行磁化焙烧,渣进行磁选后,提高铁的品位,同时有利于其他金属的提炼。

二、 煅烧与工业应用

将固体物料在低于熔点的温度下加热分解,除去二氧化碳、水分或三氧化硫等挥发性物质的过程,称为煅烧。

1. 煅烧的工业应用

煅烧在工业上应用广泛。

(1) 制备固体原料或气体原料　化学工业中常通过煅烧制备固体原料或气体原料,例如在制碱工业中煅烧石灰石生成氧化钙与二氧化碳,CO_2 是纯碱工业的原料,CaO 在索尔维制碱法中用于回收 NH_3。由于制碱工业对这两种原料要求很高,所以对煅烧过程的设计也有严格的限制;在合成氨厂采用碳化煤球制气时,也要用石灰窑煅烧石灰石生成二氧化碳;在无机盐工业中煅烧碳酸镁生成氧化镁,后者用作耐火材料的原料。

(2) 通过煅烧生成产品　在纯碱制造过程中,无论是路布兰法、索尔维法或联合制碱法,都是先制成碳酸氢钠,再由碳酸氢钠煅烧得到碳酸钠;在碳酸钾的制造过程中,无论是离子交换法、路布兰法或电解法,都是先制成碳酸氢钾,再煅烧成碳酸钾。在无机盐工业中煅烧过程应用很广泛,如二氧化钛生产中,由偏钛酸煅烧成二氧化钛产品;白云石煅烧制得氧化镁;过氧化钡、许多金属氧化物均可由相应金属的硝酸盐、碳酸盐、硫酸盐或氢氧化物煅烧而得;在某些浸渍型催化剂的生产过程中,载体浸渍了稀土金属的硝酸盐溶液,经高温煅烧才能得到产品。

2. 煅烧的物理化学基础

煅烧过程是不可逆反应过程,反应物是固体,生成物是另一种固体及气体。

$$aA(s) = sS(s) + gG(g)\uparrow$$

可将煅烧过程中分解反应的自由能表达为温度的函数,产物的分压力达0.1 MPa 时的分解温度是最低分解温度。

可按缩芯模型(颗粒大小不变或颗粒大小改变的缩芯模型)研究煅烧过程的动力学,求出未反应芯的推进深度与分解温度和分解时间的关系,以确定完全分解时间。

某些无机盐产品在煅烧过程中会发生晶形转变或其他物性变化,因而影响产品质量,这也应加以注意。

(1) 石灰石煅烧的基本原理

① 石灰石的主要成分为 $CaCO_3$，$w(CaCO_3)=95\%$左右，此外尚含少量$MgCO_3$，SiO_2，Fe_2O_3，Al_2O_3 等，主要反应是

$$CaCO_3 \longrightarrow CaO+CO_2$$

根据热力学数据，这一反应的

$$\Delta S^{\ominus}_{298\ K}=S^{\ominus}_{298\ K}(CaO)+S^{\ominus}_{298\ K}(CO_2)-S^{\ominus}_{298\ K}(CaCO_3)=160.8\ J/(mol\cdot K)$$

$$\Delta H^{\ominus}_{298\ K}=\Delta H^{\ominus}_{298\ K}(CaO)+\Delta H^{\ominus}_{298\ K}(CO_2)-\Delta H^{\ominus}_{298\ K}(CaCO_3)=18\ kJ/mol$$

根据 $d(\Delta H^{\ominus})=\Delta C^{\ominus}_{p,m}dT$，及 $d(\Delta S^{\ominus})=\Delta C^{\ominus}_{p,m}dT/T$，将三物质的摩尔定压热容数据代入，用试差法或图解法可求得 $T=1\ 180$ K 时，分解后理论上 CO_2 分压为 0.1 MPa。

② 实际温度比上述要高，因为在 1 180 K 时石灰石分解速率太慢。矿石分解速率以反应面(已生成的 CaO 与其内部 $CaCO_3$ 的分界面)向内推进速率表示，研究表明该速率与矿石大小无关，与温度 t(℃)的关系为

$$\lg[r]=0.003\ 145\ t-3.308\ 5$$

由此可见高温可以缩短煅烧时间。在一定温度下，不同大小的矿石所需完全煅烧时间如图 4-1-05 所示。但提高温度也有限制，不能使固体物料挂壁或结疤，实践证明，石灰石煅烧温度控制在 940~1 200 ℃为宜。

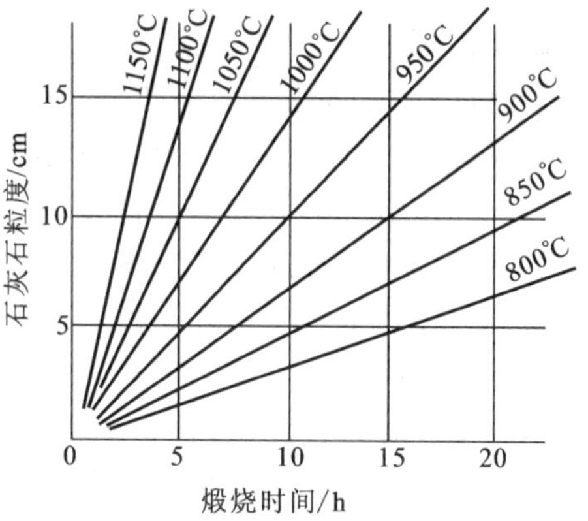

图 4-1-05 原料粒度与煅烧温度、煅烧时间的关系曲线

③ 煅烧是吸热反应，需燃烧焦炭或烟煤，燃料在窑中要燃烧完全，以提供最多的热量，操作中要严格控制空气用量，以使窑气中 $\varphi(CO)<0.6\%$，$\varphi(O_2)<0.3\%$。

(2) 重碱($NaHCO_3$)煅烧基本原理　重碱是不稳定化合物，常温下可以分解，升高温度将加速分解。

$$2NaHCO_3 \longrightarrow Na_2CO_3+CO_2\uparrow+H_2O\uparrow$$

平衡常数 $K=p_{CO_2}p_{H_2O}$，所以 $p_{CO_2}=p_{H_2O}=\sqrt{K}$，$K$ 随温度升高而增大。可用类似石灰石煅烧的热力学方法求算理论分解温度。实验得出某些温度下的分解压力，见表 4-1-01。

表 4-1-01 $NaHCO_3$ 平衡分解压力与温度的关系

t/℃	30	50	70	90	100	110	120
分解压力/mmHg*	6.2	30.0	120.4	414.3	731.1	1 252.6	1 274.6

* 1 mm Hg = 133.32 Pa。

由表 4-1-01 可见，当温度在 100~101 ℃时，分解压力已达 0.1 MPa，可使 $NaHCO_3$ 完全分解。因此实际上的煅烧温度为 165~190 ℃。

在煅烧过程中，除以上分解反应和重碱中游离水分受热变成水蒸气外，重碱过滤洗涤未净而残留的 NH_4HCO_3，$(NH_4)_2CO_3$，NH_4Cl 也会发生分解反应。这些副反应的发生，不仅消耗了热

量,而且使系统中循环的氨量加大,增加了氨耗,还发生

$$NH_4Cl+NaHCO_3 \longrightarrow NaCl+NH_3+CO_2+H_2O$$

的反应,残留的 NaCl,会影响产品质量。因此在重碱过滤工序中,洗涤是十分重要的。

(3) 偏钛酸的煅烧 用硫酸法制造二氧化钛是国内常用的方法,大致上可分为下面五个步骤:① 酸解:把钛铁矿用硫酸加热浸取,得到含硫酸钛及硫酸铁的溶液;② 净化:除去溶液中的不溶解的杂质,及大部分溶解的硫酸铁,铁的去除用冷冻法,使其成为绿矾析出;③ 水解:硫酸钛溶液加热水解,使钛以偏钛酸形式自溶液中沉淀析出;④ 煅烧:偏钛酸在高温下分解,释出水与三氧化硫,成为二氧化钛;⑤ 成品处理:二氧化钛的磨粉、检验与包装。

煅烧时发生的反应是

$$10\ H_2TiO_3 \cdot SO_3 \longrightarrow 10TiO_2+10H_2O\uparrow +SO_3\uparrow$$

偏钛酸所含水分有两种形态:结合在分子内部的及附着在粒子之间的。分子外部的水分可在 100~200 ℃下由蒸发除去;结合水分必须在更高温度下释出,由热力学分析可知,硫酸钛的各种水解产物,在 200~300 ℃范围内放出水分,而 SO_3 则需在 500~800 ℃时才释出。

煅烧过程中同时发生二氧化钛晶态的变化,二氧化钛有金红石、锐钛矿及板钛矿三种晶态,锐钛矿及板钛矿不太稳定,加热至一定温度会转变为金红石。偏钛酸煅烧时,究竟生成哪一种晶态,与煅烧的时间、温度、水解液种类以及偏钛酸中的杂质有关。一般从硫酸钛浓溶液水解得到的沉淀,经煅烧后生成的是锐钛型二氧化钛,在 950 ℃保持 2 h 晶态不变;而用稀溶液水解产物煅烧后,至850 ℃经过 1 h 就转化为金红石。若在硫酸钛水解时加入金红石型晶核,就可得到金红石型二氧化钛。

二氧化钛的颜料性质,往往因煅烧得到改善。以折射率为例,煅烧前的沉淀为 1.8,在 400 ℃时转变为 2.55,在 950 ℃时转变为 2.71。第一个转折点是偏钛酸转化为锐钛型二氧化钛,第二个转折点是锐钛型转化为金红石型。

制造颜料用二氧化钛时,要求成品有高遮盖力、着色力与不透明性。这些性质往往随着煅烧温度的升高而得到改善。在 900 ℃以上煅烧时,由于转化为金红石型,遮盖力及着色力大大提高,但在此温度下产品会变色。若能采用促进剂,即使在 850~900 ℃时,在短时间内即能发生转化,并能防止产品变色。所用的促进剂可以是钠、钾的氢氧化物、硫酸盐、硝酸盐或碳酸盐,也可以是硫酸铝、硫酸镁,其量一般在 w(促进剂)= 0.5 %已足够,由此得到的产物颜色洁白,有光泽,遮盖力强,且吸收油量低,pH 测定接近中性。

3. 石灰石煅烧——混料竖式窑

目前石灰石的煅烧大多采用混料竖式窑,其优点是生产能力大,上料下灰完全机械化,窑气浓度高,热利用率高,石灰质量好。

石灰窑结构见图 4-1-06。窑身用普通砖或钢板制成,内衬耐火砖,两层之间填装绝热材料,以减少热量损失。从窑顶往下可划分三个区:预热区、煅烧区与冷却区。预热区在窑的上部,占总高 1/4 左右,其作用是利用从煅烧区来的热窑气,将石灰石及燃料预热并干燥,以回收余热,提高热效率。煅烧区位于窑的中部,占总高½左右,经预热后的混料在此进行煅烧,完成石灰石煅烧过程。为避免过烧结瘤,该区温度不应超过 1 350 ℃。冷却区位于窑的下部,约占有效高度的 1/4,其主要作用是预热进窑空气,使热石灰冷却,这样既回收了热量又可起到保护窑篦的作用。至于配料比例、石灰石块度大小、风压、风量及加料出料速率等,都是保持石灰窑正常操作的主要

条件，应予以严格控制。

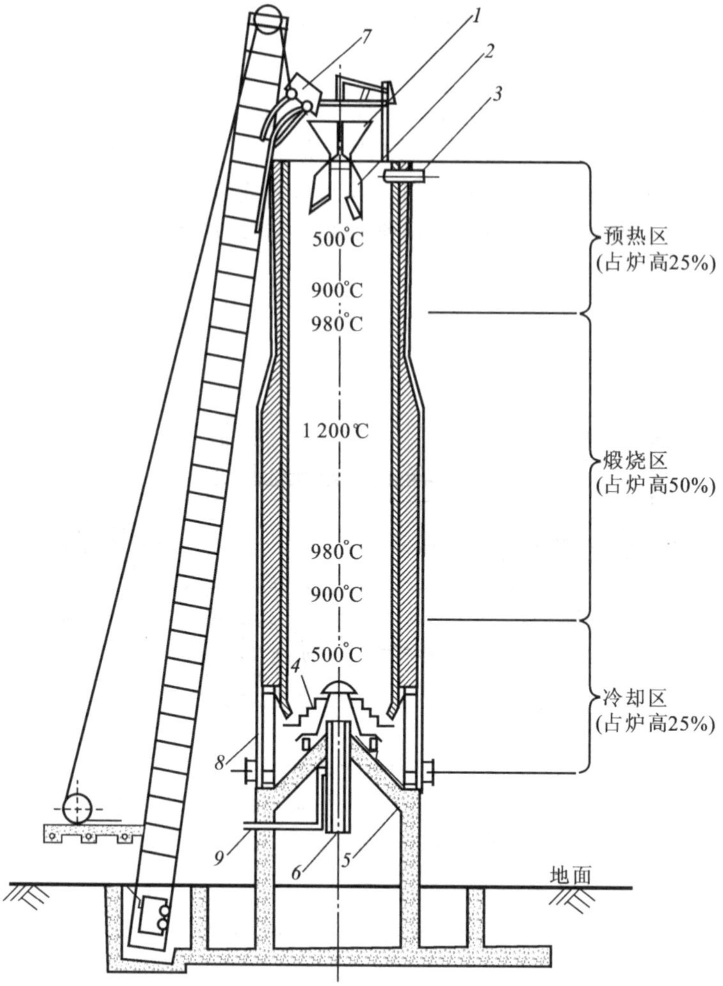

图 4-1-06　石灰煅烧窑示意图

1. 漏斗；*2*. 分石器；*3*. 出气口；*4*. 出灰转盘；*5*. 四周风道；*6*. 中央风道；*7*. 吊石罐；*8*. 出灰口；*9*. 风压表接管

窑的高度必须适合石灰石块度，在窑体直径不变的情况下，石灰石块度为 40～100 mm，窑身高度在 18 m 左右。窑身直径可根据生产能力来选择，每平方米的面积可煅烧 16.0～19.0 t(石灰石)/d。

石灰窑的加料与出料要精心设计。对加料装置的要求是：物料要尽量做到连续进窑，进料要均匀，石灰石与焦炭的分布要均匀。在石灰窑中，物料应该是在稳流状态中从上而下移动，尽可能是平推流，沿整个断面均匀分布，以达到良好的运行。对出料的要求是：运行连续稳定，保持燃烧用的空气在整个断面上分布均匀，出料装置要坚固耐用，安全可靠。

标志石灰窑工作情况的主要指标是：每座窑的生产能力及强度，碳酸钙的分解率及窑的热效率。

4. 重碱煅烧——回转煅烧炉

煅烧重碱（$NaHCO_3$）生成纯碱、煅烧偏钛酸生成钛白粉等所用设备多为回转煅烧炉，又分为外热式和内热式两种。

（1）外热式煅烧炉 见图4-1-07，为一圆筒形回转设备，炉体用锅炉钢板焊成，两端装有滚圈，架卧在两对托轮上，后托轮有凸缘，用以固定炉体，不使其后串与脱轨。炉体转速5~6 $r\cdot min^{-1}$，炉中有一条固定在两端的链条，链条与刮板相连，后者用以刮去炉壁附着物并搅拌打碎物料。固体物料（如重碱与返碱）经过进料螺旋输送机运送，并搅拌均匀入炉，进料螺旋输送机外壳上有返料与新料加入口及炉气出口。

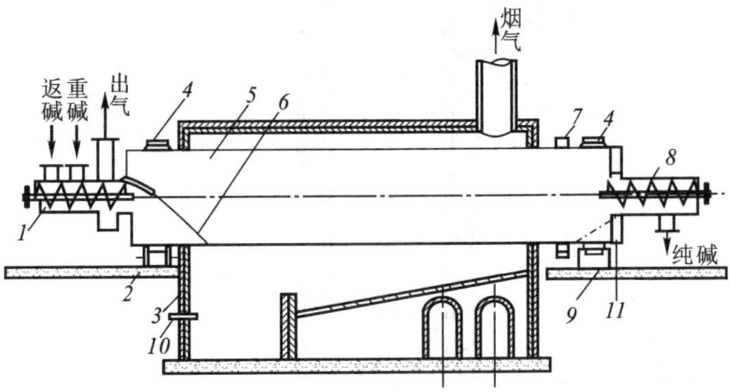

图4-1-07 外热式煅烧炉示意图

1. 进料螺旋输送机；*2.* 前托轮；*3.* 炉灶；*4.* 滚圈；*5.* 炉体；*6.* 链条；*7.* 齿圈；*8.* 出料螺旋输送机；*9.* 后托轮；*10.* 重油喷嘴；*11.* 出碱口

出料螺旋输送机将炉尾出料斗中产品取出，其上有测温装置，操作人员依据温度判断煅烧情况，并决定取出物料量。

外热式煅烧炉可以煤或重油为燃料。采用重油为燃料，虽可减轻繁重体力劳动，但因受炉结构限制，生产能力低，炉体易损坏，热效率差，逐渐被内热式水蒸气煅烧炉代替。

（2）内热式水蒸气煅烧炉 卧式圆筒形，见图4-1-08。由炉体部分、进料部分、出料部分、加热部分及传动部分组成。

炉体由普通钢板卷焊而成，前后有两个滚圈，架在托轮上，使炉体向后倾斜1.5 %~2.0 %。托轮负荷大，采用滚动轴承。在炉尾端的滚圈上装有挡轮，防止炉体轴向窜动。炉尾滚圈附近装有齿轮圈，通过减速机、浮动联轴器由电动机带动回转。进料、出料部分采用端面填料密封，以防碱粉及炉气逸出或空气漏入。炉体内靠近炉尾出料口设有挡灰圈，以保持炉内一定的存料量。炉体内充填系数，即固体物料所占容积与炉内有效容积之比约为（0.2~0.3）:1。

进出料均用螺旋输送机，进料螺旋输送机用空心叶片，出料螺旋输送机用实心叶片，运输机能力要与生产能力适应。

炉内加热管以同心圆排列，由管架支撑于炉体上，加热管外壁装有散热片以增大传热面积。为避免入炉物料在加热管上结疤，近炉头一端2~4 m为光管。水蒸气室在炉尾，接有随炉旋转

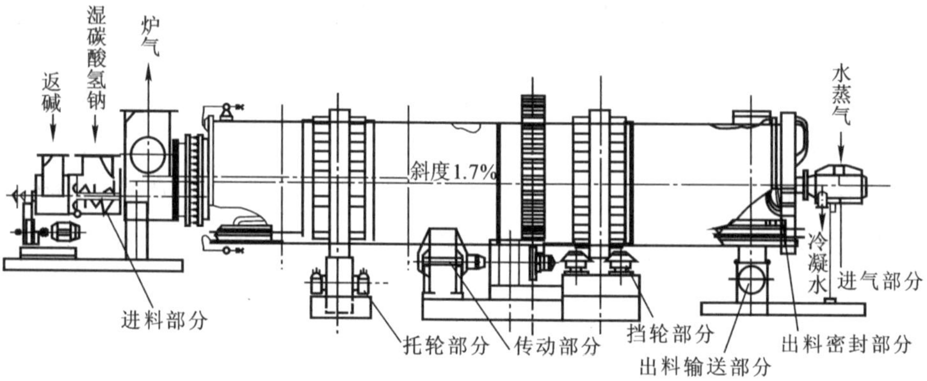

图 4-1-08 水蒸气煅烧炉示意图

的空心夹套进气轴，外有支撑在弹性支架上的进气箱，进气轴与进气箱之间采用石墨填料密封，填料箱外有水夹套冷却。

内热式水蒸气煅烧炉与外热式煅烧炉相比，具有以下优点：① 生产能力大，为同一直径与长度外热式煅烧炉的 2~3 倍，占地面积与建筑费用省；② 热利用率高，水蒸气煅烧炉可达 70 %~75 %，而外热式煅烧炉仅有 45 %~55 %；③ 寿命长，不受直接火焰，用普通钢板制成，维护费低；④ 劳动条件好，炉体外有保温层，对环境影响少。

目前水蒸气煅烧炉又有新的进展，出现了自身返料、抛料机加料式水蒸气煅烧炉。自身返料比炉外返料简化了流程，抛料机加料比螺旋进料机更能使固料分散度好。

4-2 浸取

浸取是应用溶剂将固体原料中可溶组分提取出来的单元过程。进行浸取的原料是溶质与不溶性固体的混合物，其中溶质是可溶组分，而不溶固体称为载体或惰性物质。

一、浸取工艺与设备

浸取广泛用于化学工业，特别是无机盐工业和磷肥工业，以获取具有应用价值组分的浓溶液或用来除去不溶性固体中所夹杂的可溶性物质。大多数金属矿物是多组分的，需要用浸取才能分离出所需的金属，如用硫酸或氨溶液从含铜矿物中得到铜，用氰化钠溶液从含金矿石中提取金。无机盐工业中铬、硼、钛、钡等盐类均需从矿石中浸取而得。用浸取法还可提取或回收铝、钴、锰、锌、镍等。以天然物质为原料，还可用浸取法得到有机物质，如食品工业中用温水从甜菜中提取食糖，用溶剂从花生、大豆中提取食油等。

表 4-2-01 列举了一些化学工业中的浸取过程。

表 4-2-01 化工浸取过程举例

产物	原料	溶剂
磷酸	磷矿石	硫酸、硝酸、盐酸
钛白	钛铁矿	硫酸
重铬酸钠	铬矿	硫酸、三氯化铁
五氧化二钒	钒矿	氢氧化钠
氧化铝	铝矾土	氢氧化钠
铜、镍、钴盐	铜、镍、钴硫化矿	氨
铜、镍、钴盐	铜、镍、钴氧化矿	酸、氨、碳酸铵溶液
稀土盐类	稀土精矿	热硫酸
金、银	金、银氧化矿	氰化物

表 4-2-02 列举了一些典型的浸取操作实例。

表 4-2-02 化工典型浸取操作

浸取方法	原料	原料粒度/mm	浸取时间	浸取率/%
悬浮搅拌	磷矿	0.35	5 h	~ 95
悬浮搅拌	铜矿	<0.85	4~8 h	~ 95
加压悬浮搅拌	硫化镍矿	<0.3	2 h	~98
渗滤浸取	铜矿	6	5 d	~ 80
堆浸	铜矿	碎矿	120 d	~ 20

1. 浸取的基本概念

(1) 浸取类型　浸取按溶剂种类可分为:① 酸浸取,又称酸解。浸取剂有硫酸、盐酸、硝酸、亚硫酸及其他无机酸与有机酸;② 碱浸取,又称碱解。浸取剂有氢氧化钠、氢氧化钾、碳酸钠、氨水、硫化钠、氰化钠及有机碱类;③ 水浸取,浸取剂为水;④ 盐浸取,浸取剂为氯化钠、氯化铁、硫酸铁、氯化铜等无机盐类。

浸取按是否发生化学反应可分为非反应浸取与反应浸取两类,反应浸取中又可分为络合浸取、氧化浸取、还原浸取、氯化浸取等。

按浸取条件可将浸取分为常温和高温浸取,常压和加压浸取。

(2) 浸取剂的选择　浸取剂又称溶剂,浸取剂的选择条件是:① 浸取剂对溶质的浸取应具有选择性,以减少浸取液精制费用;② 对溶质的饱和溶解度大,可得到高浓度浸取液,再生时消耗的能量小;③ 要考虑浸取剂的物性。从浸取剂回收看,沸点应低一些,如在常压下操作,沸点将成为浸取温度上限。浸取液的黏度、密度对扩散系数、固液分离、搅拌的动力消耗均有影响;④ 浸取剂的价格、毒性、燃烧性、爆炸性、腐蚀性等有关性质。

(3) 固体的预处理　为了使固体原料中溶质能够很快接触溶剂,需进行预处理,预处理包括粉碎、研磨、切片或造型。对某些矿物还需进行煅烧或焙烧。预处理是浸取前的重要工序。

将原料粉碎、磨细，可增加其与浸取剂接触的表面积，使浸取速率显著提高。但由于粉碎费用昂贵，所以要考虑一个经济合理的颗粒大小。对于溶质在载体中均匀分布，溶质易渗透的情况，过细的粉碎并不经济，也无必要，因为浸取操作是在搅拌槽中进行的，保持固体粒度在溶剂中能较好悬浮即为合适。

(4) 浸取条件　反应浸取从化学反应工程角度看，属于液固反应，对于这类液固浸取，浸取速率受以下因素影响：温度、浸取剂、浓度、矿石粒径、空隙率、搅拌等。

反应的浸取速率随温度上升而增加，然而对扩散控制的过程，温度对浸取速率的影响不很明显，升高温度，浸取速率提高不多，但却明显增加了杂质含量，不如选取适当浸取温度为宜。

浸取速率随浸取剂浓度增加而增加。但有时提高浓度并不能显著提高浸取速率，相反却增加了其他组分的溶解。如酸解矿物时，为避免杂质过多浸出，要控制酸度。

浸取速率随矿石粒度减小而增加，因为颗粒越小，液-固两相接触表面积越大。但粒径太小，将会增加粉碎成本。粒径太大，浸取时间增加。

在浸取过程中，如果过程是液相扩散控制的，那么搅拌对浸取速率有较大影响。若过程为反应控制，则搅拌速率影响不大，但也须充分搅拌避免固体沉降。

此外影响浸取速率的还有矿浆密度、浸取物的物理化学性质。而浸取时间主要由有用组分回收率和杂质最小污染程度决定。

一般说来，上述影响因素的最佳值可以通过实验确定。反应浸取的设计现在还不太成熟，通常可按液-固相反应处理。

浸取后一般先除去悬浮物质，然后进行过滤，获取的是澄清的浸取液。工业上由浸取液回收有用物质的处理方法有以下几种：① 结晶法；② 吸附法；③ 离子沉淀法；④ 金属沉淀法；⑤ 气体沉淀法；⑥ 离子浮选与沉淀浮选法；⑦ 离子交换法；⑧ 溶剂萃取法；⑨ 固体或液体阴极电积法等。这些回收方法的选择主要取决于浸取液的物化性质、处理方法的技术经济指标，以及因地制宜等因素。

2. 几种典型浸取过程

(1) 酸浸取　以酸为浸取剂的浸取过程，亦称酸解，所发生的化学反应是酸与矿物的复分解反应。酸浸取所用的酸可以是无机酸或有机酸，无机酸主要是硫酸、硝酸、盐酸，有时也用氢氟酸、亚硫酸、王水等。有机酸如醋酸、草酸、蚁酸和其他烷基酸。

硫酸是弱氧化酸，沸点高，在常压下浸取温度高，能使浸取过程强化，设备防腐也较易解决，是处理金属氧化物矿物的主要溶剂。硫酸也能溶解碳酸盐、磷酸盐、硫化物等。因此是应用最广泛的溶剂之一。浸取过程中所发生的主要反应是

$$MeO+H_2SO_4 = MeSO_4+H_2O$$

$$MeS+H_2SO_4+\frac{1}{2}O_2 = MeSO_4+H_2O+S$$

硝酸是强氧化剂，反应能力强，但易挥发、价格贵，一般不单独用作浸取剂。

盐酸能与金属、金属氧化物及某些硫化物作用生成可溶性金属氯化物。

酸解过程在无机盐工业中应用广泛，举例如下：

① 硼矿化学加工　硼矿粉在 90 ℃，常压下被硫酸分解以生成硼酸。

② 萤石化学加工　萤石(氟化钙)在 200~250 ℃下被硫酸分解制取氢氟酸，反应过程通常

在立式预反应槽与卧式外加热反应转炉中进行：

$$CaF_2+H_2SO_4 \longrightarrow CaSO_4+2HF$$

③ 铬酸酐生产　将重铬酸钠[$w(Na_2Cr_2O_7)=98\ \%$]与浓硫酸放入带有框式搅拌器的钢制反应器中混合，加热至 190 ℃进行酸解反应：

$$Na_2Cr_2O_7+2H_2SO_4 \longrightarrow 2CrO_3+2NaHSO_4+H_2O$$

④ 氯化钡生产　将重晶石(主要是硫酸钡)矿粉与煤粉加入转炉中于950～1 000 ℃下焙烧得硫化钡熔体，用热水于螺旋浸取器中连续浸取，得硫化钡溶液，再与盐酸在反应器中反应，制得氯化钡。

此外铝土矿被硫酸、硝酸或盐酸分解制取铝盐，菱锌矿被硫酸分解制取硫酸锌，磷矿石被硫酸分解生产过磷酸钙等都是酸浸取的实际应用。

酸解过程中所用的酸，常使反应生成物之一为酸性气体，另一为新的固相结晶；同时必须考虑新固相结晶的成核条件和生长条件，以避免新固相包裹矿石颗粒。例如硫酸分解磷矿制取过磷酸钙时，硫酸浓度不宜过高，否则硫酸钙在矿粉表面上形成致密的薄壳，以致酸解反应不完全。酸与矿粉配比不同，可生成不同产品。例如硫酸分解钛铁矿时，因配比不同，可以生成硫酸钛或硫酸氧钛。

酸解过程通常是不可逆放热反应，分解率较高，放出的热量可使物料温度升高，因而使反应速率加快。有些酸解反应有一个起始反应温度，然后借助自热加速反应，硫酸分解钛铁矿即属此例。

影响矿物或盐类酸解率和酸解速率的主要因素有：① 粒度。固体粒度越小，则酸解率和酸解速率越高；② 温度。温度升高则大多数物质的溶解度和扩散系数增加，溶液黏度减小，酸解速率提高。当温度受酸液沸点限制时，酸解过程须在加压下进行；③ 搅拌作用。搅拌能增加液-固相的相对运动速率，使扩散阻力减小，还可防止颗粒沉降；④ 空隙率。固体物料空隙率越大，越容易酸解；⑤ 悬浮液的液固比。液固比越大，酸解速率也越高。

酸解设备有机械搅拌槽式反应器、空气鼓泡槽式反应器、回转筒式反应器、板式浸取塔、增稠浸取器和螺旋浸取器等。过程可以间歇地或连续地进行。

(2) 碱浸取　以碱为浸取剂的浸取过程，亦称碱解，通常用于对矿石加工的无机盐生产过程中。有机物被碱分解的过程也称碱解。碱性物质一般是钠、钾的氢氧化物、碳酸盐、重碳酸盐及钙的氧化物、氢氧化物、氨水等。碱性物质可以单独或混合使用。

无机盐工业中多用烧碱或纯碱溶液，在水蒸气加热条件下加工矿物或盐类，使其分解，以浸取出有用组分。典型实例有：

① 硼砂生产　在水蒸气加热条件下，用纯碱与硼矿反应，使其分解为可溶性硼盐和不溶性碳酸盐，加以分离。反应在 4～6 个串联的碱解塔中进行：

$$2(MgO \cdot B_2O_3)+Na_2CO_3+CO_2 \longrightarrow Na_2B_4O_7+2MgCO_3$$

② 泡花碱(硅酸钠)生产　把硅石粉与烧碱溶液加入加压釜中，在高温下反应，生成硅酸钠。反应在立式搅拌釜中进行：

$$SiO_2+2NaOH \longrightarrow Na_2SiO_3+H_2O$$

③ 溶浸法制氟化钠　将萤石、纯碱、石英砂混合后在 800～900 ℃下焙烧，然后用水浸取，再结晶，干燥后即得成品。反应在转炉中进行，焙烧产物在搅拌浸取器中浸取。

$$CaF_2+Na_2CO_3+SiO_2 \longrightarrow 2NaF+CaSiO_3+CO_2$$

以氨作为浸取剂也属碱浸取过程。氨是铜、镍、钴氧化矿的有效溶剂，氨可与这些金属形成稳定的络离子，扩大了 Cu^{2+}，Ni^{2+}，Co^{2+} 在浸取液中的稳定区域，降低了铜、镍、钴的氧化还原电位，使其较易转入溶液中。

在有氧存在时，镍或钴与氨作用生成 $Ni(NH_3)_4^{2+}$，$Co(NH_3)_4^{2+}$：

$$Ni+4NH_3+CO_2+\frac{1}{2}O_2 = Ni(NH_3)_4CO_3$$

对铜或铜氧化矿也可进行氨浸取：

$$CuO+2NH_4OH+(NH_4)_2CO_3 = Cu(NH_3)_4CO_3+3H_2O$$

$$Cu+Cu(NH_3)_2CO_3 = Cu_2(NH_3)_2CO_3$$

生成的亚铜氨络离子可被空气中的氧氧化为铜氨络离子，再重新浸取金属铜：

$$Cu_2(NH_3)_2CO_3+(NH_4)_2CO_3+2NH_4OH+\frac{1}{2}O_2 = 2Cu(NH_3)_2CO_3+3H_2O$$

氨浸法的特点是能选择性浸出铜、镍、钴，而不溶解其他杂质，对含铁高或以碳酸盐矿为主的铜、镍矿物宜用氨浸。

硫化钠作为浸取剂也是碱浸取过程，硫化钠是砷、锑、锡、汞的良好浸取剂，例如硫化锑在氢氧化钠和硫化钠的溶液中，浸取率可达 99 %以上。这是因为硫化钠可以和砷、锑、锡、汞的硫化物作用，生成稳定的金属硫离子络合物，如

$$Sb_2S_3+S^{2-} \longrightarrow 2SbS_2^-$$

碱浸取还包括用氰化钠作为浸取剂的过程。氰化钠的浸取是提取金、银广泛使用的方法，金、银等金属的电极电位很高，能与 CN^- 形成络合物，降低了金、银的氧化还原电位，从而使金、银转入溶液中：

$$2Au+4NaCN+2H_2O \longrightarrow 2NaAu(CN)_2+2NaOH+H_2$$

影响矿物或盐类的碱浸取的碱解率和反应速率的因素主要有碱类物质和矿物的配比、反应温度、反应时间、操作压力、搅拌强度等。由于多在溶液中进行浸取，原料颗粒大小与碱液浓度也应控制。

碱浸取一般在槽式反应器中进行，有时也采用塔式反应器，如搅拌釜、空气鼓泡槽、板式浸取塔等。碱解时可用直接水蒸气加热或夹套间接加热，过程可以间歇、批量或连续进行。

(3) 盐浸取　用盐作为浸取剂的浸取过程，根据盐在浸取过程中的作用，可分为两类：

① 盐仅作添加剂，只发生复分解反应，增加浸取液中某组分溶解度，如

$$PbSO_4+2NaCl = PbCl_2+Na_2SO_4$$

$$PbCl_2+2NaCl = Na_2(PbCl_4)$$

② 盐作为氧化剂，浸取过程中发生氧化还原作用，如 $FeCl_3$，$Fe_2(SO_4)_3$，NaClO等。高价铁盐是理想氧化剂，由于其氧化还原电位较高，可广泛用于硫化矿和氧化矿的浸取：

$$MeS+8Fe^{3+}+4H_2O = Me^{2+}+8Fe^{2+}+SO_4^{2-}+8H^+$$

$$MeS+2Fe^{3+} = Me^{2+}+2Fe^{2+}+S$$

3. 浸取设备

液固浸取操作包括固体原料中溶质在溶剂中溶解的过程和残渣与浸取液的分离过程，后一过程往往不能分离完全，因此为了回收浸取后残渣中吸附的溶质，还需反复洗涤。

浸取设备有间歇式、半连续式、连续式。按固体原料的处理方式，可分为固定床、移动床、分

散接触式;按溶剂与固体原料的接触方式,可分为多级接触、单级接触与微分接触型。

在选择设备时,要根据所处理固体原料的形状、颗粒大小、物理性质、处理难易程度以及所需费用大小决定,处理量大时,一般用连续设备。

(1) 渗滤浸取器

① 分批操作渗滤器 粗大颗粒固体可由固定床或移动床设备的渗滤器浸取。在渗滤器中装入待浸取固体,然后用溶剂渗滤、浸渍并间歇排泄滤液。槽内应放颗粒均匀的固体,这样才有最大的空隙率,使床层阻力降低和沟流减少。槽的底部安装多孔板或木格子,固体原料堆放其上,浸取槽可用金属、水泥、木材,内衬沥青、铅板、耐酸砖等制成圆形或方形,固体颗粒小时,可放上滤布。当床层压力降过高时,或为了避免溶剂的蒸发损失时,可以采用密封的渗滤器,溶剂可用泵循环通过各槽。

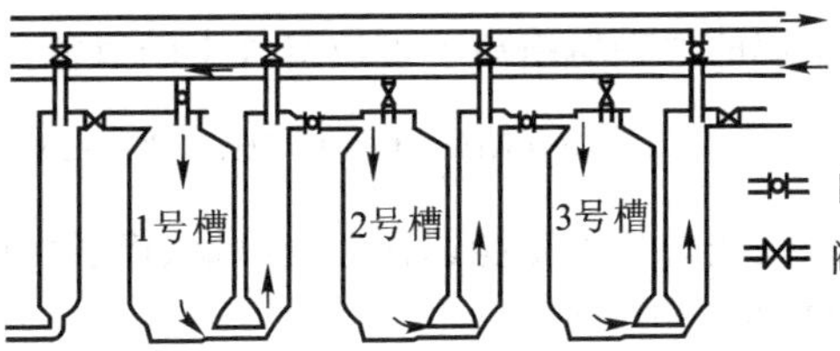

图 4-2-01 浸取器组示意图

渗滤器也可联组操作,图 4-2-01 为多个间歇浸取器所组成的浸取器组,可用于制糖工业中,也用于药物的提取中。在制糖工业中,用几个至几十个浸取器联组,以 71~77 ℃的热水从甜菜中提取糖,糖的收率可达 95 %~98 %,最终浸取液的浓度达 w(糖)= 12 %。

② 连续操作渗滤器

1) Rotocel 浸取器 由美国 Kellogg 公司开发,浸取器处理能力大。美国采用大容量连续浸取的 Rotocel 浸取器每天可处理物料 18 000 t。我国在大豆处理和菊花晶处理中也采用此类浸取器。

设备示意图见图 4-2-02,类似于间歇逆流多级浸取器组,浸取器隔开成 20 个相等的扇形单元,整个槽在圆形轨道上慢慢旋转。固体物料连续地从某一固定地点加入,此后就受到多股溶剂喷淋,每一股溶剂浓度依次比前面一股要稀,而物料排出前再用纯溶剂洗涤。各单元底板有翻板,浸取终了时,浸取残渣都将落下。浸取槽外侧装有密封罩,以防溶剂蒸气外逸。

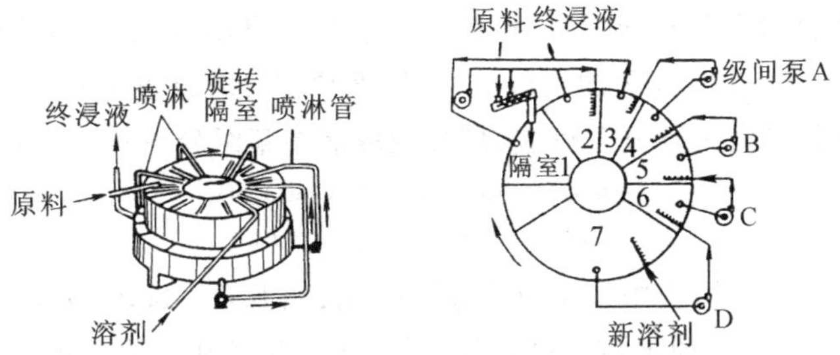

(a) 结构简图 (b) 静止圆桶分室及溶液流向图

图 4-2-02 平转式(Rotocel)浸取器示意图

2) Bollman 浸取器 如图 4-2-03 所示,是一种移动床式连续浸取器,它包含一连串带孔的料斗,其安排的方式就如斗式提升机,料斗安装在密封设备中。固体加到向下移动的那一边顶部料斗，再从向上移动的顶部料斗排出。溶剂喷淋在即将排出的固体物料上，并经料斗下流，以达逆向流动。然后，再使溶剂以并流方式与下移料斗接触。典型的 Bollman 浸取器每小时转一圈，每斗可装 360 kg 物料，处理能力大，每天可处理固体物料 50~500 t。

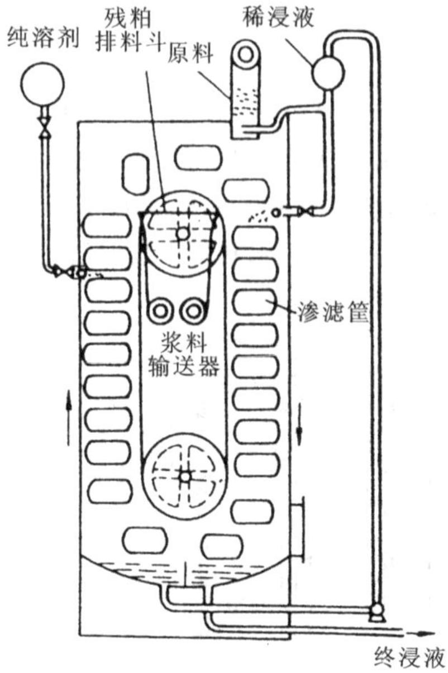

图 4-2-03　Bollman 浸取器示意图

3) Kennedy 浸取器　如图 4-2-04 所示，由一组槽子串联组成，固体受叶轮带动，由一槽输送到另一槽，而溶剂流向相反，因而是逆流浸取。

(2) 分散固体浸取器

① 搅拌槽

1) 粗粒原料用搅拌式浸取槽，又分卧式、立式与回转圆筒式等类型，见图4-2-05。卧式与立式搅拌槽与搅拌反应釜相似，可用蒸气夹套、蒸气盘管或直接蒸气加热。回转式浸取槽与回转式干燥器类似，工业中广泛采用的是具有外夹套蒸气加热的水平圆筒形。

2) 细粒原料用搅拌式浸取槽　在浸取槽中，用搅拌使细粒原料悬浮在溶剂中，经过一定时间浸取抽提后，在同一槽中或在另一槽中使固体颗粒沉降，或用过滤方式使固液分离，搅拌形式有机械与空气搅拌两种。

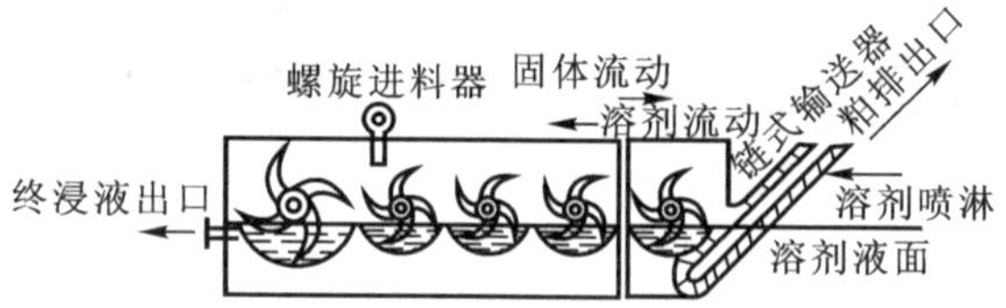

图 4-2-04　Kennedy 浸取器示意图

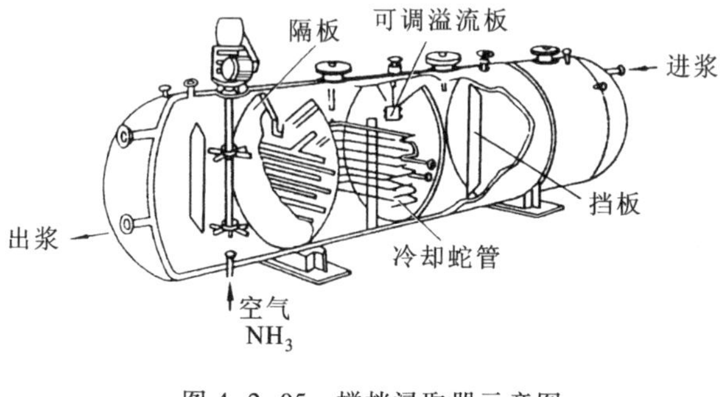

图 4-2-05　搅拌浸取器示意图

图 4-2-06 为空气搅拌的 Pachuca 槽，用于从金银矿中氰化法提取或氯化锌的浸取。槽用木

材、金属、水泥或铅制造,设备费低廉,适宜长期操作。在槽的中部,从锥形底至液面附近有一根垂直管,下部吹入空气,悬浮液与空气在管内急剧上升,悬浮液在垂直管外侧向槽底部流动,造成循环。

② 螺旋输送浸取器 如图 4-2-07 所示,在一个 U 形组合的浸取器中,分装三组螺旋固体输送器,在螺旋线表面上开孔,溶剂可以通过孔进入另一螺旋中,以达到与固体逆流接触。螺旋转速以固体排出口达到紧密程度为好。也有双螺旋浸取器,其水平部分的螺旋用于浸取,倾斜部分的螺旋用于洗涤、脱水和排出浸取过的固体。

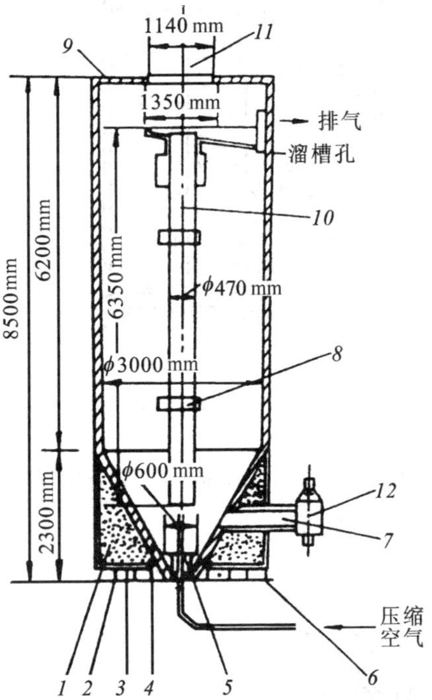

图 4-2-06 Pachuca 槽示意图

1. 石英砂填充物;2,6. 支撑件;3. 底板;4. 锥底;5. 进气管;7. 排浆管;8. 包铅铁箍;9. 顶盖;10. 提升管;11. 加料口;12. 旋塞

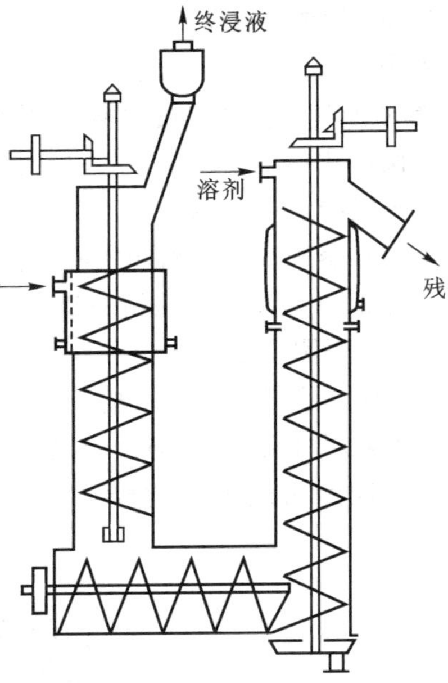

图 4-2-07 螺旋输送浸取器示意图

二、 浸取的工业应用实例

1. 硫酸浸取磷矿制磷酸

用硫酸分解磷矿制磷酸(湿法磷酸)是磷酸生产中应用最广泛的方法,在技术上最成熟,经济上最合理,其产量在磷酸生产中占绝对优势。

(1) 生产原理

① 化学反应 硫酸浸取分解磷矿是固液相的反应过程,反应式为

$$Ca_5F(PO_4)_3+5H_2SO_4+nH_2O \longrightarrow 3H_3PO_4+HF+5CaSO_4 \cdot nH_2O$$

反应过程中为避免磷矿颗粒表面被硫酸钙包裹，延缓或阻碍反应的进行，实际上是用循环磷酸料浆来分解磷矿，即用磷酸与硫酸的混酸来分解磷矿。

反应分两步进行，第一步是磷矿与磷酸生成磷酸一钙，第二步是磷酸一钙再与硫酸反应生成磷酸与硫酸钙：

$$Ca_5F(PO_4)_3+7H_3PO_4 \longrightarrow 5Ca(H_2PO_4)_2+HF$$

$$Ca(H_2PO_4)_2+H_2SO_4+n\ H_2O \longrightarrow 2H_3PO_4+CaSO_4 \cdot n\ H_2O$$

磷矿中所含杂质对湿法磷酸的生产过程和产品质量有显著影响。

1）氟　磷矿中的氟在酸解时生成 HF，再与磷矿中活性 SiO_2 形成氟硅酸。氟存留在磷酸中会增大磷酸溶液的腐蚀性，大部分氟以 SiF_4 形态逸出，回收加工为氟盐，并且消除了污染。

2）SiO_2　磷矿中含有少量 SiO_2，有利于生成的 HF 转化为挥发性低和腐蚀性弱的氟硅酸。若 SiO_2 过高，会增大设备、管道和搅拌桨的腐蚀，并增加料浆黏度，降低分离硫酸钙时的过滤速度。

3）碳酸盐　磷矿中通常会有少量石灰石等碳酸盐矿物，其主要成分为 $CaCO_3$，$MgCO_3$。CaO 在酸解时生成 $CaSO_4$，增大硫酸的消耗定额；MgO 全部进入磷酸溶液中，中和掉磷酸中的第一个氢离子，并增加溶液黏度，对结晶、过滤、浓缩过程不利。碳酸盐分解时放出 CO_2，使溶液形成泡沫，造成逸出损失。

4）铁、铝化合物　磷矿中的铁、铝杂质会增大磷酸溶液的黏度，降低酸的质量，并在浓缩时在设备中结垢，并可能与磷酸形成淤渣，造成 P_2O_5 损失。

5）钾、钠化合物　磷矿中的钾、钠离子首先与氟硅酸反应生成氟硅酸钾、钠，会在反应、过滤及浓缩系统的设备与管线中析出结垢，在储存系统中形成淤渣，导致装置开车率下降与 P_2O_5 损失增大。

6）锶、镧等稀土金属化合物　磷灰石在矿中的稀土金属氧化物对半水物硫酸钙转化为二水物起延缓作用。

7）氯、碘　氯和碘是萃取磷酸中最不希望存在的杂质，它们会使磷酸溶液具有极强的腐蚀性。应避免这两种杂质进入磷酸生产系统。

② 硫酸钙的晶形和生产方法分类　在湿法磷酸生产过程中，根据液相中磷酸与硫酸的浓度，系统的温度不同，有三种硫酸钙的水合物结晶与溶液处于平衡状态，它们是二水物 $CaSO_4 \cdot 2H_2O$（二水石膏）、半水物 $\alpha-CaSO_4 \cdot 0.5H_2O$（α 半水石膏）和无水物 $CaSO_4$ Ⅱ（硬石膏Ⅱ）。它们的化学组成与晶系的物性见表4-2-03。

表 4-2-03　硫酸钙结晶化学组成及物性

结晶形态	晶系	密度/$g \cdot mL^{-1}$	折射指数		化学组成/%		
			n_g	n_p	$w(SO_3)$	$w(CaO)$	$w(H_2O)$
$CaSO_4 \cdot 2H_2O$	单斜晶系	2.32	1.530	1.520	46.6	32.5	20.9
$\alpha-CaSO_4 \cdot 0.5H_2O$	六方晶系	2.73	1.534	1.559	55.2	38.6	6.2
$CaSO_4$ Ⅱ	斜方晶系	2.52	1.614	1.571	58.8	41.2	0

湿法磷酸生产方法往往以硫酸钙出现的形态来命名。工业上有下述几种湿法磷酸生产方法：

1）二水物法制湿法磷酸　这是目前世界上应用最广泛的方法，有多槽流程和单槽流程，其中又分无回浆和有回浆流程，以及真空冷却和空气冷却流程。二水物法湿法磷酸一般含 $w(P_2O_5)=28\%\sim32\%$，磷总收率 93 %~97 %。二水物法的总收率较低，原因是该法洗涤不完全；少量磷酸溶液进入硫酸钙晶体空穴中，磷酸一钙结晶后与硫酸钙结晶层交替生长；磷矿颗粒表面形成硫酸钙膜使磷酸萃取不完全。

2）半水-二水物法制湿法磷酸　先使硫酸钙形成半水物结晶，后再重结晶为二水物。这样可使硫酸钙晶格中的 P_2O_5 全部释放出来，P_2O_5 总收率达 98 %~98.5 %，同时提高了磷石膏纯度，扩大了它的应用。半水-二水物法流程根据产品酸的浓度又可分为稀酸流程和浓酸流程两种。前者半水物结晶不过滤直接水化为二水物再过滤分离，产品酸含 $w(P_2O_5)=30\%\sim32\%$；后者从半水物料浆分出产品酸，含 $w(P_2O_5)=45\%$，滤饼送入水化槽重结晶为二水物。

3）二水-半水物法制湿法磷酸　总收率达 99 %。磷石膏含结晶水少，有利于制造硫酸与水泥，产品酸含 $w(P_2O_5)=35\%$左右。

4）半水物法制湿法磷酸　可得含 $w(P_2O_5)=40\%\sim50\%$的高浓度磷酸。

③ $CaSO_4-H_3PO_4-H_2O$ 体系相平衡　硫酸钙的各种水合物及其变体在水中的溶解度如图 4-2-08 所示。除二水物外，溶解度均随温度升高而降低。

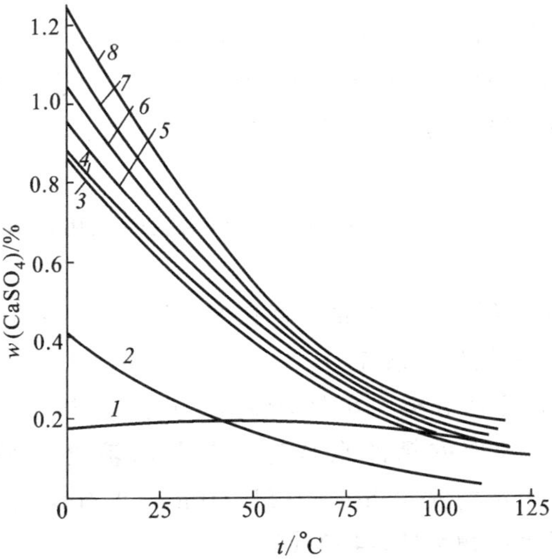

图 4-2-08　硫酸钙的各种水合物在水中的溶解度曲线

1. $CaSO_4\cdot2H_2O$；*2.* $CaSO_4$ Ⅱ；*3.* $\alpha-CaSO_4$ Ⅲ；*4.* $\beta-CaSO_4$ Ⅲ；*5.* $\alpha-CaSO_4\cdot0.5H_2O$；*6.* $\beta-CaSO_4\cdot0.5H_2O$；*7.* 脱水后的 $\alpha-CaSO_4\cdot0.5H_2O$；*8.* 脱水后的 $\beta-CaSO_4\cdot0.5H_2O$

由图可见，二水物与无水物Ⅱ在水中溶解度最小，40 ℃时两者溶解度曲线相交，说明低于 40 ℃时二者可以互相转换并保持 $CaSO_4\cdot2H_2O$ ══ $CaSO_4$ Ⅱ $+2H_2O$ 的平衡关系。其他水合物及其变体溶解度高，均为介稳固相，最终将转变为二水物或无水物Ⅱ。

二水物与 α 半水物溶解度相交于 97 ℃，此时两者可互相转换并保持 $CaSO_4 \cdot 2H_2O = \alpha\text{-}CaSO_4 \cdot 0.5\ H_2O+1.5\ H_2O$ 的平衡关系，但此时平衡是介稳平衡，最终都将转变为无水物Ⅱ。图 4-2-09 为 $CaSO_4-H_3PO_4-H_2O$ 系统高温图。由图可见，在 $CaSO_4-H_3PO_4-H_2O$ 体系中，硫酸钙只有两种稳定的晶体——二水物和无水物Ⅱ。其稳定区分别在 $CaSO_4 \cdot 2H_2O = CaSO_4$ Ⅱ $+2H_2O$ 转化平衡曲线（实线）的下侧区域Ⅰ与上侧区域Ⅱ，Ⅲ。α 半水物在 $CaSO_4 \cdot 2\ H_2O = \alpha\text{-}CaSO_4 \cdot 0.5\ H_2O+1.5H_2O$ 转化平衡曲线（点画线）的上侧区域Ⅲ是介稳定的，二水物在两条转化曲线（实线与点画线）之间的区域Ⅱ是介稳定的。由此图可确定二水物法和半水物法生产湿法磷酸的工艺条件。二水物法生产磷酸的浓度及相应的温度应处在区域Ⅱ中，即在介稳平衡曲线下方，因为此区域中二水物是介稳定的，而 α 半水物是不稳定的。半水物生产磷酸的浓度和相应的温度应处在区域Ⅲ中，即在介稳平衡曲线的上方，因为此区域中 α 半水物是介稳定的，而二水物是不稳定的。

④ 磷矿在磷酸-硫酸混合溶液中的浸取和分解过程　磷矿被磷酸-硫酸的混酸浸取和分解是液固相非催化反应过程，浸取酸应需通过液膜，再通过生成物硫酸钙所形成的固膜，扩散到反应界面上才能进行反应。不同的磷矿，孔隙率不同，比表面积不同，扩散对宏观速率的影响也不相同。

湿法磷酸生产中，磷矿的分解与硫酸钙的结晶是同时进行的，随着液相中硫酸浓度的增高，析出的硫酸钙结晶覆盖在磷酸颗粒表面上形成膜的趋势越大，将延缓磷矿分解反应的进行，使磷矿分解不完全，造成 P_2O_5 的损失。研究表明，在无晶种的情况下，溶液中硫酸钙的表观溶度积与平衡溶度积之比大于 2.5 时，矿粒就会被生成的硫酸钙所包裹。因此，为使磷矿分解完全，在稳定的工艺条件下进行浸取是非常重要的。

通常使用的磷矿粉粒度为：>160 μm 占 20 %～30 %，>125 μm 占 30 %～40 %，>80 μm 占 40%。反应活性高的磷矿，粒度可以稍粗些；反之，要求粒度细一些。

⑤ 硫酸钙的结晶　从图 4-2-09 可知，目前各种湿法磷酸生产方法都是在无水物Ⅱ是稳定变体的条件下进行的，而实际生成的晶体都是介稳定性的二水物和 α 半水物。这是因为，在二水物和半水物生产控制的条件下，它们转变为稳定的无水物Ⅱ是非常缓慢的。

湿法磷酸生产过程中，制得粒大、均匀、稳定的二水物和 α 半水物硫酸钙结晶，以便于过滤分离和洗涤干净是十分重要的问题。

（2）生产工艺条件

湿法磷酸制造工艺由两个主要部分组成：磷酸与硫酸的混酸浸取并分解磷矿生成磷酸与硫酸钙；硫酸钙晶体的分离与洗净。湿法磷酸生产工艺希望达到最大的 P_2O_5 利用率和最低的硫酸用量。这就要求在磷矿浸取与分解工序磷矿分解率要高，并尽可能减少由于磷矿粉被包裹和 HPO_4^{2-} 同晶取代 SO_4^{2-} 所造成的 P_2O_5 的损失。在分离工序要求硫酸钙晶体粗大、均匀、稳定，过滤强度和洗涤效率高，减少 P_2O_5 的损失。

① 液相 SO_3 浓度　液相 SO_3 浓度表示液相中游离硫酸含量，它对磷矿的浸取分解、硫酸钙晶核形成、晶体成长与晶体形态，以及 HPO_4^{2-} 的晶格取代有影响。在二水物制湿法磷酸时，SO_3 控制在 $\rho(SO_3)=0.015\sim0.025$ g/mL。矿种不同，液相 SO_3 浓度范围也有一定差异。

② 反应温度　提高反应温度，可提高反应速率，提高分解率，降低液相黏度，同时又降低了硫酸钙在溶液中的过饱和度，有利于形成粗大的晶体和提高过滤强度。但温度过高，会生成不稳

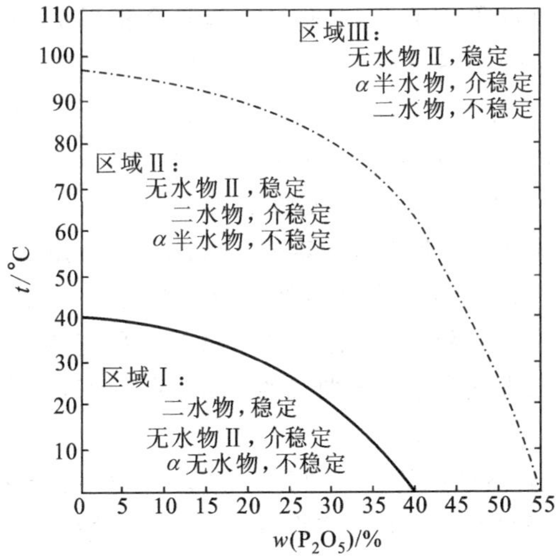

图 4-2-09 $CaSO_4-P_2O_5-H_2O$ 系统高温图

实线—$CaSO_4 \cdot 2H_2O \rightleftharpoons CaSO_4$ Ⅱ $+2H_2O$ 热力学平衡图;

点画线—$CaSO_4 \cdot 2H_2O \rightleftharpoons \alpha\text{-}CaSO_4 \cdot 0.5H_2O+1.5H_2O$ 介稳平衡曲线

定的无水物,使过滤困难。而且温度升高,杂质溶解度也相应增大,影响产品质量。二水物流程反应温度控制在 65~80 ℃,半水物流程控制在 95~105 ℃。生产中常采用空气冷却或真空闪蒸冷却除去料浆多余热量,并希望在生产操作中温度波动幅度不要太大。

③ 料浆中 P_2O_5 浓度 反应料浆中 P_2O_5 浓度稳定,可以保证硫酸钙溶解度不大和过饱和度稳定,控制料浆中 P_2O_5 浓度的手段是控制进入系统的水量,实际上是控制洗涤滤饼而进入系统的水量。

④ 料浆中固含量 料浆的固含量体现在料浆的液固比。固含量过高,料浆黏度高,对料浆分解和晶体长大不利。提高液相含量会改善操作条件,但降低设备生产能力。二水物流程液固比为(2.5~3):1,半水物流程液固比为(3.5~4):1。若磷矿中镁、铁、铝杂质高,液固比应适当高一些。

⑤ 回浆 返回料浆可提供晶种,防止局部游离硫酸浓度过高,并可降低过饱和度和减少新生晶核,以获得粗大、匀称的硫酸钙晶体。实际生产中,回浆量为加入物料量的 100~150 倍左右。

⑥ 反应时间 反应时间即指物料在反应槽中的停留时间,由于硫酸分解磷矿的反应速率较快,反应时间取决于硫酸钙晶体的成长时间,一般控制在 4 h 左右。

⑦ 料浆搅拌 反应过程中应要采取有效搅拌措施,这有利于颗粒表面更新和消除局部区域游离硫酸浓度过高,还可防止包裹现象和消除泡沫。搅拌强度不应过高,以免晶体破碎。

(3) 生产工艺流程

湿法磷酸的生产工艺均需具有以下几个基本工序:

① 磷矿的磨碎 采用干磨或湿磨方法将磷矿研磨至所需细度。研磨矿粉的细度原则上应

与其特性和所选用的生产工艺流程相匹配。在磨机选择上,大型生产装置选用球磨与棒磨,它们既可用于干磨又可用于湿磨;中小型装置选用弹性较大的环辊式或辊式干湿磨机。

② 磷矿的浸取　在激烈搅拌和料浆高速循环的条件下进行硫酸分解磷矿的反应。反应系统的目的在于获得尽可能高的磷矿分解率和制得性能稳定、颗粒均匀粗大的硫酸钙晶体。对于二水物生产工艺,反应系统可以采用多槽串联,也可以采用单槽或多格单槽。对于半水物和再结晶的生产工艺,必须采用多槽反应系统。

③ 料浆的冷却　磷矿的分解属放热过程,为使反应在适宜温度下进行,必须对料浆进行冷却。消除反应热的方法有两种:鼓风冷却和真空闪蒸冷却。两种方法的电耗接近,但两者相比,鼓风冷却的效果受周围环境的温度与湿度影响大,同时含氟量大,对环境的污染也大。真空冷却不受周围环境温度和湿度影响,无需对排放物处理,对环境污染少,因此应用日益普及,该法缺点是设备与管线易结垢,需定期清理。

④ 料浆的过滤　反应系统所制得的料浆中,固相以硫酸钙结晶为主,此外还有酸不溶物,未反应的磷矿以及从液相中重新析出的氟硅酸盐等固体杂质。普遍采用具有逆流洗涤的真空过滤机分离磷酸和固相物。过滤系统所追求的目标是:获得尽可能洁净的滤酸;达到尽可能高的 P_2O_5 回收率;尽可能避免滤酸损失;装置的可靠性与运转率高。过滤机是整个湿法磷酸生产装置中机械结构最复杂、价格上最昂贵的装备,约占二水物法装置投资的一半左右。有三种类型的真空过滤机可供选择:橡胶带式真空过滤机、盘式真空过滤机和转台式真空过滤机。

⑤ 回磷酸系统　将洗涤液与部分滤液配制回磷酸,返回反应系统,以维持反应料浆所需的液固比。

⑥ 湿法磷酸的浓缩　二水物法湿法磷酸的质量分数为 $w(P_2O_5)=28\ \%\sim30\ \%$,半水物法或半水-二水物法磷酸浓度较高,但作为商品磷酸进行长期运输时需浓缩至 $w(P_2O_5)=32\ \%\sim52\ \%$。大中型湿法磷酸生产企业中一半均自配硫酸生产装置,可综合利用硫酸的副产水蒸气发电后的低位能背压气作热源。采用真空蒸发浓缩磷酸。结垢问题是湿法磷酸浓缩过程能否长期、稳定运行的关键所在,在有游离硫酸存在的条件下,结垢的主要组成是硫酸钙、氟硅酸钾、磷酸铁等,生产过程中要采用有效措施延缓与阻止结垢。

⑦ 含氟气体的吸收　生产过程中所逸出的氟化物应进行吸收,使之符合环保规定。

⑧ 再结晶系统　对半水物-二水物流程或二水物-半水物流程,需将硫酸钙的晶体进行转化。回收的 P_2O_5 返回反应系统,滤饼作副产物使用。

2. 钾石盐溶浸-结晶法生产氯化钾

钾盐矿多为氯化物体系,钾石盐矿是分布最广的钾盐矿。钾石盐矿的主要组成是 KCl, NaCl,次要组成是光卤石($KCl \cdot MgCl \cdot 6H_2O$)、钾芒硝($Na_2SO_4 \cdot 3K_2SO_4$)、钾石膏($K_2SO_4 \cdot CaSO_4 \cdot H_2O$)、钾镁钒($K_2SO_4 \cdot MgSO_4 \cdot 4H_2O$)等。

溶浸-结晶法利用钾石盐矿中各成分在不同温度下的溶解度差异产生氯化钾。杂质较多的钾石盐矿一般用此法产生氯化钾。

(1) 溶浸-结晶法的基本原理　溶浸-结晶法生产氯化钾的基本原理是:在高温下用对氯化钠饱和的母液来浸取钾石盐矿石,溶解氯化钾进入浸取液,氯化钠则留在残渣中。浸取液冷却,KCl 析出晶体,与母液分离;母液再加热返回溶浸工序去溶解矿石。

图 4-2-10 为 25 ℃,100 ℃下 KCl-NaCl-H_2O 系统溶解度图,E_{25},E_{100}分别为 25 ℃,100 ℃下 KCl-NaCl 的共饱和点,$a_{25}E_{25}$,$E_{25}b_{25}$和 $a_{100}E_{100}$,$E_{100}b_{100}$分别为 25 ℃,100 ℃的 KCl 与 NaCl 溶解度曲线。若将钾石盐视为 KCl-NaCl 二盐混合物,忽略其他少量杂质组成,设 s 为钾石盐的组成点。由图可见,100 ℃时共饱和溶液 E_{100},冷却到 25 ℃时处于 KCl 结晶区,有 KCl 固相析出,而液相落在 CE_{100}的延长线与 $a_{25}E_{25}$的交点 n 处。过滤除去 KCl 后,重新把溶液 n 加热到 100 ℃,与钾石盐 s 混合为 k 点。因 k 点在 100 ℃ NaCl 结晶区内,因 KCl 不饱和,则被溶解,于是留下固相 NaCl 而得到共饱和溶液 E_{100}。过滤除去NaCl 后将共饱和溶液 E_{100}重新冷却循环。

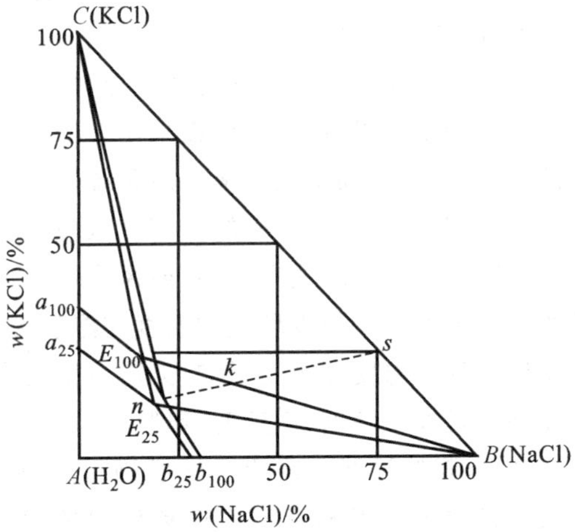

图 4-2-10　25 ℃下 KCl-NaCl-H_2O 系统的溶解度图

钾石盐中所含的其他少量盐类,在循环过程中会逐渐累积,使上述 KCl-NaCl-H_2O 系统溶解度发生变化,影响 KCl 的溶解度和结晶的工艺条件。当积累到一定程度后,就会使 KCl 产品纯度下降,此时就必须对 KCl 增加洗涤,甚至必要时进行重结晶。在这种情况下,应该从系统中排出一部分 KCl 母液。

(2) 溶浸-结晶法生产氯化钾的工艺流程　溶浸-结晶法生产氯化钾的工艺流程,见图 4-2-11。

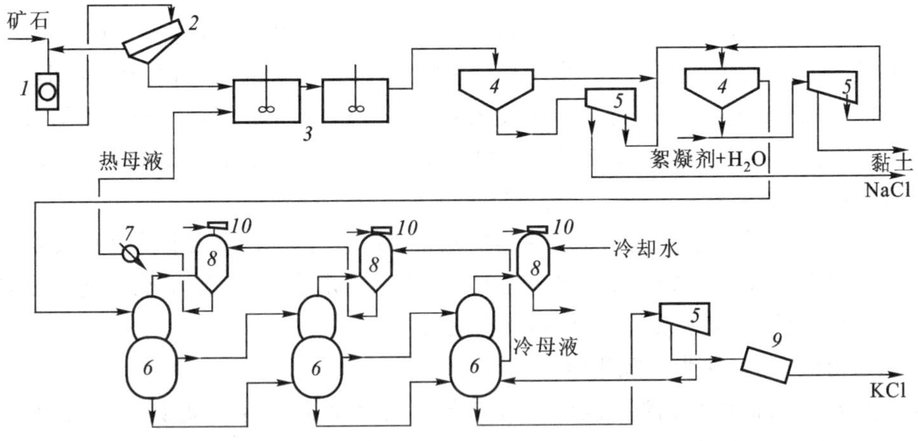

图 4-2-11　溶浸-结晶法自钾石盐矿制氯化钾工艺流程图

1. 破碎机;*2.* 筛;*3.* 溶浸槽;*4.* 增稠器;*5.* 离心机;*6.* 真空冷却结晶器;

7. 加热器;*8.* 大气冷凝器;*9.* 干燥器;*10.* 蒸汽喷射泵

① 矿石的溶浸　矿石破碎至粒度为 5~10 mm 送入螺旋溶浸槽,用母液进行浸取。溶浸温度为 105 ℃,以直接水蒸气加热。浸取后的粗粒盐用提升机输出,同时用少量水对盐渣进行逆流

淋洗。浸取后的细粒盐和黏土随浸取液一起排出浸取槽，添加絮凝剂在沉降槽内保温沉降。沉降槽底流中约含 50 %的固体。用真空转鼓过滤机分离和洗涤。若固渣量较大，需要进行2~3段过滤、洗涤。

② 冷却与结晶　降低浸取液温度可析出 KCl 晶体，这是热溶结晶法中很重要的过程。氯化钾冷却结晶应用最广的有料浆循环 DTB(draft tabe baffle)型和清液循环 OSL 型真空结晶器。为了回收浸取液的热能，一般用 3~7 级结晶器。级数越多，回收热量越多，但设备投资过多，也有不利。

在现代化工厂中，KCl 结晶大都采用真空结晶器，具有以下优点：① 由于绝热蒸发，结晶热可用于蒸发溶液，可提高 KCl 质量；② 取消了绝热表面，避免了在绝热表面上结晶，延长了蒸发器的生产周期和提高了生产能力；③ 可获得均匀而粗大的晶体，有利于后续工序的分离、洗涤、干燥、包装、储存等；④ 结构简单，便于防腐，操作容易，投资费用较低。

③ 干燥　结晶母液经离心机分离，分离出来的粗粒 KCl 含水量约w(水)= 1 %~3 %，细粒 KCl 含水 w(水)= 6 %~9 %，需要干燥才能符合产品标准。干燥设备有转筒干燥机、流化床干燥机和气流干燥机等。流化床干燥机和气流干燥机生产强度高，已得到广泛应用。流化床干燥比较适合粗粒晶体的干燥，气流干燥适合细粒晶体的干燥。

④ 造粒　上述溶浸-结晶法得到的 KCl 产品粒度，一般可符合产品标准要求。但近年来由于多元掺合肥料的发展，希望氮磷钾三种肥料都制成 2~4 mm的粒度，再根据需要掺合复配成各种比例的氮磷钾肥料。造粒后的 KCl 长期堆放不结块，易散布施肥，流失少。KCl 造粒一般采用双辊机械压制成一定厚度的片状物料，再经破碎筛分成粒度为 2~4 mm 的颗粒产品。

4-3 复分解

在钾肥、复肥、无机盐工业中，不同离子的两种盐在液相或液-固相中进行离子交换，生成另外两种盐的反应过程称为复分解过程。复分解广义范畴还包括酸和盐、碱和盐进行离子交换生成新的酸和盐、碱和盐的过程。酸和盐、碱和盐的复分解过程分别称为酸解、碱解，已在上面浸取过程中阐述。

1. 复分解反应过程原理

在复分解反应中，反应物和生成物被称为交互盐对，反应通式为

$$AX+BY \Longleftrightarrow BX+AY$$

式中：A，B 代表阳离子，X，Y 代表阴离子。这种体系在相图上称为四元体系，可用 $AX-BY-H_2O$ 体系或 $A^+,B^+/X^-,Y^--H_2O$ 表示。例如：

$$KCl+NaNO_3 \Longleftrightarrow KNO_3+NaCl$$

利用四元体系相图可对复分解过程的溶解、结晶、加热、冷却、蒸发、稀释等操作进行分析，确定合理流程和操作条件，以获得所需产品。四元体系系统由干盐图及水图组成，$K^+,Na^+/Cl^-,NO_3^--H_2O$ 四元交互盐对的相图是其中典型的一例，见图 4-3-01。

干盐图表示出四种盐在不同温度下的结晶区，如 *DEFCN* 为 75 ℃下 KNO_3 结晶区，*LAEFB* 为

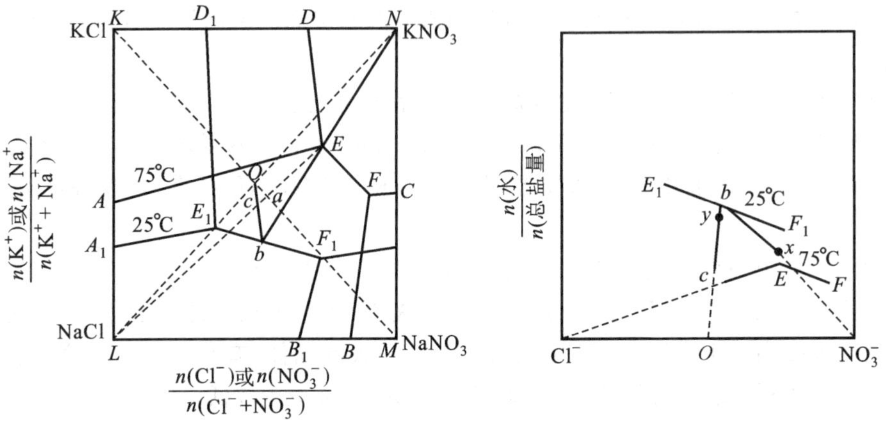

(a) 干盐图　　(b) 水图

图 4-3-01　K^+，Na^+/Cl^-，NO_3^--H_2O 四元体系相图

75 ℃下 NaCl 结晶区。以摩尔分数为单位，EF 和 E_1F_1 分别为 75 ℃和 25 ℃下相应的三盐共饱和点。水图纵坐标表示体系的水含量，以n(水)/n(总盐量)为单位，纯水坐标在无穷远处，这实际上是一个底面为正方形的长方体作坐标空间，来表示盐的溶解度和水含量。

从干盐图上可见，75 ℃下三盐共饱和点 E 的溶液冷却到 25 ℃时析出 KNO_3 晶体，溶液组成为 b。从水图上可知，为了使 b 落在 25 ℃的 E_1F_1 线上，E 溶液要加水至 x，加水量为 $x-E$。25 ℃下溶液加入 $n(KCl):n(NaNO_3)=1:1$的混合物，其组成落在干盐图上的 C 点。将 C 点溶液加热到 75 ℃，NaCl 结晶析出，溶液落到 E 点。在水图上，为了满足循环过程的水平衡，溶液 b 必须先蒸发至浓度 y，蒸发水量为 $b-y$。上述循环过程在干盐图上以 $EbcE$ 表示，在水图上以 $ExbycE$ 表示。

利用复分解反应制取所需产品，一般要求作为反应物的两种盐在水中的溶解度比较大，作为生成物的盐溶解度比较小，且在一定范围内能成为固体析出。根据生成物状态也有三种情况：① 析出的固体结晶就是固体产品，如 KCl 和 $NaNO_3$ 的复分解，在低温下析出 KNO_3 固体晶体；② 复分解所得溶液需进一步加工才能得到产品，如$(NH_4)_2CO_3$ 与 $CaSO_4$ 在复分解时，需将 $CaCO_3$ 沉淀分离后的溶液进行蒸发，才能得到$(NH_4)_2SO_4$ 产品；③ 生成物的两种盐均是沉淀，它们的混合物就是产品，如 $ZnSO_4$ 和 BaS 复分解时，生成 ZnS，$BaSO_4$ 两种盐的沉淀混合物，经过滤、洗涤和高温灼烧，而成为白色颜料锌钡白(立德粉)。

盐在水溶液中的饱和浓度与温度有关。除了生成物是溶解度很小的盐外，在复分解反应过程中，原料盐的一次利用率(即转化率)通常不会很高，需将分离固体结晶后的母液循环使用，以提高原料利用率。

利用复分解反应生产钾肥、复肥或无机盐，一般在带有机械搅拌的槽式反应器中进行，操作可以是间歇的，也可以是连续的。复分解反应生产产品过程中，还常用到过滤、结晶等化工单元操作。

2. 复分解的工业应用实例

(1) 复分解法生产硝酸钾 硝酸钾可用作复肥，由于它含有钾、氮两种营养元素，吸湿性又小，故是一种比较理想的肥料。硝酸钾也是一种重要无机盐，用于生产玻璃和食品工业及制造火药。

硝酸钾在水中的溶解度随温度而急剧变化，例如 20 ℃时每 100 g 水中溶解 31.5 g，114 ℃(沸点)时为 312 g。硝酸钾溶解度的这种急剧变化性质是用 KCl 和 $NaNO_3$，复分解来制造 KNO_3 的依据。前面已通过 K^+，Na^+/Cl^-，$NO_3^- - H_2O$ 四元相图来分析了 KNO_3 生产原理。

硝酸钾生产工艺流程见图 4-3-02。工业上硝酸钾往往与硝酸钠联合生产。此时先用 Na_2CO_3 溶液吸收硝酸生产中的氮氧化物尾气，使其生成 $NaNO_2-NaNO_3$ 溶液，用硝酸将其转化为 $NaNO_3$ 溶液，经过滤，并蒸发到 $\rho(NaNO_3) = 600 \sim 700$ g/L，送入反应器中，同时徐徐向反应器中加 KCl 粉末。也可先将 KCl 粉末溶解在含有 $NaNO_3$ 的稀热母液中，然后徐徐加入反应器。反应器内设有蒸汽盘管可供加热。为了加速复分解反应进行，并防止 NaCl 固体堵塞反应器，需通空气或设置机械搅拌器搅拌。复分解反应进行 4 h，使过程后期温度升至120 ℃左右，然后将料浆送入布袋过滤器过滤，并用冷水洗涤 NaCl 滤饼，NaCl 为副产品。母液连同洗水送入贮槽，此处温度应保持在 90 ℃以上，以防 KNO_3 结晶，并加入少量 NH_4NO_3 以除去其中的 Na_2CO_3，$NaNO_2$，生成的气体排入大气：

$$Na_2CO_3+2NH_4NO_3 \longrightarrow 2NH_3\uparrow +CO_2\uparrow +H_2O+2NaNO_3$$

$$NaNO_2+NH_4NO_3 \longrightarrow NaNO_3+N_2\uparrow +2H_2O$$

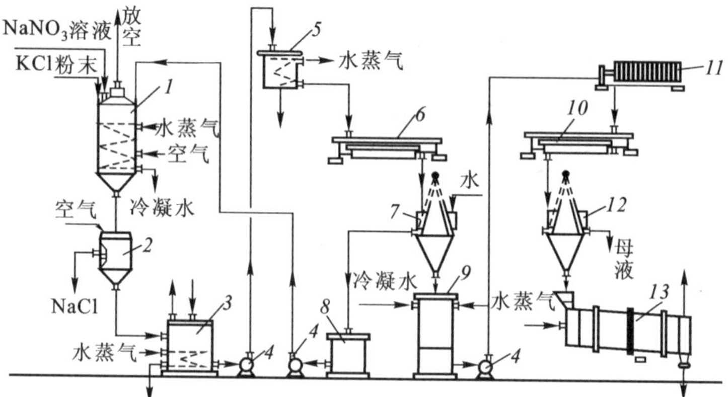

图 4-3-02 复分解法制造 KNO_3 流程图

1. 反应器；*2.* 过滤器；*3.* KNO_3 溶液贮槽；*4.* 泵；*5.* 高位槽；*6，10.* 结晶器；*7，12.* 离心机；*8.* 母液贮槽；*9.* 溶解槽；*11.* 压滤机；*13.* 回转干燥机

将溶液送入结晶器冷却到 25～30 ℃，析出 KNO_3 晶体，用离心机分离之，母液返回反应器；固体为 $w(KNO_3) = 94\% \sim 96\%$，$w(NaCl) < 6\%$的粗制品。

若要制造更纯的产品，应进行重结晶。将粗制品用冷水洗涤，然后送入溶解槽用蒸汽冷凝液溶解，并用蒸汽加热，所得溶液送入压滤机除去各种固体杂质，然后送入结晶器再结晶。再结晶的 KNO_3 用离心机分离母液，然后到回转干燥机中用热空气干燥。重结晶产生的母液可回系统使用。

(2) 复分解法生产硫酸钾 某些忌氯作物，不能用 KCl 作肥料，必须提供 K_2SO_4 或其他无氯钾肥。K_2SO_4 可用 Na_2SO_4（芒硝）或 $MgSO_4 \cdot 7H_2O$（泻利盐）、$K_2SO_4 \cdot 2MgSO_4$（无水钾镁矾）和 KCl 复分解制得。

无水钾镁矾常与 NaCl 成为混合物存在，由于 NaCl 在水中溶解速率比无水钾镁矾快得多，可用水将 NaCl 从钾镁矾矿石中洗除。除去 NaCl 的无水钾镁矾与氯化钾进行复分解反应为

$$K_2SO_4 \cdot 2MgSO_4 + 4KCl \Longleftrightarrow 3K_2SO_4 + 2MgCl_2$$

复分解反应的条件可用 $K^+, Mg^{2+}/Cl^-, SO_4^{2-}-H_2O$ 系统相图来进行讨论。图 4-3-03 为系统在 25℃ 的相图。图中 L 为无水钾镁矾（$K_2SO_4 \cdot 2MgSO_4$），S 为钾镁矾（$K_2SO_4 \cdot 2MgSO_4 \cdot 4H_2O$）及软钾镁矾（$K_2SO_4 \cdot MgSO_4 \cdot 6H_2O$），$K$ 为钾盐镁矾（$KCl \cdot 2MgSO_4 \cdot 6H_2O$）的组成点。若 a 点为无水钾镁矾 L 和氯化钾 B 的混合液，当其中水含量也比较合适时，由于其落在 K_2SO_4 结晶区内，就可析出 K_2SO_4，而得溶液 P。将 K_2SO_4 过滤后，溶液 P 在高温下蒸发，液相点组成沿着共饱和线 PE 向 E 移动，先后析出钾镁矾、钾盐镁矾和氯化钾结晶，分离出固体的母液返回复分解，母液 E 用于回收 $MgCl_2$。

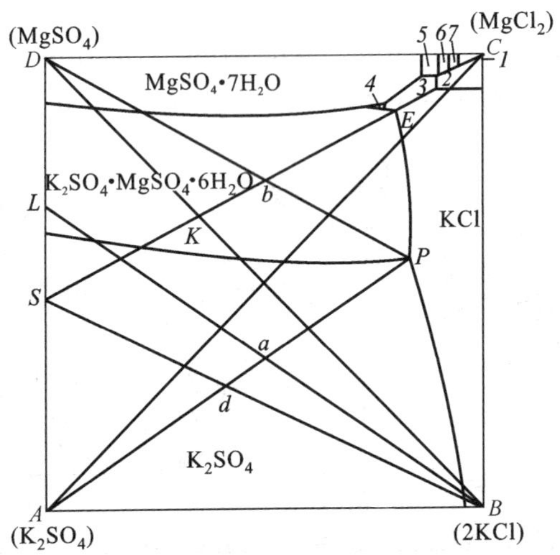

图 4-3-03 $K^+, Mg^{2+}/Cl^-, SO_4^{2-}-H_2O$ 系统相图

1. $MgCl_2 \cdot 6H_2O$ 结晶区；*2.* $KCl \cdot MgCl_2 \cdot 6H_2O$ 结晶区；*3.* $KCl \cdot MgSO_4 \cdot 3H_2O$ 结晶区；*4.* $K_2SO_4 \cdot MgSO_4 \cdot 4H_2O$ 结晶区；*5.* $MgSO_4 \cdot 6H_2O$ 结晶区；*6.* $MgSO_4 \cdot 5H_2O$ 结晶区；*7.* $MgSO_4 \cdot H_2O$ 结晶区

(3) 复分解法制其他无机化工产品

① 复分解反应生成的固体结晶即为产品——重铬酸钾

重铬酸钾是一种强氧化剂，可用于制造炸药、火柴、试剂和制造其他铬盐。目前工业上重铬酸钾采用重铬酸钠与氯化钾复分解法制造，反应式为

$$Na_2Cr_2O_7 + 2KCl \Longleftrightarrow K_2Cr_2O_7 + 2NaCl$$

工艺流程见图 4-3-04。原料为工业氯化钾和重铬酸钠二水物，将重铬酸钠用铬酸钾母液及洗液稀释，加热至沸，再加入氯化钾进行反应，反应过程中加入少量氯酸钾将溶液中少量 Cr^{3+} 氧化为 Cr^{6+}，然后用 NaOH 碱液调节 pH = 4，使杂质 Fe^{3+}，Al^{3+} 形成氢氧化物沉淀，再加入少量硫酸铝絮凝剂，保温熟化，澄清，将氢氧化铝、氢氧化铁分离。清液送结晶器冷却析出 $K_2Cr_2O_7$，结晶，过滤，用冷水洗去附着的氯化物，干燥后即得 $K_2Cr_2O_7$ 成品。滤液即重铬酸钾母液蒸发时析出 NaCl 结晶。过滤洗涤得 NaCl。滤液返回用于稀释重铬酸钠母液。

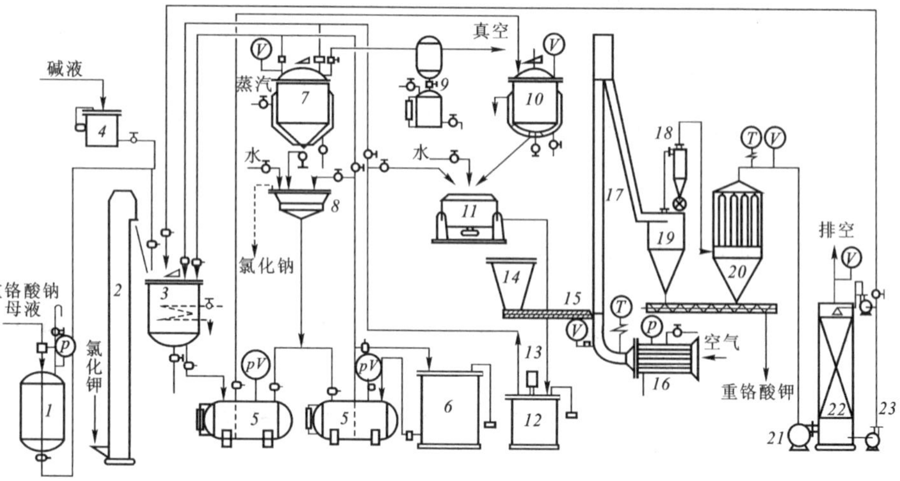

图 4-3-04　复分解法制重铬酸钾工艺流程图

1. 重铬酸钠母液槽；*2.* 提升机；*3.* 反应器；*4.* 液碱槽；*5.* 扬液器；*6.* 洗液槽；*7.* 蒸发器；*8.* 过滤器；*9.* 除沫器；*10.* 结晶器；*11.* 离心机；*12.* 重铬酸钾母液槽；*13.* 液下泵；*14.* 料斗；*15.* 喂料机；*16.* 加热器；*17.* 干燥器；*18*，*19.* 分离器；*20.* 袋式过滤器；*21.* 风机；*22.* 洗涤塔；*23.* 泵

② 复分解反应生成的两种盐混合物为产品——锌钡白

锌钡白也叫立德粉，是由 $BaSO_4$ 和 ZnS 所组成的一种共沉淀混合物，分子组成为 $BaSO_4 \cdot ZnS$。用除去了杂质的 BaS 与等物质的量的纯净的 $ZnSO_4$ 水溶液反应得到锌钡白，反应式为

$$BaS + ZnSO_4 \longrightarrow BaSO_4 \cdot ZnS \downarrow$$

有时为得到的沉淀较细，可使 BaS 稍过量。所得共沉淀混合物经离心机分离、洗涤后，在低温下干燥，并在还原气氛下焙烧。若产品纯度较高，焙烧温度为 800 ℃左右；若产品中含 $w(NaCl+BaCl_2) = 2\% \sim 3\%$ 的 NaCl，$BaCl_2$ 杂质，焙烧温度控制在 650~700 ℃。焙烧后立即用冷水骤冷，粒子爆裂，再经湿式粉碎、水选、除去粗粒、过滤、干燥得到产品。

除钛白粉外，立德粉是用量最大的白色颜料。立德粉作为白色颜料产品，还要进行改性，如加粉碎助剂以改善分散性能与提高细度，加生石灰等浆状物来改善白度和耐污染性等。

习题

1. 焙烧和煅烧有哪些相同和不同之处？试写出焙烧和煅烧化学反应式各一条，举例说明焙烧与煅烧的工业应用。

2. 采用哪些措施可提高矿物的浸取速度？书中介绍的各类浸取器的共同点和特点是什么？

3. 在湿法磷酸生产中，可采用哪些措施来提高磷的总收率？

4. 查阅有关资料补充说明生产硫酸钾还有哪些方法。

参考文献

[1] 中国大百科全书：化工卷.北京：中国大百科全书出版社，1987.

[2] 陈五平.无机化工工艺学：（二）硫酸与硝酸.2 版.北京：化学工业出版社，1989：11-24.

[3] 化工百科全书：第一卷.北京：化学工业出版社，1991：278-283.

[4] 化工百科全书：第十五卷.北京：化学工业出版社，1997：507-508.

[5] 陈五平.无机化工工艺学：（四）纯碱与烧碱.北京：化学工业出版社，1980：11-16，66-76.

[6] 陈家镛，等.化学工程手册上卷：第 15 篇，萃取与浸取 2 版.北京：化学工业出版社，1996：122-152.

[7] 陈五平.无机化工工艺学：（三）化学肥料.北京：化学工业出版社，1980：189-215，30-63.

[8] 化工百科全书：第十卷.北京：化学工业出版社，1995：546-552.

第 五 章

有机化工反应单元工艺

5-1 烃类热裂解

一、概述

裂解又称裂化,系指有机化合物受热分解和缩合生成相对分子质量不同的产品的过程。按照是否采用催化剂,可分为热裂化和催化裂化;按照存在的介质,又可分为加氢裂化、氧化裂化、加氨裂化和蒸气裂化等。

在工业上烃类热裂化最为重要,是生产低级烯烃(乙烯、丙烯、丁烯和丁二烯)的主要方法。相应的生产装置已成为石油化学工业的基础。

氧化裂化是由甲烷制乙炔气的主要方法,也是由重质烃制取混合烯烃、汽油、柴油和合成气的重要方法。

加氢裂化除用于由重质油制取轻质燃料油外,还可由煤制造人造天然气。

由有机酸酯经裂解生成酸、酮和醇,由酯类加氨裂化生成腈。例如,由 α-及 β-萘甲酸乙酯经加氨裂解生成 α-及 β-萘腈等。

由卤烷经热裂解可制得卤代烯烃。例如,由二氯乙烷裂解制取氯乙烯,由一氯二氟甲烷经裂解制取四氟乙烯等。

因此,裂解作为一个化工反应单元工艺,在工业上有着广泛的用途。

烃类热裂解采用的原料,目前主要是轻质烃,如气态烃、石脑油、轻柴油、粗柴油和减压柴油等。重质烃,如重油、渣油、原油闪蒸馏分油和原油等,用作裂解原料,技术经济指标不甚理想,还需进一步改进。

由于使用轻质烃,目前采用的裂解炉 99 %是管式裂解炉。烃类热裂解是一个断链反应,在 850 ℃左右进行,需供给热量,因此,热裂解炉实质上是一个管式加热炉。出裂解炉的裂化气,有约 800 ℃的温度，仍能继续进行化学反应，带出的热量巨大，需要回收利用。因此，现在工业上一般在裂解炉后连接上一个急冷废热锅炉，这是一个间接式换热器，能将裂解气急冷以终止化学反应并回收热量。产生的水蒸气在裂解炉对流段过热后可用来发电，或推动蒸汽透平，或用作本装置其他供热设备的热源。出急冷废热锅炉的裂化气直接分别用油和水洗涤，进一步降温和除去重质馏分后送裂解气分离工序。

进入分离工序的裂解气，组成十分复杂，有氢气、$C_1\sim C_4$ 烷烃、$C_2\sim C_4$ 烯烃和芳烃，还有少量水分、酸性气体（H_2S 和 CO_2）、炔烃和 CO 等。因此，首先要对裂解气净化，以脱除上述杂质，然后才能进入分离系统将 C_5 以下各种烷烃和烯烃分离。裂解气的分离目前世界上主要采用深度冷冻（简称深冷。工业上将-100 ℃以下的冷冻称深度冷冻）分离方法，在加压和冷却条件下将裂解气冷却到-101 ℃（又称高压法，压力为 2.942 MPa）或-140 ℃左右（又称低压法，压力为 0.686 MPa），使乙烯以上烷烃和烯烃冷凝为液体，与甲烷和氢气分开，然后再用精馏塔利用它们之间的沸点差，逐个将乙烯、乙烷、丙烯、丙烷以及 C_4 馏分分开，从而得到聚合级高纯乙烯和聚合级高纯丙烯。由于操作处于深冷阶段，获取单位冷量所耗的功比获取单位热量所耗的功要大好多，冷剂的温度愈低，获取单位冷量耗用的功也愈大。因此，冷量的回收和利用就成为深冷分离法的技术关键。裂解气分离也可采用吸收（精馏）法、吸附法和络合物分离法等。虽然在缓和分离工艺条件［如采用吸收（精馏）法，分离温度仅需-70 ℃左右］和节能方面有改进，但乙烯收率会下降，乙烯和丙烯纯度，特别是乙烯纯度往往难以达到聚合级要求，使产品乙烯和丙烯的应用受到限制，因此，工业上应用不多。

烃类热裂解生产工艺工业化至今已有 70~80 年的历史，由于它在有机化学工业中的重要地位，发展迅速，取得了不少工业成就，具体表现在以下几个方面：

（1）原料多样化　现在，热裂解采用的原料种类愈来愈多。例如，生产乙烯的原料由原来的以炼厂气和石脑油为裂解原料，逐步发展到重质油如轻柴油、柴油、减黏柴油。催化裂化技术工业化后还可采用更重质地的烃类作为裂解原料。裂解原料的多样化，让世界各国可根据本国的资源状况，采用适宜的原料，建立相应的裂解装置来生产烯烃和芳烃，可避免或减少裂解原料的进口，并使本国油料得到更为合理的利用。

（2）裂解方式多样化　由轻质烃裂解制烯烃和芳烃，早先只采用热裂化这一工艺。为提高裂解温度和减少停留时间，以增加烯烃，特别是乙烯的收率，都采用提高裂解炉温度的措施。但受材质的限制（目前裂解管能忍受的最高温度为 1 125 ℃），再想进一步提高裂解管温度来强化传热效果难度很大。为此，各国都在设法搞内部部分供热的办法弥补炉管传热的限制，并已取得一定的成绩，但还没能实现工业化或虽已实现工业化，技术经济指标还难以与现有的裂解方式相竞争。其中比较著名的方法有：过热水蒸气法、部分氧化法、加氢裂化法和催化裂化法等。过热水蒸气法消耗的水蒸气量是现有裂解法的 2~3 倍，能耗较高；部分氧化法裂解后产物比现有裂解法更多，分离困难；加氢裂化法使部分乙烯和丙烯转化为乙烷和丙烷，乙烯和丙烯收率较低，为进一步利用乙烷和丙烷还需另设一个热裂解炉，操作复杂。被认为最有发展前途的是催化裂化法，它可采用减压柴油为原料，在主要成分为 $Ca_{12}Al_{14}O_{33}$ 及 $Ca_3Al_2O_3$ 的催化剂存在下，用固定床或流化床进行催化裂化反应，不仅能提高烯烃和芳烃收率，而且因仍用水蒸气作稀释剂，高温下水蒸气在催化剂表面可生成活性基团 H^* 和 OH^*，既可加速裂解反应，又能促进水煤气反应，可大大减少炉管内的结炭。催化裂化在由乙烷制乙烯，由丙烷制丙烯的试验上，也取得了显著成果。例如，乙烷经催化裂化，转化率可达 50 %，生成乙烯的选择性达 65 %~75 %；丙烷经催化裂化，丙烯的收率可高达 80 %。国内，中国蓝星沈阳化工集团与中国石油化工科学研究院共同开发的重油深度催化热裂解制乙烯项目（简称 CPP 项目），已于近期建成投产，总投资达 29 亿元，处理量为 50 万 t 渣油/a，因操作条件缓和，对设备的材质要求低，投资较省。原料采用常压渣油，价格低廉，故生产出的乙烯，生产成本比国内常规乙烯工厂低 20%，乙烯、丙烯一次通过收率分别达到 20%和 18%以上，三烯收率达到 45%以上。

（3）裂解炉炉型不断更新　管式裂解炉的炉型在几十年中有了很大发展，从早期的方箱式管式裂解炉开始，已工业化的炉型有：Lummus 公司的垂直管双面辐射管式炉（即 SRT 炉，它已由 SRT—Ⅰ型发展到 SRT—Ⅵ型）、Kellogg 公司的毫秒裂解炉、斯通-韦勃斯特公司的超选择性（USC）裂解炉、KTI 公司的 GK 型裂解炉、Limde 公司的 Lscc 型裂解炉等。它们都在如何提高烯烃收率，如何进一步提高裂解温度和缩短裂解时间和如何让同一裂解炉可以使用多种原料等方面动足脑筋，取得了各有特色的成果。我国已引进上述的全部炉型，这为今后热裂解炉的国产化创造了极为有利的条件。我国经过二十多年的努力，已开发成功 CBL 系列裂解炉技术，从 CBL—Ⅰ型发展到 CBL—Ⅴ型，中国石油化工集团还与美国 Lummus 公司合作开发成功两种裂解炉炉型，一种是以 CBL 裂解炉技术为基础的 SL—Ⅰ型炉，另一种是以 Lummus 公司 SRT—Ⅵ型裂解炉技术为基础的 SL—Ⅱ型裂解炉。这两种炉型在国内都得到应用。SL—Ⅰ型炉已建和在建的达 34 台，总产能 365 万 t/a，SL—Ⅱ型已建和在建的达 32 台，总产能 357.2 万 t/a。

（4）废热锅炉多样化、高效化　废热锅炉有终止裂解气进行二次裂解和回收裂解气能量的两大功能，要求在极短时间内将高温（800 ℃左右）裂解气冷却下来。在设计时，为避免或减少裂解气中聚合物、焦油和焦炭沉积在冷却管的管壁上，要求裂解气有高的质量流速；要求用高压水蒸气使炉管壁保持较高温度；要求用尽量短的停留时间以抑制二次反应；要求压力降小于 6.9 kPa。最早使用的是美国 FW 公司的 DSG 型急冷废热锅炉，随后又出现美国 SW 公司的 USX 型、西德 Schmidt 公司的 Schmidt 型，Prima Borsig 公司的 Borsig 型、日本三菱公司的 M-TLX 型等五种，其中 Schmidt 型急冷废热锅炉在欧洲、美国、日本应用较为普遍。我国也引进了上述 5 种急冷废热锅炉。

（5）能量回收更趋合理　在裂解部分除进一步提高急冷废热锅炉和烟道气的能量回收外，还在动脑筋将裂解炉与燃气轮机相结合，以利用燃气轮机排气中 60 %~75 %的热量来提高裂解炉的热效率；分离部分采用复叠制冷、冷箱和热泵技术来合理利用冷量，减少制冷用能耗。

本节主要讲述轻质烃的热裂解和分离原理及工艺过程。

二、烃类热裂解原理

1. 烃类的热裂解反应

烃类热裂解的过程十分复杂，已知的化学反应有脱氢、断链、二烯合成、异构化、脱氢环化、脱烷基、叠合、歧化、聚合、脱氢交联和焦化等，裂解过程中的主要中间产物及其变化可以用图 5-1-01 作一概括说明。按反应进行的先后顺序，可以将图 5-1-01 所示的反应划分为一次反应和二次反应，一次反应即由原料烃类热裂解生成乙烯和丙烯等低级烯烃的反应；二次反应主要是

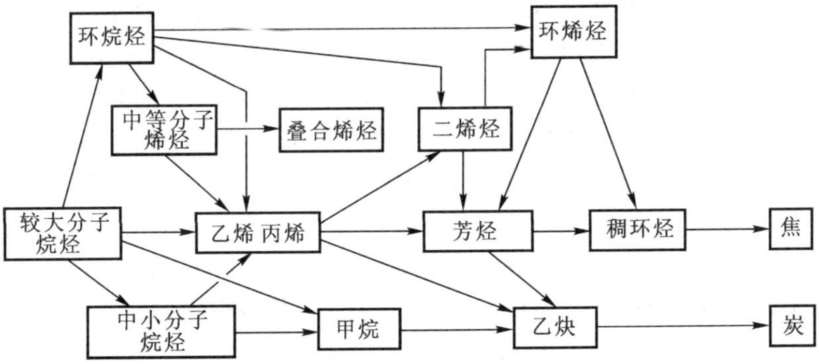

图 5-1-01 烃类裂解过程中一些主要产物变化示意图

指由一次反应生成的低级烯烃进一步反应生成多种产物，直至最后生成焦或炭的反应。二次反应不仅降低了低级烯烃的收率，而且还会因生成的焦或炭堵塞管路及设备，破坏裂解操作的正常进行，因此二次反应在烃类热裂解中应设法加以控制。

现将烃类热裂解的一次反应分述如下。

（1）烷烃热裂解 烷烃热裂解的一次反应主要有：

① 脱氢反应： $R—CH_2—CH_3 \rightleftharpoons R—CH=CH_2 + H_2$

② 断链反应： $R—CH_2—CH_2—R' \longrightarrow R—CH=CH_2 + R'H$

不同烷烃脱氢和断链的难易，可以从分子结构中键能数值的大小来判断。一般规律是同碳原子数的烷烃，C—H 键能大于 C—C 键能，故断链比脱氢容易；烷烃的相对稳定性随碳链的增长而降低。因此，相对分子质量大的烷烃比相对分子质量小的容易裂解，所需的裂解温度也就比较低；脱氢难易与烷烃的分子结构有关，叔氢最易脱去，仲氢次之，伯氢最难；带支链的 C—C 键或 C—H 键，较直链的键能小，因此支链烃容易断链或脱氢；裂解是一个吸热反应，脱氢比断链需供给更多的热量；脱氢为一可逆反应，为使脱氢反应达到较高的平衡转化率，必须采用较高的温度；低相对分子质量烷烃的 C—C 键在分子两端断裂比在分子链中央断裂容易，较大相对分子质量的烷烃则在中央断裂的可能性比在两端断裂的大。

（2）环烷烃热裂解 环烷烃热裂解时，发生断链和脱氢反应，生成乙烯、丁烯、丁二烯和芳烃等烃类；带有侧链的环烷烃，首先进行脱烷基反应，长侧链先在侧链中央的 C—C 链断裂一直进行到侧链全部与环断裂为止，然后残存的环再进一步裂解，裂解产物可以是烷烃，也可以是烯烃。五元碳环比六元碳环稳定，较难断裂；由于伴有脱氢反应，有些碳环，如六元碳环则部分转化为芳烃；因此，当裂解原料中环烷烃含量增加时，乙烯收率会下降，丁二烯、芳烃的收率则会有所增加。

（3）芳烃热裂解 芳烃的热稳定性很高，在一般的裂解温度下不易发生芳烃开环反应，但能进行芳烃脱氢缩合、侧链断裂和脱氢反应：

脱氢缩合，如：

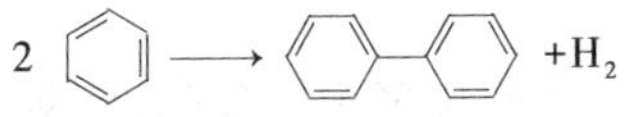

又如：

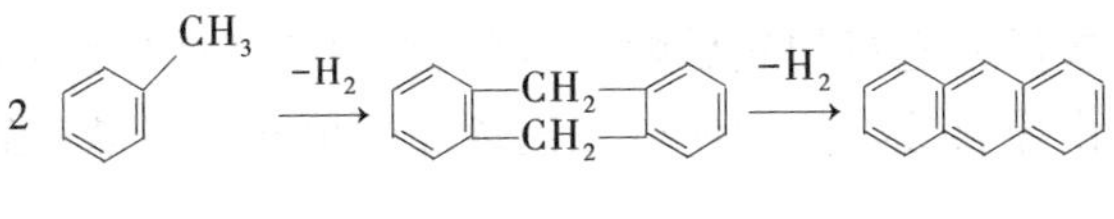

继续脱氢缩合生成焦油直至结焦。

侧链断裂反应,如:

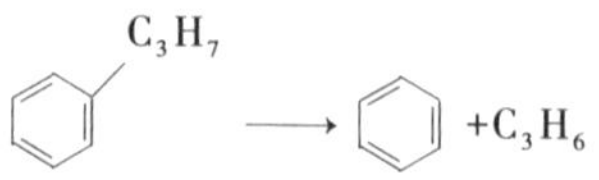

又如:

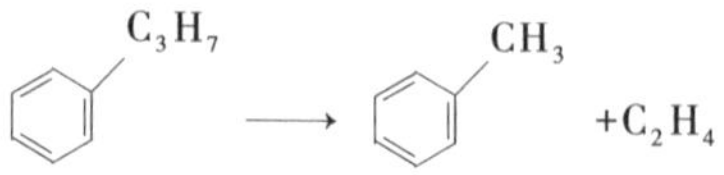

脱氢反应,如:

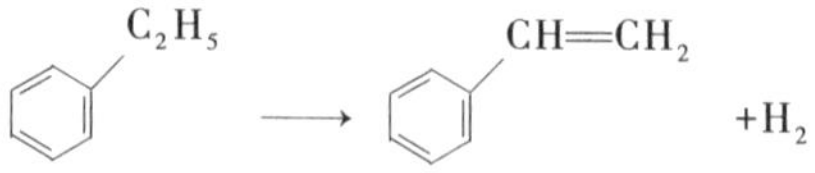

(4) 烯烃热裂解　天然石油中不含烯烃,但石油加工所得的各种油品中则可能含有烯烃,它们在热裂解时也会发生断链和脱氢反应,生成低级烯烃和二烯烃:

$$C_nH_{2n} \longrightarrow C_mH_{2m}+C_{m'}H_{2m'}\,(m+m'=n)$$

$$C_nH_{2n} \longrightarrow C_nH_{2n-2}+H_2$$

它们除继续发生断链及脱氢外,还可发生聚合、环化、缩合、加氢和脱氢等反应,结果生成焦油或结焦。

烯烃脱氢反应所需温度比烷烃更高,在通常的热裂解温度下,反应速率甚慢,因此生成的炔烃甚少。

此外,低相对分子质量的烷烃和烯烃在通常的热裂解温度下还会发生裂解,生成碳和氢气。虽然反应自发性很大(可用 $\Delta G^{\ominus}$ 判断),但反应速率常数甚小,因此这类反应不明显。

根据以上讨论,各种烃类热裂解反应规律可简单地归纳为:

直链烷烃裂解易得乙烯、丙烯等低级烯烃,相对分子质量越小,烯烃总收率越高;异构烷烃裂解时烯烃收率比同碳原子数的直链烷烃低,随着相对分子质量增大,这种差别减小;环烷烃热裂解易得芳烃,含环烷烃较多的裂解原料,裂解产物中丁二烯、芳烃的收率较高,乙烯的收率则较低;芳烃不易裂解为烯烃,主要发生侧链断裂脱氢和脱氢缩合反应;烯烃热裂解易得低级烯烃,少量脱氢生成二烯烃,后者能进一步反应生成芳烃和焦;在高温下,烷烃和烯烃还会发生分解反应生成少量的碳。

烃类的二次反应比一次反应更复杂。生成的高级烯烃还会进一步裂解成低级烯烃,低级烯烃相互间聚合或缩合可转化为环烷烃、芳烃、稠环芳烃直至转化为焦。烯烃加氢变为烷烃,脱氢变为二烯烃或炔烃;芳烃经脱氢缩合转化为稠环芳烃,再进一步转化为焦;烷烃会进一步裂解成低级烷烃,最后转化成碳和氢。因此二次裂解的结果是使一次反应所得的低级烯烃转化为用途不大的裂解产物,使低级烯烃收率明显下降,生成的焦炭会沉积在裂解炉炉管壁上,增加传热热阻和流体阻力,有时甚至会发生因炉管热阻太大烧穿炉管,裂解气外泄并燃烧以及引发爆炸事故。为此,在工业生产中定期清焦是必不可少的。

2. 烃类热裂解反应机理

经过长期研究,已明确烃类热裂解反应机理属自由基链反应机理,反应分链引发、链增长(又称链传递)和链终止 3 个过程,为一连串反应。现以乙烷和丙烷裂解为例,说明热裂解反应机理。

乙烷的链反应经历以下 7 个步骤：

(1) $CH_3—CH_3 \rightleftharpoons 2\ \dot{C}H_3$

然后发生链转移和链增长

(2) $\dot{C}H_3+CH_3—CH_3 \rightleftharpoons CH_4+CH_3—\dot{C}H_2$

(3) $CH_3—\dot{C}H_2 \rightleftharpoons H\cdot + CH_2═CH_2$

(4) $H\cdot +CH_3—CH_3 \rightleftharpoons H_2+CH_3—\dot{C}H_2$

链终止是自由基相互结合

(5) $2\ \dot{C}H_3 \rightleftharpoons C_2H_6$

(6) $\dot{C}H_3+CH_3—\dot{C}H_2 \rightleftharpoons C_3H_8$

(7) $2CH_3—\dot{C}H_2 \rightleftharpoons C_4H_{10}$

研究结果表明，乙烷裂解主要产物是氢、甲烷和乙烯，这与反应机理是相符合的。乙烷裂解的特点是引发形成的乙基自由基 $CH_3—\dot{C}H_2$ 产生自由基 $H\cdot$，而自由基 $\dot{C}H_3$ 仅在起始阶段有少量生成。

丙烷热裂解时，自由基 $H\cdot$ 和 $\dot{C}H_3$ 在链增长阶段起着很大作用。

链引发

(1) $CH_3—CH_2—CH_3 \rightleftharpoons \dot{C}H_3+\dot{C}H_2—CH_3$

(2) $\dot{C}H_2—CH_3 \rightleftharpoons CH_2═CH_2 + H\cdot$

链增长，形成异或正丙基自由基

(3) $\dot{C}H_3+CH_3—CH_2—CH_3 \longrightarrow \begin{cases} \xrightleftharpoons{3a} CH_3—\dot{C}H—CH_3+CH_4 \\ \xrightleftharpoons{3b} \dot{C}H_2—CH_2—CH_3+CH_4 \end{cases}$

(4) $H\cdot +CH_3—CH_2—CH_3 \longrightarrow \begin{cases} \xrightleftharpoons{4a} CH_3—\dot{C}H—CH_3+H_2 \\ \xrightleftharpoons{4b} \dot{C}H_2—CH_2—CH_3+H_2 \end{cases}$

(5) $\dot{C}H_2—CH_3+C_3H_8 \rightleftharpoons C_2H_6+\dot{C}_3H_7$

(6) $CH_3—\dot{C}H—CH_3 \rightleftharpoons CH_3—CH═CH_2 + H\cdot$

(7) $\dot{C}H_2—CH_2—CH_3 \rightleftharpoons CH_2═CH_2 + \dot{C}H_3$

链终止

(8) $2\ \dot{C}H_3 \rightleftharpoons C_2H_6$

(9) $\dot{C}H_3+\dot{C}_2H_5 \rightleftharpoons C_3H_8$

(10) $2\dot{C}_2H_5 \rightleftharpoons C_4H_{10}$

丙烷初始裂解所得产物与反应机理相符。

3. 烃类热裂解反应动力学

经研究烃类热裂解的一次反应可视作一级反应：

$$r=\frac{-\mathrm{d}c}{\mathrm{d}t}=kc$$

式中：r——反应物的消失速率，mol/(L · s)；

c——反应物浓度，mol/L；

t——反应时间，s；

k——反应速率常数，s^{-1}。

当反应物浓度由 $c_0 \to c$，反应时间由 $0 \to t$，将上式积分可得

$$\ln\frac{c_0}{c}=kt$$

以转化率 x 表示时，因裂解反应是分子数增加的反应，故反应物浓度可表达为

$$c=\frac{c_0(1-x)}{\alpha_V}$$

式中：α_V——体积增大率，它随转化率的变化而变化。

由此可将上列积分式表示为另一种形式：

$$\ln\frac{\alpha_V}{1-x}=kt$$

已知反应速率常数随温度的变化关系式为

$$\lg k=\lg A\ \frac{E}{2.303\ RT}$$

因此，当 α_V 已知，反应速率常数已知，则就可求出转化率 x。某些低相对分子质量的烷烃及烯烃裂解的 A 和 E 值见表 5-1-01。已知反应温度，查出此表中相应的 A 和 E 值，就能算出在给定温度下的 k 值。

表 5-1-01 几种低相对分子质量烷烃和烯烃裂解时的 A 和 E 值

化合物	$\lg A$	$E/(\mathrm{J \cdot mol^{-1}})$	$E/(2.303\ R)$
C_2H_6	14.673 7	302 290	15 800
C_3H_6	13.833 4	281 050	14 700
C_3H_8	12.616 0	249 840	13 050
i-C_4H_{10}	12.317 3	239 500	12 500
n-C_4H_{10}	12.254 5	233 680	12 300
n-C_5H_{12}	12.247 9	231 650	12 120

由于 C_6 以上烃类裂解动力学数据比较缺乏，此时可用图 5-1-02 来进行估算。

4. 烃类热裂解工艺条件讨论

(1) 裂解原料　烃类裂解原料大致可以分为两大类：第 1 类为气态烃，如天然气、油田伴生

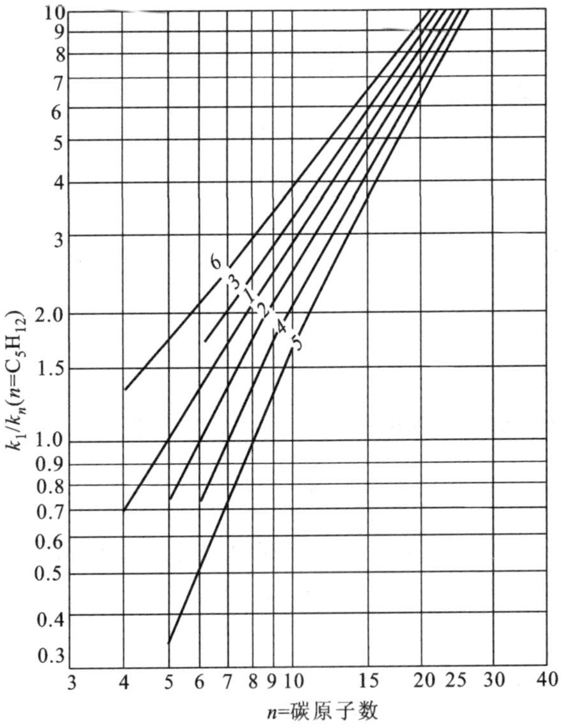

图 5-1-02 碳氢化合物相对于正戊烷的反应速率常数曲线

1. 正烷烃；*2.* 异构烷烃，一个甲基连在第二个碳原子上；*3.* 异构烷烃，两个甲基连在两个碳原子上；*4.* 烷基环己烷；*5.* 烷基环戊烷；*6.* 正构伯单烯烃

气和炼厂气；第 2 类为液态烃，如轻油、柴油、重油、原油闪蒸油馏分和原油等。

气态烃原料价格便宜、裂解工艺简单、烯烃收率高，其中尤以乙烷、丙烷为优；但来源有限、运输不便，远远满足不了工业的需要。液态烃原料资源丰富，便于贮存和运输，虽然乙烯收率比气态烃低，但能获得较多的丙烯、丁烯和芳烃。因此液态烃，其中特别是轻油是目前世界上广泛采用的裂解原料。表 5-1-02 列出了不同原料在管式炉内裂解的产物分布。表 5-1-03 列出了生产 1 t(乙烯)所需原料量及联副产物量。

表 5-1-02 不同原料裂解的主要产物收率 单位：%

裂解原料＼主要产物	乙烯	丙烯	丁二烯	混合芳烃	其他	裂解原料＼主要产物	乙烯	丙烯	丁二烯	混合芳烃	其他
乙烷	84.0	1.4	1.4	0.4	12.8	全沸程石脑油	31.7	13.0	4.7	13.7	36.8
丙烷	44.0	15.6	3.4	2.8	34.2	抽余油	32.9	15.0	5.3	11.0	35.8
正丁烷	44.4	17.3	4.0	3.4	30.9	轻柴油	28.3	13.5	4.8	10.9	42.5
轻石脑油	40.3	15.8	4.9	4.8	34.2	重柴油	25.0	12.4	4.8	11.2	46.6

表 5-1-03 生产 1 t(乙烯)所需原料量及联副产物量

指标	乙烷	丙烷	石脑油	轻柴油
需原料量/t	1.30	2.38	3.18	3.79
联副产物量/t	0.299 5	1.38	2.60	2.79
其中				
m(丙烯)/t	0.037 4	0.386	0.47	0.538
m(丁二烯)/t	0.017 6	0.075	0.119	0.148
m[BTX(三苯)]/t	—	0.095	0.49	0.50

(2) 压力　裂解反应是体积增大、反应后分子数增多的反应,减压对反应是有利的。例如,正十六烷在 500 ℃下裂解,若压力为 0.1 MPa,乙烯收率可达84 mol(乙烯)/100 mol(正十六烷),若将压力提高至 2.1 MPa,乙烯收率则降至14.9 mol(乙烯)/100 mol(正十六烷),丙烯和丁烯等低级烯烃的收率也都有不同程度的下降。

但是裂解不允许在负压下操作,因易吸入空气,酿成爆炸等意外事故。为此常将裂解原料和水蒸气混合,使混合气总压大于大气压,而原料烃的分压则可进一步降低。混入水蒸气还有以下好处:水蒸气可事先预热到较高的温度,用作热载体将热量传递给原料烃,避免原料烃因预热温度过高,易在预热器中结焦的缺点,混入水蒸气也有助于防止碳在炉管中的沉积。

$$C+H_2O \longrightarrow CO+H_2$$

因此,在大多数的裂解装置中,烃类原料一般都和水蒸气混合后才进行裂解。

(3) 裂解温度　提高裂解温度,有利于乙烯产率的增加。在烃类链反应中,链引发、β-断裂(直链烃第 2 和第 3 个碳原子之间碳链的断裂)和链终止的反应活化能分别为 350 kJ/mol,45 kJ/mol 和 0 kJ/mol。提高裂解温度可增大链引发速率常数,产生的自由基增多。β-断裂反应速率常数也增大,但与前者相比增大的程度较小。对链终止反应,温度升高则没有影响。链引发和β-断裂反应速率常数的增大,都对增产乙烯有利。

在石脑油裂解技术中的一个重要进展就是裂解管材质的改进(如应用 25Cr35Ni 不锈钢为基础的改性材料),允许裂解温度由 750 ℃提高至 900 ℃,乙烯产率可从 20 %左右提高到 30 %。但若再进一步提高裂解温度,一方面对裂解管材质会提出更高的要求,另一方面为减少二次反应,必须减少烃类原料气在裂解管中的停留时间和改进急冷器(或废热锅炉)的结构,让裂解气能得到迅速冷却以终止二次反应。此外,在高温下分解反应加剧,生成的碳将明显增多,从而使裂解管更易堵塞,这对用诸如像煤油、粗柴油等作裂解原料时,矛盾将更为突出。最后还需考虑裂解产物的分布,裂解温度过高,乙烯产量虽有所增加,但丙烯和丁烯的收率则会下降。

(4) 停留时间　裂解原料在反应高温区的停留时间,如上所述,与裂解温度有密切关系。裂解温度越高,允许停留的时间则越短;反之,停留时间就要相应长一些。目的是以此控制二次反应,让裂解反应停留在适宜的裂解深度上。表5-1-04示出了石脑油在管式炉中裂解时,裂解温度与停留时间的关系。由表5-1-04可见,裂解温度高,停留时间短,相应的乙烯收率提高,但丙烯收率下降。

表 5-1-04　石脑油裂解停留时间对裂解产物的影响

实验条件及产物产率＼实验号	1	2	3	4
停留时间/s	0.7	0.5	0.45	0.4
w(水蒸气)/w(石脑油)	0.6	0.6	0.6	0.6
出口温度/℃	760.0	810.0	850.0	860.0
乙烯收率/%	24.0	26.0	29.0	30.0
丙烯收率/%	20.0	17.0	16.0	15.0
w(裂解汽油)/%	24.0	24.0	21.0	19.0
汽油中 w(芳烃)/%	47.0	57.0	64.0	69.0

三、由烃类热裂解制低级烯烃和芳烃

1. 裂解产品

低级烯烃通常指乙烯、丙烯、丁烯、异丁烯和丁二烯。由石油烃裂解制得的芳烃主要是苯、甲苯、二甲苯和萘。这些烯烃和芳烃都是有机合成重要的基础原料，在石油化工中具有举足轻重的地位。由它们制得的有机物分别示于表5-1-05、表 5-1-06、表 5-1-07 和表 5-1-08 中。

乙烯还可以由乙醇脱水制得：

$$C_2H_5OH \xrightarrow{\text{催化剂}} CH_2{=\!=}CH_2+H_2O$$

催化剂为 γ-Al_2O_3 或 ZSM 型分子筛，反应温度 360～420 ℃，乙醇转化率接近 100 %，乙烯收率约 95 %左右。

有一些国家对以甲烷、合成气($CO+H_2$)或甲醇为原料合成乙烯进行了广泛的研究，有的已建立了中试工厂，但成本上还难以与石油烃热裂解法制乙烯相匹敌。

现在，乙烯、丙烯、丁烯主要靠石油烃热裂解制得，而芳烃除部分从石油烃裂解制得外，大部分来自石油烃的催化重整。煤焦化所得煤焦油经蒸馏，也可获得部分芳烃。

2. 裂解工艺

(1) 由天然气生产烯烃　天然气中除甲烷外，还含有少量乙烷、丙烷、C_4 及 C_4 以上烃类，而用作裂解原料的仅是乙烷、丙烷和正丁烷。因此，必须将甲烷及 C_4 以上的重质烃类从天然气中分出，常用的分离方法有油吸收法、深冷分离法或超吸附法。由天然气生产烯烃的流程见图 5-1-03，图中裂解气的分离和精制，将在后面阐述。从天然气装置中分离出的甲烷气，若用来生产乙炔，则伴有部分乙烯生成，因此甲烷也可看做是生产乙烯的原料。

(2) 由炼厂气生产烯烃　炼厂气是炼油厂各生产装置(如常减压、催化裂化)所产气体的总称。常将它们汇总后送气体车间处理，首先分出已有的乙烯、丙烯、丁烯和丁二烯等气体，剩余的气态烃则作裂解原料。有时为了提高乙烯或丙烯的收率，也有将乙烷和丙烷分出，单独送裂解炉裂解的。现在，正丁烷和异丁烷也是重要的工业原料，常将它们从炼厂气中分出，而不再用作裂解原料。由炼厂气制造低级混合烯烃的流程示于图 5-1-04。

表 5-1-05 乙烯系统主要产品

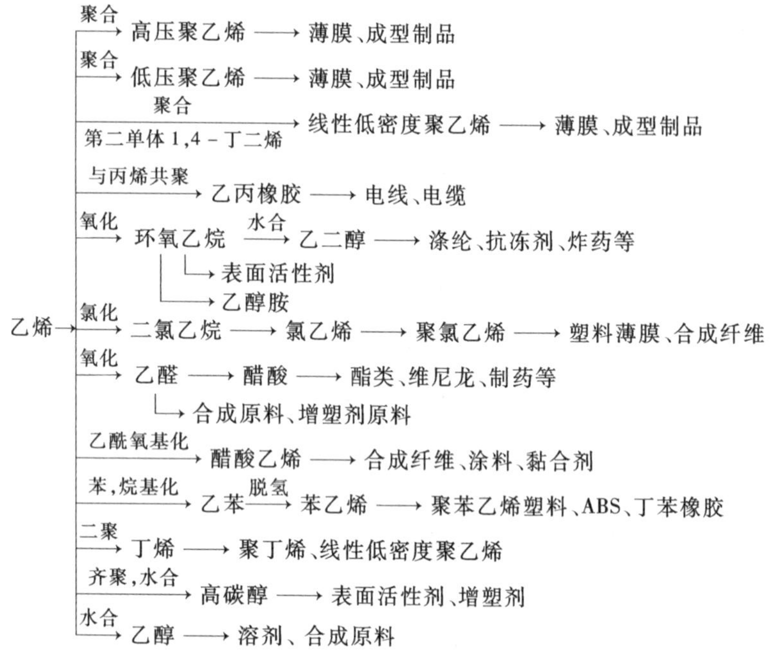

表 5-1-06 丙烯系统主要产品

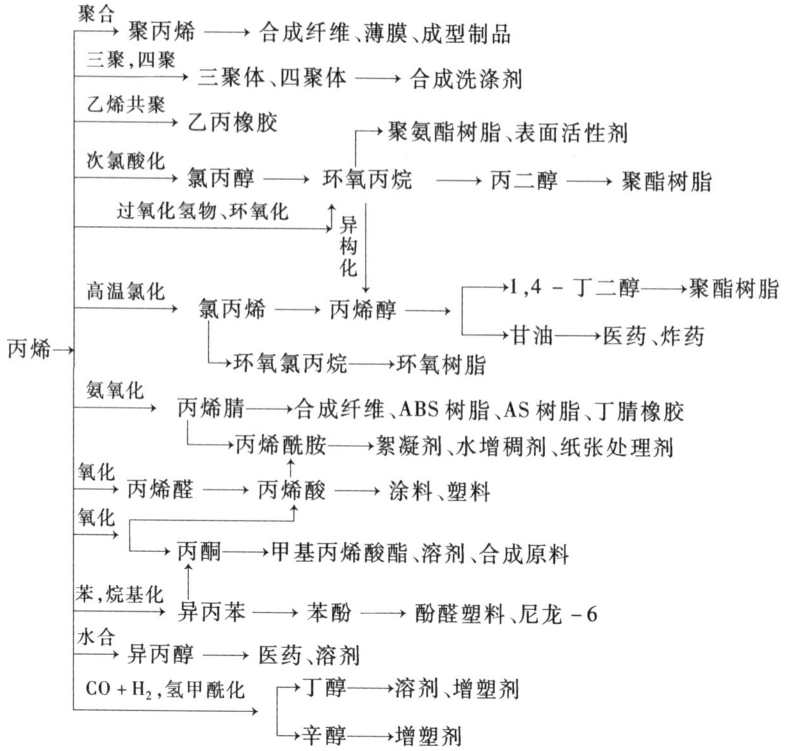

表 5-1-07　碳四烃系统的主要产品

碳四烃 →

- 丁二烯
  - 聚合 → 顺丁橡胶
  - 与苯乙烯共聚 → 丁苯橡胶
  - 与丙烯腈、苯乙烯共聚 → ABS 塑料
  - 二聚 → 环辛二烯 → 尼龙 - 8
  - 三聚 → 环十二三烯 → 尼龙 - 12
  - 2HCN → 己二腈 → 尼龙 - 66
  - $CO + H_2O$ → 己二酸 → 尼龙 - 66
  - 乙酰氧基化、水解、加氢 → 1,4 - 丁二醇 → 聚酯树脂
  - 氧化 → 顺丁烯二酸酐 → 增强塑料、农药（顺丁烯二酸酐 ↑ 1,4 - 丁二醇）
- 正丁烯
  - 氧化 → 顺丁烯二酸酐
  - 氧化 → 甲乙酮 → 溶剂
  - 水合 → 2 - 丁醇（↑ 甲乙酮）
  - 脱氢或氧化脱氢 → 丁二烯
  - 聚合 → 聚 1 - 丁烯 → 薄膜、管材
- 异丁烯
  - 加少量异戊二烯，低温聚合 → 丁基橡胶
  - 聚合 → 聚异丁烯 → 黏合剂、密封胶
  - 齐聚
    - → 二异丁烯 → 辛基酚 → 表面活性剂、润滑油添加剂
    - → 三异丁烯 → 十二烷硫醇 → 稳定剂、抗氧剂、紫外线吸收剂
  - 甲醛 → 异戊二烯 → 合成橡胶
  - 氨氧化 → 甲基丙烯腈 —H_2O→ 甲基丙烯酸 —CH_3OH→ 甲基丙烯酸甲酯（有机玻璃单体）
  - 氧化 → 甲基丙烯醛 —氧化→ 甲基丙烯酸
  - 对甲苯酚，烷基化 → 2,6 - 二叔丁基对甲酚 → 塑料、橡胶防老剂、抗氧化剂、食品添加剂
  - 水合 → 叔丁醇 → 溶剂、汽油添加剂
  - 甲醇，醚化 → 甲基叔丁基醚（MTBE） → 汽油添加剂
- 正丁烷
  - 氧化
    - → 醋酸
    - → 顺丁烯二酸酐
  - 脱氢 → 丁二烯
  - 裂解 → 乙烯、丙烯

表 5-1-08 芳烃系统主要产品

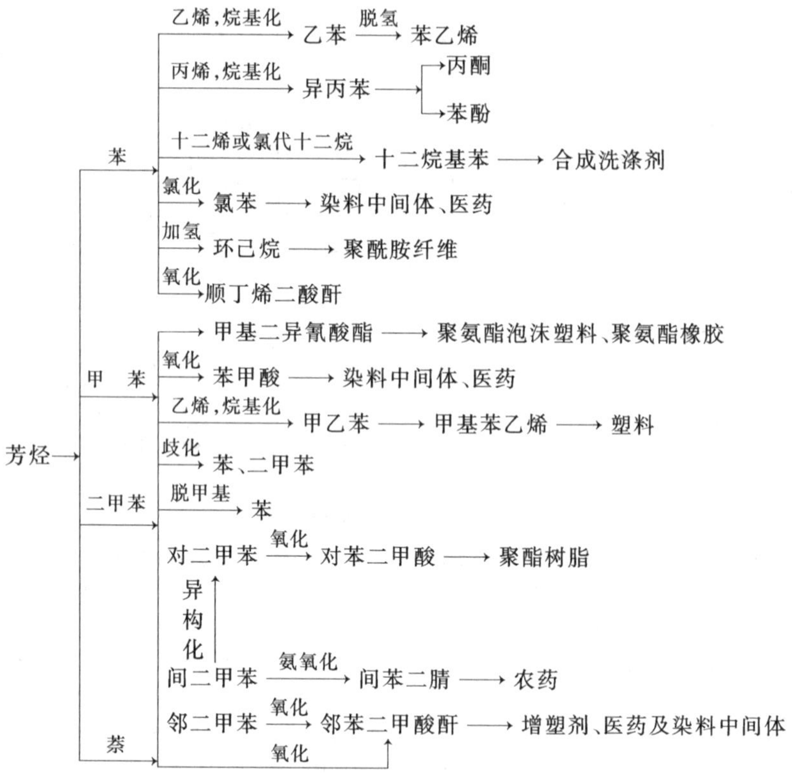

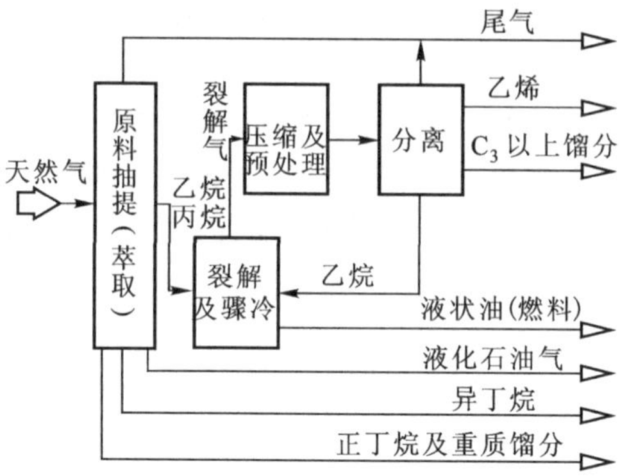

图 5-1-03 由天然气制造烯烃的过程说明图

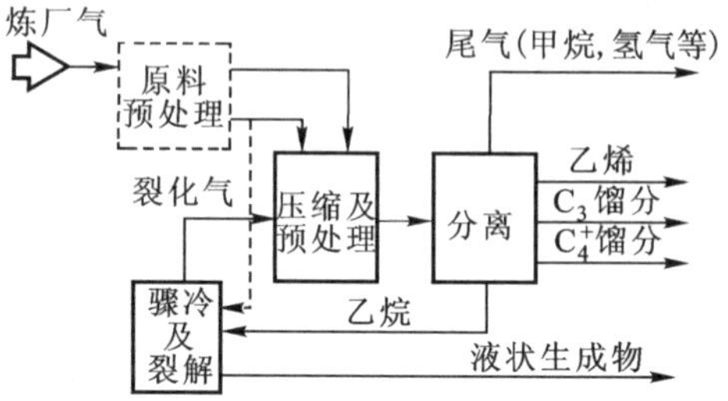

图 5-1-04 由炼厂气生产烯烃的流程图

(3) 由液态烃生产烯烃　常用的原料有石脑油(粗汽油)、轻油、直馏汽油、轻柴油等。现在,有些国家因轻质液态烃来源困难或价格较贵,也采用部分重质油,如重柴油、渣油、重油或原油作裂解原料。由液态烃生产烯烃是目前制取乙烯、丙烯等低级烯烃的主要方法。

图 5-1-05 所示为轻柴油裂解的工艺流程。

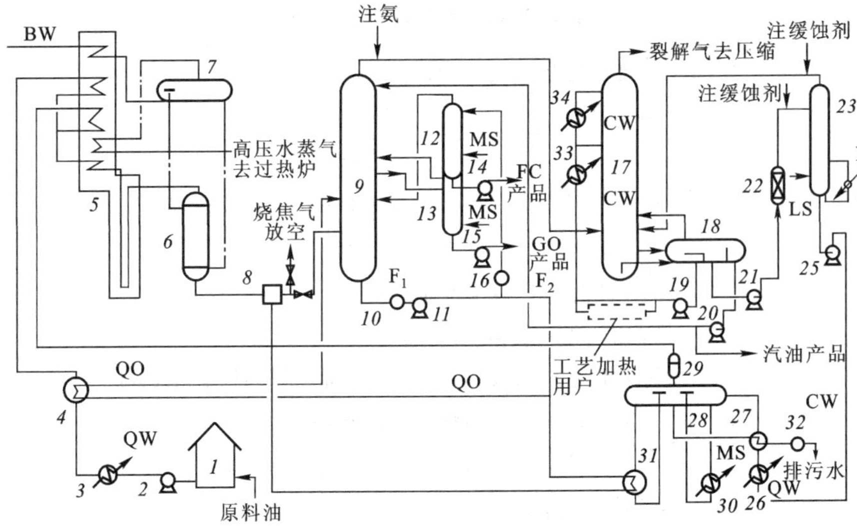

图 5-1-05　轻柴油裂解装置工艺流程图

1. 原料油贮罐；*2.* 原料油泵；*3*，*4.* 原料油预热器；*5.* 裂解炉；*6.* 急冷换热器；*7.* 汽包；
8. 急冷器；*9.* 油洗塔（汽油初分馏塔）；*10.* 急冷油过滤器；*11.* 急冷油循环泵；*12.* 燃烧油汽提塔；
13. 裂解轻柴油汽提塔；*14.* 燃料油输送泵；*15.* 裂解轻柴油输送泵；*16.* 燃料油过滤器；*17.* 水洗塔；
18. 油水分离器；*19.* 急冷水循环泵；*20.* 汽油回流泵；*21.* 工艺水泵；*22.* 工艺水过滤器；*23.* 工艺水汽提塔；
24. 再沸器；*25.* 稀释水蒸气发生器给水泵；*26*，*27.* 预热器；*28.* 稀释水蒸气发生器汽包；
29. 分离器；*30.* 中压水蒸气加热器；*31.* 急冷油加热器；*32.* 排污水冷凝器；*33*，*34.* 急冷水冷却器；
QW.急冷水；CW.冷却水；MS.中压水蒸气；LS.低压水蒸气；QO.急冷油；FC.燃料油；GO.裂解轻柴油；
BW.锅炉给水；F_1，F_2. 流量调控器

原料油经预热后进入裂解炉，在预热段（对流段）与稀释水蒸气混合后进入辐射段进行裂解，出裂解炉的裂解气进入急冷换热器冷却以终止裂解反应，再去油急冷器用急冷油进一步冷却，然后进入油洗塔（汽油初馏塔）。急冷换热器产生 11 MPa 的高压水蒸气，再过热至 447 ℃后供水蒸气透平使用。急冷油和裂解气一起进入油洗塔，塔顶出 H_2、气态烃、裂解汽油和稀释水蒸气，塔侧线出裂解轻柴油馏分，经汽提塔脱除轻组分后，作为裂解轻柴油产品，因它含有大量烷基萘，是制萘的好原料，常称为制萘馏分。油洗塔塔釜出重质燃料油，经汽提除去轻组分后，大部分用作循环急冷油。

油洗塔顶出料进入水洗塔，将稀释水蒸气和裂化汽油冷凝下来。经分离，水重新循环使用，裂化汽油作产品送出。

除去绝大部分水和汽油的裂解气，温度约 40 ℃，送分离装置的压缩工序。

3. 裂解炉

裂解炉炉型有许多种，过去曾采用过蓄热式裂解炉和砂子裂解炉。蓄热式裂解炉采用的原料是重油或原油，蓄热和制裂解气在裂解室（蓄热室）中交叉进行，属间歇操作，生产率和热效率都很低；砂子裂解炉砂子烧焦及升温在燃烧室中进行，制裂解气在移动床反应器中进行，故可连续操作，但投资大，占地多。采用的原料也是重油或原油。上述两种裂解方法，已日趋淘汰。

现在国内外广泛采用的是管式裂解炉。裂解反应在一根细长的管中进行,围绕着如何提高热效率和如何防止二次反应的发生,对管式炉的结构作了不少改进,形成了多种管式裂解炉的炉型。比较著名,在乙烯生产装置上用得比较多的,有下列五种炉型,现扼要介绍如下。图 5-1-06 为垂直管双面辐射型管式炉中比较典型的一种炉型,简称 SRT 型裂解炉,由 Lummus 公司开发成功。左边为正视图,右边为侧视图,一个炉子有 4 组裂解管。可以用气态烃和轻质液态烃做原料,裂解温度 800~900 ℃,停留时间愈短,所需裂解温度愈高。SRT(short residence time)型裂解炉已由 SRT—Ⅰ型发展到 SRT—Ⅵ型,Lummus 公司正在开发 SRT—X 型裂解炉,采用模拟优化设计的方法来确定 SRT—X 型炉的工艺条件及控制裂解炉的操作。SRT 炉成功地开发了以入口侧强烈加热来缩短高温停留时间的分支炉管技术(图 5-1-06 所示的 SRT—Ⅲ型裂解炉为 4 程管 4-2-1-1 排列,SRT—Ⅳ HC 型为 4 程管 8-4-2-1 排列)和以减少出口侧压头损失为目的的异型管技术。SRT—Ⅴ型还在辐射段的第一程管内设置传热用翅片,以增加传热量,加快一次反应速率。相应的出口侧炉管温度比 SRT—Ⅳ型低,减少二次反应和结炭,运转周期比 SRT—Ⅳ型可以长一些。通过上述一系列技术改造,反应停留时间由 SRT—Ⅰ型的 0.6~0.7 s 缩短至 SRT—Ⅴ型的 0.21~0.3 s;Kellogg 公司的毫秒型炉,停留时间仅 0.045~0.1 s,是普通裂解炉停留时间的(1/6)~(1/4)。以石脑油为裂解原料时,乙烯单程收率可达 32 %~34.4 %,裂解炉系统见图 5-1-07。炉管布置见图 5-1-08,其辐射管为单程直管,管内径为 24~38 mm,管长为 10~13 m。原料烃和稀释水蒸气混合物在对流段预热至物料横跨温度后,通过横跨管(共两根)和猪尾管(起均布流体作用)由裂解炉底部送入辐射管,物料由下向上流动,由辐射室顶部出辐射管进入第一废热锅炉。毫秒裂解炉,由于停留时间短、裂解温度高,因此裂解所得产品中炔烃收率大幅度提高,比停留时间为 0.3~0.4 s 的普通裂解炉高出 80 %以上,甲基乙炔和丙二烯等的收率可增加近 1 倍。这为后续裂解气分离带来一定的麻烦, C_2 馏分和 C_3 馏分的加氢脱炔必

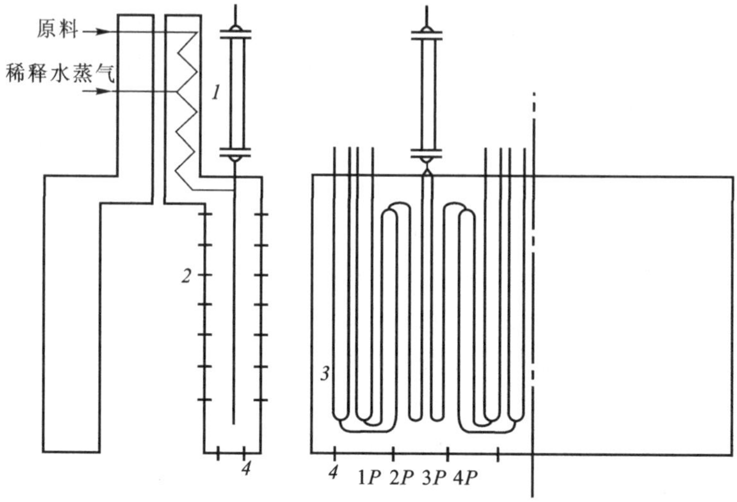

图 5-1-06 SRT—Ⅲ型裂解炉示意图

1. 对流室;*2*. 辐射室;*3*. 炉管组;*4*. 烧嘴

1*P*ϕ89 mm(64);2*P*ϕ114 mm(89);3*P*,4*P*ϕ178 mm(146);总长 48.8 m

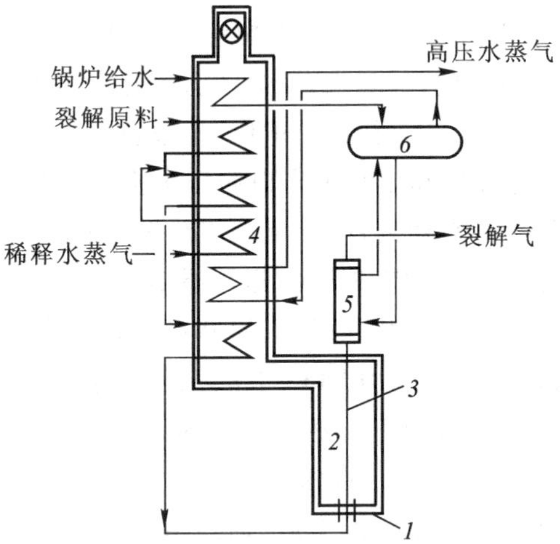

图 5-1-07　毫秒裂解炉示意图

1. 烧嘴；*2.* 辐射段；*3.* 裂解炉管；

4. 对流段；*5.* 急冷换热器；*6.* 汽包

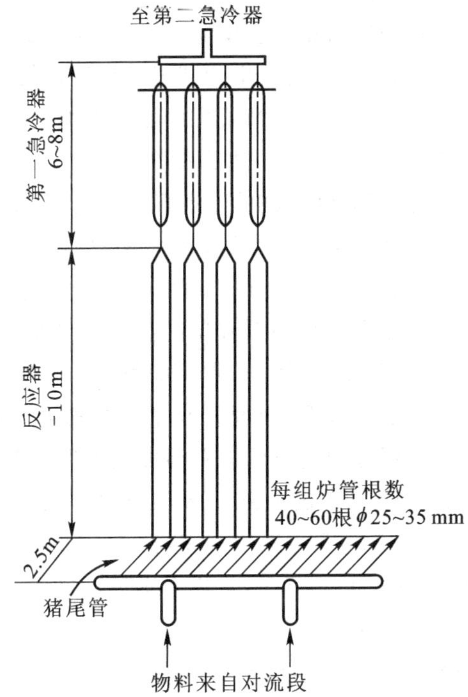

图 5-1-08　毫秒裂解炉炉管组示意图

须大大加强。此外，清焦周期大为缩短，一般为40～45 天，毫秒裂解炉则为 12～15 天，对提高生产率不利。1998 年 Kellogg 公司和 Brown & Root 公司合并成立了 KBR 公司，开发的裂解炉亦命名为 KBR 裂解炉（简称 SC 炉），已有 SC—1 型、SC—2 型和 SC—4 型三种炉型，与 Kellogg 公司开发成功的毫秒裂解炉相比，停留时间更短，反应选择性更好，裂解温度为 880～900 ℃，可适应乙烷～石脑油的各种裂解原料；超选择性 USC 型裂解炉由 S&W 公司设计制造，裂解炉系统图示于图 5-1-09。该系统由裂解炉（USC）、一级急冷器（USX）和二级急冷器（TLX）三部分组成。S&W 公司认为，在低烃分压的条件下停留时间对裂解选择性的影响远比烃分压的影响更为显著。停留时间与质量流速成反比，与辐射盘管长度成正比。由于质量流速的提高受阻力降的限制，因此，缩短停留时间最有效的途径就是缩短辐射盘管的长度。在给定的裂解深度和质量流速下，只有通过缩小辐射管直径，增加表面热强度才能达到此目的。辐射盘管直径缩小，在相同的生产能力下，意味着辐射盘管的数量要增加，辐射盘管有 U 型和 W 型两种，与 SRT 型炉不同，它们均为不分支变径管。每台 USC 型炉有 16 组、24 组或 32 组管，每组 4 根，成 W 型，4 程 4 次变径，直径依次为63.5 mm，69.9 mm，76.2 mm，82.9 mm，管长 43.9 m，停留时间 0.35 s；U 型辐射盘管为 2 程两次变径，直径依次为 51 mm，63.5 mm，管长 26.9 m，停留时间0.2～0.25 s。虽然 U 型辐射盘管管径比 W 型小，每根长度也比 W 型短，因而处理能力比 W 型小，但裂解选择性更高，故多被乙烯装置采用。USC 型裂解炉原料为乙烷到柴油之间的各种烃类。用轻柴油作裂解原料时，乙烯收率

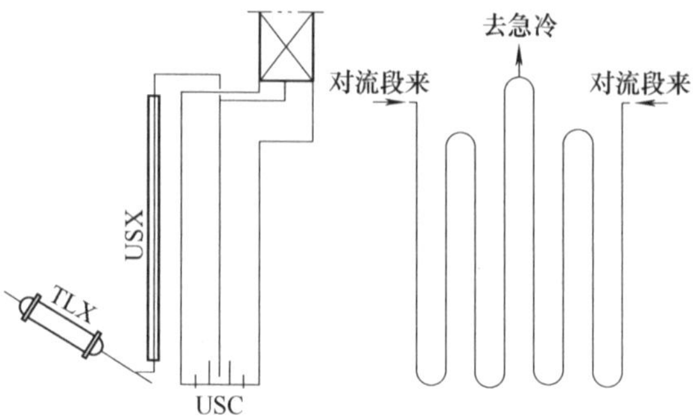

图 5-1-09 USC 型裂解炉结构剖面图

w(乙烯)= 27.7 %,丙烯收率 w(丙烯)= 13.65 %,可以 100 天不清焦;每两组辐射盘管共用 1 个一级急冷器,然后将裂解气汇总进入一台二级急冷器。一、二级急冷器共用 1 个汽包,产生 10 MPa的高压蒸汽;荷兰 KTI 公司的 GK 型裂解炉,已由 GK—Ⅰ型发展到 GK—Ⅴ型。各种 GK 型裂解炉分支变径管大体上均保持沿管长截面积不变。各种 GK 型裂解炉分支变径管的结构见图 5-1-10。GK—Ⅱ型为混排多程分支变径管,一般为 6 程,前 4 程为双排小管径炉管,5、6 程为单排大管径炉管,停留时间为 0.4~0.5 s。GK—Ⅲ为单排 4 程分支变径管,1、2 程为 4 根小管径炉管(如 ϕ98 mm×65 mm),3、4 程为 2 根大管径炉管(如ϕ138 mm×8 mm),停留时间缩短至 0.4 s 以下。GK—Ⅳ型为混排 4 程分支变径管,1、2 程为 4 根双排小管径管,第 3 程为 2 根管径稍大的单排管,第 4 程为 1 根大管径单排管,停留时间在 0.3 s 以下。GK—Ⅴ型采用双程分支变径管,第 1 程为 2 根小管径辐射盘管(如 ϕ59 mm),第 2 程为 1 根大管径炉管(如ϕ83 mm),停留时间在 0.2 s 左右,因而裂解选择性明显得到改善;Linde 公司的 LSCC 裂解炉,有 LSCC4—2、LSCC2—2 和 LSCC1—1 三种炉型,它们的结构见表 5-1-09。LSCC4—2 型为 6 程混排分支变径管,前 4 程为 2 根内径为 64 mm 的双排管,5、6 程为 1 根内径为 135 mm 的单排管,每根管长为55 m,停留时间0.4 s左右。LSCC2—2 型为 4 程混排分支变径管,前 2 程为内径 78 mm 的双排管,3、4 程为内径为 112 mm 的单排管,每根长 36~42 m,停留时间 0.26~0.38 s。LSCC1—1 型第 1 程为 2 根内径为 43 mm 的炉管,第 2 程为 1 根内径为 62 mm 的炉管,盘管总长 17~19 m,停留时间为 0.16~0.2 s,属双程分支变径管,沿管长方向截面积大体不变。与 LSCC4—2 型相比,由于停留时间明显缩短,裂解选择性因而得到明显提升。除炉管排布上有所创新外,Linde 公司还推出了双辐射段共用 1 个对流段的双辐射裂解炉,可在同一台裂解炉上同时进行 2 种裂解原料的热裂化操作,提高了生产的灵活性。有资料报道,S&W 公司开发成功陶瓷炉裂解技术,可超高温裂解,且不易结焦,乙烷制乙烯的转化率可达 90%,而传统裂解工艺仅为 65%~70%。该公司声称,准备在近期实现工业化生产。

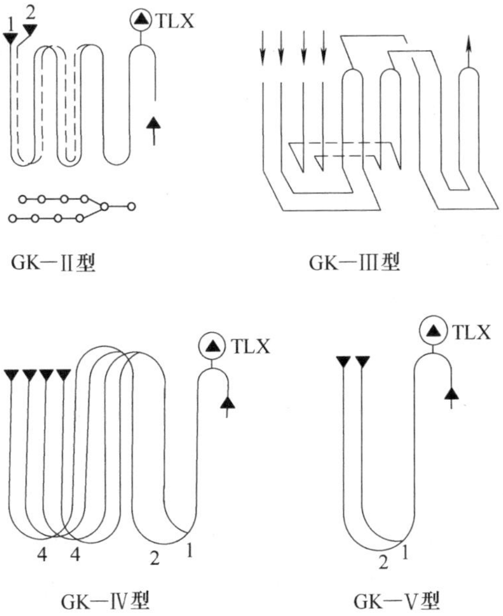

图 5-1-10 KTI 的 GK 型裂解炉盘管

表 5-1-09 不同炉型的结构特性

项目 \ 炉型	LSCC4—2	LSCC2—2	LSCC1—1
炉管构型	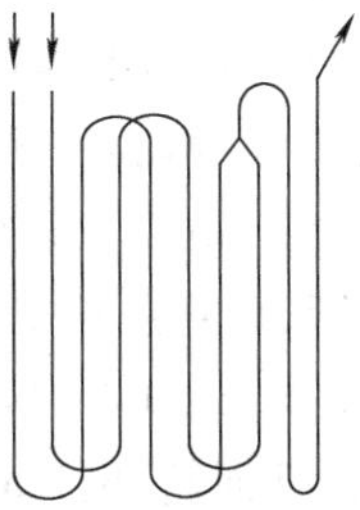	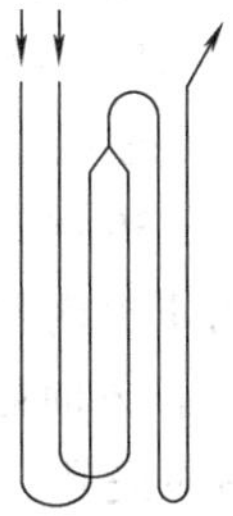	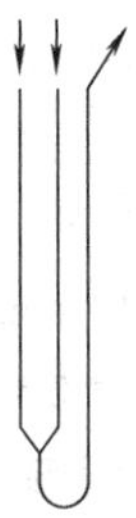

为强化传热，防止炉管结焦以延长裂解炉清焦时间，除对炉管的排布进行不断改进外，还对炉管形状做了研究，如日本三菱公司开发成功椭圆管，Lummus，Kellogg，Exxon 公司开发成功梅花管，日本久保田公司开发成功内翅片管等。国内燕山石化与中国石化北京化工研究院、沈阳金属研究所共同开发成功裂解炉扭曲管强化传热技术。用作辐射段的炉管是一种管内带扭曲片的精

密整铸管,可将管内流体由原先的活塞流改为旋转流,对管壁有一个强烈的横向冲刷作用,从而减薄边界滞留层,强化传热,减缓管内壁结焦。试验表明,辐射段炉管壁温可同比下降 20 ℃,运行周期从 50 天延长到 105 天。该工艺技术已在辽阳石化的 CBL—Ⅰ型炉、扬子石化的 SRT—Ⅲ型和燕山石化的 SRT—Ⅳ HC 型等裂解炉上进行试验,效果显著。工业生产上,为防止结焦,还采取在原料或蒸汽中加入抗结焦添加剂、对炉管壁进行临时或永久性涂覆防结焦剂等措施,均对延长裂解炉运行周期有明显效果。

目前,管式裂解炉不能用重质烃(重柴油、重油、渣油等)为原料,主要原因是在裂解时,炉管易结焦,造成清焦操作频繁,生产中稍有不慎,还会堵塞炉管,酿成炉管烧裂等事故;若采用高温短停留工艺,对炉管材质的要求很高,也不容易解决。管式炉的生产能力很大,我国进口的 30 万 t/a 乙烯裂解装置,都采用管式裂解炉。20 世纪 90 年代前后,乙烯生产装置国际上通用的规模为 45~60 万 t/a。进入 21 世纪,乙烯装置规模有扩大化趋势,2001 年平均规模为 42.7 万 t/a,2004 年升至 45 万 t/a,加拿大已建成世界上最大的单套乙烯生产装置,规模为 130 万 t/a,伊朗拟建单套规模达 190 万 t/a 的乙烯生产装置。我国乙烯生产装置 2004 年平均规模为 33.3 万 t/a,上海建成最大的乙烯生产装置,规模为 90 万 t/a,镇海炼化、天津大港正在建设规模达 100 万 t/a 的乙烯生产装置,台塑集团拟在宁波建造 150 万 t/a 的乙烯生产装置。规模扩大化的目的是为了取得较好的经济效益和有利于副产品的综合利用。例如,乙烯装置规模从 50 万 t/a 增至 100 万 t/a,生产成本可下降 25%。增至 150 万 t/a,生产成本可下降 40%。若从 100 万 t/a 增至150 万 t/a,生产成本可下降 15%。但生产规模需同本国资源、原料供应、交通运输、对外贸易甚至国际政治形势结合起来考量,不可盲目建造大型乙烯生产装置。

4. 裂解气的分离

裂解气是一个组分很复杂的混合物,这些组分的沸点相差很大,现在多采用精馏法来分离。为了得到聚合级的乙烯和丙烯,有些精馏塔的温度是相当低的。而像混合芳烃这样的产物,沸点则比较高,裂解气冷却到 100 ℃左右,它们就能从气相中凝析出来,形成液体产物,因此真正进入深冷分离系统的裂解气主要是 C_5 以下的烃类。

进入分离系统的裂解气,其分离过程可以概括成三大部分:

① 气体净化系统　包括脱除酸性气体、脱水、脱一氧化碳(用催化剂将 CO 和 CO_2 转化成甲烷,即常说的甲烷化)和脱炔。酸性气体不仅会腐蚀设备和管路,而且还会使脱炔催化剂中毒。乙炔和丙二炔的存在不仅使高纯乙烯和丙烯聚合时采用的催化剂中毒,而且还会在系统里自聚,生成液体产物绿油。水分和 CO_2 在低温下会结冰、堵塞管路,因此必须将它们除去。

② 压缩和冷冻系统　将裂解气加压、降温,为分离创造条件。

③ 精馏分离系统　用一系列精馏塔将 H_2,CH_4,乙烯,丙烯,C_4 及 C_5 馏分等分出。

进入分离系统的物料组成见表 5-1-10。表中的 C_4' S 和 C_5'S 表示混合 C_4'组分和混合 C_5组分。C_6~(204 ℃)馏分中富含芳烃,是抽提芳烃的重要原料。由表 5-1-10 可以看出,不同的裂解原料得到的裂解气组成是不同的。为获得较多乙烯,最好的裂解原料是乙烷,为获得较多的丙烯和 C_4 混合烃,最好的原料是石脑油和轻柴油。表 5-1-11 列出了低级烃类的主要物理常数,它们在后续的精馏工序中是十分有用的。

表 5-1-10　典型裂解气组成（裂解气压缩机进料）

裂解原料	乙烷	轻烃	石脑油	轻柴油	减压柴油
转化率/%	65	—	中深度	中深度	高深度
φ/% H_2	34.00	18.20	14.09	13.18	12.75
$CO+CO_2+H_2S$	0.19	0.33	0.32	0.27	0.36
CH_4	4.39	19.83	26.78	21.24	20.89
C_2H_2	0.19	0.46	0.41	0.37	0.46
C_2H_4	31.51	28.81	26.10	29.34	29.62
C_2H_6	24.35	9.27	5.78	7.58	7.03
C_3H_4		0.52	0.48	0.54	0.48
C_3H_6	0.76	7.68	10.30	11.42	10.34
C_3H_8		1.55	0.34	0.36	0.22
C'_4S	0.18	3.44	4.85	5.21	5.36
C'_5S	0.09	0.95	1.04	0.51	1.29
C_6~(204 ℃)	—	2.70	4.53	4.58	5.05
H_2O	4.36	6.26	4.98	5.40	6.15
平均相对分子质量	18.89	24.90	26.83	28.01	28.38

表 5-1-11　低级烃类的主要物理常数

名称	分子式	沸点/℃	临界温度/℃	临界压力/MPa	名称	分子式	沸点/℃	临界温度/℃	临界压力/MPa
氢	H_2	-252.5	-239.8	1.307	异丁烷	i-C_4H_{10}	-11.7	135	3.696
一氧化碳	CO	-191.5	-140.2	3.496	异丁烯	i-C_4H_8	-6.9	144.7	4.002
甲烷	CH_4	-161.5	-82.3	4.641	丁　烯	C_4H_8	-6.26	146	4.018
乙烯	C_2H_4	-103.8	9.7	5.132	1,3-丁二烯	C_4H_6	-4.4	152	4.356
乙烷	C_2H_6	-88.6	33.0	4.924	正丁烷	n-C_4H_{10}	-0.50	152.2	3.780
乙炔	C_2H_2	-83.6	35.7	6.242	顺-2-丁烯	C_4H_8	3.7	160	4.204
丙烯	C_3H_6	-47.7	91.4	4.600	反-2-丁烯	C_4H_8	0.9	155	4.102
丙烷	C_3H_8	-42.07	96.8	4.306					

（1）分离方法

① 深冷分离法　采用-100 ℃左右的低温将烃类按沸点不同逐个用精馏方法分离出来。这一方法产品收率高、质量好，是目前生产聚合级烯烃的主要方法，但其能耗较大、流程复杂。

② 其他分离方法　主要有吸收(精馏)法,吸附分离法和络合物分离法等。吸收(精馏)法以系统自产的 C_3,C_4或芳烃作吸收剂,在-70 ℃下将 H_2,CH_4分出,然后再用精馏法将 C_2以上各组分逐个分出。该法能耗低,设备投资省,但乙烯收率低,纯度达不到聚合级标准,只能用作有机合成原料;吸附分离法采用活性炭作吸附剂,在移动床中进行吸附和解吸作业,已建有中间试验装置,未见工业化报道;络合物分离法采用某些金属盐作络合剂,将混合烯烃从裂解气中分出,因得到的是混合烯烃,仍需用低温工艺将它们逐个分出,优点不突出,虽建有工业装置,但没能得到推广应用。

(2) 分离流程　在深冷分离法中,按馏分切割不同,已有如图 5-1-11 所示的几种分离流程。

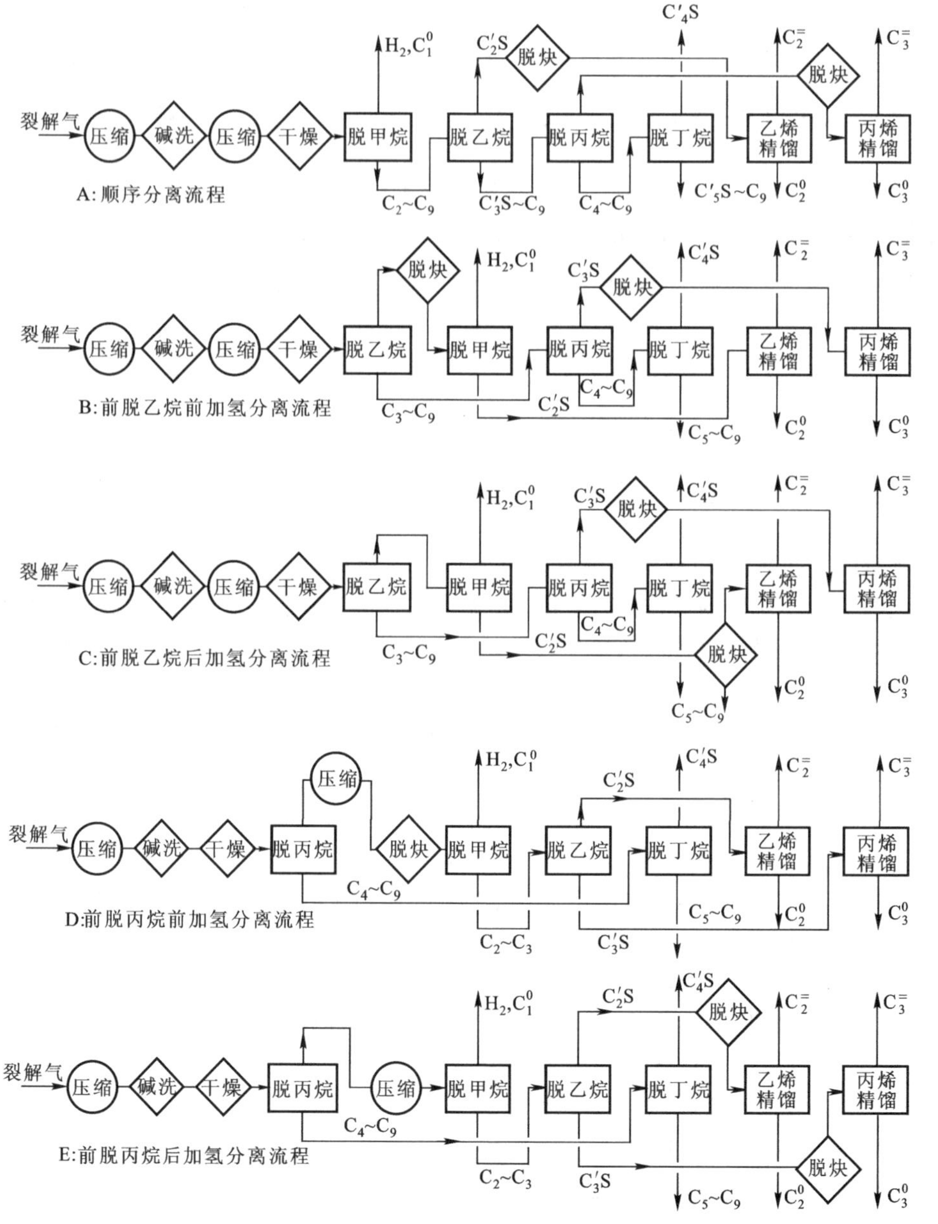

图 5-1-11　裂解气分离流程分类示意图

其中的 A,是按 C_1,C_2,C_3,…顺序进行切割分馏,通常称为顺序分离流程,B 和 D 为前脱乙烷和前脱丙烷馏分流程,它们因加氢(脱炔)工序的位置不同,又分为前加氢和后加氢流程,如 B,C 或 D,E。而顺序分离流程一般是按后加氢的方案进行组织的。

3 种分离流程各塔操作条件示于表 5-1-12。

表 5-1-12 典型深冷分离流程工艺操作特征比较

项目	顺序流程			前脱乙烷流程			前脱丙烷流程		
代表方法	Lummus 法			Linde 法			三菱油化法		
流程顺序	压缩→脱甲烷→甲烷化→脱乙烷→加氢→乙烯塔→脱丙烷→C_3 加氢→丙烯塔→脱丁烷			压缩→脱乙烷→加氢→脱甲烷→乙烯塔→脱丙烷→丙烯塔→脱丁烷			压缩→脱丙烷→脱丁烷→压缩→加氢→脱甲烷→脱乙烷→丙烯塔→乙烯塔		
操作条件	顶温/℃	底温/℃	p/Pa	顶温/℃	底温/℃	p/Pa	顶温/℃	底温/℃	p/Pa
脱甲烷塔	-96	7	3.04×10^6	-120		1.16×10^6	-96.2	7.4	3.15×10^6
脱乙烷塔	-11	72	2.32×10^6		10	3.11×10^6	-74	68	2.80×10^6
乙烯塔	-30	-6	1.86×10^6			2.17×10^6	-28.6	-5	2.06×10^6
脱丙烷塔	17	85	8.34×10^6			1.76×10^6	-19.5	97.8	1.00×10^6
丙烯塔	39	48	1.65×10^6			1.15×10^6	44.7	52.2	1.86×10^6
脱丁烷塔	45	112	4.41×10^5			2.40×10^6	45.6	109.1	5.34×10^6

由表 5-1-12 可见,脱甲烷塔顶温度有的是-96 ℃,有的是-120 ℃,这是脱甲烷塔采用不同压力操作之故。脱甲烷塔的操作条件(主要是温度和压力)除保证将氢和甲烷与其他组分分离外,还必须尽量少含乙烯,以提高乙烯的收率。升高塔的压力,对减少乙烯随甲烷和氢气逸出是有好处的。若设定塔顶乙烯逸出量,那么升高压力则可提高乙烯的露点温度,即塔顶温度可提高;反之,压力降低,则塔顶温度应降低。例如,当进塔裂解气中 $n(H_2)/n(CH_4)=2.36$ 时,如限定脱甲烷塔塔顶气体中 φ(乙烯)<2.31 %,操作压力由 4.0 MPa 降至0.2 MPa,所需塔顶温度由-98 ℃降至-141 ℃。因此,从避免采用过低制冷温度考虑,应尽量采用较高的操作压力。但压力达到 4.4 MPa时,由图 5-1-12 可见,塔底甲烷对乙烯的相对挥发度已接近于 1,已难以进行甲烷和乙烯分离。现在,工业上将操作压力为 3.0~3.2 MPa 称为高压脱甲烷;采用 1.05~1.25 MPa 称为中压脱甲烷(表 5-1-12 中林德法就属于这一类型);采用 0.6~0.7 MPa 时,称为低压脱甲烷。表 5-1-13 示出了高压脱甲烷和低压脱甲烷的能耗比较。由表5-1-13可以看出,降低脱甲烷塔操作压力,可以降低能耗(例如 450 kt/a 乙烯装置采用低压法脱

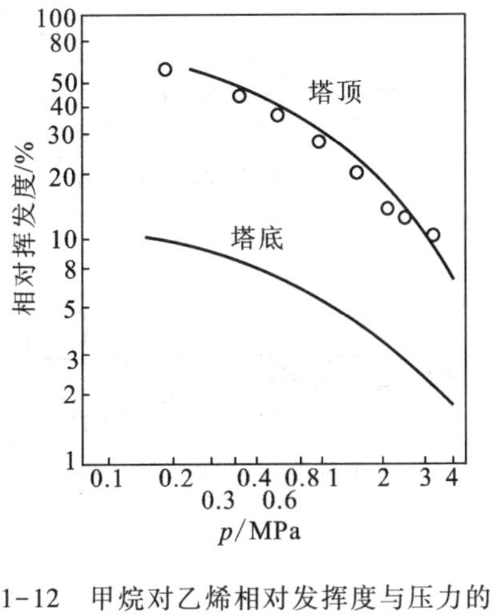

图 5-1-12 甲烷对乙烯相对发挥度与压力的关系

甲烷工艺,可降低能耗 3 790 kW)和提高乙烯回收率,但需增设甲烷制冷系统,使工艺流程复杂化,投资也会有所增加。值得一提的是,高压脱甲烷工艺,对裂解原料的适应性强,液化天然气、液化石油气、石脑油、轻油、柴油和加氢裂化尾油等都可以用,而低压脱甲烷工艺为提供足量的甲烷用作回流,要求甲烷/乙烯比值较大,适用的裂解原料为石脑油、加氢裂化尾油和轻柴油等,工艺技术的应用受到原料的制约。此外,Technip 公司曾采用中压脱甲烷工艺,节能效果也较明显,此工艺正在积极开发中。

表 5-1-13 高压脱甲烷和低压脱甲烷方法的比较 300 kt(乙烯)/a

名称		高压脱甲烷		低压脱甲烷	
		10^6kJ/h	kW	10^6kJ/h	kW
裂解气压缩机四段		—	3 249	—	3 246
裂解气压缩机五段		—	3 391	—	3 139
干燥器进料冷却(+18℃)		9.13	354	3.85	149
乙烯塔再沸器冷量回收(-1℃)		—	—	1.13	96
冷量	-40℃	6.07	942	3.81	591
	-55℃	1.84	519	—	—
	-75 ℃	4.90	1 721	4.61	1 624
	-100 ℃	2.18	979	1.51	675
	-140 ℃	—	—	1.26	953
脱甲烷塔冷凝器	-102 ℃	4.19	1 874	—	—
	-140 ℃	—	—	0.71	550
脱甲烷塔再沸器回收冷量(+18℃)		-13.02	-506	—	—
脱甲烷塔塔底回收	-1 ℃		—	-2.05	-160
	-26 ℃		—	-1.72	-218
排气中回收-75 ℃冷量			—	-1.05	-369
塔 釜 泵			—	—	110
甲烷压缩			395	—	382
合 计			12 918		10 768
差 额					-2 150

3 种分离流程中,顺序分离流程技术比较成熟,对裂解原料适应性强。为避免丁二烯损失一般采用后加氢,但流程较长,裂解气全部进入深冷系统,制冷量较大;前脱乙烷分离流程一般适合于分离含重组分较少的裂解气,由于脱乙烷塔塔釜温度较高,重质不饱和烃易于聚合,故也不宜处理含丁二烯较多的裂解气。脱炔可采用后加氢,但最宜用前加氢,因可减少设备。操作中的主要问题在于脱乙烷塔压力及塔釜温度较高,会引起二烯烃聚合,发生堵塞;前脱丙烷分离流程因

先分去 C_4 以上馏分，使进入深冷系统物料量减少，冷冻负荷减轻，适用于分离较重裂解气或含 C_4 烃较多的裂解气。可采用前加氢或后加氢，前者所用设备较少，应用较多。

现在，上述分离流程，经过不断改进，在降低能耗，增加操作稳定性，以及提高乙烯收率和投资回报率等方面，取得了不少成绩。而我国乙烯装置的原料种类变化较大，要求操作弹性也比较宽，因此，在选用分离流程时，要综合考虑原料来源、能耗、投资、生产成本，以及国内相关部门和操作人员对该流程的掌握程度等因素。

四、乙烯工厂能量的合理利用

乙烯工厂裂解工序有很多热能可供回收和利用，分离工序有很多冷量需回收和利用，因此，能量的合理利用已成为乙烯工厂主要技术经济指标之一。表5-1-14示出了1个年产25万t乙烯工厂能量的供给和回收统计。由表中可知，裂解原料愈重，需供给的能量也愈多。因为重质裂解原料油花费在预热、汽化、升温和稀释水蒸气上的热量比轻质烃多。热能回收有3条途径，急冷废热锅炉能回收30%的高能位热量，用以发电或驱动水蒸气透平；烟道气回收50 %~60 %低能位热量，主要用作预热原料和过热水蒸气；初馏塔系统回收约10 %~20 %的低能位热量，用作热源。

表 5-1-14 年产 25 万 t 乙烯工厂能量的供给和回收统计

裂解原料	能量供给/($GJ \cdot h^{-1}$)							能量回收/($GJ \cdot h^{-1}$)			
	原料预热和汽化	辐射段升温和反应热	稀释水蒸气	裂解气压缩	冷冻	其他	合计	急冷换热器	初分馏塔	热烟道气	合计
乙烷	102.1	237.8	56.1	139.0	154.0	15.9	704.9	138	17	285	439
丙烷	153.2	239.4	58.2	164.1	188.4	89.6	892.9	109	71	268	448
石脑油	203.4	340.7	115.9	133.9	136.9	44.4	975.3	222	109	410	741
粗柴油	322.7	380.1	300.1	133.9	137.3	44.4	1 316.1	264	180	452	896

在裂解气的深冷分离中广泛采用蒸气压缩法制冷和节流法制冷两种方法。在蒸气压缩法中，并不是所有冷剂经压缩后，用水冷却就能被液化的。例如，乙烯的临界温度为9.9 ℃，经压缩，不能用20 ℃的水冷却液化。而需要用冷冻盐水、氨、丙烯等作冷剂才能使乙烯逐步液化。对分离装置而言，用丙烯更合理，因可自产，不需另设一套冷冻盐水或氨冷冻装置；又如，为使甲烷液化，首先必须用水使丙烯液化，再用液态丙烯将乙烯液化，再用液态乙烯使甲烷液化，最后得到低温度级别的冷剂，这就称为复叠制冷。各冷剂的制冷温度范围和单位能量消耗见图5-1-13。由图5-1-13可见，为制得低温度级别的冷剂，单位能量的消耗会明显增加，少用低温度级别的冷剂，能收到节能的明显效果。由上分析可知，若最终只利用最低级别的一种冷剂，所花费的压缩功是十分大的，用作冷剂会出现大马拉小车式不合理局面，因此是不可取的。所谓节流制冷，是利用焦耳-汤姆逊效应，将高压气体膨胀（通过阀门减压即可达此目的），因真实气体的分子间位能提高，在与环境绝热的条件下，分子动能减小，即表现为温度下降，在裂解气中，一部分沸点较高的组分，就会被冷凝和液化。

在工业生产中,实际上这两种制冷方法常常结合在一起,产生出一个个不同温度级别的冷剂(或热剂),满足裂解气不同分离过程的需要,并做到合理使用冷剂(或热剂),减少分离装置的能耗。以下举分离流程中常见的几个制冷流程,说明它们的运转原理。

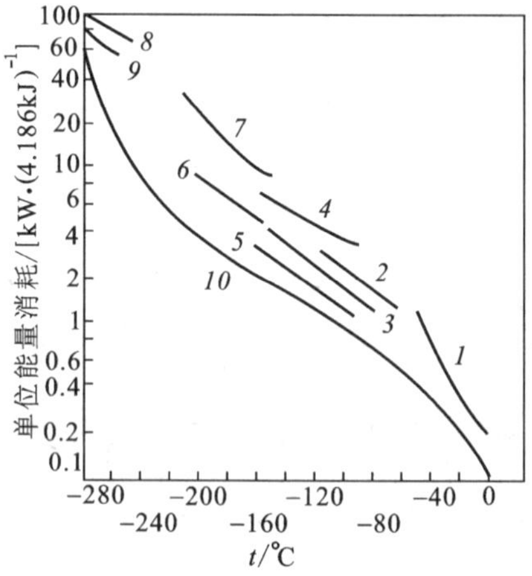

图 5-1-13 冷剂制冷温度范围与单位能量消耗的关系

1.NH_3;*2*.C_2H_4;*3*.C_2H_4(电力回收);*4*.CH_4;*5*.CH_4(用膨胀机);*6*.空气(用膨胀机);*7*.N_2;*8*.H_2;*9*.H_2(用膨胀机);*10*.逆行卡诺循环(环境温度 300 K)(1 kcal=4.186 kJ)

① 复叠制冷 图 5-1-14 所示为甲烷-乙烯-丙烯复叠制冷系统流程简图,丙烯的冷剂为水,最后得到的是-160 ℃温度级的冷量(冷剂为甲烷)。这是裂解气分离中最基本的制冷流程,其他制冷流程由它演化而成。

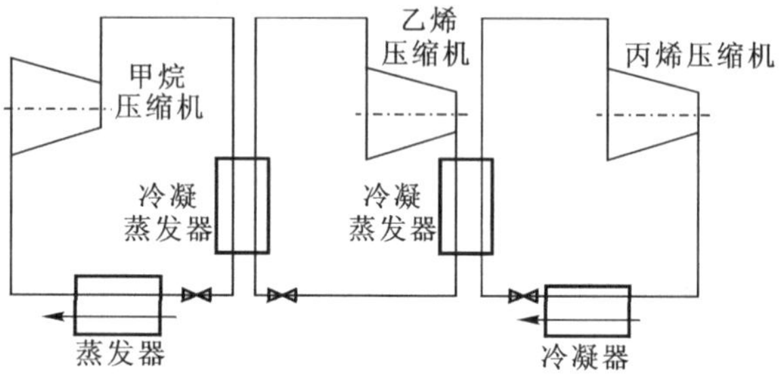

图 5-1-14 甲烷-乙烯-丙烯复叠制冷系统流程简图

② 多级制冷循环 图 5-1-15 为可获得不同温度级别的丙烯制冷系统。由图5-1-15可见,丙烯压缩机为三段压缩机,每一段分离器通过节流都可产生气、液两相,液相用作冷源(可有 4 个温度级别的冷剂),可应用在需要冷剂的相应场合。

③ 热泵 把热量从低温热源送向高温热源的机器称为热泵。图 5-1-16 示出了四种形式。(a)图所示为制作冷剂来冷却塔顶物料的流程,消耗压缩功,没能节省能量。(b)图为闭式热泵,即冷剂自成体系,不与精馏物料相混。流程中虽然消耗了压缩功,但却节省了冷剂的冷量,并向塔釜输送热量,节省了塔釜再沸器所需加热量,也不需另外的加热剂。(c)和(d)为开式热泵,即冷剂部分回流,部分作塔顶产品送出,或冷剂热蒸气作加热剂直接进入精馏塔釜与塔釜物料混合,(c)和

(d)或省去了塔顶冷凝器,或省去了塔釜再沸器,也起到节能作用。

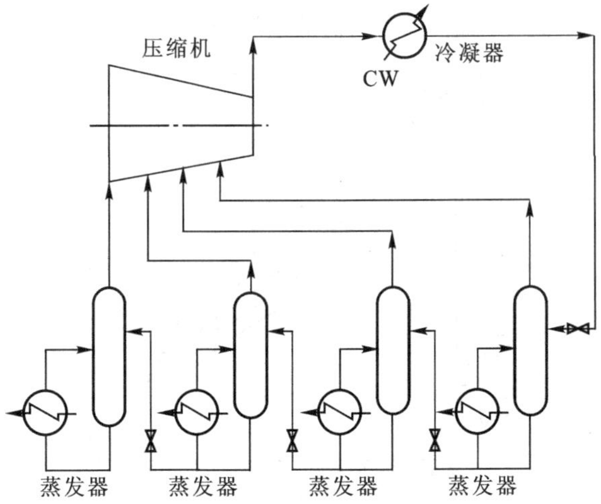

图 5-1-15 可获得不同温度级别的丙烯制冷系统示意图

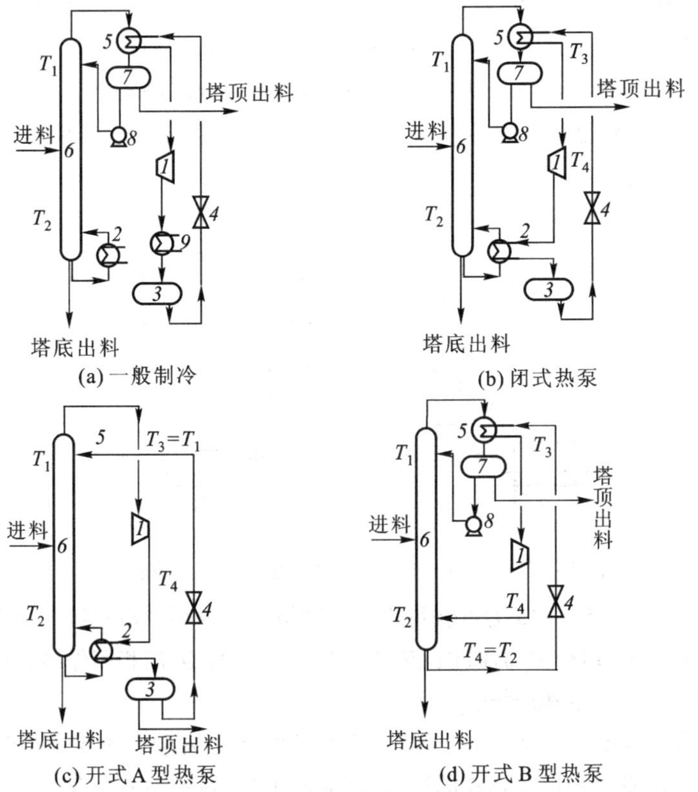

图 5-1-16 精馏塔制冷方式示意图

1. 压缩机;*2.* 再沸器;*3.* 冷剂贮罐;*4.* 节流阀;*5.* 塔顶冷凝器;*6.* 精馏塔;

7. 回流罐;*8.* 回流泵;*9.* 冷剂冷凝器

④ 中间冷凝器和中间再沸器　在精馏段设置中间冷凝器可利用冷冻温度比塔顶冷凝器高的廉价的冷剂，节省塔顶冷凝温度低的冷剂的冷量，从而节省能耗。与此相仿，在提馏段可设置中间再沸器，可以利用温度比塔釜再沸器稍低的廉价的加热剂作热源加热塔釜液，可节省温度稍高的热剂的用量，从而节省能耗。而所谓的冷剂和热剂，可以在复叠制冷各分离罐液体或气体中选定，用不着另建一套制造冷剂和热剂的系统。

⑤ 冷箱　它是利用节流制冷，分离甲烷和氢气并回收乙烯的一个装置，为防止散热，常装在一个绝热的方形容器中，俗称冷箱。图 5-1-17 是冷箱的工作原理示意图。由脱甲烷塔顶来的温度为 −98.5 ℃，压力为 3.39 MPa 的甲烷-氢混合气进入第一冷箱，被冷却到 −103 ℃，使其中所含的一部分甲烷和乙烯冷凝下来。在第一分离器中分出气、液两相，液体为乙烯和甲烷，经节流，压力降至 0.54 MPa，温度为 −129.9 ℃用作第一冷箱的冷剂，再经换热后送至裂解气压缩机循环；第一分离器出来的气体温度 −103 ℃，压力为 3.37 MPa，进入第二冷箱进一步冷却，部分甲烷被冷凝下来，在第二分离器分为气、液两相，液相经节流，温度为 −140.4 ℃，压力为 0.6 MPa，用作冷剂，经第二、第一冷箱和换热后用作燃料气。第二分离器气相为富氢气体[$\varphi(H_2)$ 达 70 %]，用作冷剂，经在第二冷箱换热后，压力降至 3.28 MPa，温度为 −110 ℃，经换热后外送。

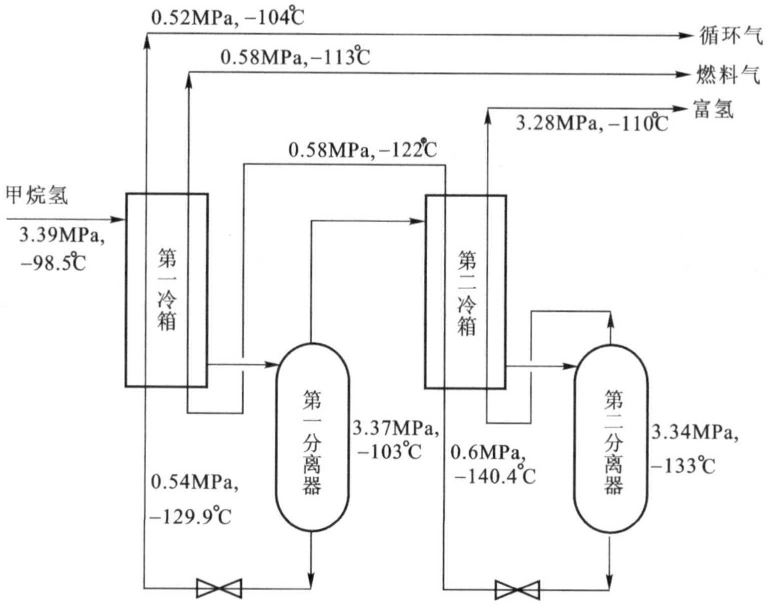

图 5-1-17　冷箱工作原理示意图

5-2 氯化

在有机化合物分子中引入 1 个或几个卤原子的反应称为卤化。它又细分为氟化、氯化、溴化和碘化等。

工业上氯化最重要，其次是氟化。通过氯化和氟化，可以制得很多有机高分子聚合物的单体、有机合成中间体、有机溶剂、环氧烷类、醇和酚类、医药、农药。另外，氯代烷烃还用作烷基化剂，氟里昂还用作气雾剂和制冷剂等。而溴化和碘化主要用作制药、染料、有机溶剂、制冷剂和催化剂等精细化学品的制造，生产规模和产量均比氯化和氟化小得多。

本节仅阐述氯化原理及典型产品的工艺过程。

一、概述

1. 氯化反应的分类

(1) 按反应类型分类　从作用物与卤化剂的反应形式来分类，氯化反应可以分为以下 4 类：

① 取代氯化　取代（置换）可以发生在脂肪烃的氢原子上：

$$RH \xrightarrow[-HCl]{+Cl_2} RCl$$

$$CH_2{=}CH_2 \xrightarrow{+Cl_2} CH_2ClCH_2Cl \xrightarrow[-HCl]{} CH_2{=}CHCl$$

亦可发生在芳香烃的苯环和侧链的氢原子上：

$$C_6H_5CH_3 \xrightarrow[-HCl]{+Cl_2} \begin{cases} C_6H_5CH_2Cl \\ ClC_6H_4CH_3 \end{cases}$$

脂肪烃和芳香烃取代氯化的共同特点是，随着反应时间的增长、反应温度的提高或通氯量的增加，氯化深度会加深，产物中除一氯产物外，还会生成多氯化物，这一倾向气相氯化比液相氯化更明显。因此，氯化的结果往往得到的是多种氯化产物。对芳香烃侧链的取代反应，为提高侧链氯化物的产率，需抑制苯环上氢原子的取代氯化反应。为此，原料烃和氯气中不允许有铁和铝等杂质以及水分存在，因为它们会催化苯环上氢原子的取代氯化反应。采用过滤法可除去铁和铝等杂质，加入少量 PCl_3 可除去反应液中的水分。

除烃外，其他化合物也可发生取代氯化反应。例如：

$$ROH \xrightarrow{+HCl} RCl + H_2O$$

$$RCOOH \xrightarrow{+SOCl_2} RCOCl + SO_2 + HCl$$

$$CH_3CHO + 3Cl_2 \longrightarrow CCl_3CHO + 3HCl$$

② 加成氯化　此时氯能够加成到脂肪烃和芳香烃的不饱和双键和三键上：

$$\rangle C{=}C\langle \xrightarrow{+Cl_2} \rangle CCl{-}CCl\langle$$

$$-C{\equiv}C- \xrightarrow{+2Cl_2} -CCl_2-CCl_2-$$

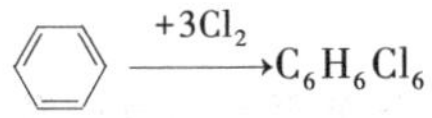

由于不饱和烃的反应活性比饱和烃高，故反应条件（主要是反应温度）比饱和烃的取代氯化要缓和得多。因此，有时比较弱的氯化剂也能参与加成氯化反应。例如：

$$\gt C=C\lt \xrightarrow{+HCl} \gt CH-CCl\lt$$

$$-C\equiv C- \xrightarrow{+HCl} -CH=CCl-$$

$$H_2C=CH_2 \xrightarrow{+Cl_2+H_2O} CH_2Cl-CH_2OH+HCl$$

上列生成氯乙醇的反应，氯化剂为次氯酸（HOCl），将乙烯双键打开后碳链的一端接上氯，另一端接上羟基（—OH），生成氯乙醇。

除与烃类发生加成氯化，氯气还可与一氧化碳反应生成光气：

$$CO \xrightarrow{+Cl_2} COCl_2$$

此时 CO 可视作不饱和物（它应有 4 个价键只利用了两个），它与氯气的反应可看做加成反应。

③ 氧氯化　这是介于取代氯化和加成氯化之间的一种氯化方法。对烷烃和芳香烃（包括侧链上的氢）而言，发生的主要是取代氯化，对烯烃则主要发生氯的加成氯化生成二氯代烷烃，其中最重要的是乙烯氧氯化生成 1,2-二氯乙烷（简称二氯乙烷）：

$$\gt C=C\lt +2HCl+\frac{1}{2}O_2 \xrightarrow{CuCl_2} \underset{\displaystyle Cl}{H_2C}-\underset{\displaystyle Cl}{CH_2}+H_2O$$

在氯苯生产史上，也曾用氧氯化法来生产氯苯：

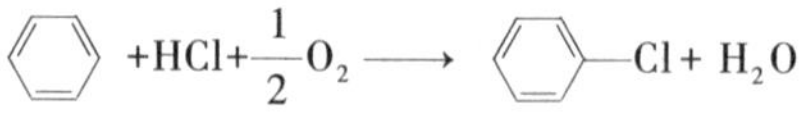

这一方法能消耗生产中副产的 HCl，提高氯的利用率和免除副产 HCl 给工厂带来的销售和综合利用问题，以及对周围环境的污染问题。

④ 氯化物裂解　属于这种方法的有以下反应：

脱氯反应：

$$Cl_3C-CCl_3 \longrightarrow Cl_2C=CCl_2+Cl_2$$

脱氯化氢反应：

$$ClCH_2-CH_2Cl \longrightarrow H_2C=CHCl+HCl$$

在氯气作用下 C—C 键断裂（氯解）：

$$Cl_3C-CCl_3 \xrightarrow{+Cl_2} 2CCl_4$$

高温裂解（热裂解）

$$Cl_3C-CCl_2-CCl_3 \xrightarrow{高温} CCl_4+CCl_2=CCl_2$$

由上列各反应式可以看出，氯化物裂解是获取氯代烯烃的重要手段。氯解在工业上又常称全氯化，因为氯解所得产物是分子链比较短而且已完全氯化（即分子中 H 已全部被氯取代）的烃类。利用这一反应可以将制造氯代烃和氯乙烯过程中的残渣或残液转化为有用的四氯化碳和四氯乙烯。

（2）按促进氯化反应的方式分类　按促进氯化反应的方式不同，工业上采用的氯化方法主要有下列 3 种：

① 热氯化法　该方法是以热能激发氯分子，使其解离成氯自由基，进而与烃类分子反应而生成各种氯衍生物。一般在气相中进行，所需反应温度与烃类分子结构有关（即与 C—H 键断裂能有

关)。例如,丁烷热氯化温度约为 250 ℃,而甲烷热氯化为 400 ℃。热氯化的活化能较高,约为 125 kJ/mol。高温下的气相热氯化反应还伴有诸如分子结构破坏、脱氯化氢和环化等副反应,副产物品种多,数量亦多。工业上,甲烷氯化制取甲烷衍生物、丙烯氯化制 2-氯丙烯等一般都采用热氯化法。

② 光氯化法 该方法以光子激发氯分子,使其解离成氯自由基,进而实现氯化反应。光氯化法常在液相中进行,反应条件比较缓和。光源为水银灯、石英灯和日光灯等,光线辐射波长为 0.3~0.5 μm,反应器常用石英或玻璃制成,考虑到受光照深度的限制,常用几台反应器串联共同完成光氯化反应。光氯化反应的活化能较小,约为 42 kJ/mol,是热氯化的 1/3。工业上采用光氯化的有:二氯甲烷在紫外线照射下氯化生成三氯甲烷和四氯化碳;苯在紫外线照射下氯化生成“六六六”;甲苯在日光灯照射下氯化生成氯化苄等。

③ 催化氯化 该方法是利用催化剂降低反应活化能,从而促使氯化反应的进行。可分为均相催化(催化剂深入原料或反应液中)氯化和非均相催化氯化两种。所用的催化剂都是金属卤化物,主要有:氯化铁、氯化铜、氯化铝、三氯化锑、五氯化锑、氯化汞等。例如苯氯化中,只需微量$\left[\text{苯质量的}\dfrac{m(\text{氯化铁})}{m(\text{苯})}=0.01\%\right]$氯化铁催化剂,它溶于苯中,故苯的氯化属均相催化氯化。像乙炔与氯化氢加成制备氯乙烯,催化剂活性组分为 $HgCl_2$,常将它负载在活性炭、硅藻土等载体上,故这一氯化反应即为非均相催化氯化。催化氯化可在液相中进行,也可在气相中进行。在气相中进行催化氯化时,由于催化剂的作用,与热氯化相比,不但反应条件缓和,而且反应的选择性亦高。

2. 氯化反应机理

氯化反应机理大体上可以分为自由基链反应机理和离子基反应机理两种。氧氯化反应机理目前尚未有定论,将在后续的氯乙烯生产工艺中作简要介绍。

(1) 自由基链反应机理 属于这一反应机理的有热氯化和光氯化两类。反应包括链引发、链增长(链传递)和链终止 3 个阶段,是一个连串反应过程。

脂肪烃的取代氯化反应机理可表达如下:

链引发
$$Cl_2 \xrightarrow{\text{热、光或催化剂}} 2Cl\cdot$$
链增长
$$Cl\cdot + RH \longrightarrow R\cdot + HCl$$
$$R\cdot + Cl_2 \longrightarrow RCl + Cl\cdot$$
链终止
$$2R\cdot \longrightarrow R{-}R$$
$$R\cdot + Cl\cdot \longrightarrow RCl$$
$$2Cl\cdot \longrightarrow Cl_2$$
$$R\cdot + \text{器壁} \longrightarrow \text{非自由基产物}$$

脂肪烃的加成氯化反应机理可表达为

链引发
$$Cl_2 \longrightarrow 2Cl\cdot$$
链增长
$$Cl\cdot + CH_2{=}CH_2 \longrightarrow ClCH_2CH_2\cdot$$
$$ClCH_2CH_2\cdot + Cl_2 \longrightarrow ClCH_2CH_2Cl + Cl\cdot$$
链终止
$$2R\cdot \longrightarrow R{-}R$$
$$R\cdot + Cl\cdot \longrightarrow RCl$$

$$2Cl\cdot \longrightarrow Cl_2$$

$$R\cdot + \text{器壁} \longrightarrow \text{非自由基产物}$$

苯的气相热氯化和芳烃侧链的光氯化，也属自由基反应机理。芳烃侧链取代氯化除可用光引发氯自由基外，亦可用引发剂引发氯自由基。常用的引发剂有过氧化苯甲酰、偶氮二异丁腈等，它们引发氯自由基的过程如下：

过氧化苯甲酰分解成自由基时形成氯自由基：

$$C_6H_5CO—O—O—OCC_6H_5 \xrightarrow{60\sim90\ ℃} 2C_6H_5\cdot + 2CO_2$$

$$C_6H_5\cdot + Cl_2 \longrightarrow C_6H_5Cl + Cl\cdot$$

偶氮二异丁腈分解成自由基同时形成氯自由基：

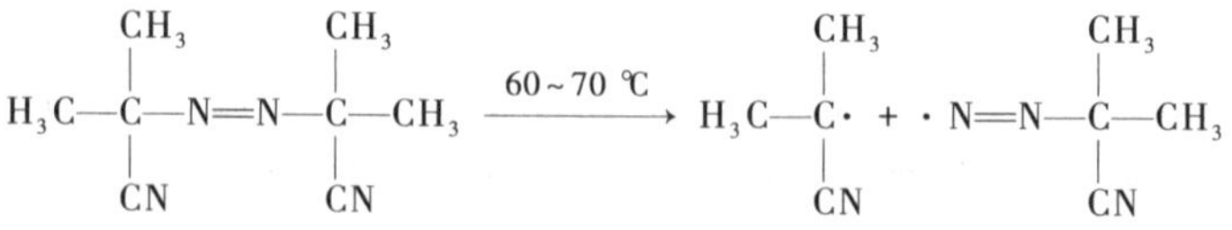

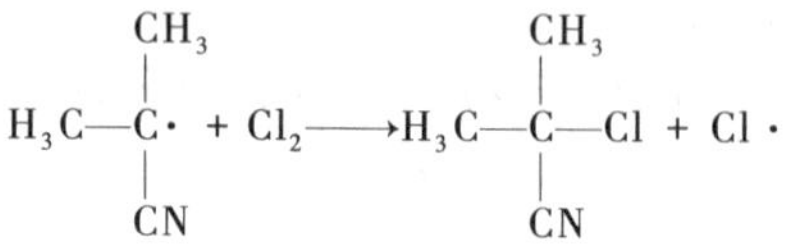

有引发剂的氯化反应活化能约 84 kJ/mol。

(2) 离子基反应机理　催化氯化大多属于离子基反应机理，常用的是非质子酸催化剂，如 $FeCl_3$，$AlCl_3$ 等。烃类双键和三键上的加成、烯烃的氯醇化（次氯酸化）、氢氯化（以 HCl 为氯化剂的氯化反应）以及氯原子取代苯环上的氢的催化氯化都属于这类反应机理。现以苯的取代氯化反应和乙烯的液相加成氯化为例说明这一反应机理。

苯的取代氯化反应的历程有两种观点。第一种观点认为可能是催化剂使氯分子极化解离成亲电试剂氯正离子，它对芳核发生亲电进攻，生成 σ 中间络合物，再脱去质子而得到环上取代的氯化产物：

$$Cl_2 + FeCl_3 \rightleftharpoons [Cl^+FeCl_4^-]$$

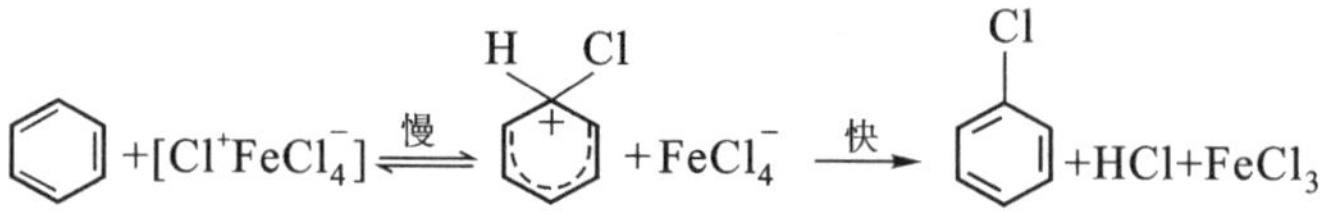

在这种机理中，催化剂和氯形成一种极性络合物，它起向苯分子提供 Cl^+ 的作用。

第二种观点认为首先由氯分子进攻苯环，形成中间络合物，催化剂的作用则是从中间络合物中除去氯离子：

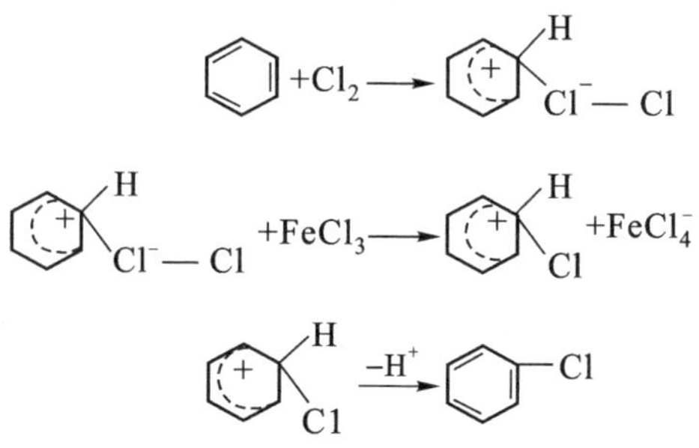

$$FeCl_4^- + H^+ \longrightarrow FeCl_3 + HCl$$

研究发现,水分对催化剂的反应活性有明显影响,水分太多,例如 w(水)>0.2 %,它会将催化剂从反应液中萃取出来,反应因反应液中催化剂太少而被迫停止。水分也不能绝对没有,当水分小于 50 μg · g^{-1}时,催化反应进行十分缓慢,因此有人推测,真正有反应活性的催化剂是 $FeCl_3 \cdot H_2O$ 的复合物。

乙烯液相催化氯化的反应机理可表达如下:

$$FeCl_3+Cl_2 \longrightarrow FeCl_4^-+Cl^+$$

$$Cl^+ + CH_2{=}CH_2 \longrightarrow CH_2Cl{-}CH_2^+$$

$$CH_2ClCH_2^+ + FeCl_4^- \longrightarrow CH_2ClCH_2Cl+FeCl_3$$

这与上述苯液相催化的第一种观点相类似,催化剂的作用是向作用物提供 Cl^+。

3. 氯化剂

向作用物输送氯的试剂称为氯化剂。工业上采用的有氯气、盐酸(氯化氢)、次氯酸和次氯酸盐、光气(又称碳酰氯 $COCl_2$),$SOCl_2$,$POCl_3$,金属和非金属氯化物等。其中最重要、工业上经常用到的氯化剂是氯气、盐酸(氯化氢)、次氯酸和次氯酸盐。

氯气在气相氯化中一般就能直接参与反应,不需要催化剂。由于反应活性高,氯化产物比较复杂,主产物(目的产物)的产率一般较低;在液相氯化中,由于受反应温度的限制,氯气需要光照或催化剂才能进行氯化反应,但目的产物的收率较高,反应条件缓和,容易控制。

氯化氢的反应活性比氯气差,一般要在催化剂存在下才能进行取代和加成反应。重要的反应有:乙炔加成氯化制氯乙烯,烷烃、烯烃和芳烃的氧氯化,甲醇取代氯化制一氯甲烷等。

次氯酸和次氯酸盐的反应活性比氯化氢强,比氯气弱,重要的反应有乙烯次氯酸化反应制氯乙醇,由乙醛与次氯酸钠反应合成三氯乙醛等。

此外,$SOCl_2$ 曾被用来制备氯苯,三氯化磷、五氯化磷和三氯氧磷($POCl_3$)用来由烷基酸制备烷基酰氯(RCOCl)等。它们在医药合成中常被用作氯化剂。但它们的反应活性很高,遇水或遇空气反应激烈,甚至还会发生爆炸或燃烧。因此在贮存和使用中要注意安全。

值得一提的是,很多金属氯化物,如三氯化锑、五氯化锑、氯化铜、氯化汞等,它们本身是氯化剂,具有输送氯的功能,而且还是其他氯化剂(如氯化氢等)的氯化催化剂。

二、乙烯氧氯化制氯乙烯

氯乙烯是最重要的单体之一,主要用于生产聚氯乙烯。就产量而言,在乙烯系列高聚物中聚氯乙烯仅次于聚乙烯居第 2 位。氯乙烯也能与 1,1-二氯乙烯、醋酸乙烯、丙烯酸甲酯、丁二烯和丙烯腈等共聚。此外,氯乙烯还用作冷冻剂。

1. 氯乙烯生产方法评述

在氯乙烯生产历史上,曾出现过以下 4 种生产方法。

(1) 乙炔法　这是 20 世纪 50 年代前氯乙烯的主要生产方法。乙炔和 HCl 在汞催化剂存在下,一步反应生成氯乙烯:

$$HC \equiv CH + HCl \xrightarrow[100\sim180\ ℃]{HgCl_2/\text{活性炭}} CH_2{=}CHCl$$

乙炔转化率 97 %~98 %，氯乙烯产率 80 %~95 %，主要的副产物是 1,1-二氯乙烷，它是由氯乙烯与过量的氯化氢经加成反应生成的。反应中为保证催化剂 $HgCl_2$ 不被乙炔还原成低价汞盐（Hg_2Cl_2）或金属汞，氯化氢是过量的，过量以不超过 15 %为宜。乙炔法技术成熟，反应条件缓和，设备简单，副产物少，产率高。因为用氯化氢做原料，适合在以氯化氢为副产物的企业（例如氯碱生产企业）组织生产。本法的主要缺点是乙炔价格贵、催化剂含汞有毒，不仅损害工人身体健康，还会污染环境。

我国至今尚有 60 %左右的氯乙烯是由以乙炔为原料生产出来的。这是因为我国煤炭资源比石油丰富，用价廉的煤炭生产电石继而制取乙炔，经济性良好。同时我国中小型氯碱生产企业众多，用乙炔法与之配套生产氯乙烯，生产上也相当灵活。但我国为保持乙炔法的强大生命力必须充分利用好资源优势，并加大环保投入力度，将乙炔法产生的环境污染（特别是汞污染）降至最低限度。

（2）乙烯法　这是 20 世纪 50 年代后发展起来的生产方法。乙烯与氯经加成反应生成二氯乙烷：

$$CH_2{=\!=}CH_2 + Cl_2 \xrightarrow[40\sim50\ ℃]{FeCl_3} CH_2Cl{-}CH_2Cl$$

二氯乙烷再在 500~550 ℃下热裂解或在 1.0 MPa，140~145 ℃下经碱分解制得氯乙烯：

$$CH_2Cl{-}CH_2Cl \xrightarrow{\triangle} CH_2{=\!=}CHCl + HCl$$

乙烯已能由石油烃热裂解大量制造出来，价格比乙炔便宜，催化剂毒害比氯化汞小得多。但氯的利用率只有 50 %，另一半氯以氯化氢的形式从热裂解气中分离出来后，由于含有有机杂质，色泽和纯度都达不到国家标准，它的销售和利用问题就成为工厂必须解决的技术经济问题。近年来 Momsanto/Kellogg 公司合作开发成功 Partec 工艺。该工艺将二氯乙烷裂解产生的氯化氢，用氧（或空气）氧化成水和氯气。氯气循环使用，生成的废水中只含有微量无机物，可用简单的中和法处理，虽然设备费和操作费用均比后述的氧氯化法高，但可免除氧氯化法产生的含有机物废水的处理，以及含原料二氯乙烷及其他有机物的尾气处理，故而对环境更友好。

（3）联合法　是上述两法的改良，目的是用乙炔来消耗乙烯法副产的氯化氢。本法等于在工厂中并行建立两套生产氯乙烯的装置，基建投资和操作费用会明显增加，有一半烃进料是价格较贵的乙炔，致使生产总成本上升，乙炔法的引入仍会带来汞的污染问题，因此本法也不甚理想。

（4）氧氯化法　这是一种仅用乙烯做原料，又能将副产氯化氢消耗掉的好方法。现已成为世界上生产氯乙烯的主要方法。

$$C_2H_4+2HCl \xrightarrow[250\sim350\ ℃]{O_2,CuCl_2/KCl} CH_2ClCH_2Cl+H_2O$$

乙烯转化率约 95 %，二氯乙烷产率超过 90%，还可副产高压水蒸气供本工艺有关设备利用或用作发电。由于在设备设计和工厂生产中始终需考虑氯化氢的平衡问题，不让氯化氢多余或短缺，故这一方法又称为乙烯平衡法。很显然，这一方法原料价廉易得、生产成本低、对环境友好，但仍存在设备多、工艺路线长等缺点，需要进一步改进。

（5）乙烷法　这是一种正在开发的新方法。EVC 公司已在德国 Wihelmshafem 建成了一套 1 kt/a的中试装置，并与 Bechte/Engimering 公司合作准备在美国海湾海岸建造工业化规模装置。该法采用廉价的乙烷做原料，在经济上有一定的可行性，但投资成本较高。表 5-2-01 示出了上述各种氯乙烯生产工艺的经济比较。

表 5-2-01 不同氯乙烯工艺的经济比较

生产工艺	氧氯化平衡法	Partec 法	乙烷*氧氯化法	乙炔法
生产能力/($kt \cdot a^{-1}$)	590	590	590	160
投资费用/百万美元				
装置投资	315.2	256.6	397.5	92.8
其他项目投资	78.8	64.2	99.4	23.2
资金总额	394.0	320.8	496.9	116.0
生产成本/(美元 · t^{-1})				
原料	570	557	278.68	725
公用事业成本	99	144	86	88
可变成本	669	701.55	588.81	812.58
直接固定成本	21	24	24	42
分摊固定成本	19	17	23	20
生产现金成本	708	742	605	874
不可预见成本	54	45	66	53
全生产成本	762	786	671	927

* 乙烷氧氯化法所列数据为估计值。

由表 5-2-01 可见，氧氯化平衡法在生产成本上占有一定优势。

表 5-2-02 示出了三种氯乙烯生产方法的原料消耗。

表 5-2-02 三种氯乙烯生产方法的原料消耗　　单位：t/t(氯乙烯)

方法	乙炔	乙烯	氯气	氯化氢
乙炔法	0.416	—	—	0.584
联合法	0.208	0.224	0.568	—
氧氯化法	—	0.448	0.568	—

2. 氧氯化法工艺原理

1928 年德国拉希格(Raschig)公司首先开发成功气相氧氯化法，用来由苯制备氯苯：

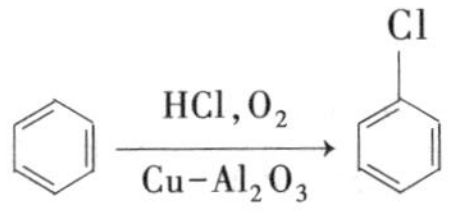

这是烃类取代氯化法中最早应用的氧氯化法。随后又开发成功液相氧氯化法，转化率和选择性都有很大提高。由于由氯苯制造苯酚的工艺路线在 20 世纪 30 年代后逐步被异丙苯自氧化法取代，该法没能得到进一步发展，用该法生产氯苯的工厂也已很少。

氧氯化法在低级烷烃的取代氯化以及乙烯经氯解生成三氯乙烯和全氯乙烯中也有应用，但生产规模都不甚大。

氧氯化法在工业上最成功的应用就是由乙烯和氯化氢生产二氯乙烷，它为氧氯化法在其他氯化领域中的应用展现了良好前景。

(1) 化学反应　由乙烯用氧氯化法生产氯乙烯包括乙烯氯化、乙烯氧氯化和二氯乙烷裂解3个工序。在这里仅讨论乙烯氧氯化部分。

氧氯化的主反应为

$$CH_2{=}CH_2 + 2HCl \xrightarrow[250\sim350\ ^\circ C]{O_2,CuCl_2/KCl} CH_2ClCH_2Cl+H_2O$$

氧氯化法的主要副反应有2种。

① 乙烯的深度氧化

$$C_2H_4+2O_2 \longrightarrow 2CO+2H_2O$$

$$C_2H_4+3O_2 \longrightarrow 2CO_2+2H_2O$$

② 生成副产物氯乙烷和1,1,2-三氯乙烷

$$C_2H_4+HCl \longrightarrow CH_3CH_2Cl$$

$$CH_2ClCH_2Cl \xrightarrow{-HCl} CH_2{=}CHCl \xrightarrow[\text{氧氯化}]{HCl+O_2} ClCH_2CHCl_2$$

此外,尚有少量的各种饱和或不饱和的一氯或多氯衍生物生成,例如三氯甲烷、四氯化碳、氯乙烯、1,1,1-三氯乙烷、顺-1,2-二氯乙烯等,但总量不多,仅为1,2-二氯乙烷生成量的1%。

(2) 反应机理　关于乙烯氧氯化反应的机理尽管在国内外已作了许多研究工作,但至今仍未有定论,主要有以下两种机理:

① 氧化还原机理　日本学者藤堂、官内健等认为,氧氯化反应中,通过氯化铜的价态变化向作用物乙烯输送氯。反应分以下3步进行:

$$C_2H_4+2CuCl_2 \longrightarrow C_2H_4Cl_2+Cu_2Cl_2$$

$$Cu_2Cl_2+\frac{1}{2}O_2 \longrightarrow CuCl_2\cdot CuO$$

$$CuCl_2\cdot CuO+2HCl \longrightarrow 2CuCl_2+H_2O$$

第1步是吸附的乙烯与氯化铜反应生成二氯乙烷并使氯化铜还原为氯化亚铜,该步是反应的控制步骤;第2步是氯化亚铜被氧化为氯化铜和氧化铜的络合物;第3步是该络合物与氯化氢作用,分解为氯化铜和水。

提出此机理的依据是:1) 乙烯单独通过氯化铜催化剂时有二氯乙烷和氯化亚铜生成;2) 将空气或氧气通过被还原的氯化亚铜时可将其全部转变为氯化铜;3) 乙烯浓度对反应速率影响最大。

因此,让乙烯转变为二氯乙烷的氯化剂不是氯,而是氯化铜,后者是通过氧化还原机理将氯不断输送给乙烯的。

② 乙烯氧化机理　根据氧氯化反应速率随乙烯和氧的分压增大而加快,而与氯化氢的分压无关的事实,美国学者Carrubba R V提出如下机理:

$$HCl+a \rightleftharpoons HCl(a)$$

$$\frac{1}{2}O_2+a \rightleftharpoons O(a)$$

$$C_2H_4+a \rightleftharpoons C_2H_4(a)$$

$$C_2H_4(a)+O(a) \rightleftharpoons C_2H_4O(a)+a$$

$$C_2H_4O(a)+2HCl(a) \rightleftharpoons C_2H_4Cl_2+H_2O(a)+2a$$

$$H_2O(a) \rightleftharpoons H_2O+a$$

式中:a 表示催化剂表面的吸附中心;HCl(a),O(a),C_2H_4(a)表示 HCl,O 和 C_2H_4 的吸附态物种,反应的控制步骤是吸附态乙烯和吸附态氧的反应。

氧氯化早期研究中还有人提出,氯化氢在氯化铜催化下氧化生成氯气,再由氯气与乙烯反应生成二氯乙烷的反应机理。

(3) 反应动力学 根据上述反应机理,在氯化铜为催化剂时由实验测得的动力学方程式为

$$\gamma = kp_c^{0.6} p_h^{0.2} p_O^{0.5}$$

$$\gamma = kp_c p_h^{0.3}\text{(氧的浓度达到一定值后)}$$

式中:p_c,p_h,p_O 分别表示乙烯、氯化氢和氧的分压。

由上列两个动力学方程式可以看出,乙烯的分压对反应速率的影响最大,通过提高乙烯的分压可有效地提高 1,2-二氯乙烷的生成速率。相比之下,氯化氢分压的变化对反应速率的影响则小得多。氧的分压超过一定值后,对反应速率没有影响;在较低值时,氧分压的变化对反应速率的影响也是比较明显的。这两个动力学方程式与前述的两种反应机理基本上是吻合的。

(4) 催化剂 早期的研究表明,金属氯化物可用作氧氯化催化剂,其中以氯化铜的活性为最高,工业上普遍采用的是负载在 γ-Al_2O_3、硅酸铝上的氯化铜催化剂。催化剂上铜的含量对反应转化率和选择性都有影响,铜含量增加,转化率提高,但深度氧化生成 CO_2 的量增加,经实验确定,铜含量 w(铜)= 5 %~6 %即可,此时,氯化氢转化率可接近 100 %,生成的 CO_2 量不多。这种单组分催化剂虽有良好的选择性,但氯化铜易挥发,反应温度愈高,氯化铜的挥发流失量愈大,催化剂活性下降愈快,寿命愈短。为了阻止或减少氯化铜催化剂活性组分的流失,在催化剂中添加了第 2 组分氯化钾,变成双组分催化剂,虽然反应活性有所降低,但催化剂的热稳定性却有明显提高。这很可能是氯化钾与氯化铜形成了不易挥发的复盐或低熔混合物,因而防止了氯化铜的流失。为了提高双组分催化剂的活性,在催化剂中加入稀土金属氯化物,如氯化铈、氯化镧等,既提高了催化活性,又提高了催化剂的寿命,催化剂也就由双组分变为多组分。

氧氯化反应器有固定床和流化床两种,采用固定床时,将已成型的 γ-Al_2O_3 载体用浸渍法将活性组分浸渍上去,经干燥和通空气活化,即可投入使用。对流化床催化剂,用 γ-Al_2O_3 微球浸渍活性组分,亦可将硅铝酸溶胶与活性组分混合后加入胶凝剂,用喷雾干燥法成型制备流化床微球催化剂。

(5) 工艺条件的选择

① 反应温度 在铜含量为 w(铜)= 12 %的 $CuCl_2$/γ-Al_2O_3 催化剂上研究了反应温度与反应速率、选择性和乙烯燃烧反应的影响,结果如图5-2-01、图5-2-02和图 5-2-03 所示。由图5-2-01可见,开始阶段反应速率随温度的升高而迅速上升,到 250 ℃后逐渐减慢,到 300 ℃后开始下降。因此,反应温度不是愈高愈好,而是有一个适宜范围。由图 5-2-02 可见,反应选择性在温度上升的开始阶段,也随温度的升高而上升,在 250 ℃左右达到最大值后逐渐下降,这说明,就选择性而言,也有一个适宜范围。图 5-2-03 示出的是乙烯深度氧化副反应与反应温度的关系。

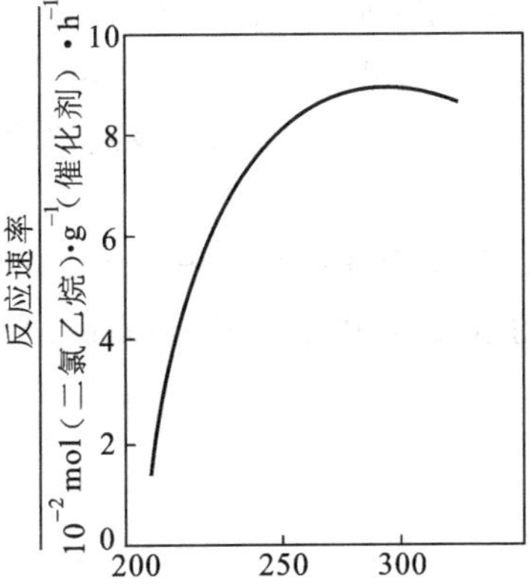

图 5-2-01 温度对反应速率的影响曲线

图上曲线表明,270 ℃前,随反应温度的升高,乙烯深度氧化副反应的速率增长还比较缓慢,270 ℃后,乙烯深度氧化速率则快速增长。从催化剂的使用角度来看,随着反应温度的升高,催化剂活性组分 $CuCl_2$ 因挥发流失的量增加,催化剂失活的速率加快,使用寿命缩短。从操作安全角度来看,由于乙烯氧氯化是强放热反应,反应热可达 251 kJ/mol,反应温度过高,主、副反应,特别是乙烯深度氧化副反应释放出的热量增加,若不能及时从反应系统中移走,由于系统热量的积累,会促使反应温度进一步升高。如此恶性循环,导致发生爆炸或燃烧事故。因此,在满足反应活性和选择性的前提下,反应温度应当愈低愈好。具体的反应温度由选用的催化剂决定,对 $CuCl_2$-KCl/γ-Al_2O_3催化剂而言,流化床使用的温度为 205~235 ℃,固定床为 230~290 ℃。

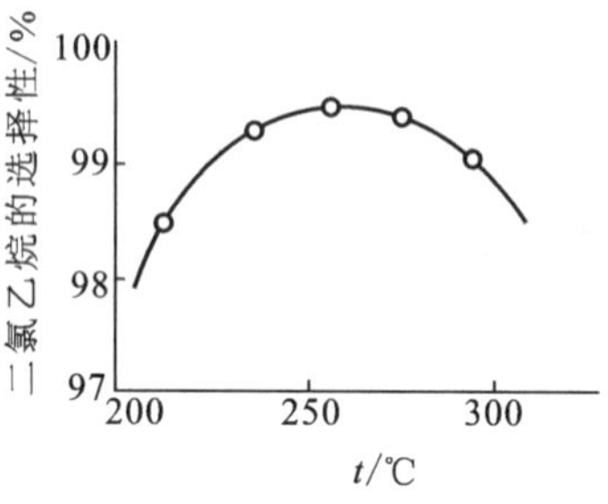

图 5-2-02 温度对选择性的影响曲线(以氯计)

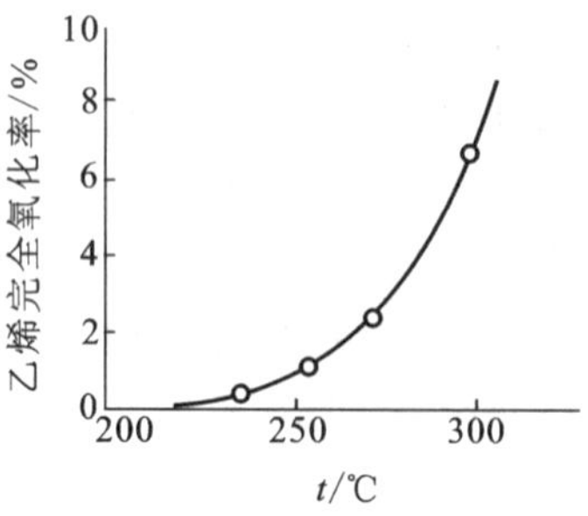

图 5-2-03 温度对乙烯深度氧化副反应的影响曲线

② 反应压力 高压对氧氯化法的反应速率和选择性有不利影响,但在实际的操作温度下,在 1.0 MPa 以下,压力对反应速率和选择性几乎没有什么影响。因此,选用常压或低压操作均可。考虑到加压可提高设备利用率及对后续的吸收和分离操作有利,工业上一般都采用在低压下操作。

③ 配料比 乙烯、氯化氢和空气之比必须保证使乙烯过量 3 %~5 %。氧也应稍微过量以保证催化剂氧化还原过程的正常进行。但氯化氢不能过量,因为过量的氯化氢会吸附在催化剂表面使催化剂颗粒胀大,使密度减小。如果采用流化床反应器,由于催化剂颗粒胀大会使床层急剧升高,甚至还会发生节涌现象。乙烯不能过量太多,否则会使乙烯深度氧化反应加剧,尾气中 CO 和 CO_2 增多,反应选择性下降;氧过量太多,也会促使乙烯深度氧化反应的加剧。在原料配比中还要求原料气的组成在爆炸极限范围外,以保证安全生产。工业上采用的配比为:n(乙烯):n(氯化氢):n(氧)= 1:2:0.5。

④ 原料气纯度 采用的空气只需经过滤、洗涤和干燥,除去少量固体杂质,SO_2,H_2S 及水分后即能应用;氯化氢气体由二氯乙烷裂解工序而来,常含有乙炔。为此,氯化氢气体与氢气混合后先在一个加氢反应器中脱炔,然后才能进入氧氯化反应器;原料乙烯中的乙炔、丙烯和 C_4 烯烃的含量必须严格控制,因它们比乙烯活泼,也会发生氧氯化反应,生成四氯乙烯、三氯乙烯、1,2-二氯丙烷等多氯化物,给产品的提纯增加难度。同时它们也更容易发生深度氧化反应,释放出的热量会促使反应温度的上升,给反应带来不利影响。一般要求原料乙烯中乙烯含量在 w(乙烯)= 99.95 %以上。表 5-2-03 示出的是我国氯乙烯用原料乙烯的规格。

表 5-2-03 我国氯乙烯用原料乙烯的规格

组分	指标	组分	指标
$w(C_2H_4)$	99.95%	CS_2	100 μL · L^{-1}
$CH_4+C_2H_6$	500 μL · L^{-1}	S(按 H_2S 计)	5 μL · L^{-1}
C_2H_2	10 μL · L^{-1}	H_2O	15 μL · L^{-1}

⑤ 停留时间 停留时间对 HCl 转化率有影响。实验表明，停留时间达 10 s 时，氯化氢的转化率才能接近 100 %，但停留时间过长，转化率会稍微下降，这是因为 1,2-二氯乙烷裂解产生氯化氢和氯乙烯之故。停留时间过长不仅使设备生产能力下降，而且副反应也会加剧，导致副产物增多，反应选择性下降。

3. 平衡型氯乙烯生产工艺流程

图 5-2-04 所示为 PPG 化学工业公司氧氯化法生产氯乙烯的工艺流程，由于二氯乙烷热裂解产生的氯化氢全部在氧氯化反应中消耗掉，故又称为平衡型氯乙烯生产工艺流程。流程由三大工艺组成：乙烯液相加成氯化生成 1,2-二氯乙烷；乙烯气相氧氯化生成 1,2-二氯乙烷；1,2-二氯乙烷热裂解生成氯乙烯。

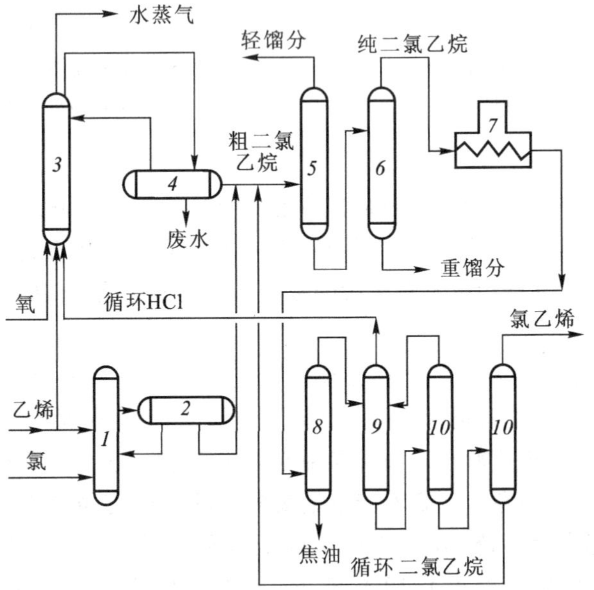

图 5-2-04 PPG 化学工业公司氧氯化法生产氯乙烯的工艺流程图

1. 直接氯化反应器；*2.* 气液分离器；*3.* 氧氯化反应器；*4.* 分离器；*5.* 脱轻馏分塔；*6.* 脱重馏分塔；*7.* 裂解炉；*8.* 急冷塔；*9.* 氯化氢回收塔；*10.* 氯乙烯精馏塔

乙烯液相加成氯化的反应条件为：反应温度 50 ℃左右，催化剂为 $FeCl_3$，它在氯化液中的浓度维持在 250~300 μg · g^{-1}[或 $w(FeCl_3)$= 0.025 %~0.03 %]，乙烯与氯气的比 n(乙烯) ∶ n(氯气)= 1.1 ∶ 1，即乙烯是过量的。

乙烯气相氧氯化的反应条件为：反应温度 225 ~ 290 ℃，压力为 1.0 MPa，采用

$CuCl_2/\gamma-Al_2CO_3$或改良的 $CuCl_2-KCl/\gamma-Al_2O_3$ 为催化剂，催化剂中铜的质量分数为 5 %～6 %[折算成$w(CuCl_2)$= 11 %～13 %]，n(乙烯)∶n(氯化氢)∶n(氧)= 1∶2∶0.5。

由加成氯化和氧氯化法生成的粗二氯乙烷进入脱轻组分塔和脱重组分塔。轻组分中含有微量氯化氢气体，需经洗涤后方可利用。重组分中含有较多的二氯乙烷，需经减压蒸馏回收二氯乙烷后作进一步处理。所得二氯乙烷纯度很高，可达 99 %左右。进入热裂解炉，操作条件为：温度 430～530 ℃，压力 2.7 MPa，催化剂为浮石或活性炭。反应转化率可达 50 %～60 %，氯乙烯选择性为 95 %，热裂解产物在氯化氢回收塔蒸出纯度达 99.8 %的氯化氢，内含炔烃，若有必要，还需经加氢脱炔后才能用作氧氯化原料；在氯乙烯精馏塔中，塔顶馏出纯度为 99.9 %的成品氯乙烯、塔釜二氯乙烷内含有热裂解生成的重组分，送二氯乙烷精制工序处理。

本流程中采用氧气而不是空气作氧化剂，优点是：反应后多余的乙烯经冷却、冷凝和分离后仍可回氧氯化反应器循环使用，乙烯利用率比空气作氧化剂时高。空气作氧化剂时尾气中乙烯浓度低，仅为 φ(乙烯)= 1 %左右。用焚烧法处理时需消耗燃料，用氧气作氧化剂时，排出的尾气数量很小，但其中乙烯浓度高，用焚烧法处理不需外加燃料。由于配置的原料气中不含氮气，乙烯在原料气中的浓度提高，有利于提高反应速率和提高催化剂的生产能力，反应器也可做得小一些，从而节省设备制造费用。氧气作氧化剂时由于尾气数量少，不需用溶剂吸收、深冷的办法来回收尾气中少量二氯乙烷，简化了流程，减少了设备投资费用。对固定床反应器而言，氧气作氧化剂时，热点不明显，因而 1,2-二氯乙烷的选择性高，氯化氢的转化率亦高，而空气作氧化剂时则相反。表 5-2-04 列出了两者的比较结果。

表 5-2-04 固定床乙烯氧氯化结果比较

乙烯转化为各物料的选择性/%	空气氧氯化法	氧气氧氯化法
1,2-二氯乙烷	95.11	97.28
氯乙烷	1.73	1.50
$CO+CO_2$	1.78	0.68
1,1,2-三氯乙烷	0.88	0.08
其他氯衍生物	0.50	0.46
HCl 的转化率/%	99.13	99.83

现在，有不少大型化工企业都建有空气分离装置，氧气的供应已不存在问题，这为氧气作氧化剂的乙烯氧氯化法提供了发展良机。氧气氧氯化法的消耗定额[以生产 1 t(二氯乙烷)为基准]为：乙烯(纯度 100 %)287 kg，氯化氢(纯度 100 %)742 kg，氧气(纯度 100 %)177 kg。

图 5-2-05 所示为氧氯化法生产氯乙烯的物料平衡图。

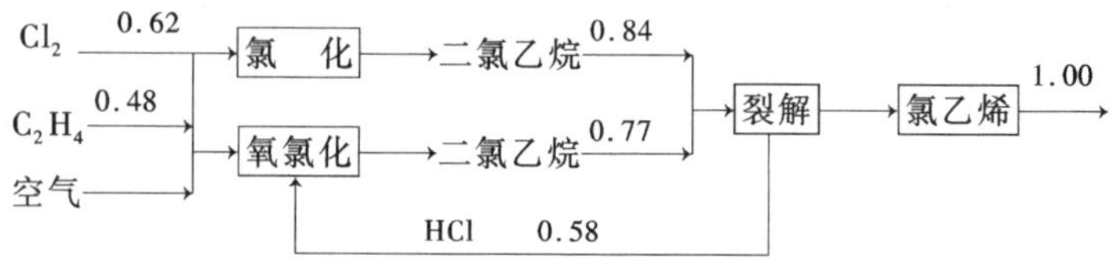

图 5-2-05 平衡型的氯乙烯生产组织形式*

*图中的数字是各种物料的实际质量分数

4. 氧氯化反应器

不论是用空气氧氯化还是用氧气氧氯化，都可采用固定床或流化床反应器。

(1) 固定床氧氯化反应器　这种反应器结构与普通的固定床反应器基本相同，内置多根列管，管内填充颗粒状催化剂，原料气自上而下流经催化剂层进行催化反应。管间用加压热水作载体，副产一定数量的中压水蒸气。

固定床反应管存在热点，局部温度过高使反应选择性下降，活性组分流失加快，催化剂使用寿命缩短，为使床层温度分布比较均匀，热点温度降低，工业上常采用三台固定床反应器串联：氧化剂空气或氧气按一定比例分别通入三台反应器。这样每台反应器的物料中氧的浓度较低，使反应不致太剧烈，也可减少因深度氧化生成的 CO 和 CO_2 的量，而且也保证了混合气中氧的浓度在可燃范围以外，有利于安全操作。

(2) 流化床氧氯化反应器　流化床反应器反应温度均匀，不存在热点，且可通过自控装置控制进料速率，使反应器温度控制在适宜范围内。因此对提高反应选择性有较大好处。反应产生的热量可用内设的热交换器及时移走。流化床氧氯化反应器的构造示意于图 5-2-06。

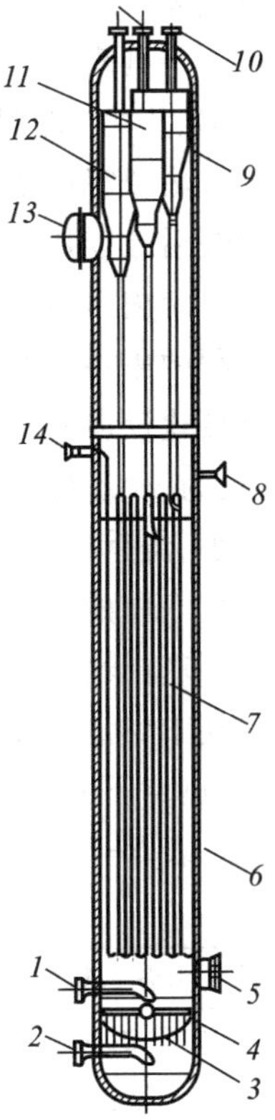

图 5-2-06　流化床乙烯氧氯化反应器构造示意图

1. 乙烯和 HCl 入口；*2*. 空气入口；*3*. 板式分布器；*4*. 管式分布器；*5*. 催化剂入口；*6*. 反应器外壳；*7*. 冷却管组；*8*. 加压热水入口；*9*，*11*，*12*. 旋风分离器；*10*. 反应气出口；*13*. 人孔；*14*. 高压水蒸气出口

空气（或氧气）从底部进入，经多喷嘴板式分布器均匀地将空气（或氧气）分布在整个截面上。在板式分布器的上方设有 C_2H_4 和 HCl 混合气体的进口管，此管连接有与空气分布器具有相同数量喷嘴的分布器，而且其喷嘴恰好插入空气分布器的喷嘴内。这样就能使两股进料气体在进入催化剂床层之前在喷嘴内混合均匀。

在反应段内设置了一定数量的直立冷却管组，管内通入加压热水，借水的汽化以移出反应热，并副产中压水蒸气。在反应器上部设置三组三级旋风分离器，用以回收反应气夹带的催化剂。催化剂的磨损量每天约为催化剂总量的 0.1 %，需补充的催化剂自气体分布器上部用压缩空气送入反应段。

由于氧氯化有水产生（乙烯深度氧化也有水产生），如反应器的一些部位保温不好，温度过低，当达到露点温度时，水就会凝结出来，溶入氯化氢气体生成盐酸，将使设备遭受严重腐蚀。因此反应器的保温相当重要。另外，若催化剂表面黏附氧化铁时，氧化铁会转化为氯化铁，它能催化乙烯的加成氯化反应，生成副产物氯乙烷（CH_3CH_2Cl）。因此，催化剂的贮存和输送设备及管路不能用铁质材料。

5-3 烷基化

一、概述

烷基化是指利用取代反应或加成反应,在有机化合物分子中的氮、氧、碳、金属或非金属硅、硫等原子上引入烷基 R—或芳烃基[如苄基($C_6H_5CH_2$—)]的反应。主要引入的烷基有甲基、乙基、丙基、丁基、戊基、己基、十二烷基、十八烷基、丙烯基及十八烯基等。常用烯烃、卤代烷烃、卤代芳烃(如一氯苯、苯氯甲烷)、硫酸烷酯(如硫酸二甲酯)和饱和醇(如甲醇和乙醇)等作为烷基化剂。

烷基化反应的生成物品种甚多,用途广泛,有的品种生产规模相当大。例如,美国生产的烷基化汽油的产量已超过 35 Mt/a,成为高辛烷值汽油的主要来源之一,中国的烷基化汽油的生产能力也已达到 1.0 Mt/a;由苯和乙烯或丙烯经烷基化可制得乙苯或异丙苯,乙苯脱氢可得到苯乙烯,它是合成高聚物的重要单体。异丙苯经自氧化可得到苯酚和丙酮;由苯和十二烷基烯(或十二氯代烷烃)经烷基化可制得十二烷基苯,它是生产合成洗涤剂的主要原料。上述烷基化产品的世界产量都在 10 Mt/a 以上。此外,烃类经烷基化制得的醚类(如甲基叔丁基醚、甲基叔戊基醚和苯乙醚等)、胺类(如二甲苯胺)、金属烷基化物(如烷基铝)等,在制药、染料、香料、炸药、汽油添加剂、催化剂和合成洗涤剂等方面都有广泛的应用。因此,烷基化也是制取精细化学品的重要途径。

二、由异丁烷和烯烃合成烷基化汽油

在脂肪烃与烯烃的烷基化反应中,数烷基化汽油的生产最为重要。烷基化工业装置在第二次世界大战初期由美国首先建成,所得油料辛烷值高(RON 为92.9~95,MON 为 91.5~93),敏感性小,而且具有理想的挥发性和清洁的燃烧性,是汽油理想的调和组分。烷基化汽油占汽油总量的比例,美国 2002 年为14 %,我国 2003 年为 0.5 %。影响我国烷基化汽油发展的制约因素是原料异丁烷的来源问题,目前主要靠催化裂化装置制得,今后还应考虑从天然气、加氢裂化等工业装置中获取。

烷基化有热烷基化法和催化烷基化法两种。热烷基化法要求在高温、高压下操作,所需设备投资费用较大,故在应用上不如催化烷基化法普遍。

由异丁烷与烯烃(丙烯、n-丁烯、i-丁烯及碳数更高的烯烃)经烷基化生成 C_7,C_8 或更高碳数的异构烷烃的工艺,常用的催化剂有硫酸和氢氟酸。因而工业上常称之为硫酸法和氢氟酸法。硫酸法因有大量废酸产生(每生产 10 万 t/a 烷基化汽油,产生 1 万 t/a 废酸)会严重污染环境,现在普遍建立了废酸裂解制硫酸装置,环境污染问题已基本得到解决。氢氟酸法虽然工艺和技术经济指标比硫酸法好，但对环境的污染比硫酸法更严重，而且至今还没有找到能廉价治理的好方法，故从 20 世纪 90 年代起，已日趋淘汰，西欧和日本已关闭了全部生产装置，我国也已在几年前停止生产。因此在近几年，硫酸法成为异丁烷和烯烃合成烷基化汽油的主要生产方法。但据近年文献报道，康菲公司已开发成功降低酸（HF）挥发度的烷基化工艺（ReVAP），对 HF 采取了有效的（据说可达100 %）防范措施，以消除它对环境的污染，并将以气态存在的 HF 的量下降 60 %～90 %。这一工艺已被康菲公司和埃克森美孚公司的炼油厂采用，并已得到美国石油学会（API）和加利福尼亚州政府的认可。工业生产结果未见文献报道。尚在开发的有以固体酸为催化剂的烷基化方法，催化剂活性和选择性均能达到工业生产要求，产品质量也好，但催化剂稳定性差，易结炭失活，要实现工业化尚待时日。中国石油化工科学研究院正在开发间接烷基化技术，不采用硫酸或氢氟酸作催化剂，原料为碳四烯烃，比异丁烷容易购得，经叠合和加氢 2 步反应即可得到 RON 和 MON 都接近 100 的烷基化汽油，工业应用前景看好。

1. 化学反应原理

（1）化学反应　异丁烷与烯烃的化学反应可表述如下。

在反应条件下，硫酸或氢氟酸不能催化异丁烷和乙烯的烷基化反应。异丁烷与丙烯反应主要生成 2，3-二甲基戊烷（RON 为 91）：

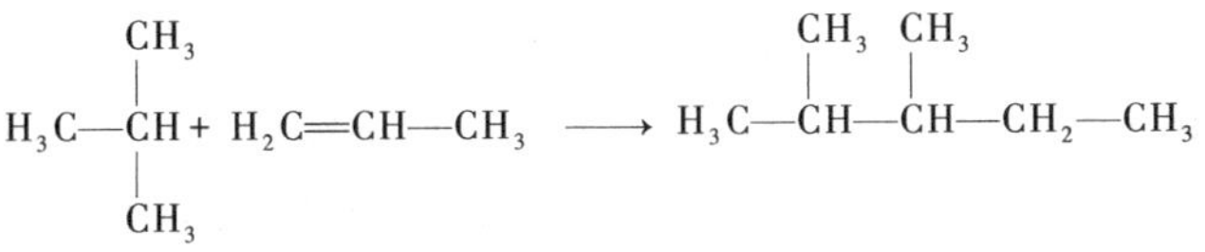

（异丁烷）　　（2，3-二甲基戊烷）

异丁烷与 1-丁烯反应时，首先 1-丁烯异构化生成 2-丁烯，然后再进行烷基化反应，主要生成 2，2，4-三甲基戊烷、2，3，4-三甲基戊烷和 2，3，3-三甲基戊烷（RON 为 100～106）：

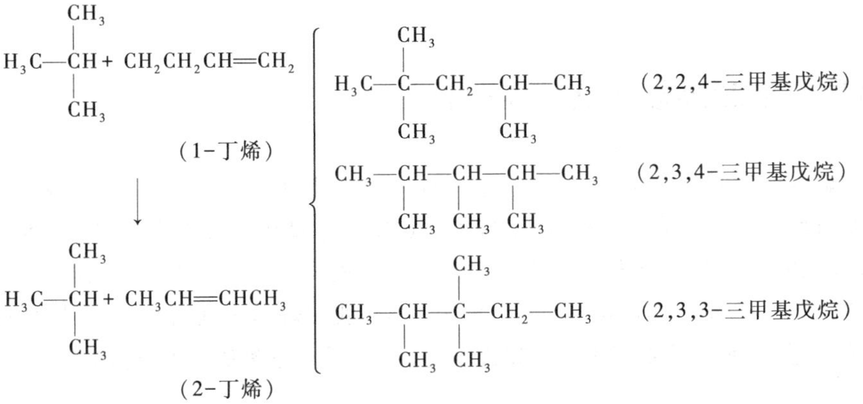

异丁烷与异丁烯反应生成 RON 为 100 的 2，2，4-三甲基戊烷（即异辛烷）：

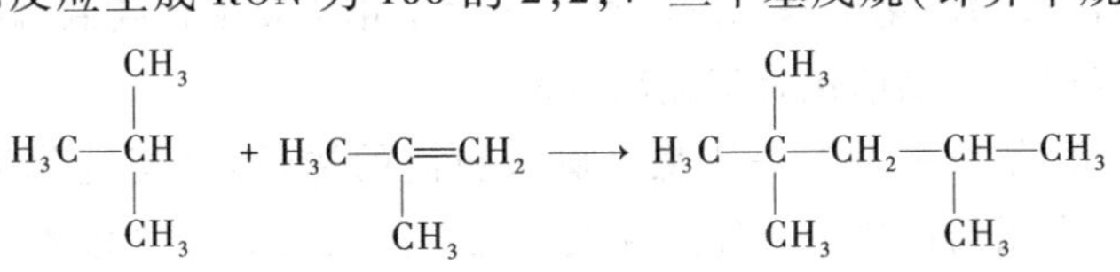

（异丁烯）　　（2，2，4-三甲基戊烷）

除上述主反应外，还能发生裂解、叠合、异构化、歧化和缩聚等副反应，生成众多的低沸点和高沸点副产物。为了抑制副反应，常需要使异丁烷大大过量，在氢氟酸法中，n(异丁烷)：n(烯烃)=(8~15)：1，硫酸法中 n(异丁烷)：n(烯烃)=(4~12)：1。

(2) 反应机理　异丁烷和烯烃的烷基化反应机理经研究为以碳正离子为活性基团的连锁反应，包括链引发、链增长和链终止 3 个阶段。因此，反应速率是相当快的，往往在几分钟内即可完成，反应产物也颇为复杂。液体强酸(浓硫酸或氢氟酸)催化异丁烷与丁烯进行烷基化反应的机理见图 5-3-01。首先 1-丁烯经异构化生成 2-丁烯，然后 2-丁烯分子中的双键与具有高酸强度的 H^+ 反应，生成仲碳正离子，后者异构为稳定性更好的叔碳正离子。叔碳正离子与异丁烯反应生成 C_8 碳正离子，最后 C_8 碳正离子与异丁烷分子通过氢转移反应生成目的产物 2,2,4-三甲基戊烷(2,2,4-TMP)和一个叔碳正离子，叔碳正离子重新参与催化循环。催化反应的前两步为链引发步骤，产生亲电质点 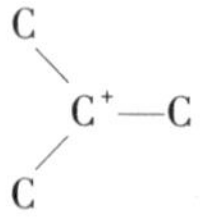 、少量异丁烯和正丁烷。催化反应的后两步属链增长(或称链传递)步骤，生成目的产物的同时，亲电质点 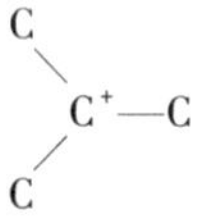 得到重生，链反应继续进行下去，直至原料丁烯消耗殆尽。

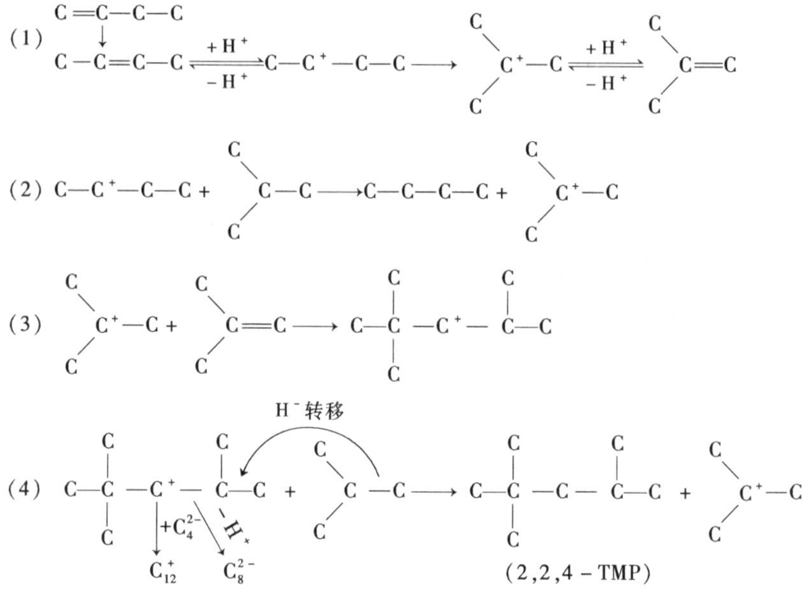

图 5-3-01　液体酸催化的烷基化反应机理

除催化反应中生成的少量异丁烯外，2-丁烯的 2 个顺、反异构体也会参与链增长反应，生成目的产物 2,3,4-TMP 和 2,3,3-TMP。因此，由异丁烷与正丁烯进行的催化烷基化反应得到的烷基化汽油的主要组分是上述的 TMP 的 3 个异构体；若由异丁烷和异丁烯进行烷基化反应，由上列反应机理可知，得到的烷基化汽油的主要组分仅为 2,2,4-TMP；若由异丁烷与丙烯进行烷基化反应，在链引发阶段先生成亲电质点 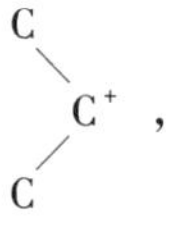 ，继而它与异丁烷反应生成丙烷和亲电质点

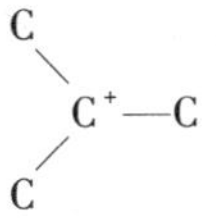,后者在链增长反应中与丙烯反应生成含 7 个碳原子的 2,3-二甲基戊烷,它成为所得烷基化汽油的主要组分。为防止液体强酸催化烯烃聚合副反应,要求烷基化反应在较低温度(10~30 ℃)下进行,在此温度下,发生烯烃聚合反应的可能性很小。

2. 催化剂

常用硫酸或氢氟酸作催化剂。

(1) 硫酸 用作烷基化催化剂的硫酸 $w(H_2SO_4)$ = 86 %~96 %。当循环酸 $w(H_2SO_4)$ < 85%时,需要更换新酸。硫酸浓度不能太低,以保证反应的顺利进行。硫酸浓度又不能太高,因具有氧化性,会促使烯烃氧化。同时,在浓酸中烯烃的溶解度比烷烃高得多,使 n(烷)/n(烯)比严重失调,副反应激烈,副产物增多。为了增加硫酸与原料烃类的接触面,在反应器内需使催化剂与作用物处于良好的乳化状态,并适当提高酸与烃的比例以利于提高烷基化产物的收率和质量。反应系统中$\frac{V(\text{催化剂})}{V(\text{反应总体积})}$= 40 %~60 %。

(2) 氢氟酸 氢氟酸沸点低(19.4 ℃),对异丁烷的溶解度及溶解速率均比硫酸大,副反应少,因而目的产物的收率较高。氢氟酸浓度一般保持在 w(HF)= 90 %左右,水分在 w(水)<2%。在连续运转中,由于生成有机氟化物和水,因而会降低氢氟酸的浓度,使催化活性下降,并使烷基化油质量下降,故催化剂需用蒸馏方法再生。

(3) 其他 正在进行工业化试验的有固体酸催化剂:分子筛、杂多酸、烷基氯化铝,以及固体超强酸等;此外,国内外对离子液体(熔点低于 100 ℃的一类熔融盐),尤其是酸性离子液体作为溶剂/催化剂,用于异构化、烷基化等烃类转化反应进行了深入研究,它们是一种新型的、对环境友好的催化剂。优点是:① 与固体酸相似没有挥发性,因而对环境友好;② 与无机酸相似,具有流动性好、酸性位密度高和酸强度分布均匀的特点;③ 通过改变和修饰离子液体正、负离子的结构,可以实现多相反应体系的优化。如:增强底物的溶解性,简化产物的分离,促进离子液体的循环使用等。典型的离子液体正、负离子的构成见表 5-3-01。离子液体催化剂尚处在实验开发阶段,离工业应用尚有一段距离。

表 5-3-01 典型离子液体正、负离子的构成*

正离子	负离子
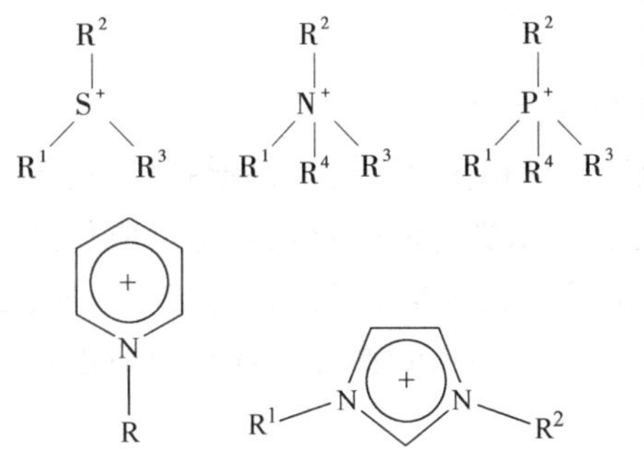	$[BF_4]^-$,$[PF_6]^-$,$[SbF_6]^-$,$[CF_3SO_3]^-$, $(CF_3SO_3)_2N^-$, $CF_3CO_2^-$, $CH_3CO_2^-$, $[Cl/AlCl_3]^-$, $[Cl/AlBr_3]^-$, $[Cl/AlI_3]^-$,$[Cl/CuCl]^-$,$[Cl/FeCl_3]^-$, $[AlCl_3Et]^-$,$[NO_3]^-$,$[NO_2]^-$,$[HSO_4]^-$,$[SO_4]^{2-}$

*若 $R^1=CH_3$,$R^2=C_4H_9$,则为$[C_{4min}]^+$;若 $R^1=CH_3$,$R^2=H$,则为$[H_{min}]^+$;若 $R^1=CH_3$,$R^2=C_2H_5$,则为$[C_{2min}]^+$。

3. 工艺条件的选择

影响硫酸法烷基化工艺的主要因素有：

① 酸烃分散状况　烷基化反应中，一般认为控制步骤是异丁烷向酸相的传质速率，因此，搅拌速率，或者酸烃乳化程度是一个非常重要的操作变量。现在，同心或偏心卧式物料循环反应器［如斯特拉科(Stratco)反应器］中的搅拌器转速一般在 500~600 r/min，若能增至 680 r/min 乳化将更理想，烷基化油质量将进一步提高。

② 烷烯比　在酸烃乳化良好的前提下，提高 n(烷)/n(烯)比，如前所述，能抑制副反应，烷基化油的质量和收率都会提高，在较高烷烯比的条件下(如大于 20~100)，烷基化油的辛烷值渐渐接近 100，此时酸耗也会明显减少。但回收异丁烷的负荷明显增加，消耗在分离、输送上的能量明显增多，操作费用上升，所用设备的投资费用也增高。因此，工业上常采用的进料 n(烷)/n(烯)比为(5~20)：1(称外比)。因有大量异丁烷循环，在反应器内 n(烷)/n(烯)比可达到(300~1 000)：1(称内比)。

③ 反应温度　硫酸法烷基化要求比较低的反应温度，一般在 2~18 ℃。为此，反应器中需设置冷却盘管用冷剂来控制反应温度。烷基化反应温度过低，会降低化学反应速率，物料黏度增加造成酸烃乳化不良，导致烷基化油质量变差，收率降低。反应温度过高，副反应激烈，副产物增多。

④ 硫酸浓度　前已叙及，应控制在 $w(H_2SO_4)$ = 86 %~96 %。

⑤ 反应停留时间　反应停留时间大约需要 5 min，它与反应条件和反应器内件(主要是搅拌桨和转速)有关，具体时间在操作中根据经验确定。

4. 生产过程和工艺流程

现在采用的硫酸法烷基化反应器有两大类，有靠反应物异丁烷自蒸发制冷的阶梯式反应器，有立式氨闭路循环制冷和卧式反应流出物制冷的斯特拉科反应器。目前应用最广的是采用卧式斯特拉科反应器和利用反应流出物制冷的工艺流程，如图 5-3-02 所示。

原料中除含有按配比混合的烯烃和异丁烷外，还含有丙烷和正丁烷，以及水分和硫化物等杂质，事先须脱水、脱除 H_2S 和硫醇。硫化物的存在不仅多消耗硫酸，而且会促进聚合及其他副反应的发生。净化后的原料和循环异丁烷合并后与反应净流出物换热，温度由约 38 ℃降至 11 ℃左右。这时有少量水析出，在脱水器脱水后与循环冷剂(异丁烷)合并进入斯特拉科反应器。该反应器为一卧式压力容器，有一个内循环管、一个取走反应热的管束和一个混合螺旋桨。在螺旋桨的驱动下，形成酸烃乳化液，进行烷基化反应，并在螺旋桨的排出侧，一部分乳化液引入酸沉降器，进行酸烃分离，沉降在底部的硫酸用乳化液泵送回反应器。部分乳化液进入后沉降器，底部硫酸取出一部分作废酸送系统外处理，后沉降器上层为液态烃，与酸沉降器上层液态烃汇合后，经节流制冷后温度降至-7 ℃，气-液混合物进入反应器管束，用作反应冷剂，移走反应热。出管束的气-液混合物进入吸入分液/闪蒸罐，进行气-液分离、液相部分用泵抽出作反应产物，经酸洗、碱洗后进蒸馏塔，该塔塔顶出循环异丁烷，上部侧线出正丁烷，塔釜出烷基化油。采用酸洗的目的是除去反应中生成的硫酸酯(除去率可达98 %以上)，让它与新酸一起返回反应器重新被利用(可进一步与硫酸反应生成烷基化油)，残余的硫酸酯则用碱水解；在吸入分液/闪蒸罐分出的气体，经压缩机增压，再经冷却液化，在脱丙烷塔中分出丙烷，塔底液相和分液罐液相汇合后经二级节流制冷，液相(主要是异丁烷)进入吸入分液/闪蒸罐另一侧，用作循环冷剂，一级节能罐和

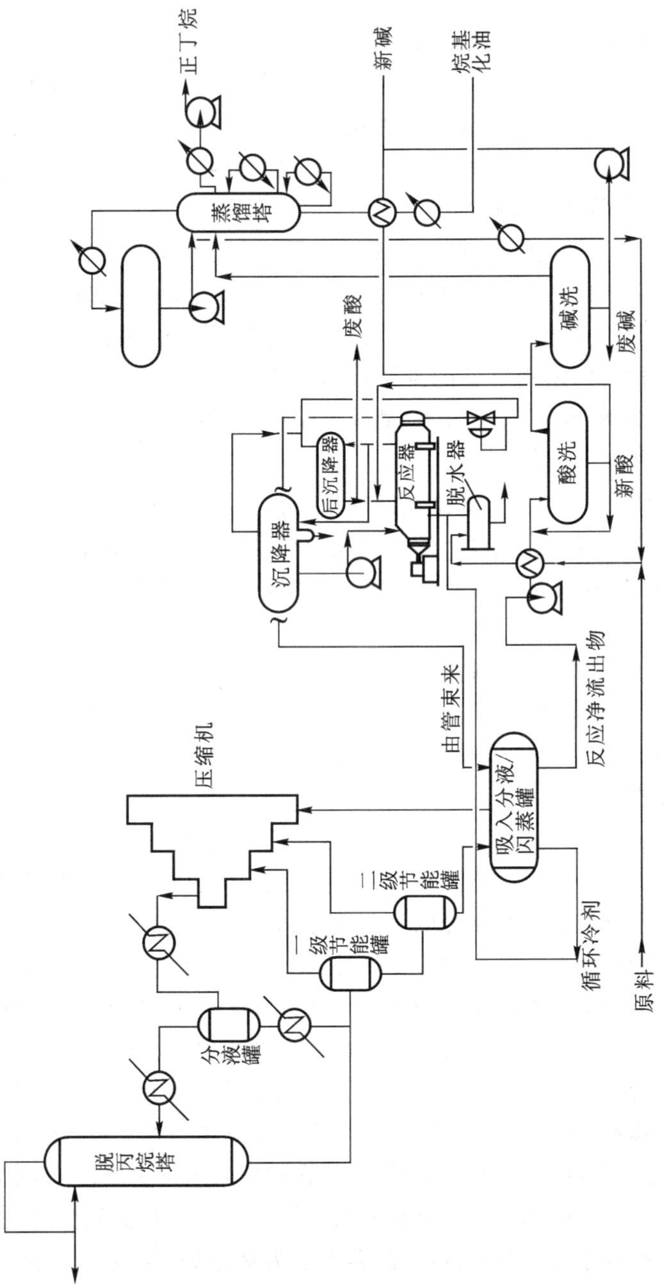

图 5-3-02　流出物制冷工艺流程图

二级节能罐气体分别进入压缩机 3 段和 2 段。丙烷的馏出量以与进入系统的丙烷量持平为宜，若装置中丙烷含量太少，对提高系统压力、降低压缩机的压缩比，由此降低功率消耗是不利的。

5. 反应器

硫酸法烷基化工艺中应用较多、也较先进的是斯特拉科反应器。它的剖面图示于图5-3-03。

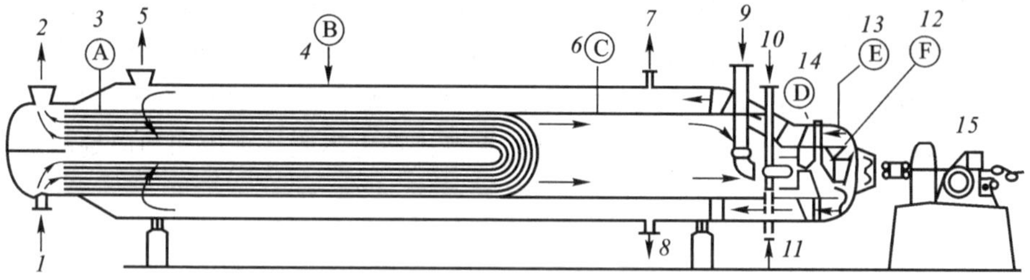

图 5-3-03　斯特拉科卧式烷基化反应器示意图

1. 冷剂入口；*2.* 冷剂出口；*3.* 管束 A；*4.* 反应器壳体 B；*5.* 反应混合物去沉降器；
6. 循环套筒 C；*7.* 安全阀管嘴；*8.* 排液管嘴；*9.* 循环酸入口；*10*，*11.* 烃入口；
12. 搅拌叶片 F；*13.* 水力头 E；*14.* 扩散叶片 D；*15.* 驱动器

外壳是一个卧式的压力容器，内部包括一个套筒、管束和搅拌叶轮。烃类原料由上下两个进料口进入反应器，在搅拌叶轮前汇合后向着叶轮喷入反应器，高速运转的叶轮处在反应器头部缩径处，使反应器内部的物料由于叶轮吸力、管束阻力、线速率差等而造成一些流液的空穴，从而使得酸烃获得比较好的分散和混合。混合的乳液物流在头部折返，沿着套筒和壳体的环隙流向冷却管束一端，在管束的头部再折返进入套筒内部，重新流向搅拌叶轮叶片，形成一个高速循环的物流。由于反应器分散混合效果很好，反应器内任何两点的温差不大于0.56℃。酸烃分散是由转动的搅拌叶片和固定的扩散叶片共同完成的。高速循环则是由提高驱动器的功率来实现的。

5-4 水解和水合

一、概述

水解系指无机或有机化合物与水作用起分解反应的过程。水中的氢原子加入一个产物中，羟基(—OH)则加入另一个产物中，例如：

$$KCN+H—OH \rightleftharpoons HCN+KOH$$

$$C_5H_{11}Cl+H—OH \rightleftharpoons HCl+C_5H_{11}OH$$

在无机化学中，水解实际上是酸碱中和反应的逆反应。在有机化学中，水解的范围要广泛得多，例如，由卤烷经水解制醇、脂类水解制羧酸、酯水解制羧酸和醇、淀粉水解制葡萄糖、蛋白质水解制味精、油脂水解制脂肪酸等。

水解是由天然物质制造有机化工产品的重要方法，生产规模也相当大。例如，1992 年全世界用天然油脂来生产脂肪酸的生产能力已达 2.90 Mt/a 左右。又如，用酶发酵法将淀粉、薯类经水解制取乙醇、丙酮和丁醇的生产规模也比较大，生产能力高达几万乃至数十万 t/a。此外，利用水解还可制取很多精细化学品，如染料、药物和表面活性剂等。

由于水解作用的结果，使产物之一引入羟基（—OH），故水解有时又称为羟基化。

水解分为纯粹水解（如重氮盐的水解、硫酸烷酯的水解和由格利雅试剂水解制醇和醛等）、酸水解、碱水解、碱熔融水解（如苯磺酸与氢氧化钠共熔生成苯酚的反应）和酶水解等 5 种，常用的水解剂有酸、碱和酶。由于采用的水解剂不同，水解机理也不同。现以酯和卤烷的水解为例说明之。

在碱（通常用氢氧化钠）催化下，酯类水解机理可表示为

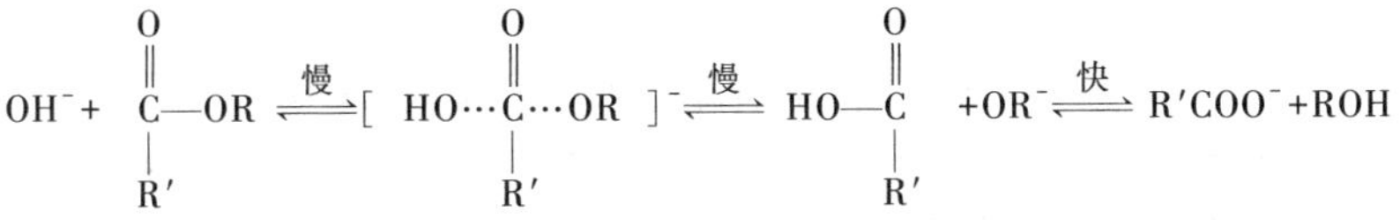

$$R'COO^- + Na^- \longrightarrow R'COONa$$

在酸催化下，酯类水解机理可表示为

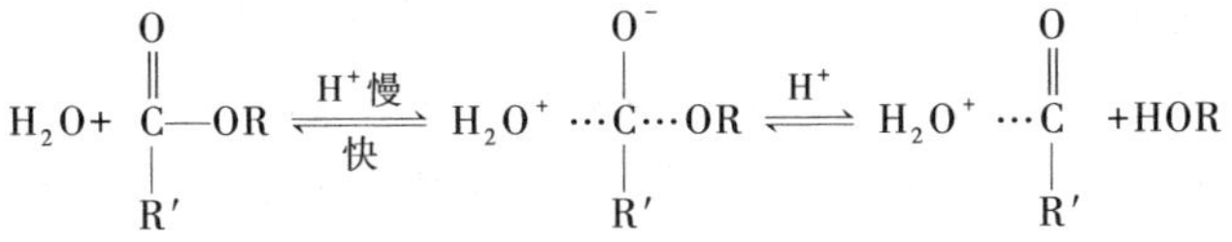

$$R'COOH_2^+ \underset{慢}{\overset{快}{\rightleftharpoons}} R'COOH + H^+$$

由上述两种反应机理可见，在碱催化下，由于 $R'COO^-$ 与钠离子作用生成更为稳定的 $R'COONa$，可使水解反应更趋完全。氢氧化钠在反应过程中被消耗，并生成相应的钠盐。用酸作催化剂，虽能加快反应速率，但受平衡限制，酯类不可能全部转化为酸和醇。

卤烷烃的水解实质上是由 OH^- 取代 X^- 的亲核取代反应。可能有以下两种反应机理：

$$R—X + H_2O \longrightarrow R—OH + HX$$

机理一：双分子反应机理

$$OH^- + R—X \rightleftharpoons [HO—R—X]^- \longrightarrow HOR + X^-$$

机理二：单分子反应机理

$$RX \rightleftharpoons R^+ + X^-（慢）$$

$$R^+ + OH^- \rightleftharpoons ROH（快）$$

水合又称水化，系指将水分子加入反应物分子内的过程。有两种加入方式，一种是反应物与一定数量的水分子化合，形成含水分子的物质（称为水合物或水化物）。例如：

$$CuSO_4 + 5H_2O \longrightarrow CuSO_4 \cdot 5H_2O$$

另一种是有机化合物分子中的双键或三键在催化剂作用下加添水分子的过程。例如：

$$CH_2=CH_2 + H_2O \longrightarrow CH_3CH_2OH$$

$$CH\equiv CH + H_2O \longrightarrow CH_3CHO$$

由于烯烃中的仲碳原子和叔碳原子比伯碳原子活泼，除乙烯外，其他烯烃经水合只能得到仲醇和叔醇。例如：

$$CH_2{=}CH_2 + H_2O \longrightarrow CH_3CH_2OH$$

乙醇(伯醇)

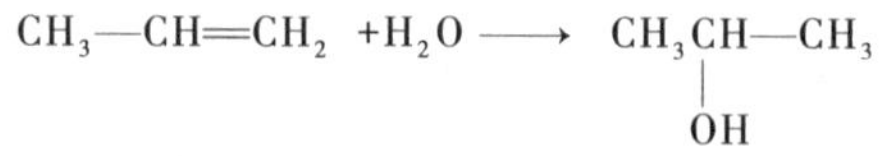

异丙醇(仲醇)

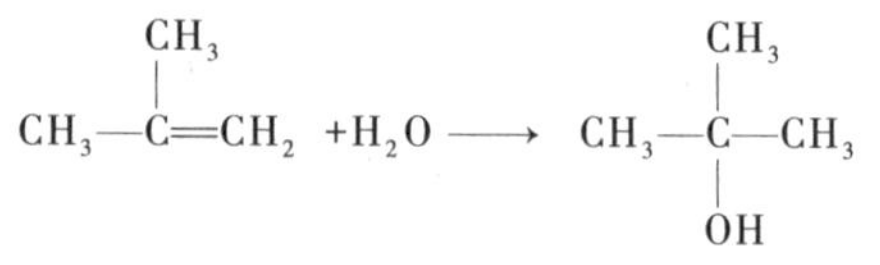

叔丁醇(叔醇)

因此，乙醇以外的所有伯醇都不能用水合方法制取，而必须借助其他的合成途径。例如正丁醛经加氢可制得正丁醇，或借羰基合成法由烯烃来制取直链和含有侧链的伯醇。

水合不会使原料受到损失，在工业上的应用比水解多。例如由烯烃制醇、乙炔制乙醛、环氧乙烷制乙二醇、腈类制胺(如由丙烯腈制丙烯酰胺)等水合工艺均有重要的工业意义。

二、油脂水解制甘油和脂肪酸

1. 工艺原理

油脂(天然油脂的简称)是各种脂肪酸甘油酯的总称，水解可得脂肪酸和甘油，是工业上获取脂肪酸的重要途径。由于油脂是由多种脂肪酸甘油酯组成的混合物，随油脂种类的不同，其组成会有很大的差别。因此，油脂水解可以得到以 1~2 种脂肪酸为主的多种脂肪酸。

油脂水解可用酸或碱作水解剂，化学反应可用以下两式表示：

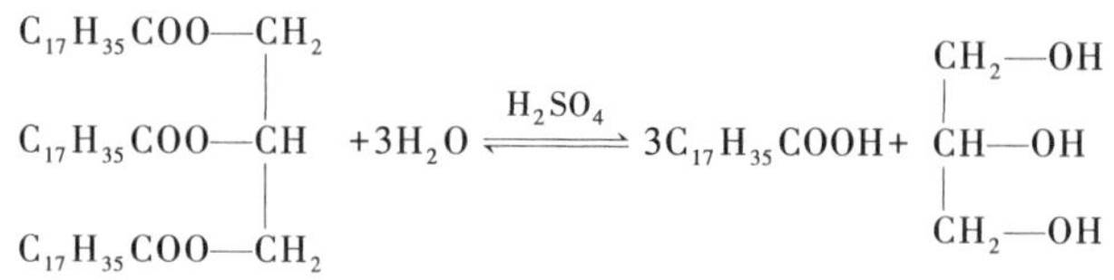

或

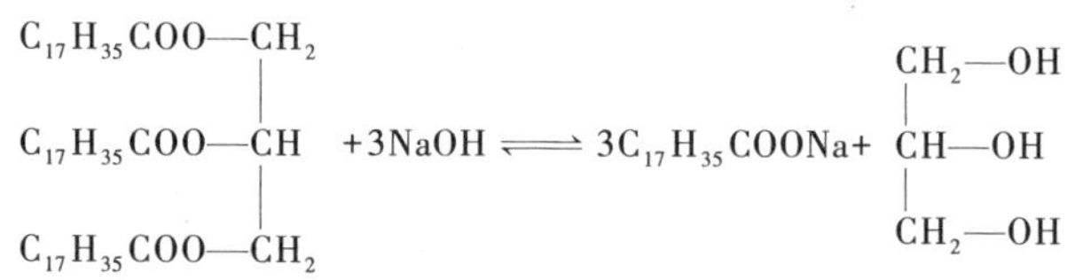

一般认为油脂水解反应是分阶段进行的，每阶段都为双分子反应，即一分子油脂和一分子水反应生成一分子脂肪酸和一分子二甘酯。一分子二甘酯又和一分子水反应生成一分子脂肪酸和一分子单甘酯。一分子单甘酯再和一分子水反应生成一分子脂肪酸和一分子甘油，这才完成油脂的水解反应，最终的产物是三分子脂肪酸和一分子甘油。

油脂水解速率取决于温度。在低温时，油脂水解速率极慢，要用催化剂来加速水解反应，随着反应温度的升高，水解反应速率加快，在高温时（200 ℃以上），即使没有催化剂，水解速率也是很快的。高温不仅使反应物碰撞机会增多，反应速率加快，而且能促进水的解离，生成更多的氢离子和氢氧根离子，成为油脂水解的催化剂。高温增大了油在水中的溶解度［32 ℃时棉籽油在水中 w（棉籽油）= 0.14 %，180 ℃时 w（棉籽油）= 3 %，230 ℃时 w（棉籽油）= 8 %，250 ℃时 w（棉籽油）= 20 %］，增大了油脂与水的接触面积。因此，适宜的水解温度不仅能增加水解速率，而且不需添加水解催化剂。但水解温度不能过高，例如不能超过 260 ℃，因这时除主反应外，还会发生油脂或甘油的裂解、聚合等副反应，使脂肪酸得率下降，产品色泽加深、气味加重。

在超过 100 ℃的温度下进行油脂水解时，因水在 100 ℃沸腾，为保持水呈液态，反应系统必须加压。温度越高，需要的压力也越大，而加压本身对水解反应的影响则不大。

2. 生产过程和工艺流程

油脂水解方法很多，已工业化的有酸化法、分解剂法、皂化-酸化法、分批热压触媒法、热压无触媒法、高温无触媒水解法和酶分解法。发展趋势是常压→低压→中压→高压，有触媒→无触媒，分批间歇→连续式。由于环境污染问题，现代工艺已不用触媒水解法，目前较先进的方法有热压无触媒法和高温无触媒法。

热压无触媒法（又称中压法）可分为间歇法和连续法两种，图 5-4-01 和图 5-4-02 为这两种方法的工艺流程。热压无触媒间歇法的水解温度为200～240 ℃，相应的压力为 2～3.5 MPa，一般进行两次水解，油脂水解率可达 95 %以上。将油脂、淡甘油水打入配料罐 T-1，均匀混合后用泵送入热压釜C-1，通入 3.0 MPa 直接水蒸气加热，当水解率达到 85 %左右时，停止送入水蒸气，静置分层，从热压釜 C-1 底部排出 w（甘油）= 15 %的甘油水，经降压器 S-1 降压后，S-1 上层油脂经冷却进入贮罐 T-3，由此返回配料罐 T-1。S -1下层甘油水，流入贮罐 T-5；T-1 在配入新鲜水后再返回 C-1，重新水解，直至水解率达 95 %以上。甘油水经降压器 S-1、中间分层锅T-2、甘油水贮罐T-5，最后送甘油回收车间。脂肪酸经分离器 S-1、分层器 T-2，最后进入贮罐T-4。这种水解法每天可处理油脂 7～16 t；热压无触媒连续水解法用2～3个热压釜串联连续水解。油脂和水在三只串联的热压釜系统中保持逆向流动，油脂进入 1 号热压釜 C-1，而新鲜水进入最后一只热压釜 C-3。甘油水从 C-1 釜底部进入分离器 S-1，经闪蒸脱水后进入贮罐 K-1；脂肪酸从 C-3 釜顶部进入分离器 S-2，经闪蒸脱水后进入贮罐 K-2。由 S-1、S-2 闪蒸脱出的水经冷凝冷

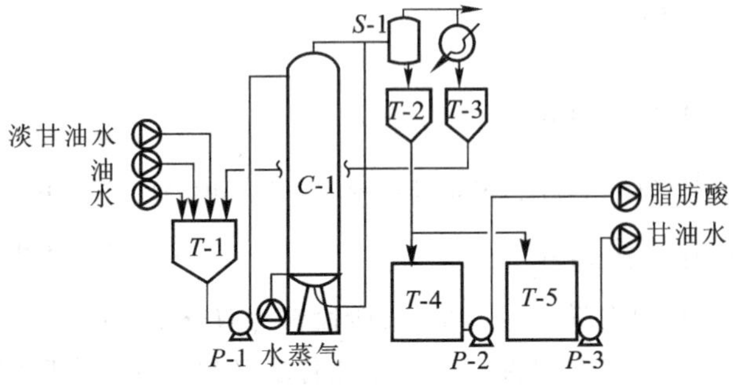

图 5-4-01　热压釜间歇分解工艺流程图

却后再重新利用。水解温度 230 ℃左右,压力 3.0 MPa,水解率可达96 %~98 %,w(甘油)= 12 %~15 %,一天可处理油脂 40 t。

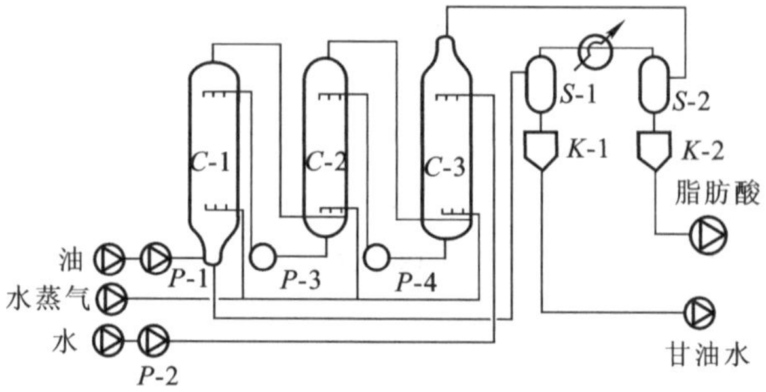

图 5-4-02 热压无触媒连续水解工艺流程图

单塔式高压无触媒连续水解法是目前世界上最先进的油脂水解方法。每套装置处理能力可以达到(5~6)×10^4 t/a。此法反应温度 250~260 ℃,压力5.5~6.0 MPa。油脂从塔底进入,水从塔顶进入,通过分布器使水分散成微细液滴。6.0 MPa 高压水蒸气分别从上、中、下三点进入水解塔,维持塔内 250 ℃的反应温度,油脂与水逆向接触,逐步进行水解反应。水把甘油洗出,变成甘油水从塔釜引出,甘油的 w(甘油)≈15 %左右。脂肪酸从塔顶引出,油脂从塔底进入升到塔顶,历时 1~3 h,水解率高达 98 %~99 %。工艺流程见图 5-4-03。Lurgi 公司和 Feld & Hahn 公司单塔逆流水解工艺的技术经济指标见表5-4-01。

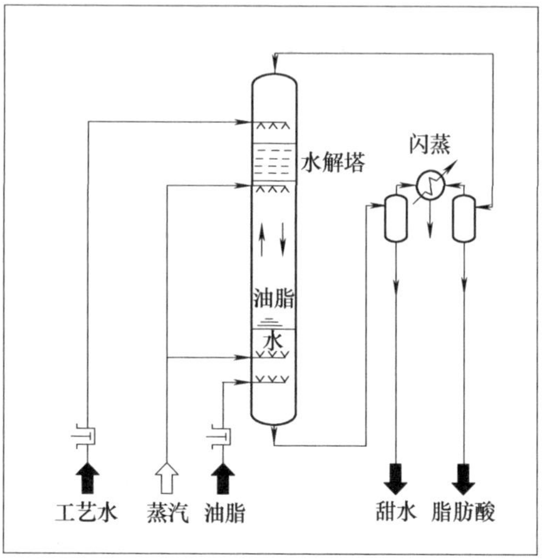

图 5-4-03 Lurgi 单塔逆流水工艺流程

表 5-4-01 单塔逆流水解工艺技术经济指标

	Lurgi 公司	Feld & Hahn 公司
温度/℃	250~260	250~260
压力/MPa	5.0~5.5	5.0~6.0
生产能力/($t \cdot d^{-1}$)	50~200	50~100
水解度/%	96~98	96~99
甜水中甘油含量/%	12~16	12~16
6.0 MPa 加热蒸汽耗量/kg	180~200	180~200
冷却水耗量/m^3	3	3
耗电量/(kW · h)	10	10
工艺用水/m^3	0.6	0.6

热压无触媒水解工艺与高压无触媒水解工艺,我国都有引进装置。有关厂家对两种工艺作了仔细的技术经济评估,认为高压无触媒水解工艺生产率高,能耗低,造价低,有明显的优越性。另据有关资料报道,当对具有高度不饱和脂肪酸的油脂进行水解时,采用低温(100 ℃)、低压下的间歇式催化水解法是最适宜的。此法虽存在水解时间长(20~24 h)、水解度低(90%~92%)、甘油水中含有硫酸等诸多缺点,但水解过程对高度不饱和脂肪酸的结构破坏最小。

三、环氧乙烷水合制乙二醇

乙二醇是重要的乙烯下游产品之一,全球 84%的乙二醇(EG)用来生产聚酯纤维、薄膜和瓶类容器等聚酯系列产品,其余 16%用于生产汽车防冻剂及除冰剂、表面涂料、表面活性剂、增塑剂、不饱和聚酯树脂、乙二醇醚系列产品。国内供需矛盾突出,发展空间巨大。

1. 乙二醇生产方法综述

乙二醇有多种生产方法,但沿着节能减排、进行绿色化工生产、乃至实现“零排放”工艺的演进,脉络清晰,为今后的化工产品的开发和化工工艺的进步树立了一个榜样。下面对案例作一综述,希望对广大的化学工作者有所帮助。

(1) 以乙烯为原料合成乙二醇的生产方法

① 环氧乙烷(EO)直接水合法

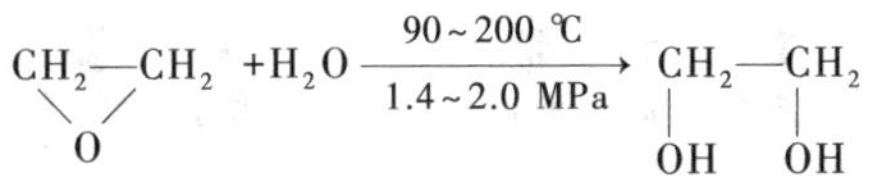

反应中生成乙二醇(EG)的量 w(EG) ≈ 90 %、副产物的量 w(副产物) ≈ 10 %,主要有二乙二醇醚(DEG,又名二甘醇)和三乙二醇(TEG,又名三甘醇)。

本法是目前世界各国广为采用的生产方法。存在乙二醇选择性低,耗水量大,能耗高,装置投资大等缺点。

② 环氧乙烷催化水合法　该法采用氟磺酸、离子交换树脂、季铵型酸式碳酸盐阴离子交换树脂，以及负载于离子交换树脂上的多羧酸衍生物等作为水合用催化剂，可明显降低工艺水耗量，节约能源，提高乙二醇的选择性，同时可节省 EO/EG 装置 15 %的投资。美国壳牌公司已完成单管试验和中试，计划在日本现有生产装置上实现工业化生产。

③ 碳酸乙烯酯(EC)水解合成法

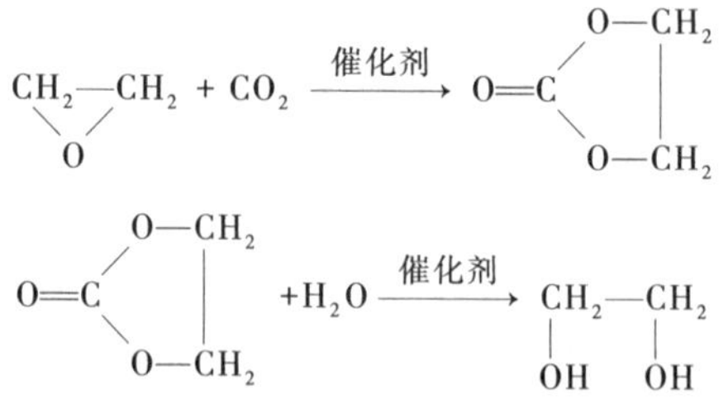

2002 年日本三菱化学公司开发成功有机膦均相络合催化剂，结构式为$(R1)_4P^+X^-$，其中 R1 为烷基和芳基基团。该催化剂可同时用作上述酯化和水解的催化剂，乙二醇的选择性超过 99%，既可降低环氧乙烷的消耗量，可删除二乙二醇醚和三乙二醇醚的分离和精制设备，节约了投资费用。采用的 $n(H_2O)/n(EO)=(1.2\sim1.5):1$，接近化学计量值，可大大降低能耗。反应采用低温低压工艺，压力仅为直接水合法的一半。三菱化学公司提供催化剂制造技术，美国壳牌公司提供合成工艺技术，创建成 Shell/Mcc 联合工艺。这一成套技术已转让给中国台湾中国人造纤维公司。

④ 乙二醇和碳酸二甲酯联产法

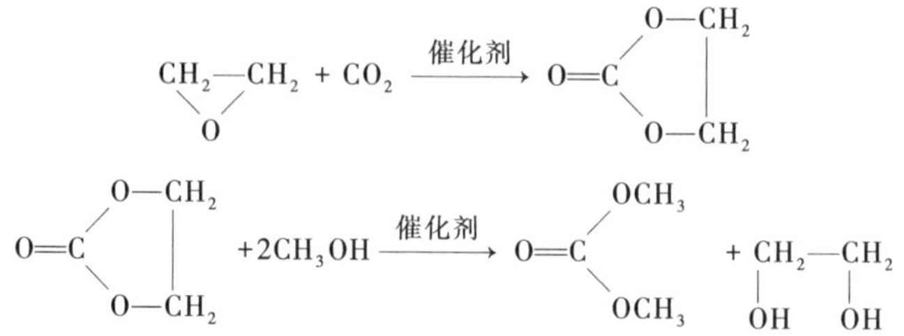

第一步生成碳酸乙烯酯的工艺技术已实现工业化。第二步醇解生成碳酸二甲酯和乙二醇的工艺技术及催化剂世界各大公司都在进行研究和开发，相信不久的将来会有所突破。本法最吸引人的地方有：原料中的原子全部进入有用产品中，原子利用率达 100 %，属“零排放”清洁工艺；产物碳酸二甲酯是公认的“绿色”化工产品，除用来合成各种酯外，可替代剧毒品光气和硫酸二甲酯，合成各种有机化工产品；亦可用作燃油添加剂（掺和剂）以减少燃油燃烧尾气对大气的污染；反应所需 CO_2 来自 EO/EG 装置本身，既利用了 CO_2 资源，又减少装置 CO_2 的排放量，对环保十分有利。因此，有人认为本法代表了今后乙二醇生产的发展方向。

⑤ 乙烯直接合成法

哈尔康(Halcon)法：

$$2CH_2{=}CH_2+O_2+3CH_3COOH \xrightarrow[107\sim130\ ℃]{0.12\ MPa}$$

$$CH_3COOCH_2CH_2OOCCH_3+CH_3COOCH_2CH_2OH$$

$$CH_3COOCH_2CH_2OOCCH_3+CH_3COOCH_2CH_2OH+3H_2O \longrightarrow 2\underset{OH}{\underset{|}{CH_2}}-\underset{OH}{\underset{|}{CH_2}}+3CH_3COOH$$

以 TeO_2/HBr 或醋酸锰/KI 为催化剂。生成的双酯和单酯水解生成乙二醇和醋酸。

帝人(Teijin)法,又称乙烯氧氯化法:

$$CH_2=CH_2+TiCl_3+H_2O \longrightarrow ClCH_2CH_2OH+TiCl+HCl$$

$$ClCH_2CH_2OH+H_2O \longrightarrow HOCH_2CH_2OH+HCl$$

催化剂再生:

$$TiCl+2CuCl_2 \longrightarrow 2CuCl+TiCl_3$$

$$2CuCl+2HCl+\frac{1}{2}O_2 \longrightarrow 2CuCl_2+H_2O$$

仓敷人丝法:

$$CH_2=CH_2+CH_3COOH+\frac{1}{2}O_2 \longrightarrow CH_3COOCH_2CH_2OH$$

$$CH_3COOCH_2CH_2OH+H_2O \longrightarrow HOCH_2CH_2OH+CH_3COOH$$

上述三种方法乙二醇收率都比环氧乙烷直接水合法高,但也存在腐蚀严重,催化剂回收和再生困难等问题,难以实现工业化。

(2) 以合成气为原料合成乙二醇的生产方法　目前由合成气制乙二醇尚处在开发阶段,但发展前景良好,已受到人们高度关注。

① 直接合成法

$$2CO+3H_2 \xrightarrow[190\sim240\ ℃]{350\ MPa} HOCH_2CH_2OH$$

反应需在高压(350 MPa)下进行,副产甲醇多,铑(Rh)催化剂回收率低(90 %),难以实现工业化生产。

② 间接合成法

氧化偶联法:

$$2CO+\frac{1}{2}O_2+2ROH \longrightarrow (COOR)_2+H_2O$$

$$(COOR)_2+4H_2 \longrightarrow \underset{OH}{\underset{|}{CH_2}}-\underset{OH}{\underset{|}{CH_2}}+2ROH$$

反应首先生成草酸二酯,再加氢生成乙二醇和醇。醇类常用甲醇、乙醇和正丁醇。日本宇部兴产公司开发成功气相法,并于 1992 年实现工业化。采用 Pd/Al_2O_3 为催化剂,反应温度 80 ~ 150 ℃,压力 0.5 MPa。草酸二甲酯的收率可达到 98%。草酸酯的加氢采用铜铬系催化剂,在 3 MPa,225 ℃下进行气相加氢制得乙二醇,收率为 95%。但加氢工艺至今还未实现工业化。中国科学院福建物质结构研究所联合江苏丹化集团有限责任公司、上海金煤化工新技术有限公司打通了由气相法制草酸二酯,以及由草酸二酯经加氢制乙二醇的整个工艺流程,万吨级工业试验装置运行稳定,已通过专家鉴定。内蒙古金煤化工公司利用当地褐煤资源,已筹建 20 万 t/a 乙二醇生产装置,计划到 2010 年可实现 15 万 t/a 乙二醇和 10 万 t/a 草酸的生产规模。

雪弗隆(Chevron)公司法:

$$HCHO+CO+H_2O \xrightarrow{HF} HOCH_2COOH$$

$$HOCH_2COOH+HOCH_2CH_2OH \longrightarrow HOCH_2COO(CH_2)_2OH+H_2O$$

$$HOCH_2COO(CH_2)_2OH+2H_2 \xrightarrow{\text{催化剂}} 2HOCH_2CH_2OH$$

第一步为羟基化反应，产物为羟基乙酸，第二步为酯化反应，生成羟基乙酸乙二醇酯，第三步为加氢反应，生成2分子乙二醇。此工艺用乙二醇代替甲醇，可简化工艺，减少设备投资。但采用HF作催化剂，存在环境污染问题，而且工艺路线长、投资大，故也没有实现工业化。

甲醛二聚法：

$$2CH_2O \xrightarrow{\text{NaOH/沸石}} HOCH_2CHO$$

$$HOCH_2CHO+CH_2O \xrightarrow{\text{NaOH/沸石}} HOCH_2CH_2OH+HCOONa$$

副反应：

$$2CH_2O+NaOH \longrightarrow CH_3OH+HCOONa$$

反应中生成的羟基乙醛和乙二醇的混合物送去加氢，羟基乙醛转化成乙二醇：

$$HOCH_2CHO+H_2 \longrightarrow HOCH_2CH_2OH$$

本法反应用原料甲醛价廉易得，具有工业化潜力。但生成羟基乙醛的选择性仅为75%。产品的分离和提纯、副产物的利用颇为困难，此法尚未实现工业化。

间接法中还有甲醇和甲醛缩合法。可副产叔丁醇，在经济上也颇具吸引力，但至今也未实现工业化。

综上所述，乙二醇生产方法虽然有很多种，但目前仍以环氧乙烷法为主，在不久的将来，将会出现不采用环氧乙烷为原料的，技术经济指标优于环氧乙烷法的新方法。

2. 环氧乙烷合成乙二醇工艺原理

(1) 化学反应　主反应：

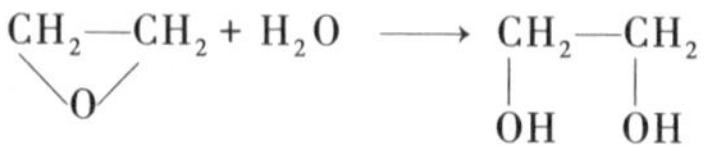

$\Delta H^{\ominus}(298\ K) = -81.2\ kJ/mol$

副反应：

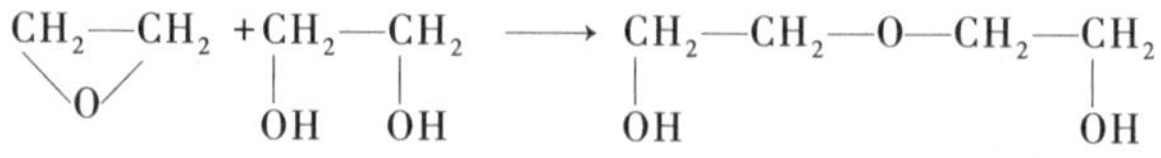

$\Delta H^{\ominus}(298\ K) = -146.8\ kJ/mol$

（二甘醇）

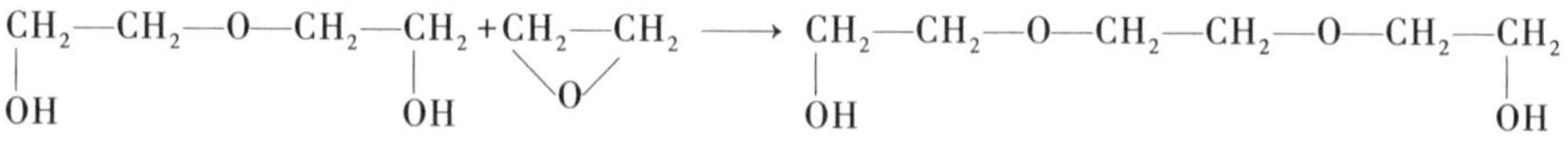

（三甘醇）

三甘醇还可与环氧乙烷反应生成多甘醇。此外，在环氧乙烷水合过程中，尚可能进行以下反应：

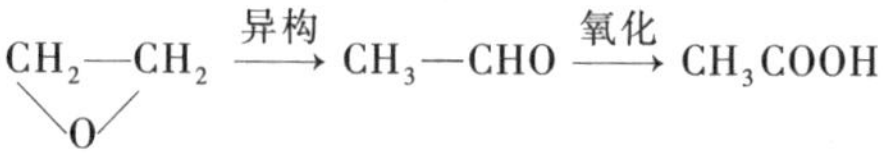

异构反应需在高温下进行，氧化则在碱金属或碱土金属氧化物存在时才能进行。因此，乙醛生成量比二甘醇和三甘醇少得多，但它能氧化为醋酸，对设备有腐蚀作用。因此要求在生产中应用的工艺用水中的碱金属或碱土金属离子浓度一定要符合规定的质量指标。

(2) 反应机理　环氧乙烷的水合反应在酸性和碱性催化剂下都能加速进行，但不能用碱性催化剂，因为它也能催化乙二醇生成聚乙二醇的反应。酸催化工业上也使用得不多，因为有腐蚀性，并给后处理带来困难。工业上普遍应用的是非催化加压水合工艺，即在较高温度和压力下由弱亲核试剂水攻击环氧乙烷中的氧原子，让其活化，并使环上两个碳原子呈正电性，然后与水中的 OH^- 作用生成过渡态络合物，这一络合物经内部电子重排，环破裂并释放 OH^-，生成乙二醇：

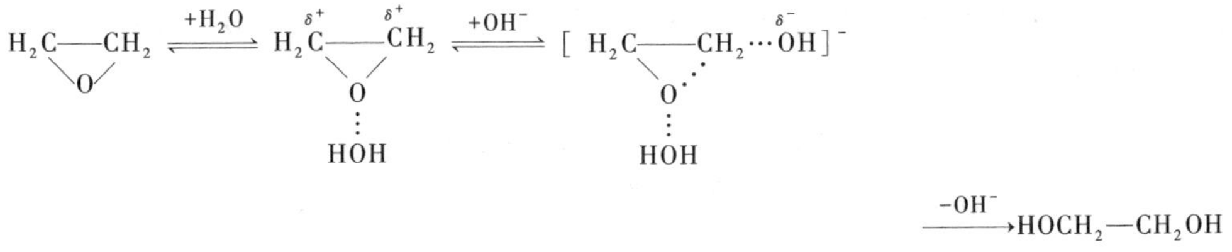

在水或低级醇等极性介质中，质子酸的催化按下列步骤进行：

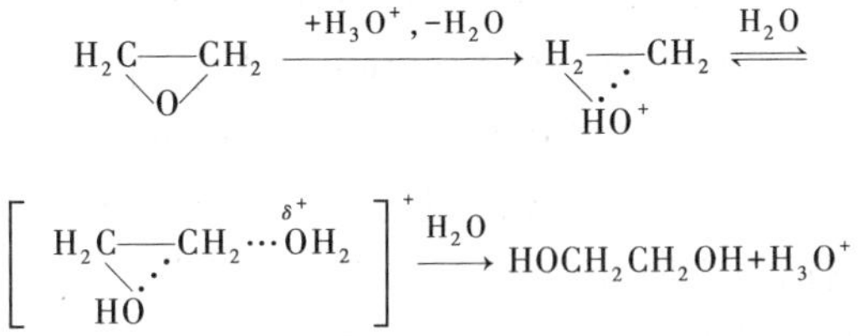

非催化的环氧乙烷水合反应与酸催化一样，对环氧乙烷而言是一级反应，两者的活化能分别为 79.5 kJ/mol 和 75.4 kJ/mol，这一点说明非催化水合反应比酸催化难以进行，需在更高的反应温度（如 150～200 ℃，用酸作催化为50～100 ℃）下才能获得足够的反应速率。

我们可以把乙二醇看做弱亲核试剂（但比水强一些），因此环氧乙烷也能与乙二醇按上述非催化机理进行反应，生成二甘醇、三甘醇和多甘醇。为提高乙二醇收率，从反应机理来看，可以减小环氧乙烷在水中的浓度（即环氧乙烷与水的比值），少量的环氧乙烷被大量的水包围，使它没有多少机会再与乙二醇或二甘醇和三甘醇等发生反应。例如，当环氧乙烷与水的物质的量比由 1.5 减小到 0.054，乙二醇的收率由 15.6 %增至 93.1 %。动力学研究表明，环氧乙烷水合生成各产品的速率常数之比为 $k_1 : k_2 : k_3 : k_4 = 1 : 2.1 : 2.2 : 1.9$，其中 k_1, k_2, k_3, k_4 分别表示生成乙二醇、二甘醇、三甘醇和四甘醇的反应速率常数。这一规律也能用来解释为什么环氧乙烷浓度增高，生成二甘醇等副产物会明显增加。为抑制副反应，在用大量水稀释环氧乙烷的同时添加 w(酸) = 0.1 %～0.5 %的酸（可加快生成乙二醇的反应速率常数）可使二甘醇生成量减少，高级多甘醇只有痕迹量存在。

3. 环氧乙烷水合工艺条件的选择

（1）原料配比　生产实践证明，无论是酸催化液相水合或非催化加压水合，只要 n(水) 与 n(环氧乙烷) 的比相同，乙二醇收率相当接近。

表 5-4-02 所示为不同 n(水) 与 n(环氧乙烷) 比对产品分布的影响，反应条件为反应温度 90～95 ℃，环氧乙烷转化率为 95 %以及用 w(硫酸) = 0.5 %作催化剂。

表 5-4-02　原料中 n(水) 与 n(环氧乙烷) 比对产品分布的影响

$\frac{n(水)}{n(环氧乙烷)}$	水合产物所消耗的环氧乙烷占总环氧乙烷的质量分数/%			
	乙二醇	二甘醇	三甘醇	多甘醇
10.5	82.3	12.7		
7.9	77.5	17.5		

续表

$\frac{n(水)}{n(环氧乙烷)}$	水合产物所消耗的环氧乙烷占总环氧乙烷的质量分数/%			
	乙二醇	二甘醇	三甘醇	多甘醇
4.2	65.7	27.0	2.3	
2.1	47.2	34.5	13.0	0.3
0.61	15.7	26.0	19.8	33.5

由表5-4-02可见,乙二醇的选择性随原料中n(水)与n(环氧乙烷)比的提高而提高的,但该比值不能无限制提高。因在同等生产能力下,设备容积要增大,设备投资要增加,在乙二醇提浓时,消耗的水蒸气会增加,即工厂能耗上升。另外还须考虑副产物问题。因为二甘醇、三甘醇等也是有用化工产品,售价比乙二醇还高,适当多产二甘醇等副产品可提高工厂经济效益。根据以上两点理由,工厂将n(水)与n(环氧乙烷)的比定在10~20范围内,而且没有必要用加酸的办法来抑制副反应的发生。

(2) 水合温度　在非催化加压水合的情况下,由于反应活化能较大,为加快反应速率,必须适当提高反应温度。但反应温度提高后,为保持反应体系为液相,相应的反应压力也要提高,为此对设备结构和材质会提出更高的要求,能耗亦会增加,工业生产中,通常为150~220 ℃。

(3) 水合压力　在无催化剂时,由于水合反应温度较高,为保持液相反应,必须进行加压操作,在工业生产中,当水合温度为150~220 ℃时,水合压力相应为1.0~2.5 MPa。

实验研究表明,在工业生产的压力范围内,压力的变化对反应速率和产品分布没有显著影响。

(4) 水合时间　环氧乙烷水合是不可逆的放热反应,在一般工业生产条件下,环氧乙烷的转化率可接近100 %,为保证达到此转化率,需要保证相应的水合时间。但反应时间太长,一方面无此必要,另一方面由于停留时间过长会降低设备的生产能力。工业生产中,当水合温度为150~220 ℃,水合压力为1.0~2.5 MPa时,相应的水合时间为35~20 min。

4. 工艺流程

环氧乙烷加压水合制乙二醇工艺流程示于图5-4-04。该流程由下列3部分组成。

① 环氧乙烷加压水合制乙二醇　由环氧乙烷装置氧化工段送来的环氧乙烷与水进行预混合。混合用工艺水来自乙二醇浓缩蒸发所得二次蒸汽冷凝液、蒸发氧化装置副产乙二醇所得冷凝液,以及加热蒸汽冷凝水;从混合器出来的料液进入预热器,在此被从氧化反应器出来的反应气加热至150 ℃左右,然后进入水合反应器,在温度为190~200 ℃,压力为2.02 MPa下进行水合反应。由水合反应器出来的反应物料为含15 %~20 %乙二醇的水溶液。水合反应器内物料流动应尽量接近理想置换形态(活塞流态)以减少流体发生返混。因为返混可使部分EO因停留时间过短而来不及完全转化,也可使部分EG物料因停留时间过长而转化为二甘醇、三甘醇等副产物。因此反应器的设计甚为重要。

② 乙二醇的浓缩　经过水合反应,所得乙二醇溶液浓度不高,需蒸发浓缩。一般采用三效或五效蒸发与真空蒸发组成的蒸发系统来脱醛脱水。三效或五效蒸发器在压力下操作,五效蒸发器在真空下蒸发,其流程安排多采用并流,即溶液和蒸汽的流向是一致的。反应料液在各效间的流动不需用泵,因后一效蒸发器的压力较前一效低,溶液借此压差即可自动地由前效流入后

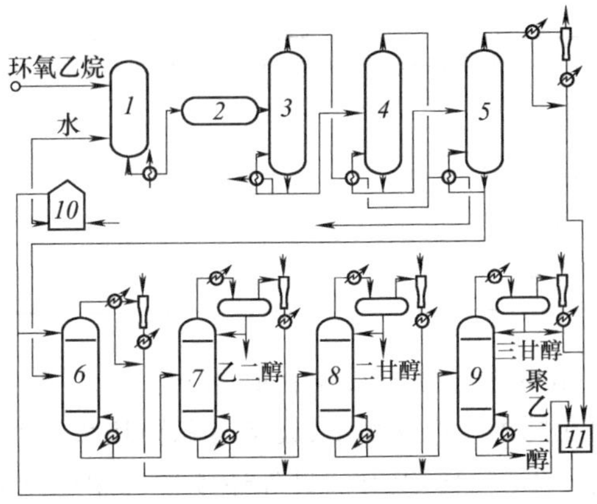

图 5-4-04 环氧乙烷加压水合制乙二醇流程

1. 混合器;2. 反应器;3. 一效蒸发器;4. 二效蒸发器;5. 三效蒸发器;
6. 脱水器;7. 乙二醇塔;8. 二甘醇塔;9. 三甘醇塔;10. 水罐;11. 热井

效。前一效的溶液沸点较后一效的高,进入后一效时呈过热状态,立即自行蒸发,可汽化更多的溶剂(即水),汽化的溶剂即作为下一效蒸发器的加热蒸汽,称为二次蒸汽。为减少混入溶剂中的乙二醇的量,避免乙二醇的损失,通常采用引入回流的办法。即在蒸发器的顶部引入二次蒸汽的冷凝液(或另外的洗涤水)作为回流液,让它与上升的二次蒸汽逆流接触,将大部分乙二醇蒸气冷凝下来。一般控制二次蒸汽中乙二醇的含量小于 0.1 %~0.05 %。第一效因溶液浓度低,被汽化的乙二醇数量极微,可不必用回流液回收。各效加热蒸汽的凝液经疏水器控制放出后送含醇水罐,用作水合用工艺水。分离凝液后的残气经真空装置抽走。

③ 乙二醇的精制 经蒸发浓缩后所得的乙二醇溶液,乙二醇浓度约 70 %,含水 20 %左右,其余为二甘醇和三甘醇等副产物。因各组分间的沸点差均较大,可用精馏方法将它们逐个分开。蒸发浓缩后的乙二醇经预热后进入脱水塔,在塔内水与二元醇类混合物分开,水自塔顶馏出,要求其中含醇量小于 1 %,经冷却冷凝后部分作回流,多余部分送往含醇水罐。脱水后的二元醇混合物进入乙二醇的精馏塔,塔顶得乙二醇产品。塔釜液进入二甘醇塔,该塔塔顶得二甘醇产品,塔釜液进三甘醇塔,该塔塔顶得三甘醇产品,塔釜得缩乙二醇(聚乙二醇)产品。由于各组分沸点均较高,为避免副反应的发生,都采用减压蒸馏操作,各塔的负压分别靠各自的多级蒸汽喷射真空泵调控。

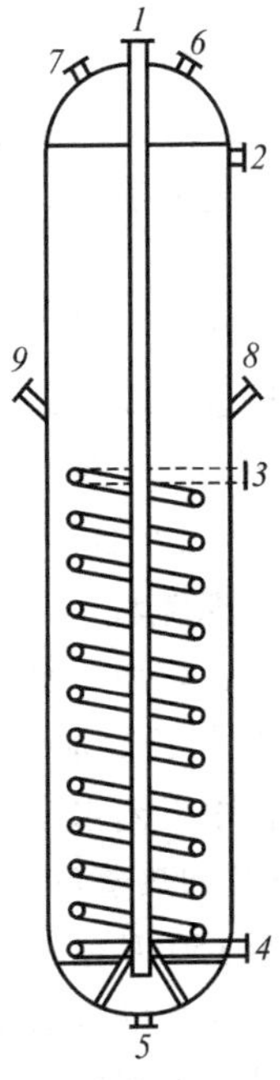

图 5-4-05 水合反应器示意图

1. 原料液进料管;2. 反应液出料管;3. 水蒸气入口(或冷却水出口);4. 冷凝水出口(或冷却水入口);5. 放净口;6. 防爆口
7. 测压口;8,9. 测温口

5. 水合反应器

塔式水合反应器的结构示于图 5-4-05。它是有上、下碟形封头的立式钢制容器，里面填充有钢管制的拉西环，并设有换热盘管。有些水合塔外部还设有加热夹套。物料从塔顶进入后，顺进料管下至塔底部，然后再由底部返流向上，从塔上部出料。从安全角度考虑，采用液体满塔操作，即在上部没有气相空间。反应液出料速率用阀门控制；内部换热盘管，在开车时通入水蒸气加热反应物料，反应不正常（如温度猛升）时可改为通循环冷却水冷却。反应器的温度可自动调控，以保证系统恒温操作。内部填充钢管制拉西环，目的是让水与环氧乙烷达到充分混合，使反应均匀进行，还可使水合塔内各种温度趋于均匀，如水合液中产生微量的有机酸，钢环则先被腐蚀，起到保护水合塔的作用。

水合塔虽说流体流动近似活塞流，但流体的返混也比较严重，流体返混有利于二甘醇和三甘醇等副产物的生成，使乙二醇收率降低。为此，现在有些工厂采用管式反应器，不仅设备简单、耐压，而且能有效地减少流体返混，使之更接近活塞流，以提高乙二醇的收率。

6. 乙二醇反应精馏技术

反应精馏是在无催化剂条件下完成化学反应，同时将反应物及产物精馏分离的一种技术。具有节省能量、设备、投资，加速反应等特点。此技术用于环氧乙烷水合制乙二醇时，可利用环氧乙烷和乙二醇之间挥发度的明显差异迅速蒸出环氧乙烷，保持反应区内低的环氧乙烷浓度，同时不断地从塔底除去乙二醇产品，有效防止环氧乙烷与乙二醇的进一步反应，从而提高总反应的选择性，而且还可利用反应热（水合热）进行精馏分离。在 $w(H_2O)/w(EO)=0.954$ 的条件下，塔底流出物组成中乙二醇的质量分数约为 95 %，其余反应产物基本上是二乙二醇醚。华东理工大学和北京石化工程公司、北京燕山石油化工公司三家合作，在燕山石化 EO/EG 装置旁建立了一套 ϕ 300 mm，生产规模为 200 t/a 的环氧乙烷水合反应精馏中试装置，在与管式水合反应器相同的操作条件下，乙二醇的选择性由常规塔式水合器的 90 %提高到 95 %，比管式水合器提高3.7 %。

5-5 羰基合成

一、概述

羰基合成（简称 OXO）最初的定义是指由烯烃、一氧化碳和氢在催化剂存在下合成比原料烯烃多一个碳原子醛的反应：

$$2RCH{=}CH_2 + 2H_2 + 2CO \xrightarrow{\text{催化剂}} RCH_2CH_2CHO + R{-}\underset{\displaystyle CHO}{\underset{|}{CH}}{-}CH_3$$

反应的结果可看做是一个氢原子加到双键的一个碳原子上，一个甲酰基 $\left(\begin{array}{c} O \\ \| \\ -C-H \end{array}\right)$ 则加到双键的另一个碳原子上，形成醛分子。因此，先前的羰基化反应又称氢甲酰化反应或氢醛化反应。随后，由烯烃或炔烃与一氧化碳和水作用，一步合成醇的反应获得成功。这类反应虽然与经

典的定义有差别，但其共同点都是有一氧化碳参与的络合催化反应。现在，羰基合成泛指在有机化合物中引入羰基（ $>C{=}O$ ）的反应。产物除醛外，还有醇、酮、酸、酯、酸酐和酰胺等。例如：

$$C_3H_6+2CO+2H_2O \xrightarrow{Fe(CO)_5} CH_3(CH_2)_2CH_2OH+CO_2$$

$$C_2H_2+CO+H_2O \xrightarrow[150\ ^\circ C,30\ MPa]{Ni(CO)_4} CH_2{=}CHCOOH$$

$$C_2H_2+CO+ROH \xrightarrow{Ni(CO)_4} CH_2{=}CHCOOR$$

$$C_2H_4+CO+H_2O \xrightarrow{Ni(CO)_4} CH_3CH_2COOH$$

$$(CH_3)_2NH+CO \xrightarrow[15\ MPa,(100\pm5)\ ^\circ C]{CH_3ONa} (CH_3)_2N{-}C({=}O){-}H$$

$$C_2H_4+CO+ROH \xrightarrow{\text{钯络合物}} CH_3CH_2COOR$$

$$CH_2{=}CH{-}CH{=}CH_2+2H_2O+2CO \xrightarrow[220\ ^\circ C,7.5\ MPa]{RuCl_2+PPh_3+\text{甲苯}}$$

$$\underset{w=49\%}{HOOC(CH_2)_4COOH} + \underset{w=25\%}{HOOC{-}CH(CH_3){-}CH_2COOH}$$

$$CH_3OH+CO \xrightarrow[175\ ^\circ C,3.0\ MPa]{RhCl(CO)PPh_3+HI} CH_3COOH$$

$$CH_3COOCH_3+CO \longrightarrow (CH_3CO)_2O$$

$$2CH_3OH+2CO+\frac{1}{2}O_2 \longrightarrow \begin{matrix}COOCH_3\\|\\COOCH_3\end{matrix} + H_2O$$

$$\begin{matrix}COOCH_3\\|\\COOCH_3\end{matrix} \xrightarrow{+H_2O} \begin{matrix}COOH\\|\\COOH\end{matrix} + 2CH_3OH$$

$$\begin{matrix}COOCH_3\\|\\COOCH_3\end{matrix} \xrightarrow{+H_2} \begin{matrix}CH_2OH\\|\\CH_2OH\end{matrix} + 2CH_3OH$$

由上列反应中可以看出，羰基化的作用物有烯、炔、酸、醇、酯和胺等。因此，羰基化已成为获取有机化学品的重要方法。由于参与羰基化反应的有 CO，H_2 和 CH_3OH 等，它们是碳一化学工业部门的主要产品。因而，工业上羰基化往往是碳一化学工业部门开发下游产品的一个重要手段。

二、 甲醇低压羰基化制醋酸

醋酸是最重要的有机酸之一。它可由以乙醛、甲醇、乙烯、乙烷,以及丁烷(或轻油)为原料制得。由于乙醛可由乙炔、乙烯和乙醇合成,故由乙醛制醋酸的方法又可细分为乙炔/乙醛法、乙烯/乙醛法,以及乙醇/乙醛法。2004 年全世界醋酸的生产能力约 9.0 Mt/a,其中甲醇羰基化法占 85 %,乙烯/乙醛法占 10%,乙醇/乙醛法占 5%;2004 年我国的醋酸生产能力约 1.7 Mt/a(不包括台湾省),其中甲醇羰基化法占 37.3%,乙烯/乙醛法占 41%,乙醇/乙醛法占 21.3%。为满足国内市场需要,从国外进口了 0.5 Mt/a 的醋酸。近年来,由于 BP 公司和 Celamese 公司在我国大办独资和合资醋酸生产企业,据预测,2010 年后,我国的醋酸生产能力将会严重过剩,到时由乙烯/乙醛法和乙醇/乙醛法生产的醋酸将会全面退出市场。醋酸主要用于合成醋酸乙烯、醋酸纤维、醋酸酯、金属醋酸盐等,也是制药、染料、农药、感光材料以及其他有机合成的重要原料。

1. 醋酸生产方法评述

工业上生产醋酸的方法主要有 5 种:乙醛法、丁烷或轻油氧化法、乙烯直接氧化法、乙烷催化氧化联产醋酸和乙烯法,以及甲醇羰基化法。如上所述,甲醇羰基化法和乙醛法是目前生产醋酸的主要方法。

(1) 乙醛法 这是比较古老的生产方法。乙醛生产醋酸的反应式为

$$CH_3CHO+\frac{1}{2}O_2\xrightarrow[60\sim80\ ℃]{\text{醋酸锰}}CH_3COOH$$

工艺过程为:将含乙醛 w(乙醛)= 5 %~10 %的醋酸溶液通入空气或氧气氧化,催化剂为醋酸锰或醋酸钴,反应温度 50~80 ℃,反应压力 0.1~1.0 MPa。除主产物醋酸外,还有甲醛和甲酸等副产物生成。乙醛转化率 90 %以上,以乙醛计的醋酸选择性大于 94 %。

现在,以乙炔为原料经乙醛合成醋酸的方法由于制乙醛时要用 $HgSO_4$ 作催化剂,会污染环境,生产装置基本上被关闭;乙烯和乙醇资源短缺,价格年年上涨,由乙烯或乙醇经乙醛制醋酸在经济上缺乏竞争力,因此生产能力正在逐渐萎缩。

(2) 丁烷(或轻油)液相氧化法 20 世纪 50 年代初在美国首先实现工业化。丁烷或轻油在 Co,Cr,V 或 Mn 的醋酸盐催化下在醋酸溶液中被空气氧化,反应温度 95~100 ℃,压力 1.0~5.47 MPa,反应产物众多,分离困难,而且对设备和管路腐蚀性强,虽然能用廉价的丁烷和轻油做原料,除美国、英国等少数国家还继续采用外,其他国家对该法兴趣不大。

(3) 乙烯直接氧化法 由日本昭和电工株式会社于 1997 年开发成功。乙烯可不经乙醛直接氧化为醋酸。在固定床反应器中进行,反应温度 150~160 ℃,压力 0.9 MPa,采用负载型钯催化剂,乙烯单程转化率为 7.4 %,醋酸、乙醛和 CO_2 的生成量占产物总量分别为 w(醋酸)= 86.4 %,w(乙醛)= 8.1 %和$w(CO_2)$= 5.1 %。经工业生产装置验证,本法适合于 50~100 kt/a 规模的生产装置,超过 100 kt/a 则其经济效益要比甲醇羰基化法差。

(4) 乙烷催化氧化联产醋酸和乙烯法 由 SABIC 公司开发成功。已于 2005 年在沙特阿拉伯 Yanbu 地区建成一套 34 kt/a 工业化生产装置。以乙烷为原料,在经磷改性的钼-铌-钒酸盐

催化剂[通式为 $Mo_{2.5}V_{1.0}Nb_{0.32}P_x$,其中磷($x$)的选择范围为0.01~0.06]作用下可联产醋酸和乙烯。反应温度150~450 ℃,压力0.103~5.2 MPa,以乙烷计醋酸的选择性可达71 %。该工艺与甲醇羰基化法相比,具有以下优点:① 更符合环保和安全标准;② 竞争能力强;③ 醋酸质量好;④ 生产成本低。其技术经济性可与甲醇羰基化法相媲美。

(5) 甲醇羰基化法 以甲醇为原料合成醋酸,不但原料价廉易得,而且以甲醇计醋酸的选择性可达99 %以上,副产物很少。表5-5-01列出了几种醋酸生产方法技术经济的比较。由此表不难看出,甲醇羰基化法的技术经济指标要明显优于表中所列的其他生产方法。

表 5-5-01 几种醋酸生产方法技术经济比较

项目	乙醛氧化法		低碳烷烃液相氧化法		甲醇羰基化法	
	乙烯→乙醛	乙醛→醋酸	正丁烷液相氧化	轻油液相氧化	孟山都法	
催化剂	钯/铜盐	醋酸锰	醋酸钴	醋酸锰	铑碘配合物	
温度/℃	125~130	66	150~225	200	175~245	
压力/MPa	1.1	1.0	5.6	5.3	≤4.0	
原料	乙烯	乙醛	正丁烷	石脑油	甲醇	CO
收率/%	95	95	57	40	99	90
原料消耗/(kg·t^{-1})	670	770	1 076	1 450	540	530
副产品	醋酸甲酯		甲酸,丙酮等	甲酸,丙酸等		

甲醇羰基化法由巴斯夫公司于1960年首先实现工业化,因需要很高的压力(63.7 MPa)和较高的反应温度(250 ℃),被称为高压羰基化法。采用碘化钴为催化剂,反应活性不高,以甲醇计醋酸的选择性仅为90 %,共建成两套生产装置,现仅存巴斯夫公司的一套仍在运作。20世纪70年代BP公司利用孟山都技术开发成功孟山都/BP工艺。该工艺已成为羰基合成法生产醋酸的主导工艺技术。采用以碘化物(主要是碘甲烷)为助催化剂的铑基均相络合催化剂,反应活性高,以甲醇计的醋酸选择性可达99 %以上。由于使用的压力低(3.5 MPa),故又称低压羰基化法。上述两种羰基化法消耗定额的比较见表5-5-02。

表 5-5-02 甲醇合成醋酸消耗定额的比较

以生产1 t(醋酸)计

名称	高压羰基合成	低压羰基合成
甲醇/kg	610	545
一氧化碳/Nm^3	630	454
冷却水/m^3	185	190
水蒸气/kg	2 750	2 200
电/(kW·h)	350	29

现在低压羰基化法朝两个方向发展，一个方向是改进现有铑基催化剂体系，通过添加高浓度的无机碘化物（主要是碘化锂）以增强催化剂体系的稳定性，从而大大降低反应液中水含量[由 w(水)= 14 %~15 %降至 4 %~5 %]，既节省大量能量，又增加了反应装置的生产能力。为防止碘化物的流失和污染产品醋酸，又开发成功用银金属离子交换树脂从醋酸中将碘化物回收，使产品醋酸中碘化物的量(w)小于 2×10^{-9}远低于传统工艺的 10×10^{-6}的水平。此外还正在开发以活性炭或聚乙烯基吡啶树脂为载体的负载型铑催化剂，这不仅改善了铑催化剂的性能，醋酸产率以甲醇计可达 99 %以上，而且反应液中水含量亦可降至 w(水)= 3 %~8 %。采用鼓泡塔反应器，消除搅拌式反应器的密封困难问题，使操作压力允许增至 6.2 MPa，在保持最佳 CO 分压的前提下，可以使用低纯度 CO，从而降低了原料费用及投资成本；另一个方向是采用以金属铱(Ir)为主催化剂，铼、钌、锇等为助催化剂的非铑催化剂，该催化剂体系反应活性更高，副产物少，反应液中水含量亦可降至 w(水)= 5 %以下。利用以上开发成果，已由相应的公司建立了多个 100 kt/a 以上的生产装置，估计在不久的将来还会得到迅速的发展。

2. 甲醇低压羰基化制醋酸的工艺原理

（1）化学反应　主反应：

$$CH_3OH+CO \xrightarrow[175\ ^\circ C,3.0\ MPa]{RhCl(CO)PPh_3+HI} CH_3COOH \qquad \Delta H^{\ominus}(298\ K)=-141.25\ kJ/mol$$

HI(或 CH_3I)为助催化剂。

副反应：

$$CH_3COOH+CH_3OH \rightleftharpoons CH_3COOCH_3+H_2O$$

$$2CH_3OH \rightleftharpoons CH_3OCH_3+H_2O$$

$$CO+H_2O \longrightarrow CO_2+H_2$$

此外，尚有甲烷、丙酸(由原料甲醇中含有的乙醇羰基化生成)等副产物。由上列副反应知，生成醋酸甲酯和二甲醚的反应是一个可逆反应。因此，在生产上可将它们返回反应器，以增产醋酸。反应中有部分 CO 因副反应转化为 CO_2，故以一氧化碳为基准，生成醋酸的选择性仅为 90 %。

（2）催化剂和反应机理　甲醇低压羰基化制醋酸所用的催化剂由可溶性的铑络合物和助催化剂碘化物两部分组成。参与反应的活性物种是$[RH(CO)_2I_2]^-$负离子，它由 Rh_2O_3 铑化合物与 CO 和碘化物反应得到。助催化剂可以是 HI，I_2，CH_3I，参与反应的是 CH_3I，在反应液中，I_2 和 HI 可以转化为 CH_3I 如：

$$CH_3OH+HI \rightleftharpoons CH_3I+H_2O$$

由 Rh 络合物和 HI 组成的催化系统的催化机理可表达如下：

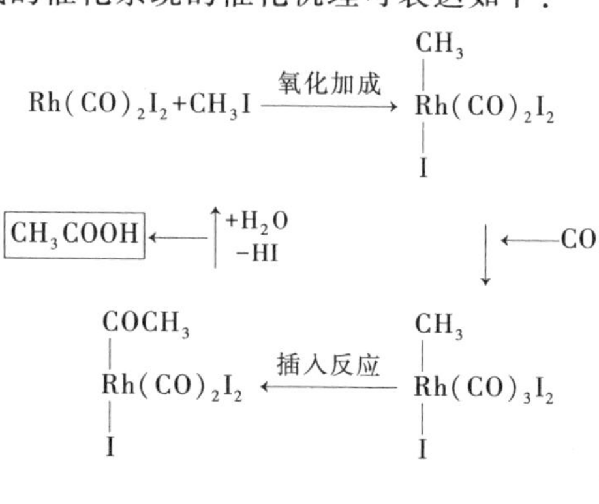

甲醇中的 C—OH 键键能较高，难以经由氧化加成作用使 C—OH 键断裂，助催化剂 HI 的作用是使甲醇转化为键能较低的 $CH_3—I$，让其顺利投入后续的氧化加成反应。经研究，氧化加成的反应速率最慢，是反应的控制步骤，由此可得到动力学方程为

$$r=\frac{dc(CH_3COOH)}{dt}=kc(CH_3I)c(\text{Rh 络合物})$$

反应速率常数为 $3.5\times10^6\ e^{-14.7RT}$ L/(mol · s)，式中活化能的单位是 kJ/mol。

研究还发现，外界条件对反应影响甚大，例如，系统缺水，则上列图式中的最后一步就成为控制步骤；若一氧化碳分压不足，第二步(CO 嵌入)反应就成为控制步骤。

对由各种铑化合物、助催化剂和溶剂组成的反应系统做了研究，认为各种铑化合物和碘化合物的催化性能相差不大，但溶剂有明显不同。溶剂极性愈强，反应速率愈大，由此也间接证明催化活性物种可能是离子型的。其中以配制三氯化铑-碘化氢-水/醋酸的催化系统最为方便[系统中铑化合物的含量为 5×10^{-3} mol，碘用量为 0.05 mol，n(醋酸)/n(甲醇)= 1.44 : 1]。若系统中 n(醋酸)/n(甲醇)<1，醋酸收率不高。若不加醋酸，则生成大量的二甲醚；水的量也不能太少，否则，总体反应速率就会明显下降。

(3) 工艺流程　甲醇低压羰基化合成醋酸的工艺流程，示于图 5-5-01，可分为：反应、精制、轻组分回收、催化剂制备及再生等工序。

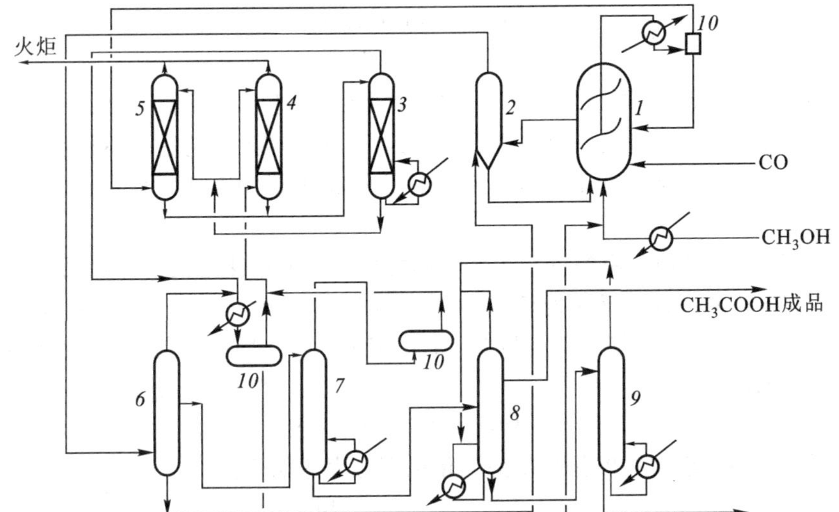

图 5-5-01　甲醇低压羰化合成醋酸流程示意图

1. 反应器；*2.* 闪蒸罐；*3.* 解吸塔；*4.* 低压吸收塔；*5.* 高压吸收塔；
6. 轻组分塔；*7.* 脱水塔；*8.* 重组分塔；*9.* 废酸汽提塔；*10.* 分离塔

① 反应　反应在搅拌式反应器或鼓泡塔中进行。事先加入催化液。甲醇加热到 185℃ 从反应器底部喷入，一氧化碳用压缩机加压至 2.74 MPa 后从反应器下部喷入。反应后的物料从塔侧

进入闪蒸罐,含有催化剂的溶液从闪蒸罐底流回反应器。含有醋酸、水、碘甲烷和碘化氢的蒸气从闪蒸罐顶部出来进入精制工序。反应器顶部排放出来的 CO_2,H_2,CO 和碘甲烷作为弛放气进入冷凝器,凝液重新返回反应器,不凝性气体送轻组分回收工序。反应温度 130~180 ℃,以 175 ℃为最佳。温度过高,副产物甲烷和二氧化碳增多。

② 精制　由闪蒸罐来的气流进入轻组分塔,塔顶蒸出物经冷凝,凝液碘甲烷返回反应器,不凝性尾气送往低压吸收塔;碘化氢、水和醋酸等高沸物和少量铑催化剂从轻组分塔塔底排出再返回闪蒸罐;含水醋酸由轻组分塔侧线出料进入脱水塔上部。

脱水塔塔顶馏出的水尚含有碘甲烷、轻质烃和少量醋酸,仍返回低压吸收塔;脱水塔底主要是含有重组分的醋酸,送往重组分塔。

重组分塔塔顶馏出轻质烃;含有丙酸和重质烃的物料从塔底送入废酸汽提塔;塔侧线馏出成品醋酸。其中丙酸小于 50 $\mu g \cdot g^{-1}$;水分小于 1 500 $\mu g \cdot g^{-1}$,总碘小于 40 $\mu g \cdot g^{-1}$,可供食用。

重组分塔塔底物料进入废酸汽提塔,从重组分中蒸出的醋酸返回重组分塔底部,汽提塔底排出的是废料,内含丙酸和重质烃,需作进一步处理。

③ 轻组分回收　从反应器顶出来的弛放气进入高压吸收塔,用醋酸吸收其中的碘甲烷。吸收在加压下进行,压力 2.74 MPa,未被吸收的废气主要含 CO,CO_2 及 H_2,送往火炬焚烧。

从高压吸收塔和低压吸收塔吸收了碘甲烷的两股醋酸富液,进入解吸塔汽提解吸,解吸出来的碘甲烷蒸气进到精制工序的轻组分冷却器,再返回反应工序。汽提解吸后的醋酸作为吸收循环液,再用作高压和低压吸收塔的吸收液。

(4) 消耗定额　甲醇低压羰基化制醋酸的消耗定额如下[以生产 1 t(成品醋酸)计]。

甲醇	0.539 t	水蒸气 3.6 MPa	2.32 t
CO	0.566 t	水蒸气 0.8 MPa	0.07 t
循环水	201.6 t	氮气	18.24 Nm^3
仪表空气	21.6 Nm^3	铑(催化剂)	0.1 g
电	34.0 kW · h	碘(CH_3I 计)	0.14 kg
燃料气	15.34 Nm^3		

三、羰基化技术新进展

(1) 催化剂改进　由于铑价格昂贵,国内外都在研究非铑羰基合成催化剂,其中铂系催化剂取得的成果较大。例如我国研制成功的 Pt-Sn-P 催化剂在6 MPa压力下,氢甲酰化的效果如表 5-5-03所示。

表 5-5-03　在 Pt-Sn-P 系催化剂上烯烃氢甲酰化结果

原料	转化率/%	醛选择性/%	原料	转化率/%	醛选择性/%
乙烯	>90	>95	庚烯	>85	>95
丙烯	>90	>95	辛烯	>80	>97

日本研究了螯形环铂催化剂，于 0.5～10 MPa，70～100 ℃下反应 3 h，烯烃可以 100 %转化为醛。

甲醇低压羰基化制醋酸催化剂的研究也取得很大进展，一大批非铑羰基化催化剂已研究出来，有些已投入工业应用。表 5-5-04 列出了某些催化剂的性能比较。

表 5-5-04 甲醇低压羰基化制醋酸催化体系的比较

催化体系	反应相系	催化剂	反应条件		醋酸收率/%	催化剂特点及副产物
			温度/℃	压力/MPa		
Co 系	均相	$CoI-CH_3I$	200～250	50～70	87	乙醛、乙醇、甲烷
Rh 系	均相 非均相	$RhCl_3-CH_3I$ $Rh/C-CH_3I$	150～220 170～250	0.1～3.0 0.1～3.0	99 30～95	活性高，副产 CO_2 活性不稳定，副产少
Ir 系	均相	$IrCl_3-CH_3I$	150～200	1.0～7.0	99	活性与 Rh 相似
Ni 系	均相 非均相	Ni 化合物-CH_3I $Ni/C-CH_3I$	150～330 180～300	3.0～30 0.1～30	50～95 40～98	CH_3I 用量多 副产 CH_4、CO_2

(2) 超滤技术的应用 C_7～C_{18}醇可用相关的醛经加氢制得，而这些醛一般是以羰基钴为催化剂合成的。在这里不能采用膦羰基铑催化剂的原因是产物与催化剂分离相当困难。现在，俄罗斯依穆尼柯夫 H C 等人已研制出一种超滤技术，首先将催化剂制成能溶于反应液的聚合配位体：

聚苯乙烯为基体：

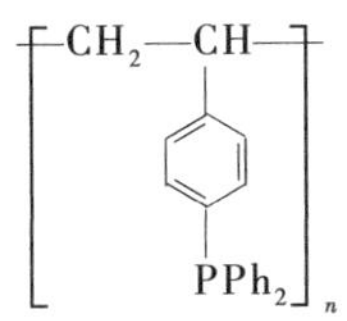

聚氯乙烯为基体：

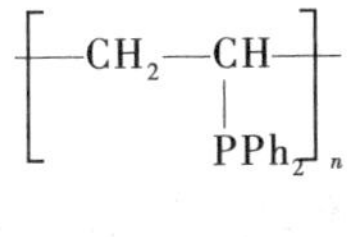

然后经络合制成与聚合物相结合的均相铑络合物。经实验证实，它们具有很高的氢甲酰化的活性，例如用高级 α-烯烃可以制得 $w=93\ \%\sim97\ \%$的正构醛。让包含催化剂的反应液，通过具有一定尺寸（不让高分子均相铑络合物通过）的超滤膜，将产物和催化剂分离。应用超滤技术，既保持了均相催化剂高活性、高选择性、传热和传质效果好等优点，又保持了多相催化剂容易分离的优点。图 5-5-02 为依穆尼柯夫 H C 等人设计的工艺流程。

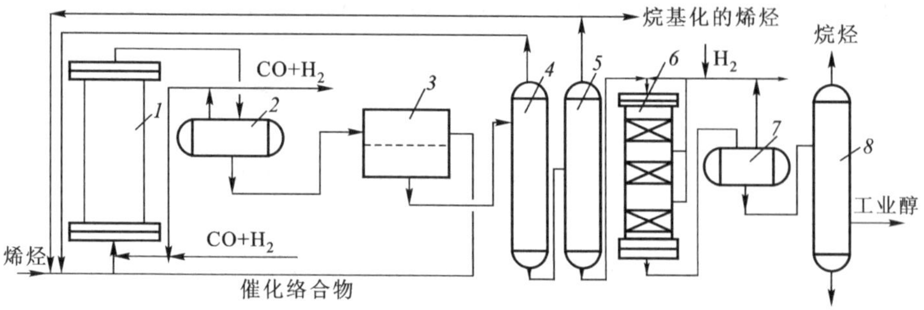

图 5-5-02　制取高级脂肪醇的工艺流程图

1. 加氢甲酰化反应器；*2.* CO 和 H_2 分离器；*3.* 超滤装置；*4.* 溶剂蒸馏塔；

5. 未反应烯烃的蒸馏塔；*6.* 加氢化反应器；*7.* H_2 分离器；*8.* 商品醇精馏塔

讨论课三　各类裂解炉

以烃类热裂解炉和二氯乙烷裂解炉为主，收集资料讨论：

1. 应该向裂解炉设计者提供哪些工艺条件？
2. 现有裂解炉的结构和特点，有哪些优缺点？
3. 裂解炉在高温下操作，对材质和保温有哪些具体要求？

习题

1. 裂解气深冷分离中，采用哪些措施来回收冷量？
2. 氧氯化法与传统的乙烯法或乙炔法相比有哪些优点？
3. 以环氧乙烷水合制乙二醇为例，要使一种工艺实现工业化生产必须考虑哪些因素？

参考文献

[1] 陈滨.乙烯工学.北京：化学工业出版社，1997.

[2] 张旭之，等.丙烯衍生物工学.北京：化学工业出版社，1995.

[3] 永户伸幸.エピロロヒドリ二新制造法の開発と工业化.化学と工业，1990，43(7)：37-38.

[4] 永户伸幸. エピロロヒドリ二新制造法の開発と工业化. 日化協月報，1987，40(11)：13-19.

[5] Sundaram K M，Fromant G F.Ind Eng Chem.Fundam，1978，17(2)：174.

[6] Damme Van.Fromant G F.Ind Eng Chem.Process Des Develop，1981，20(2)：266.

[7] 汉考克 EG.苯及其工业衍生物.穆光明，等译.北京：化学工业出版社，1982.

[8] 耿英杰.烷基化生产工艺与技术.北京：中国石化出版社，1993.

[9] Hammershalmb H U.Trendsin HF alkylation.Hydrocarbon Processing，1985，64(6)：73.

[10] Payne R E.Alkylation-what you should know About This Process.Petroleun Refiner，1958，37(9)：316.

[11] Albrighe L F. Alkylation Processes Using Sulfuric Acid as a Catalyst. Chem Eng, 1963, 73 (17): 143-150.

[12] 迪克曼 G, 海因茨 H J. 工业油化学基础——天然油脂技术综论. 顾季寅, 等译. 北京: 中国轻工业出版社, 1995: 1-26.

[13] Reman W G, VAN K E. Process for the Preparation of alkylene glycols[P]. W09520559, 1995-08-03.

[14] 崔小明. 环氧乙烷合成乙二醇的研究进展. 化工文摘, 2006(3): 42-47.

[15] 应卫勇, 曹发海, 房鼎业. 碳一化工主要产品生产技术. 北京: 化学工业出版社, 2004.

[16] 王俐. 世界醋酸工业发展近况. 化工技术经济, 2006, 24(10): 6-11.

[17] 赵思远, 金汉强. 甲醇/一氧化碳羰基化法生产乙酸调研. 化学工业与工程技术, 2006, 27(1): 42-45.

[18]《化工百科全书》编辑委员会. 化工百科全书: 第十八卷. 化学工业出版社, 1995: 757-762.

[19] 武金锋, 刘伟, 王进兵. 甲醇低压羰基法合成醋酸技术进展. 化学工业, 2009, 27(9): 38-41.

[20] 吴指南. 基本有机化工工艺学. 北京. 化学工业出版社, 1990.

第 六 章

煤化工反应单元工艺

煤是地球上储藏最丰富的化石燃料。中国是世界上煤炭资源较丰富的国家之一，煤炭储量远大于石油、天然气储量。截止 2003 年年底，我国已探明保有煤炭储量为 1.066×10^{12} t，占化石能源资源总量的 90%以上，2009 年我国煤炭产量达 30.5×10^{8} t，居世界首位。在我国，一次能源的生产与消费构成中煤炭分别占 75%和接近 70%。

煤化工是以煤为原料，经化学加工实现煤炭高效洁净综合利用的工业，煤化工反应单元主要包括煤的干馏、气化、液化，电石、煤基甲醇制烯烃和煤基多联产等。

6-1 煤的干馏

煤在隔绝空气条件下加热时，所发生的一系列物理变化和化学反应的复杂过程，称为煤的热解，或称热解和干馏。研究煤的热解对煤炭高效洁净加工技术有直接的指导作用。

一、煤炭热分解

1. 煤在加热过程中发生的变化

煤在隔绝空气下加热时，煤中有机质随温度的提高而发生一系列变化，形成气态（煤气）、液态（焦油）和固态（半焦或焦炭）产物。典型烟煤受热发生的变化过程见图 6-1-01。可见煤热解过程大致可分为三个阶段：

（1）第一阶段（室温～300 ℃） 在这阶段，煤的外形无变化，褐煤在 200 ℃以上发生脱羧基反应，近 300 ℃时开始热解反应，烟煤和无烟煤在这一阶段一般没有发生变化。脱水发生在 120 ℃前，而脱气（CH_4，CO_2 和 N_2）大致在 200 ℃前后完成。

（2）第二阶段（300～600 ℃） 这一阶段以解聚和分解反应为主，煤黏结成半焦，并发生一系列变化。煤从 300 ℃左右开始软化，并有煤气和焦油析出，在 450 ℃前后析出的焦油量最大，在 450～600 ℃气体析出的量最多。煤气成分除热解水、CO 和 CO_2 外，主要是气态烃，故热值较高。

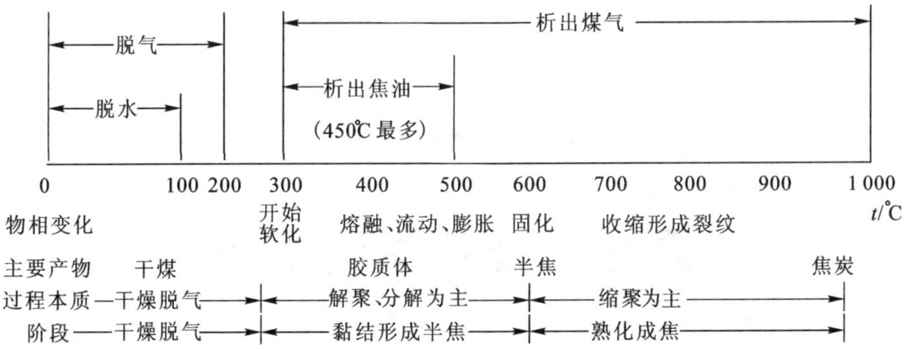

图 6-1-01 典型烟煤的热分解过程示意图

烟煤(特别是中等变质程度的烟煤),在这一阶段经历了软化、熔融、流动和膨胀直到再固化等一系列特殊现象,产生了气、液、固三相共存的胶质体。液相中有液晶或中间相(mesophase)存在。胶质体的数量和质量决定了煤的黏结性和成焦性的好坏。固体产物半焦与原煤相比有一部分物理指标如芳香层片的平均尺寸和核密度等变化不大,说明半焦生成过程中的缩聚反应还不很明显。

(3) 第三阶段(600~1 000 ℃) 这是半焦聚合形成焦炭的阶段,以缩聚反应为主。析出的焦油极少,挥发物主要是煤气,700 ℃后煤气成分主要是氢气。焦炭的 w(挥发分)<2%,芳香晶核增大,排列规则化,结构致密、坚硬并有银灰色金属光泽,从半焦到焦炭,一方面析出大量的煤气,使半焦挥发分降低,另一方面焦炭的密度增加,体积收缩,导致其产生许多裂纹,形成碎块。焦炭的块度和强度与收缩情况有直接关系。

若将最终加热温度提高到 1 500 ℃以上,则为石墨化阶段,用于生产石墨炭素材料。

2. 煤热解的影响因素

它们包括:煤的煤化程度,加热终温,升温速率,热解压力,热解气氛等影响因素。

(1) 煤化程度 煤化程度是最重要的影响因素,它直接影响煤的热解开始温度、热解产物、热解反应活性和黏结性、结焦性等。煤化程度与热解开始温度的关系示于表 6-1-01。由表 6-1-01可见,随煤化程度增加,热解开始温度逐渐升高。各种煤中褐煤的分解温度最低,无烟煤最高。

表 6-1-01 不同煤的开始热解温度

煤种	泥炭	褐煤	烟煤	无烟煤
开始热解温度/℃	190~200	230~260	300~390	390~400

烟煤煤种	长焰煤	气煤	肥煤	焦煤	瘦煤	贫煤
蒽油中开始热解温度/℃	310~320	340~350	380~390	380~390	400~410	390~400

(2) 加热终温　表 6-1-02 列出了三种工业干馏温度条件下，干馏产品的分布与性质。可见随最终温度的升高，焦炭和焦油产率下降，煤气产率增加，但煤气热值降低，焦油中芳烃与沥青含量增加，酚类和脂肪烃含量降低，煤气中氢气成分增加。

表 6-1-02　不同最终温度下干馏产品的分布与性状

产品分布与性状			最终温度/℃		
			600(低温干馏)	800(中温干馏)	1 000(高温干馏)
固体产物			半　焦	中温焦	高温焦
产品产率	w(焦)/%		80~82	75~77	70~72
	w(焦油)/%		9~10	6~7	3.5
	煤气/[$Nm^3\cdot t^{-1}$(干煤)]		120	200	320
产品性状	焦炭	着火点/℃	450	490	700
		机械强度	低	中	高
		w(挥发分)/%	10	约 5	<2
	焦油	相对密度	<1	1	>1
		w(中性油)/%	60	50.5	35~40
		w(酚类)/%	25	15~20	1.5
		w(焦油盐基)/%	1~2	1~2	~2
		w(沥青)/%	12	30	57
		w(游离碳)/%	1~3	~5	4~10
		中性油成分	脂肪烃、芳烃	脂肪烃、芳烃	芳烃
煤气主要成分	φ(氢)/%		31	45	55
	φ(甲烷)/%		55	38	25
	发热量/($MJ\cdot m^{-3}$)		31	25	19
煤气中回收的轻油			气体汽油	粗苯-汽油	粗苯
产率/%			1.0	1.0	1~1.5
组成			脂肪烃为主	w(芳烃)=50%	w(芳烃)=90%

(3) 升温速率的影响　升温速率对煤的黏结性有明显的影响，焦炉内的升温速率属慢速升温，为 $3\ K\cdot min^{-1}$，若提高升温速率，煤的黏结性会有明显的改善。

试验结果显示，随加热速率的增加，煤的胶质体温度范围扩大。这是因为煤的热解是吸热反应，当升温速率增加时，由于产物来不及挥发，部分结构来不及分解，需在更高的温度下挥发与分解，故胶质体温度范围向温度升高的方向移动并有所扩大，并增加煤气与焦油的产率。

(4) 压力的影响　当在高于大气压力下进行热解时，煤的黏结性得到改善。如我国采用黏结指数 G 作为表征烟煤黏结性的一种指标，G 值越大表示煤的黏结性越强；研究结果显示，

G 指数随压力增加而增加，这是因为裂解时产生的液体产物数量以及液体产物的停留时间随压力增加而增加，从而有利于对固相的润湿作用的缘故。

(5) 裂解气氛的影响 煤长期暴露在空气中，发生缓慢氧化作用（或称风化作用），会使煤黏结性大大降低，甚至完全破坏。

在氢气中进行热裂解和在惰性气体中显著不同，在加氢气氛中裂解仅需几秒钟就能生成更多的挥发产物。研究结果表明，加氢热解后甲烷产率明显增加，轻质油产率提高约一倍，而干馏残炭产率明显下降。原因有二，其一由于裂解生成的大分子碎片具有很高的直接加氢活性，其二由于裂解产生的气态烃类、油类和碳氧化物发生了加氢反应，减少了焦炭和重质焦油的数量，因此加氢热解已成为国内外研究从煤制取代用天然气或轻质油类（BTX）的一个重要方向。

二、煤炭低温干馏

煤炭低温干馏主要指煤在终温 500~700 ℃的干馏过程。

煤低温干馏始于 19 世纪。20 世纪第二次世界大战期间，德国利用低温干馏焦油制取动力燃料。战后由于廉价石油的冲击，使低温干馏工业陷于停滞。由于煤低温干馏可以得到煤气、焦油和半焦，这个过程相当于使煤经过部分气化和液化，把煤中富氢的部分以液态和气态的能源或化工原料产出，且加工条件温和，是煤炭分级加工的有效方法之一。

低温干馏的方法和类型很多，按加热方式有外热式、内热式和内外热结合式；按煤料的形态有块煤、型煤与粉煤三种；按供热介质不同又有气体热载体和固体热载体两种；按煤的运动状态又分为固定床、移动床、流化床和气流床等。这里仅简介三种。

(1) 连续式内热立式炉 德国开发的鲁奇（Lurgi）低温干馏炉如图 6-1-02 所示。粉状褐煤和烟煤需预先压块，煤在炉内移动过程分成三段：干燥段、干馏段和焦炭冷却段，故又名三段炉。用于加热的热废气分别由上、下两个独立燃烧室燃烧净煤气供给、煤在干馏炉内被加热到 500~850 ℃。一台处理褐煤型煤 300~500 t/d 的鲁奇三段炉，可得型焦 150~250 t/d，焦油 10~60 t/d，剩余煤气 180~220 m^3/t（煤）。

(2) 固体热载体干馏法 德国鲁奇-鲁尔煤气工艺（Lurgi-Ruhrgas，LR）采用热半焦为热载体，已建立生产装置，生产能力达 1 600 t（半焦）/d，产品半焦作为炼焦配煤原料，其干馏流程如图 6-1-03 所示。

预热的空气在气流加热管使部分半焦燃烧，使热载体达到需要的温度。沉降分离室使燃烧气体与半焦热载体分离，分离热半焦与原煤在混合器内混合，混合的煤料在炭化室内进一步进行干馏。部分热焦粉作为产品由炭化室排出，其余部分返回气流加热管循环。我国也进行了用热半焦或热灰为热载体的试验工作，并完成中试。

(3) 加氢干馏工艺 前已述及，加氢热解可明显增加烃类气体和轻油的产率，为此已开发的工艺有 Coalcon 加氢干馏工艺与 CS-SRT 加氢干馏工艺。例如，后一工艺是以生产高热值合成天然气为目的，同时可制取轻质芳烃（BTX），干馏残炭用于制氢。该工艺的煤转化率可达 60%~65%，其中 w（甲烷，乙烷）≈30%，w（BTX）= 8%~10%，w（轻油）= 1%~3%。

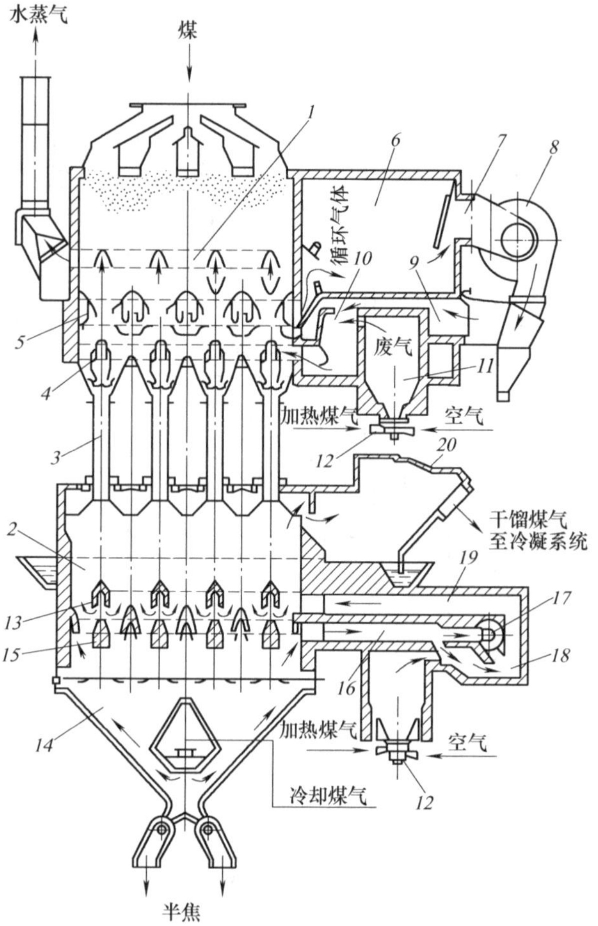

图 6-1-02 鲁奇低温干馏炉示意图

1. 干燥段;*2.* 干馏段;*3.* 连通管;*4.* 干燥段炉排;*5.* 引风道;*6.* 集气室;*7.* 挡板;*8.* 风机;*9.* 通风道;*10.* 混合室;*11.* 干燥段燃烧室;*12.* 燃烧器;*13.* 干馏段炉排;*14.* 半焦槽;*15.* 引风道;*16.* 通风道;*17.* 风机;*18.* 混合室;*19.* 加热煤气道;*20.* 干馏煤气集气室

三、 煤炭高温干馏——炼焦

煤在炼焦炉中隔绝空气加热到 1 000 ℃左右,经过干馏的一系列阶段,最终得到焦炭,这过程称为高温干馏或高温炼焦或简称炼焦。

1. 焦炭的质量要求

对焦炭化学成分的要求见表 6-1-03。焦炭质量的好坏对高炉生产有重要作用,焦炭在高炉中起三个作用:① 作为骨架,保持高炉的透气性;② 提供热源;③ 作铁矿石的还原剂。为此对高炉用焦的要求是:灰分低,硫和磷低,强度高,块度均匀、致密,反应性低,反应后强度高。例如,焦

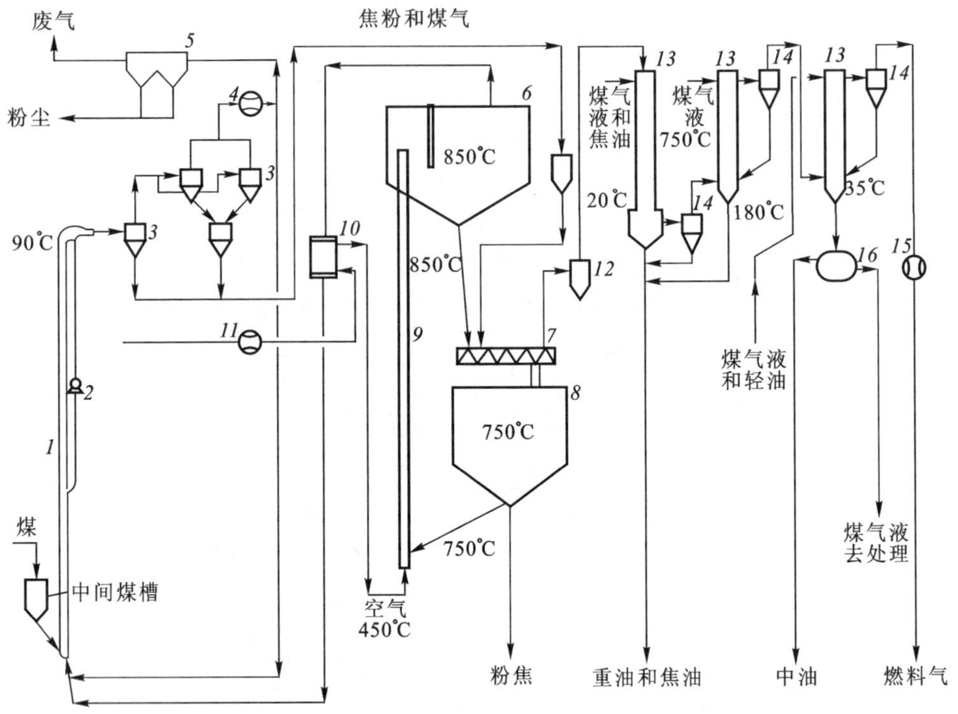

图 6-1-03　鲁奇-鲁尔煤气工艺流程图

1. 干燥管;*2.* 锤式粉碎机;*3.* 旋风分离器;*4.* 干燥管风机;*5.* 电除尘器;*6.* 沉降分离室;*7.* 混合器;*8.* 炭化室;*9.* 气流加热管;*10.* 空气预热器;*11.* 鼓风机;*12.* 炭化室旋风分离器;*13.* 三级气体净化冷却器;*14.* 旋风分离器;*15.* 煤气风机;*16.* 分离器

炭的灰分越低越好,焦炭的灰分每降低 1%,炼铁焦比可降低 2%,渣量减少 2.7%~2.9%,高炉增产2.0%~2.5%。一般焦炭中的硫每增加 0.1%,熔剂与焦炭的用量将分别增加 2%,高炉的生产能力降低 2%以上。所以我国一级焦炭的灰分和硫分分别要求不大于 12.0%和不大于 0.6%。

表 6-1-03　各种焦炭质量要求

焦炉类别	粒度/mm	w(灰分)/%	w(硫分)/%	w(挥发分)/%	气孔率/%	反应性/$mL(CO_2)\cdot g^{-1}\cdot s^{-1}$	比电阻/$\Omega\cdot cm$
高炉焦炭	>25	<15	<1.0	<1.2	>42	0.4~0.6	—
铸造焦炭	>80	<12	<0.8	<1.5	>42	<0.5	—
电热化学焦炭	5~25	<15	<3	<3.0	>42	>1.5	>0.2
矿粉烧结焦炭	0~3	<15	<3	<3.0	>40	>1.5	—
民用焦炭	>10	<20	<2.5	<20.0	>40	>1.5	—

焦炭强度包括耐磨强度和抗碎强度。我国采用米贡转鼓试验方法测定,转鼓直径

1 000 mm,长度 1 000 mm,每分钟 25 转,转 4 min。取>60 mm 焦样 50 kg,鼓内>40 mm 的焦块百分数为抗碎强度 M_{40},鼓外<10 mm 的焦粉百分数作为耐磨强度 M_{10}。我国高炉一级焦炭的转鼓强度为 $M_{40} \geqslant 80.0\%$,$M_{10} < 8.0\%$。

2. 炼焦配煤的质量要求

单种煤炼焦很难满足上述焦炭质量的要求,而且煤炭资源也不可能满足单种煤炼焦的需求,只能采用配煤办法。采用配煤技术,既要确保焦炭质量符合要求,增加炼焦化学产品的产量,又要做到合理利用煤炭资源。入炉配煤的质量指标如下:

(1) 水分 入炉煤水分应力求稳定,大致控制在 w(水)= 10%~11%,水分过多会使结焦时间延长。

(2) 细度 它指配煤中小于 3 mm 的颗粒占配煤的百分数,常规炼焦时为 72%~80%,配型煤炼焦时约 85%,捣固炼焦时约 90%以上。且尽量减少<0.5 mm 的细粉含量。

(3) 灰分 煤料中灰分在炼焦后全部残留在焦炭中,一般要求配煤时 w(灰分)<10%。配煤灰分可根据所配煤种的灰分,按加和性计算。

(4) 硫分 煤中硫通常以黄铁矿、硫酸盐及有机硫的形式存在,煤的洗选只能除去黄铁矿中的硫。炼焦时大约 80%~90%的煤中硫残留在焦炭中,故要求煤料中硫含量越低越好,一般配煤时 w(硫)<1%。配煤的硫含量可根据所配煤种的硫含量,按加和性计算。

(5) 配煤的煤化度 常用的煤化度指标是干燥无灰基挥发分(V_{daf})和镜质组平均最大反射率($\bar{R}_{max}$)。挥发分的测定方法简便,而反射率更确切反映煤的本来性质。据鞍山冶金热能所对中国 148 种煤所作的回归分析,得到的回归方程:

$$\bar{R}_{max} = 2.35 - 0.041\ V_{daf} \quad (\text{相关系数 } r = -0.947)$$

(6) 配煤的黏结性指标 这是影响焦炭强度的重要因素,根据结焦机理,配合煤中各单种煤的塑性温度区间应彼此衔接和依次重叠。在此基础上,室式炼焦配煤黏结性指标的适宜范围是:以最大流动度 MF 为黏结性指标时,为 70(或 100)~10^3 DDPM(表示转速,以分度/分表示,360°为 100 分度,转速越快,则流动度越大),以奥亚膨胀度 b_t 为指标时 $b_t > 50$;以胶质层最大厚度 y 为指标时,$y = 17 \sim 22$ mm;以黏结指数 G 为指标时,$G = 58 \sim 72$。配合煤的黏结性指标一般不能用单种煤的黏结性指标按加和性计算。

(7) 配煤的膨胀压力 配煤的膨胀压力只能由实验测定,不能从单种煤的膨胀压力按加和性计算。通常在常规炼焦配煤范围内,煤料的煤化度加深则膨胀压力增大。对同一煤料,增加煤的相对堆密度,膨胀压力也增加。

我国用黏结指数 G 及干燥无灰基挥发分 V_{daf} 两个指标,来预测焦炭强度 M_{40} 和 M_{10},发现当 $V_{daf} < 30\%$ 时,M_{40} 随 G 值增加而增加;当 $G < 60$ 时,M_{10} 随 G 值增加而降低,鞍钢根据多年生产数据的统计分析,得出用 V_{daf} 和 G 值预测焦炭强度的回归方程:

$$M_{40} = 120.147 - 2.104V_{daf} + 0.144G \qquad (r = 0.925)$$

$$M_{10} = 12.794 + 0.452V_{daf} - 0.024\,3G \qquad (r = 0.886)$$

式中:配煤挥发分可由加和性计算,而 G 值用加和性计算时会有一定偏差,如各单种煤黏结性差别大时,出现偏差的可能性增加。

3. 配煤炼焦原理

配煤炼焦原理是建立在煤成焦机理基础上的,迄今为止煤成焦机理可大致归纳为三类。

(1) 胶质体黏结成焦机理 煤干馏时,当黏结性煤加热到大于 350 ℃,煤的有机质开始热分解,煤结构单元上侧链断裂生成相对分子质量不等的气、液态产物和固体残煤,热解产物中的气、液、固三相形成胶质体。当温度上升到 480~550 ℃,胶质体的分解速率大于生成速率,一部分呈气态析出,另一部分则与固态发生缩聚反应形成半焦。在 550~1 000 ℃,半焦中的有机质进一步分解和缩聚,析出甲烷和氢气,碳网也随之不断增大,最终形成以碳为主的焦炭。胶质体的数量多、流动性好、软固化温度区间大的煤,黏结性好;反之,则煤的黏结性差。

对于煤化度低的不黏、弱黏煤在干馏时,其结构单元侧链长,含氧多,易断裂,热解产物的相对分子质量也小,易生成焦油蒸气和煤气逸出;其热解残煤的高分子部分核小量多,且难于溶解在液相的低分子部分之中。因此,煤产生的胶质体流动性很差,结焦性能也差。随着煤化度的加深,结构单元的侧链变短,热解产物的相对分子质量变大,芳香性增加,热稳定性增加,残煤在液相中的溶解性好,胶质体的流动性随之变好。当焦煤干馏时,因热解产生的低分子部分的相对分子质量和芳香性增加,软化温度上升,热稳定性提高,所以胶质体到较高温度也不分解而保持熔融状态;另一方面,残煤的高分子部分也溶解于低分子部分,胶质体的黏度增加,流动度适当,黏结好;加上在固化成焦过程中由于收缩较小,所以得到裂纹少、块度大、反应性低、强度高的焦炭。

(2) 表面结合成焦机理 按煤岩学观点,煤是非均一的物质,可分离为工艺性质、光学性质和物理性质不同的各种实体。按各种实体的热性质,可分为活性物和惰性物两类。在结焦过程中,活性物形成焦炭内部的黏结物,惰性物形成焦炭内部的骨骼。由于煤粒之间的黏结是在其表面上进行的,则以活性组分为主的煤粒,相互间的黏结呈流动结合型,固化后不再存在粒子的原形;而以非活性组分为主的煤粒间的结合则呈接触结合型,固化后保留粒子的轮廓,从而决定最后形成的焦炭质量。

(3) 中间相成焦机理 1961 年泰勒(Taylor)对澳大利亚一煤层进行了研究,在对热变质后的煤样进行显微镜观察时,发现了镜质组中的光学小球体,随后取煤试验,在终温为 465~490℃时,将煤迅速冷却至室温后观察发现同样现象。该机理认为烟煤在热解过程中产生的各向同性胶质体中,随热解进行会形成由片状多核芳烃分子排列而成的聚合液晶,它是一种新的各向异性流动相态,称之为中间相,呈圆球状;小球不断增多、长大,使之相互融并而形成复球,如此进行,直到周围母相基质黏度迅速增大后,小球体表面张力再也不能维持其球形状时,在流动相中逸出气体的压力及剪应力的作用下产生流变,成为流动态的各向异性区域固化,最终形成光学各向异性焦炭。成焦过程就是煤加热熔融生成的这种中间相,在各向同性胶质体基体中的长大、融并和固化的过程,不同的煤样表现为不同的中间相发展过程,导致最后形成不同质量和不同光学组织的焦炭。

基于上述三种成焦机理,衍生出三种配煤原理,即胶质层重叠原理,互换性原理和共炭化原理。

(1) 胶质层重叠原理 配煤炼焦时除了按加和方法根据单种煤的灰分、硫分控制配合煤的灰分、硫分外,要求配合煤中各单种煤的胶质体的软化区间和温度间隔能较好地搭接,这样可使配合煤在炼焦过程中能在较大的温度范围内处于塑性状态,从而改善黏结过程,并保证焦炭的结构均匀。不同变质程度的炼焦煤塑性温度区间不同,其中肥煤的开始软化温度最早,塑性温度区间最宽,瘦煤固化温度最晚,塑性温度区间最窄。在配煤炼焦时,中等挥发的强黏煤起重要作用,它可以与各类煤在结焦过程中结合良好,从而获得优质焦炭。这种以多种煤互相搭配、胶质体彼此重叠的配煤原理,曾长期指导苏联和我国的配煤技术。

(2) 互换性原理 根据煤岩学原理,煤的有机质可分为活性组分(黏结组分)和非活性组分(惰性组分)两类。煤的吡啶抽提物为黏结组分,要求有一定的数量,标志煤黏结能力的大小;残留部分为纤维质组分(相当于惰性组分),要求有一定的强度,它决定焦炭的强度。要制得强度好的焦炭,配合煤的黏结组分和纤维质组分应有适宜的比例,而且纤维质组分应有足够的强度。当配合煤达不到相应要求时,可以用添加黏结剂或瘦化剂的办法加以调整。

(3) 共炭化原理 共炭化原理认为煤与沥青类物质共炭化时,在沥青和基础煤的界面上能形成一种由扩散相所组成的"中间光学结构",它可以强化界面的结合;不同性质的沥青对同一种煤或同一种沥青对不同性质的煤都具有不同的改质性能;好的改质黏结剂应该芳碳率适度,单元结构中有一定环烷烃,残碳率较高,含氧、硫、喹啉不溶物等低;通常低挥发分煤加沥青改质后光学组织的各向异性程度降低,高、中挥发分煤加沥青后焦炭的光学各向异性程度升高,沥青对无烟煤及煤中惰性成分基本无改质活性。

共炭化产物与单独炭化相比,焦炭的光学性质有很大差异,合适的配合煤料(包括添加物存在)在共炭化时,由于塑性系统具有足够的流动性,使中间相有适宜的生长条件,或在各种煤料之间的界面上,或使整体煤料炭化后形成新的连续的光学各向异性焦炭组织,它不同于各单个煤单独炭化时的焦炭光学组织。

4. 煤在炭化室的成焦过程

炭化室是由两侧炉墙供热,所以结焦过程的特点是单向供热,成层结焦,而且成焦过程中的传热性能随炉料状态和温度而变化,图 6-1-04 给出了成层结焦过程的示意图。

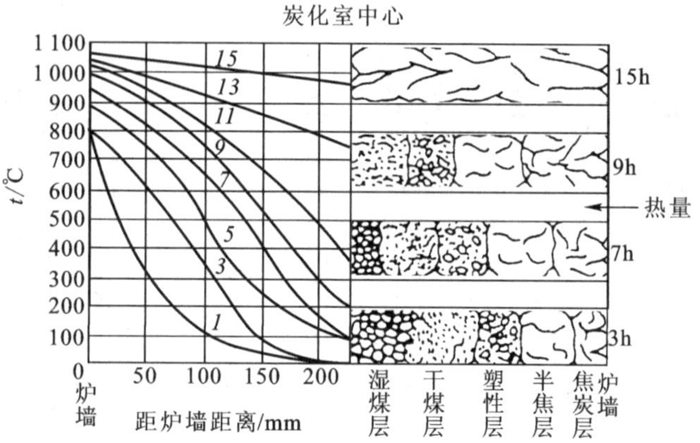

图 6-1-04 不同结焦时刻炭化室内各层炉料的状态和温度(等时线)关系图

由图 6-1-04 可见,在同一时间,离炭化室墙面不同距离的各层炉料因温度不同而处于结焦过程的不同阶段,在装煤后 7 h 期间,炭化室同时存在湿煤层、干煤层、胶质体层(塑性层)、半焦层和焦炭层等五个层。焦炭总是在靠近炉墙处首先形成,而后逐渐向炭化室中心推移。当炭化室中心最终成焦并达到结焦温度时,炭化室结焦才结束,这时炭化室中心温度可以作为整个炭化室焦炭成熟的温度,也称炼焦最终温度,一般为 950~1 050 ℃。

炭化室内同时进行着成焦的各个阶段,因此半焦收缩时相邻两层间存在收缩梯度,也即相邻层间温度不同，收缩值的大小不同，故存在收缩应力而引起焦饼产生裂纹。在靠近炉墙处，加热速率快，收缩应力大，导致焦饼产生裂纹网多，形状似菜花，常称为焦花。成熟的焦饼中心有一条焦缝，这是由于炭化室两侧同时加热，两侧同时固化收缩所致，又称为中心裂纹。

煤结焦过程的气态产物大部分是在塑性温度区间，特别是在固化温度以上产生的。当煤受热时在两侧形成胶质层，胶质层的透气性又差，这时干煤层热解生成的气态产物和塑性层产生的气态产物的一部分从塑性层的内侧和顶部流经炭化室顶部空间排出，这部分气体称“里行气”，约占气态产物总量的10%~25%。塑性层内产生的气态产物中的大部分及半焦层内产生的气态产物则穿过高温焦炭层裂缝，沿焦饼与炭化室墙之间的缝隙向上流经炭化室顶部空间而排出，这部分气体产物称“外行气”，约占气态产物的75%~90%。因外行气经受二次热解反应的温度高、时间长，其二次热解深度对焦化产品的组成有重要影响。

5. 现代焦炉设备

图 6-1-05 是我国双联下喷式 JN 型焦炉示意图。焦炉由炭化室、燃烧室、蓄热室、斜道区和炉顶区所组成，蓄热室以下为基础与分烟道。煤在炭化室进行干馏，煤气在燃烧室燃烧，炭化室和燃烧室依次相间。它们的隔墙要严格防止干馏煤气泄漏，并能迅速传递干馏所需的热能。燃烧室墙面平均温度为 1 300 ℃，炭化室平均温度为 1 100 ℃，局部地区的温度还要高些。在这样的高温下，炉墙既要承受重力和干馏煤气与灰渣的侵蚀，还要经受煤料的膨胀压力及推焦压力。为此焦炉的炉墙都用异型硅砖砌筑，燃烧室各火道间的隔墙还起着提高结构强度的作用。为顺利推焦，炭化室水平截面呈梯形，出焦的焦侧宽度大于推焦机侧，两者差值称为炭化室锥度；燃烧室的机侧和焦侧宽度恰好与此相反，故机侧和焦侧炭化室中心距离是相同的。

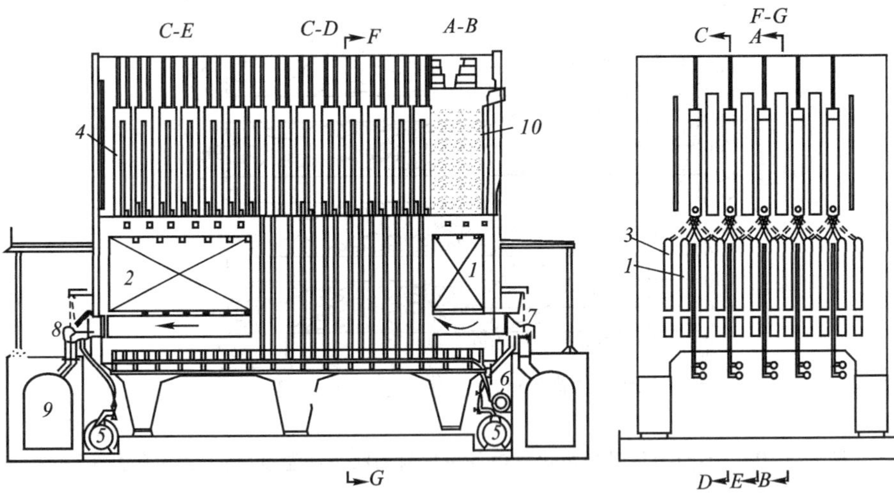

图 6-1-05　我国 JN60—87 焦炉示意图

1. 空气蓄热室；*2.* 废气蓄热室；*3.* 贫气蓄热室；*4.* 立火道；*5.* 贫煤气管；*6.* 富煤气管；*7.* 空气入口；*8.* 废气出口；*9.* 烟道；*10.* 炭化室

每座焦炉的燃烧室都比炭化室多一个。燃烧室用隔墙分成若干个立火道，以便控制燃烧室温度从机侧到焦侧温度逐渐升高。一般复热式（可燃用焦炉煤气或发生炉煤气）焦炉，每个立火道底部有两个斜道出口和一个喷嘴。用焦炉煤气加热时,斜道口走空气,喷嘴走焦炉煤气。当用发生炉煤气(或高炉煤气),两个斜道口一个走空气,另一个走煤气。立火道间的相互连接关系有多种形式,如双联立火道式,一个上升煤气和空气,并在其中燃烧,高温废气从火道中间隔墙上方的跨越孔流入相邻火道而下降,每隔 20~30 min 换向一次。由于燃烧火焰高度是有限的。为了改善高度方向加热的均匀性,采取的措施有:高低灯头、不同隔墙厚度、分段加热和废气循环。所谓分段加热,是在火道不同高度设置几个空气出口,使煤气在不同高度与空气混合燃烧。所谓废气循环是在火道隔墙下部设置循环孔,利用上升和下降气流的浮力差及火道出口的喷射力,将废气抽回上升立火道,拉长火焰。

由图 6-1-05 可见,燃烧室顶端高度低于炭化室,二者之差称为加热水平高度,这是为了降低炭化室空间温度,控制炉顶的二次热分解反应。

斜道区位于蓄热室与燃烧室之间,是连接燃烧室和蓄热室的通道。每个立火道下面有两个斜道,复热式还有一条砖煤气道。斜道区各通道中各走各的气体,压力不同,不允许窜漏。斜道区的温度约 1 000~1 200 ℃。

蓄热室位于焦炉炉体下部,其上经斜道与燃烧室相连,其下经废气盘分别与分烟道、贫煤气管道及大气相通。蓄热室内放格子砖,用以回收燃烧废气的热量,并预热贫煤气与空气。使废气温度从 1000 ℃左右降至 400 ℃以下,而使贫煤气或空气预热到 1000 ℃以上。每座焦炉蓄热室半数处于下降气流用于回收烟气显热,半数处于上升气流用来预热燃烧的空气或贫煤气,每隔 20~30 min 换向一次。

蓄热室下部设有分烟道,蓄热室下降废气分别汇集到机侧或焦侧的分烟道,再进入总烟道,导入烟囱底部,借烟囱抽力排入大气。炉顶区设有装煤孔、看火孔等。焦炉机械有加煤车、推焦车、拦焦车和熄焦车。煤由炉顶加煤车加到炭化室,炭化室两端有炉门。炼好的炙热焦炭由在机侧的推焦车推出、在焦侧沿拦焦车落入熄焦车内,然后运至熄焦塔下赤热焦炭用水熄火,然后放到焦台。当采用干法熄焦方法时,赤热焦炭运至熄焦塔内用惰性气体冷却,并回收热能。

焦炉的加热管理是焦炉操作中的重要工作。它的任务是按规定的结焦时间,装煤量,装煤水分及加热煤气种类等实际条件,及时测量、调节焦炉加热系统的流量及各控制点的温度和压力,实现全炉各炭化室在规定时间内沿炭化室高度方向与长度方向的均匀加热,使各炭化室结焦时间一致,并使焦饼在规定时间内在机侧与焦侧同时成熟。

6. 高温炼焦的发展

(1) 焦炉的大型化与高效　高炉容积的增大也要求焦炉增加生产能力,同时焦炉大型化具有基建投资省、劳动生产率高、占地面积小、维修费用低、热工效率高和焦炭质量改善等一系列的优点,因此已成为焦炉发展的必然趋势。焦炉大型化主要是提高炭化室的高度,并适当增加长度。国内外已设计和建设了炭化室高度为 7~8 m 焦炉。现有资料综合比较分析显示,炭化室的最佳高度为7.5 m 左右,这时焦炉的单位投资费用最低,过高不仅增加投资,给操作也带来困难。表6-1-04是国内外一些焦炉炭化室的结构尺寸。

表 6-1-04 国内外焦炉炭化室尺寸

厂名	鞍钢	北焦	宝钢	日本福山	俄罗斯	日本扇岛	兖矿大焦化
炉型	JN50	JN60	新日铁	奥托	ПBP	斯蒂尔	凯泽斯图尔 3#
炭化室高/mm	5 000	6 000	6 000	6 500	7 000	7 550	7 630
炭化室中心距/mm	1 143	1 300	1 300	1 300	—	1 550	1 650
炭化室平均宽/mm	430	450	450	430	410	450	623
炭化室锥度/mm	50	60	60	70	—	76	50
炭化室全长/mm	14 080	15 980	15 700	15 430	16 000	17 090	18 560
炭化室有效容积/m^3	26.84	38.5	37.7	39	41.6	52.3	78.84
炭化室装煤量 /t	20.13	28.5	28.7	28.7	29.16	38	约 65

为提高焦炉的生产率必须强化炉墙的传热强度，缩短结焦时间，以提高生产能力。提高火道温度可以强化生产，但受到提高耐火材料耐温性能的困难。目前主要的措施是提高炉墙的热导率和减薄炉墙厚度。例如采用致密硅砖，使热导率提高 10%～20%。有试验数据表明，炉墙厚度减薄 10 mm，结焦时间可缩短 1 h。目前国内新建的炭化室炉墙厚度约为 90 mm 左右。

（2）炼焦新技术　为了扩大炼焦用煤来源，在配煤中增加弱黏结煤和不黏结煤的比例，是研究的主要方向。具体方法有：捣固炼焦、煤的炉外预热或干燥、配型煤和添加黏结剂等。

把配煤用捣固机捣实成体积略小于炭化室的煤饼后，推入炭化室炼焦，称捣固炼焦。煤饼的堆密度可由原来散装煤的 0.7～0.75 t/m^3 提高到 0.95～1.15 t/m^3，通过这种方法可扩大气煤的用量，并使焦炭强度符合要求。

增加煤料堆密度，可以减少结焦过程中为填充煤粒间隙所需胶质体液相产物数量，即用较少的液相量把分散的煤粒黏结在一起。同时干馏产生的气相产物由于煤压紧而不易析出，增加了胶质体的膨胀压力，使变形煤粒受压挤紧，促使热解产生的游离基与不饱和化合物相互缩合，产生稳定的液相产物。不过对于焦炉成层结焦来说，堆密度增加减少了收缩应力的松弛作用，焦炭易产生横裂纹。因此捣固炼焦对黏结性差的煤可以改善焦炭的质量，而对强黏煤反而不利于改善焦炭质量。

把煤预热到 200～250 ℃后装炉或把煤料干燥到 w(水分)≈5%装炉，可增加装炉煤的堆密度，改善黏结性，这主要由于煤粒间摩擦力减少，煤粒流动性增加的缘故。配型煤炼焦是把部分煤料加入黏结剂，经混捏、压块成型后，按30%～40%比例混配到炉煤中，配型煤炼焦的效果和上述增加煤料堆密度方法相仿。

在配合煤中强黏煤少的情况下，添加黏结剂也可增加配煤的黏结性，事实上加入的黏结剂主要增加煤料在塑性阶段中液体含量，增加炉料的黏结性。黏结剂有石油沥青、煤焦油沥青或煤直接液化产物——熔剂精制煤(SRC)。

四、焦化产品的回收和加工

煤炼焦时,约有75%变成焦炭,还有25%转变成多种化学产品和煤气。回收这些化学产品,既能综合利用煤炭资源,又能减少环境污染。有的国家生产的焦化产品品种已达500种以上,我国也从焦炉煤气、粗苯和煤焦油中提炼出上百种产品。

1. 炼焦煤气的分离和利用

(1) 煤焦化产品的组成和产率　焦化产品的组成和产率随炼焦温度和原煤性质的不同而变化,在一般的炼焦工业生产条件下,各种产物的产率(对于煤的质量分数 w)为:焦炭70%~78%;净焦炉煤气15%~19%;焦油3%~4.5%;化合水(煤有机质热分解生成)2%~4%;苯族烃0.8%~1.4%;氨0.25%~0.35%;其他0.9%~1.1%。

刚出炭化室的焦炉煤气称为荒煤气。荒煤气中水蒸气来自化合水以及煤的表面水分,荒煤气中除净煤气外的主要组成为(单位:g/m^3):水蒸气250~450;焦油气80~120;苯族烃30~45;氨8~16;硫化氢6~30;其他硫化物2~2.5;氰化物1.0~2.5;萘8~12,吡啶盐基0.4~0.6。净煤气组成为(φ/%):H_2 54~59;CH_4 24~28,CO 5.5~7;N_2 3~5;CO_2 1~3;C_nH_m 2~3;O_2 0.3~0.7。净煤气的低热值为17 580~18 420 kJ/m^3,密度为0.45~0.48 kg/m^3。

煤气产率 Q/%,焦油产率 x/%和苯族烃产率 y/%,可分别由煤料干燥无灰基挥发分 V_{daf} 按下列方程计算:

$Q=a\sqrt{V_{daf}}$　(气煤 $a=3$,焦煤 $a=3.3$)

$x=-18.36+1.53V_{daf}-0.026V_{daf}^2$

$y=-1.6+0.144V_{daf}-0.001\ 6V_{daf}^2$

(2) 典型的回收与加工化学产品的流程　上述净煤气之外的各种物质含量虽少,但危害不小,如萘能以固态析出,堵塞管道与设备;氨会腐蚀设备和管道,生成铵盐会堵塞设备;硫化氢等硫化物能腐蚀设备;一氧化氮会与煤气中的烯烃等聚合成煤气胶,不利于煤气输送设备的运行。为此炼焦厂都将荒煤气进行冷却冷凝以回收焦油、氨、硫、苯族烃等化学产品,同时又净化了煤气。国内外的回收与加工流程分为正压操作和负压操作两种。负压操作的焦炉煤气处理系统是德国和法国采用的流程,国内也有应用。

正压操作的焦炉煤气处理系统见图6-1-06。鼓风机位于初冷器后,在风机之后的全系统均处于正压操作,此流程国内应用广泛。煤气经压缩之后温升50 ℃,故对选用饱和器法生产硫铵(需55 ℃)和弗萨姆法回收氨系统特别适用。

(3) 荒煤气的初步净化

① 荒煤气的初冷　焦炉煤气从炭化室上升管逸出时温度为650~800 ℃,它的冷却分成两步,先在集气管和桥管中用70~75 ℃的循环氨水喷洒,使煤气冷到80~85 ℃,煤气中60%的焦油蒸气被冷凝下来,然后再在煤气初冷器中进一步冷却到25~35 ℃或低于25 ℃。每吨煤炼焦产荒煤气480 m^3,其中煤气占75%,水蒸气占23.5%,焦油与苯蒸气占1.5%。

上述集气管的喷洒氨水和冷凝焦油以及初冷器冷凝下来的冷凝氨水和焦油送入机械化焦油

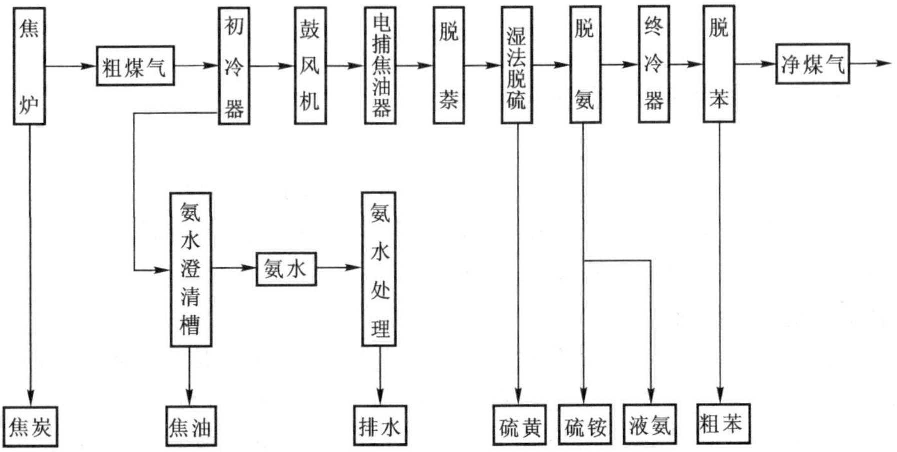

图 6-1-06 焦炉煤气(钢铁厂自用)处理系统图

氨水澄清槽,被分成氨水、焦油及焦油渣三部分。焦油经焦油中间槽送焦油车间;部分氨水用泵循环到集气管激冷煤气,多余氨水称为剩余氨水,用来制氨水或生产硫酸铵;焦油渣被连续外排到收集槽。

② 煤气输送 经初步冷却后的焦炉煤气一般采用离心式鼓风机输送。鼓风机前最大负压为-4~-5 kPa,机后压力为 20~30 kPa。鼓风机设置在初冷器后,具有吸入煤气体积小和处于负压操作的设备及煤气管道少等优点。

③ 焦油雾的脱除 初冷器后煤气中含焦油 2~5 g/m^3,鼓风机后仍残留0.3~0.5 g/m^3,粒子也很小,约 1~17 μm,需进一步除去。目前广泛采用电捕焦油器,它是利用电晕原理来除去焦油雾的,电压 30~80 kV,耗电约 1 kW · h/1 000 m^3(煤气),脱除后焦油含量<50 mg/m^3。为安全起见,电捕焦油器常设置在鼓风机的后方。

④ 萘的脱除 在鼓风机后煤气含萘量约为 1.3~2.8 g/m^3。焦化厂多采用填料塔焦油洗萘的方法,洗萘后煤气含萘量<0.5 g/m^3。有两种油洗萘工艺,一种是煤气的最终冷却与洗萘同时进行,简称冷法油洗萘,另一种是煤气在终冷前洗萘,简称热法油洗萘,前者洗萘温度低,除萘效果好。洗萘油的含萘量是影响洗萘效果的关键,焦油洗油允许含萘量为 w(萘)= 7%~10%,若用轻柴油洗萘,其萘含量允许为 w(萘)= 5%~6%。

(4) 氨与吡啶的回收 初冷器后煤气中含氨量为 4~8 g/m^3,沸点较低的轻吡啶的盐基(包括吡啶、甲基吡啶等)几乎全部留在煤气中。氨与吡啶都是碱性的,能溶于酸中,发生以下反应:

$$NH_3+H_2SO_4 = NH_4HSO_4$$

$$NH_4HSO_4+NH_3 = (NH_4)_2SO_4$$

$$C_nH_{2n-5}N+H_2SO_4 = C_nH_{2n-5}N \cdot H_2SO_4$$

为了减少盐类水解,吸收温度要低于 60℃,并用硫酸过量的溶液。

目前中国焦化厂主要通过生产硫酸铵回收煤气中氨,硫酸铵可用作化肥。其中多数采用饱和器法,少数采用无饱和器法,生产硫酸铵的成本高。美国开发了无水氨的弗萨姆(Phosam)法,我国已引进此技术。

饱和器法生产硫酸铵的工艺流程见图 6-1-07。去除焦油雾后的煤气进入预热器预热到

60～70 ℃,然后进入饱和器。热煤气从饱和器中央煤气管进入,经泡沸伞穿过母液层鼓泡而出,经饱和器后,煤气中含氨 0.02～0.03 g/m³,含吡啶盐基 0.015～0.05 g/m³,然后进入除酸器,分离出夹带的酸雾后进入后一工序。硫酸铵结晶沉于饱和器的锥底部,用泵送到结晶槽,结晶槽溢流母液又回到饱和器,硫酸铵结晶浆液用离心机分出结晶,结晶含水 1%～2%,经干燥脱水后送往仓库。正常操作时,母液中 w(硫酸)= 4%～6%,生产吡啶时母液温度55～60 ℃。

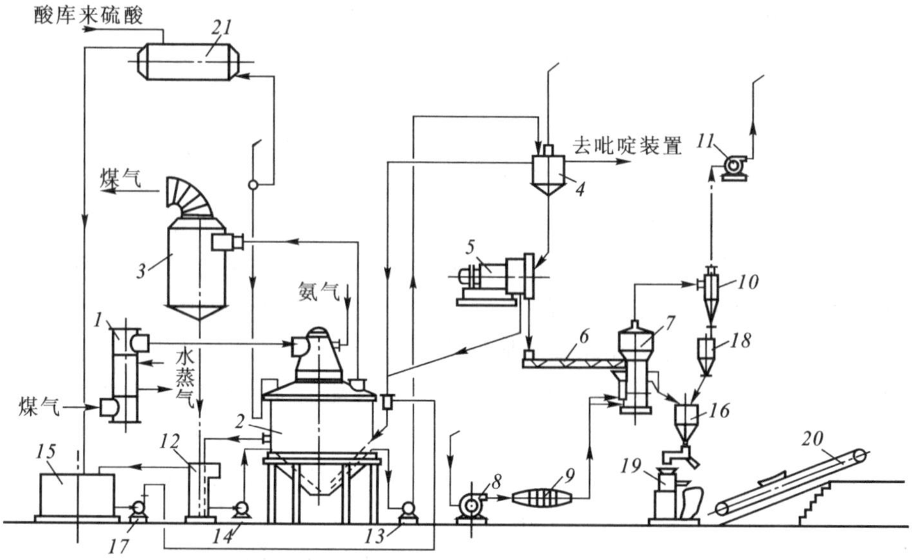

图 6-1-07 饱和器法生产硫酸铵的工艺流程图

1. 煤气预热器;*2*. 饱和器;*3*. 除酸器;*4*. 结晶槽;*5*. 离心机;*6*. 螺旋输送机;*7*. 沸腾干燥器;*8*. 送风机;*9*. 热风机;*10*. 旋风分离器;*11*. 排风机;*12*. 满流槽;*13*. 结晶器;*14*. 循环泵;*15*. 母液贮槽;*16*. 硫酸铵贮斗;*17*. 母液泵;*18*. 细粒硫酸铵贮斗;*19*. 硫酸铵包装;*20*. 胶带运输机;*21*. 硫酸高置槽

由于饱和器的操作条件,不利于晶粒长大,所以硫酸铵晶粒很小,为了生产大颗粒的硫酸铵,发展了无饱和器法。无饱和器法采用喷洒酸洗法制取硫酸铵。酸洗塔分成上下两段,煤气由塔下段进入塔,再进入上段,在上下两段的不同高度分别用 5 个和 4 个单喷头喷洒母液,上下段喷洒母液中的硫酸浓度分别为 w(硫酸)= 3%～4%和 w(硫酸)= 2.5%～3%。酸洗塔后煤气中含氨<0.1 g/m³。此法优点是煤气阻力小,结晶颗粒大。

硫酸铵饱和器中吡啶碱浓度小于 20 g/L,而在无饱和器法的母液中吡啶碱浓度为 100～150 g(吡啶碱)/L。从母液中提吡啶碱,是用氨气中和母液中的游离酸,使酸式盐变成中式盐,反应方程式为

$$C_5H_5NHHSO_4+2NH_3 \longrightarrow (NH_4)_2SO_4+C_5H_5N$$

由于进行中和反应的中和器反应温度为 100～105 ℃,所以吡啶碱和水蒸气从中和器顶部排出,经冷凝得到粗吡啶馏分,其中 w(吡啶碱)= 75%～80%,送往粗吡啶精制工段。

(5) 粗苯回收与精制 焦炉煤气中一般含苯族烃 30～45 g/m³,经脱氨后的煤气需进行苯族烃的回收。粗苯主要含苯、甲苯、二甲苯和三甲苯等组分,各主要组分均在 180 ℃前馏出,要求 180 ℃前馏出量为粗苯总量的 93%～95%,180 ℃后馏出物称为溶剂油。

① 用洗油吸收煤气中的苯族烃煤气经最终冷却塔冷却到 25～27 ℃后,依次通过两个洗苯

塔，塔顶喷洒温度为27～30 ℃的洗油，塔后煤气中苯族烃的含量一般为2 g/m^3。焦油洗油是煤焦油中230～300 ℃的馏分，石油洗油是轻柴油。吸苯塔常为填料塔，吸苯后的洗油中 w(苯)=2.5%称为富油，富油经脱苯装置脱苯后称为贫油，再循环使用。

② 富油脱苯国内外广泛采用管式炉加热富油脱苯法。用管式炉加热富油到180～190 ℃后进入脱苯塔，贫油中 w(苯)=0.1%左右。

③ 粗苯精制 粗苯中主要组分的质量分数为苯(55%～75%)、甲苯(11%～22%)、二甲苯(2.5%～6%)、三甲苯和乙基甲苯(1%～2%)，苯同系物总量约占80%～95%。此外还有不饱和化合物占5%～15%(如环戊二烯、古马隆、茚及苯乙烯等)；硫化物占0.2%～2.0%(如 CS_2，噻吩及其同系物等)；饱和烃为0.3%～2%(环己烷、庚烷等)以及萘、酚、吡啶等。

粗苯精制的目的是为了得到苯、甲苯和二甲苯等产品，常称BTX。精制方法主要有酸洗精制和加氢精制，前者在我国焦化厂曾得到广泛的应用，后者用于我国大型焦化厂粗苯加工，新建的大型粗苯加工装置常采用此工艺。经精制的馏分用精馏方法将混合馏分(由苯、甲苯、二甲苯等组成的混合物，简称BTX馏分)分离成单一产品，同时进行初馏分中环戊二烯及高沸点馏分中古马隆和茚的加工。这里主要介绍粗苯的加氢精制。

将轻苯或BTX混合馏分进行催化加氢净化，然后对加氢油再精制处理得到高纯度苯类产品。它不仅可产出噻吩含量 w(噻吩)<0.000 1%，结晶点温度高于5.4℃的纯苯，而且苯类产品收率高，无环境污染，因此比硫酸精制法好得多，现国内外已广泛使用此法。

加氢工艺主要有：a）鲁奇法 采用Co-Mo催化剂，反应温度360～380 ℃，压力4～5 MPa，以焦炉煤气或纯氢为氢源，加氢油通过精馏分离，得到苯、甲苯、二甲苯和溶剂油，产品收率可达97%～99%；b）莱托法(Litol法) 采用三氧化铬为催化剂，反应温度600～650 ℃，压力6.0 MPa。通过加氢精制可将烯烃、有机硫化物、含氮化合物转化成相应的饱和烃除去。由于苯的同系物加氢脱烷基转化为苯，苯的收率达114%以上，可制得合成用苯，纯度达99.9%。

莱托法工艺流程见图6-1-08。它包括粗苯预蒸馏得轻苯，轻苯加氢，加氢油精制，制氢系统。加氢过程分成两步，先用Co-Mo催化剂预加氢，使苯乙烯变成乙苯，再在两个加氢反应器中用催化剂 $Cr_2O_3-Al_2O_3$ 完成加氢反应。加氢产物精制系统包括稳定塔、白土塔和苯精馏塔等。稳定塔分离掉小于 C_4 的烃类及 H_2S。白土精制去除微量不饱和化合物。苯精馏塔制得纯度为99.9%纯苯。

制氢气体是来自加氢反应器后的含氢气体，除氢外还会有 CH_4 和 H_2S 等，CH_4 是过程产物，也是制氢的原料，采用水蒸气催化重整工艺，使 CH_4 转化成CO和氢，CO再变换转化为 H_2 和 CO_2。

(6) 煤气中硫化氢与氰化氢的脱除 焦炉煤气中含硫量约6 g/m^3，含氰化氢为0.5～1.5 g/m^3。脱硫方法分干法与湿法两种，干法占地面积大，设备笨重，一般先用湿法再用干法净化。这些方法在脱硫的同时能脱除氰化氢。

① 干法脱硫 常用的氢氧化铁干式脱硫可使焦炉煤气达到较高净化度[1～2 mg/m^3(煤气)]。干式脱硫所用脱硫剂中含 w(氧化铁)>50%的氧化铁，其中活性氧化铁占70%以上，加入木屑作为疏松剂，再加入 w(熟石灰)=0.5%～1.0%的熟石灰，使pH为8～9。

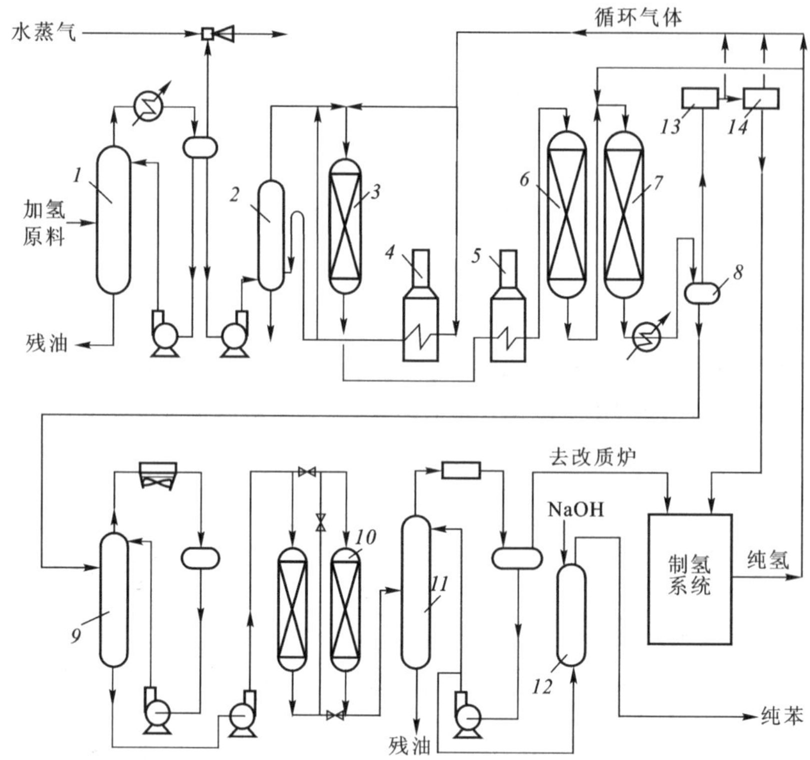

图 6-1-08 轻苯加氢精制工艺流程图

1. 两苯塔；*2.* 蒸发器；*3.* 预反应器；*4.* 循环气体加热炉；*5.* 加氢原料用管式炉；*6.* 第一加氢反应器；*7.* 第二加氢反应器；*8.* 高压闪蒸器；*9.* 稳定塔；*10.* 白土塔；*11.* 苯塔；*12.* 碱处理槽；*13.* H_2S 脱除系统；*14.* 氢精制系统

② 湿法脱硫的萘醌法　湿法脱硫的方法很多，其脱硫过程类似，主要区别在于使用的氧化剂不同。这里介绍萘醌法，它也是一种效率很高的方法，脱硫效率可达 99%以上。有钠法与氨法两种，NH_3-Takahax 法包括湿法脱硫及脱硫废液处理（Hirohax 湿式氧化法）两部分。

脱硫液为含有 1,4-萘醌-2-磺酸铵（用作催化剂，表示成 NQ）的碱性溶液，碱源为煤气中氨，即用氨水吸收硫化氢和氰化氢。在脱硫塔进行的反应为

$$NH_4OH+H_2S \longrightarrow NH_4HS+H_2O$$

$$NH_4OH+HCN \longrightarrow NH_4CN+H_2O$$

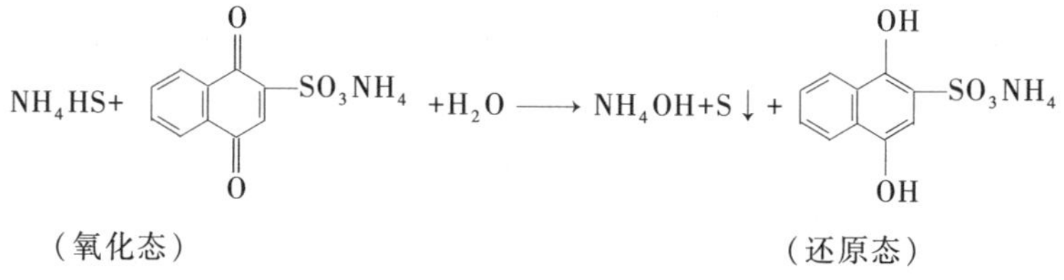

在再生塔吹入空气，在催化剂（NQ）作用下氧化再生，这时发生的反应为

$$NH_4HS+0.5O_2 \xrightarrow{NQ} NH_4OH+S\downarrow$$

$$NH_4CN+S \longrightarrow NH_4SCN$$

$$NQ(\text{还原态})+0.5O_2 \rightleftharpoons NQ(\text{氧化态})+H_2O$$

再生时还发生副反应：

$$2NH_4HS+2O_2 \xrightarrow{NQ} (NH_4)_2S_2O_3+H_2O$$

$$NH_4HS+2O_2+NH_4OH \xrightarrow{NQ} (NH_4)_2SO_4+H_2O$$

萘醌法流程见图 6-1-09。中间煤气冷却器由预冷段、洗萘段和终冷段三段空喷塔构成，煤气在预冷段冷到 38 ℃后在中段用洗油洗萘，确保在终冷时无萘析出，煤气在终冷段被冷到 36 ℃。脱硫塔把煤气中 H_2S，HCN 和 NH_3 吸收下来，在再生塔内硫氢根离子被氧化成硫黄和铵盐。经过再生的溶液从再生塔顶自流入脱硫塔循环使用。

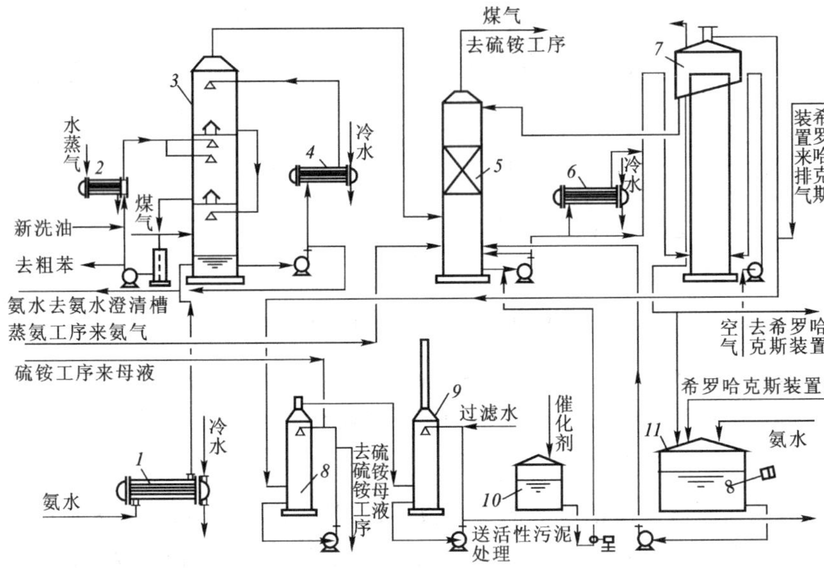

图 6-1-09 塔卡哈克斯湿法脱硫工艺流程图

1. 第一冷却器；*2.* 吸收油加热器；*3.* 中间煤气冷却器；*4.* 第二冷却器；*5.* 脱硫塔；*6.* 吸收液冷却器；*7.* 再生塔；*8.* 第一洗净塔；*9.* 第二洗净塔；*10.* 催化剂槽；*11.* 吸收液槽

为了降低脱硫吸收液中硫化物与氰化物含量，从循环液中取出一部分进行废液处理。上海宝钢采用湿式氧化法（Hirohax），在反应器压力 7.5 MPa 和温度 275 ℃条件下，使脱硫液中硫化物、含氰化物及悬浮硫等完全氧化转化成硫酸铵母液，作为硫酸铵工段的原料，不存在二次污染。

2. 煤焦油的深加工

这里讨论的是在 1 000 ℃左右煤炼焦所得的高温煤焦油，又称煤焦油。在常温下煤焦油是一种相对密度为 1.17~1.19 的黑褐色黏稠液体。

(1) 煤焦油的化学组成　煤焦油中有机化合物估计超过万种，已被鉴定的约有五百多种。煤焦油化学组成特点是：① 主要是芳香族化合物，而且大多数是两个环以上的稠环芳香族化合物，而烷烃、烯烃和环烷烃化合物很少；② 还有杂环的含氧、含氮和含硫化合物；③ 含氧化合物如呈弱酸性的酚类以及中性的古马隆、氧芴等；④ 含氮化合物主要包括弱碱性的吡啶、喹啉及它们的衍生物，还有吡咯类如吲哚、咔唑等；⑤ 含硫化合物是噻吩、硫酚、硫杂茚等；⑥ 煤焦油中各种烃的烷基化合物数量甚少，而且它们的含量随着分子中环数增加而减少。

在煤焦油中含量占煤焦油总量 1% 以上的组分只有 13 种，它们的性质与含量等列于表6-1-05。

表 6-1-05 占煤焦油总量 1% 以上的各种组分的主要物理性质

名称	分子式	结构式	相对分子质量	相对密度 d_4^{20}	沸点/℃	熔点/℃	折射率 n_D^{20}	w/%
萘	$C_{10}H_8$	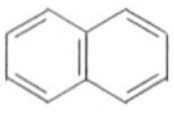	128	1.145	218	80	1.582 18	8～12 (10)
菲	$C_{14}H_{10}$	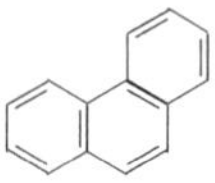	178	1.025	340	100～101	1.656 7	4.5～5.0(5)
荧蒽	$C_{16}H_{10}$	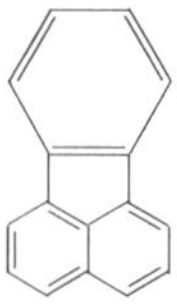	202	1.252	383.5～385.5	109	1.099 6	1.8～2.5(3.3)
芘	$C_{16}H_{10}$	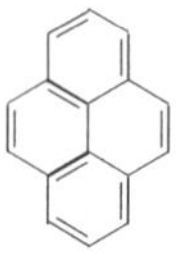	202	1.277	393	148～150	—	1.2～1.8(2.1)
䓛	$C_{18}H_{12}$	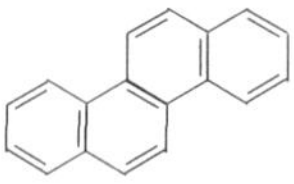	228	—	440～448	254	—	0.65 (2.0)
蒽	$C_{14}H_{10}$	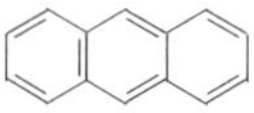	178	1. 250	354	216	—	1.2～1.8(1.8)
咔唑	$C_{12}H_9N$	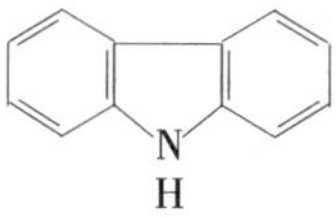	167	—	353～355	245	—	1.2～1.9(1.5)
芴	$C_{13}H_{10}$	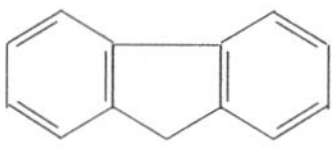	166	1.203	295	115	—	1.0～2.0(2.0)

续表

名称	分子式	结构式	相对分子质量	相对密度 d_4^{20}	沸点/℃	熔点/℃	折射率 n_D^{20}	w/%
苊	$C_{12}H_{10}$	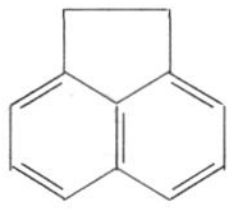	154	1.024(d^{99})	278	95.3	1.604 8 n_D^{99}	1.0~1.8(2.0)
1-甲基萘	$C_{11}H_{10}$	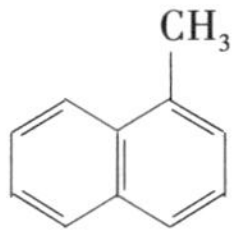	142	1.025	240~243	-22~-30.8	1.618	0.8~1.2(0.5)
2-甲基萘	$C_{11}H_{10}$	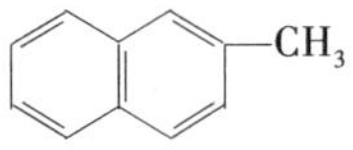	142	1.029	242~245	32.5~35.1	1.602 63	1.0~1.8(1.5)
氧芴	$C_{12}H_8O$	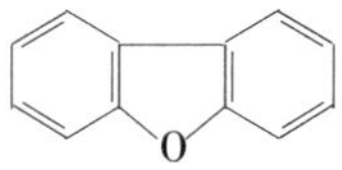	168	1.072 8	287~288	86	1.607 9 $n_D^{99.3}$	0.6~0.8(1.0)
甲酚 邻位	C_7H_8O	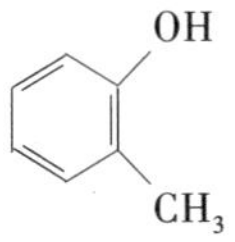	108	1.046 5	191.5	30	1.545 3	0.4~0.8(0.8-1.0)
甲酚 间位	C_7H_8O	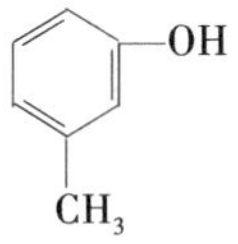	108	1.033 6	202	12.3	1.539 8	
甲酚 对位	C_7H_8O	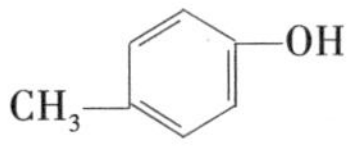	108	1.034 7	202.5	34.8	1.539 5	

（2）煤焦油各个馏分的化学与利用　煤焦油中的组分相当多，难以将其中的组分只经一次加工就分离出来，通常是分步地把煤焦油中的有用组分逐级分离开来。分离的方法一般是蒸馏、萃取和结晶等。图 6-1-10 给出了从煤焦油分离出各主要组分的示意图。

由图 6-1-10 可见，煤焦油通过蒸馏切取的馏分有如下几种：

① 轻油馏分　为 170 ℃前的馏分，产率为 0.4%~0.8%，密度为 0.88~0.90 kg/L，主要含苯族烃，酚的质量分数小于 5%，还含有少量的古马隆和茚等不饱和化合物。

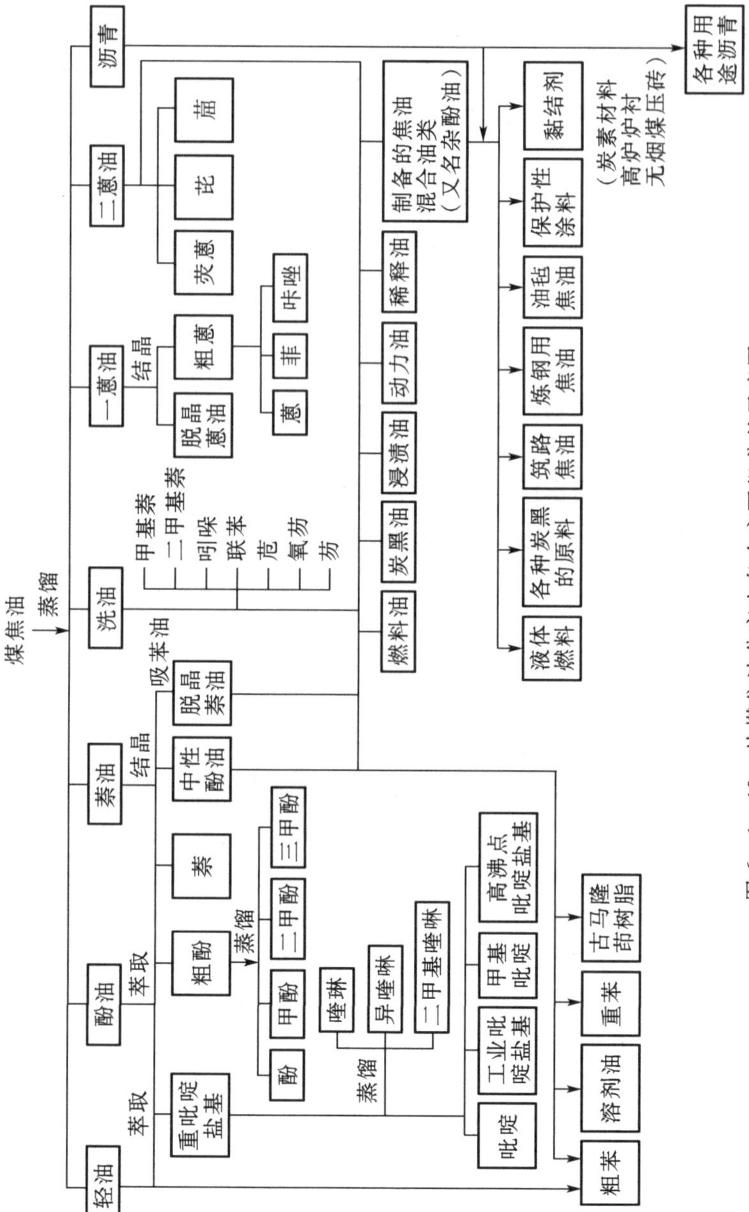

图 6-1-10　从煤焦油分离出各个主要组分的示意图

② 酚油馏分 为 170~210 ℃馏分，产率为 1.0%~2.5%，密度 0.98~1.01 kg/L，含有酚和甲酚，其质量分数为 20%~30%，w(萘)= 5%~20%，w（吡啶碱）= 4%~6%，其余为酚油。

③ 萘油馏分 为 210~230 ℃馏分，产率为 10%~13%，密度 1.01~1.04 kg/L，主要含萘，w（萘）= 70%~80%，w(酚、甲酚与二甲酚)= 4%~6%，w(粗重吡啶碱)= 3%~4%，其余为萘油。

④ 洗油馏分 为 230~300 ℃馏分，产率 4.5%~6.5%，密度 1.04~1.06 kg/L，含甲酚、二甲酚及高沸点酚类，w(酚类)= 3%~5%，w(重吡啶碱)= 4%~5%，w(萘)<15%，还含有甲基萘及少量的苊、芴、氧芴等，其余为洗油。

⑤ 一蒽油馏分 为 280~360 ℃馏分，产率为 16%~22%，密度 1.05~1.10 kg/L。w(蒽)= 16%~20%，w(萘)= 2%~4%，高沸点酚类，w(酚类)= 1%~3%，w(重吡啶碱类)= 2%~4%，其余为一蒽油。

⑥ 二蒽油馏分 初馏点 310 ℃，馏出 50%时为 400 ℃，产率 4%~6%，密度 1.08~1.12 kg/L，w(萘)≤3%。

⑦ 沥青 为焦油蒸馏残余物，产率为 54%~56%。

（3）煤焦油的加工

① 焦油加工前的准备 由本厂生产的粗焦油及外厂来焦油均送入油库进行质量均合、初步脱水和脱盐。焦油储槽内设有水蒸气加热器，使焦油温度维持在 70~80 ℃，经静置 36 h 以上，可使焦油中的水初步脱至 w(水)= 2%~3%。在焦油蒸馏前的管式炉加热可使焦油最终脱水，w(水)<0.5%。

焦油中的铵盐，受热后会分解，生成游离氨，反应式为

$$NH_4Cl \xrightarrow{220\sim250\ ^\circ\mathrm{C}} HCl+NH_3$$

HCl 会严重腐蚀管道和设备，因此需除去。焦油中的水实际是氨水，其中所含挥发性铵盐随脱水除去，而绝大部分固定铵盐仍留在脱水焦油中。生产上采取的脱盐措施是加入质量分数为 8%~12% 碳酸钠溶液，使焦油中固定铵盐含量小于 0.01 g(固定铵盐)/kg(焦油)。

② 连续焦油蒸馏 目前大型的焦油加工均采用管式炉连续式装置进行焦油蒸馏，常采用一次蒸发操作。焦油在管式炉中很快加热到某一温度，在此温度下，由于加热设备内压力增高，低沸点组分不能完全蒸发，处于过热状态。然后将此焦油引入蒸发器内，由于蒸发空间突然扩大、压力急剧降低，焦油中沸点较低的组分闪蒸，即一次蒸发而分成气液平衡的两相。液相由底部排出，气相进入馏分塔，最后从馏分塔塔顶及各侧线引出各个馏分。

焦油馏分的产率与加热温度几乎成直线关系，即随加热温度的提高，馏分的产率增加，而沥青软化点也提高。但当加热温度超过 410~415 ℃，焦油会剧烈分解，这对提取焦油中低沸点馏分并无好处，而只是增加了原油馏分中的高沸点组分。最适宜的一次蒸发温度应保证从焦油中蒸出的酚和萘最多，并得到软化点为 80~90 ℃的沥青。为此管式炉中焦油加热的上限温度为 400~405 ℃。

连续焦油蒸馏流程有一塔式和两塔式。一塔式流程见图 6-1-11 所示。在流程中，原料焦油在焦油储槽中经加热静置脱水后，用泵打入管式炉对流段，在此加热到 120~130 ℃，送到一段蒸发器，进行蒸发脱水。脱水后的焦油进入无水焦油槽，再用泵打入管式炉辐射段，在此加热到 400 ℃左右，送入二段蒸发器的蒸发段，在二段蒸发器底部排出沥青，顶部逸出的馏分，进入馏分塔进行分馏。从馏分塔顶提取轻油馏分（95~115 ℃），在侧线自上而下分别提取酚油馏分

(165～185 ℃)、萘油馏分(200～215 ℃)、洗油馏分(225～245 ℃)、一蒽油(270～290 ℃),在塔底得二蒽油馏分(320～335 ℃)。这些馏分经各自的冷却器冷凝冷却,然后进入各自的中间槽。侧线引出的塔板数可根据馏分组成调节。馏分塔顶部出来的轻油和水的混合物经冷凝冷却、油水分离,轻油入中间槽,部分回流,剩余部分作为中间产品送往粗苯精制车间。馏分塔与二段蒸发器用的直接水蒸气经管式炉加热到 450 ℃后送入各塔的塔底。

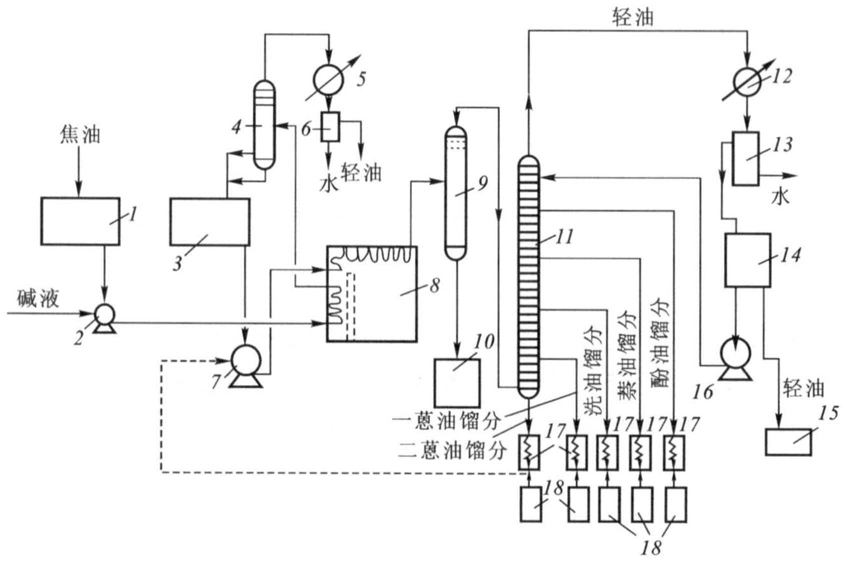

图 6-1-11 一塔式焦油蒸馏工艺流程图

1. 焦油槽;2,7,16.泵;3. 无水焦油;4. 一段蒸发器;5,12. 冷凝器;6,13. 油水分离器;8. 管式炉;
9. 二段蒸发器;10. 沥青槽;11. 馏分塔;14. 中间槽;15,18. 产品中间槽;17. 冷却器

在一塔式减压蒸馏流程中,轻油在脱水塔分出,馏分塔塔顶得酚油,侧线分出萘油、洗油和蒽油,塔底为软沥青。脱水焦油与馏分塔塔底软沥青换热后,再经管式炉加热到 340 ℃,入馏分塔。塔顶温度 112 ℃,侧线萘油、洗油、蒽油馏分温度分别为 160 ℃,210 ℃和 270 ℃,因此操作温度比常压塔低。由于减压操作(塔顶压力控制在 13.3 kPa),可以降低加热炉出口焦油温度,节能且可防止炉管结焦。

二塔式流程的不同点在于增加了一个蒽油塔,从塔底提取二蒽油,塔顶用洗油打回流。另外,除了上述切取窄馏分外,还有在一塔式流程中切取酚萘洗三混馏分,在二塔式流程中切取萘洗二混馏分的情况。这是为了使萘集中,简化蒸馏操作及洗涤操作。

焦油连续蒸馏,应注意设法提高萘和酚的回收率。常用萘集中度及酚的集中度表示。例如,萘集中度表示萘油馏分(或混合馏分)中萘量占焦油中萘量的质量分数。一塔式或二塔式流程的萘集中度在 86%～89%,而在切取混合馏分时,则可高于 90%。

煤焦油蒸馏所得的酚油、萘油和洗油馏分都含有萘、酚类和重吡啶类,见表 6-1-06。

表 6-1-06 煤焦油馏分的部分组成

馏分	沸点范围 ℃	产率/% (占无水焦油)	在馏分中的质量分数/%			提取率/%	
			萘	酚	吡啶碱	萘	酚类
轻油	<170	0.6*/0.42**	2.0/	0.5/2.5	0.8/	0.12/	0.17/
酚油	170~210	2.5/1.84	18.0/	38.0/23.7	6.2/6.0	4.5/	52.7/
萘油	210~230	10.0/16.23	82.0/73.3	6.0/2.95	3.8/2.6	82.2/	33.0/
洗油	230~300	9.5/6.7	8.0/6.5	1.5/2.4	4.5/7.6	7.6/	7.8/
一蒽油	300~360	17.4/22.7	2.5/1.8	0.7/0.64	6.7/	4.4/	6.7/
二蒽油	310~440	8.0/3.23	1.5/1.5	/0.4	—	1.2/	—

*分子为前苏联生产数据；

**分母为国内生产数据。

上述各焦油馏分经进一步加工,可分离制取多种产品,所提取的主要产品是:

① 萘　为无色晶体,易升华,不溶于水,易溶于醇、醚、三氯甲烷和二硫化碳,是焦油加工的重要产品。工业萘经氧化制取邻苯二甲酸酐,供生产树脂、工程塑料、塑料增塑剂、染料、医药及油漆。萘也可用于生产农药、植物生长刺激素、塑料与橡胶的防老剂等。

② 酚及同系物　酚是无色结晶,可溶于水和乙醇。酚广泛用于生产树脂、工程塑料、染料、油漆和医药等。甲酚可用于生产合成树脂、增塑剂、防腐剂、防老化剂和香料。

③ 蒽　蒽是无色片状结晶,有蓝色荧光,不溶于水,能溶于醇、醚、四氯化碳和二硫化碳,主要用于制造蒽醌类染料,还可用于制造合成皮革鞣剂等。

④ 菲　白色带荧光的结晶,可用于制取农药等,在焦油中含量仅次于萘,其应用还有待进一步开发。

⑤ 咔唑　无色小鳞片状晶体,不溶于水,微溶于乙醇、乙醚、丙酮、热苯及二硫化碳等,可用于制造染料和农药。

⑥ 各种油类　前述各馏分提取有关单组分产品后,留下各种油类产品。其中洗油馏分经脱二甲酚和喹啉碱类后得到洗油,主要用作回收苯类的溶剂。提取粗蒽结晶后的一蒽油可用作配制防腐油,其他油类可用于制造油漆的溶剂等。

⑦ 沥青　可用于制造屋顶涂料、防潮层、筑路、生产沥青焦和电极沥青等。

可见煤焦油产品应用广泛,国外先进的焦油加工厂已从中提取 200 多种产品,德国可从煤焦油制得 500 种不同的化学品。为了从煤焦油中提取量少价高的产品,煤焦油加工趋向于集中加工、大型化生产方向发展。

6-2 煤炭气化

煤的气化过程是一个热化学过程。它是以煤或煤焦(半焦)为原料,以氧气(空气、富氧或纯氧)、水蒸气或氢气等作气化剂(或称气化介质),在高温条件下通过化学反应把煤或煤焦中的可燃部分转化为气体的过程。煤的气化是最有应用前景的技术之一,这不仅因为煤气化的新技术相对较为成熟,而且煤转化为煤气之后,通过成熟的气体净化技术处理,对环境污染可减少到最低程度,例如煤炭多联产、煤气化联合循环发电,就是一种高效低污染的洁净煤新技术,其发展前景相当好。

一、煤炭气化原理

1. 煤气化的过程

煤的气化过程是在煤气发生炉(又称气化炉)中进行的。移动床气化时,发生炉与气化过程见图 6-2-01。

由图 6-2-01 可见,发生炉是由炉体、加煤装置和排灰渣装置等三大部分构成的,原料煤和气化剂逆向流动,气化原料煤由上部加料装置装入炉膛,依次下行,灰渣炉渣由下部的灰盘排出。气化剂由炉栅缝隙进入灰渣层,与热灰渣换热后被预热,然后进入灰渣层上部的氧化层;在氧化层中气化剂中的氧与原料中的碳反应,生成二氧化碳,生成气体和未反应的气化剂一起上升,与上面炽热的原料接触,二氧化碳和水蒸气分别与碳反应生成 CO 和 H_2,此层称为还原层;还原层生成的气体和剩余未分解的水蒸气一起继续上升,加热上面的原料层,使原料进行干馏,该层称为干馏层;干馏气与上升热气体混合物即为发生炉煤气、热煤气将上部原料预热干燥,进入发生炉上部空间,由煤气出口引出。发生炉用水夹套回收炉体散热。

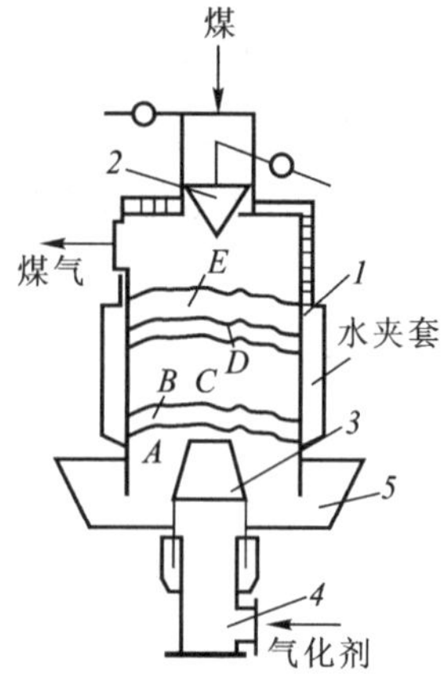

图 6-2-01 发生炉与气化过程示意图

1. 炉体;2. 加料装置;3. 炉栅;4. 送风口;5. 灰盘料层;A. 灰渣;B. 氧化层;C. 还原层;D. 干馏层;E. 干燥层

2. 煤气化的基本化学反应

表 6-2-01 列出了气化过程中发生的煤热裂解反应、均相反应和非均相反应以及它们的热效应。这些反应中,R_3 即水蒸气和碳反应的意义最大,它参与各种煤气化过程,此反应为强吸热反应;反应 R_4 也是重要的 CO_2 还原反应。加氢气化反应 R_5 对于制取合成天然气(SNG)很重要。氢或合成气的制造由反应 R_1,R_2 和 R_3 的组合来实现。

表 6-2-01 气化过程由碳的基本反应

			$\Delta H^{\ominus}$(298 K,0.1 MPa)	
			kJ/mol	kcal/mol*
非均相反应(气/固)	R_1部分燃烧	$C+0.5O_2 = CO$	−123	−29.4
	R_2燃烧	$C+O_2 = CO_2$	−406	−97.0
	R_3碳与水蒸气反应	$C+H_2O = CO+H_2$	+119	+28.3
	R_4 Boudouard 反应	$C+CO_2 = 2CO$	+162	+38.4
	R_5加氢气化	$C+2H_2 = CH_4$	−87	−20.9

续表

		$\Delta H^{\ominus}$(298 K,0.1 MPa)	
		kJ/mol	kcal/mol*
气相燃烧反应	R_6 $H_2+0.5O_2 = H_2O$	-242.00	-57.80
	R_7 $CO+0.5O_2 = CO_2$	-283.2	-67.64
均相反应(气/气)	R_8均相水煤气反应 $CO+H_2O = H_2+CO_2$	-42	-10.1
	R_9甲烷化 $CO+3H_2 = CH_4+H_2O$	-206	-49.2
热裂解反应	R_{10} $CH_xO_y = (1-y)C+yCO+x/2H_2$	+17.4**	
	R_{11} $CH_xO_y = (1-y-x/8)C+yCO+x/4H_2+8CH_4$	8.1**	

* 1 cal = 4.186 8 J;

* * 气焰煤 $x=0.847, y=0.079\ 4$。

煤中的少量元素氮和硫在气化过程中生成含氮的和含硫的产物,硫化物主要是 H_2S,COS,CS_2 等,主要的含氮化合物是 NH_3,HCN,NO 等。表6-2-02 是这些化合物的生成反应。

表 6-2-02 煤气化时发生的硫和氮的基本反应

元素	反应
S	$S+O_2 = SO_2$ $SO_2+3H_2 = H_2S+2H_2O$ $SO_2+2CO = S+2CO_2$ $2H_2S+SO_2 = 3S+2H_2O$ $C+2S = CS_2$ $CO+S = COS$
N	$N_2+3H_2 = 2NH_3$ $N_2+H_2O+2CO = 2HCN+1.5O_2$ $N_2+xO_2 = 2NO_x$

上述气固相反应速率相差很大,煤热裂解反应速率相当快,在受热条件下接近瞬间完成,而煤热解固体产物煤焦(或称半焦)的气化反应速率要慢得多,图6-2-02 是各种煤焦气化反应在常压和加压下气化反应速率的比较图。图中四根斜线是常压下煤焦分别与 O_2,H_2O,CO_2 和 H_2 反应速率与反应温度关系线。可见煤焦-O_2 的反应比其他三个反应快得多,大约快 10^5 倍,煤焦-H_2O 的反应比煤焦-CO_2 的反应快一些,约相差几倍,而煤焦-H_2 的反应是最慢的,约比煤焦-CO_2 的反应慢上百倍。图中也标出了测定反应速率时的压力值。可见由于反应速率与压力关系的不同,在较高压力下煤焦-H_2 的反应速率增大,和煤焦-H_2O 的反应速率差不多或还快一些。这因为煤焦-CO_2 和煤焦-H_2O 的反应在高压下反应对压力下来说趋于零级,而煤焦-H_2 的反应与压力呈 1~2 级关系。

3. 煤气化的分类方法

煤气化有很多种分类方法,目前最通用的分类方法是按反应器类型分类,可分为:① 移动床

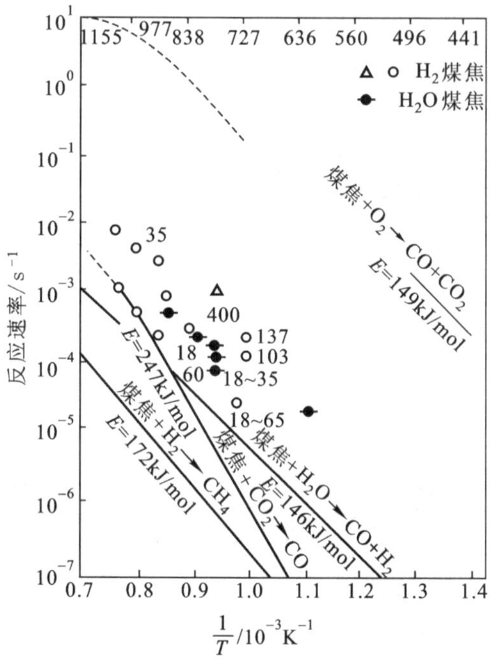

图 6-2-02 在常压和高压下煤焦气化反应速率的比较

(固定床);② 流化床;③ 气流床;④ 熔融床(熔浴床)。前三类方法已工业化,如图 6-2-03,图中显示了反应物和产物在反应器内流动情况以及床内反应温度的分布。

4. 煤性质对气化的影响

气化用煤的性质包括反应活性、黏结性、结渣性、热稳定性、机械强度、粒度组成以及煤的水分、灰分、硫分和煤灰熔融性等。

(1) 煤的反应活性　这是指在一定的条件下,煤炭与不同气化介质(如二氧化碳、氧、水蒸气和氢)相互作用的反应能力,反应活性又称为反应性。实验室评价煤反应活性的方法有两种:a) 采用热天平,在一定的反应条件下,由失重曲线得到比反应速率[单位:mg/(mg · min)];b) 用固定床装置,取脱去挥发分的煤焦,装入反应管,通入定量的 CO_2,测定不同温度下 CO_2 还原率作为对 CO_2 反应性的指标。

(2) 煤的黏结性　对于移动床煤气化方法,若煤料在气化炉上部黏结成大块,将破坏料层中气流的分布,严重时会使气化过程不能进行,对流化床气化法,若煤粒黏结成大颗粒或块,则会破坏正常的流化状态。适用的气化用煤是不黏结或弱黏结性煤。由于在气流床气化炉内,煤粒之间接触甚少,故可使用黏结性煤。

(3) 结渣性　煤中矿物质,在气化和燃烧过程中,由于灰分软化熔融而变炉渣的性能称为结渣性。对移动床气化炉,大块的炉渣将会破坏床内均匀的透气性,严重时炉箅不能顺利排渣,需用人工破渣,甚至被迫停炉。通常用煤灰软化温度(*ST*)来判断煤炭是否容易结渣,煤灰软化温度越低的煤,越易结渣。固态排渣气化用煤要求 $ST>1\,250$ ℃;液态排渣气化炉,一般希望 $ST<1\,350$℃。

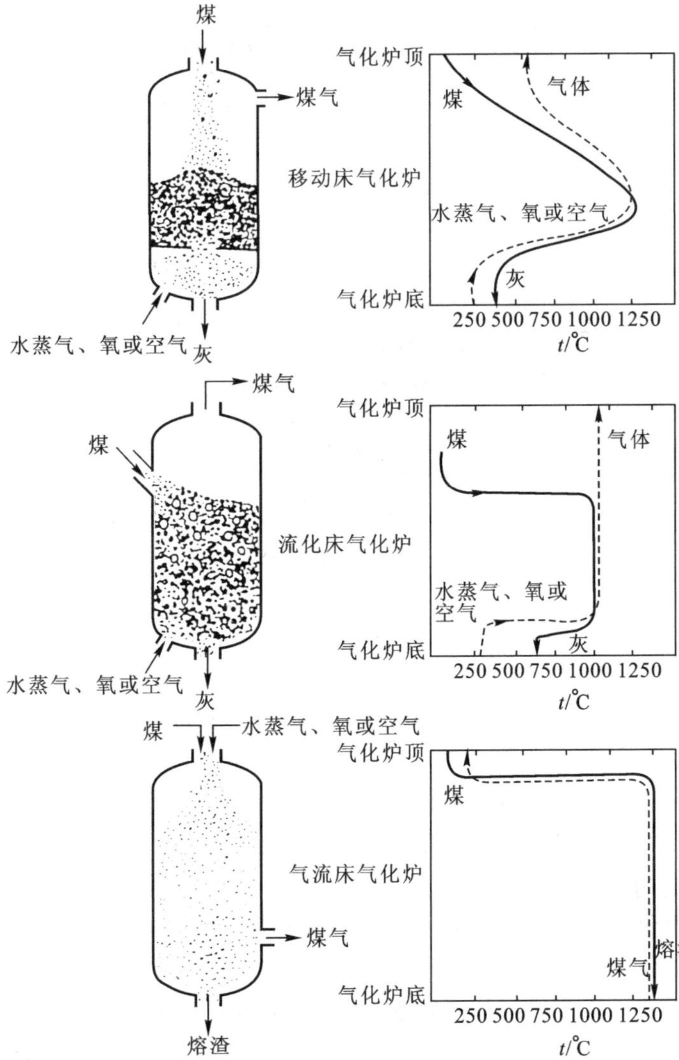

图 6-2-03 三类煤气化炉及床内温度分布图

（4）煤灰的黏温特性 液态排渣气化炉的操作实践表明，为了正常排渣，灰渣黏度不宜超过 250 Pa·s。实验室可用高温旋转黏度计测定，测试温度范围为 1 000~1 750 ℃，由灰渣黏度与温度关系可以确定临界黏度温度 T_{cv}，T_{cv}也可由煤灰组成按经验方程计算。

（5）热稳定性 煤的热稳定性指煤在加热时，是否易于破碎的性质。对于移动床气化炉来讲，热稳定性差的煤，将会增加炉内阻力和带出物量，降低气化效率。

（6）机械强度 煤的机械强度是指煤的抗碎强度、耐磨强度和抗压强度等综合性的物理、机械性能。就移动床气化炉而言，煤的机械强度与飞灰带出物和气化强度有关，为保证气化炉正常运行，减少带出物量，需用机械强度高的煤。机械强度低的煤，只能采用流化床和气流床气化。

（7）粒度分布 不同的气化工艺对煤的粒度要求不同，移动床气化炉要求粒度为 10~100 mm的均匀块煤、流化床气化炉要求粒度为 0~8 mm 的细粒煤，气流床气化炉则要求粒度为小于 0.1 mm 的粉煤,熔融床要求粒度为小于 6 mm 的煤。不论对何种气化工艺,所用的粒度组成对气化产生很大影响。流化床气化时,粒度分布过宽,随气流带出的小颗粒较多。移动床气化时,粒度不均匀时,将导致炉内燃料层结构不均匀,大颗粒燃料滚向炉壁,小颗粒落在燃料层中心,大部分气化剂集中于炉壁周边,使燃烧层上移,严重时使燃料层烧穿。

(8) 燃料的水分、灰分和硫分 控制煤的水分和灰分主要是为了维持正常气化过程,取得较好的气化效率。当用氧气作气化剂时,更应控制燃料水分,否则氧耗过高。煤气化时,硫基本上以 H_2S 形式以及少量有机硫(COS,CS_2 等)形式转移到煤气中去。

5. 煤气化过程的指标

常用下列几种指标来评价煤气化过程,它们分别是

(1) 煤气产率 每单位质量煤气化所得煤气的体积[Nm^3/kg(煤)]。

(2) 气化强度 气化炉每单位炉截面积在每小时气化的煤质量[kg(煤)/(m^2·h)],或气化炉每单位容积在每小时气化的煤质量[kg(煤)/(m^3·h)]。

(3) 气化效率 又称冷煤气效率。每千克煤气化所得冷煤气在完全燃烧时放出的热量与气化煤的发热量之比(%)。

$$\eta_{气}=\frac{Q_{气}}{Q_{燃}}\times100\%=\frac{Q\cdot V}{Q_{燃}}\times100\%$$

式中: $\eta_{气}$——气化效率,%;

$Q_{气}$——煤气的热量,kJ/kg(煤);

$Q_{燃}$——使用燃料的发热量,kJ/kg(煤);

Q——煤气的热值,在标准状态下 kJ/Nm^3;

V——煤气产率,在标准状态下 Nm^3/kg(煤)。

(4) 热效率 气化热效率表示所有直接加入气化过程中热量的利用程度。还应考虑气化过程中吹入空气和水蒸气所带入的热量。当气化过程中焦油被利用时,焦油作为可利用的热。计算中均以每千克煤为基准。

$$\eta_{热}=\frac{Q_{气}+Q_{焦油}}{Q_{燃}+Q_{鼓风}}$$

式中: $\eta_{热}$——气化过程的热效率,%;

$Q_{焦油}$——焦油的发热量,kJ;

$Q_{鼓风}$——气化剂带入的热量,kJ。

二、 煤炭气化工艺

1. 移动床煤气化

移动床气化方法又分常压及加压两种。常压方法比较简单,但对煤种有一定要求,要用块煤,低灰熔点的煤难以使用。常压方法单炉生产能力低,常用空气-水蒸气为气化剂,制得低热值煤气,煤气中含大量的 N_2,不定量的 H_2,CO,CO_2,O_2 和少量的气体烃。加压方法常用氧气与水蒸气为气化剂,对煤种适用性大大扩大。为了进一步提高过程热效率又开发了液态排渣的移

动床加压气化炉,它又是加压移动床的一种改进型式。

(1) 混合发生炉煤气 采用水蒸气与空气的混合物为气化剂,制成的煤气称为混合发生炉煤气。目前这种煤气在国内应用相当广泛。

① 理想发生炉煤气 理论上,制取混合发生炉煤气是按下列两个反应进行的:

$$2C+O_2+3.76N_2 \xlongequal{} 2CO+3.76N_2+246\ 435\ \text{kJ}\cdot\text{kmol}^{-1}(\text{碳})$$

$$C+H_2O \xlongequal{} CO+H_2-118\ 821\ \text{kJ}\cdot\text{kmol}^{-1}(\text{碳})$$

理想的发生炉煤气的组成取决于这两个反应的热平衡条件,即满足放热反应与吸热反应的热效应恒等的条件。为了达到这个条件,每 2 kmol 碳与空气反应,则与水蒸气起反应的碳应为

$$\frac{246\ 435\ \text{kJ}\cdot\text{kmol}^{-1}(\text{碳})}{118\ 821\ \text{kJ}\cdot\text{kmol}^{-1}(\text{碳})}=2.07\ \text{kmol}(\text{碳})/2\ \text{kmol}(\text{碳})$$

所以,4.07 kmol(碳)与水蒸气-空气混合物相互作用,在理论上产生的煤气量为

$$4.07\ \text{kmol}+2.07\ \text{kmol}+3.76\ \text{kmol}=9.9\ \text{kmol}$$

煤气组成为

$$\varphi(CO)=4.07\ \text{kmol}/9.9\ \text{kmol}\times100\%=41.1\%$$

$$\varphi(H_2)=2.07\ \text{kmol}/9.9\ \text{kmol}\times100\%=20.9\%$$

$$\varphi(N_2)=3.76\ \text{kmol}/9.9\ \text{kmol}\times100\%=38.0\%$$

在标准状态下煤气的产率为

$$V=\frac{9.9\ \text{kmol}\times22.4\ \text{Nm}^3/\text{kmol}}{4.07\ \text{kmol}(\text{碳})\times12\ \text{kg}(\text{碳})/\text{kmol}(\text{碳})}=4.54\ \text{Nm}^3/\text{kg}(\text{碳})$$

在标准状态下煤气的热值为

$$Q=\frac{12\ 633\ \text{kJ/Nm}^3\times41.1\%+10\ 804\ \text{kJ/Nm}^3\times20.9\%}{100\%}=7\ 450\ \text{kJ/Nm}^3$$

气化效率为

$$\eta=\frac{7\ 450\ \text{kJ/Nm}^3\times4.54\ \text{Nm}^3/\text{kg}(\text{碳})}{406\ 418\ \text{kJ/kmol}(\text{碳})\times12\ \text{kg}(\text{碳})/\text{kmol}(\text{碳})}\approx100\%$$

实际上制取混合发生炉煤气,不可避免有许多热损失(如煤气带走的显热,留在灰渣中的残碳等),水蒸气分解和 CO_2 还原进行不完全,使实际的煤气组成、气化效率与理论计算值有显著差异。

② 炉内状况分析与工艺条件控制 经实测移动床气化炉内各层的气体组成,得到图 6-2-04。这是以焦炭为原料及气化强度为 50~350 kg/(m^2·h)的条件下进行的。由图 6-2-04 可见:a) 气化剂中的氧,经过灰渣层的预热,进入燃料层 7~10 cm(氧化层)后,就几乎全部消耗,CO_2 达最大值,并开始出现 CO;b) 在氧消失后水蒸气才开始分解,这大约在氧化层以上 30~40 cm 区间内进行,同时发生 CO_2 的还原反应 R_4,气体中 H_2 和 CO 增加很快,这一层是在还原层的下部,可称为第一还原层;c) 第一还原层上方约 40 cm 为第

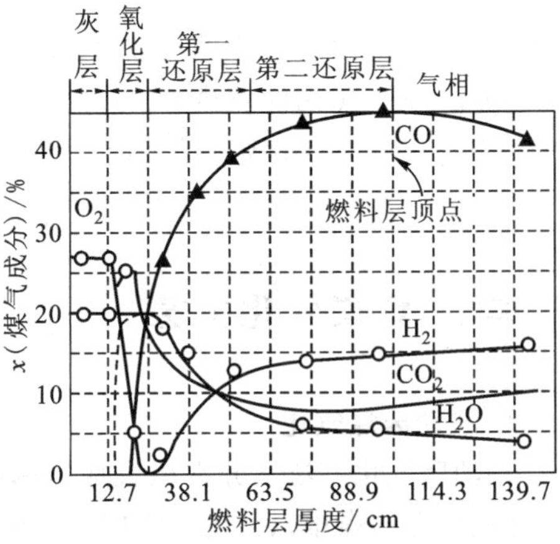

图 6-2-04 炉内各处的气体组成

二还原层，这里除了进行 CO_2 的还原反应 R_4 外，还进行均相反应 R_8；d）在燃料层上部空间，气相中 CO 和 H_2O 含量在减少，而 CO_2 和 H_2 在增加，说明 R_8 仍在进行。

气化剂中水蒸气的作用是很大的，水蒸气分解吸收热量，可降低炉温，防止结渣，水蒸气的分解可改善煤气的质量，使煤气热值提高，但是水蒸气气量过大，炉温太低，CO_2 还原反应速率降低，而且未分解的水蒸气量增加，热效率下降。

③ 实际生产指标　表 6-2-03 列出了我国典型煤种的气化指标，可见气化效率约在 63%～80%。

表 6-2-03　各种煤在机械化发生炉中的实际气化指标示例

		大同煤	阳泉煤	抚顺煤	鹤岗煤	气煤焦	阜新煤	淮南煤	小龙潭褐煤
原料分析	水分 M_{ar}/%	3～5	4.12	5～6	1.69	19.52	8.0	1.47	9～28
	灰分 A_d/%	<10	23.14	7～8	17.94	12.49	12.0	16.75	6～28
	挥发分 V_{daf}/%	≥30	7.07	36～37	34.23	0.96	37.5	30.66	31～40
	硫分 S_{ad}/%		1.68	0.12	0.078		<1	2.43	0.79
	热值 Q/(MJ · kg^{-1})	≥27.2	26.5	27.2	27.9	30.1	22.9	29.1	13.9
气化指标 干煤气组成	$\varphi(CO_2)$/%	2～4	5.5	4.2	4.4	8.8	4.0	3.8	10
	$\varphi(CO)$/%	≥28.5	25.5	28.5	28.3	26.6	28.2	28.5	23.5
	$\varphi(H_2)$/%	12	4.5	13.8	11.1	16.0	11.0	13.2	12
	$\varphi(CH_4)$/%	3～5	1.8	2.7	4	3.1	2.5	1.7	0.9
	$\varphi(C_mH_n)$/%	0.4		0.7	0.6		0.3	0.8	
	$\varphi(O_2)$/%	0.2	0.4	0.2	0.2	0.5	0.2	0.2	0.1
	$\varphi(H_2S)$/%		0.17						
	$\varphi(N_2)$/%	>50	52.1	48～53	51.4	45.0	52.8	51.8	55
气化指标	煤气热值/(kJ · m^{-3})	6 071	5 443	6 364	6 589	6 662	5 987	5 987	5 024
	煤气产率/(m^3 · kg^{-1})	3.1	3.15	2.85	2.77	3.6	3.0	3.0	
	冷煤气效率/%	69.2	64.7	66.7	65.4	79.7	78.7	61.7	
	气化强度/(kg · m^{-2} · h^{-1})	210～260	385	358	292	214	425	420	200
消耗指标	空气耗量/(m^3 · kg^{-1})	2.31	2.1	2.3	1.85	2.3	2.2	2.1	
	水蒸气耗量/(kg · kg^{-1})	0.34	0.56	0.22	0.23	0.49	0.25	0.33	
	气化剂饱和温度/℃	45～65	63	48～52	60	58～60	48～55	60～63	
	煤气炉出温度/℃	≤600	550	540	550	400～500	500	550	350～550
	炉渣含碳的质量分数/%	≤14	18	11.3	21	10.1	11～12	15～20	

④ 煤气发生炉　国内使用数量最多的是 3M13 型和 3W—G 型炉。图6-2-05 是 3M13 型煤气发生炉。其特点是采用双滚筒连续进料方式,采用回转炉箅连续排灰,炉内带有搅拌棒破黏,适用于长焰煤、气煤等弱黏结性煤种。炉内径 3 m,进风口直径 500 mm,煤气出口直径 900 mm,最大风压4 000~6 000 Pa,耗煤1 700~2 500 kg/h,煤气产量 5 500~8 000 m^3/(h · 台),水蒸气和空气用量分别为0.3~0.5 kg(水蒸气)/kg(煤)和 1.5~2.5 m^3(空气)/kg(煤)。

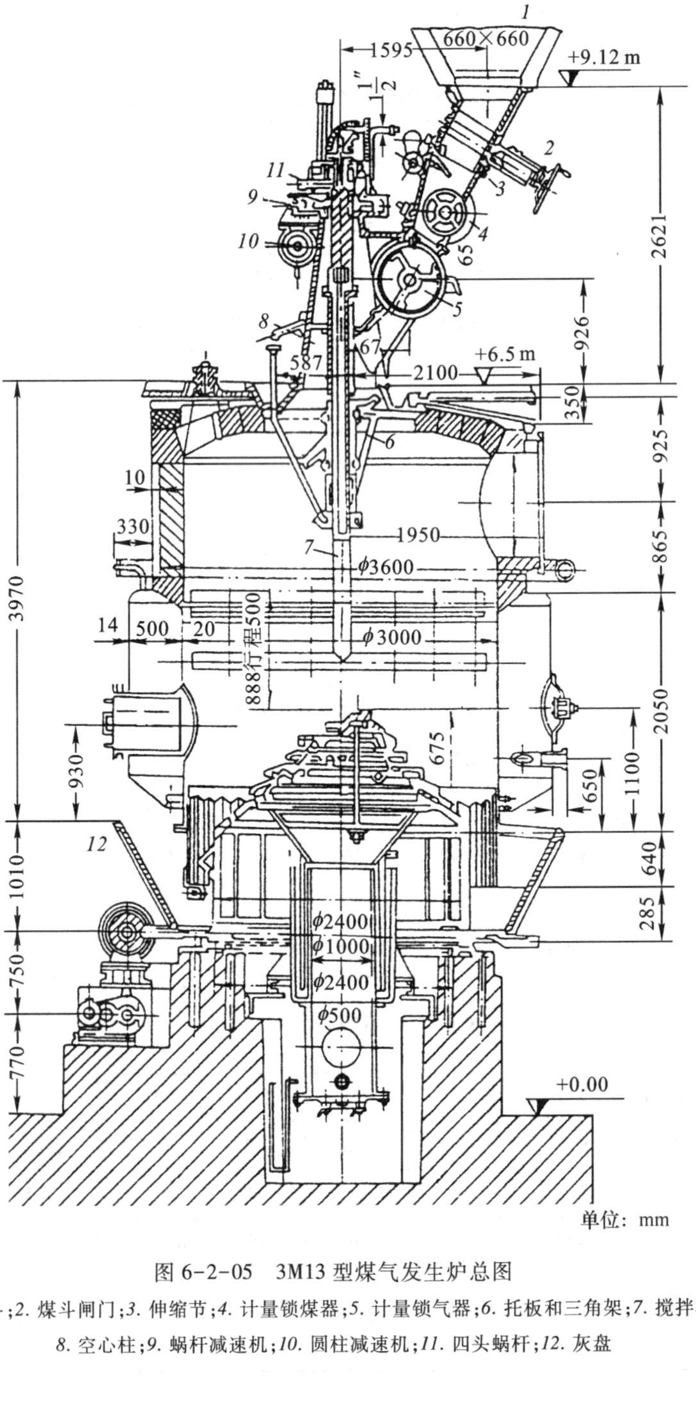

图 6-2-05　3M13 型煤气发生炉总图

1. 料斗;*2.* 煤斗闸门;*3.* 伸缩节;*4.* 计量锁煤器;*5.* 计量锁气器;*6.* 托板和三角架;*7.* 搅拌棒;*8.* 空心柱;*9.* 蜗杆减速机;*10.* 圆柱减速机;*11.* 四头蜗杆;*12.* 灰盘

3W—G 炉(威尔曼—格鲁夏炉)有不带搅拌装置与带搅拌装置的两种。国内常用不带搅拌装置的,采用焦炭或无烟煤为原料。其特点是:液压加料,煤连续进入炉内,液压干法除灰,全水夹套,炉直径 3 m,处理煤量 1 800~2 500 kg/h,产气量 5 000~7 500 m^3/h,煤气热值 4 605~5 443 kJ/m^3。

(2) 移动床加压气化　移动床加压气化的最成熟炉型是鲁奇(Lurgi)炉。它和常压移动床一样,也是自热式逆流反应器,所不同的是采用氧气-水蒸气或空气-水蒸气为气化剂,在 2.0~3.0 MPa的压力和 900~1 100 ℃温度条件下进行的连续气化法。

鲁奇加压气化法的优点是:① 可以用劣质煤气化,煤灰软化温度较低,粒度较小(5~25 mm),水分较高[w(水)= 20%~30%]和灰分较高[w(灰分)= 30%~40%]的煤都可使用。特别适用于褐煤气化,因而扩大了气化用煤的范围;② 加压气化生产能力高,用褐煤气化强度可达 2 000~2 500 kg/(m^2·h),这比常压气化炉高 5 倍左右,而且不增加带出物量;③ 氧耗量低,在 2 MPa压力下气化所需的氧量仅为常压气化的 2/3,压力增加,氧耗还可降低;④ 因是逆向气化,煤在炉内停留时间达 1 h,反应床的操作温度和炉出口煤气温度低,碳转化效率高,气化效率可达 80%~90%;⑤ 加压气化只需压缩占煤气体积 10%~15%的氧气,这对使用加压煤气的用户来说,可以大大降低动力消耗;⑥ 加压煤气可以远距离输送到用户,无需设立加压站进行区域供气;⑦ 加压气化使气化炉及管道设备的体积大大缩小,降低金属耗量和减少投资。

① 加压下床层的分布　加压气化过程和常压相似,自上而下可分成:干燥层、干馏层、甲烷层、气化层、氧化层和灰渣层。气化层相当于常压的还原层。除甲烷层外,其他各层的作用和常压过程一样。在加压下为甲烷生成反应创造了条件,这时的主要甲烷化反应是

$$C+2H_2 \longrightarrow CH_4+8\ 7362\ J/mol$$

$$CO+3H_2 \longrightarrow CH_4+H_2O+206\ 161\ J/mol$$

在甲烷层,温度较低,停留时间又长,甲烷生成量较多。

② 气化压力的影响与压力的选择　表 6-2-04 给出了在不同压力下的试验结果,以褐煤为原料,炉内气化温度为 1 000 ℃。

表 6-2-04　褐煤在不同压力下的气化试验结果

指标		单位	气化压力/MPa				
			0.1	1	2	3	4
粗煤气(干)组成	$\varphi(CH_4)$	%	2.4	6.8	12.5	17.4	24.1
	$\varphi(H_2)$	%	45.6	41.3	36.3	28.1	23.4
	$\varphi(C_mH_n)$	%	0.2	0.3	0.5	1.1	2.8
	$\varphi(CO)$	%	30.2	23.9	18.9	18.1	13.8
	$\varphi(CO_2)$	%	21.6	27.7	31.8	35.3	35.9
净煤气(干)组成	$\varphi(CH_4)$	%	2.7	9.4	17.8	29.4	38.8
	$\varphi(H_2)$	%	58.0	56.8	53.9	44.5	37.6
	$\varphi(C_mH_n)$	%	0.3	0.4	0.7	1.7	3.1
	$\varphi(CO)$	%	39.0	33.4	27.6	24.4	20.5

续表

指标		单位	气化压力/MPa				
			0.1	1	2	3	4
净煤气发热值（在标准状态下）		kJ/m^3	12 319	14 831	17 163	19 360	21 784
净煤气/粗煤气			0.784	0.723	0.682	0.664	0.641
焦油	以煤计的产率	%	4.3	6.4	8.8	10.1	11.8
	相对铝甄的产率	%	41.6	51.2	71.2	86.3	94.3
	轻质油以煤计的产率	%	0.3	1.3	2.04	2.86	4.23
氧气消耗量（在标准状态下）		Nm^3（O_2）/m^3（净煤气）	0.186	0.169	0.154	0.138	0.127
水蒸气消耗量（在标准状态下）		kg（水蒸气）/m^3（净煤气）	0.464	0.807	1.03	1.28	1.46
净煤气产率（在标准状态下）		Nm^3（净煤气）/ kg（煤）	1.45	1.05	0.71	0.64	0.56
热效率	生成煤气热/进炉总热	%	88.2	79.5	73.9	68.2	61.5
	水蒸气分解率	%	64.7	50.3	37.5	30.1	29.0
	气化强度	kg（煤）/（m^2 · h）	420	750	1 500	1 800	2 200

由此得到如下结论：a）随着压力的提高，煤气中 CH_4 和 CO_2 含量增加，H_2 和 CO 含量减少，净化后煤气热值增加，这是因为甲烷化反应随压力增加而加快；b）氧耗随着压力增加而下降，这是由于甲烷化是放热反应的缘故；c）随着压力增加，水蒸气消耗量增加，而分解率大幅度下降，例如在 2.0 MPa 时，以净煤气计的水蒸气消耗量为常压的 2.2 倍，而水蒸气分解率从常压的 65% 下降到 37% 左右，水蒸气分解的绝对量增加 20%；d）气化炉生产能力随着压力增加而增加，这是因为加压加快了反应速率，又增加了气-固反应接触时间。在加压下的生产强度约为常压的 $\sqrt{p}$ 倍；e）净煤气产率随压力增加而下降。总之提高气化压力带来了种种有利之处，但因为水蒸气分解率的下降，热效率随压力增加而下降。目前生产中一般在低于 3 MPa 下进行气化，而且压力愈高，对设备的技术要求也高，在减压使用时，还要增设能量回收装置。

③ 操作温度与汽氧比　炉温偏低些有利于甲烷的生成反应，但从生产能力考虑应尽可能提高气化温度。最适宜的气化温度应根据煤灰软化温度来确定，操作温度不能超过 *ST*。控制温度的主要方法是改变汽氧比［单位：kg（水蒸气）/m^3（氧）］，汽氧比增加炉温下降。通常生产城市煤气时，气化层温度 950~1 050 ℃左右，生产合成气时可提高到 1 150 ℃左右。各种用煤的汽氧比变动范围是：褐煤 6~8，烟煤 5~7，无烟煤和焦炭 4.5~6。

④ 鲁奇气化炉　图 6-2-06 是第三代鲁奇加压气化炉示意图，它包括：煤锁（即煤箱）、气化炉和灰锁（即灰箱）三部分，煤通过煤锁由常压系统加到气化炉内，采用上下阀加煤形式。排灰的灰锁与煤锁形式相似。气化炉内设有煤分布器及破黏的搅拌器。炉箅为四层宝塔形形式。

出气化炉的粗煤气温度为 450 ℃，通过喷淋式冷却器冷到 190 ℃，重质焦油被冷凝下来，粗煤气经废热锅炉再被冷到 103 ℃，冷却后的粗煤气经 CO 变换装置，可根据需要调节变换比例，然后煤气进入净化系统。常采用低温甲醇洗脱硫和脱油。

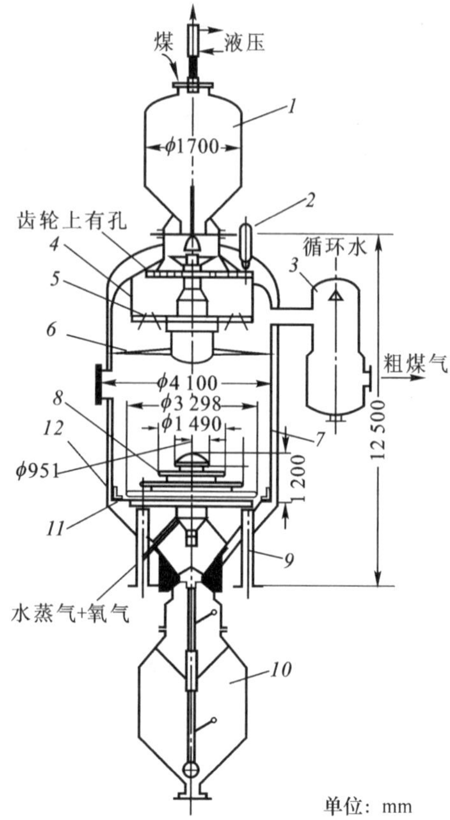

图 6-2-06　第三代鲁奇加压气化炉示意图

1. 煤箱；*2.* 上部传动装置；*3.* 喷冷器；*4.* 裙板；*5.* 布煤器；*6.* 搅拌器；*7.* 炉体；*8.* 炉箅；*9.* 炉箅传动装置；*10.* 灰箱；*11.* 刮刀；*12.* 保护板

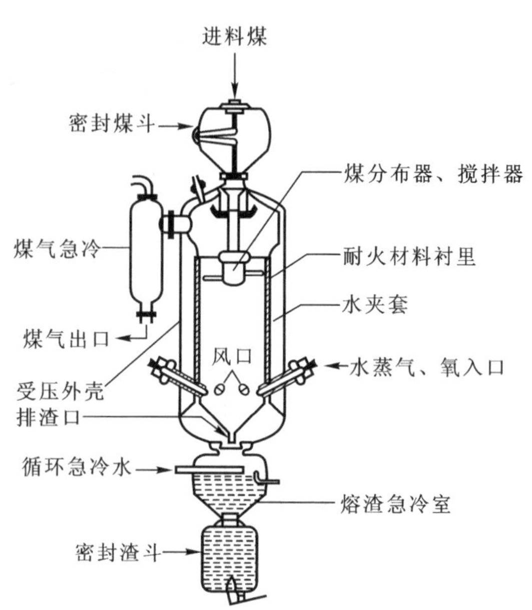

图 6-2-07　BG/L 熔渣气化炉示意图

⑤ 液态排渣鲁奇炉　固态排渣鲁奇炉的主要缺点是水蒸气用量大，分解率低。为了克服这些缺点，开发了液态排渣的技术。英国煤气公司 BG/L 熔渣气化炉示意图见图 6-2-07。

采用液态排渣技术后，煤气化指标有了明显的改进：a）气化炉生产能力提高 3～4 倍；b）水蒸气分解率大为提高，后续系统的冷凝液量大为减少；c）粒度小于 6 mm 的粉煤以及自产的煤气水废液可制成水煤浆，喷入炉内造气，改善了环境；d）过程热效率比固态排渣提高 6%。这因为水蒸气用量减少，灰渣中碳含量 w（碳）<2%，带出物量也大为减少，缺点是氧耗高和煤气中 φ（CO）= 50%～60%。

2. 碎煤流化床气化

发展流化床气化方法的原因是为了提高单炉的生产能力和适应采煤技术的发展，直接使用小颗粒碎煤为原料，并可利用褐煤等高灰分劣质煤。它又称为沸腾床气化，把气化剂（水蒸气和富氧空气或氧气）送入气化炉内，使煤颗粒呈沸腾状态进行气化反应。在反应床内，当气流速率低于流态化临界速率为移动床，当气流速率高于颗粒极限沉降速率为气流床，当气流速率介于这两个速率之间时为流化床。

（1）温克勒（Winkler）煤气化工艺　温克勒煤气化方法是流化床技术发展过程中，最早用于工业生产的。第一套装置于 1926 年投入运行。图6-2-08 是该气化炉的示意图及其工艺流程。它是一个内衬耐火材料的立式圆筒形炉体，下部为圆锥形状。水蒸气和氧气（或空气）通过位于流化床不同高度上的几排喷嘴加入。其下段为圆锥形体的流化床，上段的高度约为流化床高度的 6~10 倍，作为固体分离区。在床的上部引入二次水蒸气和氧气，以气化离开床层而未气化的碳。二次气化区相当于悬浮床气化，该处温度比床内操作温度高 200 ℃左右。使用低活性煤时，二次气化可显著改善碳的转化率。

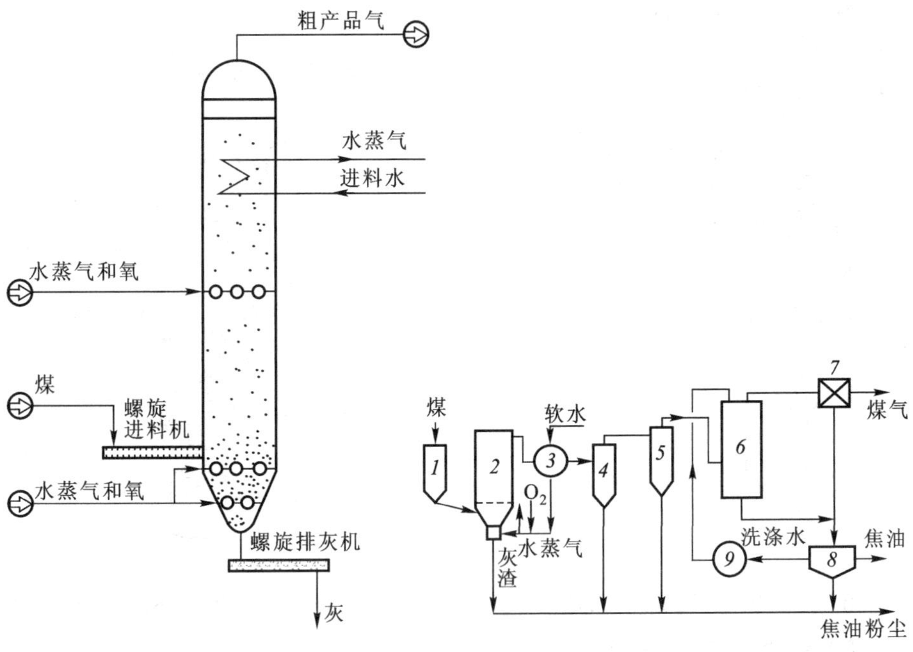

图 6-2-08　温克勒气化炉示意与工艺流程图

1. 料斗；*2.* 气化炉；*3.* 废热锅炉；*4*，*5.* 旋风除尘器；*6.* 洗涤塔；
7. 煤气净化装置；*8.* 焦油水分离器；*9.* 泵

颗粒粒度为 0~8 mm 的原料煤，用螺旋进料机加入炉内，它能控制加料速率，也起到密封作用。入炉煤很快达到炉内的均一温度，气化后剩下的颗粒按颗粒大小和相对密度分离，大颗粒落下进入底部的卸灰装置，而较轻颗粒被煤气带出。炉上部设置辐射锅炉，使气体温度下降 180~230 ℃，从而使熔化的灰粒再固化。

典型的工业规模的温克勒炉内径 5.5 m，高 23 m，以褐煤为原料，氧/水蒸气鼓风时生产能力 47 000 m^3/h，空气/水蒸气鼓风时为 94 000 m^3/h，生产能力可在 25%~150%范围内变化。粗煤气的出炉温度一般在 900 ℃左右，还含有大量粉尘，经废热锅炉回收热量后，再经两级旋风除尘器及洗涤塔，含尘量降至 5~20 mg(尘)/m^3(煤气)，煤气温度降至 35~40 ℃。该工艺的气化指标列于表6-2-05。

表 6-2-05 温克勒气化工艺流程的气化指标

指标		褐煤(1)	褐煤(2)
对原料煤的分析	w(水分)/%	8.0	8.0
	w(C)/%	61.3	54.3
	w(H)/%	4.7	3.7
	w(N)/%	0.8	1.7
	w(O)/%	16.3	15.4
	w(S)/%	3.3	1.2
	w(灰分)/%	13.8	23.7
	热值 HHV/(kJ · kg^{-1})	21 827	18 469
煤气组成与热值	φ(CO)/%	22.5	36.0
	$\varphi(H_2)$/%	12.6	40.0
	$\varphi(CH_4)$/%	0.7	2.5
	$\varphi(CO_2)$/%	7.7	19.5
	$\varphi(N_2)$/%	55.7	1.7
	$\varphi(C_mH_n)$/%	—	—
	$\varphi(H_2S)$/%	0.8	0.3
	产品气热值 HHV/(kJ · m^{-3})	4 663	10 146
条件	水蒸气/煤比/[kg(水蒸气) · kg^{-1}(煤)]	0.12	0.39
	氧/煤比/[kg(氧) · kg^{-1}(煤)]	0.59	0.39
	空气/煤比/[kg(空气) · kg^{-1}(煤)]	2.51	—
	气化温度/℃	816~1 200	816~1 200
	气化压力/MPa	~0.098	~0.098
	炉出温度/℃	777~1 000	777~1 000
结果	煤气产率/(m^3 · kg^{-1})	2.91	1.36
	气化强度/(kJ · m^{-3} · kg^{-1})	20.8×10^4	21.2×10^4
	碳转化率/%	83.0	81.0
	气化效率/%	61.9	74.4

温克勒炉的优点是生产能力大，结构简单，可用小颗粒煤，煤气中无焦油等，其缺点是碳转化

生了两种干煤粉进料的加压下操作的煤气化方法：Shell 法和 Prenflo 法，两种方法基本相似。

② Shell 法　Shell 公司先建立了一座 400 t(煤)/d 的示范装置，定名为 SCGP—1 型。Shell 煤气化法的典型流程示于图 6-2-11。原煤经粉碎干燥至含水 w(水分)<2%，粒度 90%通过 90 μm(170 目)筛孔。煤由常压煤仓进加压煤仓，粉煤用氮气浓相输送[400 kg(煤)/m^3(氮气)]入气化炉。气化温度超过 1 370 ℃。熔化煤灰沿炉壁流入水浴固化，通过锁斗而排出。粗煤气用循环冷煤气激冷到 900~1 100 ℃，以避免黏性灰渣进入废热锅炉，煤气通过废热锅炉被冷到 300 ℃，然后进入除尘和水洗系统。

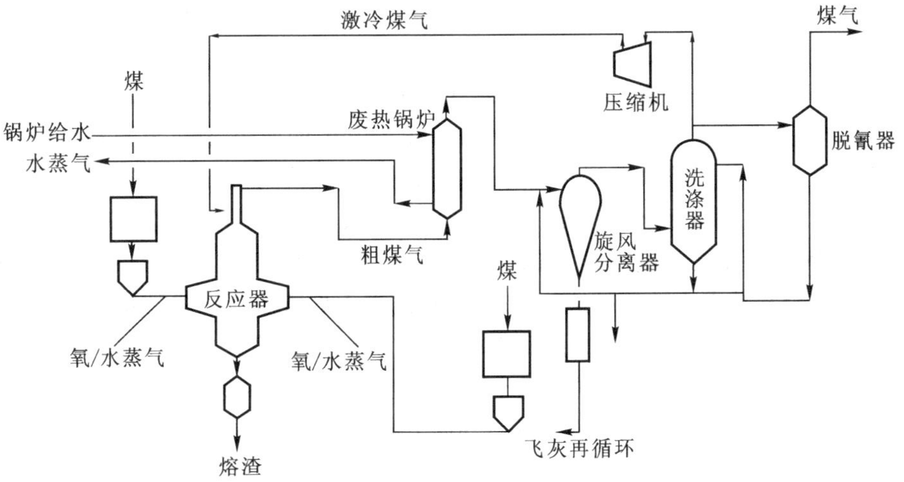

图 6-2-11　Shell 气化法的典型流程图

(3) 湿法进料的气流床气化方法　主要有 Texaco、Destec 和多喷嘴对置式气化炉等，它们是最成熟的第二代气流床气化炉，其单炉生产能力达 2 000 t/d。

Texaco 煤气化方法是由美国 Texaco 公司开发的，并已在美国、欧洲、日本和我国建立了许多套商业化装置。目前最大的单炉容量达 2 660 t(煤)/d，用于联合循环发电。

Texaco 气化流程有激冷流程和废锅流程。图 6-2-12 是激冷流程。煤经湿磨后，与水制成水煤浆，典型的煤浆中煤的质量分数为 60%左右。煤浆中煤粒最大粒径不超过 1 mm 粒度大于 90 μm 的不超过 30%。用高压煤浆泵送到气化炉。Texaco 炉是液态排渣炉，操作温度必须大于煤的灰熔点，一般在 1 300~1 500 ℃。当灰熔点高于 1 500 ℃时，需添加助熔剂。气化压力可达到8.0 MPa，煤在炉内气化时间约在 3~10 s 之间。氧碳比约在 0.9~0.95 之间。碳转化率约 98%~99%。冷煤气效率为 70%左右。

Texaco 气化方法的特点是：a) 采用水煤浆进料，没有干法磨煤、煤锁进料等问题，比干法加料安全可靠，容易在高压下操作；b) 在高温、高压下气化，碳转化率高达 98%~99%，可以使用各种煤；c) 负荷适应性强，在 50%负荷下，仍能正常操作；d) 从环境保护上讲，Texaco 煤气化方法优于其他气化方法，不但无废水生成，还可添加其他有机废水制煤浆，气化炉起焚烧炉的作用，排出的灰渣呈玻璃光泽状，不会产生公害。Texaco 方法的主要问题是因煤浆中水分高，因而氧耗高。

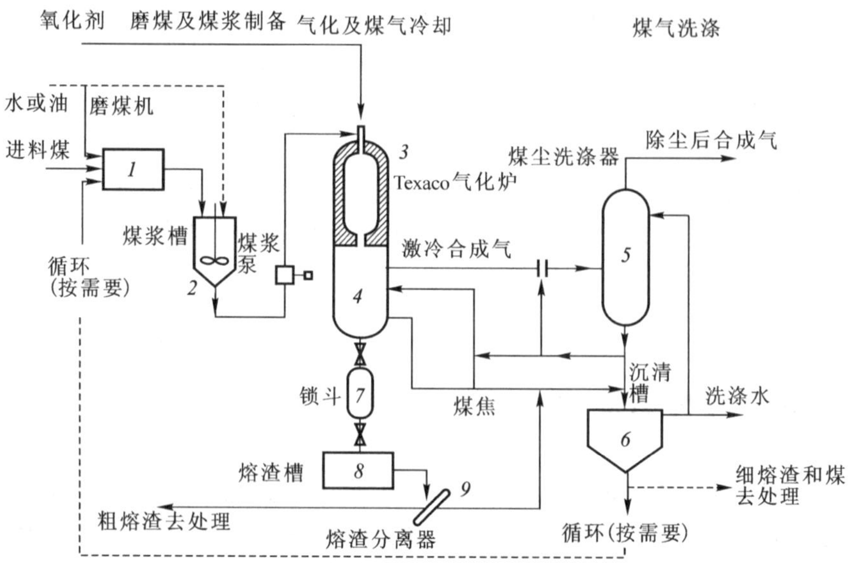

图 6-2-12 Texaco 气化法（激冷）流程图

表 6-2-06 列出在我国正在实施的大型气流床气化工艺技术参数对比。

表 6-2-06 Shell、Texaco、GSP、多喷嘴对置式工艺的气化技术对比

名称	Texaco	Shell	GSP	多喷嘴对置式
操作温度/℃	1 300~1 400	1 400~1 700	允许高于 1 700	1 300~1 400
操作压力/MPa	4.0~8.0	4.0	4.0	4.0~6.5
气化炉特点	水煤浆进料、顶部单喷嘴、耐火砖	干粉下部多喷嘴对喷、水冷壁	干粉顶部单喷嘴、水冷壁	水煤浆顶部多喷嘴对置进料、耐火砖
有效成分 $\varphi(CO+H_2)$/%（CO_2为输送介质时）	80.0	94.5	94.5	84.9
碳转化率/%	98.0	99.5	99.5	98.8
冷煤气效率/%	70.0	80.0	80.0	—
现有工业规模/$(t\cdot d^{-1})$	2 000	500~2 000	750*	1 150
60 万吨甲醇/年所需合成气的投资/万元	47 000	78 800	47 050	—

* 现已设计出规模可达 2 000 t/d。

6-3 煤制油技术

所谓煤炭液化，是将煤中有机质大分子转化为中等分子的液态产物，其目的就是来生产发动机用液体燃料和化学品，也是我国煤代油战略的有效途径之一。煤炭液化有两种完全不同的技术路线，一种是直接液化，另一种是间接液化。

煤炭直接液化是指通过加氢使煤中复杂的有机高分子结构直接转化为较低分子的液体燃料，转化过程是在含煤粉、溶剂和催化剂的浆液系统中进行加氢、解聚，需要较高的压力和温度。直接液化的优点是热效率较高、液体产品收率高；主要缺点是煤浆加氢工艺过程的总体操作条件相对苛刻。

煤炭间接液化是首先将煤气化制合成气（$CO+H_2$），合成气经净化、调整 H_2/CO 比，再经过催化合成为液体燃料，其优点是煤种适应性较宽、操作条件相对温和、煤灰等三废问题主要在气化过程中解决，其缺点是总效率比不上前者。

一、煤炭直接加氢液化

1913 年德国科学家 F.Bergius 发明了在高温高压下可将煤加氢液化生产液体燃料的方法，为煤炭直接液化技术的开发奠定了基础。1927 年在德国 Leuna 建立了世界上第一座工业规模生产的煤直接液化厂，到 1944 年，生产能力达到 423 万 t/a。第二次世界大战期间英国、法国、意大利、中国抚顺和朝鲜等也建有类似的煤或煤焦油加氢工厂。

表 6-3-01 列出了国内外煤直接液化技术开发情况。

表 6-3-01 各国煤直接液化技术开发情况

国别	工艺名称	规模/($t\cdot d^{-1}$)	试验时间	地点	开发机构	现状
美国	SRCl/2	50	1974—1981	Tacoma	GULF	拆除
	EDS	250	1979—1983	Baytown	EXXOH	拆除
	H-COAL	600	1979—1982	Catlettsburg	HRI	转存
德国	IGOR	200	1981—1987	Bottrop	RAG/VEBA	改成加工重油和废塑料
	PYROSOL	6	1977—1988	SAAR		拆除
日本	NEDOL	150	1996—1998	日本鹿岛	NEDO	拆除
	BCL	50	1986—1990	澳大利亚	NEDO	
英国	LSE	2.5	1988—1992		British Coal	拆除
俄罗斯	CT-5	7.0	1983—1990	图拉市		拆除
中国	日本装置	0.1	1983—	北京	煤科总院	运行
	德国装置	0.12	1986—	北京	煤科总院	运行
	神华	6	2004—	上海	神华集团	运行

1. 煤加氢液化机理

煤与石油、汽油在化学组成上最明显的差别是煤的氢含量低、氧含量高，H/C 原子比低、O/C

原子比高；两者分子结构不同，煤有机质是由2~4个或更多的芳香环构成、呈空间立体结构的高分子缩聚物，而石油分子主要是由烷烃、芳烃和环烷烃等组成的混合物；且煤中存在大量无机矿物，因此，要将煤转化为液体产物，首先要将煤的大分子裂解为较小的分子，提高H/C原子比，降低O/C比，并脱除矿物。

(1) 煤加氢液化过程中的反应　煤在溶剂中的加氢液化反应极其复杂，是一系列顺序反应和平行反应的综合，可归纳如下：

1) 煤的热解　煤被加热到一定温度，煤结构中键能最弱的部位开始断裂为自由基碎片：

$$\text{煤} \xrightarrow{\text{热裂解}} \text{自由基碎片} \sum R\cdot$$

2) 对自由基"碎片"的供氢　热解自由基"碎片"是不稳定的，只有与氢结合后才能稳定，其反应为：

$$\sum R\cdot + H \longrightarrow \sum RH$$

供给自由基的氢源主要来自以下几方面：① 溶解于溶剂油中的氢在催化剂作用下变为活性氢；② 溶剂油可供给的或传递的氢；③ 煤本身可供应的氢（煤分子内部重排、部分结构裂解或缩聚放出的氢）；④ 化学反应生成的氢，如 $CO+H_2O \longrightarrow CO_2+H_2$。

3) 脱氧、硫、氮杂原子反应　加氢液化过程中，煤结构中的一些氧、硫、氮也产生断裂，分别生成 H_2O（或 CO_2，CO），H_2S 和 NH_3 气体而被脱除。

4) 缩合反应　在加氢液化过程中，由于温度过高或供氢不足，煤热解的自由基"碎片"彼此会发生缩合反应，生成半焦和焦炭，它是煤加氢液化中不希望发生的反应。

(2) 煤加氢液化的产物　煤加氢液化后得到的产物并不是单一的，而是组成十分复杂的，包括气、液、固三相的混合物。液固产物组成复杂，实验室研究是要先用溶剂进行分离，通常所用的溶剂有正己烷（或环己烷）、甲苯（或苯）和四氢呋喃THF（或吡啶）。可溶于正己烷的物质称为油，是煤液化产物的轻质部分，其相对分子质量小于300；不溶于正己烷而溶于甲苯的物质称为沥青烯（asphaltene），类似于石油的沥青质，其平均相对分子质量约为500；不溶于甲苯而溶于四氢呋喃（或吡啶）的物质称为前沥青烯（preasphaltene），属煤液化产物的重质部分，其平均相对分子质量约为1 000；不溶于四氢呋喃的物质称为残渣，它由未反应煤、矿物质和外加催化剂组成，也包括缩聚产物半焦。一般煤加氢液化产物分离流程如图6-3-01所示。

液化产物的产率定义如下（常以百分数表示）：

$$\text{油产率}=\frac{\text{正己烷可溶物质量}}{\text{原料煤质量(daf)}}\times 100\%$$

$$\text{沥青烯产率}=\frac{\text{苯可溶而正己烷不溶物的质量}}{\text{原料煤质量(daf)}}\times 100\%$$

$$\text{前沥青烯产率}=\frac{\text{吡啶(或 THF)可溶而苯不溶物的质量}}{\text{原料煤质量(daf)}}\times 100\%$$

$$\text{煤液化转化率}=\frac{\text{干煤质量}-\text{苯(或 THF、吡啶)不溶物的质量}}{\text{原料煤质量(daf)}}\times 100\%$$

(3) 煤加氢液化的反应历程　煤加氢液化反应历程如何用化学反应方程式表示，至今尚未完全统一。下面是人们公认的几种看法：① 煤不是组成均一的反应物，即存在少量易液化组分，如嵌布在高分子主体结构中的低分子化合物，也有一些极难液化的惰性组分，如惰质组等；② 反

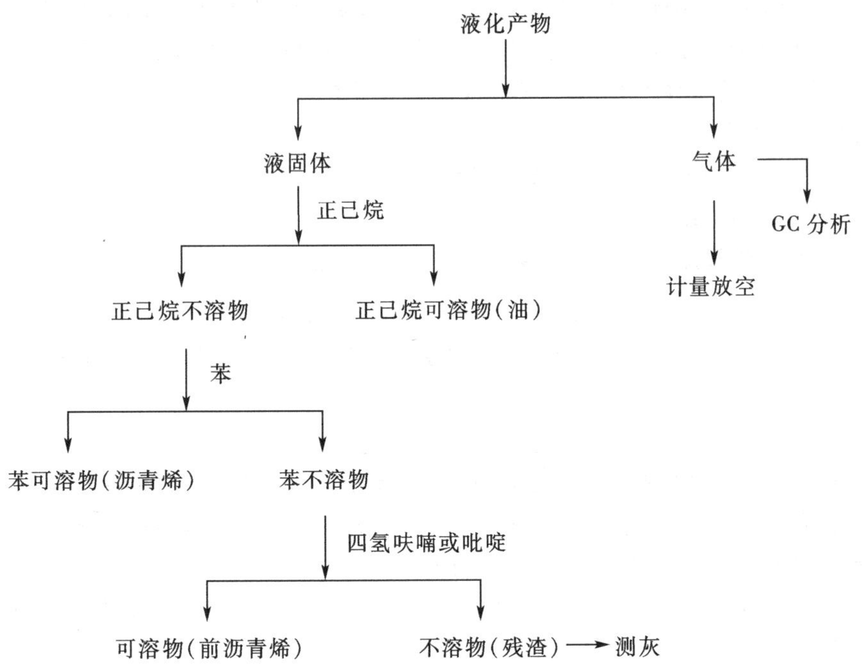

图 6-3-01 煤直接液化产物的分离流程

应以顺序进行为主,虽然在反应初期有少量气体和轻质油生成,不过数量不多,在比较温和条件下数量更少,所以总体上反应以顺序进行为主;③ 前沥青烯和沥青烯是液化反应的中间产物,它们都不是组成确定的单一化合物,在不同反应阶段生成的前沥青烯和沥青烯结构肯定不同,它们转化为油的反应速率较慢,需要活性较高的催化剂;④ 逆反应(即结焦反应)也有可能发生。

根据上述认识,可将煤液化的反应历程描述如下:

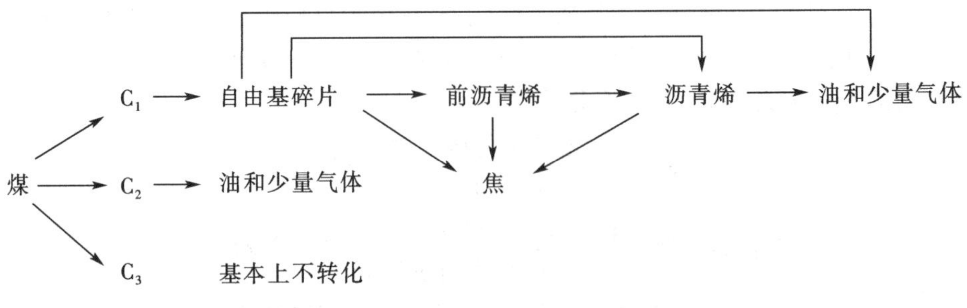

上述反应历程中 C_1表示煤有机质的主体,C_2表示存在于煤中的低分子化合物,C_3表示惰性成分。此历程并不包括所有反应。图 6-3-02 示意由煤加氢液化生成 SRC-Ⅰ、SRC-Ⅱ的反应历程。

2. 煤加氢液化工艺

煤加氢液化工厂的工艺流程一般将液化加氢过程分成几段来进行,即液相(糊相)加氢段、气相加氢段和产品精制段。

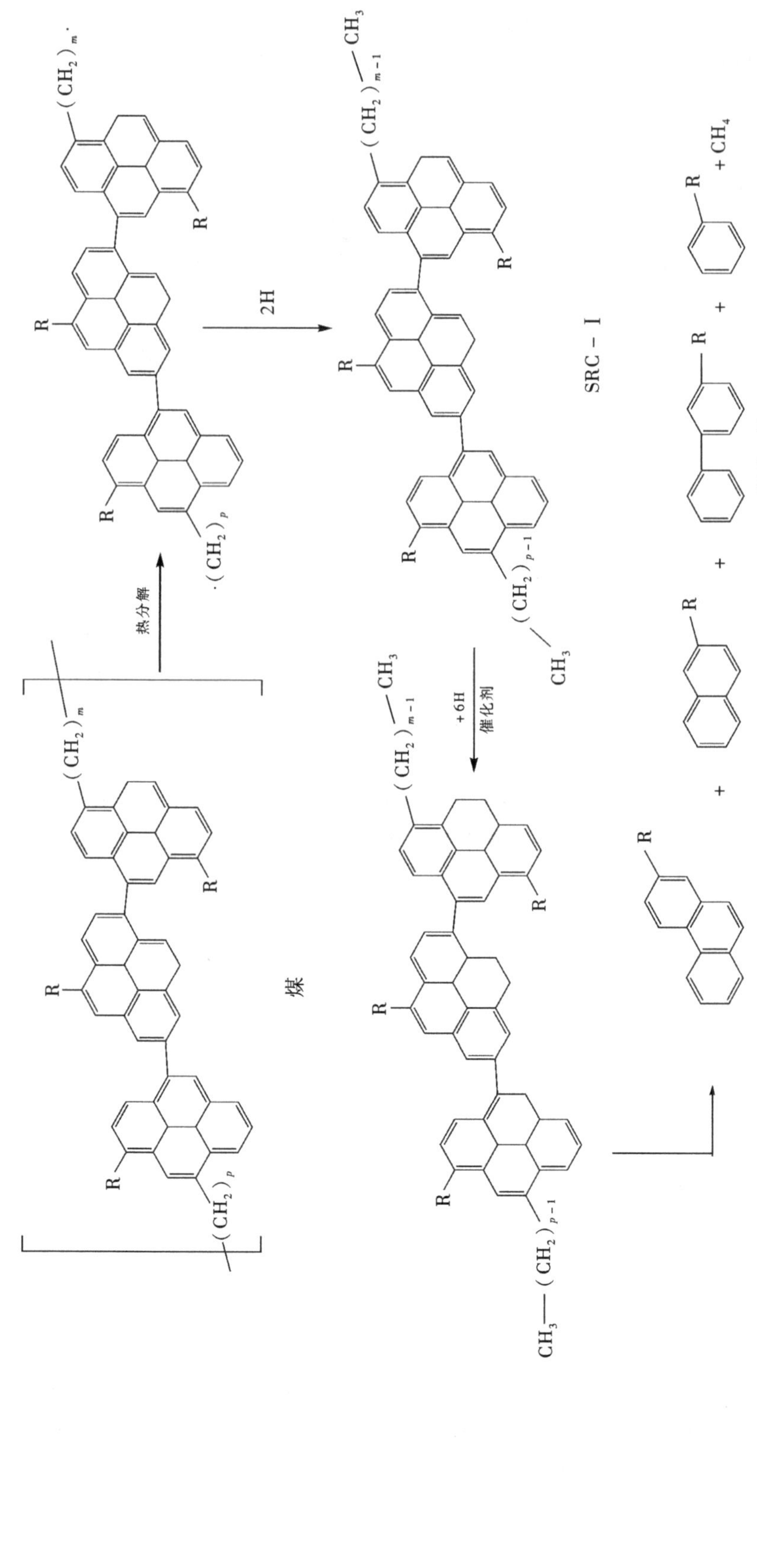

图 6-3-02 煤加氢液化生成 SRC-Ⅰ、SRC-Ⅱ的反应历程示意图

(1) 德国直接液化新工艺——IGOR⁺工艺 德国一直在探讨改进现有工艺技术途径，将煤液化粗油的加氢精制、饱和等过程与煤糊相加氢液化过程结合成一体的新工艺技术，即煤液化粗油精制联合工艺(IGOR⁺)，其工艺流程见图6-3-03。

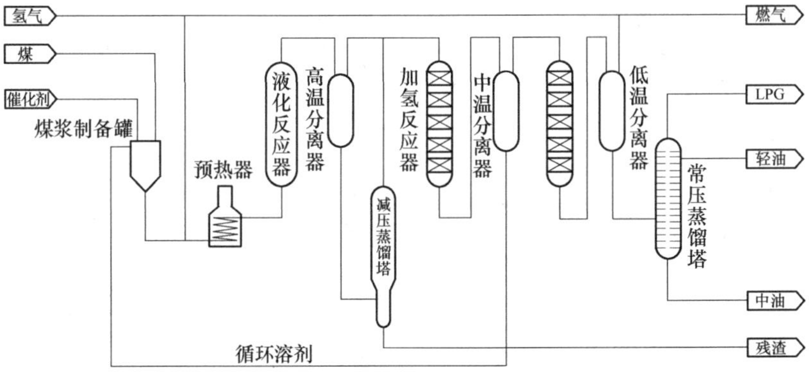

图 6-3-03 德国 IGOR⁺工艺流程图

煤与循环溶剂再加催化剂与 H_2一起依次进入煤浆预热器和煤浆反应器，反应后的物料进高温分离器，在此，重质物料与气体及轻质油蒸气分离，由高温分离器下部减压阀排出的重质物料经减压闪蒸分出残渣和闪蒸油，闪蒸油又通过高压泵打入系统与高温分离器分出的气体及轻油一起进入第一固定床反应器，在此进一步加氢后进入中温分离器，中温分离器分出的重质油作为循环溶剂，气体和轻质油蒸气进入第二固定床反应器又一次加氢，再通过低温分离器分出提质后的轻质油产品，气体再经循环氢压机加压后循环使用。为了使循环气体中的 H_2浓度保持在所需要的水平，要补充一定数量的新鲜 H_2。液化油在此工艺经两步催化加氢，已完成提质加工过程。油中的 N 和 S 含量降到 10^{-5}数量级。此产品可直接蒸馏得到直馏汽油和柴油，汽油只要再经重整就可获得高辛烷值产品，柴油只需加入少量添加剂即可得到合格产品。

此工艺特点：① 固液分离采用减压蒸馏，生产能力大，效率高；② 循环油不含固体，也基本上排除沥青烯，溶剂的供氢能力增强，反应压力降至 30 MPa；③ 液化残渣直接送去气化制氢；④ 把煤的糊相加氢与循环溶剂加氢和液化油提质加工串联在一套高压系统中，避免了分立流程物料降温降压又升温升压带来的能量损失，并且在固定床催化剂上还能把 CO_2和 CO 甲烷化，使碳的损失量降到最低限度；⑤ 煤浆固体浓度大于 50%，煤处理能力大，反应器供料空速可达0.6 $kg \cdot L^{-1} \cdot h^{-1}$(daf煤)。经过这样的改进，油收率增加，产品质量提高，过程氢耗降低，总的液化厂投资可节约 20%左右，能量效率也有较大提高，热效率超过 60%。

(2) 中国神华煤直接液化工艺 中国神华集团在吸收煤炭液化研究成果的基础上，根据煤液化单项技术的成熟程度，综合了国内外开发的液化工艺特点，并进行了优化，提出了如图6-3-04的煤直接液化工艺流程。

该工艺主要特点有：① 采用两段反应，反应温度 455 ℃，压力 19 MPa，提高了煤浆空速；② 采用人工合成超细铁基催化剂，催化剂用量相对较少，质量分数为 1.0%(Fe/干煤)，同时避免了 HTI 的胶体催化剂加入煤浆的难题；③ 取消溶剂脱灰工序，固液分离采用成熟的减压蒸馏；④ 循环溶剂部分加氢，提高溶剂的供氢能力；⑤ 液化粗油精制采用离线加氢方案。

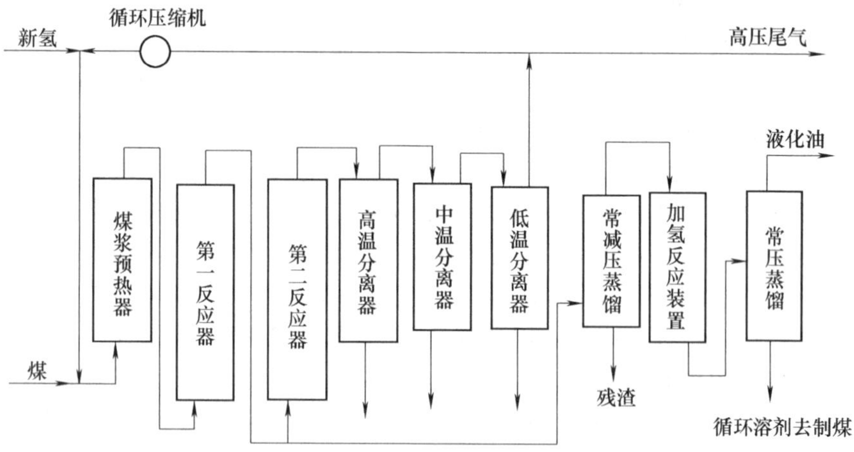

图 6-3-04 中国神华煤直接液化工艺流程示意图

若干代表性煤直接液化工艺的主要特征汇总于表 6-3-02。

表 6-3-02 煤直接液化 4 种主要工艺特征

工艺名称	HTI	IGOR⁺	NEDOL	中国神华
反应器类型	悬浮床	鼓泡床	鼓泡床	悬浮床
操作条件				
温度/℃	440~450	470	465	455
压力/MPa	17	30	18	19
空速/($t\cdot m^{-3}\cdot h^{-1}$)	0.24	0.6	0.36	0.702
催化剂及用量	GelCat™, 0.5%	炼铝赤泥, 3%~5%	天然黄铁矿 3%~4%	人工合成,1.0% (Fe)
固液分离方法	临界溶剂萃取	减压蒸馏	减压蒸馏	减压蒸馏
在线加氢	有或无	有	无	无
循环溶剂加氢	部分	在线	离线	部分
试验煤	神华煤	先锋褐煤	神华煤	神华煤
转化率/%(daf 煤)	93.5	97.5	89.7	91.7
w(生成水)/%(daf 煤)	13.8	28.6	7.3	11.7
w(C_4+油)/%(daf 煤)	67.2	58.6	52.8	61.4
w(残渣)/%(daf 煤)	13.4	11.7	28.1	14.7
氢耗/%(daf 煤)	8.7	11.2	6.1	5.6

3. 煤加氢液化的影响因素

煤加氢液化反应是十分复杂的化学反应,影响加氢液化反应的因素很多,这里主要讨论原料煤、溶剂、气氛、催化剂与工艺参数等因素。

(1) 原料煤 选择加氢液化原料煤,主要考虑以下 3 个指标:① 干燥无灰基原料煤的液体油收率高；② 煤转化为低分子产物的速度，即转化的难易度；③ 氢耗量。

煤中有机质元素组成是评价原料煤加氢液化性能的重要指标。一般认为，含碳量低于85%的煤几乎都可以进行液化，煤化度越低，液化反应速率越快。就腐植煤而言，煤加氢液化难易顺序为低挥发分烟煤、中等挥发分烟煤、高挥发分烟煤、褐煤、年青褐煤、泥炭。无烟煤很难液化，一般不作加氢液化原料。除煤化程度外，煤的化学组成和岩相组成对煤液化也有很大影响。从宏观煤岩组分来看，镜煤和亮煤最易液化，其次为暗煤，最难液化的组分是丝炭。

(2) 溶剂　煤炭加氢液化一般要使用溶剂。溶剂的作用主要是热溶解煤、溶解氢气、供氢和传递氢作用、溶剂直接与煤质反应等。溶剂首先让固体煤呈分子状态或自由基碎片分散于溶剂中，同时将氢气溶解，以提高煤和固体催化剂、氢气的接触性能，加速加氢反应和提高液化效率。溶剂除热溶解煤和氢气外，还具有供氢和传递氢作用，溶剂的供氢作用可促进煤热解的自由基碎片稳定化，提高煤液化的转化率，同时可减少煤液化过程中的氢耗量。此外，溶剂能使煤质受热均匀，防止局部过热；溶剂和煤制成煤糊有利于泵的输送。

(3) 气氛　高压氢气有利于煤的溶解和加氢液化转化率的提高。通常认为，至少在液化初期，氢从溶剂传递到煤分子中是主要反应。如果液化过程中没有供氢溶剂，氢分子可被煤中矿物质的催化组分或添加的催化剂活化，与煤热解自由基作用，使其稳定成较小分子，以实现煤的加氢液化。氢气消耗直接影响煤液化产品的成本，一般占总成本的1/3。为了降低氢气成本，对于低煤化程度煤液化可以采用($CO+H_2O$)合成气替代纯氢气，研究显示低煤化度煤与($CO+H_2O$)反应要比与H_2反应更加容易，随着煤化程度增加，($CO+H_2O$)的优势减弱，而高含氧量的煤和有机物质(如泥炭、纤维素和木质素等)对($CO+H_2O$)同样有较高的反应性。用($CO+H_2O$)作反应剂，煤的转化率与溶剂的性质、煤中矿物质成分等有关。

(4) 催化剂　催化剂在煤加氢液化中的作用归纳为3点。① 活化反应物，加速加氢反应速率，通过催化剂的催化作用，改变氢分子的裂解途径(氢分子在催化剂表面吸附解离)，降低氢与自由基的反应活化能，加速了加氢液化反应；② 促进溶剂的再加氢和氢源与煤之间的氢传递，正是在催化剂作用下，加速溶剂再加氢，促进了氢源与煤之间的氢传递，从而提高了液化反应速率。③ 选择性。

煤加氢液化催化剂种类很多，有工业价值的催化剂主要有2类：① 金属催化剂主要是钴、钼、镍、钨等，多用重油加氢催化剂；② 铁系催化剂，含氧化铁的矿物或铁盐，也包括煤中含有的含铁矿物。铁系催化剂，如含氧化铁的矿物、铁盐及煤中硫铁矿等，使用时要求系统中有硫，否则其活性不高，铁系催化剂主要用于煤的糊相加氢，使用后不回收。金属催化剂主要是钴、钼、镍、钨等，以Al_2O_3为载体，使用前先预硫化，也要求气相中保持有足够的H_2S存在。这类催化剂虽然催化加氢活性高于铁系，但由于价格昂贵，一般不用于煤糊加氢，如果用于糊相加氢，必须解决催化剂的回收问题。

(5) 反应温度和压力　反应温度是煤加氢液化的一个非常重要的条件，不到一定的温度，无论多长时间，煤也不能液化。随着温度升高，煤发生解聚、分解、加氢等反应，未熔解的煤继续热熔解，转化率和氢耗量同时增加；当温度升到最佳值(420~450 ℃)范围，煤的转化率和油收率最高。温度再升高，分解反应超过加氢反应，综合反应也随之加强，因此转化率和油收率减少，气体产率和半焦产率增加，对液化不利。

氢气压力提高，有利于氢气在催化剂表面吸附，有利于氢向催化剂孔隙深处扩散，使催化剂活性表面得到充分利用,因此催化剂的活性和利用效率在高压下比低压时高。压力提高,煤液化过程中的加氢速率就加快,阻止了煤热解生成的低分子组分裂解或综合成半焦的反应,使低分子物质稳定,从而提高油收率;提高压力,还使液化过程有可能采用较高的反应温度。但是,氢压提高,对高压设备的投资、能量消耗和氢耗量都要增加,产品成本相应提高,所以应根据原料煤性质、催化剂活性和操作温度,选择合适的氢压。

(6) 液固分离　煤液化产物也由气液固三相混合物经气液分离后,获得液固混合物,液固分离技术直接影响液化操作。液化残渣的特点:① 固体颗粒粒度很细,煤液化残渣中的固体颗粒力度分布从不到 1 μm 到数微米,部分悬浮于残液中,部分呈胶体状态;② 黏度通常很高,在液化残渣中有前沥青烯和沥青烯等高黏度物质存在,以及未转化的煤在其中溶胀和胶溶等作用都会使黏度增高;③ 固体颗粒与液相之间的密度差很小。这些特点导致液化残渣固液分离的困难。

研究液固分离的方法,主要有过滤、真空闪蒸、反溶剂法和临界溶剂脱灰。当前开发的工艺倾向于采用真空闪蒸法,其优点是:循环油为蒸馏油,基本不含沥青烯,用此配置煤浆的黏度低,加氢反应性能得到改善;缺点是残渣中含有部分重油,降低了液体产物的总收率。

二、 煤炭间接液化

所谓间接液化是相对于被称为直接液化的煤高压加氢路线而言,指的是先将煤气化制成合成气,然后通过催化合成,得到以液态烃为主要产品的技术。此法由德国皇家煤炭研究所的 F. Fischer 和 H.Tropsch 发明,所以又称为 Fischer-Tropsch(F-T)合成或费托合成。

1923 年 Fischer 和 Tropsch 在 10~13.3 MPa 和 447~567 ℃的条件下,使用加碱的铁屑作催化剂研究 CO 和 H_2的反应,成功得到直链烃类,接着进一步开发了一种 Co-ThO_2-MgO-硅藻土催化剂,降低了反应温度和压力,为工业化奠定了基础。

20 世纪 50 年代,南非决定采用煤间接液化技术解决本国油品供应问题,于 1950 年成立南非煤油气公司,由于地处 Sasolburg,故多称 Sasol 公司。是目前世界上规模最大的以煤为原料生产合成油和化工产品的化工厂,产品有汽油、柴油、石蜡、氨、乙烯、丙烯、聚合物、醇、醛和酮等共 113 种,总产量 710 万 t/a,其中油品占 60%。

(1) 费托合成反应　费托合成是 CO 和 H_2在催化剂作用下,以液态烃类为主要产品的复杂反应系统。总的来讲,是 CO 加氢和碳链增长反应。

费托合成的两个基本反应为

$$CO+2H_2 \longrightarrow (-CH_2-)+H_2O \qquad \Delta H_R(227\ ℃)=-165\ kJ \tag{1}$$

$$2\ CO+H_2 \longrightarrow (-CH_2-)+CO_2 \qquad \Delta H_R(227\ ℃)=-204.8\ kJ \tag{2}$$

在使用铁催化剂时,反应(1)产物水蒸气很容易再发生水煤气变换反应:

$$CO+H_2O \longrightarrow H_2+CO_2 \qquad \Delta H_R(227\ ℃)=-39.8\ kJ \tag{3}$$

这样,反应(2)实际上是反应(1)和反应(3)组合而成的。据此,可以算得每标准立方米合成气完全转化时最大转化率为 208.5 g。

(2) 费托合成工艺　费托合成工艺有许多种,按反应器分有固定床、流化床和浆态床等;按催化剂分有铁剂、钴剂、钌剂、复合铁剂等;按主要产品分有普通费托工艺、中间馏分工艺、高辛烷值汽油工艺等;按操作温度和压力可分为高温、低温与常压、中压等。

① 固定床合成工艺　Sosal Ⅰ建厂初期选择了德国的 Arge 固定床,该反应器直径 3 m,在板上装有 2 052 根长 12 m、内径 50 mm 的管子,其工艺流程见图 6-3-05。

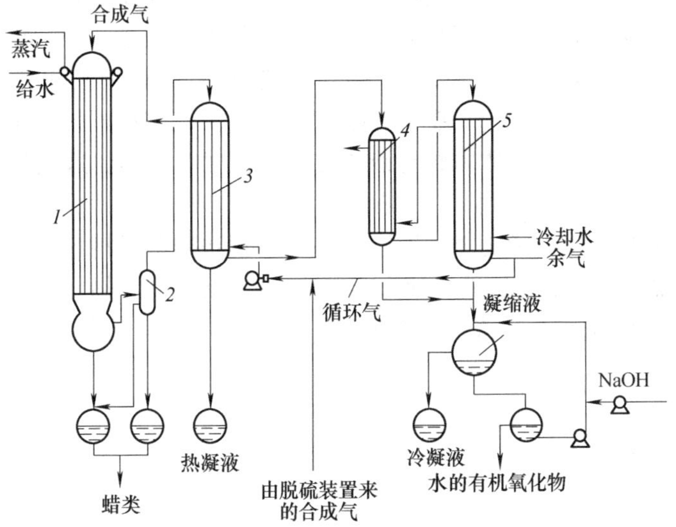

图 6-3-05　固定床合成工艺流程

1. 反应器;2. 蜡分离器;3. 换热器;4、5. 冷却器

新鲜原料气和循环返回的余气升压至 2.5 MPa,其流量分别为 600 Nm^3/[m^3(催化剂)·h]和 1 200 Nm^3/[m^3(催化剂)·h]。原料气通过热交换器与从反应器来的产品气换热后由顶部进入反应器,反应温度一般保持在 220~235 ℃。在操作周期结束时的允许最高温度为 254 ℃,反应器底部流出熔化的石蜡。气体产物流经热交换器析出热冷凝液(重质油),然后通过两个串联的冷却器,析出冷凝液,合并后在油水分离器中分成轻油和反应水。对石蜡、重质油、轻油和水分别进行处理和加工,尾气脱碳后返回。CO 转化率 65%。

② 循环流化床合成工艺　循环流化床 Synthol 反应器是美国 Kelloge 公司根据有限的中试装置数据设计的,1955 年建成投产,但操作一直不正常。Sasol 公司在 Sasol Synthol 基础上,自行开发了固定流化床反应器(Sasol Advanced Synthol,简称 SAS),见图 6-3-06,其优势明显,相同生产能力,其设备体积大大减少。这两个厂的生产工艺流程可见图 6-3-07。主要产品为汽油、柴油和烯烃等化学品。

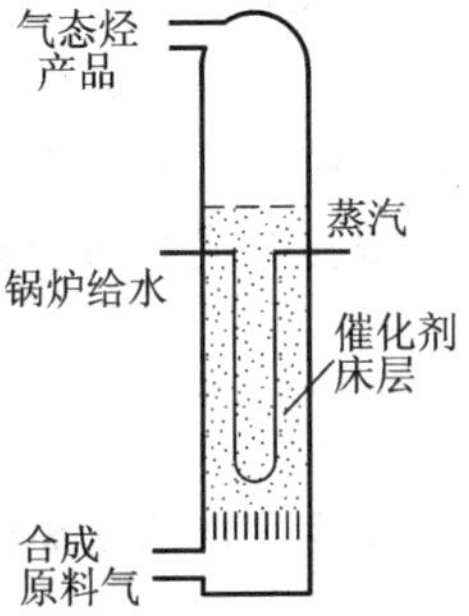

图 6-3-06　SAS 反应器

该反应器是一个底部装有气体分配器的塔,中部设冷却盘管,顶部设多孔金属过滤器用于气固分离,尽量不让催化剂带至塔外,因为催化剂气体流速不大,故密度大的铁催化剂颗粒必须很细,这样才能充分流化并使保持一定的料位高度,形成细颗粒浓相流化的工艺特点。在反应器上部留有较大的自由

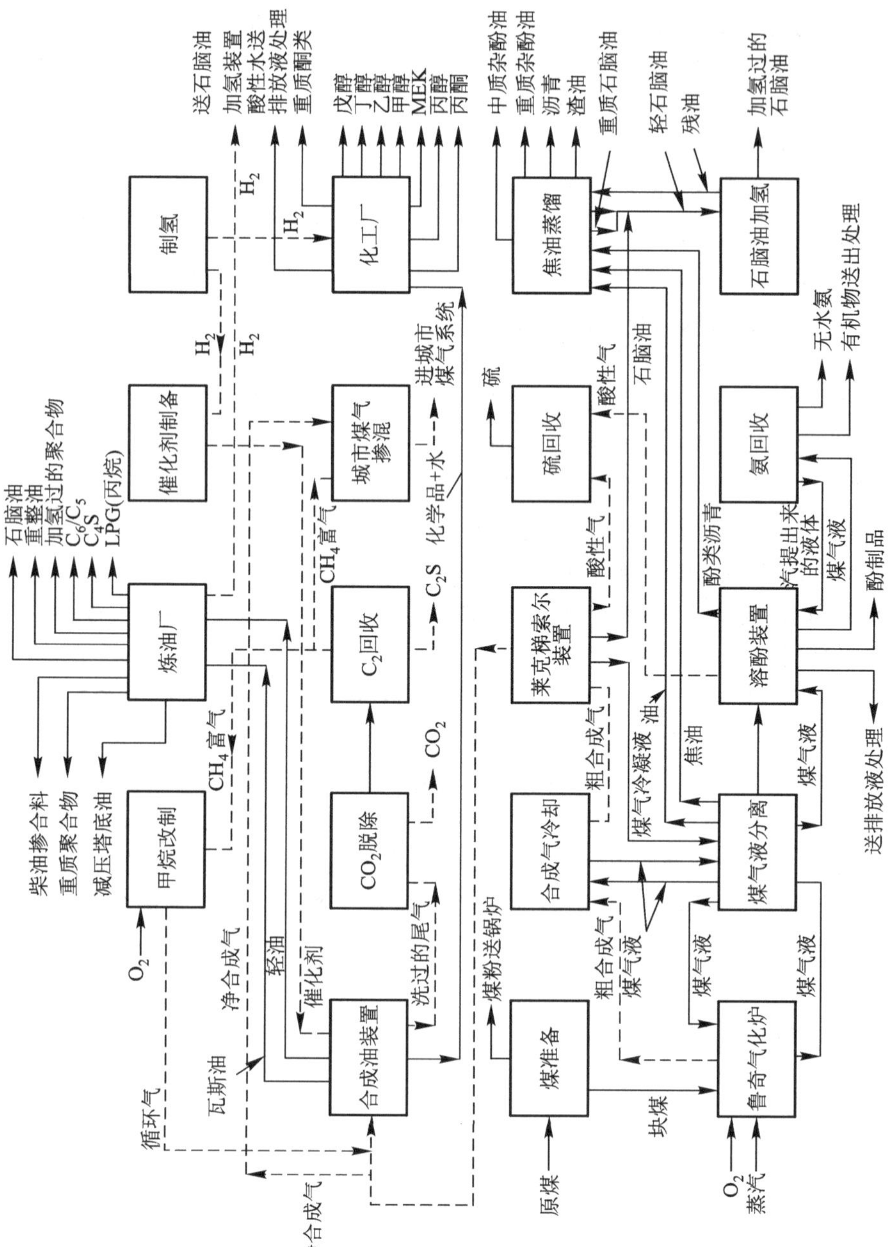

图 6-3-07 Sasol Ⅱ厂和Ⅲ厂工艺流程图

空间,让大部分催化剂沉降,剩余的部分通过气固分离器分离出来并返回反应床层。

③ 三相浆态床费托合成 浆态床催化反应器的开发始于1938年,由德国Kolbel实验室首先研究开发。1980年前后Sasol公司也立项研究,1993年在Sasol Ⅰ用1个浆态床反应器(直径5m)取代了原先的3台Synthol反应器,其生产能力2 500 bbl/d。该反应器称为Sasol Slurry Phase Distillate(SSPD)反应器,其结构如图6-3-08所示。外形像塔设备,合成气在底部经气体分布板鼓泡进入浆态床反应区,以石蜡油为介质与催化剂细粉调合成浆体,反应热由冷却排管以产生蒸汽的方式移出。在维持一定料液面的前提下,排出反应产生的重质液态烃(石蜡)。这里的关键技术是进行有效液固分离,让催化剂返回反应器。气态产品和反应尾气由塔顶流出,经冷凝冷却分出轻组分和水,剩余的以CO和H_2为主的不凝性气体作循环气返回系统。

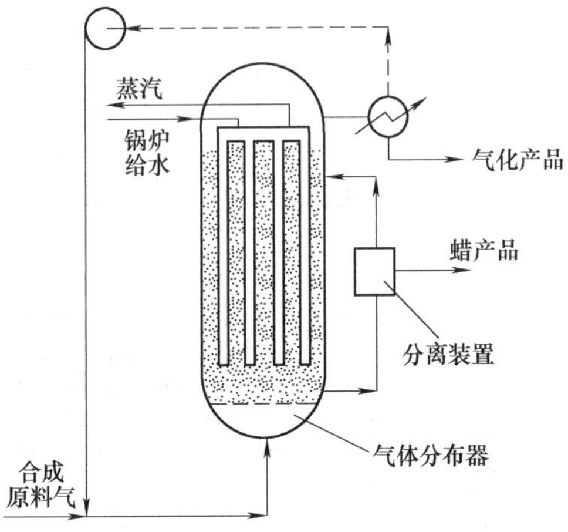

图6-3-08 SSPD反应器

浆态床工艺特点,主要有:1) 反应器结构简单,放大容易。目前已有直径5 m,生产能力2 500 bbl/d的长期运转经验,据称放大到直径10 m是完全可行的;2) 反应物混合好,传热好,温度均匀(ΔT在±1 ℃以内),可实现等温操作;3) 催化剂消耗低于固定床和流化床,可少量连续更换,有利于保持催化剂活性和产品产率与质量的稳定;4) 可根据市场需要,灵活调控产物产品结构;5) 投资低,仅为同样生产能力管式固定床反应系统的25%;6) 压降较低,循环比少,运行成本和维修成本均低;7) 缺点是催化剂制备要求高,原料气含硫要求严,液固分离较难和传质阻力较大等。

6-4 煤基化工产品

一、电石生产

电石化学名为碳化钙(CaC_2),是碳与金属钙化合而成。人们常说的电石是工业碳化钙,它还含有一些其他杂质,极纯的碳化钙呈天蓝色。早先电石只用于矿工点灯、金属焊接与切割。基本有机合成工业的发展,曾促进了电石工业的发展。目前电石主要有三个用途:

① 电石水解制乙炔

$$CaC_2+2H_2O \longrightarrow C_2H_2+Ca(OH)_2$$

② 电石与氮气反应制取氰胺化钙

$$CaC_2+N_2 \longrightarrow CaCN_2+C$$

③ 生铁水与钢水的脱硫

$$CaC_2+[S]_{Fe} \longrightarrow CaS+2[C]_{Fe}$$

当今，由于乙炔为基础的有机合成工业的衰退，仅有几种有机化学品仍由乙炔制取，如丁炔二醇和乙炔黑。今后电石用于冶金工业脱硫将会有所增长，工业国家正要求制取无硫钢。脱硫有几种方法，如生铁水在进入转炉前，加入电石石灰-炭混合物脱硫，可使硫的质量分数从0.02%下降到 0.005%。

电石生产的原料是石灰和炭素材料。生产电石用的生石灰应符合下列条件：$w(CaO)>92\%$，$w(MgO)<1.6\%$，w(生烧石灰)<5%，w(过烧石灰)<5%。因为生烧率高会增加电耗，过烧石灰坚硬致密，活性差，降低了反应速率。

炭素材料包括焦炭、无烟煤和石油焦等，对炭素原料的要求是：固定碳高、比电阻大、活性大，灰分、水分及挥发分要少。生产电石用焦炭应符合要求：w(固定碳)>84%，w(灰分)<15%，w(挥发分)<1.5%，w(水)<1%。现今大型电石炉，生产 1 t 发气量为 300 L 的电石；需耗石灰 950 kg[$w(CaO)=94\%$]，550 kg(焦炭)[干基，w(灰分)=10%]和 20 kg(电极材料)，理论耗能 2 000 kW·h/t；而实际耗能达 3 000 ~ 3 300 kW·h/t。

二、 煤基甲醇制烯烃技术

低碳烯烃(这是里指乙烯和丙烯)是最重要的基本有机化工原料，也是石油化工的龙头产品。煤基甲醇制烯烃是我国煤代油的有效途径之一，这里作一简要概述。

1. 甲醇转化为低碳烯烃的化学原理

由甲醇转化为烃类的反应是一个十分复杂的反应系统，包括许多平行和顺序反应，其总反应式可表示如下：

$$CH_3OH \xrightarrow{-H_2O} CH_3OCH_3 \xrightarrow{-H_2O} C_2^= \sim C_4^= \longrightarrow \text{烯烃+烷烃+环烷烃+芳烃(汽油)}$$

可见甲醇在具有形选功能的分子筛催化剂作用下，不但可生成低碳烯烃，也能生成其他烃类(汽油)。这就是 Mobil 公司首先开发的 MTG 过程。在这一过程中，低碳烯烃不是最终产物，而是中间产物。生成低碳烯烃的主要反应如下：

$$CH_3OCH_3 \longrightarrow 2(:CH_2)+H_2O$$

$$:CH_2+CH_3OH \longrightarrow C_2H_4+H_2O$$

$$2(:CH_2)+CH_3OCH_3 \longrightarrow 2C_2H_4+H_2O$$

$$:CH_2+C_2H_4 \longrightarrow C_3H_6$$

$$C_2H_4+CH_3OH \longrightarrow C_3H_6+H_2O$$

$$:CH_2+C_3H_6 \longrightarrow C_4H_8\text{等}$$

甲醇转化反应为放热反应，在 371 ℃ 甲醇 100%转化为混合烃类的反应热为 1 674 kJ/kg(见表 6-4-01)。

表 6-4-01 甲醇转化为烃类的反应热

反应	$\Delta H/(\mathrm{kJ\cdot mol^{-1}})$	所占百分数/%
$CH_3OH \longrightarrow 0.5CH_3OCH_3+0.5H_2O$	10.07	22.5
$0.5CH_3OCH_3 \longrightarrow (CH_2)$烯烃$+0.5H_2O^*$	18.67	41.8
(CH_2)烯烃$\longrightarrow(CH_2)$烃类**	15.94	35.7
总 $CH_3OH \longrightarrow (CH_2)$烃类$+H_2O$	44.68	100

* $C_2 \sim C_4$烯烃；

** 典型的汽油烃类分布。

2. 工艺

(1) MTO 工艺 美国 UOP 公司与挪威 Hydro 公司合作开发了 MTO 工艺，建立了甲醇进料量 0.75 t/d 的小型中试装置。中国科学院大连化物所与中石化洛阳工程公司合作已完成 1 万 t/a的工业试验装置，目前获准建设甲醇加工量 180 万 t/a 的大型工业装置。

UOP/Hydro 两公司开发的流化床 MTO 工艺流程如图 6-4-01 所示。

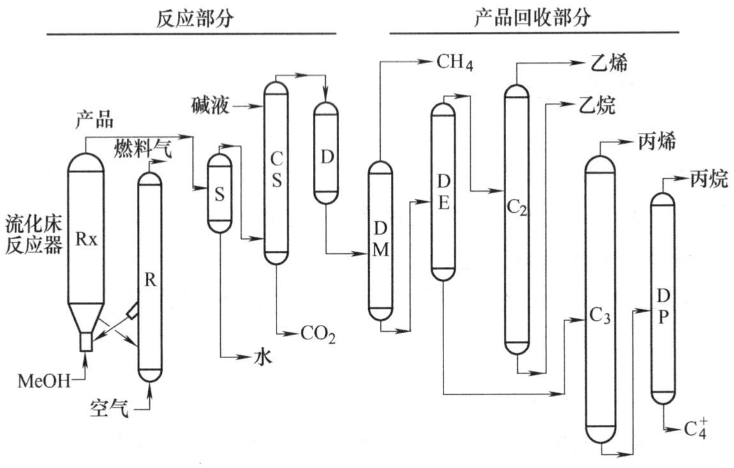

图 6-4-01 UOP/Hydro 公司的 MTO 工艺流程

Rx. 反应器；D. 干燥塔；C_3. 丙烯分离塔；R. 再生器；DM. 脱甲烷塔；DP. 脱丙烷塔；S. 分离器；DE. 脱乙烷塔；CS. 碱洗塔；C_2. 乙烯分离塔

该工艺采用炼油工业中常用的催化裂化连续反应-再生流化床反应器。催化剂为以 SAPO-34 为主要组分的 MTO-100，在压力 0.1~0.5 MPa 和反应温度 350~500 ℃条件下进行反应。气相产物先经热回收、脱水和脱 CO_2后进入产品回收工段，包括碱洗、加氢、脱甲烷、脱乙烷、乙烯分馏、脱丙烷、丙烯分馏和脱 C_4等。当反应产物中甲烷很少时，可省去脱甲烷塔。因为产物中包括乙烯、丙烯和丁烯，为满足市场需求可采用歧化工艺，如使丙烯歧化为乙烯和丁烯，或倒过来使乙烯和丁烯歧化为丙烯。

(2) MTP 工艺 德国 Lurgi 公司于 1990 年起开展了甲醇制丙烯的研究与开发，采用固定床工艺和南方化学公司提供的专用催化剂，其工艺流程见图 6-4-02。

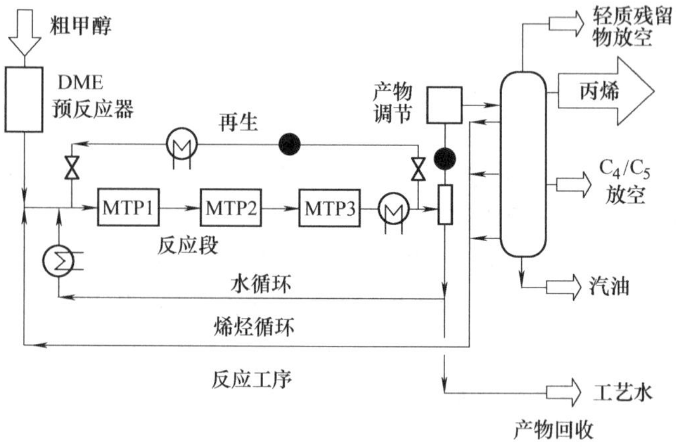

图 6-4-02 Lurgi 公司 MTP 工艺流程示意图

该工艺同样将甲醇首先脱水为二甲醚,然后将甲醇、水、二甲醚的混合物进入第一个 MTP 反应器,同时还补充水蒸气,反应在 400~450 ℃、0.13~0.16 MPa下进行,水蒸气补充量为 0.5~1.0 kg/kg(甲醇)。此时甲醇和二甲醚的转化率为 99%以上,丙烯为烃类中的主要产物。为获得最大的丙烯收率,还附加了第二和第三 MTP 反应器。

产品气体经压缩除去痕量水、CO_2和 DME 后,经进一步加工得到纯度大于 97%的化学级丙烯。为避免惰性物料的累积,需将少量轻烃和 C_4/C_5馏分适当放空。汽油也是该工艺的副产物。

6-5 煤炭多联产技术

煤气化制得的煤气广泛应用于国民经济的许多方面,它们包括:工业燃气、城市煤气、冶金还原气、化工原料气和用于新发电技术的燃气,见图 6-5-01。

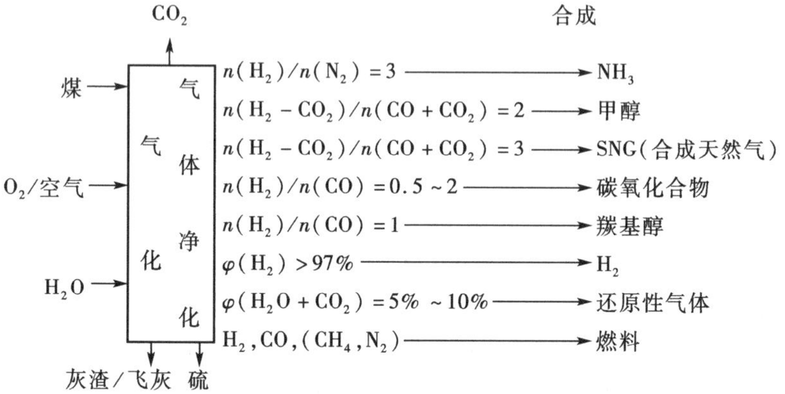

图 6-5-01 煤基合成气利用的主要产品方案图

一、煤气化联合循环发电

所谓 IGCC 是指煤气化产生的燃料气送入燃气透平发电，透平排出的高温燃烧气由热回收锅炉发生水蒸气，水蒸气再用于蒸汽轮机发电。

1972 年德国投运了第一套 IGCC 示范装置之后，20 世纪 70 年代美国冷水（Coal Water）示范工程（Texaco 法）和 LGTI（Destec 法）示范工程又相继投运，进一步证明了 IGCC 系统是一种高效而洁净的发电技术。

在 20 世纪 90 年代，由欧共体等的资助，采用 Prenflo 气化技术，在西班牙 Puertollano 建设净发电 30 万千瓦的 IGCC 示范厂，流程见图 6-5-02。

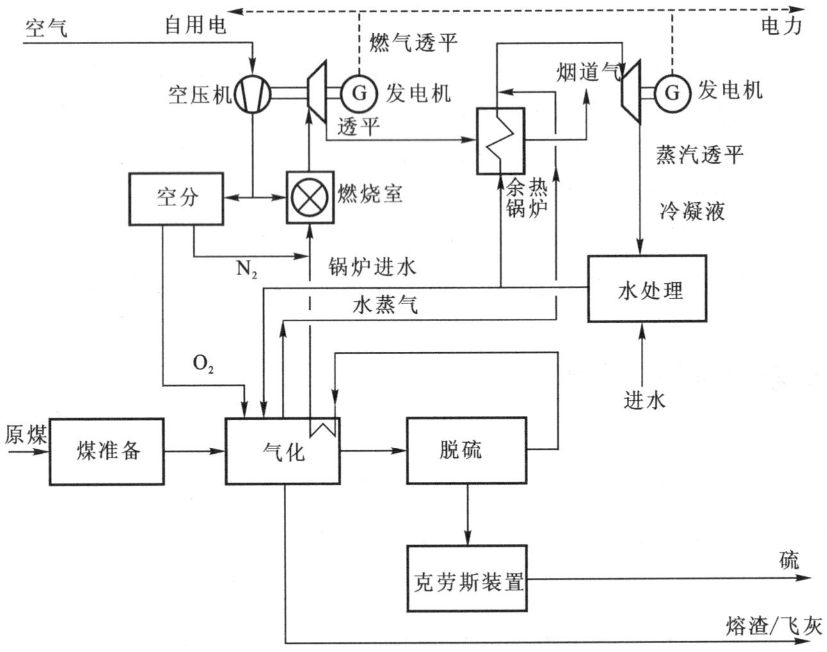

图 6-5-02 采用 Prenflo 气化法的 IGCC 流程简图

用高灰煤[w(灰分)= 47%]50%和高硫石油焦[w(硫)= 5%]50%的配合原料。气化炉直径 5 m，高 15 m，设置四个喷嘴，煤气化能力达2 600 t/d，产气 18 万 m^3/h，煤气热值10.6 MJ/Nm^3。气化过程所需氧来自空分装置，工艺水蒸气来自气化炉及余热锅炉。出气化炉煤气经过除尘、脱硫及脱碱金属等一系列净化处理后进燃烧室。燃烧产生的高温高压烟气先驱动燃气轮机发电，然后进入余热锅炉产生高压过热水蒸气，用以驱动蒸汽轮机发电。燃气轮机入口温度1 250 ℃，发电 19 万千瓦，蒸汽轮机发电 14.5 万千瓦，净输出功率 30 万千瓦，净供电效率 45%。过程副产高纯度硫黄 77 t(硫黄)/d。电厂污染物排放量：$\rho(SO_x)<25$ mg/Nm^3，$\rho(NO_x)<150$ mg/Nm^3，悬浮

灰尘 3 mg/Nm^3,排放量比许可值低得多,特别是 SO_x 和固体排放值。另外与传统电站(效率 40%)相比,CO_2 排放量减少 12%。

与常规发电技术相比,IGCC 主要的优点是:① 具有较高的发电效率,更具有进一步提高效率的潜力。现有技术已可达到 43%,例如若把燃气轮机燃气进口温度从现在的 1 260 ℃提高到 1 400 ℃,以及再加上其他的措施,在 2020 年以前,发电效率有望提高到 50%~54%;② 较为彻底地解决了传统煤发电技术的环境污染问题,而且特别适宜使用高硫煤,而灰渣对环境无害,被人们称为最洁净的发电技术;③ 技术已趋成熟,能确保发电系统运行的可靠性,单机容量已能达到 30 万千瓦;④ 用水量只有粉煤发电站的 50%~70%。目前推广使用 IGCC 的最大问题是投资风险较大,已运行的电站投资为 1 806~2 303 美元/千瓦,而粉煤燃烧法仅 1 410~1 480 美元/千瓦。

二、 煤气化—液体产品—制氢—发电

进入 21 世纪,化石能源在世界能源系统和社会经济发展中占有重要地位,国际能源署(IEA)预计,2020 年以前,化石燃料在世界一次能源构成中的比例将达到 90%。因此,未来的能源工厂必将仍以化石能源(尤其是煤炭)为主要的能源原料。

为了实现能源利用效率的最大化,未来需要的是多元化能源结构(包括原料多元化、产品多元化、转化过程多元化等),而不是单一形式的能源结构。因此,在煤气化—液体产品—制氢—发电系统,煤、气、生物质、废物质都成为可以利用的原料,产品结构也呈多元化,电力是基本产品,可同时联产燃料、化学品、蒸汽与热。目前针对煤炭洁净转化利用的模式很多,图 6-5-03、图 6-5-04 分别为美国 Vision 21 和我国坑口煤炭多联产等构想。

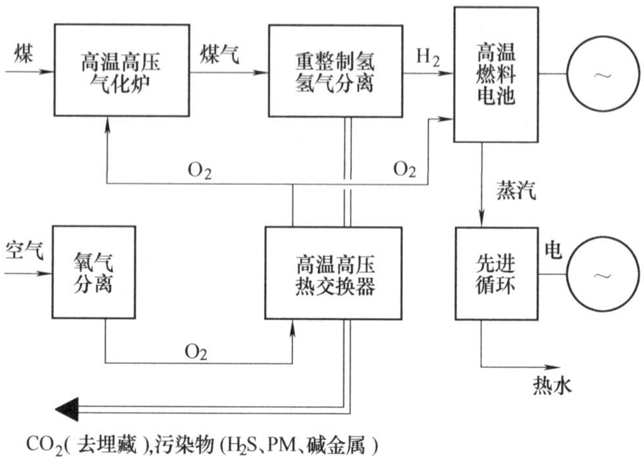

图 6-5-03 美国 Vision 21 能源系统

(1) Vision 21 主要特征 Vision 21 是一个长期的研发规划,由政府、工业界和科技界共同出资完成。与传统的煤基能源工厂相比,Vision 21 具有以下特征:① 它是一个多元集成技术体系,

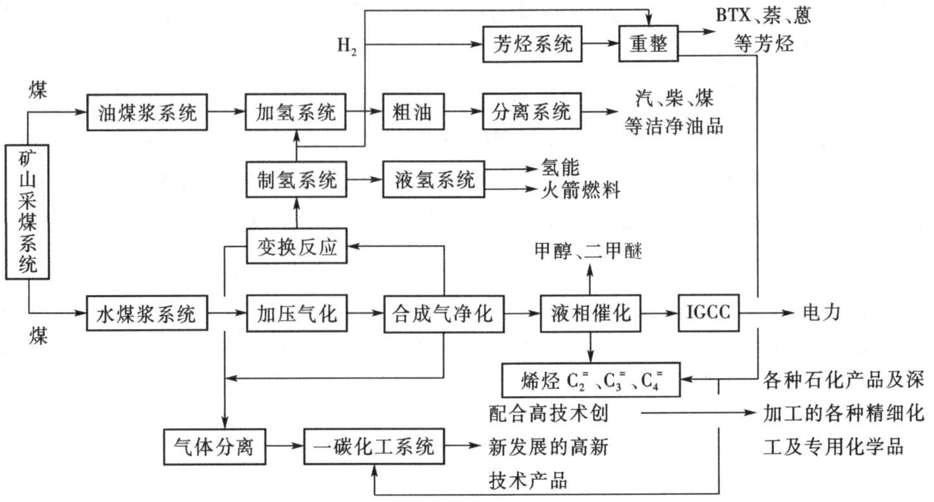

图 6-5-04 中国坑口煤炭、化工、能源多联产系统示意图

并能根据市场需求把多种先进技术组合成不同能源体系如图 6-5-04 所示;② 考虑工业生态学,可实现颗粒物、SO_2、NO_2和固体废物等污染物的近零排放,通过提高效率和碳封存实现 CO_2零排放;③ 原料和产品的多元化,原料包括煤、天然气、渣油、石油焦、生物质、城市垃圾等,产品有发电联产蒸汽、液体燃料、合成气、化学品、氢等;④ 先进的系统集成及计算机控制技术以保证系统运行的可靠性和稳定性。

(2) 中国坑口煤炭多联产的特征

① 坑口所采用的高硫煤可直接输至备煤制备水煤浆系统。水煤浆进入气化炉,气化后的粗煤气经气体净化系统除去 H_2S 及 CO_2后,进入化学合成装置,可分别制取甲醇、二甲醚及低碳烯烃等。尾气直接进入燃气轮机和蒸汽轮机联合发电得到电力。

② 坑口所采的高硫煤可同时进入油煤浆制备系统。由煤气化合成气经变换制取的氢气与油煤浆一起进入加氢系统,直接液化得到粗油,该粗油经分离、精制可获得洁净的汽、柴、煤等油品。这一过程所分离出的大量芳烃经溶剂抽提,加氢重整等工艺获得 BTX(苯、甲苯、二甲苯)、萘、蒽等芳烃及各种含杂环的芳基化合物。

③ 由煤的直接液化得到的众多芳烃化合物,与化学合成生成的低碳烯烃相结合,可制备出各种石化产品及深加工的各种精细化工及专用化学品。

④ 经变换反应及合成气净化所得到的纯净的 CO 及合成气与甲醇和低碳烯烃相结合将可制备出另一系列的化工产品,即现代煤化工的另一领域“碳一化工”体系。

习题

1.煤的热分解过程条件的变化对煤的干馏和气化有什么影响?

2.实行配煤炼焦有哪些积极意义?

3.实现煤气化多联产系统有哪些好处?

4.查阅有关资料撰写一篇“21 世纪的煤化工展望”小论文。

参考文献

[1] 黄仲九,房鼎业.化学工艺学.2版.北京:高等教育出版社,2008.

[2] 张德祥.煤化工工艺学.北京:煤炭工业出版社,1999.

[3] 高晋生,张德祥.煤液化技术.北京:化学工业出版社,2005.

[4] 虞继舜.煤化学.北京:冶金工业出版社,2000.

[5] 郭树才.煤化工工艺学.2版.北京:化学工业出版社,2006.

[6] 沙兴中,杨南星.煤的气化与应用.上海:华东理工大学出版社,1995.

[7] Speight J G.The Chemistry and Technology of Coal.New York:Marel Dekker Inc,1994.

[8] 姚昭章,郑明东.炼焦学.3版.北京:冶金工业出版社,2005.

[9] 申明新.中国炼焦煤的资源与利用.北京:化学工业出版社,2007.

[10] 库咸熙.化产工艺学.北京:冶金工业出版社,1995.

[11] 曾蒲君.煤基合成燃料工艺学.徐州:中国矿业大学出版社,1993.

[12] Elliott A M.Chemistry of Coal Utilization.2nd Sup Vol. New York.London:John Wiley & Sons,1981.

[13] 曹征彦.中国洁净煤技术.北京:中国物资出版社,1998.

[14] 熊谟远.电石生产工艺学.成都:成都科技大学出版社,1988.

[15] 戴和武,谢可玉.褐煤利用技术.北京:煤炭工业出版社,1999.

[16] 姚强,陈超.洁净煤技术.北京:化学工业出版社,2005.

[17] 王曾辉,高晋生.碳素材料.上海:华东理工大学出版社,1991.

[18] 钱湛芬.炭素工艺学.北京:冶金工业出版社,1996.

[19] 贺永德.现代煤化工技术手册.北京:化学工业出版社,2004.

第七章

精细化工反应单元工艺

7-1 概述

一、精细化工的定义、特点和分类

生产精细化学品(fine chemicals)的制造工业被称为精细化学工业或精细化学工程,简称精细化工。精细化学品是化学工业中用来与通用化学品(heavy chemicals)相区分的一个专用术语。通用化学品指一些应用范围广泛,生产中化工技术要求高,产量大的产品。精细化学品指一些具有特定性能的、合成工艺中步骤多、反应复杂、产量小、品种多、产品附加值高的商品。

精细化工是介于化学科学和化学工程之间的应用化学技术分支之一。精细化工是生产精细化学品的工业,是现代化学工业的重要组成部分,是发展高新技术的重要基础,也是衡量一个国家的科学技术发展水平和综合实力的重要标志之一。因此,世界各国都把精细化工作为化学工业发展的重点行业之一。

精细化工有如下的一些主要特点:

1. 精细化工品种日益增多

由于一些国家对化学物质的安全性要求越来越严格,对新品种的注册也日趋严格,因此新品种的开发难度增大,所需时间和费用日益增加。但世界各大精细化工公司仍不惜投入大量人力物力,以期开发出更多更好的新品种,获得更大的经济效益。因此,每年都有一定数量的新品种投入生产,精细化工品种的数目日益增多。目前,精细化工的品种,按不同化学结构估计,总数大约有 3 万多种(不含化学试剂)。其中医药原药品种约 3 700 多种,染料 5 400 多种,表面活性剂 5 100 多种,食品添加剂 1 300 多种,合成香料 5 100 多种,合成材料助剂 1 100 多种,兽药与饲料添加剂 500 多种。

20 世纪 80 年代以来,精细化学品的品种开发工作取得了许多新成果,出现了许多性能优异的新品种。在新材料中的新型陶瓷有压电陶瓷、光敏陶瓷、变色耐热陶瓷等功能性陶瓷,以及氮化硅、氧化锆等结构性陶瓷;在高功能、高分子材料方面有光敏树脂,导电高分子、高吸水性树脂等;在农药方面,第一代拟除虫菊酯类杀虫剂的使用,是农药研究的一项突破性的进展,其优点是它不在动物体内积累,不污染环境,却有极高的杀虫力,药效比目前广泛使用的氨基甲酸酯类和有机磷酯类杀虫剂高几十倍甚至百倍,而用药量只有常规农药的十分之一甚至几十分之一,因此发展迅速,其代表品种有氯氰菊酯、杀灭菊酯、氯菊酯、溴氰菊酯等;此外,具有氨基酸结构的除草剂(如草甘膦)的开发与工业化,沙蚕毒素类杀虫剂(如易卫杀),磺酰脲类除草剂等一系列新品种的开发和应用,也使农药的品种日益增多;在医药方面,除了许多性能优异的化学药品不断被开发外,利用生物技术合成的酶制剂,单细胞蛋白等都将医药化工带入了崭新的领域;生物技术中的发酵技术、生物酶技术、细胞融合技术,基因重组技术都为新药的开发开辟了广阔的前景;又如在催化剂方面,美国研制的新型选择性催化剂——沸石催化剂 ZSM-5,可用于将甲醇转化为高辛烷汽油,其性能好,用途广,在裂化、重整、异构化、烃化、脱氢、芳构化和歧化等一系列化工过程中都有极为优异的催化性能。

2. 商品化技术水平的日益提高

精细化学品大多数为配方型产品,其商品化技术包括配方与加工技术,以及用途与用法技术。配方与加工技术,因其对产品性能的影响极大,故极为保密,一般不予公开,也很难从别的公司、企业购买到,完全靠本企业进行开发研究。因此,精细化学品的垄断性很强,商品化技术水平的高低,是经营精细化工成败的关键。因此,国外十分重视商品化技术的研究开发。

现代科技的发展,为发展精细化学品的商品化技术提供了可能性,它不仅充实了所需理论基础,而且提供了先进的实验手段及分析技术,使商品化技术发展达到了新的水平,并促进了有机合成理论的发展及分析测试水平的提高。在这方面最突出的表现是海葵毒素的全合成,被称为有机合成史上的里程碑。在医药方面,药物制剂学已从单纯的加工工艺发展到以物理药剂学和生物药剂学为理论基础,各种试剂为主要内容的一门学科。目前,药学家已能逐步阐明各种药物在人体内的吸收、分布、转化、排泄过程的动态规律,药物作用机理与疗效,药品处方中各种成分、生产工艺以及剂型与药物疗效的关系等,从而为药品的配方和剂型提供了理论根据。因此,药物前体制剂技术、固体分散法、微囊与分子包含等新技术迅速发展,各种复方试剂,高效、速效、长效制剂亦随之出现。在香料的生产技术方面,过去调香大多凭经验,而现在随着分析测试技术的提高,使得调香在模拟调香的基础上,结合气液相色谱和色质联机技术,使调香更有方向性。

3. 产品的质量水平不断提高

各公司为了加强竞争能力,对产品质量要求较高。不同行业和不同企业对质量要求不同,但其共性要求是:纯度高、性能稳定、有效期长、特性功能高。例如,医药、农药、香料等产品要求具有一定的生物活性;色素材料如染料、荧光增白剂等产品有一定的光学性质;表面活性剂等产品要求有适当的表面性能。这些都是要求产品具有一定的特性功能的例子。又如,对药品的纯度要求越来越高。20 世纪 80 年代以来,人们发现许多药物都应该具有光学纯度,这主要是许多药物的对映的光学异构体不仅无效,甚至有很多的副作用。这方面典型的案例有"反应停",当时"反应停"作为安眠药的替代药,备受人们青睐。但是人们后来发现"反应停"具有制畸作用,由"反应停"引起的胎儿制畸案例在欧洲已有几十例。20 世纪 90 年代以来许多药物都要求具有光学纯度,特别是一些工艺已经很成熟,应用也很广泛的药物,目前都需要开发新的工艺路线。这对相对落后的我国医药工业，也是一个新的机遇和挑战。而新的催化技术，如相转移催化技术、立体定向合成技术、固定化酶技术等，为新工艺的开发提供了理论依据和可行性。

4. 精细化工生产装置的特点

精细化学品的生产与通用化学品不同，其特点是：① 生产过程一般分为两个阶段，即原药制造阶段和制剂制造阶段，而原药的制造大多是合成反应，其步骤较长，纯度要求高，分离和精制操作烦琐；② 产量少、品种多，其产量一般为 100～200 t，少的甚至只有几千克；③ 市场变化大，要求生产装置可以灵活调整；④ 生产寿命期较短，一般为 10 年，有的只有 2～3 年；⑤ 精细化学品生产企业，大多为中小企业，其原料和中间体大多购自外企业。

大多数的精细化学品为间歇式生产。主要设备为搪玻璃釜或不锈钢反应釜。一般容积为 400～1 000 L，精细化学品采用全自动化生产的较少，但某些工序的机械化和自动化却有了较大的提高。例如发酵工艺采用电子计算机控制各个发酵参数而实现了自动化。吨位大、生命期长的产品实现了自动化，如维生素 C 的合成。在精细化工中经常建立多功能车间，可用于产量小，生命期短的精细化学品的生产，新产品的试生产及中试放大，多功能车间既经济又灵活。

但是最近十几年来，国外的精细化工设备有了长足的进步，某些精细化工设备已由间歇式向连续化、自动化方面过渡，朝着多功能联合机组和微机控制生产方面发展，特别是一些新型高效、节能的设备及多功能组合式设备的出现，使密闭式连续化生产成为现实，已形成专业化、系列化、定型化的装置设备，把精细化工产业提高到了一个新的水平。

世界上每个国家关于精细化学品的分类均有一些差别，我国化学工业部 20 世纪 80 年代颁布的《关于精细化工产品的分类的暂行规定和有关事项的通知》中明确规定，中国精细化工产品包括 11 个类别，分别是：农药、染料、涂料（包括油漆和油墨）、颜料、试剂和高纯物、信息用化学品、食品和饲料添加剂、黏合剂、催化剂和各种助剂、化工系统生产的化学药品（原料药）和日用化学品、（高分子聚合物中的）功能高分子材料（包括功能膜、偏光材料等）。

从上述分类规定中可以看到，精细化学品的分类主要是根据功能、行业进行分类，如果从结构组成对精细化学品进行区分，又可分为无机精细化学品和有机精细化学品。

二、国内外精细化工概况

由上述精细化学品的分类可以看出精细化工和人们日常生活息息相关，已渗透到工农业各部门，从 20 世纪 70 年代以来，一些发达工业国家陆续将化工发展的重点转移到精细化工。目前，世界上比较流行采用精细化率来表征一个国家的精细化工发展水平。精细化率也称精细化工产值率，是指精细化工产值占化工总产值的百分率。精细化率在相当大的程度上反映着一个国家的发达水平、综合技术水平及化学工业集约化的程度。统计数据显示，美国的精细化率 20 世纪 70 年代为 40%，80 年代增至 45%，90 年代超过 53%；德国精细化工发展的历史较长，基础较好，该国 80 年代以来大力调整化工产品结构，将发展重点放在精细化工上，其精细化工率已超过 56%；日本的精细化率目前已达 57%；我国 90 年代的精细化率只有 25%，2000 年提高到 40%～45%，到 2010 年提高到 60%。英法等国也纷纷进行化工产品结构调整，加快精细化的步伐。总之，世界发达工业国家都在加快精细化工发展。

世界精细化工技术水平，就目前而言，美国居领先地位，其次是德国。日本的精细化工是靠大量技术引进，其规模仅次于美国，其技术水平逊于德国。前苏联的技术水平较低，中国目前的精细化工水平也较低。

我国自20世纪80年代初化工部率先提出大力发展中国精细化工的战略部署以来，在科技开发、项目安排、资金投入、产业结构调整等方面，制定了一系列的政策、法规，仅“七五”和“八五”期间，国家对饲料添加剂、食品添加剂、工业表面活性剂、水处理剂、生物化工、造纸化学品、油田化学品、皮革化学品、胶黏剂、电子化学品等新领域就投入了30亿元资金，相继建立了一批科研机构。但由于我国精细化工起步比较晚，发展水平仍然比较落后，特别是产品的品种少，欧美工业化生产的化工产品达10万多种，而我国只有4.5万种左右，这个数量上的差别主要体现在精细化工产品上。其他已暴露的亟待解决的问题主要有以下几点：

1. 缺乏技术开发与生产厂点布局的统筹规划和有力的管理

化工系统内及各行业系统之间信息不够畅通，科研项目、生产厂布点重复列项，盲目建厂十分严重。产品的科研开发，化工、轻工、高校、石化等系统缺乏公开的、有权威的综合平衡。造成资金、人力及时间的大量浪费。

2. 牺牲环境质量，换取短期利益，后患严重

据初步调查，大多数搞精细化工的乡镇企业没有三废处理经验与能力，而国外一些工业比较发达的国家，又经常把一些污染严重、生产成本高的中间体转移到中国市场，因此，以环境效益来换取极少的短期效益及局部效益是得不偿失的。

3. 信息渠道不通，市场导向不灵

以市场需求、市场开发指导技术开发的所谓逆向发展模式被许多实践证明是正确的。欧美各大精细化学品公司几乎都在市场开发部门集中了多于技术开发部门的高水平人力，既为市场服务，又从市场需求中吸收有益的意见、要求，反过来指导开发。我国在精细化工的技术开发方面对内的信息封锁往往比对外还严，不少统计数字缺乏可靠性，没有摆脱小农经济分散经营的阴影。

4. 远未实现基地化、系统化

乡镇精细化工企业和一些人力、财力、装备不具备的企业能真正做到系列开发，形成产品树的很少。

5. 技术开发缺乏后劲

高技术含量的精细化工产品和技术的开发，需要人力、财力的高投入才能完成，这就要求有关部门统筹规划，具体落实精细化工技术开发的经费如何解决、风险如何化解。

总之，我国精细化工仍比较落后，有机原料的短缺和技术开发能力的低下都是长期制约发展的因素。面对世界精细化工发展的大趋势，应依靠科技力量，尽快实现精细化工基地化、商品系列化，努力开拓精细化工中的一些新兴领域，其中最重要的领域是生物技术和新材料。生物技术是化学工业实现可持续发展的关键技术。在生物化工领域内当前研究及开发的重点一是生物化工制品，如生物农药（包括农用抗生素、细菌农药、真菌农药及病毒农药等）、固氮菌剂、酶制剂、单细胞蛋白等；二是采用生物技术来生产精细化工产品，如乙醇、丙烯酰胺、氨基酸、柠檬酸、乳酸等。新材料通常分为新金属（新合金）、新型复合材料、新陶瓷及功能高分子材料四大类，其中后两类属精细化工范畴。在新陶瓷方面重点要开发压电陶瓷、光敏陶瓷、变色耐热陶瓷等功能性陶瓷，以及氮化硅、氧化锆等结构性陶瓷。在功能高分子材料方面应重点开发光敏树脂、导电高分子、高吸水性树脂等。

三、精细化工的发展趋势

早期的精细化工所强调的是技术本身的深化与密集，为竭力满足消费者的需求，对精细化学品在功能或性能上均有较全面的要求。而现代精细化工的发展趋势则表现为环境友好、生态相容的前提下追求技术的高效、专一；同样，对产品的要求是对环境、生态、使用对象作用上的高度和谐统一。准确地说，精细化工技术目前正经历着由“人与技术”概念向“人与技术及生态环境”概念转变的过程。此外，信息科技、生命科学、材料科学、微电子科学、海洋科学、空间科学技术等高新技术产业的发展，对精细化学品的种类、品种、性能和指标，提出了更高的要求，为精细化工发展开辟了广阔的前景。

1. 开辟精细化工新领域

主要有饲料添加剂、食品添加剂、表面活性剂、水处理剂、造纸化学品、皮革化学品、油田化学品、黏合剂、生物化工、电子化学品、纤维素衍生物、丙烯酸及其酯、聚丙烯酰胺、气雾剂等。当前重点发展具有物理功能、化学功能、电气功能、生物化学功能、生物功能等的高分子材料，如功能膜材料、导电功能材料、医用高分子材料、信息转换与记录材料、有机电材料等。

2. 追求产品的高效性和专一性

在环境友好及生态相容的前提下，广泛采用高新技术，使产品向精细化、功能化、高纯化发展。

3. 开发精细化生产原料的新来源

发展绿色化学生产工艺，使精细化工生产过程由损坏环境型向环境协调型发展，实现精细化学品的生产和应用全过程的控制。

7-2 磺化

一、概述

磺化（sulfonation）是指向有机化合物分子引入磺基（或磺酸盐、磺酰卤基）的反应，分直接磺化和间接磺化。以磺酸基团取代化合物中的氢原子，称为直接磺化，几乎所有芳环和杂环化合物，都可以进行直接磺化，少数脂肪族和脂环族化合物，也可以进行这类反应。间接磺化是以磺酸基取代苯环上的非氢原子，如巯基或重氮盐。

引入磺酸基的主要目的：

① 赋予产品水溶性、酸性、表面活性，或对纤维素具有亲和力；

② 将磺酸基转变成其他基团如羟基、氨基、氰基、氯等，从而制得一系列有机中间体或精细化工产品。

③ 利用各组分磺化难易程度的不同，可以进行分离和纯化；

④ 利用磺酸基可以水解脱去的特点，可作为有机合成中的保护基。

二、磺化剂和主要磺化方法

磺化反应一般采用浓硫酸（或发烟硫酸）、三氧化硫、氯磺酸等作为磺化剂，有时也采用二氧化硫加氯气、二氧化硫加氧气以及亚硫酸钠等作为磺化剂。根据磺化剂的不同可区分为以下几种主要磺化方法。

1. 浓硫酸或发烟硫酸磺化

浓硫酸和发烟硫酸实际上是不同浓度的三氧化硫的水溶液。

工业硫酸有两种规格，即 w(硫酸) = 92% ~ 93%（亦称绿矾油）和 w(硫酸) = 98% ~ 100% 三氧化硫的一水合物，后者可看做三氧化硫与水以 1∶1 的比例组成的配合物。如果有过量的三氧化硫存在于硫酸中就成为发烟硫酸。发烟硫酸也有两种规格，既含游离三氧化硫 $w(SO_3)$ = 20% ~ 25% 和 $w(SO_3)$ = 60% ~ 65% 两种规格，这四种规格的磺化剂在常温下都是液体，方便使用和运输。

工业生产中，往往需要用上述规格的工业硫酸或发烟硫酸配制其他浓度的硫酸或发烟硫酸使用。

用硫酸或发烟硫酸进行的磺化也称液相磺化。硫酸在反应体系中起到磺化剂、溶剂和脱水剂三种作用。随着磺酸的生成，反应中逐步生成水，因此需要大量的硫酸，该法适用范围很广，如苯、甲苯、萘、2-萘酚等磺化，但生产能力较低。

2. 三氧化硫磺化

三氧化硫又称为硫酸酐，是活泼的磺化剂。由于三氧化硫反应活性很高，在使用时常用空气或溶剂稀释，常用的溶剂有二氯甲烷、氯仿、二氯乙烷或液体二氧化硫等。常用的气体有空气、氮气或气体二氧化硫。

采用三氧化硫作为磺化剂时，反应易进行，不生成水，可进行等物质的量反应，反应得到产物纯度也高。其优点是反应速率快，反应完全，无需外加热设备，设备小，投资少，且不需要废酸浓缩过程；缺点是反应放热量大，易导致物料分解或副反应发生，物料黏度高，传质较困难。这些问题通过设备设计、反应条件优化和选择适当的溶剂来克服，所以近年来三氧化硫磺化的应用范围不断扩大。目前主要的三氧化硫磺化有以下方法。

（1）气体三氧化硫磺化法　为了使反应容易控制，减少副反应，需将硫酸磺化燃烧法制得含有三氧化硫 $w(SO_3)$ = 7% ~ 10% 的转化气，用干燥空气稀释到 $w(SO_3)$ = 4% ~ 5%，再送入磺化器中进行磺化。这种方法的优点是生产能力大，产品质量好，它已经代替发烟硫酸法在工业上得到广泛应用。

（2）液体三氧化硫磺化法　这种方法主要用于不活泼的液态有机物的磺化。要求生成的磺酸在反应温度下是液体。反应时慢慢将液体三氧化硫加入到反应物中，然后在一定的温度下保温。

(3) 用无机溶剂(硫酸)的磺化方法 反应时先将有机物溶于无水硫酸中，通入气体三氧化硫或滴加液体三氧化硫逐步进行磺化。此法技术简单，可代替一般的发烟硫酸法。

(4) 使用有机溶剂(例如氯甲烷、二氯乙烷、石油醚、硝基甲烷等)的磺化方法 该法可以减少副反应的发生，但生成的磺酸一般都不溶于有机溶剂，反应物常变得很黏。

3. 氯磺酸磺化

氯磺酸($ClSO_3H$)可以看做是 $SO_3 \cdot HCl$ 的络合物，在−80 ℃ 时凝固，152 ℃时沸腾，达到沸点时则解离成 SO_3和 HCl。

用等摩尔比的氯磺酸使芳烃磺化可制得芳磺酸。由于氯磺酸有氯化的作用，故用摩尔比为 1:4~5 或更多的氯磺酸，可制得芳磺酰氯。

用氯磺酸作磺化剂的优点是反应活性强，反应温度低，生成物可以及时排出，有利于反应进行完全。缺点是氯磺酸价格较贵，且反应中产生的 HCl 腐蚀性强，故工业上用氯磺酸作磺化剂的较少。

通过氯磺化可从 2-萘酚制 2-萘酚-1-磺酸，从乙酰苯胺制对乙酰胺基苯磺酰氯，后者是合成磺胺类药物的重要中间体。

4. 共沸去水磺化

在用苯和氯苯制苯磺酸的过程中，将过量 6~8 倍的苯蒸气在 120~180 ℃ 通入浓硫酸中，利用共沸原理由未反应的苯蒸气将反应生成的水不断的带出，使硫酸浓度不致下降太多，此法硫酸的利用率高。因磺化时用苯蒸气，又称气相磺化。

5. 烘焙磺化

该法用于某些芳伯胺的磺化，特点是将芳伯胺与等物质的量的浓硫酸先制成固态硫酸盐，然后在 180~230 ℃ 烘焙，或是将芳伯胺与等摩尔比的硫酸，在三氯苯介质中加热至 180 ℃，蒸出反应的水。例如由苯胺制对氨基苯磺酸。

在工业中，烘焙磺化可以采用烘盘在 180~230 ℃ 烘焙。此法劳动强度大，温度不均匀，易焦化，设备生产能力低。

6. 用二氧化硫加臭氧磺化

脂肪族化合物是不用三氧化硫或浓硫酸进行磺化的，因为此时三氧化硫和浓硫酸或者不起作用，或者易使脂肪族化合物发生氧化反应，一般采用二氧化硫加臭氧或加氯气在紫外光作用下进行磺化。

7. 加成磺化

某些烯烃、环氧烃、醛基化合物都可以与亚硫酸盐进行加成反应，生成相应的烷基磺酸盐类。例如：

$$RCH{=}CH_2+NaHSO_3 \longrightarrow RCH_2CH_2SO_3Na$$

$$RCHO+NaHSO_3 \longrightarrow \underset{\displaystyle OH}{\underset{|}{RCH}}SO_3Na$$

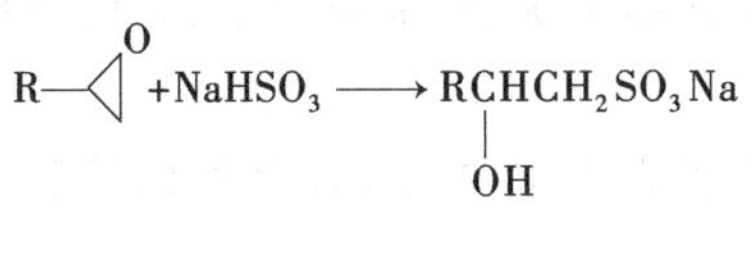

8. 间接磺化

间接磺化是指含有活泼氯原子的有机化合物与亚硫酸钠、亚硫酸钾、亚硫酸铵，亚硫酸氢钠等在高温加压下，氯原子被磺酸钠替代的反应。

三、磺化反应的影响因素

1. 被磺化物的结构及性质

磺化反应是典型的亲电取代反应，芳环的结构及性质将直接影响磺化反应的难易。当芳环上有—CH_3、—OH，—NH_2等给电子基团时，磺化反应速率加快，易于磺化；当芳环上有—NO_2，—CHO，—SO_3H等吸电子基团时，磺化反应速率减慢，较难磺化。此外，磺基所占的空间较大，在磺化反应过程中，有明显的空间效应，所以不同芳环取代基体积越大，则位阻越大，磺化速率越慢，邻位的产品越少。从表7-2-01可以看出，在烷基苯磺化时，邻位磺酸的生成量随烷基的增大而减少。

表7-2-01 烷基苯磺化时的异构产物生成比例

$w(H_2SO_4)=89.1\%$，25 ℃

烷基苯	异构产物比例			邻位/对位
	邻位	间位	对位	
甲苯	44.04	3.57	50	0.88
乙苯	26.67	4.17	68.33	0.39
异丙苯	4.85	12.12	84.84	0.057
叔丁苯	0	12.12	85.85	0

2. 磺化剂的浓度和用量

磺化动力学研究指出，硫酸浓度稍有变化对磺化速率就有显著影响。在92%～99%浓硫酸中，磺化速率与硫酸中所含水分浓度平方成反比。采用硫酸作磺化剂时，生成的水将使进一步磺化的反应速率大为减慢。当硫酸浓度降至某一程度时，反应即自行停止。此时剩余的硫酸叫做废酸，习惯上把这种废酸以三氧化硫的质量分数表示，称之为“π值”。显然，对于容易磺化的过程，π值要求较低。而对于难磺化的过程，π值要求较高。有时废酸的浓度高于100%硫酸，即π值大于81.6，各种芳烃的π值见表7-2-02。

表7-2-02 各种芳烃化合物的π值

化合物	π值	H_2SO_4含量/%
苯单磺化	64	78.4
蒽单磺化	43	53
萘单磺化	56	68.5
萘二磺化	52	63.7
萘三磺化	79.8	97.3
硝基苯单磺化	82	100.1

3. 磺化温度和时间

磺化反应温度的高低直接影响磺化反应的速率。一般磺化反应温度升高会加快反应速率，缩短磺化时间，但温度太高，也会引起生成多磺化物、焦化物、砜等副反应，特别是对砜的生成明显有利。例如，在苯的磺化过程中，温度超过 170 ℃ 时生成的产物容易与原料苯进一步生成砜，即

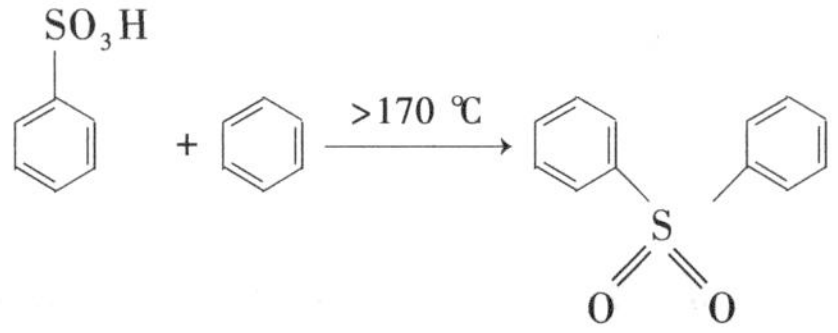

实际上，磺化温度和时间是根据对磺化产物的要求而通过大量实验优化确定的。磺化的终点一般是根据磺化液的总酸度来确定的。

4. 搅拌

在磺化反应中，良好的搅拌可以加速芳烃在酸相中的溶解，提高传热、传质效率，防止局部过热，提高反应速率，有利于反应的进行。例如，苯和甲苯等在硫酸中的非均相磺化，传质是控制步骤，加强搅拌对反应有利。

需要指出，磺化反应是强放热反应，若在反应过程中得不到有效的冷却和良好的搅拌，都有可能引起反应温度超高，以至发生燃烧反应，造成爆炸或起火事故。

四、苯、萘及其衍生物的磺化

苯、萘及其衍生物的磺化产品是重要的有机化工中间体，在磺化反应中占有最重要的地位，所得磺化产品已大量用作合成洗涤剂、制革鞣剂、离子交换树脂等，在染料、医药中间体中也有广泛的应用。由苯及其衍生物制得的磺化产品，经碱熔、酸化可制得各种酚类，如苯酚、间苯二酚。芳族磺化的规律符合前面所述的磺化反应规律，这里不再赘述。

1. 苯及其衍生物的磺化

(1) 苯的磺化　苯的磺化，主要用来制造酚类。例如，苯酚曾用下列方法制得

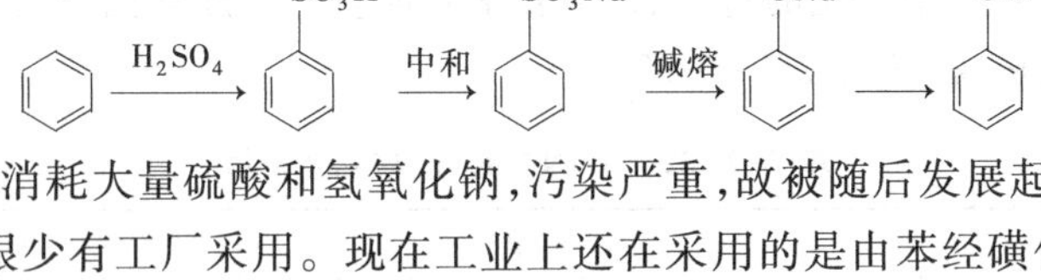

此法的缺点是需消耗大量硫酸和氢氧化钠，污染严重，故被随后发展起来的氯苯水解法和异丙苯法所取代，现在很少有工厂采用。现在工业上还在采用的是由苯经磺化生产间苯二酚，如美国的柯梅斯公司、西欧的赫斯特公司。苯经磺化制备间苯二酚的反应式为

反应首先生成苯磺酸，因为磺酸基是吸电子基，第一个磺酸基取代苯环上的氢原子后，使苯环上的电子云密度降低，苯环被钝化，因此第二个磺酸基的取代较第一个磺酸基要困难得多。具

体的磺化分为两个阶段进行：第一个阶段的磺化条件控制在 70～80 ℃，用 100% 硫酸（过量）作磺化剂，采用苯-水共沸法去水；第二个阶段采用发烟硫酸作磺化剂，反应温度为 80 ℃ 左右。

（2）苯的衍生物的磺化　该磺化反应是典型的亲电取代反应，苯环上原有取代基对磺化反应有一定的影响，给电子基团对磺化反应有利，吸电子基团则对磺化反应不利。芳烃及其衍生物用硫酸和三氧化硫磺化时的速率常数和活化能见表 7-2-03 和表 7-2-04。

表 7-2-03　芳烃及其衍生物用硫酸磺化的速率常数和活化能

被磺化物	速率常数 k （40 ℃）/ 10^{-6} L · mol^{-1} · s^{-1}	活化能 E/（kJ · mol^{-1}）
萘	111.3	25.5
间二甲苯	116.7	26.7
甲苯	78.7	28.0
1-硝基萘	26.1	35.1
对氯甲苯	17.1	30.9
苯	15.5	31.3
氯苯	10.6	37.4
溴苯	9.5	37.0
间二氯苯	6.7	39.5
对硝基甲苯	3.3	40.8
对二氯苯	0.98	40.0
对二溴苯	1.01	40.4
1,2,4 三氯苯	0.73	41.5
硝基苯	0.24	46.2

表 7-2-04　芳烃及其衍生物用 SO_3 磺化的速率常数和活化能

被磺化物	速率常数 k （40 ℃）/ L · mol^{-1} · s^{-1}	活化能 E/（kJ · mol^{-1}）
苯	48.8	20.1
氯苯	2.4	32.3
溴苯	2.1	32.8
间二氯苯	4.36×10^{-2}	38.5
硝基苯	7.85×10^{-6}	47.6
对硝基甲苯	9.53×10^{-4}	46.1
对硝基苯甲醚	6.29	18.1

2. 萘的磺化

萘在磺化时有 α 及 β 两种异构体,二磺化或三磺化时可能生成的异构体数目更多。定位主要取决于温度,低温有利于进入 α 位,高温有利于进入 β 位。萘磺酸及其衍生物是染料工业的重要中间体,经碱熔可制得相应的萘磺酸。

萘的磺化衍生物中,拉开粉(1,2-二丁基-6-萘磺酸钠)较为重要,它可用作合成橡胶生产中的乳化剂、纺织印染中的渗透剂,亦用作洗涤剂、助染剂、分散剂、润滑剂、杀菌剂和除草剂的原料,其合成过程如下:

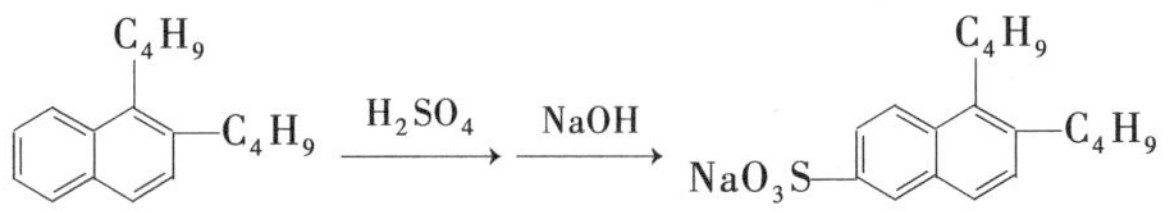

磺化剂为发烟硫酸[含游离 SO_3 $w(SO_3)=18.5\%\sim22\%$],经中和后的粗品再经漂白、沉降和过滤制得成品。

以萘酚为原料经磺化可制得一系列萘酚磺酸及其盐类。如 2-萘酚-3,6-二磺酸二钠盐,2-萘酚-6,8-二磺酸二钠盐,都是染料中间体,用于制造各种染料和食用色素。

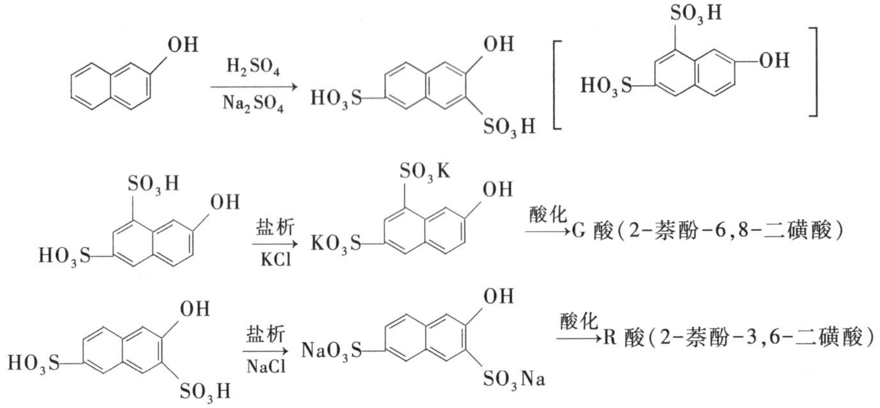

五、磺化反应器

磺化反应器有罐式和膜式两大类。膜式反应器又分为单膜、双膜和双管(又称列管)三种,其中双膜式磺化器是目前使用最多的一种膜式磺化器。

膜式反应器的原理如下:反应物料在圆管表面形成薄膜,自上而下流动,三氧化硫-空气混合物则沿薄膜表面顺流而下,在并流中,两者进行接触反应,反应热由管壁外的冷却水带走。为控制磺化速率,有些反应器在烷基苯表面吹入二次风(又称保护风),增大气流厚度,减缓 SO_3 向反应物料表面扩散的速率,作用机理见图 7-2-01。图 7-2-02 示出的是双膜隙缝式磺化反应器,它由两个同心的不锈钢圆筒构成,并有内、外冷却夹套。两圆筒环隙的所有表面均为流动着的反应物所覆盖。反应段高度一般在 5 m 以上,空气-三氧化硫通过环形空间的气速为 12~90 m/s,SO_3 含量为 4%左右。整个反应器分为三部分:顶部为分配部分,用以分配物料形成液膜;中间为反应部分,物料在环形空间完成反应;底部为尾气分离部分,反应产物磺酸与尾气在此分离。

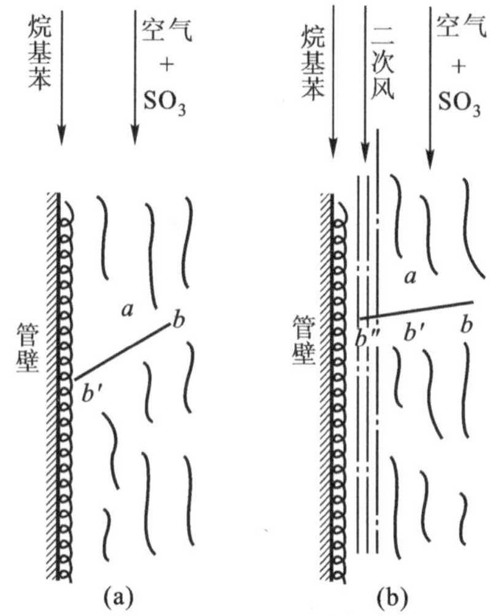

图 7-2-01 二次风作用原理示意图

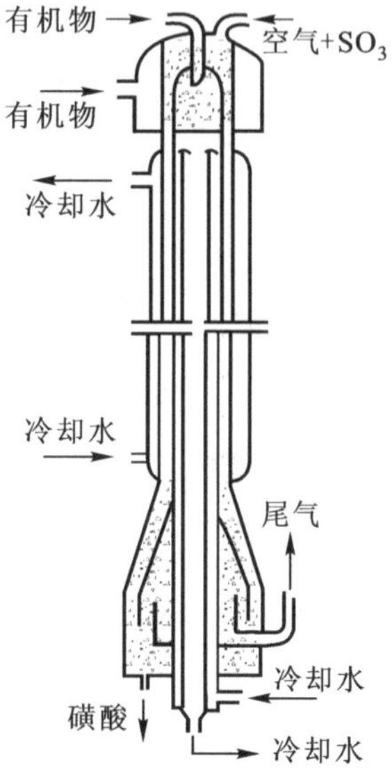

图 7-2-02 双膜隙缝式磺化反应器示意图

将物料分配成均匀液膜的分配装置,无论在单膜或双膜反应器中均十分重要。上述隙缝式磺化器是采用环形隙缝的方式作为进料分配器,其缝隙极小,约为 0.12~0.38 mm。加工精度及光洁度对物料能否得到均匀分配影响很大,因此对加工的要求很高。另一种转盘式分配器主要是依靠高速转子来分配有机物料的,这在加工安装和调试时也很困难。目前,认为由日本研制的 TO 反应器(也称等温反应器)的分配系统最先进。它是一种环状的多孔材料或是覆盖有多孔网的简单装置,其孔径为 5~90 μm。它不但加工、制造、安装简单,而且穿过这些微孔漏挤出来的有机物料能更加均匀地分布于反应面上,形成均匀的液膜。此外,TO 反应器还采用了二次保护风新技术,如上所述,减缓了磺化反应速率,使整个反应段内的温度分布都比较均匀,接近于等温过程,显著地改善了产品的色泽和减少了副反应,从而提高了产品的质量。

六、 磺化反应实例——十二烷基苯磺酸钠的生产

十二烷基苯磺酸钠是洗涤剂的主要成分,它的生产采用三氧化硫磺化法。图 7-2-03 是气体三氧化硫薄膜磺化连续生产的工艺流程。

因三氧化硫比较活泼,在使用中必须用干燥空气将其稀释到含量不超过 10%的气流,原料配比为 1 mol 十二烷基苯与 1.03 mol 含量为 10%的三氧化硫进行反应。大约是 1 单位体积有机原料通入 800 体积含三氧化硫的反应气。气体在反应器中的停留时间一般小于 0.2 s,磺化反应在瞬间即可完成,反应速率受气体扩散速率控制,故进入连续薄膜反应器的气体要保持高流速,以保证气-液接触呈湍流状态。

反应过程如下:由贮槽 9 用比例泵将十二烷基苯打到列管式薄膜化反应器顶部的分配区,使

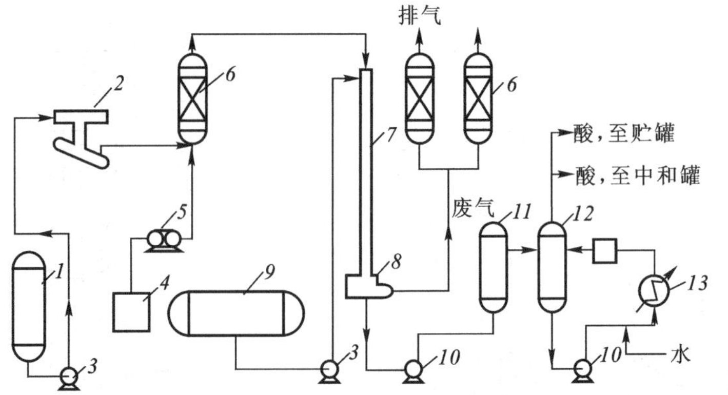

图 7-2-03 气体三氧化硫薄膜磺化连续生产十二烷基苯磺酸钠的工艺流程图

1. 液体 SO_3贮槽；*2.* 汽化器；*3.* 比例泵；*4.* 干空气；*5.* 鼓风机；*6.* 除沫器；*7.* 薄膜反应器；*8.* 分离器；*9.* 十二烷基贮槽；*10.* 泵；*11.* 老化罐；*12.* 水解罐；*13.* 热交换器

形成薄膜沿着反应器壁向下流动。另一台比例泵将所需要比例的液体三氧化硫送入汽化器，出来的三氧化硫气体经来自鼓风机的干燥空气稀释到规定浓度后，进入薄膜反应器中，当有机原料薄膜与含三氧化硫气体接触后，反应立即发生，然后边反应边流向反应器底部的气-液分离器，分出磺酸产物后的废气，经过滤和碱洗除去少量二氧化硫副产品后放空。分离得到的磺酸在用泵送往老化罐以前，需先经过一个能控制三氧化硫进气量的自控装置。制得的磺酸需要在老化罐中老化 5~10 min，以降低其中游离硫酸和未反应原料的含量。然后送往水解罐，约加入0.5%的水以破坏少量残存的酸酐。

7-3 硝化

一、概述

硝化（nitration）系指有机化合物分子中的氢原子或基团被硝基取代的反应。广义上包括氧硝化、氮硝化、碳硝化。碳硝化是其中最主要的硝化反应，包括脂肪族硝化和芳香族硝化，又以芳香族硝化的应用最广，是有机合成中最重要的反应之一。引入硝基的主要作用有：

① 利用硝基的可还原性制备氨基化合物，而氨基经由重氮盐反应可引入羟基和氯等基团；

② 利用硝基的极性，使芳环上的其他取代基活化，促进亲核取代反应的进行；

③ 制备各种有用的有机化合物或中间体，如主要用作炸药的硝酸甘油，又称硝酸甘油或甘油三硝酸酯；

④ 利用硝基的极性，赋予精细化工产品某种特性，如在染料合成中引入硝基可加深染料的

颜色。

二、硝化剂及主要硝化方法

硝化剂是能够生成硝酰正离子(NO_2^+)的反应试剂。硝化剂主要是硝酸,从无水硝酸到稀硝酸都可以作为硝化剂。由于被硝化物性质和活泼性的不同,硝化剂常常不是单独的硝酸,而是硝酸和各种质子酸(如硫酸)、有机酸、酸酐及各种路易斯酸的混合物。此外还可使用氮的氧化物、有机硝酸酯等作为硝化剂。

1. 硝化剂

(1) 硝酸　最主要的硝化剂是浓硝酸,硝化反应是NO_2^+对芳环的亲电进攻,硝酸通过下列过程产生NO_2^+:

$$HNO_3 \rightleftharpoons H^+ + NO_3^-$$

$$H^+ + HNO_3 \rightleftharpoons H_2NO_3^+$$

$$H_2NO_3^+ \rightleftharpoons H_2O + NO_2^+$$

这三步反应都是平衡反应,要生成高浓度的NO_2^+,水量必须减少。常用的浓硝酸是含HNO_3 68%,沸点120.5 ℃,它的硝化能力不强。

硝酸的水溶液,如果其中的HNO_3含量高于68%,都会发烟,通常所说的发烟硝酸是指含HNO_3 100%的硝酸。在实验室里可将过量的浓硫酸加入到浓硝酸中,在减压下蒸馏得到,为微黄色液体,沸点83 ℃。

(2) 混合酸　混合酸是硝酸和硫酸的混合物。硫酸起酸的作用,硝酸起碱的作用,其平衡反应式为

$$H_2SO_4 + HNO_3 \rightleftharpoons HSO_4^- + H_2NO_3^+$$

$$H_2NO_3^+ \rightleftharpoons H_2O + NO_2^+$$

$$H_2O + H_2SO_4 \rightleftharpoons H_3O^+ + HSO_4^-$$

总的反应式为

$$2H_2SO_4 + HNO_3 \rightleftharpoons NO_2^+ + H_3O^+ + 2HSO_4^-$$

因此在硝酸中加入强质子酸(例如硫酸)可以生成更多的NO_2^+,从而大大提高其硝化能力,混酸是应用最广泛的硝化剂,最常用的混酸是浓硝酸与浓硫酸的比例为1∶3(质量比)。

(3) 硝酸与乙酸酐的混合硝化剂　奥顿(Orton)于1902年首先使用硝酸和乙酸酐的混合物作硝化剂。这是仅次于硝酸和混酸的常用重要硝化剂,其特点是反应较缓和,适用于易被氧化和易为混酸所分解的硝化反应。它广泛地用于芳烃、杂环化合物、不饱和烃化合物、胺、醇等的硝化。

硝酸在乙酸酐中可以任意比例混溶,常用的是含硝酸10%~30%乙酸酐溶液。混合物放置时间太久,可能会生成四硝基甲烷,它是一种催泪物质,为了避免它的产生,硝酸与乙酸酐要现混现用。

此外,硝酸与乙酸、四氯化碳、二氯甲烷或硝基甲烷等有机溶剂形成的溶液也可以做硝化剂。

硝酸在这些有机溶剂中能缓慢产生 NO_2^+,反应比较温和。

(4) 氮的氧化物 氮的氧化物除了 N_2O 以外,都可以作为硝化剂,如三氧化二氮,四氧化二氮及五氧化二氮,这些氮的氧化物在一定条件下都可以和烯烃进行加成反应。

(5) 硝酸盐与硫酸 硝酸盐和硫酸作用产生硝酸和硫酸盐,实际上它是无水硝酸与硫酸的混酸:

$$MNO_3+H_2SO_4 \rightleftharpoons HNO_3+MHSO_4$$

M 为金属,常用的硝酸盐是硝酸钠、硝酸钾,硝酸盐与硫酸的配比通常是(0.1~0.4):1(质量比)左右,此时硝酸盐几乎全部生成 NO_2^+ 离子,所以最适用于如苯甲酸、对氯苯甲酸等难硝化芳烃的硝化。

(6) 其他硝化剂 除此之外,硝酸加三氟化硼,硝酸加氟化氢,硝酸加硝酸汞都可以作为硝化剂。

(7) 各种硝化剂的比较 硝化剂的硝化能力视其解离生成 NO_2^+ 的难易程度而定,按硝化能力递增的硝化剂序列如表 7-3-01 所示。

表 7-3-01 数种硝化剂硝化能力的强弱次序

硝化剂	硝化反应时存在形式
硝酸乙酯	$EtO \cdot NO_2$
硝酸	$HO \cdot NO_2$
硝酸-醋酐(乙酰硝酰酯)	$HNO_3-Ac_2O(AcONO_2)$
五氧化二氮(硝酸酐)	$N_2O_5(NO_3 \cdot NO_2)$
氯硝酰(氯化硝酰)	$Cl \cdot NO_2$
硝酸合氢离子(硝酸-硫酸)	$H_2O \cdot NO_2$
硝酰硼氟酸	$BF_4 \cdot NO_2$

2. 硝化方法

硝化的方法很多,主要有直接硝化和间接硝化两大类:

(1) 直接硝化法 即化合物中的氢原子被硝基直接取代的方法。主要介绍稀硝酸硝化法、浓硝酸硝化法、混酸硝化法和有机溶剂中的硝化。

稀硝酸硝化法是指用稀硝酸作为硝化剂的硝化反应,通常用于易硝化的芳香族化合物,例如,酚类、酚醚类和某些 *N*-酰化的芳胺,硝酸约过量 10%~65%。

例如 2,5-二乙氧基-4-氨基-*N*-苯甲酰苯胺(蓝色剂 BB)的制备包括对二乙氧基苯的硝化和 2,5-二乙氧基-*N*-苯甲酰苯胺的硝化两个工序,它们都是用稀硝酸作硝化剂。

浓硝酸硝化法一般需要用过量许多倍的硝酸,过量的硝酸必须设法回收利用。单用硝酸作硝化剂的主要问题是在反应过程中,硝酸不断被反应生成的水稀释,硝化能力不断下降,直至停止,使硝化作用不完全,硝酸的使用极不经济,所以工业应用较少,只用于少数硝基化合物的制备,如蒽醌硝化制备 1-硝基蒽醌等。

混酸硝化法是最常用的有效硝化法,在工业上应用广泛。它克服了浓硝酸硝化的缺点，混酸会比硝酸产生更多的 NO_2^+，所以混酸的硝化能力强、反应速率快、产率高，硝酸被硫酸稀释后，氧化能力降低，不易产生氧化的副反应；混酸中的硝酸接近理论量，硝酸几乎可得到全部利用；硫酸比热容大(1.001 J/g)，可吸收硝化反应中放出的热量，可以避免硝化的局部过热现象，使反应温度易于控制；浓硫酸能溶解多数有机物(尤其是芳香族化合物)，增加了有机物与硝酸的混合程度，使硝化易于进行；混酸对铸铁的腐蚀性很小，因而可使用铸铁设备作反应釜。

对于某些在混酸中易被磺化的化合物，可在硝酸、乙酸酐、二氯甲烷等有机溶剂中用硝酸硝化。这种方法可避免使用大量硫酸作溶剂，在工业上具有广阔的前景。这种方法还可以通过使用不同的溶剂以改变硝化产物异构体的比例。

如痢特灵中，间 5-硝基糠醛二乙酯的制备，就是使用硝酸在乙酸酐中进行硝化反应，避免呋喃环在强酸条件下的不稳定。

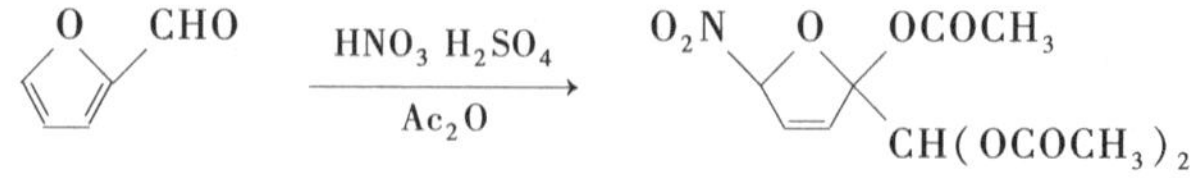

(2) 间接硝化法　即化合物中的原子或基团(例如—Cl，—R，—SO_3H，—COOH，—N＝N—等)被硝基取代的方法。

酚或酚醚类芳香族化合物，由于易被氧化产生副产物，一般不直接进行硝化，而是通过引入磺基后再用硝酸处理，磺基可被取代成硝基，如苯酚合成苦味酸：

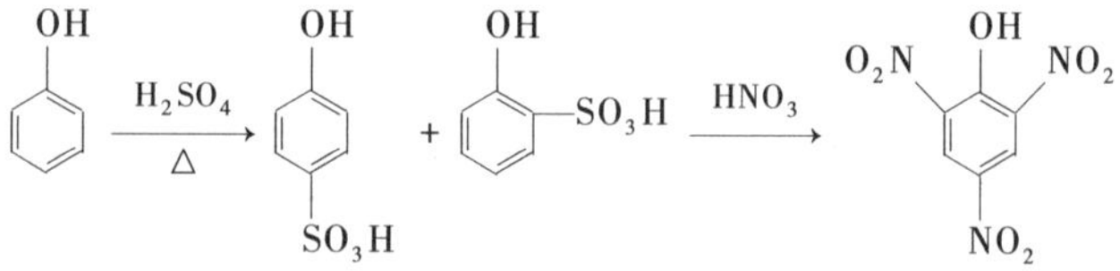

当苯环上同时存在羟基(或烷氧基)和醛基时，若采用先磺化后硝化的方法，则醛基不受影响，例如：

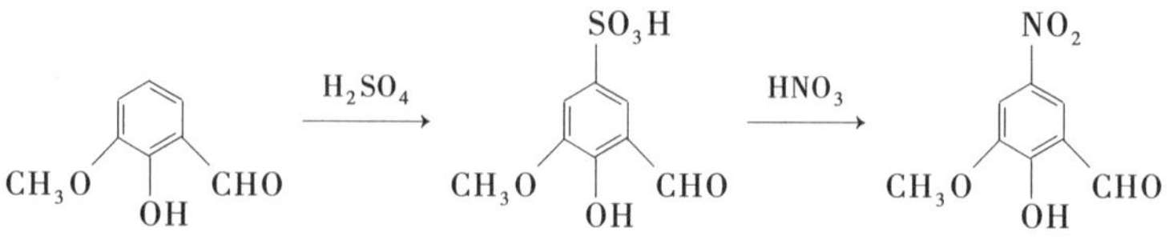

邻、对二硝基苯不能由硝酸直接硝化得到，但可以通过先形成邻，对硝基苯胺的重氮盐，再用亚硝酸钠处理得到，例如：

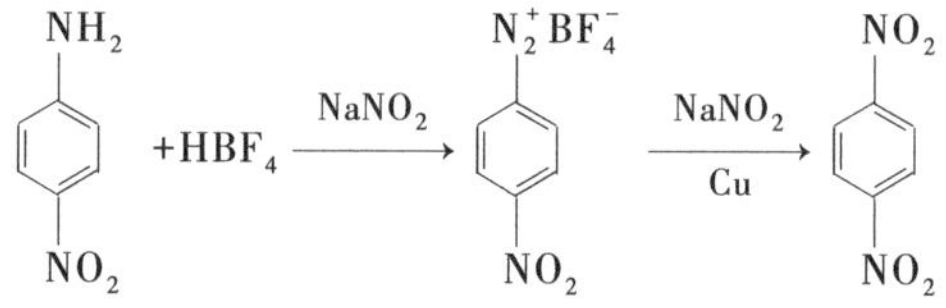

三、 芳烃硝化反应的影响因素

影响硝化反应的因素主要有反应物的性质、硝化剂、反应温度、搅拌等，了解并掌握反应影响因素，可有助于控制硝化反应过程，得到满意的反应结果，使工业生产过程安全、顺利进行。

1. 被硝化物的结构

硝化反应是典型的亲电取代反应，芳烃硝化的难易程度，与芳环上取代基的性质有密切关系。当芳环上存在给电子基团时，硝化速率较快，在硝化产物中常以邻、对位产物为主；反之，当芳环上存在吸电子基团时，硝化速率降低，产物中常以间位异构体为主。但卤代芳烃例外，引入卤素虽然使芳环钝化，得到的产物却几乎都是邻、对位异构体。当芳环上连接的是$—N^+(CH_3)_3$或$—NO_2$等强吸电子基团时，在相同条件下，硝化反应速率常数降低到只有苯硝化速率常数的$10^{-5}\sim10^{-7}$。因此，只要硝化条件控制适宜，不难做到使苯全部一硝化，而仅生成极微量的二硝基苯。单取代苯的硝化反应速率按以下顺序递增：

$$—NO_2 < —SO_3H < —COOH < —Cl < —H < —CH_3 < —OCH_3 < —OEt < —OH$$

硝化反应也受取代基团的空间效应的影响，具有位阻较大的给电子基团的芳烃，其邻位硝化比较困难，而对位硝化产物常常占优势。例如，甲苯硝化时，邻位与对位产物的比例是 40∶57，而叔丁基苯硝化时，其比例下降为 12∶79。

2. 硝化剂

不同的硝化剂具有不同的硝化能力。通常，对于易硝化的有机物可选用活性较低的硝化剂，避免过度硝化和减少副反应的发生，而难于硝化的有机物则选用强硝化剂进行硝化。此外，对相同的被硝化物，若采用不同的硝化剂，常常会得到不同的产物组成。因此，在进行硝化反应时，必须合理选择硝化剂。

3. 硝化温度

温度对硝化反应是非常重要的，它不仅影响反应速率和产物组成，而且直接关系到生产安全。硝化反应是强烈的放热反应，混酸中硫酸被反应生成的水稀释时，还将产生稀释热，这部分热量相当于反应热的 7.5%~10%。以苯为例，在硝化时的热效应可达 134 kJ/mol。这样大的热量若不及时移除，势必会使反应温度迅速升高，引起多硝化及氧化等副反应；同时还将造成硝酸的大量分解，产生大量红棕色的二氧化氮气体，甚至发生事故。

温度的安全限度取决于被硝化物的化学结构。例如将 DNT 硝化为 TNT 或将酚硝化为苦味酸时，温度接近或超过 120 ℃ 有危险，在将二甲基苯胺硝化为特屈儿时，超过 80 ℃ 就有危险。

有机物硝化时的最佳温度条件，对于芳胺、*N*-酰基芳胺、酚类、醚类等易硝化和易被氧化的活泼芳烃可在低温硝化（-10~90 ℃）；而对于含有硝基或磺酸基的芳香族化合物，由于其稳定性较好，较难硝化，所以硝化温度比较高（30~120 ℃）。

4. 搅拌

芳烃如苯、甲苯及其一硝基衍生物在硫酸及混酸中的溶解度很低，使得硝化过程中芳烃与混酸形成液-液两相。对于这类多相的硝化反应，其反应速率和传质也有一定的关系，因此良好的搅拌对反应是有利的，特别是反应的初期由于酸相与有机相的密度相差悬殊，加上开始阶段反应较为剧烈，放热量大，特别需要剧烈搅拌。

在硝化过程中，尤其在间歇硝化反应的加料阶段，因故中断搅拌会使两相很快分层，大量硝化剂在酸相积累，一旦启动搅拌就会突然发生剧烈反应，造成瞬间放热量大而使温度失控引起事故。因此一旦终止搅拌，加料必须停止。

四、硝化反应器

硝化反应器可分为间歇式和连续式两种,间歇式硝化反应器一般由铸铁或钢制成,近年来采用中碳钢,但当废酸内水分超过 26%,或硝酸浓度低于 2.5%时,腐蚀现象严重,此时需采用耐腐蚀合金钢。为保持反应温度,一般都需要加夹套通冷却液冷却,有时还需在反应器内装置蛇管等内冷却构件。反应器装有搅拌装置,使反应物与酸液充分接触,以保证反应完全。由于反应物(烃、醇等)多系易挥发液体或气体,硝化剂也有气味释放出来,反应过程中还会产生一部分有毒、有害气体(如 CO,NO 等),故反应器应密闭操作,且能承受一定的压力。此外,为保证安全生产,反应器上还需设置放空管和防爆口。间歇式硝化反应器只用于液相硝化,优点是生产灵活,更改硝化产品品种和增减投料量都很方便,缺点是在大容器中储存大量易爆炸物料,使得安全性变差,生产能力也没有连续法大。

连续式硝化反应器若为气相硝化,则多为管状。此时可用较高的反应温度以提高反应速率,减少接触时间。例如丙烷硝化制硝基丙烷,反应温度高达423 ℃,接触时间仅需 1.5 s,所需反应管不会很长。

液相连续硝化反应器颇具代表性的有两种:一种是德国 Schmid-Meissmer 设计的硝化反应器(见图 7-3-01),另一种是瑞士 M.Biazzi 设计的硝化反应器(见图 7-3-02)。

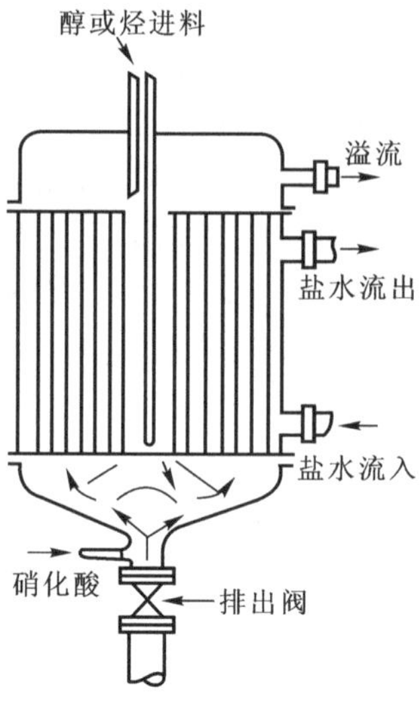

图 7-3-01 Schmid-Meissmer 硝化反应器示意图

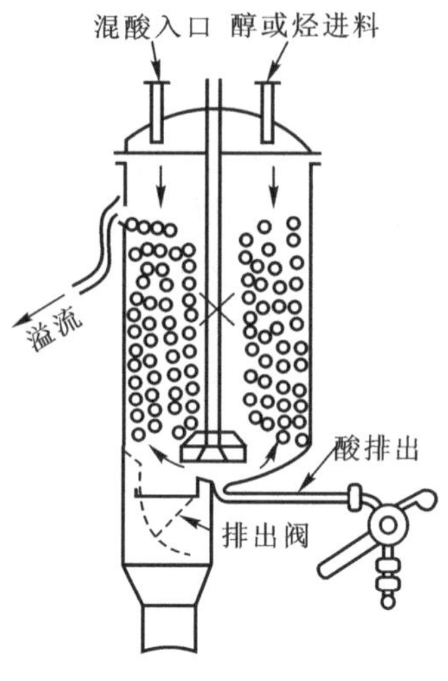

图 7-3-02 Biazzi 硝化反应器示意图

Schmid-Meissmer 硝化反应器的结构与热交换器有点类似,中间一段进行热交换,冷冻盐水(或冷却水)走管外,反应物料走管内,醇或烃进料由顶部进料管加入,流经中央管后在底部与硝化液完全混合,新的混酸(或硝酸)由底部加入并借助搅拌器的强烈搅拌与反应物料充分混合,反应后的硝化液从上部溢流出去进入后续的分离器,将产物和废酸分离。

Biazzi 硝化反应器的中央装有一涡轮式搅拌器,混酸和醇或烃从反应器上部加入,被吸入中央涡轮区,并被搅拌器打入下方后沿蛇形冷却管上流至溢流口流出。部分废酸可从反应器底部排出。这两种反应器的共同特点是反应区无死角、热量交换效率高、物料搅拌均匀,这些对硝化反应来说都是相当重要的。

五、 硝化反应实例——硝基苯的生产

1. 传统硝化法

传统硝化法是将苯用硫酸和硝酸配制的混酸在釜式硝化器(硝化锅)中进行,由于反应系统中存在两相,因此硝化速率由相间传质和化学动力学控制。所用硝化器一般为带有强力搅拌的耐酸铸铁或碳钢釜。硝化器内装有冷却蛇管,以导出硝化的反应热。

间歇生产:典型间歇硝化是将混酸慢慢加至苯液面下,所用混酸组成为 w(硫酸)= 56%~60%,w(硝酸)= 27%~32%,w(水)= 8%~17%,硝化温度控制在 50~55 ℃ ,反应后期可升至 90 ℃。反应产物进入分离器,上层粗硝基苯经水洗、碱洗再水洗,必要时进行精馏。下层废酸送去浓缩,硝化时加料通常保持苯稍过量,以保持废酸中无硝酸或最低硝酸含量。间歇硝化需 2~4 h,硝基苯产率 95%~98%(按苯计)。

连续硝化:瑞士 M. Biazzi 于 20 世纪 30 年代开发了连续硝化反应器,使单台设备能力提高了 50 倍。连续硝化时苯和混酸同时进料,所用混酸的浓度低于间歇硝化,组成为 w(硫酸)= 56%~65%,w(硝酸)= 20%~26%,w(水)= 15%~18%。硝化器串联操作,通常 1# 锅容积比 2,3,4# 锅小,主锅转化率降低 1%,二硝基苯生成率则下降 0.81 倍。苯稍微过量,以尽量消耗混酸中的硝酸,同时减少二硝基物的生成量。硝化温度控制在 50 ~100 ℃ 。反应产物由硝化器连续进入分离器或离心机,分为有机相和酸相。有机相经水洗除酸、碱洗脱硝基酚,再经水洗,和蒸馏脱水、脱苯后,必要时进行真空蒸馏。废酸去浓缩或部分去配酸工序循环使用。连续硝化一般需要 10~30 min,理论产率为 96%~99%。废水中所含硝基苯一般用进料苯萃取,溶于水中的残留苯经汽提脱除,然后进污水处理装置。苯连续硝化的工艺流程见图 7-3-03。

2. 绝热硝化法

美国氰胺公司和加拿大工业公司(CIL)联合开发的绝热硝化法,于 1979 年投产。典型的工艺流程见图 7-3-04。

其工艺过程是,从硫酸贮槽用泵送循环的硫酸和补加的硫酸,并与加料硝酸混合成混酸[w(硝酸)= 3%~7.5%,w(硫酸)= 58.5%~66.5%,w(水)= 28%~37%]进入反应器。反应器为串联式硝化锅,材质为钢壳内衬微晶玻璃,并装有推进式搅拌器。苯通过换热器进入硝化锅进行反应。反应温度由 90 ℃ 上升到 135 ℃ 。生成的硝基苯经分离洗涤和汽提得产品硝基苯,未反应的苯回收再用。

从分离器出来的废酸进入一个带玻璃衬里的真空蒸发器(附有一台钽制式加热器)进行真空浓缩。浓缩过的 w(硫酸)= 70%,返回到硫酸泵贮槽,供配制混酸使用。绝热硝化在 190 ℃ 有发生二次反应的危险,因此在分离器上装防爆膜。由于系统封闭,苯和氧化氮气体排放均经洗涤,污染物排放很少。

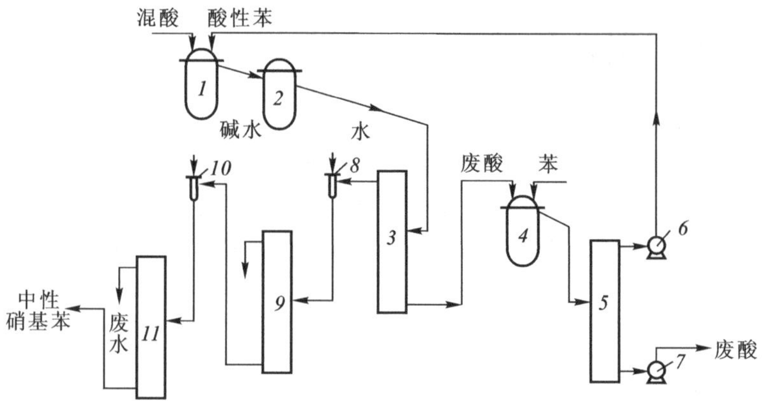

图 7-3-03 连续硝化的工艺流程图

1,*2*. 硝化釜;*3*,*5*,*9*,*11*. 分离器;*4*. 萃取釜;*6*,*7*. 泵;*8*,*10*. 文丘里管混合器

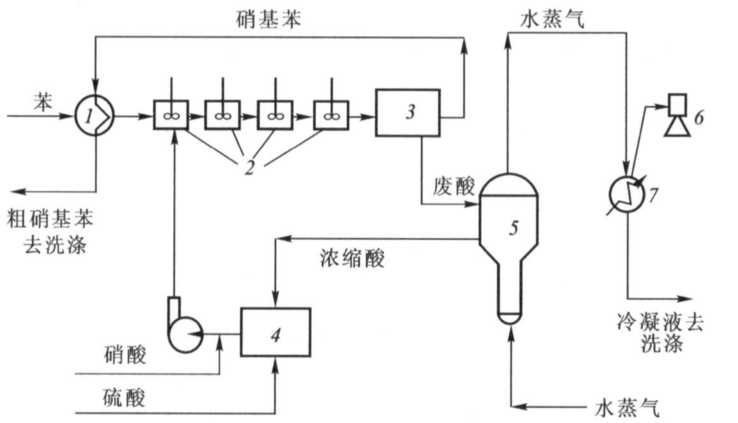

图 7-3-04 绝热硝化法工艺流程示意图

1. 换热器;*2*. 硝化器;*3*. 分离器;*4*. 硫酸贮槽;*5*. 浓缩器;*6*. 真空喷射泵;*7*. 表面冷凝器

3. "泵循环"硝化法

瑞典 Bofors Nobel Chematur 公司提出了芳烃的"泵循环"硝化工艺。见图 7-3-05,该工艺是将苯和预混的混酸加到不锈钢离心泵的入口,经泵的剧烈搅动,约 1 min 便完成硝化。反应产物经冷却器进入分离器,将硝基苯和废酸分离。

所用硫酸与反应物(硝酸和苯)比例为 30∶1。由于反应物浓度低,反应温度上升不会超过 15 ℃ ,从而保证安全。有机相在系统中停留时间极短,加上硝酸浓度低、硫酸浓度高,故氧化和深度硝化副反应显著降低。废酸中硝基苯经萃取后,可直接送去浓缩或制成化肥。本法具有安全、成本低、能耗低等优点。

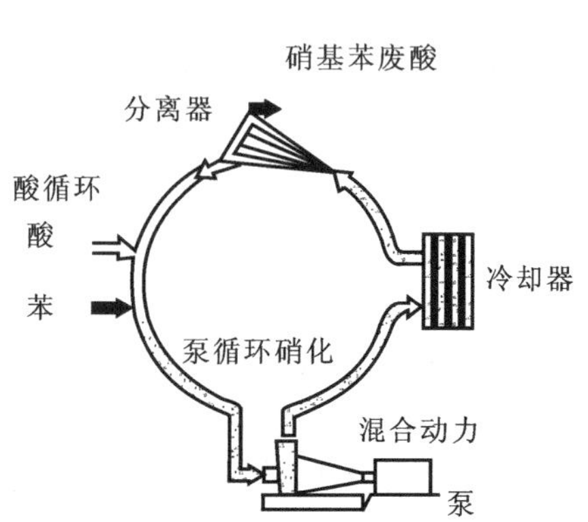

图 7-3-05 "泵循环"硝化工艺流程图

7-4 重氮化和偶合反应

重氮化和偶合反应是重要的有机合成反应，在精细化工中有很重要的地位，通过该类反应可以得到很多重要的有机化合物。该类反应在染料合成中应用最广，可合成酸性、冰染、直接、分散、活性、阳离子等类型的染料，还可合成各类黄色或红色偶氮有机颜料。

一、重氮化反应

1. 重氮化反应的定义

芳香族伯胺与亚硝酸作用生成重氮盐的反应称为重氮化反应，芳伯胺常称为重氮组分，亚硝酸称为重氮化剂。因为亚硝酸不稳定，实际生产时常用亚硝酸盐和无机酸作用生成亚硝酸，可用下式表示：

$$ArNH_2+NaNO_2+2HX \longrightarrow ArN_2^+X^-+NaX+2H_2O$$

式中 X 可以是 Cl，Br，NO_3，HSO_4等。

2. 重氮化反应的特点

(1) 反应在强酸介质中进行　工业上常采用盐酸。1 mol 芳伯胺理论上消耗盐酸 2 mol，实际反应中盐酸的用量常为芳伯胺的 2.25~4 倍。反应中无机酸的作用有：与芳伯胺结合成盐，使芳胺溶解；与亚硝酸盐作用生成亚硝酸；用来维持溶液的酸性使生成的重氮盐稳定。

(2) 亚硝酸应过量　重氮化反应中应保持亚硝酸稍过量，否则会引起偶合反应。常用碘化钾淀粉试纸来检验亚硝酸过量。稍过量的亚硝酸可以将碘化钾氧化生成碘，从而使试纸变为蓝色。

(3) 反应在低温下进行　重氮盐一般在低温下稳定，温度超过 5 ℃ 就会引起重氮盐的分解。因此重氮化反应一般在 0~5 ℃ 进行，芳环上有—SO_3H 或—NO_2的芳伯胺，由于生成的重氮盐的稳定性高，也可以在常温或较高一点的温度下进行。

3. 重氮化反应的影响因素

(1) 无机酸的性质　芳伯胺的盐酸盐一般比其硫酸盐有更大的溶解性，并且在盐酸介质中可得到亲电性较强的亚硝酰氯，因此在重氮化时采用盐酸较多，硫酸用得较少。但是对碱性很弱的芳伯胺类，必须在浓硫酸介质中进行重氮化。这是因为弱碱性芳伯胺类只有在浓硫酸中才能溶解，并且在浓硫酸中生成的亚硝酰阳离子的亲电性很强，只有这样强的亲电试剂才能使弱碱性的芳伯胺类进行亚硝化反应，然后生成重氮盐。

(2) 无机酸的浓度　加入无机酸可使原来的不溶性的芳伯胺变为铵盐而溶解，生成的铵盐又会水解为游离胺参加反应，这是一个平衡过程。当无机酸浓度增加时，平衡向生成铵盐方向移动，游离胺的浓度降低，使重氮化反应速率变慢。

$$ArNH_2+H_3^+O \rightleftharpoons ArNH_3^++H_2O$$

另一方面，反应中还存在亚硝酸的电离平衡。无机酸浓度的增加可以抑制烟硝酸的电离，从而使重氮化反应速率加快。

$$HNO_2 \rightleftharpoons H^+ + NO_2^-$$

在无机酸浓度较小时,后一影响因素占主导地位,因此随着酸浓度的增加重氮化反应速率加快;随着无机酸浓度的继续提高,前一影响因素逐渐显著变为主要的,这时无机酸浓度的提高虽然有利于芳胺变为铵盐而溶解,但不利于游离胺的生成,会使重氮化反应速率降低。

(3) 芳胺碱性　重氮化反应是亲电反应历程,从理论上讲,芳胺碱性越强,越有利于反应。但在重氮化时,是以游离的芳胺参加反应。由于强碱性的芳胺的铵盐不易水解,使参加反应的游离胺浓度降低,反而不利于反应的进行。

(4) 反应温度　重氮盐对热不稳定,亚硝酸在较高温度下也易分解,因此重氮化反应一般在低温 0~5 ℃ 进行。但对于某些稳定的重氮盐来说,温度可适当提高。例如,对氨基苯磺酸可在 10~15 ℃ 进行。

二、重氮化反应的应用

重氮盐在一定条件下可以被其他取代基置换,释放出氢气,生成其他取代芳烃。所以重氮盐的置换又被称为重氮化合物的分解,是在精细化工合成中的最重要的应用。

常见的是将重氮盐置换为卤素、羟基、巯基、芳基等。应该指出,重氮化合物分解反应只有在采用其他方法很难引入某种取代基或用其他方法不能将这个取代基引入指定的位置时,才采用这种方法,这一反应的优点是不仅收率好,操作简便,最主要的是可以得到具有确定位置的取代化合物。置换基团进入的位置即在重氮基处,也就是原来的氨基处。

1. 重氮基被卤素置换

芳伯胺经重氮化和卤素置换后,氨基即转化为卤素。用此方法可把卤原子引入芳环中的指定位置。

在氯化亚铜或溴化亚铜催化下将重氮盐置换成氯、溴化合物的反应称为桑德迈尔(Sandmeyer)反应。要求芳伯胺重氮化时所用的氢卤酸和卤化亚铜中的卤原子都与要引入芳环上的卤原子相同。例如:

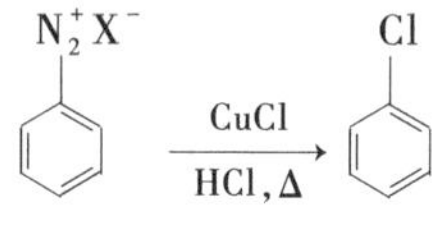

该反应卤化亚铜催化剂用量一般为重氮盐的 1/5~1/10(物质的量比)。反应温度一般要求 40~80 ℃,有些反应也可在室温下进行。反应中常加入适量无机卤化物,使卤原子浓度增加,但需保持高酸性,以加速反应,提高收率、减少副反应。

由重氮盐置换成碘代芳烃,可直接用碘化钾或碘和重氮盐在酸性溶液中加热即可。例如:

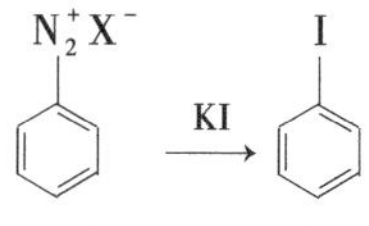

重氮盐与氟硼酸盐反应,或芳伯胺直接用亚硝酸钠和氟硼酸进行重氮化反应,均能生成不溶

于水的重氮氟硼酸盐(复盐),此重氮盐性质稳定,过滤干燥后,经加热分解可得到氟代芳烃,此反应称为希曼(Schiemann)反应。例如,喹喏酮类抗菌药氧氟沙星和洛美的中间体2,6-二氯氟苯就可以采用该方法得到:

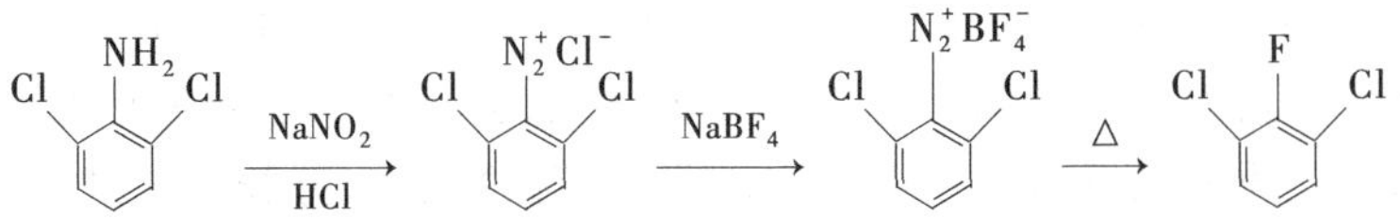

重氮氟硼酸盐的分解必须在无水无醇的条件下进行,其分解时快速强烈放热,一旦超过分解温度,会发生爆炸事故。

2. 重氮基被氰基置换

重氮盐与氰化亚铜的复盐反应,与由重氮基转化卤素的方法相似,重氮基可被氰基置换,生成芳腈,也称为桑德迈尔反应。常用的催化剂是氰化亚铜复盐,它由氯化亚铜和氰化钠溶液作用而得。例如:

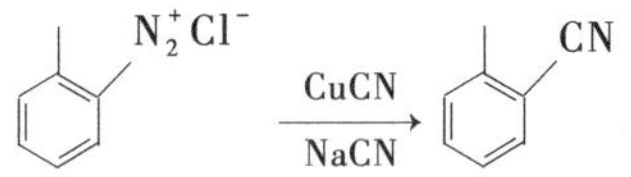

由于氰基可以水解为酰氨基(—$CONH_2$)和羧基(—COOH),所以该反应也是在芳环上引入酰氨基和羧基的一个方法。

3. 重氮基被羟基置换

重氮基被羟基置换的反应称为重氮盐的水解反应。当将重氮盐在酸性水溶液中加热煮沸时,重氮盐首先分解为芳正离子,后者收到水的亲核进攻,而在芳环上引入羟基。例如:

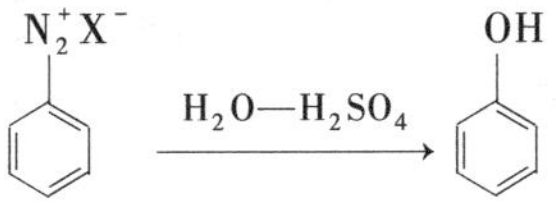

由于芳环正离子非常活泼,可与反应中的其他亲核试剂反应,反应过程中重氮盐的浓度必须保持很低的浓度,一般该反应在 w(硫酸)= 40%~50%的硫酸中进行。

4. 重氮盐的还原

对重氮盐中的两个氮原子进行还原可得到芳肼化合物。还原剂有氯化亚锡、锌粉及亚硫酸钠盐等。工业生产中主要用亚硫酸盐为还原剂。方法是将芳伯胺制成重氮盐后,用亚硫酸盐(Na_2SO_3)还原,然后进行酸性水解得到芳肼盐类。例如,非甾体抗炎药依托度酸的中间体邻乙基苯肼盐酸盐就可通过该方法得到:

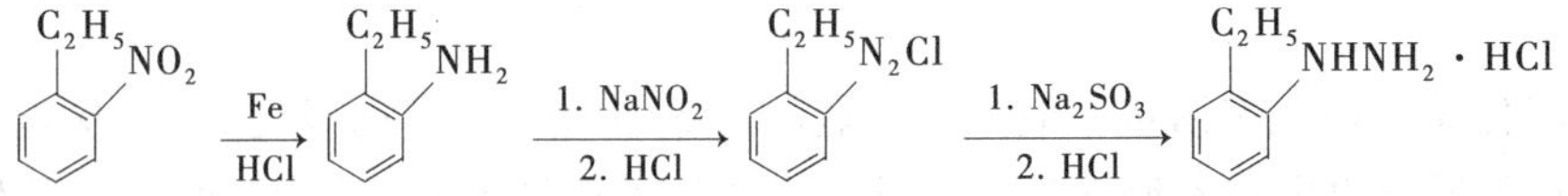

在重氮盐水溶液中加入适当的还原剂,可使其失去重氮基而被还原成氢原子,该反应可用于制备多种芳香族取代衍生物。这类反应所用的还原剂有乙醇、次磷酸、甲醛、亚锡酸钠等,常用的是乙醇和次磷酸。例如改进脑血管功能的药物丁咯地尔的中间体1,3,5-三溴苯就可通过该方法得到:

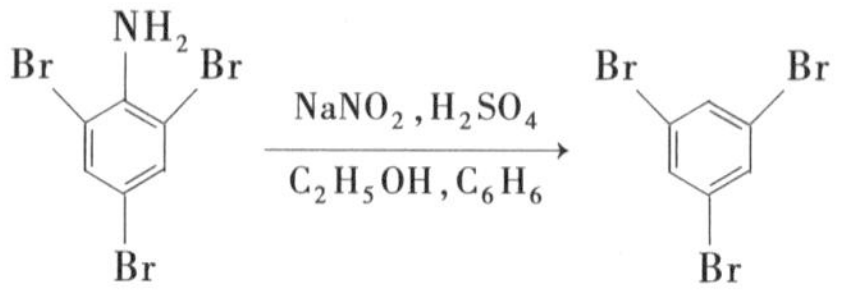

三、偶合反应

偶合反应是重氮基置换的重要组成,是制备偶氮染料最常用、最重要的方法。

1. 偶合反应的定义

偶合反应是指重氮盐与含活泼氢原子的化合物发生的以偶氮基取代氢原子的反应。例如:

$$Ar—H+ArN_2^+ \longrightarrow Ar—N=N—Ar+H^+$$

这一反应是重氮正离子的亲电取代反应,不论 A—H 是芳香族或脂肪族化合物,只要 A 有足够的电子云,都可发生亲电取代反应。反应时重氮盐正离子进攻偶合组分核上电子云较高的碳原子,形成中间产物,这是一步可逆反应。该中间产物迅速失去一个氢质子,不可逆地转化为偶氮化合物。

参与反应的重氮盐被称为重氮组分,与重氮盐作用的化合物称为偶合组分,常用的偶合组分有:

① 酚类 例如,苯酚、萘酚及其衍生物。

② 芳胺类 例如,苯胺、萘胺及其衍生物。

③ 氨基萘酚磺酸类 例如,H 酸、J 酸等。

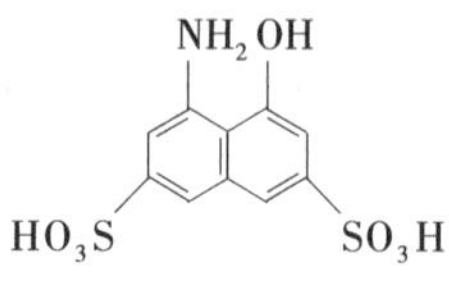

H 酸

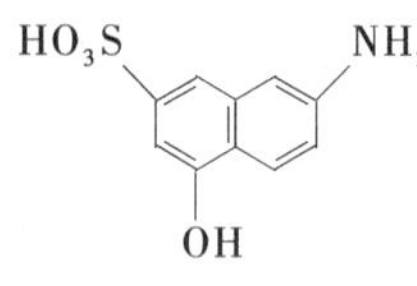

J 酸

④ 含有活泼亚甲基的化合物 例如,乙酰乙酰基苯胺、吡唑啉酮等。

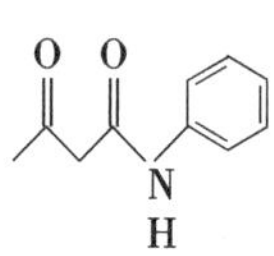

乙酰乙酰基苯胺

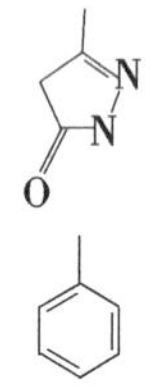

吡唑啉酮

2. 偶合反应的影响因素

偶合反应是重氮盐作为亲电试剂,对芳环进行亲电取代反应。偶合反应进行的难易程度与下列因素有关:

(1) 重氮盐的结构 重氮盐芳环上有吸电子取代基存在时,增强了重氮盐的亲电性,提高了偶合活性;反之芳环上有给电子取代基存在时,偶合活性低。例如,对硝基苯重氮盐比对甲氧基苯重氮盐的偶合要快 104 倍。不同的芳胺形成的重氮盐的偶合反应速率有如下次序：

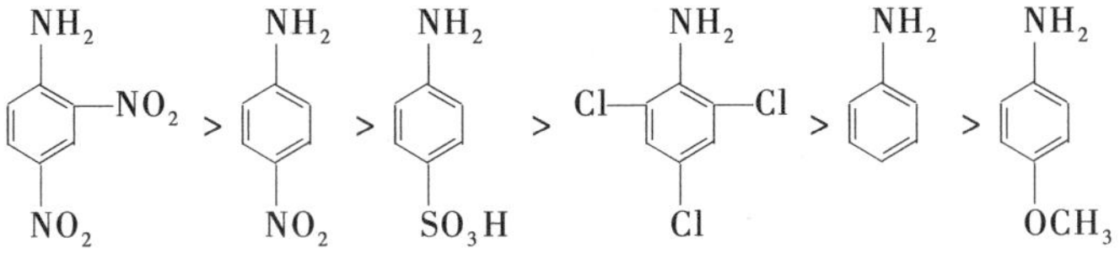

(2)偶合组分的结构 偶合组分芳环上有给电子取代基的存在增加芳环电子云密度，使偶合反应容易进行。如果酚及芳胺上有吸电子取代基，如氯基、磺酸基、硝基等存在时，偶合反应活性明显下降。

偶合组分结构不同，对重氮基的偶合位置具有一定的影响。通常酚、芳胺发生偶合时，主要生成对位偶合产物；若对位已有其他取代基，则生成邻位偶合产物。但 1-萘酚衍生物偶合时，重氮基优先进入对位，若芳环上还有磺酸基时，则视磺酸基位置而定。2-萘酚衍生物只能在 1 位偶合。下面列出几种偶合组分的偶合位置(箭头→表示主要偶合位置)：

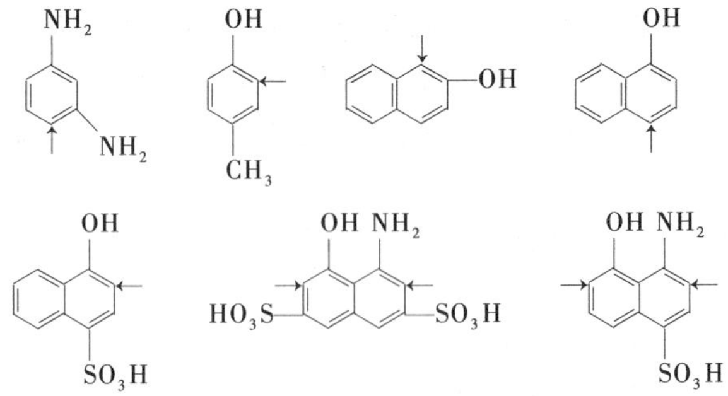

(3) 介质 根据偶合组分性质不同，偶合反应必须在一定的 pH 范围内进行。以酚为偶合组分，随着介质 pH 增加，有利于酚负离子的生成，偶合速率增大，pH 增加到 9 左右时，偶合速率达到最大值，继续增加 pH，偶合速率反而降低。与酚类的偶合反应通常在弱碱性、pH 约为 7~10 左右的介质中进行。

以芳胺为偶合组分，随着介质 pH 增加，游离的芳胺浓度增大，偶合速率增大，pH 增至 5 左右，偶合速率和 pH 之间关系不大，pH 增加到 9 以上，偶合速率降低。因而，芳胺偶合反应时，反应在 pH 为 4~7 的范围内进行，即在弱酸性介质(例如乙酸溶液)中进行。

以氨基萘酚磺酸为偶合组分，介质的 pH 对偶合位置有决定性影响。在碱性介质中偶合主要在羟基的邻位发生，在酸性介质中偶合主要在氨基的邻位发生，在羟基邻位的偶合反应速率比在氨基邻位偶合速率快得多。利用这一性质可将 H 酸先在酸性介质中偶合生成单偶氮化合物，再在碱性介质中进行第二次偶合生成双偶氮化合物。H 酸在不同介质中的偶合位置表示如下：

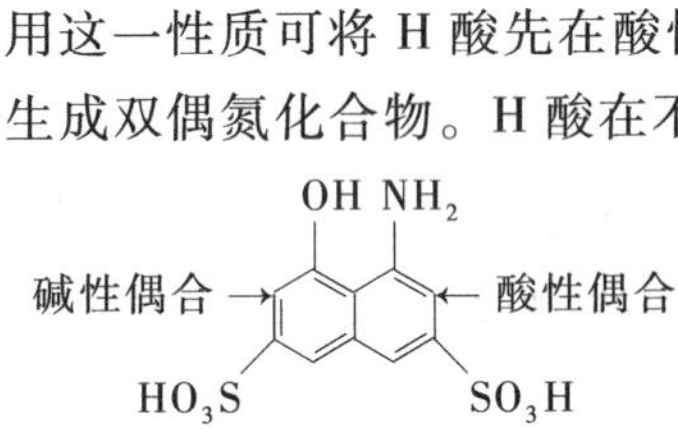

(4) 反应温度 偶合反应是放热反应，反应速率很快。偶合反应的同时伴有重氮盐分解的副反应，生成焦油状物质。一般来说，反应温度每增加 10 ℃，偶合反应速率增加 2~2.4 倍，重氮盐分解速率则增加 3.1~5.3 倍。提高反应温度，显然对偶合反应不利。为了避免副反应，偶合反应一般在 0~15 ℃ 下进行。

四、重氮化和偶合反应实例——永固黄 2G 的生产

1. 性质和用途

永固黄是黄色粉末，色泽鲜艳，在塑料中有荧光，不溶于水和亚麻仁油，能溶于丁醇和二甲苯等有机溶剂中，耐晒性和耐热性较好，但耐迁移性较差。主要用于高级透明油墨、玻璃纤维和塑料制品的着色。

2. 生产工艺

（1）双重氮化

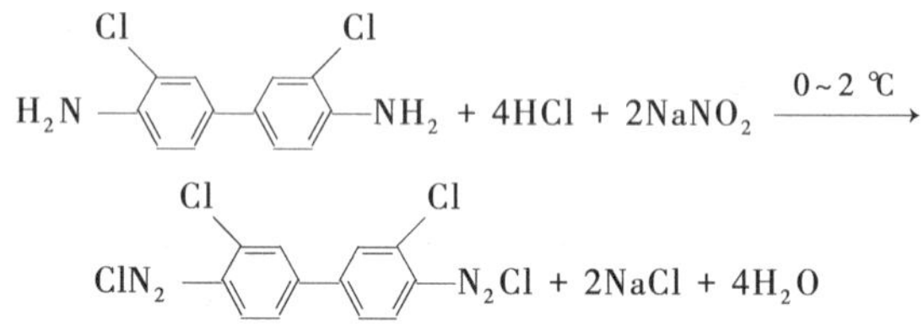

（2）偶合

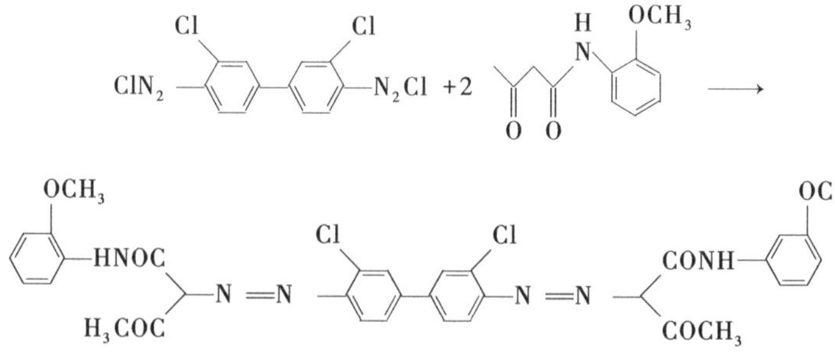

永固黄工艺流程简图见图 7-4-01。

在重氮化釜内加水，加 w=100% 3,3′-二氯联苯胺，加 w(盐酸)= 30%的盐酸、拉开粉、次氨基三乙酸，升温至沸腾，搅拌 0.5 h，用冰降温至 40 ℃ 加 w(盐酸)= 30%的盐酸，然后加冰降温至 -2 ℃，快速加入亚硝酸钠(配成 w=30%的溶液)，反应约 1~2 min，进行双重氮化反应，终点保持碘化钾淀粉试纸呈微蓝，刚果红试纸呈蓝色，保持 1 h 后加活性炭，加太古油，过滤，温度保持 2 ℃以下。

在偶合釜中加清水，w(碱)= 30%液碱，搅拌下加入邻甲氧基乙酰乙酰苯胺，使其完全溶解，加冰降温至 5 ℃，用约 97%的冰醋酸(5 倍水冲淡)进行酸析，终点 pH 为 6.5~7，再加 w(醋酸钠)= 58%~60%的醋酸钠，搅拌 15 min，温度为 5 ℃，备偶合用。

重氮盐于 1.5~2 h 内均匀加入偶合釜中，pH 终点值为 4，温度为 8 ℃。重氮盐不过量，搅拌 1 h 后，升温至 80 ℃，加入升温溶解透明的松香皂溶液(松香)与 w(碱)= 30%液碱，继续搅拌 0.5 h，于 1 h 内加入 w(氯化钡)= 20%氯化钡溶液后，继续搅拌 0.5 h，升温至 90 ℃，搅拌0.5 h，过滤，自来水漂洗，漂洗液用 w(硝酸银)= 1%硝酸银测定，与自来水相比近似即可，产品在 80 ℃进行烘干、粉碎。

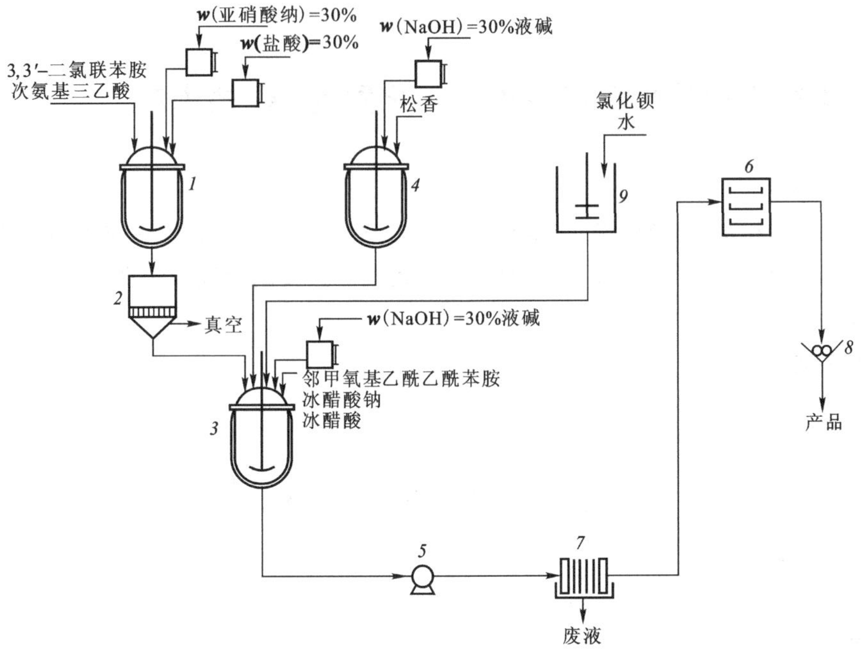

图 7-4-01 永固黄工艺流程简图

1. 重氮化釜;*2.* 吸滤器;*3.* 偶合釜;*4.* 溶解釜;*5.* 泵;*6.* 干燥箱;*7.* 压滤机;*8.* 粉碎机;*9.* 溶解槽

7-5 酯化

一、酯化反应概述

酯化反应通常指醇或酚与含氧的酸类(包括有机酸和无机酸)作用生成酯和水的过程,也就是在醇或酚羟基的氧原子上引入酰基的过程,也称为氧酰化反应。其通式如下:

$$R'OH+R''COZ \rightleftharpoons R''COOR'+HZ$$

R′可以是脂肪族或芳香族,即醇或酚,R″COZ 是酰化剂,其中的 Z 可以代表—OH,—X,—OR,—OCOR,—NHR 等。生成羧酸酯分子中的 R′和 R″可以相同或不同,酯化的方法很多,主要可以分为以下 4 类:

1. 酸和醇或酚直接酯化法

酸和醇的直接酯化法是最常用的方法,具有原料易得的优点,这是一个可逆反应。

$$R'OH+R''COOH \rightleftharpoons R''COOR'+H_2O$$

2. 酸的衍生物与醇的酯化

酸的衍生物与醇的酯化主要包括醇与酸酐,醇与酰氯,醇与羧酸盐等的反应,方程式如下:

$$R'OH+(R''CO)_2O \rightleftharpoons R''COOR'+R''COOH$$

$$R'OH+R''COCl \longrightarrow R''COOR'+HCl$$

$$R'X+R''COOM \longrightarrow R''COOR'+MX$$

3. 酯交换反应

酯交换反应主要包括酯与醇、酯与酸、酯与酯之间的交换反应,化学方程式如下:

$$RCOOR'+R''OH \rightleftharpoons RCOOR''+R'OH$$

$$RCOOR'+R''COOH \rightleftharpoons R''COOR'+RCOOH$$

$$RCOOR'+R''COOR''' \rightleftharpoons RCOOR'''+R''COOR'$$

4. 其他

酯化方法还包括烯酮与醇的酯化、腈的醇解、酰胺的醇解、醚与一氧化碳合成酯的反应。例如:

$$ROH+H_2C=CO \longrightarrow CH_3COOR$$

$$R'OH+RCN+H_2O \longrightarrow RCOOR'+NH_3$$

$$R'OH+RCONH_2 \longrightarrow RCOOR'+NH_3$$

$$CH_3OCH_3+CO \longrightarrow CH_3COOCH_3$$

二、几种主要的酯化反应

1. 酸和醇或酚直接酯化法

$$R'OH+R''COOH \rightleftharpoons R''COOR'+H_2O$$

上述反应的平衡点和酸、醇的性质有关。

$$K=\frac{[R''COOR'][H_2O]}{[R''COOH][R'OH]}$$

直接酸化法的影响因素如下。

(1) 酸的结构　脂肪族羧酸中烃基对酯基的影响,除了电子效应会影响羰基碳的亲电能力,空间位阻对反应速率也有很大的影响。从表 7-5-01 可以看出,甲酸及其他直链羧酸与醇的酯化反应速率均较大,而具有侧链的羧酸酯化就很困难。当羧酸的脂肪链的取代基中有苯基时,酯化反应并未受到明显影响;但苯基如与烯键共轭时,则酯化反应受到抑制。至于芳香族羧酸,一般比脂肪族羧酸酯化要困难得多,空间位阻的影响同样比电子效应大得多,而且更加明显,以苯甲酸为例,当邻位有取代基时,酯化反应速率减慢;如两个邻位都有取代基时,则更难酯化,但形成的酯特别不易皂化。

表 7-5-01　异丁醇与各种酸的酯化反应转化率及平衡常数

等物质的量配比,155 ℃

序号	RCOOH	转化率/%		平衡常数
		1 h 后	极限	
1	HCOOH	61.69	64.23	3.22
2	CH_3COOH	44.36	67.38	4.27

续表

序号	RCOOH	转化率/%		平衡常数
		1 h 后	极限	
3	C_2H_5COOH	41.18	68.70	4.82
4	C_3H_7COOH	33.25	69.52	5.20
5	$(CH_3)_2CHCOOH$	29.04	69.51	5.20
6	$(CH_3)C_2H_5CHCOOH$	21.50	73.73	7.88
7	$(CH_3)_3CCOOH$	8.28	72.65	7.06
8	$(CH_3)_2C_2H_5CCOOH$	3.45	74.15	8.23
9	$(C_6H_5)CH_2COOH$	48.82	73.87	7.99
10	$(C_6H_5)C_2H_4COOH$	40.26	72.02	7.60
11	$(C_6H_5)CH{=}CHCOOH$	11.55	74.61	8.63
12	C_6H_5COOH	8.62	72.57	7.00
13	p-$(CH_3)C_6H_4COOH$	6.64	76.52	10.62

（2）醇或酚结构　醇对酯化反应的影响也主要受空间位阻的影响，这在表 7-5-02 可以看到。伯醇的酯化反应速率最快，仲醇较慢，叔醇最慢。伯醇中又以甲醇最快。丙烯醇虽也是伯醇，但因氧原子上的未共享电子与分子中的不饱和双键间存在着共轭效应，因而氧原子的亲核性有所减弱，所以其酯化速率就较碳原子数相同的饱和丙醇为慢。苯甲醇由于存在苯基，酯化速率受到影响。叔醇的酯化，由于空间位阻的缘故就更困难。另一方面，叔醇在反应中极易与质子作用发生消除反应脱水生成烯烃，而得不到酯。叔醇的酯化一般采用酸酐和酰氯。

表 7-5-02　乙酸与各种醇的酯化反应转化率及平衡常数

序号	ROH	转化率/%		平衡常数
		1 h 后	极限	
1	CH_3OH	55.59	69.59	5.24
2	C_2H_5OH	46.95	66.57	3.96
3	C_3H_7OH	46.92	66.85	4.07
4	C_4H_9OH	46.85	67.30	4.24
5	$CH_2{=}CHCH_2OH$	35.72	59.41	2.18
6	$C_6H_5CH_2OH$	38.64	60.75	2.39
7	$(CH_3)_2CHOH$	26.53	60.52	2.35
8	$(CH_3)(C_2H_5)CHOH$	22.59	59.28	2.12
9	$(C_2H_5)_2CHOH$	16.93	58.66	2.01

续表

序号	ROH	转化率/%		平衡常数
		1 h后	极限	
10	$(CH_3)(C_6H_{13})CHOH$	21.19	62.03	2.67
11	$(CH_2{=}CHCH_2)_2CHOH$	10.31	50.12	1.01
12	$(CH_3)_3COH$	1.43	6.59	0.004 9
13	$(CH_3)_2(C_2H_5)COH$	0.81	2.53	0.000 67
14	$(CH_3)_2(C_3H_7)COH$	2.15	0.83	
15	C_6H_5OH	1.45	8.64	0.008 9
16	$(CH_3)(C_3H_7)C_6H_3OH$	0.55	9.46	0.019 2

(3) 催化剂　催化剂对酯化反应是很重要的,强酸催化剂可以降低反应的活化能从而加速反应的进行。强酸催化剂存在下的酯化反应依醇的结构可有酰氧键断裂(伯、仲醇)和烷氧键断裂(叔醇)两种机理。

酰氧键断裂机理:

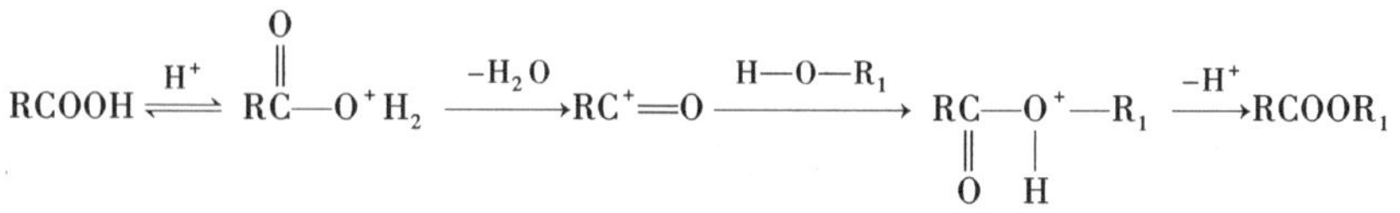

烷氧键断裂机理:

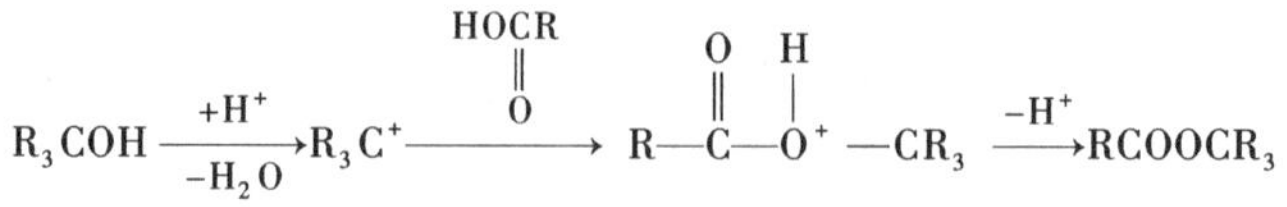

强酸性催化剂的应用以浓硫酸、干燥氯化氢、对甲苯磺酸为最多。除此之外,还有磺酸型阳离子交换树脂、二环己基碳二亚胺、四氯铝醚络合物等。

浓硫酸具有酸性强,吸水性好,性质稳定,催化效果好等优点,缺点是具有氧化性,且会导致磺化、碳化或聚合等副反应,一般温度低于 100 ℃ ,用量约为羧酸量的$\frac{1}{5}\sim\frac{1}{3}$。碳链较长,相对分子质量较大的羧酸和醇的酯化反应,因其反应温度较高通常不宜使用硫酸作催化剂。

干燥氯化氢具有酸性强,无氧化性和挥发易于除去的优点,缺点主要是腐蚀性强,操作复杂。本法适用于某些以浓硫酸催化时易发生脱水等副反应的含羟基化合物的酯化,亦常用于氨基酸的酯化。例如:

$$H_2NCH_2COOH \xrightarrow[\triangle,HCl]{C_2H_5OH} HCl \cdot H_2NCOOC_2H_5 + H_2O$$

对甲苯磺酸具有浓硫酸的一切优点,且无氧化性,碳化作用亦较浓硫酸弱,工艺较简单,唯独价格较高。可用于温度较高和浓硫酸不能使用的场合。强酸性阳离子交换树脂具有酸性强,易分离，副反应少的优点，同时也可再生使用，是新型的高效催化剂。除此之外，四氯铝醚配合物、三氟乙酸酐也是较常用的催化剂。三氟乙酸酐适于空间位阻较大的羧酸和醇的酯化。二环己基碳二亚胺（简称 DCC）具有分离简单，可以回收利用，以及反应常在室温下进行的优点，是较新型的催化剂。

（4）平衡转化率　酸和醇的直接酯化法是可逆反应，其平衡常数 K 为

$$K=\frac{[R''COOR'][H_2O]}{[R''COOH][R'OH]}$$

从上式可知，如果把水的浓度降低，则酯的浓度就会增高，酸和醇的浓度就会相应地降低来维持 K 为常数。因此酯化反应要把缩合所形成的水不断除去，以提高酯的产率。

除去水的方法，有物理方法和化学方法。物理方法可用恒沸蒸馏法，即在反应系统（酸、醇、催化剂等）中加入和水不相混溶的溶剂，如苯、甲苯、二甲苯、氯仿、四氯化碳等，进行蒸馏。例如，有乙醇参与的酯化反应，苯、乙醇和水可形成三组分最低共沸液，沸点为 64.8 ℃，w（苯）：w（乙醇）：w（水）= 74.1%：18.5%：7.4%。馏液分为两层，上层为苯-乙醇层，可使其回到反应器中，下层为水-乙醇层，可不断除去。蒸馏到不再有水生成，酯化即告结束。又如，用四氯化碳，它与乙醇和水形成三组分最低共沸液，沸点为 61 ℃，w（四氯化碳）：w（乙醇）：w（水）= 10%：65%：25%。馏液上层为水层，要不断除去，下层回到反应液中。

化学除水方法，可以用无水盐类，如硫酸铜，它能同水化合成水合晶体：

$$CuSO_4+5H_2O \longrightarrow CuSO_4 \cdot 5H_2O$$

但效果不太好。硫酸和盐酸（实际上使用无水氯化氢）是催化剂，同时也是去水剂。有效的去水剂如乙酰氯、亚硫酰氯、氯磺酸等，这些去水剂的效果较好。另外碳二酰亚胺（R—N ═C ═N—R）是极好的去水剂，可在室温下进行酯化的脱水。三氟化硼和它的乙醚络合物则既是催化剂也是去水剂。

而对于易挥发的酯，如甲酸甲酯、乙酸甲酯，甲酸乙酯等酯的沸点比反应所用的醇的沸点更低，因此可以全部从反应混合物中蒸出，而剩余的是醇和水。

2. 酸的衍生物与醇的酯化

除了酸和醇直接酯化以外，也可以将酸转变为它们的衍生物再与醇缩合，这时除了酯外，放出的小分子不是水而是其他化合物。这里的酸的衍生物主要是指酸酐、酰氯、羧酸的盐。

（1）酸酐与醇或酚的反应

$$R'OH+(R''CO)_2O \rightleftharpoons R''COOR'+R''COOH$$

酸酐为较强的酰化剂，适用于直接酯化法难以反应的酚羟基或空间位阻较大的羟基化合物，反应生成的羧酸不会使酯发生水解，所以这种酯化反应可以进行完全。常用的酸酐是乙酸酐，反应常加入少量酸性或碱性催化剂来加速反应。如硫酸、高氯酸、氯化锌、三氯化铁、吡啶、无水乙醇钠、对甲苯磺酸或叔胺等。

强酸的催化作用可能是氢质子首先与酸酐生成酰化能力较强的酰基正离子：

$$(RCO)_2O+H^+ \rightleftharpoons (RCO)_2O^+H \rightleftharpoons RC^+O+RCOOH$$

$$RC^+O+R_1OH \longrightarrow RCOOR_1+H^+$$

吡啶的催化作用一般认为是吡啶与酸酐形成活性络合物：

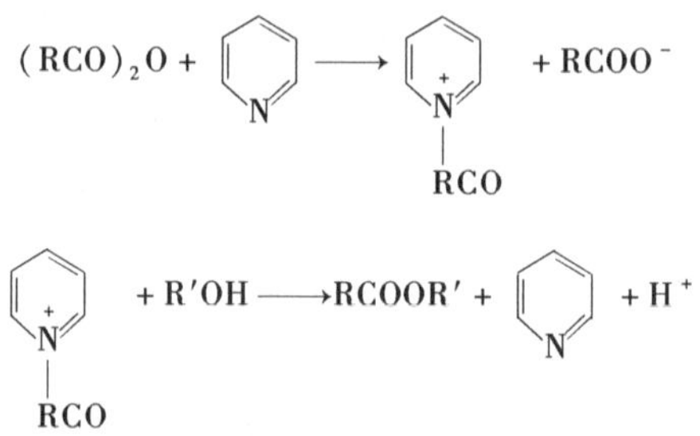

醇和酸酐酯化反应的难易程度和醇的结构有关，由表 7-5-03 可以看出：

伯醇>仲醇>叔醇

表 7-5-03 乙酸酐与各种醇的酯化反应速率常数

ROH	反应速率常数	相对速率(以 CH_3OH 为 100)
CH_3OH	0.105 3	100
CH_3CH_2OH	0.050 5	47.9
$CH_3CH_2CH_2OH$	0.048 0	45.6
n-$CH_3(CH_2)_5CH_2OH$	0.039 3	37.3
n-$CH_3(CH_2)_{16}CHOH$	0.024 5	23.2
$CH_2{=\!=}CH—CH_2OH$	0.028 7	27.2
$C_6H_5—CHOH$	0.028 0	26.6
$(CH_3)_2CHOH$	0.014 8	14.1
$(CH_3)_3COH$	0.000 91	0.8

（2）酰氯与醇或酚的反应　酰氯与醇或酚的反应得到酯和氯化氢，是常用的酯化反应。

$$R'OH+R''COCl \longrightarrow R''COOR'+HCl$$

这是一个不可逆反应，酰氯的酯化极易进行，其酰化能力大于酸酐，反应生成的氯化氢较易除去。如果采用六甲基磷酸三酰胺为溶剂对这一反应有利。镁屑的存在，常常也有很好的效果。

$$CH_3COCl+(CH_3)_3COH \xrightarrow{Mg} CH_3COOC(CH_3)_3+HCl$$

有时不需先制成酰氯，只把醇(酚)和酸混合，加入亚硫酰氯、三氯化磷之类即可。这对那些不易生成酰氯的酸特别有利。

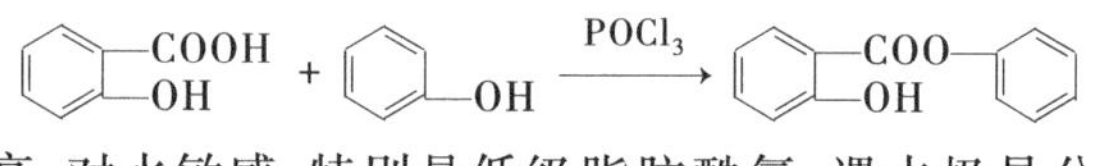

脂肪族酰氯活性较高，对水敏感，特别是低级脂肪酰氯，遇水极易分解，如需用溶剂，可用非水溶剂，如苯、二氯甲烷等。芳香族酰氯活泼性较小，对水不敏感，可在碱的水溶液中进行，称为 Schotten-Baumann 反应。现在这一反应已不再常用，而改用 Einhorn 反应，即用吡啶代替碱的水溶液。吡啶不仅可以中和反应所形成的氯化氢，还可使酰氯活化：

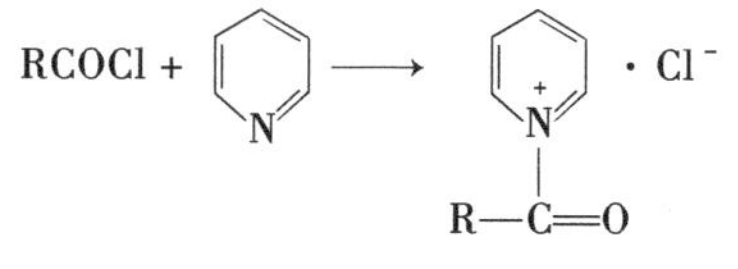

对于特别敏感的醇，还可将它转化为醇锂，再和酰氯反应。例如：

$$R''OH + BuLi \xrightarrow{C_6H_{14}} R''OLi \xrightarrow{R'COCl} R'COOR''$$

或是只用适量的吡啶，而用己烷为溶剂，使形成的吡啶盐酸盐立即沉淀[吡啶盐酸盐留在溶液中，能使 $(H_3C)_2C{=}CH{-}CH(OH){-}CH_3$ 之类的醇失水成为双烯]。

由于酰氯化反应生成腐蚀性的 HCl 和 SO_2，为此采用如下方法改进：

① 酰氯化 DMF(二甲基甲酰胺)改进法　主要是以 DMF 吸收 SO_2，反应中间体可不必分离，生成的 HCl 和吡啶结合形成盐酸盐。反应在室温下进行，工艺简单、周期短、收率亦高。唯 DMF 和吡啶的回收较困难。以胺菊酯的合成为例：

成盐反应：

$$(H_3C)_2N{-}\underset{\underset{O}{\|}}{C}{-}H + SOCl_2 \longrightarrow [(CH_3)_2N^+{=}CHCl]Cl^- + SO_2$$

二氧化硫吸收于过量的 DMF 中。

酰氯化反应：

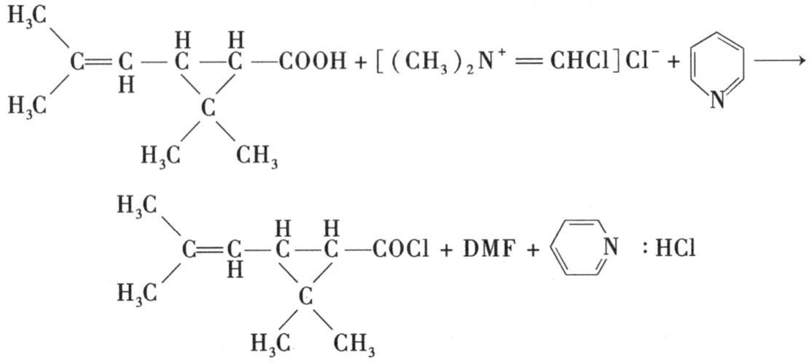

成酯反应略。

② 酰氯化吡啶改进法　反应首先是使用过量的吡啶与 $SOCl_2$ 在低温下成盐，既而酰氯化，再成酯，仍以胺菊酯合成为例：

成盐反应：

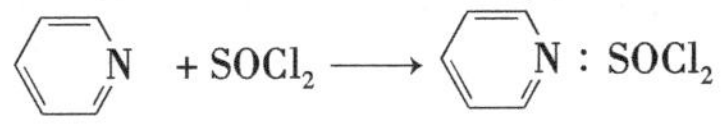

酰氯化反应：

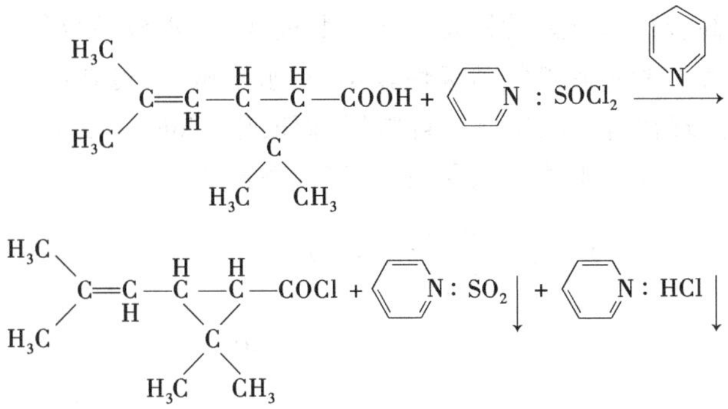

成酯反应略。

本法不仅具有 DMF 改进法的优点，且吡啶易回收，收率亦较 DMF 改进法高。

（3）羧酸盐与卤化物酯化法　羧酸盐（一般指钠盐或钾盐）可与活泼的氯化物（或苄卤）反应生成酯。

$$R'X + R''COOM \longrightarrow R''COOR' + MX$$

该反应可进行完全，操作及后处理都较简单，反应通常在乙醇、丙酮等有机溶剂中进行，为了使羧酸盐溶解，宜使用含水溶剂，有时也使用相转移催化剂，如叔胺或季铵盐等。

其催化过程如下：

$$R'X + R''_3N \rightarrow R'N^{+} R''_3X^{-} \xrightarrow[-HX-NaX]{RCOOH(Na)} [R'N^{+} R''_3X]^{-}OOCR \xrightarrow[-R'N^{+}R''_3X^{-}]{R'} RCOOR'$$

3. 酯交换反应

酯交换反应包括醇解、酸解、酯互换三种：

$$RCOOR' + R''OH \rightleftharpoons RCOOR'' + R'OH$$
$$RCOOR' + R''COOH \rightleftharpoons R''COOR' + RCOOH$$
$$RCOOR' + R''COOR''' \rightleftharpoons RCOOR''' + R''COOR'$$

这三种类型都是可逆反应，其中酯交换反应并不常用，而醇解是应用最多的。其平衡反应式如下：

$$R'-\overset{\overset{\large O}{\|}}{C}-OR'' + R'''OH \rightleftharpoons R'-\underset{OR''}{\overset{OR'''}{C}}-OH \rightleftharpoons R'-\overset{\overset{\large O}{\|}}{C}-OR''' + R''OH$$

一般是把酯分子中的伯醇基由另一高沸点的伯醇基所替代，甚至可以由仲醇基所替代，其中伯醇最易反应，仲醇次之。反应的平衡是通过不断地将生成的醇蒸出而实现的。反应在酸或碱催化作用下均可进行，而以碱用的较多。由于酯交换的醇解在酸性或碱性条件下均易发生，因此，其他醇的酯，不宜在乙醇中重结晶，或用乙醇为溶剂进行反应如氢化等，特别是用骨架镍催化剂的氢化，因为骨架镍催化剂中可能有微量的碱。

在硫酸或氯化氢的作用下，腈与醇也可发生醇解，由于腈的合成方法较多，容易制取，因此该法也应用较广。

$$RCN + R'OH + H_2O \longrightarrow RCOOR' + NH_3$$

这种方法的优点在于腈可以直接转变为酯，而不必先制成羧酸。工业上利用此法大量生产甲基丙烯酸甲酯，供制备有机玻璃用。丙酮与氰化钠反应生成丙酮氰醇，再在 100 ℃ 下用浓硫酸反应，生成相应的甲基丙烯酰胺硫酸盐，然后在 90 ℃ 与甲醇反应生成相应的甲基丙烯酸甲酯：

$$(CH_3)_2C(OH)CN + H_2SO_4 \longrightarrow H_2C{=}\underset{\underset{\large CH_3}{|}}{C}-CONH_2 \cdot H_2SO_4$$

$$H_2C{=}\underset{\underset{\large CH_3}{|}}{C}-CHONH_2 \cdot H_2SO_4 + CH_3OH \longrightarrow H_2C{=}\underset{\underset{\large CH_3}{|}}{C}-COOCH_3 + NH_4HSO_4$$

腈的醇解还经常用于合成多官能团的酯，如丙二酸酯、氨基酸酯、酮酸酯等，都可通过相应的腈经醇解来制取，如用 α-氰乙酸酯合成丙二酸酯：

$$NCCH_2COOR + C_2H_5OH \xrightarrow{HCl} H_2C(COOR)(COOC_2H_5)$$

酸解是通过酯与羧酸的交换反应合成另一种酯，虽然其反应不如醇解普遍，但这种方法特别适用于合成二元酸单酯及羧酸乙烯酯等。酸解反应与其他可逆反应相似，为了获得较高的转化率，必须使一种原料超过理论量，或者使反应生成物不断地分离出来。各种有机羧酸的反应活性相差不大，只有带支链的羧酸、某些芳香族羧酸以及空间位阻较大的羧酸（如有邻位取代基的苯甲酸衍生物），其反应活性比一般的羧酸弱。

乙酸乙烯酯及乙酸丙烯酯都是容易得到的原料，通过酸解反应，可以合成多种羧酸乙烯酯或羧酸丙烯酯。例如，在催化剂乙酸汞及浓硫酸存在下，乙酸乙烯酯与十二烷酸加热回流，即酸解成十二烷酸乙烯酯：

$$CH_3(CH_2)_{10}COOH + CH_3COOCH{=}CH_2 \rightleftharpoons CH_3(CH_2)_{10}COOCH{=}CH_2 + CH_3COOH$$

酯交换法的应用较少，是通过两种不同的酯之间进行交换反应，生成两种新酯的反应，该法成本较高。当有些酯不能采用直接酯化法或其他酰化方法来制备时，可采用此法：

$$RCOOR' + R''COOR''' \rightleftharpoons RCOOR''' + R''COOR'$$

此反应完成的先决条件是在反应生成的酯中至少有一种酯的沸点要比另一种酯的沸点低得多，这样在反应过程中，就能不断蒸出沸点较低的生成的酯，同时获得另一种生成的酯。例如对于其他方法不易制得的叔醇的酯，可先制成甲酸的叔醇酯，再和指定羧酸的甲酯进行反应：

$$HCOOCR_3 + R''COOCH_3 \xrightarrow{CH_3ONa} HCOOCH_3 + R''COOCR_3$$

因为甲酸甲酯的沸点很低（31.8 ℃），很容易从反应产物中蒸出，就能使酯互换顺利进行。

4. 其他

除了上面讲的这些常用的酯化方法，还有烯酮与醇的加成酯化法。该法适用于反应活性较差的叔醇及酚类的酯的合成，应用较广泛的烯酮是乙烯酮和双乙烯酮。

乙烯酮是由乙酸在高温下热裂脱水而成，由于其活性极高，与醇类反应可顺利制得乙酸酯。该反应是烯酮与醇先发生加成反应，再通过互变异构而生成酯：

$$H_2C{=}CO + R'OH \longrightarrow H_2C{=}C(OH){-}OR' \rightleftharpoons CH_3COOR'$$

此法收率较高，可用酸性或碱性催化剂催化，如硫酸、对甲苯磺酸、叔丁醇钾等。当含有 α-氢的醛或酮与乙烯酮反应生成乙酸烯醇酯。

$$H_2C{=}CO + CH_3COCH_3 \xrightarrow{H_2SO_4} CH_3C(=O){-}O{-}C(=CH_2)CH_3$$

此外，乙烯酮的二聚体，即双乙烯酮，也有很高的反应活性，在酸或碱的催化下，双乙烯酮与醇能反应生成 β-酮酸酯。此法不仅产率较高，而且还可以合成用其他方法难以制取的 β-酮酸叔丁酯。例如，叔丁醇、乙酸钾和双乙烯酮一起加热，便生成乙酰乙酸叔丁酯：

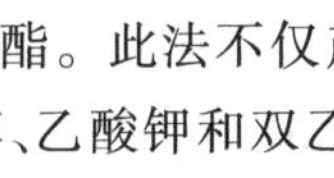

$$+ (CH_3)_3COH \longrightarrow CH_3COCH_2COOC(CH_3)_3$$

又如,工业上大批量制备的乙酰乙酸乙酯就是由双乙烯酮与乙醇反应而成,合成路线较其他方法简便得多。

三、 酯化反应工艺实例——非酸性催化剂生产 DOP

邻苯二甲酸二辛酯(DOP)是使用最广泛的增塑剂,除了醋酸纤维素、聚醋酸乙烯外,与绝大多数工业上使用的合成树脂和合成像胶均有良好的相溶性。本品具有良好的综合性能,混合性能好,增塑效率高,挥发性较低,低温柔软性较好,电性能高,耐热性良好。它可用于硝基纤维素漆,在合成橡胶中,亦有良好的软化作用。

化学反应式为

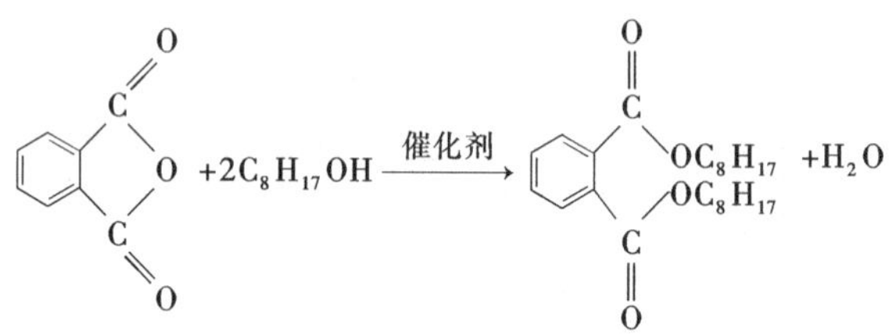

工艺流程图见图 7-5-01。

将苯酐自管外网送到酯化反应釜。辛醇经板式换热器与来自降膜蒸发器的粗酯换热,再经醇加热器被加热到稍低于沸点后进入酯化反应釜,存于催化剂槽的催化剂经计量泵进入酯化反应釜。从酯化反应釜中溢流出的物料依次进入另外三个酯化釜继续酯化。

各酯化釜中的水与醇形成共沸物,离开反应釜后一起进入填料塔,其中一部分醇流回酯化反应釜中,另一部分出塔经冷凝器及冷却器进入分离器。在分离器中醇水分离,水从底部去中和工艺的水收集罐,醇从上部溢流至循环醇贮槽,经泵打回填料塔作回流液。

将粗酯罐的粗酯打入降膜蒸发器中,在真空条件下连续脱醇。醇从顶部排除、经冷凝后进入醇收集槽,重复使用;粗酯依次收集在粗酯罐中,送到板式换热器与来自原料罐区的辛醇进行换热,再去中和釜,与氢氧化钠水溶液中和,然后进入分离器中,分离出的废水由罐底排出送污水处理装置,分离出的有机相溢流至水洗釜,注入脱盐水进行水洗。混合液溢流至分离器中,分离出的水相进入水槽,酯相流到粗酯罐中。

将粗酯从罐用泵抽出经换热器、加热器加热后去汽提塔,进行真空汽提。从塔底流出经干燥塔在高真空下进一步提纯,经热交换后进入搅拌釜。在此与活性炭混合后,送到芬达过滤器进行粗过滤,滤液再进入精过滤器进行精过滤。滤液经冷却后送至产品罐。滤渣作为燃料烧掉。

该装置可根据原料醇的不同而切换生产 DOP,DINP(邻苯二甲酸二异壬酯)、DIDP(邻苯二甲酸二异癸酯)。也可通过改变某些工艺操作条件而生产通用级、电气级、食品级和医药级 DOP。

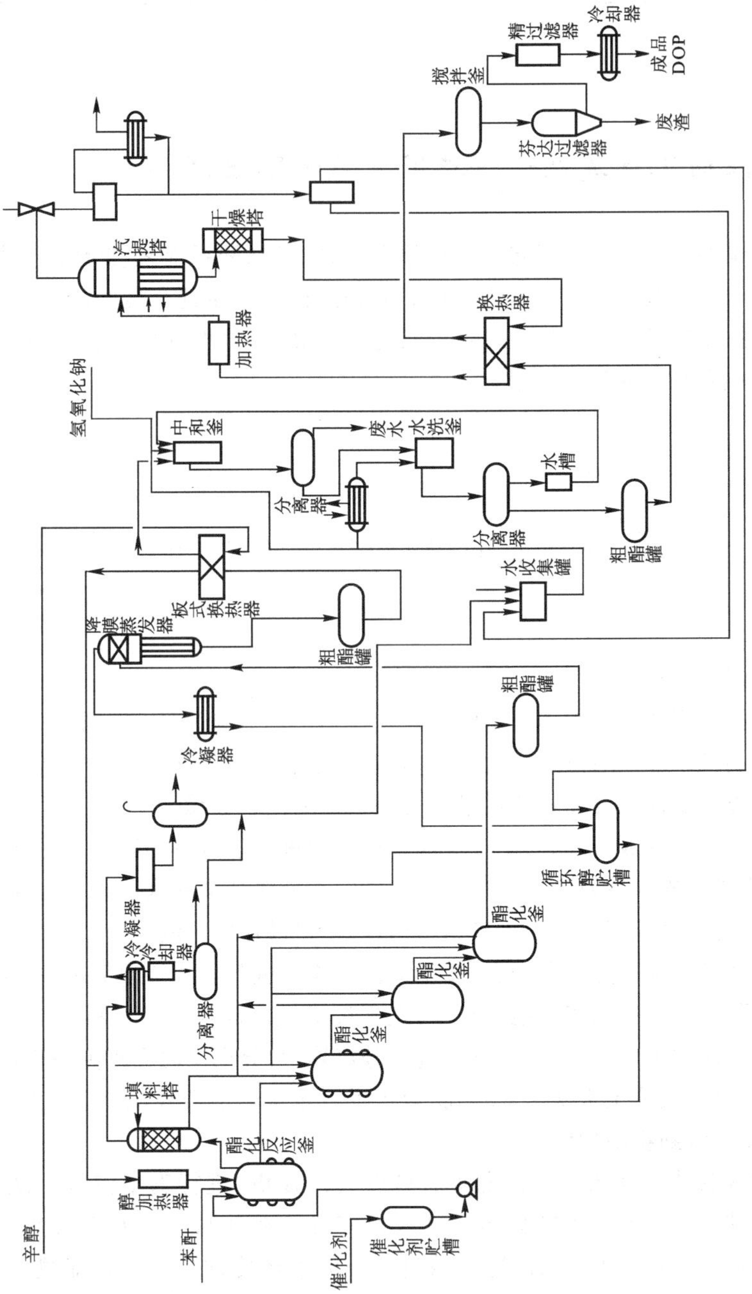

图 7－5－01　非酸性催化剂生产 DOP 生产工艺流程图

习题

1. 写出芳烃磺化反应的主要副反应以及克服这些副反应的方法。
2. 举例说明硝化反应的注意事项。
3. 由芳烃的重氮化合物,你可以继续制备哪些有机化工中间体?
4. 如何使酸醇直接酯化反应的平衡向右移动,使该反应进行完全?
5. 查阅文献,谈谈你认为哪些化合物可以作为偶氮染料的替代品。

参考文献

[1] 章思规,辛忠. 精细有机化工制备手册. 北京:科学技术文献出版社,1994.

[2] 王葆仁. 有机合成反应. 北京:科学出版社,1981.

[3] 张铸勇. 精细有机合成单元反应. 上海:华东化工学院出版社,1990.

[4] 丁学杰. 精细化工新品种与合成技术. 广州:广东科技出版社,1993.

[5] 凯里 F A,森德伯格 R J. 高等有机化学,A 卷.夏炽中,译. B 卷.王积涛,译.北京:人民教育出版社,1983.

[6] 韦瑟麦尔 K,阿普 H J. 工业有机化学重要原料和中间体. 白凤娥,译. 北京:化学工业出版社,1982.

[7] 吴指南. 基本有机化工工艺学. 北京:化学工业出版社,1979.

[8] 宋启煌. 精细化工工艺学. 北京:化学工业出版社,1995.

[9] 成思危. 中国精细化学工业的发展战略. 现代化工,1997(1):3-6.

[10] 唱愫. 国外精细化工装备的发展趋势及我们的对策. 现代化工,1993(12):3-7.

[11] 涂伟萍,陈少棠,程江,等. 中国主要精细化工产品的发展. 化工进展,1997(5):20-22.

[12] 卞克建,沈慕仲. 工业化学反应及应用. 合肥:中国科学技术大学出版社,1999.

[13] 李和平,葛虹. 精细化工工艺学. 北京:科学出版社,1997.

[14] 程忠玲,曲志涛. 精细有机单元反应. 北京:高等教育出版社,2007.

[15] 张小华,王爱军. 有机精细化工生产技术. 北京:化学工业出版社,2008.

[16] 唐培堃. 精细有机合成化学及工艺学. 天津:天津大学出版社,1993.

[17] 王利民,邹刚. 精细有机合成工艺. 北京:化学工业出版社,2007.

[18] 陈荣业. 有机合成工艺优化. 北京:化学工业出版社,2005.

第八章

高分子化工反应单元工艺

8-1 绪论

一、引言

高分子化合物通常是指相对分子质量高达 10^4~10^6 的化合物，简称高分子。

高分子是由碳、氢、氧、硅、硫等元素组成的相对分子质量高达 10 000 以上的有机化合物。棉花、丝麻、皮革、羊毛、木材、植物纤维素、蛋白质为天然高分子；塑料、合成纤维、合成橡胶、油漆、涂料等是合成高分子。以合成高分子为基础制成的材料统称为高分子材料。高分子材料广泛应用于国防建设、国民经济各领域以及尖端技术，与金属材料、无机材料一起称为新技术革命的三大支柱材料。高分子材料的发展，不仅对材料科学本身有重大影响，而且也直接关系到国民经济所有领域的技术发展。人们通过各种手段，用物理的或化学的方法，或者使高分子与其他物质相互作用后产生物理或化学变化，从而使高分子化合物成为能完成特殊功能的功能高分子材料。因此，高分子材料正从“量的发展”过渡到“质的提高”，以满足 21 世纪新技术革命的需要。

合成高分子通常由小分子化合物通过聚合反应制得，所以又称高聚物或聚合物。由此形成了以研究高聚物合成和化学反应为主的“高分子化学”学科与研究高分子合成工艺和生产过程的“高分子合成工艺学”。这两学科为高分子合成材料的制备与发展奠定了理论基础。人类社会对高分子材料的需求，推动了高分子科学的发展，使高分子学科走向和其他学科的交叉、融合之路，不断为人类提供新材料、新技术。21 世纪的高分子化学的研究新领域是精确设计、精确操作，发展和完善高分子化学与高分子物理的结合，如高分子材料的纳米化、功能化高分子材料、智能高分子材料、环保高分子材料等。

二、 高分子的基本概念

高分子化合物通常是指相对分子质量高达 $10^4 \sim 10^6$ 的化合物，简称高分子或大分子。一个大分子往往是由许多相同的、简单的小分子通过共价键连接而成的，就像一条链子，故称为大分子链。组成大分子链的最简单的基本结构称作结构单元。因是在大分子链中重复出现的，也称为重复结构单元，简称重复单元。重复单元数或链节数又称聚合度，记作 DP，也有以结构单元数作为聚合度，以 $\overline{X}_n$ 表示。例如聚氯乙烯、聚乙烯是由许多氯乙烯、乙烯为结构单元重复连接而成。

$$—CH_2—\underset{\displaystyle Cl}{\underset{|}{CH}}—CH_2—\underset{\displaystyle Cl}{\underset{|}{CH}}—CH_2—\underset{\displaystyle Cl}{\underset{|}{CH}}—\cdots—CH_2—\underset{\displaystyle Cl}{\underset{|}{CH}}—\cdots$$

$$—CH_2—CH_2—CH_2—CH_2—CH_2—CH_2—\cdots—CH_2—CH_2—\cdots \qquad (8\text{-}1\text{-}01a)$$

为方便起见，上两式可缩写成

$$\left[—CH_2—\underset{\displaystyle Cl}{\underset{|}{CH}}—\right]_n \qquad \left[CH_2—CH_2\right]_n \qquad (8\text{-}1\text{-}01b)$$

|←结构单元→|　　|←结构单元→|
|←重复单元→|　　|←重复单元→|

式（8-1-01b）是高分子化合物的结构式，因端基只占大分子中的很少一部分，故略去不计。括号表示重复连接的意思，对于烯烃类聚合物，括号内的是结构单元，又是重复单元。

由能够形成结构单元的分子所组成的化合物称作单体，也就是聚合物的原料。聚氯乙烯、聚乙烯的结构单元与氯乙烯、乙烯单体相比较，除了电子结构改变以外，原子种类和个数完全相同，这种单元又称单体单元。n 代表重复单元数，也就是聚合度。聚合度是衡量高分子大小的一个指标。

根据式（8-1-01b）可知，聚合物的相对分子质量 M 是重复单元相对分子质量 M_0 与聚合度 DP（或重复单元数 n）的乘积。

$$M = DP \times M_0 \qquad (8\text{-}1\text{-}02)$$

例如，常用的聚氯乙烯相对分子质量为 40 000～150 000，其重复单元相对分子质量是 62.5，由此可以算出平均聚合度约 640～2 400。也就是一个聚氯乙烯分子约由 640～2 400 个氯乙烯单元连接而成。

另一种通过官能团间的化学反应生成的高分子，如聚酰胺、聚酯一类的结构式另有不同。如尼龙-66 和涤纶：

$$\left[NH(CH_2)_6NH—CO(CH_2)_4CO\right]_n \qquad (8\text{-}1\text{-}03)$$

|←结构单元→|←结构单元→|
|←　　重　复　单　元　　→|

$$\left[\text{OCH}_2\text{CH}_2\text{O—CO—C}_6\text{H}_4\text{—CO} \right]_n \qquad (8\text{-}1\text{-}04)$$

|←结构单元→|←结构单元→|
|←　重　复　单　元　→|

式(8-1-03)的重复单元由—$NH(CH_2)_6NH$—和—$CO(CH_2)_4CO$—两种结构单元组成。这两种单元比其单体 $NH_2(CH_2)_6NH_2$ 和 $HOOC(CH_2)_4COOH$ 要少一些原子，是聚合反应过程中失去水分子的结果。这种结构单元不能称作单体单元。

三、 聚合物的命名与分类

聚合物品种繁多，而且日益增多，需要一个合理的命名和科学的分类。

1. 聚合物的命名

长期以来，聚合物的命名法很多，有按照习惯根据所用单体或聚合物结构来定名，还有商品名称或俗名，没有一个统一的命名法。直至 1972 年，国际纯粹与应用化学联合会（IUPAC）才对线型有机聚合物提出结构系统命名法。

（1）习惯命名法　最常用的简单命名法系参照单体名称来定名。常以单体名为基础，前面冠以“聚”字，就成为聚合物的名称。例如氯乙烯的聚合物称做聚氯乙烯，聚苯乙烯是苯乙烯的聚合物。聚乙烯醇则是其假想单体“乙烯醇”的聚合物。表 8-1-01 中的聚合物均按这种方法命名。

由两种不同单体聚合成的产物，常摘取两种单体的简名，后缀“树脂”两字来命名。例如苯酚和甲醛、尿素和甲醛缩聚产物分别称做酚醛树脂、脲醛树脂。

也有以聚合物的结构特征来命名，如聚酰胺、聚酯、聚碳酸酯、聚砜等。己二胺和己二酸的反应产物的学名是聚己二酰己二胺。商业上称做尼龙-66。尼龙代表聚酰胺一大类。尼龙后第一个数字表示二元胺的碳原子数，第二个数字则代表二元酸的碳原子数。尼龙-6 是己内酰胺或 ω-氨基己酸的聚合物。

我国习惯以“纶”字作为合成纤维商品名的后缀字，如涤纶、锦纶、维尼纶、腈纶、氯纶、丙纶等。

许多合成橡胶是共聚物，往往从共聚单体中各取一字，后连“橡胶”二字来命名，如丁（二烯）苯（乙烯）橡胶、丁（二烯）（丙烯）腈橡胶、乙（烯）丙（烯）橡胶等。

（2）系统命名法　人们已习惯于上述命名法，但在科学上并不严格，有时会引起混乱。为此，IUPAC 提出以结构为基础的系统命名法。进行系统命名时，首先确定重复单元结构，再排好重复单元中次级单元的次序，给重复单元命名。最后在重复单元名称前加一个“聚”字。

根据系统命名法原则，对于乙烯基聚合物，书写重复单元时，应先写有取代基的部分，如聚氯乙烯重复单元应写成

$$\text{—}\underset{\displaystyle\text{Cl}}{\underset{|}{\text{CH}}}\text{—CH}_2\text{—}$$

定名为聚（1-氯代乙烯）。同样，聚苯乙烯名为聚（1-苯基乙烯）。

2. 聚合物的分类

可以从不同专业角度对聚合物进行分类，如按单体来源、聚合物结构、用途、合成方法、加热

行为等角度划分。

（1）按主链结构分类　从高分子化学角度来看，一般应以有机化合物分类为基础，根据主链结构可将聚合物分为碳链聚合物、杂链聚合物和元素有机聚合物三类。

① 碳链聚合物　大分子主链完全由碳原子组成。大部分烯类和双烯类聚合物为碳链聚合物，详见表 8-1-01。

表 8-1-01　碳链聚合物

聚合物	符号	重复单元	单体	玻璃化温度 T_g/℃	熔点 T_m/℃
聚乙烯	PE	$—CH_2—CH_2—$	$CH_2{=}CH_2$	-125	线型 135
聚丙烯	PP	$—CH_2—CH(CH_3)—$	$CH_2{=}CH(CH_3)$	-10	全同 170
聚异丁烯	PIB	$—CH_2—C(CH_3)_2—$	$CH_2{=}C(CH_3)_2$	-73	44
聚苯乙烯	PS	$—CH_2—CH(C_6H_5)—$	$CH_2{=}CH(C_6H_5)$	100	全同 240
聚氯乙烯	PVC	$—CH_2—CH(Cl)—$	$CH_2{=}CH(Cl)$	81	
聚偏二氯乙烯	PVDC	$—CH_2—C(Cl)_2—$	$CH_2{=}C(Cl)_2$	-17	198
聚氟乙烯	PVF	$—CH_2—CH(F)—$	$CH_2{=}CH(F)$	-20	200
聚四氟乙烯	PTFE	$—CF_2—CF_2—$	$CF_2{=}CF_2$		327
聚三氟氯乙烯	PCTFE	$—CF_2—CF(Cl)—$	$CF_2{=}CF(Cl)$	45	218
聚丙烯酸	PAA	$—CH_2—CH(COOH)—$	$CH_2{=}CH(COOH)$		
聚丙烯酰胺	PAM	$—CH_2—CH(CONH_2)—$	$CH_2{=}CH(CONH_2)$		

续表

聚合物	符号	重复单元	单体	玻璃化温度 T_g/℃	熔点 T_m/℃
聚丙烯酸甲酯	PMA	$-CH_2-CH(COOCH_3)-$	$CH_2=CH(COOCH_3)$	6	
聚甲基丙烯酸甲酯	PMMA	$-CH_2-C(CH_3)(COOCH_3)-$	$CH_2=C(CH_3)(COOCH_3)$	105	全同 160
聚丙烯腈	PAN	$-CH_2-CH(CN)-$	$CH_2=CH(CN)$	104	317
聚醋酸乙烯酯	PVAc	$-CH_2-CH(OCOCH_3)-$	$CH_2=CH(OCOCH_3)$	28	
聚乙烯醇	PVA	$-CH_2-CH(OH)-$	$\left(CH_2=CH(OH)\right)$ 假想	85	258
聚乙烯基烷基醚		$-CH_2-CH(OR)-$	$CH_2=CH(OR)$	-25	86
聚丁二烯	PB	$-CH_2-CH=CH-CH_2-$	$CH_2=CH-CH=CH_2$	-108	2
聚异戊二烯	PIP	$-CH_2-C(CH_3)=CH-CH_2-$	$CH_2=C(CH_3)-CH=CH_2$	-73	
聚氯丁二烯	PCP	$-CH_2-C(Cl)=CH-CH_2-$	$CH_2=C(Cl)-CH=CH_2$		

② 杂链聚合物 大分子主链中除碳原子外，还有氧、硫、氮等杂原子，如聚醚、聚氨酯、聚硫橡胶等，详见表 8-1-02。

表 8-1-02 杂链和元素有机聚合物

类型	聚合物	结构单元	原料	玻璃化温度 T_g/℃	熔点 T_m/℃
聚醚	聚甲醛	$-O-CH_2-$	HCHO 或 $(CH_2O)_3$		
$-O-$	聚环氧乙烷	$-O-CH_2CH_2-$	CH_2-CH_2 \ / O	-85	195

续表

类型	聚合物	结构单元	原料	玻璃化温度 T_g/℃	熔点 T_m/℃
	聚双（氯甲基）丁氧环	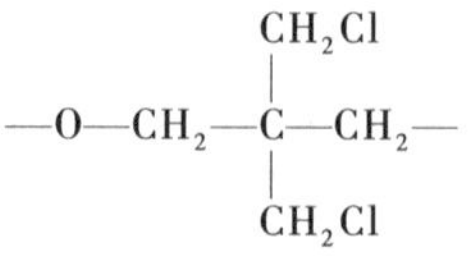	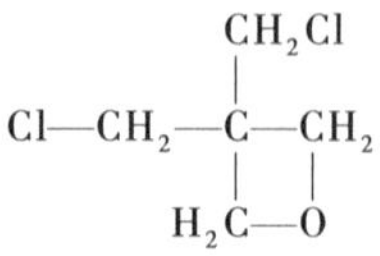	-67	66
	聚二甲基苯基醚氧	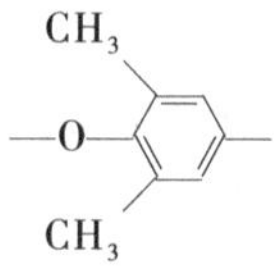	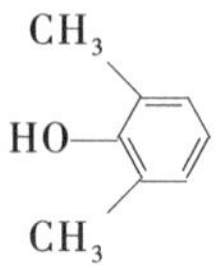	235	480
	环氧树脂	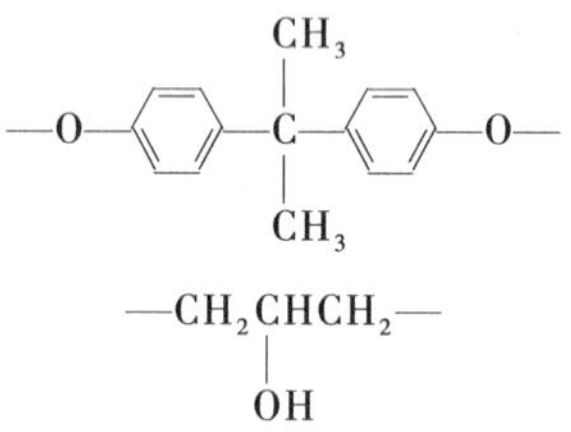	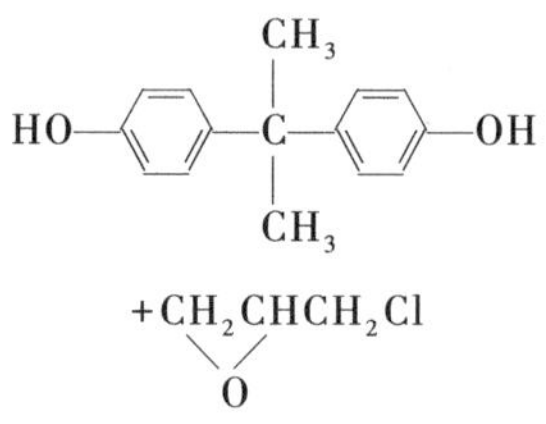		
聚酯 —OCO—	涤纶	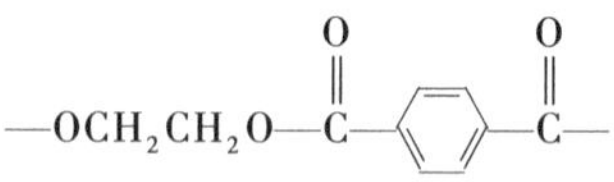	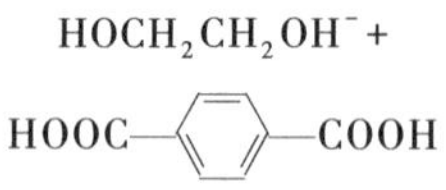	69	258
	聚碳酸酯	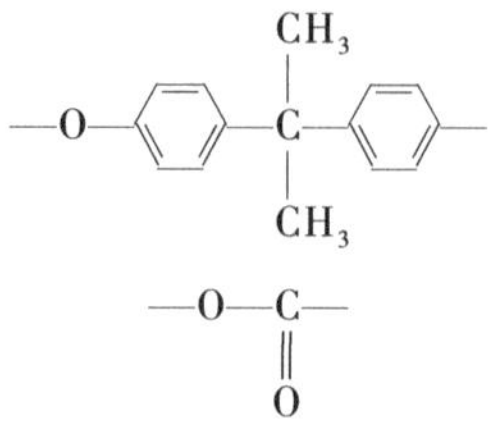	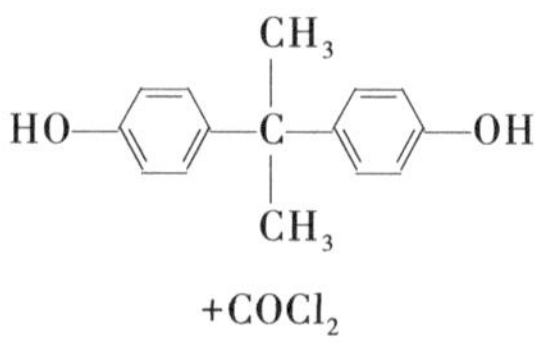	149	265
	不饱和聚酯	$—OCH_2CH_2OCOCH{=}CHCO—$	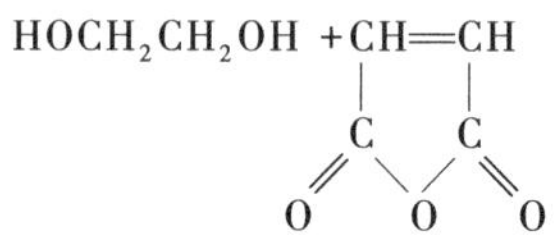		
	醇酸树脂	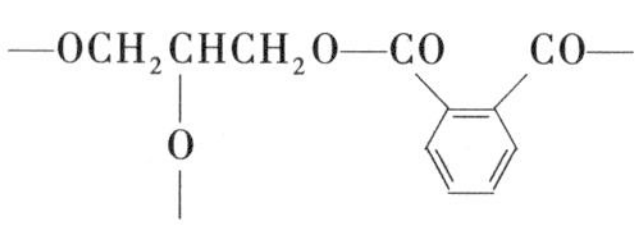	$CH_2OHCHOHCH_2OH$ $+C_6H_4(CO)_2O$		

续表

类型	聚合物	结构单元	原料	玻璃化温度 T_g/℃	熔点 T_m/℃
聚酰胺 —NHCO—	尼龙-66	$—NH(CH_2)_6NH—CO(CH_2)_4CO—$	$NH_2(CH_2)_6NH_2$+ $HOOC(CH_2)_4COOH$	49	228
	尼龙-6	$—NH(CH_2)_5CO—$	$\underline{NH(CH_2)_5CO}$ (环状)		
聚氨酯 —NHOCO—		$—O(CH_2)_2O—\overset{O}{\overset{\Vert}{C}}NH(CH_2)_6NH\overset{O}{\overset{\Vert}{C}}—$	$HO(CH_2)_2OH$ $+OCN(CH_2)_6NCO$		
聚脲 —NHCONH—		$—NH(CH_2)_6NH—\overset{O}{\overset{\Vert}{C}}NH(CH_2)_6NH\overset{O}{\overset{\Vert}{C}}—$	$NH_2(CH_2)_6NH_2$+ $OCN(CH_2)_6NCO$		
聚砜 $—SO_2—$		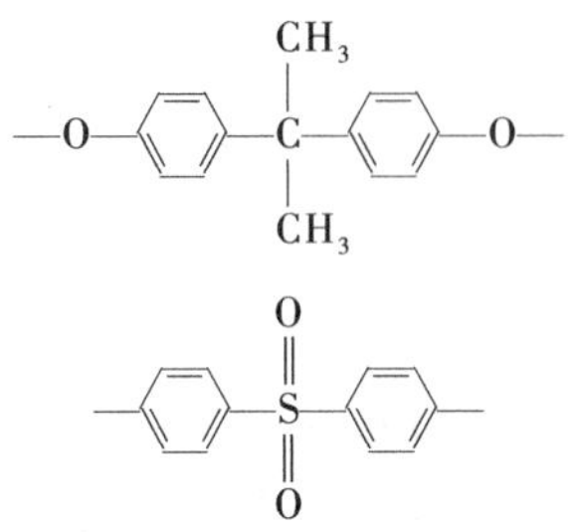	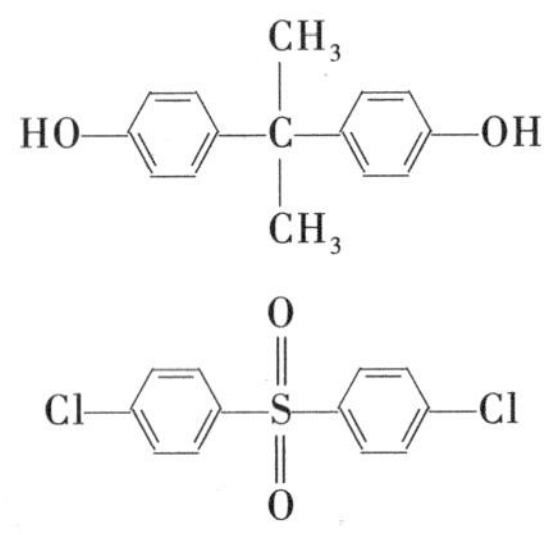	195	
酚醛	酚醛树脂	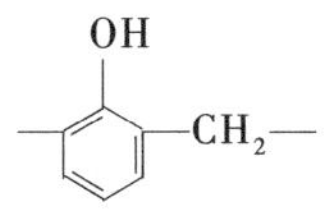	C_6H_5OH+HCHO		
脲醛	脲醛树脂	$—NH\overset{O}{\overset{\Vert}{C}}NH—CH_2—$	$CO(NH_2)_2$+HCHO		
聚硫	聚硫橡胶	$—CH_2CH_2—\underset{S}{\underset{\Vert}{S}}—\underset{S}{\underset{\Vert}{S}}—$	$ClCH_2CH_2Cl+Na_2S_4$	−50	205
聚硅氧烷 $—OSiR_2—$	硅橡胶	$—O—\underset{CH_3}{\underset{\vert}{\overset{CH_3}{\overset{\vert}{Si}}}}—$	$Cl—\underset{CH_3}{\underset{\vert}{\overset{CH_3}{\overset{\vert}{Si}}}}—Cl$	−123	

③ 元素有机聚合物　大分子主链中没有碳原子，主要有硅、硼、铝和氧、氮、硫、磷等原子组成，但侧基却由甲基、乙基、乙烯基、芳基等有机基团组成。有机硅橡胶是典型的元素有机聚合

物。元素有机聚合物也可称为杂链的半有机高分子。

（2）按性能用途分类　聚合物主要作为合成材料，根据材料的性能与用途，可将聚合物分为塑料、纤维、橡胶、涂料、黏结剂等。

① 塑料　塑料是以合成树脂为基本成分，加入填充剂等助剂后，可以做成各种“可塑性”的材料。它具有质轻、绝缘、耐腐蚀、美观，制品形式多样化等特点。

根据受热时行为的不同，又可将塑料分为热塑性塑料和热固性塑料。热塑性塑料可反复受热软化或熔化，冷却时则凝固成型，加入溶剂能溶解，具有可溶和可熔性，如聚乙烯、聚苯乙烯等属于这一类。热固性塑料经固化成型后，再受热则不能熔化，加入溶剂也不能溶解，即具有不溶性和不熔性。酚醛塑料、脲醛塑料等为热固性塑料。

根据生产量与使用情况，可分为量大面广的通用塑料和作为工程材料使用的工程塑料以及性能优异的特种塑料。工程塑料是指可在 100 ℃以上长期使用，能代替金属、木材、水泥制作工程结构件的塑料或其复合物。它具有质量轻、耐腐蚀、耐疲劳性好、易成型等特点，自诞生起就得到迅速发展。

② 橡胶　橡胶是一种高弹性的高分子化合物，在外力作用下能发生较大的形变，当外力消除后能迅速恢复其原状。

合成橡胶有通用和特种橡胶两大类。凡性能与天然橡胶相同或接近，物理性能和加工性能较好的是通用橡胶，如丁苯橡胶、顺丁橡胶等。特种橡胶主要制造耐热、耐油、耐老化或耐腐蚀等特殊用途的橡胶制品，如氟橡胶、氯丁橡胶、丁腈橡胶、丁基橡胶等。

③ 纤维　线型结构的高相对分子质量合成树脂，经过牵引、拉伸、定型得到纤维，它弹性较小。合成纤维是聚合物加工纺制成的纤维，有聚酯纤维（涤纶）、聚酰胺纤维（尼龙或锦纶）、聚丙烯腈纤维（腈纶）、聚丙烯纤维（丙纶）等。

合成纤维与天然纤维相比具有强度高、耐摩擦、不被虫蛀、耐化学腐蚀等优点。

一般来说，塑料、橡胶、纤维是很难严格区分的，如聚氯乙烯是典型的塑料，但也可纺丝成纤维，又可在加入适量的增塑剂后加工成类橡胶制品。又如尼龙、涤纶是很好的纤维，但也是强度较好的工程塑料。

④ 黏结剂　通过表面黏结力和内聚力把各种材料黏合在一起，并且在结合处有足够强度的物质称为黏结剂。通常是高分子合成树脂或具有反应性的低相对分子质量合成树脂。按其外观形态可分为溶液型、乳液型、膏糊型、粉末型、胶带型。

具有黏结功能的高分子材料主要有酚醛树脂类、乙烯基树脂类、橡胶类、环氧树脂类、丙烯酸类、热熔胶类、聚氨酯类、聚酯类以及有机硅类等。

黏结剂主要用于包装工业，其次是建筑和木材制品，在机械、电子、电器、交通运输、轻工、纺织等行业和家庭都有广泛应用。其发展趋势是逐步减少或取消溶剂型，发展水基型、热熔胶等，向高性能、低成本、无污染、使用方便、节能等方向发展。

⑤ 涂料　涂料是能涂敷于底材表面并形成坚韧连续膜的液体或固体物料的总称，主要对被涂表面起装饰或保护作用。涂料的组成包括成膜物质、颜料、填料、涂料助剂、溶剂等。成膜物质是涂料的基本组分，其作用是黏结颜料并能形成坚韧连续的膜。通常是天然树脂与合成树脂，作为涂料的合成树脂要具有反应活性，同时是线型聚合物。它们大多采用溶液、乳液聚合得到可流动的聚合物溶液或乳液。

涂料的种类很多,有溶剂型涂料、水性涂料、粉末涂料、光固化涂料等。溶剂涂料由于溶剂的挥发污染环境,其生产和使用正受到越来越大的限制。从环境保护出发,绿色化、节能化涂料及其涂装工艺是目前国内外涂料及涂装工艺发展所追求的目标。环境保护涂料是无溶剂涂料、水性涂料、粉末和高固体分涂料,高固体分涂料采用辐射固化、常温干燥或烘干。新型涂料正沿着低温、快速固化的方向发展。

四、 高分子材料的制备

高分子材料的制备主要包括基本有机合成、高分子合成、高分子成型加工三个过程。

石油、天然气、煤炭是制造聚合物材料的最基本原料,需要经过石油开采、石油炼制,经基本有机合成得到制备聚合物的主要原料——单体。基本有机合成工业不仅为聚合物合成提供单体,而且提供溶剂、塑料添加剂以及橡胶配合剂等辅助原料。

将单体经过聚合反应合成聚合物是高分子合成工业的任务,而高分子材料成型加工工业是以聚合物为原料,经过适当加工方法,即成型为高分子材料制品。因此,基本有机合成工业、高分子合成工业、高分子成型加工工业是密切相联系的三个工业部门。

1. 高分子合成工业

高分子合成工业是将有机化合物——单体,经过聚合反应使之成为聚合物。能够发生聚合反应的单体分子应含有不饱和双键或含有两个或两个以上能够发生聚合反应的活性官能团或原子。

高分子合成生产,主要包括以下生产过程和完成这些生产过程的相应设备与装置。

① 原料准备与精制过程　包括单体、溶剂、去离子水等原料的储存、洗涤、精制、干燥、调整浓度等过程和设备。

② 引发剂配制过程　包括聚合用催化剂、引发剂和助剂的制造、溶解、储存、调整浓度等过程和设备。

③ 聚合反应过程　包括聚合和以聚合釜为中心的有关设备及反应物料输送过程和设备。

④ 分离过程　包括将未反应单体、低聚物分离、脱除溶剂、引发剂等过程和设备。

⑤ 聚合物后处理过程　包括聚合物的输送、干燥、造粒、储存、包装等过程和设备。

⑥ 回收过程　主要是未反应单体和溶剂的回收和精制。

聚合过程是高分子合成工业中最主要的化学反应过程,反应产物与一般的化学反应不同,它不是简单的一种成分,高分子化合物实际是相对分子质量大小不等、结构亦非完全相同的同系物的混合物;其形态为坚硬的固体物、高黏度熔体或高黏度溶液,因此不能用一般的产品精制方法如蒸馏、结晶、萃取等方法进行精制提纯。

又由于高分子化合物的平均相对分子质量、相对分子质量分布及其结构,对于高分子合成材料的物理、机械性能产生重大影响,因此生产高相对分子质量聚合物时,对于聚合反应工艺条件和设备的要求很严格。

不仅要求单体高纯度,且对所有分散介质(水、有机溶剂)和助剂的纯度都有严格要求,它们要不含有害于聚合反应的杂质,又要不含有影响聚合物色泽的杂质。

反应条件的波动与变化，将影响产品的平均相对分子质量与相对分子质量分布，因此为了控制产品规格，反应条件应当稳定不变或控制波动在容许的最小范围之内；同时要求聚合反应设备和管道大多数应当采用不锈钢、搪玻璃或不锈钢碳钢复合材料等制成，以防污染聚合物。

合成高分子化合物的化学反应根据反应机理的不同，分为连锁聚合反应和逐步聚合反应。在工业生产中不同的聚合反应机理对于单体和反应介质以及引发剂、催化剂等都有不同的要求，所以实现这些聚合反应的工业实施方法也有所不同。根据聚合反应的操作方式，可分为间歇聚合与连续聚合两种方式。

间歇聚合操作是聚合物在聚合反应器中分批生产的，当反应达到要求的转化率时，聚合物从聚合反应器中放出。因此间歇聚合操作反应条件易控制，升温、恒温可精确控制，便于改变工艺条件，灵活性大，适于小批量生产，容易改变品种和牌号。但由于不易实现操作过程的全部自动化，每批产品的规格难以达到完全一致。反应器不能充分利用，单位时间内的生产能力受影响，不适合于大规模生产。

连续聚合操作方式是单体和引发剂等连续进入聚合反应器，反应得到的聚合物则连续不断地流出聚合反应器，因此聚合反应条件是稳定的，容易实现操作过程的全部自动化、机械化；产品的质量规格稳定；设备密闭，减少污染；适合大规模生产。目前高分子合成工业中的大品种生产大都已实现了连续聚合操作。

进行聚合反应的设备叫做聚合反应器。有塔式聚合反应器和釜式聚合反应器，其中以釜式聚合反应器应用最为普遍，它又叫做聚合反应釜。

2. 高分子成型加工工业

高分子合成工业的产品——合成树脂往往是液态的低聚物、固态的高聚物或弹性体，不能直接用来成型加工，必须加些合适和一定量的添加剂，再经过适当方法的混合或混炼，加工成型后才能够制成有用的材料及制品。所以，合成树脂只是高分子合成材料的最主要原料。

塑料的原料是合成树脂和添加剂，添加剂有稳定剂、润滑剂、增塑剂、填料等。塑料成型方法因制品形式不同而异，其加工成型的主要方法有注塑成型、挤出成型、吹塑成型、模压成型等。

合成橡胶加入硫化剂、硫化促进剂、软化剂、增强剂、填充剂等配合剂，使线型的高分子，经硫化后成为交联结构，制成橡胶制品。

合成纤维通常由线型高相对分子质量合成树脂经熔融纺丝或溶液纺丝制成。

塑料、橡胶、纤维是重要的三大合成材料。由于原料来源丰富，由化学方法合成，品种繁多，性能多样化，某些性能优于天然材料，且加工成型方便，现已成为现代科学各技术部门不可缺少的材料。

五、 高分子材料的发展

自古以来，人类就与高分子密切相关。远在几千年以前，人们就使用棉、麻、木、丝绸等天然高分子。20 世纪初，人工合成了第一种高分子——酚醛树脂。以后醇酸树脂、醋酸纤维等相继投入生产。1920 年，Staudinger 首先提出了高分子的概念，为高分子学说的确立奠定了基础。20

世纪 20 年代末期，Carothers 对缩聚反应进行了系统的研究。1925—1935 年期间，明确了高分子化合物的定义、聚合物的相对分子质量概念，合成各种高分子化合物的自由基聚合和缩合聚合等反应的基本概念与原理，建立了"高分子化学"这一新兴学科。与此同时，聚氯乙烯、聚甲基丙烯酸甲酯、聚苯乙烯、聚乙烯等一系列烯类加聚物相继实现了工业化。20 世纪三四十年代是高分子化学和工业开始兴起和蓬勃发展的时代，两者相互促进。到 20 世纪 40 年代高分子工业以更快的速度发展，又开发了丁苯橡胶、丁腈橡胶、氟树脂、聚氨酯、有机硅、环氧树脂等。自由基聚合的成功已经突破了经典有机化学的范围。缩聚和自由基聚合奠定了早期高分子化学学科发展的基础。20 世纪 50 年代 Ziegler，Natta 等发现了有机金属络合物引发体系，制得了高密度聚乙烯和等规聚丙烯，使低级烯烃得到了利用，高分子合成又进入了一个新的领域，聚烯烃、顺丁橡胶、乙丙橡胶等弹性体得到大规模发展。

20 世纪 60 年代是聚烯烃、合成橡胶、工程塑料蓬勃发展时期，大规模开发了聚砜、聚苯醚、聚酰亚胺等工程塑料。20 世纪 70 年代发展了液晶高分子，许多耐高温和高强度的合成材料也层出不穷。

20 世纪 90 年代高分子化学学科更趋成熟，进入了新的时期。新聚合方法、新型聚合物、新的结构、性能和用途不断涌现。新的合成方法涉及茂金属催化聚合、活性自由基聚合、基团转移聚合、以 CO_2 为介质的超临界聚合。茂金属引发剂的开发及工业化应用，加速了聚烯烃工业的变革，新一代的聚烯烃——茂金属聚烯烃以其高性能、高附加值赋予聚烯烃工业新的生机；同时聚合物在纳米材料中也占着重要的地位。另外开发了一些新型结构聚合物，如星形和树枝状聚合物，新型接枝和嵌段共聚物，无机-有机杂化聚合物等。

功能高分子领域和高分子材料领域都是高分子的三个分支学科面向社会对新材料的需求而形成的研究领域。功能高分子除继续延伸原有的反应功能和分离功能外，更重视光电功能和生物功能的研究和开发。光电功能高分子分别有医用功能材料，电子聚合物、磁性高分子、智能高分子凝胶、高分子液晶、高分子催化剂等。在生物-医药领域中，除了本身是医用高分子外，还涉及药物控制释放和酶的固载，胶束、胶囊、微球、水凝胶、生物相溶界面等都成了新的研究内容。社会的发展要求高分子功能材料具有纳米化和智能化的特点。

高分子科学推动了化工、材料等相关行业的发展，也丰富了化学、化工、材料诸学科。高分子材料的发展，不仅对材料科学本身有重大影响，而且也直接关系到国民经济几乎所有的领域，包括电子信息技术、通讯、生物技术、新能源、空间技术、海洋工程及与人们日常生活密切相关的交通、运输、农业、建筑、环保、纺织品及食品和办公自动化等技术的发展。为满足 21 世纪新技术革命的需要，高分子材料正从"量的发展"到"质的提高"。21 世纪是高度信息化、高度自动化、人类生活和医疗水平迅速提高的高新时代。高性能、高功能、复合化、精细化、智能化的高分子材料作为基础材料之一是不可缺少的角色。

8-2 聚合原理

由低分子单体合成聚合物的反应称作聚合反应。在高分子化学发展早期，按聚合过程中单体和聚合物组成和结构的不同，将聚合反应分为加聚反应和缩聚反应。即把由烯烃单体通过双键加成得到聚合物的反应称为加聚反应，所得聚合物称为加聚物。聚合物的元素组成与其单体相同，仅是电子结构有所改变。如合成聚苯乙烯、聚乙烯的反应就是加聚反应。

缩聚反应是官能团之间的反应，主要产物称作缩聚物，还有小分子副产物。缩聚物的结构单元在组成上要比单体少若干原子。己二胺与己二酸反应生成尼龙-66是典型的缩聚反应。缩聚物中往往留有官能团的特征结构，如酰胺键—NHCO—、酯键—OCO—、醚键—O—等。

随着高分子的发展，又出现了环化聚合、开环聚合、转移聚合、异构化聚合、消去聚合等许多新的聚合反应。

在20世纪50年代，根据聚合反应机理和动力学，将聚合反应分成连锁聚合和逐步聚合。

单体被引发形成反应的活性中心，再将分子一个一个引发激活并连接成大分子，这种激发和连接的速率很快，如连锁爆炸一样，因而称这种反应为连锁反应，如图8-2-01曲线*1*.烯类单体的加聚反应大部分是连锁聚合。

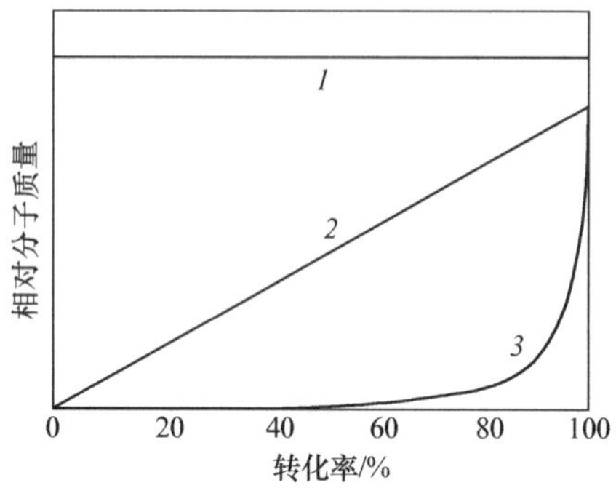

图 8-2-01 相对分子质量-转化率关系图

1. 自由基聚合；*2*. 活性阴离子聚合；*3*. 缩聚反应

逐步聚合的特征是在低分子转变成高分子的过程中，反应是逐步进行的，相对分子质量缓慢增加，直至基团反应程度很高（>98 %）时，相对分子质量才达到较高的数值，如图8-2-01中的曲线*3*。绝大多数缩聚反应是属于逐步聚合反应。

一、连锁聚合

烯类单体聚合时，首先由引发剂先形成活性种，再由活性种打开单体的π键与之加成，形成单体活性种后不断与单体加成，使增长链形成大分子链；最后大分子链失去活性，使增长链终止。因此，连锁聚合反应可分成链引发、链增长、链终止等几步基元反应。连锁聚合需要活性中心，活性中心可以是自由基、阳离子或阴离子，因而有自由基聚合、阳离子聚合、阴离子聚合等。

1. 连锁聚合的单体

单烯类、共轭双烯类、炔烃和羰基化合物在热力学上一般都有聚合倾向，其中前两类最为重要。但对不同聚合机理的选择性却有差异，见表8-2-01。

单体对聚合机理的选择性与分子结构中的电子效应（共轭效应和诱导效应）有关，基团体积大小所引起的位阻效应对能否聚合也有影响。乙烯基单体取代基的诱导效应和共轭效应能改变双键的电子云密度，对形成的活性种的稳定性也有影响，因此决定着单体对自由基、阳离子、阴离子聚合的选择性。

表 8-2-01 常用烯类单体对聚合类型的选择性*

	聚合类型			
	自由基	阴离子	阳离子	配位
$CH_2=CH_2$	⊕			⊕
$CH_2=CHCH_3$				⊕
$CH_2=CHCH_2CH_3$				⊕
$CH_2=C(CH_3)_2$	⊕		+	+
$CH_2=CHCH=CH_2$	+	⊕	+	⊕
$CH_2=C(CH_3)CH=CH_2$	⊕	⊕	+	⊕
$CH_2=CClCH=CH_2$	⊕			
$CH_2=CHC_6H_5$	⊕	+	+	+
$CH_2=CHCl$	⊕			+
$CH_2=CCl_2$	⊕	+		
$CH_2=CHF$	⊕			
$CF_2=CF_2$	⊕			
$CF_2=CFCF_3$				
$CH_2=CH—OR$			⊕	+
$CH_2=CHOCOCH_3$	⊕			
$CH_2=CHCOOCH_3$	⊕	+		+
$CH_2=C(CH_3)COOCH_3$	⊕	+		+
$CH_2=CHCN$	⊕	+		+

* +——可以聚合;⊕——已工业化。

给电子基团,如烷氧基、烷基、苯基、乙烯基等,使碳-碳双键电子云密度增加,有利于阳离子进攻和结合;此外,某些给电基团因共振稳定作用使阳离子趋稳定,因此给电子基团的单体有利于阳离子聚合。阳离子聚合的单体有异丁烯、烷基乙烯基醚、苯乙烯等。

吸电子基团,如腈基、羰基、酯基等使双键电子云密度降低,并使阴离子增长种共轭稳定,因此有利于阴离子聚合。如丙烯腈、丙烯酸酯类等单体。

乙烯基单体对离子聚合有较高的选择性,但自由基引发剂却能使大多数烯烃聚合。许多带有吸电子基团的烯类单体能同时进行阴离子聚合和自由基聚合,但基团吸电子倾向过强时就只能进行阴离子聚合,如硝基乙烯。

具有共轭体系的烯类单体,如苯乙烯、丁二烯等,由于 π 电子云流动性大,易诱导极化,能按上述三种机理进行聚合。

取代基的体积、数量、位置等引起的空间位阻效应,在动力学上对聚合能力有显著的影响,但不影响到对不同活性种的选择性。

通常1,1-双取代的烯类单体($CH_2=CXY$),都能按取代基的性质进行相应机理的聚合。

1,2-双取代的烯类单体($XCH=CHY$)结构对称,极化程度低,又有位阻效应,一般不能聚合,而三取代、四取代乙烯因位阻大,都不能聚合。

2. 自由基聚合

烯类单体的加聚反应大多数属于连锁聚合。连锁聚合反应一般由链引发、链增长、链终止等基元反应组成。活性中心是自由基的为自由基聚合。

自由基聚合产物约占聚合物总量60%以上,可见其重要性。聚氯乙烯、聚苯乙烯、聚甲基丙烯酸酯、聚丙烯腈、丁苯橡胶、ABS树脂等聚合物都是通过自由基聚合生产的。

(1) 自由基聚合反应的机理与特征　自由基聚合反应是在引发剂的引发下,产生单体活性种,按连锁聚合机理反应,直到活性种终止,反应停止。自由基聚合反应历程除链引发、链增长、链终止三个主要基元反应外,还有链转移反应。各基元反应的特征简述如下。

① 链引发　形成单体自由基活性种的反应为链引发反应。单体自由基可以在引发剂、热、光、辐射能等的作用下产生。用引发剂时,链引发包含下列两个过程:

1) 引发剂I分解形成初级自由基$\dot{R}$:

$$I \longrightarrow 2\dot{R}$$

2) 初级自由基与单体M加成,生成单体自由基:

$$\dot{R} + M \longrightarrow R\dot{M}$$

上述两步反应中,引发剂分解为吸热反应,活化能较高,约为105~150 kJ/mol,反应速率小,而反应2)是放热反应,活化能低,约为20~34 kJ/mol,反应速率快,所以引发剂的分解速率决定着链引发反应速率。

② 链增长　在链引发生成的单体自由基打开烯类分子的π键加成,形成新自由基,新自由基的活性并不衰减,能继续不断地和单体分子结合生成链自由基,此过程称作链增长反应。

$$R\dot{M}+M \longrightarrow RM\dot{M}+M \longrightarrow RMM\dot{M} \longrightarrow \cdots \longrightarrow RM\cdots M\dot{M}$$

$$R\dot{M}+nM \longrightarrow R\dot{M}_{n+1}$$

链增长反应是放热反应,烯类单体的聚合热一般是55~95 kJ/mol。链增长活化能低,约为20~34 kJ/mol,增长速率极高,反应往往难以控制。聚合体系中只有单体和聚合物。

③ 链终止　自由基活性高,有相互作用终止而失去活性的倾向。链自由基失去活性形成稳定聚合物的反应称为链终止反应。终止反应有偶合终止和歧化终止。

偶合终止　$\dot{M}_x+\dot{M}_y \longrightarrow M_{x+y}$

歧化终止　$\dot{M}_x+\dot{M}_y \longrightarrow M_x+M_y$

两自由基的独电子相互结合成共价键的终止反应称作偶合终止,其结果所形成的大分子的聚合度为链自由基重复单元数的两倍。

某链自由基夺取另一自由基的氢原子或其他原子的终止反应,则称作歧化终止。歧化终止结果,形成两条大分子,聚合度与链自由基中重复单元数相同。

链终止活化能很低,只有8~21 kJ/mol,因此终止速率极快。

任何自由基聚合都有上述链引发、链增长、链终止三步基元反应。其中链引发速率最小，成为控制整个聚合速率的关键。

④ 链转移 在自由基聚合过程中，除发生上述三步基元反应外，链自由基还可能因夺取体系中的单体、溶剂、引发剂等分子上的一个原子而终止，而使这些失去原子的分子成为自由基，继续链的增长，使聚合反应继续进行下去。这一反应称为链转移反应。

$$\dot{M}_x + YS \longrightarrow M_xY + \dot{S}$$

链转移的结果往往使聚合物的相对分子质量降低，如向大分子转移则有可能形成支链。

根据上述机理分析，自由基聚合有以下特征：

自由基聚合反应在微观上可以明显地区分为链引发、链增长、链终止、链转移等基元反应。其中链引发速率最小，是控制聚合反应总聚合速率的关键。其机理特点可概括为慢引发、快增长、快终止。

只有链增长反应才能使聚合度增加。一个单体分子从引发，经过增长和终止转变成大分子，时间极短，不能停留在中间聚合度阶段；聚合体系仅由单体和聚合物组成。在聚合过程中聚合度变化小。

在聚合过程中，单体浓度逐步降低，聚合物浓度提高；延长聚合时间是为提高转化率，对相对分子质量影响较小。

(2) 引发作用 烯类单体进行自由基聚合，首先要在光、热、辐射能或引发剂作用下产生自由基，工业生产上要求聚合反应有一定的速率，常加入引发剂进行自由基聚合。

引发剂是分子结构上具有弱键的、容易分解成自由基的化合物。

① 引发剂种类 常用的引发剂有偶氮类化合物与过氧化物两类。最常用的有偶氮二异丁腈(AIBN)和偶氮二异庚腈(ABVN)。

过氧化物引发剂是通过过氧键的热分解产生自由基引发单体聚合。过氧化物引发剂可分为有机过氧化物和无机过氧化物两大类。有机过氧类的引发剂如表 8-2-02。

表 8-2-02 有机过氧类引发剂

引发剂	分子式	温度/℃	
		$t_{1/2}=1$ h	$t_{1/2}=10$ h
氢过氧化物	RO—OH	123~172	
异丙苯过氧化氢	$C_6H_5(CH_3)_2CO—OH$	193	159
特丁基过氧化氢	$(CH_3)_3CO—OH$	199	171
过氧化二烷基	RO—OR′	117~133	
过氧化二异丙苯	$C_6H_5(CH_3)_2CO—OC(CH_3)_2C_6H_5$	128	104
过氧化二特丁基	$(CH_3)_3CO—OC(CH_3)_3$	136	113
过氧化二酰	RCOO—OOCR	20~75	
过氧化二苯甲酰	$C_6H_5COO—OOCC_6H_5$	92	71
过氧化十二酰	$C_{11}H_{23}COO—OOCC_{11}H_{23}$	80	62

续表

引发剂	分子式	温度/℃	
		$t_{1/2}=1$ h	$t_{1/2}=10$ h
过氧化酯类	RCOO—OR′	40~107	
过氧化苯甲酸特丁酯	$C_6H_5COO—OC(CH_3)_3$	122	101
过氧化特戊酸特丁酯	$(CH_3)_3CCOO—OC(CH_3)_3$	71	51
过氧化二碳酸酯类	ROCOO—OOCOR	43~52	
过氧化二碳酸二异丙酯	$(CH_3)_2CHOCOO-OOCOCH(CH_3)_2$	61	46
过氧化二碳酸二环己酯	$C_6H_{11}OCOO—OOCOC_6H_{11}$	60	44

过硫酸钾 $K_2S_2O_8$ 和过硫酸铵 $(NH_4)_2S_2O_8$ 是无机过氧化物，分解产物 $\dot{S}O_4^-$ 既是离子又是自由基，可称作离子自由基。此类引发剂能溶于水，称为水溶性引发剂。

偶氮类和有机过氧类引发剂属于油溶性引发剂，常用于本体聚合、悬浮聚合和溶液聚合，而过硫酸盐的无机过氧化物是水溶性引发剂，大多用于乳液聚合和水溶液聚合。

另外，还有氧化还原引发剂。

氧化还原引发体系的氧化剂有过氧化氢、过硫酸盐、氢过氧化物、过氧化二烷基、过氧化二酰基等。还原剂如亚铁盐、亚硫酸钠、叔胺、硫醇等。过氧化氢-硫酸亚铁体系、过硫酸钾-亚硫酸钠是水溶性氧化还原引发剂，过氧化二苯甲酰-*N*,*N*-二甲基苯胺是常用的油溶性氧化还原引发剂。

② 引发剂分解动力学　引发剂分解一般属于一级反应，引发剂分解速率 R_d 与引发剂浓度 [I] 的一次方成正比。

$$R_d=-\frac{d[I]}{dt}=-k_dt \qquad (8-2-01)$$

将上式积分得

$$\ln\frac{[I]}{[I]_0}=-k_dt \quad 或 \quad \frac{[I]}{[I]_0}=e^{-k_dt} \qquad (8-2-02)$$

式中：$[I]_0$，[I]——引发剂起始和时间为 t 时的浓度，mol/L；

k_d——分解速率常数，s^{-1}。

对于一级反应，常用半衰期来衡量反应速率的大小，所谓半衰期是指引发剂分解到起始浓度一半所需的时间，以 $t_{1/2}$ 表示，与分解速率常数有下列关系：

$$t_{1/2}=\frac{\ln 2}{k_d}=\frac{0.693}{k_d} \qquad (8-2-03)$$

引发剂的活性可以用引发剂分解速率常数和半衰期表示。分解速率常数越大，或半衰期越小，引发剂的活性越高。

一些典型的引发剂的分解速率常数和半衰期列于表 8-2-03。

表 8-2-03 引发剂的分解速率常数和分解活化能

引发剂	溶剂	温度/℃	k_d/s^{-1}	$t_{1/2}$/h	$E_d/(kJ \cdot mol^{-1})$	温度/℃	
						$t_{1/2}$ = 1 h	$t_{1/2}$ = 10 h
偶氮二异丁腈	甲苯	50 60.5 69.5	2.64×10^{-6} 1.16×10^{-5} 3.78×10^{-5}	73 16.6 5.1	128.4	79	59
偶氮二异庚腈	甲苯	59.7 69.8 80.2	8.05×10^{-5} 1.98×10^{-4} 7.1×10^{-4}	2.4 0.97 0.27	121.3	64	47
过氧化二苯甲酰	苯	60 80	2.0×10^{-6} 2.5×10^{-5}	96 7.7	124.3	92	71
过氧化十二酰	苯	50 60 70	2.19×10^{-6} 9.17×10^{-6} 2.86×10^{-5}	88 21 6.7	127.2	80	62
过氧化特戊酸叔丁酯	苯	50 70	9.77×10^{-6} 1.24×10^{-4}	20 1.6		71	51
过氧化二碳酸二异丙酯	甲苯	50	3.03×10^{-5}	6.4		61	46
过氧化二碳酸二环己酯	苯	50 60	4.4×10^{-5} 1.93×10^{-4}	3.6 1		60	44
异丙苯过氧化氢	甲苯	125 139	9×10^{-6} 3×10^{-5}	21.4 6.4	170	193	159
过硫酸钾	0.1 $mol \cdot L^{-1}$ KOH	50 60 70	9.5×10^{-7} 3.16×10^{-6} 2.33×10^{-5}	212 61 8.3	140.2		

③ 引发剂的选择　在聚合物的合成中,正确合理地选择和使用引发剂,对于聚合物的性能、聚合反应速率、生产周期、提高生产率,具有重要意义。

在理论研究和工业生产中,首先要根据聚合操作方式和反应温度,选择半衰期适当的引发剂,以缩短反应时间,提高生产率。其次是根据聚合方法选择引发剂类型,偶氮类和过氧类油溶性引发剂适合于本体、悬浮和溶液聚合;而乳液聚合则选用水溶性引发剂。再则根据聚合物的性能与用途选择引发剂,还要考虑到引发剂对聚合物有无毒性,使用、存储时是否安全等问题。

采用复合引发剂可以使聚合反应的全过程保持在一定的速率下进行。

引发剂的用量对聚合速率与聚合物的相对分子质量有很大影响,但至今在工业生产中,引发剂的用量大多是经多次试验后确定的。

(3) 自由基聚合动力学　聚合动力学主要研究聚合速率、聚合物的相对分子质量与引发剂浓度、单体浓度、聚合温度等因素之间的定量关系。动力学的研究在理论上是为探讨聚合机理，实用上为工业生产提供依据。

① 聚合速率　研究聚合速率，可以在保证质量的前提下，尽量缩短反应周期以提高生产效率。

聚合过程的速率变化常用转化率-时间曲线表示。转化率-时间曲线一般呈 S 形，如图 8-2-02。由此可将整个聚合过程分为诱导期、聚合初期、聚合中期、聚合后期等阶段。

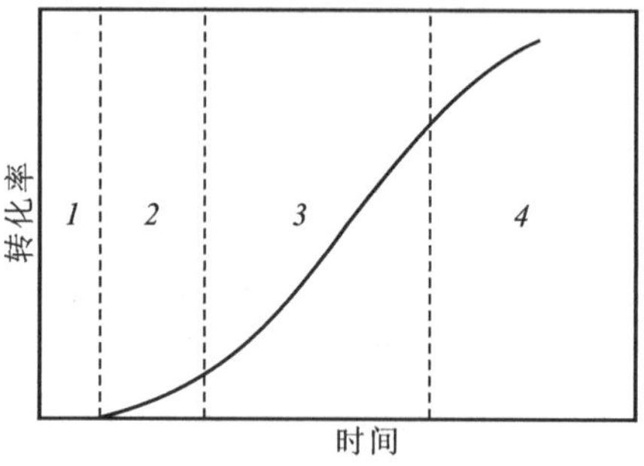

图 8-2-02　转化率-时间曲线

1. 诱导期；*2.* 聚合初期；*3.* 聚合中期；*4.* 聚合后期

诱导期间，初级自由基被阻聚杂质终止，无聚合物生成，聚合速率为零。这种起阻聚作用的物质称为阻聚剂。

诱导期过后，单体开始正常聚合，进入聚合初期。理论研究上把转化率为 5%～10%称为聚合初期，而工业上则将转化率在 10%～20%作为聚合初期。

当转化率达 10%～20%以后，聚合速率逐渐增加，出现加速现象，加速现象有时可延续到转化率为 50%～70%，这阶段为聚合中期。出现加速是由于随反应的进行，转化率提高，聚合物量增多，体系黏度增加，双基终止困难，自由基浓度及寿命提高，因而使聚合速率加快，这种现象称为自动加速现象。以后聚合速率因单体的减少而逐渐减慢，进入聚合后期。当转化率到 90%～95%后聚合速率很小，可以结束反应。自由基聚合动力学的理论研究主要是研究聚合初期聚合速率与引发剂浓度、单体浓度、聚合温度等因素之间的定量关系，称为自由基微观动力学。根据聚合机理，导出聚合速率方程。

聚合速率以单位时间内单体的消耗量来表示。

为研究总聚合速率方程方便起见，处理自由基动力学时作以下假定：

1）等活性理论，不管聚合物链的长短，链自由基的活性基本不变，即各步反应的速率常数相等。

2）稳态假定，经一段时间后，体系中的自由基浓度不变，进入“稳定状态”，也就是引发速率等于终止速率，$R_i=R_t$，构成动态平衡。

3）由于聚合物的相对分子质量很大，用于增长的单体远大于引发所消耗的单体，即 $R_p \geqslant R_i$，因此聚合总速率就等于链增长速率。由此得出自由基聚合微观动力学方程如式(8-2-04)：

$$R=R_p=k_p[\mathrm{M}]\left(\frac{R_i}{k_t}\right)^{1/2} \tag{8-2-04}$$

这是聚合速率与引发速率的普遍关系式，当用引发剂引发时，则得式(8-2-05)：

$$R_p=k_p\left(\frac{fk_d}{k_t}\right)^{1/2}[\mathrm{I}]^{1/2}[\mathrm{M}] \tag{8-2-05}$$

式中：k_d，k_p，k_t——分别为引发、增长、终止速率常数；

[I]，[M]——分别为引发剂和单体的浓度；

f——引发效率。

式(8-2-05)表明，聚合速率与引发剂浓度平方根、单体浓度一次方成正比，这个关系得到许多实验证明。

图 8-2-03 与图 8-2-04 是甲基丙烯酸甲酯(MMA)和苯乙烯(S)聚合时,聚合速率与引发剂、单体浓度的关系图,lg{R_p}与 lg{[I]}呈线性关系,斜率为 0.5,表明 R_p 与$[I]^{1/2}$成正比;lg{R_p}与 lg{[M]}呈线性关系,斜率是 1,表明对单体呈一级反应。

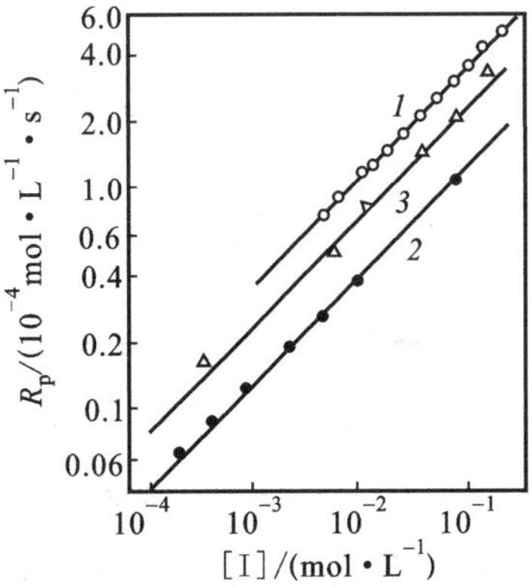

图 8-2-03 聚合速率 R_p 与引发剂浓度[I]的关系

1. MMA,AIBN,50 ℃;*2.* S,BPO,60 ℃;*3.* MMA,BPO,50 ℃

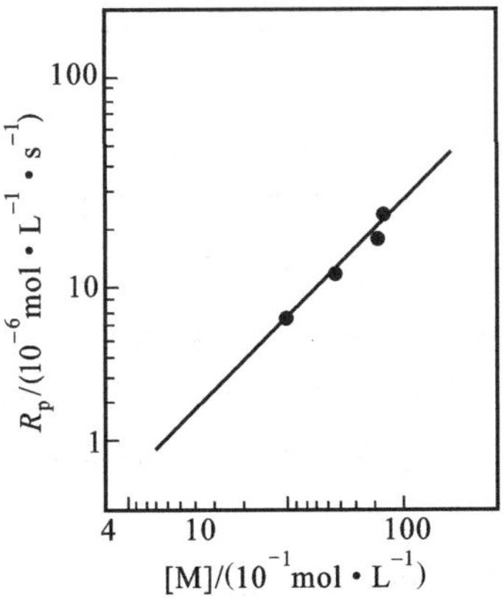

图 8-2-04 MMA 聚合初速与单体浓度的关系

② 聚合度 聚合物用作材料需要一定的强度,而强度与相对分子质量密切相关。所以聚合物的相对分子质量是聚合动力学的研究内容,也是生产中要控制的重要性能指标。影响聚合物相对分子质量的因素有引发剂浓度、反应温度、单体浓度、链转移剂的种类与用量等。

在学术上,把每个活性种从链引发到终止所消耗的单体分子数,称为动力学链长 ν。

$$\nu=\frac{R_p}{R_i}=\frac{k_p}{(2k_t)^{1/2}}\cdot\frac{[M]}{R_i^{1/2}} \tag{8-2-06}$$

$$\nu=\frac{k_p}{2(fk_dk_t)^{1/2}}\cdot\frac{[M]}{[I]^{1/2}} \tag{8-2-07}$$

上两式表明动力学链长与引发速率、引发剂浓度的平方根成反比,与单体浓度成正比。许多实验证明了在低转化率下符合这一规律。由此可知,在自由基聚合中,引发剂浓度增加,可以使聚合速率增加,但使聚合度下降,即相对分子质量降低。

在不考虑链转移反应的情况下,动力学链长与聚合度之间的关系为:当链终止为双基终止时,$\overline{X}_n=2\nu$,歧化终止时,$\overline{X}_n=\nu$。

当发生链转移反应时,链转移反应导致所得聚合物相对分子质量下降,但转移后,动力学链长未终止,因此动力学链长是指每个初级自由基自引发开始到活性中心真正死亡为止所消耗的单体分子总数。而研究聚合度时,就要考虑到终止是由真正终止和链转移终止两部分组成。

链转移反应下,聚合物的平均聚合度的关系如式(8-2-08)所示。

$$\frac{1}{\overline{X}_n}=\frac{2k_tR_p}{k_p^2[M]^2}+C_M+C_I\frac{[I]}{[M]}+C_S\frac{[S]}{[M]} \tag{8-2-08}$$

式中:$C_M=k_{tr,M}/k_p$,$C_I=k_{tr,I}/k_p$,$C_S=k_{tr,S}/k_p$——分别为向单体、引发剂、溶剂的链转移常数,

[S]——溶剂浓度。

在聚合物的工业生产中,常利用链转移反应来控制产物相对分子质量,即在反应过程中加入适量的易发生链转移反应的物质,这物质称作相对分子质量调节剂。通常选链转移常数在 1 上下的化合物作相对分子质量调节剂,其用量可根据式(8-2-08)估算。

3. 自由基共聚合

两种或两种以上单体共同参加的聚合反应,称为共聚反应;所形成的聚合物含有两种或多种单体单元,称为共聚物。根据参加反应单体的单元数,共聚反应可分为二元、三元或多元共聚。共聚合反应机理大多为连锁聚合。

共聚物按大分子链中单体链节的排列方式可分为下列四种:

① 无规共聚物　大分子链中两单体 M_1,M_2 无规则排列。

② 交替共聚物　大分子链中两单体 M_1,M_2 有规则地严格交替排列。

③ 嵌段共聚物　大分子链中两单体 M_1,M_2 是成段出现的,即一段大分子链段为 M_1 再接一段 M_2 形成一条共聚物大分子。

④ 接枝共聚物　共聚物主链为单体 M_1 组成,支链由单体 M_2 组成。

无规和交替共聚物系由一般的共聚反应制得,嵌段和接枝共聚物有点类似共混体系,可由多种方法合成。

共聚物是由两种以上的单体组成,可改变大分子的结构与性能,增加品种,扩大应用范围。通过共聚反应,可以改进许多性能,如机械强度、韧性、弹性、塑性、柔软性、耐热性、染色性、表面性能等。典型共聚改性见表 8-2-04。

表 8-2-04　典型共聚物

主单体	第二单体	共聚物	改进的性能和主要用途	聚合机理
乙烯	35%醋酸乙烯酯	EVA	增加韧性,聚氯乙烯抗冲改性剂	自由基
乙烯	30 %(摩尔分数)丙烯	乙丙橡胶	破坏结晶性,增加弹性,合成橡胶	配位
异丁烯	3%异戊二烯	丁基橡胶	引入双键,供交联用,气密性橡胶	阳离子
丁二烯	25%苯乙烯	丁苯橡胶	增加强度,通用合成橡胶	自由基
丁二烯	26%丙烯腈	丁腈橡胶	增加极性,耐油合成橡胶	自由基
苯乙烯	40%丙烯腈	SAN 树脂	提高抗冲强度,工程塑料	自由基
氯乙烯	13%醋酸乙烯酯	氯-醋共聚物	增加塑性和溶解性能,塑料和涂料	自由基
偏氯乙烯	15%氯乙烯	偏氯共聚物	破坏结晶性,增加塑性,阻透塑料	自由基
四氟乙烯	全氟丙烯	F-46 树脂	破坏结晶性,增加柔性,特种橡胶	自由基
甲基丙烯酸甲酯	10%苯乙烯	MMA-S 共聚物	改善流动性和加工性能,塑料	自由基
丙烯腈	7 %丙烯酸甲酯	腈纶树脂	改善柔软性,有利于染色,合成纤维	自由基
醋酸乙烯	50%(摩尔分数)马来酸酐		交替共聚物,分散剂	自由基

共聚物对性能改变的程度，与各单体的种类、数量及在共聚物大分子链中各单体的组成与排列方式均有关。即共聚物性能与其组成有关。

(1) 共聚物组成　不同的单体进行共聚时，由于各单体的化学结构不同，其活性也有差异，因此共聚物组成与单体的配料组成往往不同，同时共聚物组成一般随转化率而变，存在着组成分布和平均组成问题。用动力学或链增长概率推导出了共聚物组成与原料组成间的定量关系——共聚物组成摩尔比微分方程(式 8-2-09)和共聚物组成摩尔分数微分方程(式 8-2-10)。

$$\frac{d[M_1]}{d[M_2]}=\frac{[M_1]}{[M_2]}\cdot\frac{r_1[M_1]+[M_2]}{r_2[M_2]+[M_1]} \tag{8-2-09}$$

$$F_1=\frac{r_1f_1^2+f_1f_2}{r_1f_1^2+2f_1f_2+r_2f_2^2} \tag{8-2-10}$$

令

$$r_1=\frac{k_{11}}{k_{12}}\qquad r_2=\frac{k_{22}}{k_{21}}$$

式中：$[M_1]$，$[M_2]$——单体 1,2 的瞬间物质的量浓度；

F_1，F_2——某瞬间 M_1，M_2 占共聚物的摩尔分数；

f_1，f_2——同一瞬间 M_1，M_2 占单体混合物的摩尔分数；

r_1，r_2——均聚和共聚链增长速率常数之比，表征两单体的相对活性，特称为竞聚率。竞聚率 r_1，r_2 是影响共聚物组成的重要参数，也是共聚物组成随转化率而变化的主要因素。

(2) 共聚反应类型　式(8-2-10)表示共聚物的瞬时组成 F_1 是相应瞬时单体组成 f_1 的函数，可用组成曲线 F_1-f_1 表示(图 8-2-05～图 8-2-09)。影响两者关系主要是竞聚率 r_1 和 r_2，根据 r_1，r_2 和它们的乘积关系可将共聚反应分为以下几类：

① 理想共聚 $r_1\cdot r_2=1$　两竞聚率乘积等于 1 的共聚合行为称作理想共聚合，组成曲线为一对称的曲线，如图 8-2-05。极端情况下，$r_1=1$，$r_2=1$，两自由基的均聚和共聚增长概率完全相同，在此情况下，不论配比与转化率如何，共聚物组成与单体组成完全相同 $F_1=f_1$，共聚物组成曲线为一对角线(图8-2-05)，这称为理想恒比共聚。

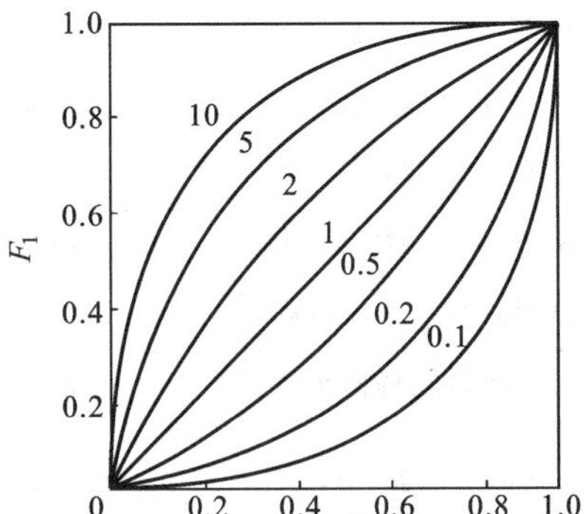

图 8-2-05　理想共聚曲线($r_1\cdot r_2=1$)
(曲线上数字为 r_1 值)

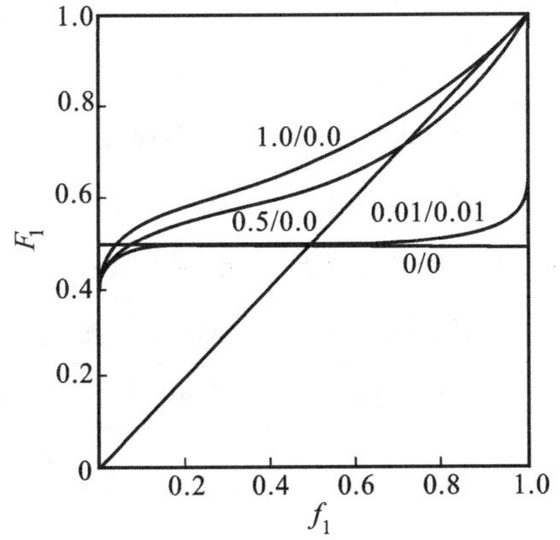

图 8-2-06　交替共聚曲线($r_1<0$，$r_2<0$)，
(曲线上数值为 r_1/r_2)

② 交替共聚 $r_1 \cdot r_2=0$　$r_1=0, r_2=0$ 或 $r_1 \to 0, r_2 \to 0$ 时，是另一种极限情况，表明两单体都只能与另一单体共聚，不能同种单体均聚，因此共聚物中两单体单元是严格交替排列的，称为交替共聚。组成曲线如图 8-2-06，当 $r_1=r_2=0$ 时，组成曲线是一条水平线。

③ 非理想共聚 $r_1 \cdot r_2<1$　$r_1<1, r_2<1$ 时的共聚物组成曲线与恒比对角线有一交点，这点称为恒比点。

当 $r_1<1, r_2>1$ 或 $r_1>1, r_2<1$，而 $r_1 \cdot r_2<1$ 时，其共聚物组成曲线是一条不对称曲线，见图 8-2-07 与图 8-2-08。

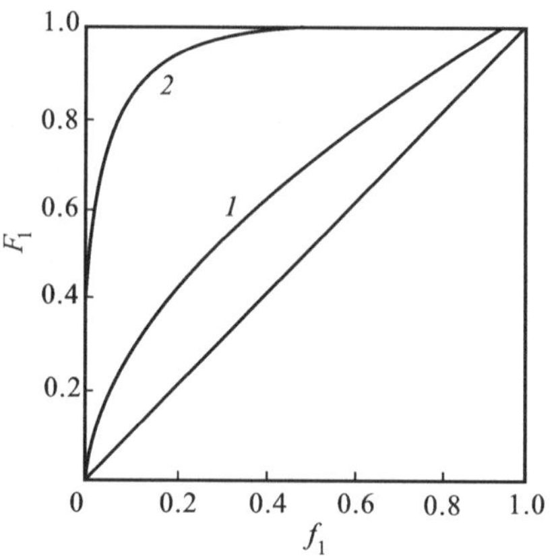

图 8-2-07　非理想共聚曲线

1. 氯乙烯（$r_1=1.68$）-醋酸乙烯酯（$r_2=0.23$）

2. 苯乙烯（$r_1=55$）-醋酸乙烯酯（$r_2=0.01$）

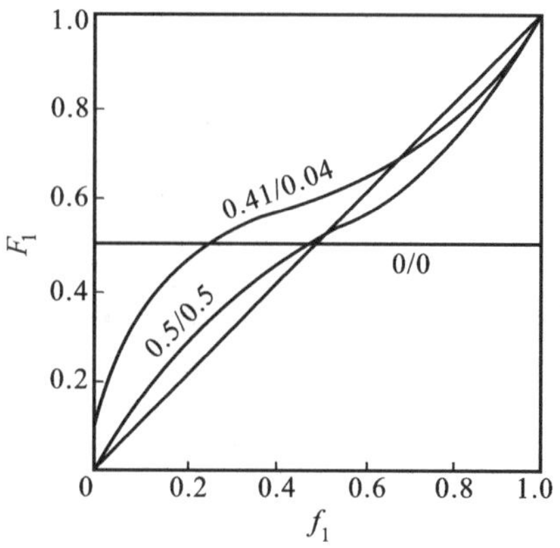

图 8-2-08　非理想恒比共聚曲线

④ 嵌段共聚 $r_1 \cdot r_2>1$　$r_1>1, r_2>1$，表明这两单体都易均聚，形成嵌段共聚物。这在自由基共聚合中是极少数的。由于形成的 M_1，M_2 的链段都不长，很难用此方法制备真正的嵌段共聚物。

$r_1>1, r_2>1$ 的共聚曲线也有恒比点，但曲线形状和位置与 $r_1<1$，$r_2<1$ 时相反。

综上所述，由于单体竞聚率的不同，引起共聚行为，即共聚反应类型的不同，从而使共聚物组成随转化率而变化。由图 8-2-09 可知，恒比共聚、交替共聚时，随反应的进行，转化率的增大，共聚物组成恒定，其他场合共聚物组成均随转化率而变。

因此在共聚反应中，竞聚率是一个控制反应和共聚物组成的重要因素。各单体的竞聚率列于表 8-2-05。

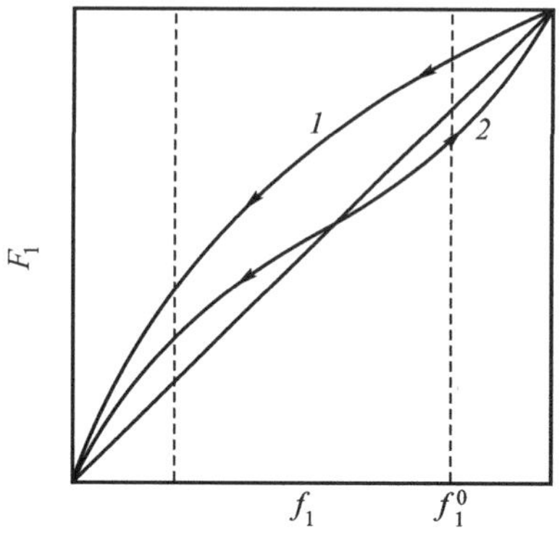

图 8-2-09　共聚物瞬时组成的变化曲线

1. $r_1>1$，$r_2<1$；2. $r_1<1$，$r_2<1$

表 8-2-05　共聚单体的竞聚率

M_1	M_2	t/℃	r_1	r_2
丁二烯(B)	异戊二烯	5	0.75	0.85
	苯乙烯	50	1.35	0.58
		60	1.39	0.78
	丙烯腈	40	0.3	0.02
	甲基丙烯酸甲酯	90	0.75	0.25
	丙烯酸甲酯	5	0.76	0.05
	氯乙烯	50	8.8	0.035
苯乙烯(S)	异戊二烯	50	0.80	1.68
	丙烯腈	60	0.40	0.04
	甲基丙烯酸甲酯	60	0.52	0.46
	丙烯酸甲酯	60	0.75	0.20
	偏二氯乙烯	60	1.85	0.085
	氯乙烯	60	17	0.02
	醋酸乙烯酯	60	55	0.01
丙烯腈(AN)	甲基丙烯酸甲酯	80	0.15	1.224
	丙烯酸甲酯	50	1.5	0.84
	偏二氯乙烯	60	0.91	0.37
	氯乙烯	60	2.7	0.04
	醋酸乙烯酯	50	4.2	0.05
甲基丙烯酸甲酯(MMA)	丙烯酸甲酯	130	1.91	0.504
	偏二氯乙烯	60	2.35	0.24
	氯乙烯	68	10	0.1
	醋酸乙烯酯	60	20	0.015
丙烯酸甲酯(MA)	氯乙烯	45	4	0.06
	醋酸乙烯酯	60	9	0.1
氯乙烯(VC)	醋酸乙烯酯	60	1.68	0.23
	偏二氯乙烯	68	0.1	6
醋酸乙烯酯(VAc)	乙烯	130	1.02	0.97
马来酸酐	苯乙烯	50	0.04	0.015
	α-甲基苯乙烯	60	0.08	0.038
	反二苯基乙烯	60	0.03	0.03
	丙烯腈	60	0	6
	甲基丙烯酸甲酯	75	0.02	6.7
	丙烯酸甲酯	75	0.02	2.8
	醋酸乙烯酯	75	0.055	0.003
四氟乙烯(TFE)	三氟氯乙烯	60	1.0	1.0
	乙烯	80	0.85	0.15
	异丁烯	80	0.3	0.0

（3）共聚物组成的控制 由上可知，共聚物组成随转化率而变，共聚合产物是组成不均一的共聚物的混合物，存在着组成分布的问题。共聚物的组成分布对聚合物的机械、化学性能以及加工性能都有很大的影响。因此为得到组成分布较均一、性能优良的共聚物，在生产上必须严格控制共聚物的组成。

控制共聚物组成常用的方法是：

① 控制转化率的一次投料法 当 $r_1>1$，$r_2<1$，共聚物中以 M_1 为主时，例如氯乙烯-醋酸乙烯酯共聚物（$r_1=1.68$，$r_2=0.23$），工业应用要求以氯乙烯为主，醋酸乙烯酯含量为 3%～15%，采用一次投料，聚合结束的转化率一般在 90%以下，共聚物组成分布较均一。

② 补加活泼单体 当 $r_1>1$，$r_2<1$，以 M_2 为主或 M_2 含量较多的共聚物，或 $r_1<1$，$r_2<1$，配比离恒比较远的场合，需陆续补加活性较大的单体或混合物，以保持体系中单体组成不变。连续补加或分批补加均可。

4. 离子聚合

活性中心是离子的连锁聚合简称离子聚合，根据中心离子的电荷性质又可分为阳离子和阴离子聚合。离子聚合的单体列于表 8-2-06。

表 8-2-06 离子聚合的单体

阴离子聚合	阴、阳离子聚合	阳离子聚合
丙烯腈 $CH_2=CH—CN$ 甲基丙烯酸甲酯 $CH_2=C(CH_3)COOCH_3$ 亚甲基丙二酸酯 $CH_2=C(COOR)_2$ α-腈基丙烯酸酯 $CH_2=C(CN)COOR$	苯乙烯 $CH_2=CH—C_6H_5$ α-甲基苯乙烯 $CH_2=C(CH_3)C_6H_5$ 丁二烯 $CH_2=CHCH=CH_2$ 异戊二烯 $CH_2=C(CH_3)CH=CH_2$	异丁烯 $CH_2=C(CH_3)_2$ 3-甲基-1-丁烯 $CH_2=CHCH(CH_3)_2$ 4-甲基-1-戊烯 $CH_2=CHCH_2CH(CH_3)_2$ 烷基乙烯基醚 $CH_2=CH—OR$
ε-己内酰胺 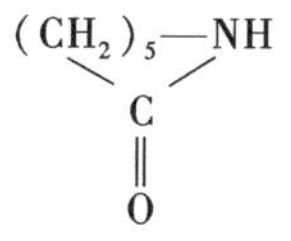	甲醛 $CH_2=O$	氧杂环丁烷衍生物 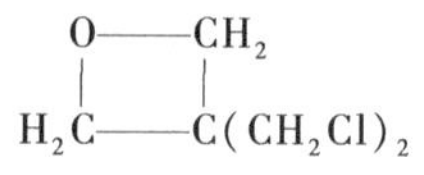
	环氧乙烷 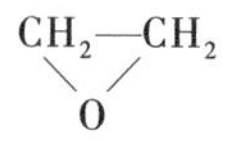 环氧烷烃 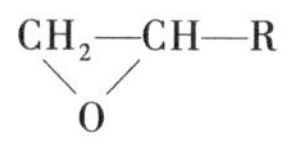	四氢呋喃 
	硫化乙烯 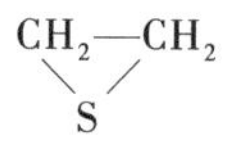	三氧六环 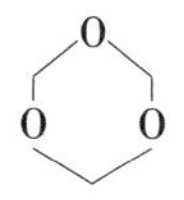

采用离子聚合制得高分子，虽然是比较早的，但在离子聚合机理和动力学研究方面远不及自由基聚合。这与离子聚合实验条件苛刻、聚合速率快、实验的重现性差等因素有关。但现在用离子聚合方法开发了许多性能优越的高分子材料，如聚苯撑氧、聚甲醛、聚氯醚、丁基橡胶等。在制备嵌段共聚物与结构规整的聚合物方面，离子聚合起着重要作用。因此离子聚合的工业应用已日益广泛。

（1）阳离子聚合　阳离子聚合反应通式可表示如下：

$$A^{\oplus}B^{\ominus}+M \longrightarrow AM^{\oplus}B^{\ominus}\cdots \xrightarrow{M} \cdots M_n\cdots$$

式中：$A^{\oplus}$表示阳离子活性中心，$B^{\ominus}$是紧靠中心离子的引发剂碎片，带相反电荷，称作反离子。

① 阳离子聚合的单体与引发剂　带有给电子取代基的烯类单体可进行阳离子聚合。给电子取代基使碳-碳电子云密度增加而具有亲核性，有利于阳离子活性种的进攻，同时又可使生成的碳阳离子电子云分散而稳定。

α-烯烃中按阳离子机理进行聚合的单体只有异丁烯。另外烷基乙烯基醚和苯乙烯、α-甲基苯乙烯、丁二烯等共轭二烯烃也能进行阳离子聚合。

阳离子聚合的引发剂都是亲电试剂，常用的有下列几种。

1）质子酸　如 H_2SO_4，H_3PO_4，$HClO_4$ 等普通质子酸，在水溶液中能解离产生 H^+，使烯烃质子化引发阳离子聚合。选用质子酸作引发剂时要求酸要有足够强度以产生 $H^{\oplus}$，同时要求酸根亲核性不能太强，以防和中心离子结合，使链终止。

2）Lewis 酸　广义上把缺电子的物质统称为 Lewis 酸，如 $AlCl_3$，BF_3，$SnCl_4$，$ZnCl_2$，$TiBr_4$ 等。Lewis 酸是阳离子聚合最常用的引发剂。大部分 Lewis 酸都需要共引发剂（如水）作为质子或碳阳离子的供给体，才能引发阳离子聚合。例如：

$$BF_3+H_2O \longrightarrow H^{\oplus}(BF_3OH)^{\ominus}$$

$$CH_2{=}C(CH_3)_2 + H^{\oplus}(BF_3OH)^{\ominus} \longrightarrow \left[CH_2{=}C(CH_3)_2 \cdot H^{\oplus}(BF_3OH)^{\ominus} \right] \longrightarrow CH_3{-}C^{\oplus}(CH_3)_2\,(BF_3OH)^{\ominus}$$

阳离子共引发剂有两类，一类是能析出质子的物质，有 H_2O，ROH，HX，RCOOH 等；另一类是能析出碳阳离子的物质，如 RX，RCOX，$R(CO)_2O$ 等。

引发剂和共引发剂的不同组合引起引发活性的不同，这主要决定与向单体提供质子或碳阳离子的能力。

3）其他能进行阳离子聚合的引发剂有碘、高氯酸盐、高能射线、电荷转移络合物。

② 阳离子聚合机理与特点　阳离子聚合反应是连锁聚合，也由链引发、链增长、链终止、链转移等基元反应组成。

1）链引发　以 Lewis 酸（C）为引发剂，它先和质子给体（RH）生成络合物，解离 $H^{\oplus}$ 再引发单体 M 生成碳阳离子活性种。

$$C+RH \rightleftharpoons H^{\oplus}(CR)^{\ominus} \qquad H^{\oplus}(CR)^{\ominus}+M \xrightarrow{k_i} HM^{\oplus}(CR)^{\ominus}$$

阳离子聚合引发速率很快。其引发活化能 $E_i = 8.4 \sim 21$ kJ/mol。

2）链增长　链引发反应生成的碳阳离子活性中心与反离子形成离子对，单体分子不断插到碳阳离子和反离子中间进行链增长。

$$HM^{\oplus}(CR)^{\ominus}+nM \xrightarrow{k_p} HM_nM^{\oplus}(CR)^{\ominus}$$

增长反应是离子与分子之间的反应，具有速率快、活化能低（$E_p=8.4\sim21$ kJ/mol）的特点。

3）链转移和链终止　离子聚合的增长活性中心带有相同电荷，不能双分子终止，往往通过链转移终止或单基终止。向单体转移是阳离子聚合中最主要的链终止方式，其次是向反离子转移或加成终止。

另外还可以加入某些链转移剂或终止剂，如水、醇、酸、醚等使链终止。

阳离子聚合机理的特点可以概括为快引发、快增长、易转移、难终止。

（2）阴离子聚合　阴离子聚合反应通式如下：

$$A^{\oplus}B^{\ominus}+M \longrightarrow BM^{\ominus}A^{\oplus}\cdots \xrightarrow{M} \cdots M_n\cdots$$

式中：$B^{\ominus}$表示阴离子活性中心，一般由亲核试剂提供；$A^{\oplus}$反离子，大多是金属离子。活性中心可以是自由离子、离子对，甚至是处于缔合状态的阴离子活性种。

① 阴离子聚合的单体和引发剂　具有吸电子基的烯类单体可以进行阴离子聚合。吸电子基能使双键上电子云密度减少，有利于阴离子的进攻；并使形成的碳阴离子的电子云密度分散而稳定。同时还要求烯类单体必须是 $\pi-\pi$ 共轭体系，单体的共轭结构使阴离子活性中心趋于稳定。具有这两个条件的烯类单体才能进行阴离子聚合，如丙烯腈、甲基丙烯酸甲酯、苯乙烯、丁二烯等。

烯类单体的聚合活性与取代基的吸电子能力有关，取代基的吸电子性越强，则单体越易阴离子聚合。

阴离子聚合的引发剂是电子给体，是亲核试剂，种类很多。常用的引发剂有碱金属、有机金属化合物。碱金属是电子转移型引发剂，如 K，Na 等是将电子直接或间接转移给单体，生成单体自由基-阴离子，其中自由基末端很快偶合终止，形成双阴离子活性中心再引发聚合。

有机金属化合物有金属氨基化合物、金属烷基化合物，如 $NaNH_2$，KNH_2-液氨体系，RLi，AlR_3，它们是将阴离子直接与单体反应形成碳阴离子活性中心，再引发聚合。

其他还有 R_3P，R_2N，ROH，H_2O 等含有未共用电子对的亲核试剂，它们只能引发活性高的单体进行阴离子聚合。

阴离子聚合引发剂能否引发单体聚合，与单体和引发剂的活性有关。阴离子聚合单体与引发剂活性各不相同，只有某些引发剂才能用以引发某些单体，即单体与引发剂要匹配，表现出很强的选择性。将引发剂按活性由强到弱、单体的聚合活性由弱到强的次序，排列于表 8-2-07。

表中以箭头表示单体和引发剂相互间反应关系，可见活性小的引发剂只能引发高活性单体。而非极性共轭二烯烃，只有用强的引发剂才能进行聚合。

表 8-2-07 阴离子聚合单体和引发剂的反应活性

引发剂	组	类	单体		a	e	6
SrR_2,CaR_2	a (→A, B, C, D)	A	α-甲基苯乙烯	$CH_2=C(CH_3)C_6H_5$			-0.161
Na,NaR			苯乙烯	$CH_2=CHC_6H_5$	1	0	0.009
Li,LiR			丁二烯	$CH_2=CHCH=CH_2$	1.28	0	
RMgX	b (→B, C, D)	B	丙烯酸甲酯	$CH_2=CHCO_2CH_3$	1.33	1.41	0.385
t-ROLi			甲基丙烯酸甲酯	$CH_2=C(CH_3)CO_2CH_3$	1.92	1.20	
ROK	c (→C, D)	C	丙烯腈	$CH_2=CHCN$	2.70	1.91	0.660
ROLi			甲基丙烯腈	$CH_2=C(CH_3)CN$	3.33	1.74	
强碱			甲基乙烯酮	$CH_2=CHCOCH_3$	3.45	1.51	0.502
吡啶	d (→D)	D	硝基乙烯	$CH_2=CHNO_2$			0.778
NR_3			亚甲基丙二酸二乙酯	$CH_2=C(CO_2C_2H_5)_2$			
弱碱			α-氰基丙烯酸乙酯	$CH_2=C(CN)CO_2C_2H_5$			1.150
ROR			α-氰基-2,4-己二烯酸乙酯	$CH_3CH=CHCH=C(CN)CO_2C_2H_5$			
H_2O			偏二氰基乙烯	$CH_2=C(CN_2)$	100		1.256

② 阴离子聚合机理 阴离子聚合也同样具有连锁聚合机理,只是阴离子聚合的终止反应,尤其是非极性的共轭烯烃,连链转移也不容易,成为无终止聚合,形成“活”的聚合物。要终止聚合,通过加入水、醇、胺等终止剂使活性聚合物终止。

阴离子聚合无终止的原因主要是要从活性链上脱除氢负离子($H^{\ominus}$)困难,另外反离子是金属离子,无法从其中夺取某个原子或质子氢($H^{\oplus}$)而终止。

纵观阴离子聚合反应过程,阴离子聚合机理具有快引发、慢增长、无终止的特点。所谓慢增长是指较引发慢而言,事实是阴离子聚合的增长速率要比自由基聚合快得多。

③ 活性聚合物 活性聚合物是 1956 年 Szwarc 在以萘钠为引发剂,在四氢呋喃(THF)中引发苯乙烯聚合时首先发现的,即发现在这聚合体系反应到单体消耗尽,活性仍然存在,再继续加入单体反应仍可进行,由此提出了活性聚合的概念,形成的聚合物成为活性聚合物。

典型的活性阴离子聚合具有下列特征:

1）引发剂全部很快地转变成活性中心,碱金属形成双阴离子,烷基锂为单阴离子。

2）正常情况下所有增长同时开始,各链的增长概率相等。

3）无链转移和终止反应。

4）解聚可以忽略。

阴离子活性聚合物的平均聚合度等于每活性链端基所加上的单体量,即单体浓度与活性端基浓度之比:

$$\overline{X}_n=\frac{[M]}{\frac{[M^-]}{n}}=\frac{n[M]}{[C]} \tag{8-2-11}$$

式中:[C]——引发剂浓度;

n——引发剂引发形成的阴离子数，双阴离子的 $n=2$，单阴离子的 $n=1$。

活性聚合物相对分子质量分布均匀，相对分子质量随转化率线性增加。

阴离子活性聚合的特点为高分子提供了特殊的合成：

1）可以合成相对分子质量均一的聚合物，活性聚合技术是目前合成窄相对分子质量分布聚合物的唯一方法。如为凝胶色谱中的凝胶标样提供材料。

2）制备嵌段共聚物　利用阴离子聚合，先后加入不同种类单体的聚合，可以制得任意嵌段长度的嵌段共聚物。热塑性橡胶的生产是工业上的重要成就。在制备嵌段共聚物的方法上，新近发展起一种把活性阴离子聚合物先转变成阳离子或自由基再进行第二种单体聚合的新方法，这样便大大地扩大了嵌段共聚物的种类。制备嵌段共聚物时要注意单体碱性（常用 pK_d 值表示）的大小，只有 pK_d 值大的单体能引发 pK_d 值小的单体，所以在反应时要先加碱性大（pK_d 值大）的单体，然后再加入碱性小的单体。

3）制备遥爪聚合物　利用活性聚合结束反应要加终止剂这一特点，可制备带有特殊官能团的遥爪聚合物。

阴离子活性聚合的发现，使阴离子聚合的研究和应用获得了飞跃的发展。利用阴离子活性聚合技术开发了 SBS 弹性体，实现了合成橡胶工业的一次革命。活性聚合技术也推进了离子聚合的发展和应用。在 20 世纪 80 年代也发现了活性阳离子聚合，如乙烯基醚、异丁烯、苯乙烯及其衍生物等单体实现了阳离子活性聚合，为采用离子聚合方法合成聚合物开辟了新篇章。但由于反应条件苛刻、工艺复杂、可用单体范围窄，使分子结构的可设计性小而未能用于合成新材料的工业化生产。这大大限制了活性聚合技术在高分子领域的应用。

基于离子活性聚合发展的困境，高分子合成的科学家们联想到自由基聚合。传统的自由基聚合具有适用单体范围广，合成工艺较简单、多样等优点。从 20 世纪 60 年代起，世界各地高分子科学家们就对“活性”自由基聚合进行了探索，试图通过用化学或物理的方法来稳定自由基聚合过程中的自由基活性种，抑制自由基的副反应，达到活性自由基聚合的目的。他们提出了一系列有关控制自由基聚合的理论及控制方法。如 Xerox 公司于 1993 年在苯乙烯的普通自由基聚合体系中加入有机自由基捕捉剂，使反应体系在聚合过程中自由基浓度维持在较低的水平，抑制自由基的副反应，达到控制聚合物的相对分子质量和相对分子质量分布的目的，第一次实现了活性自由基聚合。随着活性自由基聚合研究的不断深入和发展，中国旅美学者王锦山博士成功地发现了原子转移自由基聚合（ATRP），实现了真正意义上的活性自由基聚合。

ATRP 反应是以烷基卤代烃（RX）为引发剂，过渡金属卤化物为催化剂，联二吡啶为配位剂，在 60~130 ℃下引发乙烯基单体的聚合。ATRP 技术的真正意义在于它具有成为一种高分子结构设计的重要工具的潜力。目前国内外许多科学家对此进行研究，ATRP 技术的出现开辟了活性聚合的一个新领域。可以预料，在不远的将来 ATRP 在技术和材料开发上必定会有所突破，必将产生巨大的社会和经济效益。

（3）离子聚合的影响因素

① 溶剂　离子聚合中，活性中心离子近旁存在着反离子，它们之间的结合，可以是共价键、离子对，乃至自由离子，因此使增长反应复杂化。聚合速率受活性中心与反离子结合方式的影响。

$$A—B \rightleftharpoons A^{\oplus}B^{\ominus} \rightleftharpoons A^{\oplus} \parallel B^{\ominus} \rightleftharpoons A^{\oplus}+B^{\ominus}$$

共价键　　紧对　　松对　　自由离子

化合物　　离子　　离子

自由离子的速率>松对离子速率>紧对离子速率。大多数离子聚合的活性种，是处于离子对和自由离子。影响活性中心与反离子结合方式主要是溶剂的性质(极性和溶剂化能力)。溶剂性质的不同，中心离子和反离子间的结合能及两者之间的距离不同，因此改变了离子对和自由离子的相对浓度，致使聚合速率不同。溶剂极性和溶剂化能力大，自由离子和松对离子的比例增加，结果使聚合速率和聚合物相对分子质量增加。

综合考虑，阳离子聚合选用低极性溶剂卤代烃，阴离子聚合选用极性溶剂四氢呋喃、二氧六环等。

② 反离子　反离子的性质及体积对离子聚合速率有影响。反离子的亲核性如太强，则将使链终止。反离子的体积大，离子对疏松聚合速率大。

反离子对阴离子聚合速率的影响与溶剂的性质有关。在极性不大，而溶剂化能力较大的 THF 中聚合，反离子体积小，溶剂化程度大，离子对的解离程度增加，易成松对离子，使聚合速率相对加快。如用极性小、电子给予能力也不大的二氧六环作溶剂时，随反离子的离子半径增加，离子对间距离增大，单体容易插入，反应速率增快。

③ 温度　离子聚合的速率与相对分子质量和自由基聚合一样，也与温度有关。阳离子聚合过程中，聚合速率和相对分子质量均随温度降低而提高，所以阳离子聚合大多在低温下进行，同时温度低也可减少异构化。温度对阴离子聚合速率与相对分子质量的影响较小。

综上所述，离子聚合的影响因素较复杂，主要与溶剂的极性、溶剂化能力有关。

5. 配位聚合

配位聚合是指单体分子首先在活性种的空位上配位，形成某种形式的络合物，随后单体分子相继插入过渡金属——烷基键(Mt—R)中进行增长。自 Ziegler-Natta 引发剂出现后，许多科学家对金属有机化合物-过渡金属引发剂及聚合物进行了广泛深入的研究，定向聚合和配位化学的理论日趋完善，确立了有规立构聚合、有规立构聚合物等新概念，并运用于生产中。

配位聚合在理论上有阳离子与阴离子之分，但常见的配位聚合大多属阴离子聚合。所得聚合物有有规立构聚合物，也有无规立构聚合物。

(1) 配位聚合引发剂类型　配位聚合引发剂主要有三类：Ziegler-Natta 引发剂、π-烯丙基过渡金属型引发剂、烷基锂引发剂，其中以 Ziegler-Natta 引发剂种类多、应用广。

配位聚合引发剂的作用一是提供引发聚合的活性种，二是提供独特的配位能力。这是由于引发剂的剩余部分紧邻引发中心，这种反离子同单体和增长链的配位促使单体分子按一定的构型进入增长链。

(2) Ziegler-Natta 引发剂　典型的 Ziegler 引发剂是 $TiCl_4-AlEt_3$，$TiCl_4$ 是液体，Ziegler 用以实现了乙烯的低压聚合。典型的 Natta 引发剂是 $TiCl_3-AlEt_3$，$TiCl_3$ 是结晶固体，Natta 用此引发剂首先得到了全同结构的聚丙烯。为了表彰他们的贡献，人们把这两种引发剂称为 Ziegler-Natta 引发剂，实际上 Ziegler-Natta 引发剂是一大类引发剂的统称。

Ziegler-Natta 引发剂体系由两个组分构成：主引发剂是Ⅳ～Ⅷ族过渡金属卤化物，如 $TiCl_3$，VCl_4，$CrCl_3$ 等。共引发剂是Ⅰ～Ⅲ族的金属有机化合物，如 RLi，R_2Mg，AlR_3。式中 R ═CH_3～

$C_{11}H_{23}$的烷基或环烷基,其中有机铝化合物用得最多。

为改善引发剂的活性和提高聚合物的立构规整性,常在 Ziegler-Natta 引发剂的两组分中加入胺类、酯类、醚类化合物及含有 N,P,O,S 的给电子体作第三组分。第三组分的选择和用量对改进引发剂的定向能力和提高聚合速率是十分重要的。引发活性从 1~2 kg(聚合物)/g(钛)到上百千克(聚合物)/克(钛)、甚至达上千千克(聚合物)/克(钛),引发效率提高了几百倍,而且大大简化了聚合工序,降低了成本,提高了产品质量。

Ziegler-Natta 引发剂根据其两组分反应后形成的络合物在烃类溶剂中的溶解性可以分为可溶性均相引发剂和不溶性非均相引发剂。

采用 Ziegler-Natta 引发剂所得的聚合物有立构规整的,也有无规的。

(3) 金属茂引发剂　金属茂引发剂是由过渡金属锆(Zr)或钛与两个环戊二烯基或环戊二烯基取代基及两个氯原子(也可以是甲基等)形成的有机金属络合物和助引发剂甲基铝氧烷(MAO)组成的。其中具有环戊二烯基的有机金属络合物也称金属茂化合物,总之是环戊二烯基过渡金属化合物类的简称。

金属茂引发剂的结构,如图 8-2-10 所示。

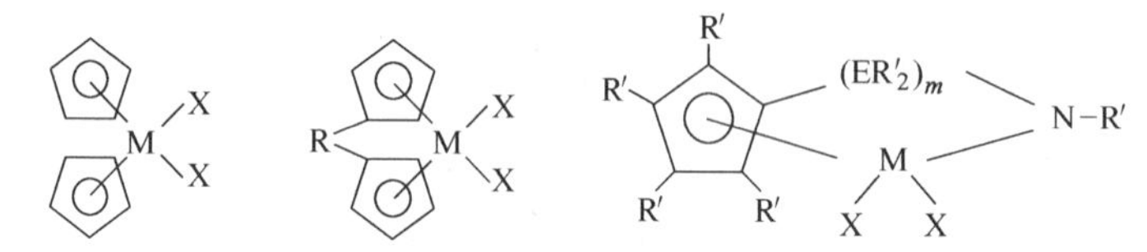

图 8-2-10　金属茂引发剂结构图

金属茂中的五元环部分是环戊二烯基(Cp)或是茚基(Ind),其中五元环上的氢可以被烷基所取代,金属 M 为锆(Zr)、钛和铪(Hf),X 为氯、甲基等。双环戊二烯二氯化锆(Cp_2ZrCl_2)是普通型结构引发剂的代表。助引发剂 MAO 能清除体系中的毒物,提高聚合活性。

金属茂引发剂主要用于聚烯烃的合成,是 20 世纪 80 年代出现的新一代引发剂,90 年代已发展成聚烯烃的新型高效引发剂。发达国家已成功地用于工业规模合成线型低密度聚乙烯(LLDPE)、高密度聚乙烯(HDPE)、等规聚丙烯(IPP)、间规聚丙烯(SPP)、无规聚丙烯(APP)、间规聚苯乙烯(SPS)等。聚合工艺有气相法、淤浆法、溶液法和高压法。

金属茂引发剂具有聚合引发活性高,聚合物相对分子质量均一、分布窄,结构规整性高的特点。由于金属茂引发剂具有单一的活性中心,能精密控制相对分子质量及其分布、聚合物的结构和制备特种聚合物,因此得到了迅速发展,目前已进入工业化应用开发阶段。

(4) 配位聚合机理　配位聚合机理研究得较多的是关于 α-烯烃在 Ziegler-Natta 引发剂作用下立构规整化的机理,几十年来研究活跃,但由于体系复杂,至今没有一个统一的理论。

对于以 $TiCl_4$-AlR_3 引发 α-烯烃(丙烯)的配位聚合过程是:单体先在引发剂活性中心上配位络合,然后络合的单体插入碳(C)-金属键(Mt)之间,C—Mt 键由于极化而使 C 带部分负电荷,所以称为配位阴离子聚合。聚合过程如下式表示:

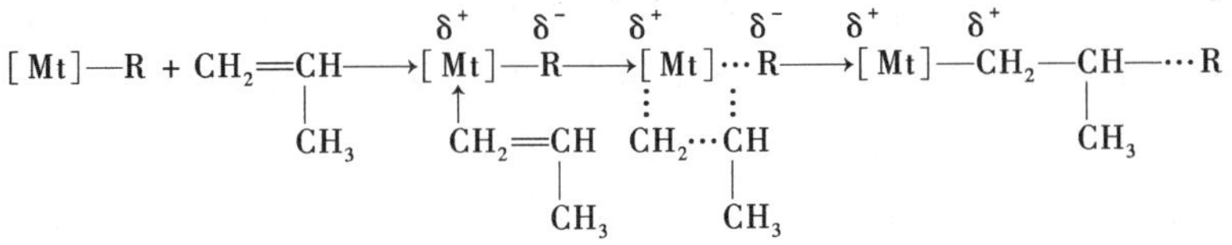

关于配位聚合活性中心形成机理及聚合机理，目前还有争论。主要有两种观点，即双金属活性中心机理（简称双金属机理）和单金属活性中心机理（简称单金属机理）。

所谓双金属机理是指引发剂两组分发生反应，形成了含有两种金属的桥形络合物活性种，丙烯在活性种上引发、增长。由于是 Natta 提出的，因此就叫 Natta 双金属机理，其特点是在 Ti 上引发，在 Al 上增长。

单金属机理是单体在单金属活性种上引发、增长的历程，它是只含一种金属的活性种模型。该机理认为在 $TiCl_3$-AlR_3 引发体系，活性种是一个以 Ti^{3+} 为中心，Ti 上带有一个烷基（或增长链），一个空位和四个氯的五配位正八面体（$RTi—Cl_4\cdots\square$）：

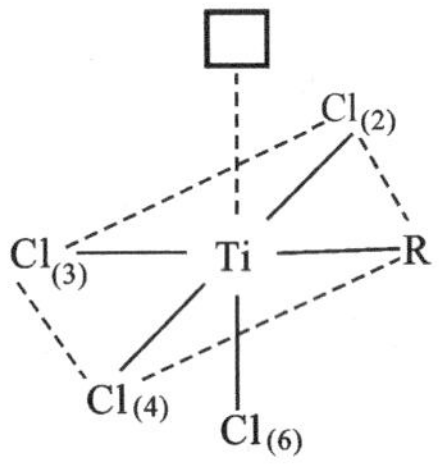

式中：R—Ti 为过渡金属-碳键，……□是 $TiCl_3$ 表面上的空位，它可供 α-烯烃配位。在形成活性种时，AlR_3 只起着使 Ti 烷基化的作用，形成 Ti—C 键，其特点是 Ti 上引发增长，AlR_3 起烷基化作用。

6. 开环聚合

环状单体在某种引发剂的作用下开环，形成线型聚合物的过程，称为开环聚合，其通式如下：

$$n\,\underbrace{\text{R—Z}}\longrightarrow[\text{R—Z}]_n$$

环烷烃、环醚、环酯、环酰胺等都可能成为开环聚合的单体。环状单体能否进行开环聚合取决于环的稳定性，在热力学上容易开环的程度是 3,4>8>7,5,6，其中六元环最稳定，不可能进行开环聚合。在动力学上带有极性键的环状单体更有利于开环聚合。

环状单体可以用离子聚合引发剂或中性分子引发剂，引发开环形成的活性种，可以是离子，也可以是中性分子，这主要取决于引发剂。

开环聚合所选用的引发剂具有离子聚合的特征，但在整个聚合过程中相对分子质量是逐步增加的，又是具有逐步聚合的特点。因此开环聚合机理是兼有连锁和逐步聚合的机理。

目前已实现工业化生产的开环聚合有，环氧乙烷、环氧丙烷阴离子开环聚合，所得聚合物称聚醚，三聚甲醛阳离子聚合成聚甲醛，己内酰胺以碱为引发剂是阴离子开环聚合，产物是铸型尼龙。

二、逐步聚合

逐步聚合反应最大的特点是在反应中逐步形成大分子链。反应是通过官能团之间进行的，同时可以分离出中间产物，相对分子质量随时间增长而逐渐增大。

绝大多数缩聚反应是最典型的逐步聚合反应。聚酰胺、聚酯、聚碳酸酯、酚醛树脂、醇酸树脂等都是重要的缩聚物。

缩聚反应是人们最早用以制造聚合物的合成反应，至今已有 100 多年历史。也是合成工程塑料的主要方法，在发展新型聚合物方面，缩聚反应具有很大的潜在能力，将会得到迅速发展。

1. 缩聚反应的单体

缩聚反应是官能团间的多次缩合反应，除主产物外，还有低分子副产物生成。

分子中能参加反应的官能团称为官能度。根据反应体系参加反应的官能度数，可将其分为 1-1，2-2，2-4，3-3 等官能度体系。进行缩聚反应要得到高分子物，参加反应的两单体必须是 2 官能度以上的单体，如 2-2（二元酸与二元胺），2-3（二元酸与三元醇），3-3（三元酸与三元醇）官能度体系，或者是一个单体同时带有两个不同官能团的 2 官能度体系（羟基酸）。

可进行缩聚和逐步聚合的官能团有—OH，—NH_2，—COOH，—COOR，—COCl，—H，—Cl，—SO_3H，—SO_3Cl 等。常用官能团单体示例，见表 8-2-08。

表 8-2-08 缩聚反应和逐步聚合反应常用单体示例

官能团	二元	多元
醇 —OH	乙二醇 HO$(CH_2)_2$OH 丁二醇 HO$(CH_2)_4$OH	丙三醇 $C_3H_5(OH)_3$ 季戊四醇 $C(CH_2OH)_4$
酚 —OH	双酚 A 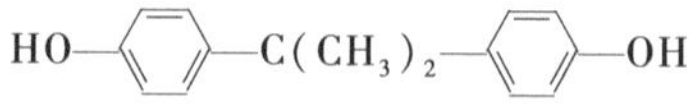	
羧 —COOH	己二酸 HOOC$(CH_2)_4$COOH 癸二酸 HOOC$(CH_2)_8$COOH 对苯二甲酸 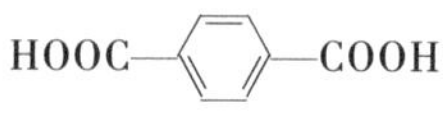	均苯四甲酸 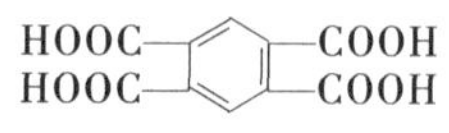
酐 (CO)$_2$O	邻苯二甲酸酐 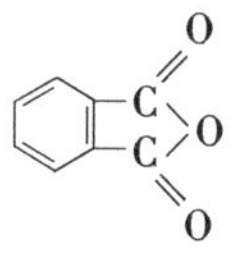 马来酸酐 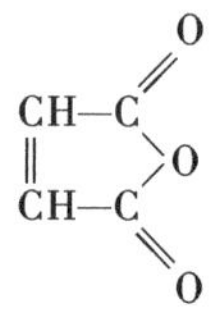	均苯四甲酸酐 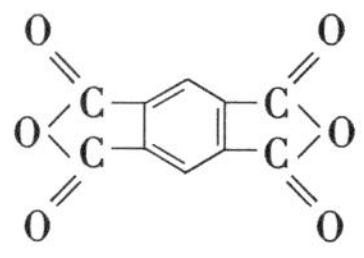
酯 —COOR	对苯二甲酸二甲酯 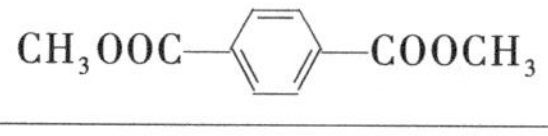	

续表

官能团	二元	多元
酰氯 —COCl	光气 $COCl_2$ 己二酰氯 $ClOC(CH_2)_4COCl$	
胺 —NH_2	己二胺 $H_2N(CH_2)_6NH_2$ 癸二胺 $H_2N(CH_2)_{10}NH_2$ 间苯二胺 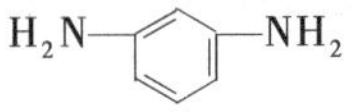	均苯四胺 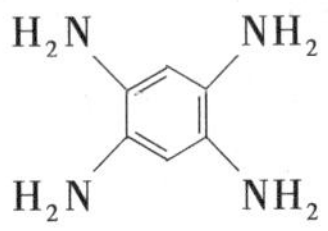
异氰酸 —N=C=O	苯二异氰酸酯 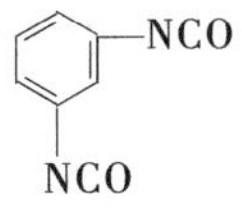 甲苯二异氰酸酯 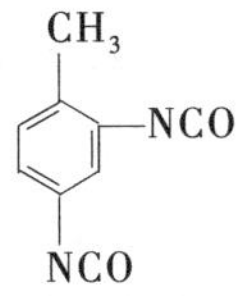	
醛 —CHO	甲醛 HCHO 糠醛 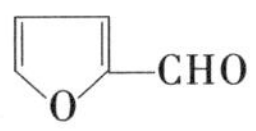	
活泼氢 —H	甲酚 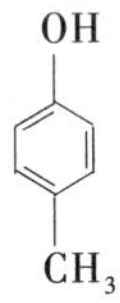 或 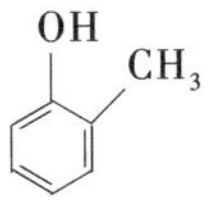	苯酚 间苯二酚 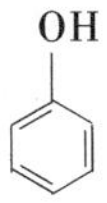 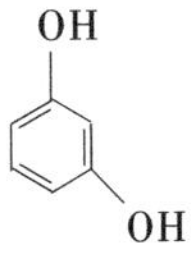
脲		尿素 $CO(NH_2)_2$
氯 —Cl	二氯乙烷 $ClCH_2CH_2Cl$ 环氧氯丙烷 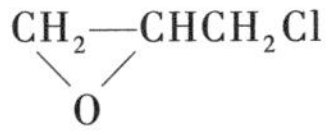 二氯二苯砜 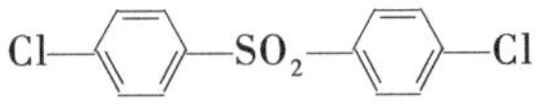	

可见改变官能团种类，改变官能度，改变官能团以外的残基，就可以合成出许多类型的很多种缩聚物。

缩聚反应按生成聚合物大分子的结构可分为线型缩聚和体型缩聚两类。由 2,2-2 官能度体系的单体参加反应，反应中形成的大分子可向两个方向发展，所得的聚合物是线型结构，该反应称作线型缩聚。采用 2-3,2-4 等多官能度体系的单体进行缩聚反应，大分子的生成反应可以向三个方向进行,得到体型、支链型结构的聚合物,则此缩聚反应为体型缩聚。

2. 线型缩聚反应

线型缩聚的首要条件是需要 2-2 或 2 官能度体系的单体为原料。单体通过官能团进行反应,因此单体的活性直接依赖于官能团的活性,官能团的活性次序是酰氯>酸酐>酸>酯。另外,在选择单体时还要考虑到单体的成环倾向。三元环、四元环、八~十一元环都不稳定,难以成环,易形成线型聚合物。由于缩聚反应是双分子反应,在较高的单体浓度下进行反应,有利于线型缩聚。

线型缩聚反应通式可以表示如下:

2-2 官能度体系:$n\text{aAa}+n\text{bBb}\rightarrow \text{a}[\text{AB}]_n\text{b}+(2n-1)\text{ab}$

2 官能度体系:$n\text{aRb}\rightarrow \text{a}[\text{—R—}]_n\text{b}+(n-1)\text{ab}$

式中:a,b 代表官能团,A,B 是残基。

线型缩聚物是合成高聚物的主要品种之一,其主要类型列于表 8-2-09。

表 8-2-09 线型缩聚物的主要类型

类型	链节结构	主要品种
聚酯类	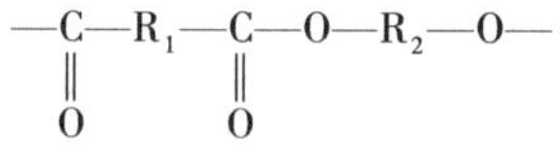	聚对苯二甲酸二乙酯,双酚 A 型聚碳酸酯
聚酰胺类	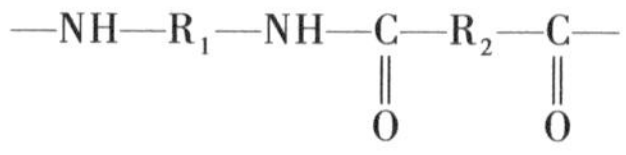	尼龙-66
芳香族聚酰亚胺	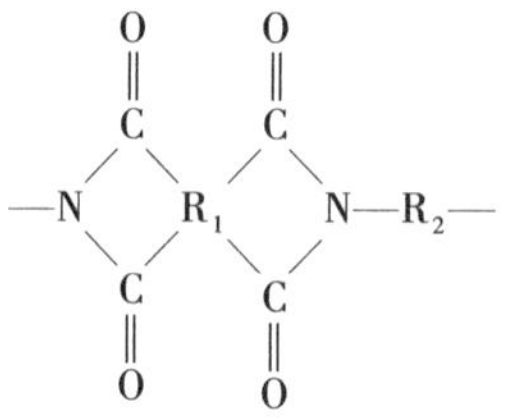	聚均苯四酸二酐-4,4′-二氨基二苯醚
聚氨酯类	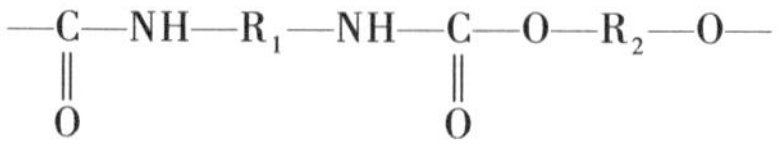	二异氰酸酯与二元醇的缩聚物
聚砜类	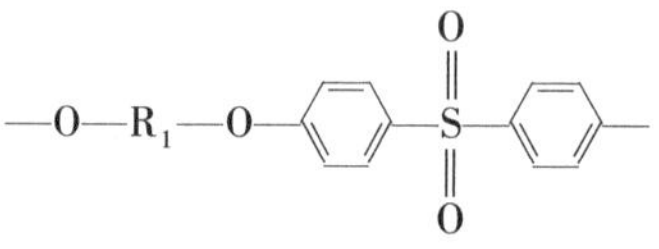	双酚 A 与 4,4′-二氯二苯砜缩聚物
聚苯并噻唑	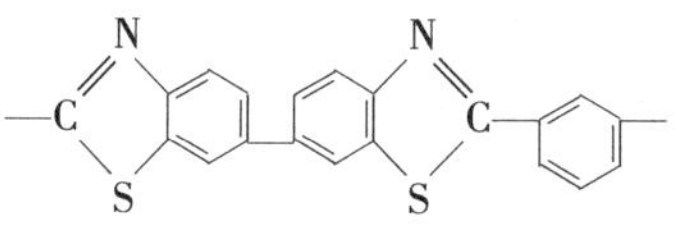	邻苯二甲酰胺与 3,3′-二巯基联苯胺
聚苯并咪唑	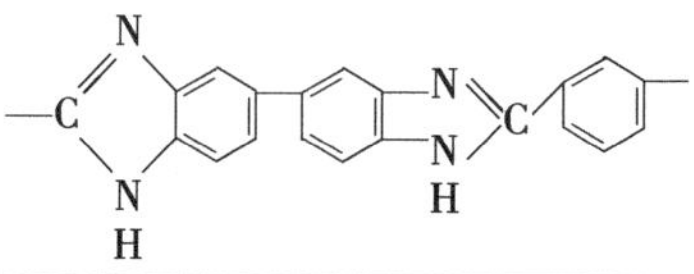	间苯二甲酸与 3,3′-二氨基联苯胺缩聚物

续表

类型	链节结构	主要品种
聚次苯基硫醚	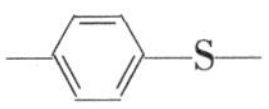	对二氯苯与硫化钠的缩聚物
聚有机硅氧烷	$\left[Si(R_2)-O \right]_n$	聚二甲基硅氧烷，聚二苯基硅氧烷

（1）线型缩聚反应机理　官能团之间的缩合反应，是有机化学中的经典反应，有醇酸间的酯化反应、酸与氨基间的酰胺化反应。在此以二元酸与二元醇得到聚酯的反应为例说明线型缩聚机理。

二元酸与二元醇相互作用生成聚酯的反应过程如下：

首先两种单体相互反应生成二聚体（羟基酸）

$$\mathrm{HOROH+HOOCR'COOH \rightleftharpoons HORO \cdot OCR'COOH+H_2O}$$

二聚体仍可以与二元酸或二元醇单体进一步反应，形成三聚体。二聚体间也可相互反应，形成四聚体：

$$\mathrm{HORO \cdot COR'COOH+HOROH \rightleftharpoons HORO \cdot OCR'CO \cdot OROH+H_2O}$$

$$\mathrm{HOROOCR'COOH+HOOCR'COOH \rightleftharpoons HOOCR'CO \cdot ORO \cdot OCR'COOH+H_2O}$$

$$\mathrm{2HORO \cdot OCR'COOH \rightleftharpoons HORO \cdot OCR' \cdot CO \cdot ORO \cdot OCR'COOH+H_2O}$$

三聚体、四聚体间还可以与单体反应生成四聚体、五聚体，它们之间也可以相互作用或与生成的二聚体作用生成不同链长的低聚物。总之含羟基或羧基的任何聚体都可以相互间进行缩聚反应。整个过程可表示如下：

$$n\mathrm{HOOCR'COOH}+n\mathrm{HOROH} \rightleftharpoons \mathrm{HO}\left[\mathrm{OCR'CO \cdot ORO} \right]_n\mathrm{H}+(2n-1)\mathrm{H_2O}$$

缩聚反应是逐步进行的，每步反应是可逆的，相对分子质量渐渐增大。由此可知缩聚反应大都是可逆平衡反应，根据平衡常数 K 的大小，线型缩聚大致可分为三类。

① 平衡常数小，如聚酯化反应，$K \approx 4$，水的存在对相对分子质量影响大。

② 平衡常数中等，如聚酰胺反应，$K \approx 300 \sim 500$，水对相对分子质量有影响。

③ 平衡常数很大，在几千以上可看做不可逆反应。

在缩聚反应中，带有不同官能团的任何两分子间都能互相反应，无特定的活性种，各步反应的速率常数和活化能基本相同，不存在链引发、链增长、链终止等基元反应。在反应开始时，单体消失速率很快，形成大量的低聚物和极少量的高聚物。在整个缩聚过程中链的增长主要发生在低聚体之间，而且聚合物的相对分子质量是逐步上升的，延长聚合时间是为了提高聚合物的相对分子质量。因此在逐步聚合反应中，采用反应程度来描述反应的深度。

反应程度 P 的定义是参加反应的官能团数占起始官能团数的分数，可以下式表示：

$$P=\frac{N_0-N}{N_0}=1-\frac{N}{N_0} \tag{8-2-12}$$

式中：N_0 为体系中起始的官能团数（羧基或羟基数），N 是反应到 t 时体系中残留的官能团数。

聚合度 $\overline{X}_n$ 是结构单元数，与反应程度 P 之间有如下的关系：

$$\overline{X}_n=\frac{1}{1-P} \tag{8-2-13}$$

综上所述，线型缩聚反应是官能团之间的多次缩合反应，链增长过程中同时包括单体与增长链之间以及各种低聚物之间的缩合反应，聚合度随反应程度 P 的增加而增大。

线型缩聚机理具有逐步和可逆平衡的特点。

（2）线型缩聚反应动力学　缩聚反应是逐步反应，全过程包含许许多多的反应步骤。如每一步的反应速率常数不同，则动力学研究非常困难。为此，对官能团的活性进行了考察，理论与实践证明，在缩聚反应中，官能团的反应活性基本上是等同的，与链的长短无关，这就是官能团等活性理论。在此以聚酯化反应为例，研究缩聚反应动力学。

根据官能团等活性原理，二元醇与二元酸的聚酯反应可以表示如下：

$$\text{—COOH+HO—}\underset{k_{-1}}{\overset{k_1}{\rightleftharpoons}}\text{—OCO—}+H_2O$$

聚酯化反应每一步都是可逆平衡反应，实际上是通过不断脱除副产物小分子水，促使平衡向生成聚合物方向移动，因此在这种情况下，动力学处理时可把平衡缩聚反应考虑为不可逆反应。聚合反应速率可定义为羧基消耗速率，可表示为

$$R_P=\frac{-d[COOH]}{dt}=k[COOH][OH][H^+] \tag{8-2-14}$$

式中：[COOH]，[OH]，$[H^+]$——分别表示羧基、羟基和催化剂质子氢的浓度，单位为 mol/L。这是典型的聚酯动力学方程通式。

催化剂可以外加酸，也可以原料羧酸为催化剂，下面分别讨论这两种情况下的动力学方程。

① 自催化缩聚动力学　二元醇与二元酸进行聚酯反应，在没有外加酸作催化剂时，二元酸的羧基起催化作用，这称为自催化作用。当参加反应的醇和酸为等物质的量时，其浓度以 c(mol/L) 表示，则式(8-2-14)成为

$$-\frac{dc}{dt}=kc^3 \tag{8-2-15}$$

上式表明自催化的聚酯化反应是三级反应，将此式积分，并引入反应程度 P，得到下式：

$$\frac{1}{(1-P)^2}=2c_0^2kt+1 \tag{8-2-16}$$

式中：c，c_0——时间 t 和起始时($t=0$)的羧基或羟基的浓度。

式(8-2-16)表示在自催化作用下的聚酯化反应 $1/(1-P)^2$ 与时间 t 呈线性关系。

② 外加酸缩聚动力学　为加速聚酯化反应速率，缩短到达平衡时间，减少副反应，往往另外加入强酸作催化剂，称作外加酸聚酯化反应。在这场合其速率方程式如下：

$$R_P=\frac{-d[COOH]}{dt}=k'[COOH][OH] \tag{8-2-17}$$

式中：$k'=k[H^+]$，酸和醇在等物质的量时，以 c 表示浓度，则式(8-2-17)可简化为

$$-\frac{dc}{dt}=k'c^2 \tag{8-2-18}$$

式(8-2-18)表明在外加酸催化聚酯反应为二级反应，积分并引入 P 得

$$\frac{1}{1-P}=k'c_0t+1 \tag{8-2-19}$$

式(8-2-19)表明 $1/(1-P)$ 与时间 t 呈线性关系。

(3) 缩聚物的相对分子质量控制　聚合物的性质一般取决于相对分子质量,因此在合成聚合物时,最关心的是要得到一定相对分子质量的产物,高于或低于要求的相对分子质量都是不符合要求的。因此在生产上对缩聚物相对分子质量的控制是关键。

① 相对分子质量的影响因素　要获得一定相对分子质量的缩聚物,首先要了解影响缩聚物相对分子质量的因素,从而才能达到控制相对分子质量的目的。

缩聚物的聚合度将受反应程度、可逆平衡情况以及两单体非等物质的量等许多因素的影响。

在缩聚反应中,聚合度与反应程度的关系,如图 8-2-11 所示。

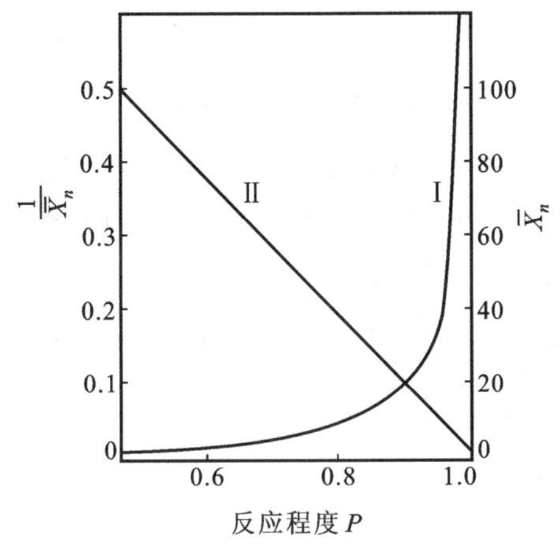

图 8-2-11　缩聚过程中反应程度 P 与平均聚合度 $\overline{X}_n$ 的关系

曲线Ⅰ:$\overline{X}_n$ 与 P 的关系;曲线Ⅱ:$\frac{1}{\overline{X}_n}$ 与 P 的关系

由图可见缩聚反应后期才能得到高相对分子质量的聚合物。

由于缩聚反应是可逆平衡反应,平衡常数对反应程度、聚合度将产生很大影响。

平衡常数与聚合度、反应程度间的关系如下:

封闭体系:

$$\overline{X}_n=\frac{1}{1-P}=\sqrt{K}+1 \tag{8-2-20}$$

非封闭体系:

$$\overline{X}_n=\frac{1}{1-P}=\sqrt{\frac{K}{Pc_w}}\approx\sqrt{\frac{K}{c_w}} \tag{8-2-21}$$

式(8-2-21)表明,在非封闭体系(不断排出低分子副产物的体系),聚合度与平衡常数的平方根成正比,与低分子副产物浓度 c_w 的平方根成反比。

② 缩聚反应相对分子质量的控制　缩聚反应是官能团间的缩合反应,因此相对分子质量控制的方法通常是在两官能度等物质的量的基础上,使某官能度或单体稍过量,或者另外加入少量单官能度物质,其目的都是使链端基的官能度失去继续反应的能力,停止大分子链的增长,即起端基封锁作用,以得到一定相对分子质量的聚合产物。为此,必须找出相对分子质量与过量物质

（加入的单官能度物质）之间的定量关系，由此控制相对分子质量。

1）r,q 的定量关系

设 r 为当量系数，表示两官能团数之比，q 为某一分子 bBb 的过量分数。

对于 aAa 和 bBb 体系及 aAb 体系，r,q 的表达式分别如下所示：

aAa+bBb 体系：

B 物质过量：

$$r=\frac{N_a}{N_b} \tag{8-2-22}$$

$$q=\frac{(N_b-N_a)/2}{N_a/2} \tag{8-2-23}$$

加入单官能团物质 Cb：

$$r=\frac{N_a}{N_a+2N_C} \tag{8-2-24}$$

$$q=\frac{2N_C}{N_a} \tag{8-2-25}$$

aAb 体系：

$$r=\frac{N_a}{N_a+N_C} \quad 或 \quad q=\frac{N_C}{N_a} \tag{8-2-26}$$

式中：N_a，N_b——体系中官能团 a，b 的起始官能团数；

N_C——单官能团物质 Cb 的分子数。

r 与 q 有如下关系：

$$r=\frac{1}{q+1} \quad 或 \quad q=\frac{1-r}{r} \tag{8-2-27}$$

2）聚合度与 r,q 之间的定量关系如下：

$$\overline{DP}=\frac{1}{1+r-2rP}=\frac{1}{q+2(1-P)} \tag{8-2-28}$$

$$\overline{X}_n=\frac{1+r}{1+r-2rP}=\frac{q+2}{q+2(1-P)} \tag{8-2-29}$$

以上两式表示聚合度与反应程度、当量系数或过量分数之间的定量关系。

同时，也表明线型缩聚物的聚合度与 r,q 密切相关，原料中的微量杂质、分析误差、聚合过程中单体的挥发、分解等因素都将引起原料配比的误差，从而影响产物的相对分子质量。

3. 体型缩聚

能够形成三维体型缩聚物的缩聚反应称为体型缩聚。体型缩聚的首要条件是参加反应的单体至少有一种单体的官能度大于 2，生成的聚合物为非线型多支链或交联结构。反应单体的平均官能度大于 2 是产生体型缩聚物的必要条件而非充分条件，还要看原料配比、反应程度等外界条件。体型缩聚通常是分步进行的。第一步先生成聚合不完全的线型或支链型预聚物或者具有反应性的预聚物；第二步是预聚物的成型固化，即将预聚物用加热或者加入固化剂等方法使其转变成体型缩聚物。

体型缩聚反应进行到一定程度时，开始交联，黏度突增，气泡也难上升，出现了凝胶化现象，这时的反应程度称作凝胶点。凝胶点的定义为开始出现凝胶瞬间的临界反应程度。凝胶不溶于任何溶剂中，相当于许多线型大分子交联成一整体，相对分子质量可以看做无穷大。

(1) 预聚物　预聚物分为两类,一类是结构不确定的预聚物,即无规预聚物。另一类是结构确定的预聚物,即结构预聚物。

① 无规预聚物　由 2-3 或 3-3,2-4 官能度的单体聚合得到的预聚物为无规预聚物。反应必须在凝胶点前冷却,停止反应即成预聚物。预聚物中未反应的官能团无规排布,经加热可进一步反应,无规交联起来形成体型聚合物。

无规预聚物有以碱催化的苯酚和甲醛的反应得到的酚醛树脂、脲醛树脂、醇酸树脂等。

② 结构预聚物　这类预聚物具有特定的活性端基或侧基,往往由 2-2 官能度单体间的缩聚而成的线型低聚物,相对分子质量从几百到几千不等。合成时采用线型缩聚控制相对分子质量的原理与方法。

与无规预聚物相比,结构预聚物具有预聚阶段、交联阶段,产品结构都容易控制等优点。

环氧树脂、不饱和聚酯、酸催化的酚醛树脂等是重要的结构预聚物。它们通过加入交联剂形成体型聚合物。

(2) 凝胶点的预测　在缩聚反应中有多官能团单体参加时生成非线型的多支链分子,这些多支链分子有可能进一步交联成体型大分子。一般而言,体型缩聚反应是经过预聚阶段和交联阶段而逐步转变为体型结构产物的过程,其结构变化示例如下:

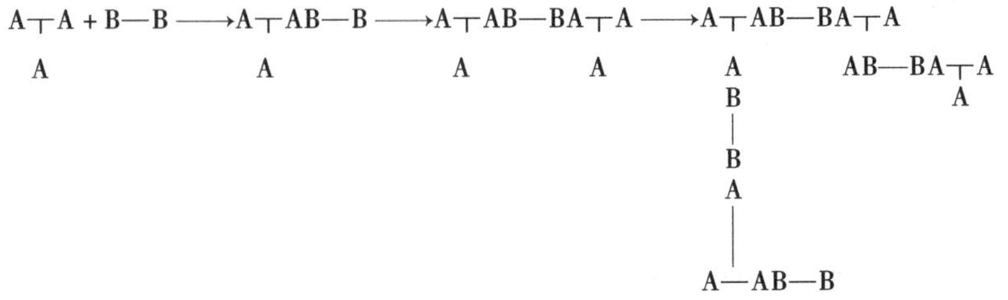

出现凝胶时的临界反应程度定义为凝胶点 P_C,它是高度支化的缩聚物分子过渡到体型缩聚物的转折点。最初出现的凝胶由两部分构成,其一是网状结构的不溶性部分为凝胶,其二是可溶性的多支链分子,称为溶胶。交联溶胶还可以进一步交联成凝胶。因此在凝胶点以后交联反应仍在进行,溶胶量不断减少,凝胶量相应增加。凝胶化过程中体系物理性能发生了显著变化,如凝胶点处黏度突变;充分交联后,则刚性增加,尺寸稳定等。

热固性聚合物制品的生产过程多分成预聚物制备和成型固化两个阶段,这两阶段对凝胶点的预测和控制都很重要。因此凝胶点是体形缩聚中的首要控制指标。

① Carothers 理论　Carothers 理论的核心是,认为当反应体系开始出现凝胶时,数均聚合度 $\overline{X}_n \to \infty$,然后根据数均聚合度与反应程度 P 的关系求出凝胶点时的反应程度 P_C。

设体系中的平均官能度为 $\overline{f}$,起始单体分子的总数为 N_0,则 $N_0\overline{f}$ 为起始官能团的总数目。在缩聚反应中每反应一步都要消耗两个官能团,使分子数减少 1。因此,若反应后剩余的分子总数为 N,则有

$$P=\frac{2(N_0-N)}{N_0\overline{f}}=\frac{2}{\overline{f}}-\frac{2N}{N_0\overline{f}}=\frac{2}{\overline{f}}-\frac{2}{\overline{f}\,\overline{X}_n} \tag{8-2-30}$$

出现凝胶时 $\overline{X}_n \to \infty$,因此得

$$P_C=\frac{2}{\bar{f}} \qquad (8-2-31)$$

这就是 Carothers 方程，它联系了凝胶点与平均官能度的关系。

平均官能度 $\bar{f}$ 是单体混合物中每一个分子平均带有的官能团数。在两官能团等物质的量的情况下，可由下式计算：

$$\bar{f}=\frac{\sum N_i f_i}{\sum N_i} \qquad (8-2-32)$$

式中：N_i——官能度为 f_i 的单体的分子数。

在两官能团非等物质的量的情况下，$\bar{f}$ 如下式所示：

$$\bar{f}=\frac{2(N_A f_A+N_C f_C)}{N_A+N_B+N_C} \qquad (8-2-33)$$

式中：N_A，N_B，N_C——分别是单体 A，B，C 的分子数；

f_A，f_B，f_C——分别是单体 A，B，C 的官能度。

单体 A，C 含有相同的官能团，体系中 B 官能团数过量。

Carothers 方程的不足之处是过高地估计了出现凝胶点时的反应程度，使 P_C 的计算值偏高。

② Flory 理论　Flory 等用统计的方法系统地研究了多官能团单体缩聚反应的凝胶理论。根据官能团等活性的概念和分子内无反应的假定，推导出凝胶点时反应程度的表达式。为从统计的观点预测凝胶点，提出了支化系数 α 的概念。

在体型缩聚反应中，官能度大于 2 的单体是产生支化并导致形成体型产物的根本原因，所以称这种多官能单元为支化点。一个支化点连接另一个支化点的概率为支化系数，以 α 表示。产生凝胶的临界支化系数 α_c：

$$\alpha_c=\frac{1}{f-1} \qquad (8-2-34)$$

式中：f——支化单元的官能度，一般 $f>2$。

由此得凝胶点时的反应程度：

$$P_C=\frac{1}{r^{1/2}[1+\rho(f-2)]^{1/2}} \qquad (8-2-35)$$

$$\rho=\frac{N_C f_C}{N_A f_A+N_C f_C} \qquad (8-2-36)$$

式中：r——当量系数；

ρ——支化单元中基团 A 数和混合物中 A 总数的比值。

按 Flory 理论计算的凝胶点常比实测值要小，这是由于理论计算中未考虑到分子内的环化反应。

凝胶点的测定，大多是在反应体系开始明显变稠，气泡停止上升，取样分析残留官能团数，计算所得的反应程度定为凝胶点。

8-3 聚合物的改性

一、聚合物的结构与性能

聚合物的结构是多层次的，有大分子链的结构和聚合物聚集态结构，也可把聚合物结构分成一级、二级、三级结构。聚合物的结构大致如图 8-3-01 所示。

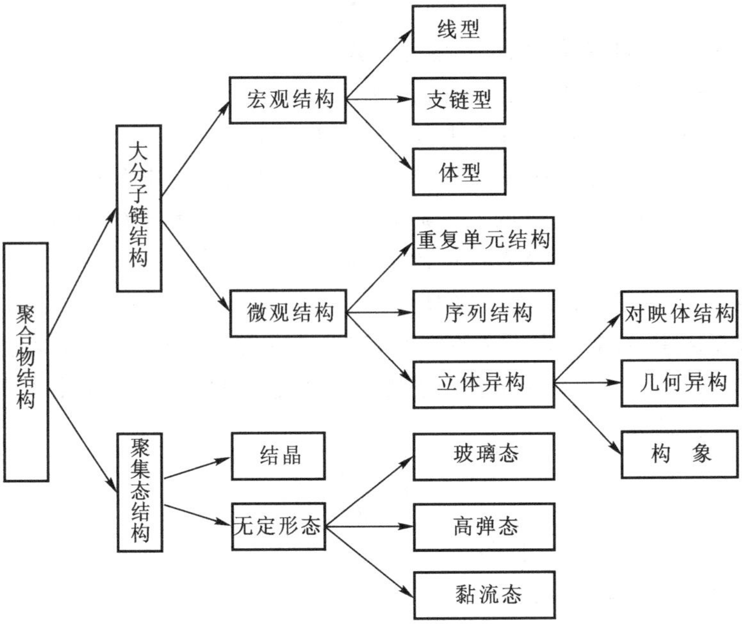

图 8-3-01 聚合物结构简图

大分子链结构包括一级、二级结构，聚集态为三级结构。

1. 链结构

链结构是指一条大分子的结构，有宏观和微观结构之分。

(1) 宏观结构 宏观结构是一条大分子的结构形态。大分子是由许多相同的结构单元重复连接而成的。最简单的连接方式是呈线型，形成线型大分子。结构单元也可能连接成支链型和体型大分子，如图 8-3-02 所示。

线型或支链型大分子彼此以物理力聚集在一起。因此加热可以熔化，并能溶于适当溶剂。聚乙烯、聚氯乙烯、涤纶、尼龙等聚合物是线型大分子。体型大分子是由许多线型或支链型大分子通过化学键连接而成的交联聚合物。因而加热时不软化，加溶剂不溶胀也不溶解。

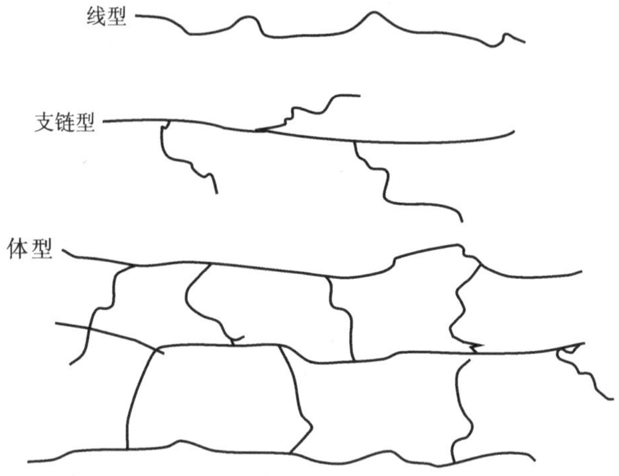

图 8-3-02 大分子形状示意图

一般 α-烯烃,双官能团单体形成的聚合物大多呈线型、支链型,2 官能度以上的单体聚合得到的聚合物以体型结构为主。

(2) 微结构 大分子的微观结构又称近程结构,包括结构单元的化学组成、结构单元相互之间的连接方式、结构单元在空间的排列等分子构型有关的结构。

① 重复结构单元 大分子是由许多相同的结构单元重复连接起来的,这重复的结构单元简称重复单元。因此结构单元的组成是影响聚合物性能的最主要基础,结构单元全由 C、H 元素组成,则聚合物柔顺性好,强度小。而由 O、N、S 等元素组成的大分子链,其刚性大,强度高,耐热性又好。而无机元素有机聚合物具有无机物的耐气候,抗老化,阻燃等性能。

② 序列结构 重复单元间的连接方式为序列结构。主要有头-头、尾-尾、头-尾连接三种方式,分别称为头-头序列、尾-尾序列及头-尾序列。乙烯聚合物主要按头尾连接。序列结构的不同主要影响乙烯大分子链的规整性。

头-尾 头-头 尾-尾

$$\cdots-CH_2-\underset{\displaystyle Cl}{\underset{|}{CH}}-CH_2-\underset{\displaystyle Cl}{\underset{|}{CH}}-\underset{\displaystyle Cl}{\underset{|}{CH}}-CH_2-CH_2-\underset{\displaystyle Cl}{\underset{|}{CH}}-CH_2-\cdots$$

③ 立体异构 大分子结构单元上的原子或取代基团在空间排列的方式不同而引起的异构现象,产生多种分子构型。

1) 手性异构 由手性中心的取代基 R 在空间的排布方式不同产生的光学异构 *R*(右)型和 *S*(左)型。各个手性中心 C^* 的构型相同,即…—*RRRRR*—…或…—*SSSS*—…,这种有规立构聚合物称为等规(全同)立构聚合物;如果两相邻的手性中心的构型相反,而且交替排列,即…—*SRSRSR*—…,这称为间规(间同)立构聚合物;另外,如分子链的手性中心的构型呈无规排列,则为无规立构聚合物,如图 8-3-03。

聚合物的构型与反应条件、引发剂等因素有关,但主要由引发体系控制。

2) 几何异构 大分子链中双键上的取代基或原子在空间的排列不同而产生的顺式和反式

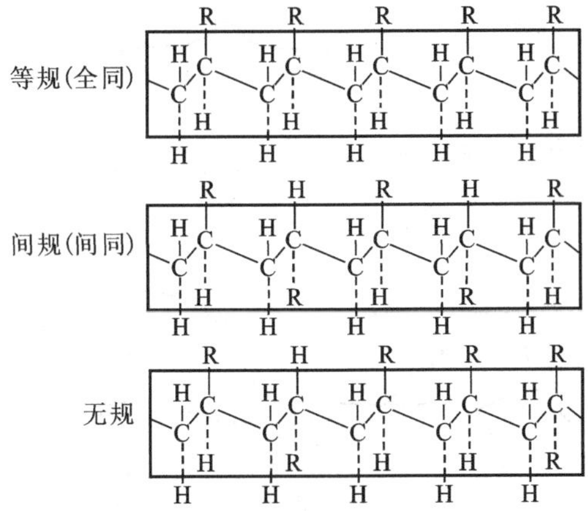

图 8-3-03　聚丙烯分子的立体异构现象($R=—CH_3$)

异构体,如图 8-3-04。

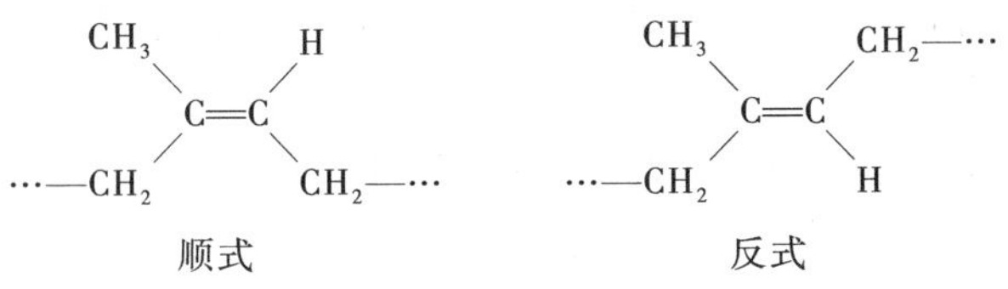

图 8-3-04　聚异戊二烯几何异构体

双烯烃的 1,4-加成生成的聚合物主链中有双键,形成顺、反几何异构体。顺式和反式聚合物的性能有很大差别,如顺式聚异戊二烯具有橡胶的性能,而反式聚异戊二烯则是塑料。

3）构象　高分子主链很长,通常由许多 C—C 单键构成,这些单键的内旋而引起 C 原子空间位置的变化,而生成不同的异构现象。高分子链在内旋转作用下具有很大的柔性,可采取各种可能的形态,即形成各种构象,有无规线团、伸展链、折叠链、螺旋链等,其示意图见图 8-3-05。

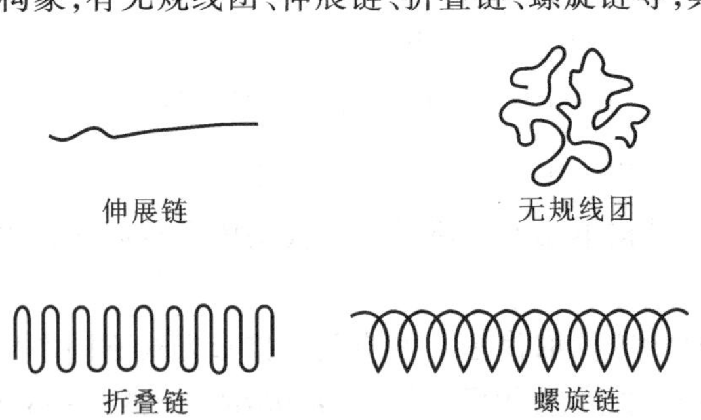

图 8-3-05　大分子链构象示意图

2. 聚集态结构

许多大分子通过分子间力聚集在一起,高分子链之间排列和堆砌结构称为高分子聚集态结构,亦称三级结构。

聚合物聚集态结构分为无定形态和结晶态。很多聚合物处于无定形态:有些部分结晶,有些高度结晶,但结晶度很少到达 100%。

(1) 无定形态　聚合物各大分子之间的排列或堆砌是不规整的。故称为无定形态,又为非晶态。在低温时都呈玻璃态,受热至某一较窄(2~5 ℃)温度,则转变成橡胶态或柔韧的可塑状态,这一转变温度特称作玻璃化温度 T_g,玻璃化温度可由聚合物比体积-温度曲线的斜率变化看出,见图 8-3-06。也可以由热机械曲线仪来测定,观察形变随温度的变化,结果如图 8-3-07。

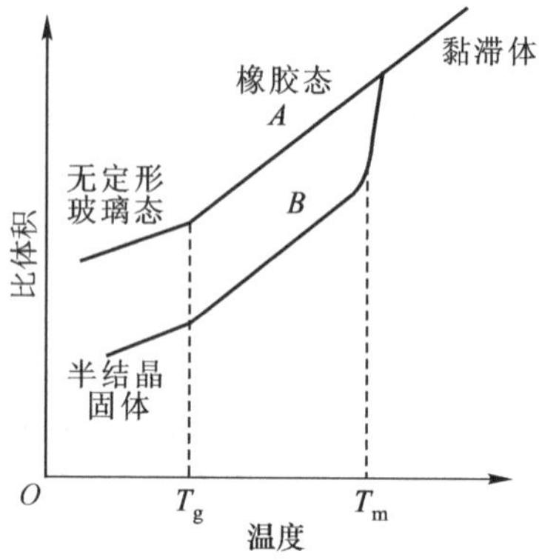

图 8-3-06　无定形聚合物比体积与温度的关系

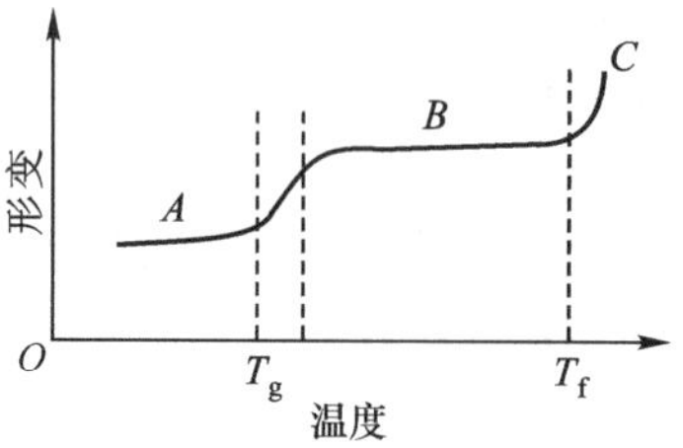

图 8-3-07　聚合物形变-温度曲线

A. 玻璃态;B. 高弹态;C. 黏流态

玻璃化温度 T_g 是指聚合物从玻璃态转化为高弹态时的温度,而从高弹态转化为黏流态时的温度称为黏流温度 T_f。玻璃态、高弹态、黏流态也是聚合物所特有的力学行为,应力、应变、时间、温度是影响力学行为的 4 个变量。

玻璃化温度是无定形聚合物的使用上限温度,黏流温度是聚合物加工的一个重要指标。

聚合物的玻璃化温度 T_g 高于室温的,在室温下聚合物作为塑料使用,玻璃化温度 T_g 低于室温的,则在室温下聚合物作为橡胶使用。

(2) 结晶态　结晶就是分子的有序排列。聚合物的结晶能力与大分子结构规整性、分子间力、分子链柔性有关。一般分子结构规整、分子链柔顺,容易排列紧密形成结晶。其次,氢键的大分子链易形成结晶聚合物。另外聚合物的结晶还与外界条件有关,如温度慢慢冷却、拉伸等均有利于结晶。

还有一类结构特殊的液晶高分子。这类晶态高分子受热熔融(热致性)或被溶剂溶解(溶致性)后,失去了固体的刚性,转变成液体,但其中晶态分子仍保留着有序排列,呈各向异性,形成兼有晶体和液体双重性质的过渡状态,特称为液晶态。

熔点 T_m 是结晶聚合物的主要热转变温度,也是结晶聚合物的使用上限温度。大部分合成纤维是结晶聚合物。

T_g 和 T_m 是衡量聚合物耐热性的重要指标,与聚合物结构密切有关。在主链中引入芳杂环、提高结晶度、在大分子间引入交联剂,都是提高聚合物耐热性的途径。

二、聚合物的改性

自高分子材料问世至今,聚合物品种层出不穷,在人们的衣、食、住、行等日常生活中,在工、农业生产中都是不可缺少的重要材料。随着人们生活水平的提高,现代科学技术的日新月异,对聚合物材料提出了日益广泛和苛刻的要求。人们希望聚合物材料既能耐高温又要高强度,既有卓越的韧性又要较高的硬度,既要性能优越又要易于加工,同时要求价格低廉。总之要求聚合物材料具有多功能化,这对于单一的均聚物是很难达到的。

为获得综合性能优异的聚合物材料,开辟了一条对原有聚合物进行改性,使之实现高性能化的卓有成效的新途径,得到了多功能的、性能优越的新型聚合物材料,或具有特殊性能的复合型热塑性工程塑料。

当前,聚合物改性已成为高分子材料科学及工程中最活跃的领域之一,是开发具有崭新性能新型材料的重要途径。

1. 聚合物改性方法

改进聚合物材料的性能,通常有化学改性和物理改性两类方法。化学改性是通过化学反应将不同结构的单体或聚合物结合在一起达到改性的目的。另外还可采用合成互穿网络聚合物、原位聚合等多种化学改性方法。物理改性是将两种或多种均聚物共混得到聚合物共混物,称为共混改性法。

共聚反应是聚合物化学改性常用的一种有效方法,其次就是将已有的聚合物经化学反应使之转变为新品种或新性能材料的一种改性方法,也是开发高分子新材料的途径之一。

聚合物化学反应种类很多,根据聚合度和基团的变化(侧基与端基)作以下分类:

① 聚合度基本不变,侧基或端基变化的反应　聚合物与低分子化合物反应,仅限于侧基或端基基团转变而聚合度基本不变的反应,称作聚合度不变的反应,也称为相似转变。研究聚合物基团反应的主要目的是利用价廉的聚合物,进行改性,提高性能和引入功能,制备新的聚合物,扩大应用范围。聚合物的相似转变在工业上应用很多,如由醋酸乙烯酯水解生产的聚乙烯醇,它是水溶性高分子化合物,根据醇解度的不同而有各种不同用途。其他如纤维素的酯化,聚乙烯的氯化,聚丙烯的氯化,聚氯乙烯的氯化,碳纤维、聚二烯烃的加氢反应,离子交换树脂等。

通过聚合物相似转变可以制备功能性高分子材料,即具有特殊功能的高分子材料,如高分子试剂、高分子催化剂、高分子基质、高分子农药、水处理剂等。近几十年来,功能高分子发展迅速,涉及面广。功能高分子除了力学性能外,更需要特殊基团和结构,显示特殊功能,包括化学功能(如反应)、物化功能(如吸附)、物理功能(如导电)等。20 世纪 80 年代,与信息科学相关的功能高分子材料(如高分子液晶、感光高分子、非线性光学高分子材料、电致发光高分子材料等)以及与生命科学相关的功能高分子材料(生物吸收性高分子材料等、环境敏感高分子材料、药物控制释放高分子材料等)的研究工作空前活跃。

② 聚合度变大的反应　通过交联、接枝、扩链、嵌段等反应,使聚合物的聚合度增大,所得聚合物为接枝、嵌段、交联聚合物,达到改性。

烯烃聚合物的交联可以通过双烯烃的硫化,过氧化物交联、高能辐射交联等方法使线型大分子形成交联。

通过化学反应在某聚合物主链上接上结构、组成不同的支链,这个过程为接枝,形成的聚合物叫做接枝共聚物,接枝方法见表 8-3-01。

表 8-3-01 接枝方法

方法	种类	例子
聚合法（主链大分子+单体）	引发剂法	利用自由基聚合引发剂或与主链大分子有关的氧化还原引发体系，在主链上形成自由基，也可在主链上形成阳离子或阴离子引发中心
	链转移法	在主链上引入 SH 等易发生链转移的基团
	辐射聚合法	包括预辐射处理法（真空中或空气中）和同时辐射处理法（单体共存时）
	光聚合法	增加光敏剂或将光敏基团引入主链大分子
	机械法	利用摩擦力来切断主链或侧链来产生自由基
偶联法（主链大分子+支链大分子）		具有阴离子活性末端的支链分子在主链分子（例如 PMMA）上失活的同时，支链即结合在主链上
		将具有缩合能力的官能团末端（如 COCl）与在主链上带有相对应的官能团（如 NH_2）的主链分子结合

对相对分子质量不高(约几千)的聚合物,通过适当方法,如通过活性端基的反应,使多个大分子连接在一起,相对分子质量因而增大,这一过程叫扩链。活性端基有羧基、羟基、氨基、环氧基等,带有羟端基和羧端基的预聚物最有实际意义。可采用自由基聚合、阴离子聚合、缩合聚合反应合成预聚物,再通过活性端基的反应,达到扩链的目的。

③ 聚合度变小的反应　聚合物的降解是聚合度变小的化学反应的总称,其中包括解聚、无规断链、侧基和低分子物的脱除等反应。聚合物发生降解反应是由于在使用过程中受到光、氧、空气、水分、热、机械力、化学药品、微生物等物理-化学因素的影响,从而使聚合物性能变坏,这种现象俗称老化。研究聚合物的降解机理,有利于降解反应的应用。聚合物降解反应有重要的理论和实际意义。它与防止聚合物在加工、使用过程中的老化,制定防老化措施,开发各种稳定剂、抗氧剂等密切相关;与废弃聚合物材料的再资源化和无害化处理密切相关,这是当前紧迫而重大的课题。

聚合物的降解还应用于高分子合成,人工合成可降解聚合物在骨组织工程中的应用,如目前可用作成骨细胞种植基质材料的生物可降解聚合物聚乳酸、聚乙醇酸、聚偶磷氮、聚原酸酯、聚己内酯、聚氨酯、聚酸酐亚胺共聚物、聚羟丁酯及其共聚物等。随着材料科学及其制作加工工艺的不断发展,以及对材料-细胞相互作用研究的不断深入,以合成可降解聚合物为主要成分的有利于成骨细胞黏附和分化的新型基质材料在骨组织工程研究领域必将展现喜人的应用前景。

为提高高分子的耐久性,老化和防老化是降解反应主要研究内容。利用植物中的淀粉、纤维素和木质素等,以及利用动物中的壳聚糖、聚氨基葡萄糖、动物胶,以及海洋生物的藻类等,可制造有价值的生物可降解聚合物。淀粉及其衍生物因为生物降解性好,价格低廉而被改性作为填充塑料的重点,并且其接枝物在很多方面具有广泛的应用前景。高含量淀粉基聚合物则可以作为完全生物降解型聚合物。将改性淀粉与合成生物降解聚合物，如 PVA、PHB、PHV、PHBV、PCL 共混，从而提高产品的降解性和力学性能为当前研究热点之一。

研制自然降解型高分子的基本方法是在原料聚合物中引进或造成感光性和感氧性结构或可发生微生物降解结构，如在大分子链上引入少量羰基、缓发性光活化剂、淀粉等，使废弃物在光、氧、微生物等的作用下分解。

2. 共混改性法

化学结构不同的两种或两种以上的均聚物或共聚物的混合物叫做聚合物共混物，其中各聚合物组成之间主要是物理结合。在工程上聚合物共混物又称聚合物合金或高分子合金，而在科学研究领域中严格说来，把两种相容聚合物的混合物才叫做聚合物合金。

共混改进法是依靠物理作用，即不同组分间依靠分子间力（包括范德华力、偶极力、氢键等）实现聚合物共混的物理共混法，是一种不同聚合物相互间取长补短，获得新性能聚合物的一种方便而又经济的改性方法。

从物料形态分，物理共混法分为以下四类：

（1）粉料（干粉）共混法　将两种或两种以上结构不同的细粉状聚合物在各种通用的塑料混合设备中进行混合，可同时加入必要的稳定剂、润滑剂、填充剂等各种塑料助剂，形成各组分均匀分散的粉状聚合物混合物的方法称为粉料共混法。

经干粉混合所得聚合物共混物料，可以直接用于压制、压延、注射或挤出成型。粉料共混法具有设备简单、操作容易的优点，但也有物料不易流动、混合分散效果差，以致影响聚合物各组分间的相容性的缺点。因此，粉料（干粉）共混法，只用于某些难溶难熔聚合物，如氟树脂、聚苯醚树脂等共混物的制备。

（2）熔体共混法　熔体共混法又称熔融共混，是将两种聚合物加热到熔融状态使它们在强力作用下进行混合的方法，可在捏合机或螺杆挤出机中进行。

熔融共混法原料准备操作简单，混合效果优于粉料混合；在混炼设备强剪切力作用下，导致一部分聚合物分子降解并可形成一定数量的接枝或嵌段共聚物，从而促进了不同聚合物组分之间的相容，提高改性效果。

熔融共混法工艺流程，如图 8-3-08 所示。

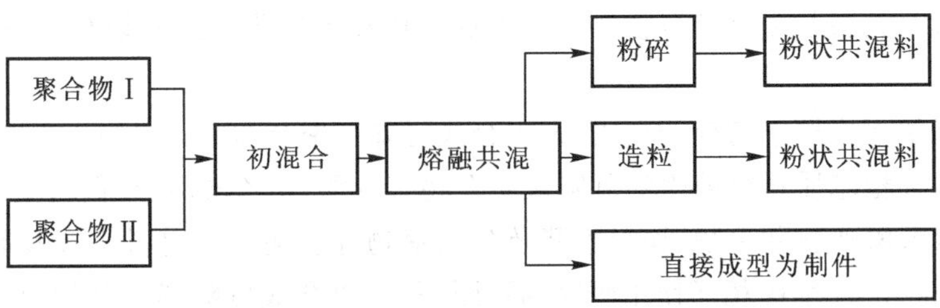

图 8-3-08　熔融共混法工艺流程示意图

熔融共混法是一种最常用的聚合物共混法，它与初混操作配合可以取得较好的混合效果，其中挤出共混具有操作连续、省力、设备结构简单、维修方便、体积小等优点，因而应用最广。

(3) 溶液共混法 将各聚合物组分加入共同溶剂中(或将聚合物组分分别溶解、再混合)搅拌溶解混合均匀,浇铸成型,然后加热蒸出溶剂或加入非溶剂共沉淀就获得聚合物共混物。

(4) 乳液共混法 乳液共混法是将不同种的聚合物胶乳一起搅拌混合均匀后,加入凝聚剂使异种聚合物共沉析,经分离、干燥后得到聚合物混合物。该法适用于聚合物乳液或共混物乳液。

(5) 纳米技术 纳米材料由于平均粒径微小、表面原子多、比表面积大、表面能高,因而显示出独特的小尺寸效应、表面效应等特性,具有许多常规材料不可能具有的性能。纳米材料由于其独特的性能,使其在增强聚合物应用中有着广泛的前景。采用纳米刚性粒子填充高聚物树脂,不仅材料韧性、强度方面得到提高,而且其性能价格比也将是其他材料不能比拟的;层状无机物如黏土、云母、V_2O_5、MoO_3、层状金属盐等高聚物/碳纳米管复合材料是聚合物复合材料的增强材料。加入少量碳纳米管即可大幅度提高材料的导电性;金属或金属氧化物纳米粉与高聚物复合将会得到具有一些特异功能的高分子复合材料。纳米材料的应用对开发研究高性能聚合物复合材料有重大意义。

高分子纳米复合材料的制备方法分为四大类:纳米单元与高分子直接共混(内含纳米单元的制备及其表面改性方法);在高分子基体中原位生成纳米单元;在纳米单元存在下单体分子原位聚合生成高分子及纳米单元和高分子同时生成。高分子纳米复合材料既能发挥纳米粒子自身的小尺寸效应、表面效应和量子效应,以及粒子的协同效应,而且兼有高分子材料本身的优点,使得它们在催化、力学、物理功能(光、电、磁、敏感)等方面呈现出常规材料不具备的特性。特别是随着廉价纳米材料不断开发应用,粒子表面处理技术的不断进步,纳米材料增强、增韧,聚合物机理的研究不断完善,纳米材料改性的聚合物将逐步向工业化方向发展,其应用前景会更加诱人。

3. 互穿网络(IPN)法

IPN 法形成互穿网络聚合物共混物,是一种以化学法制备物理共混物的方法。

互穿网络聚合物是两种或两种以上交联聚合物相互贯穿而形成的交织聚合物网络。它可以看做是一种特殊形式的聚合物共混物。典型的 IPN 其中之一聚合物是在另一聚合物存在下合成或交联的,实现了两种聚合物的共混。在这种共混体系中,两种不同聚合物之间是通过两相界面区域不同链段的扩散和纠缠达到两相之间良好的结合,形成一种互穿网络聚合物共混体系,其形态结构为两相连续。

互穿网络聚合物是两种不同结构的聚合物紧密结合的体系。因此提供了根据需要合成具有适当性能新聚合物体系的途径。互穿网络聚合物可以改进柔韧性、抗张强度、抗冲强度、耐化学性、耐候性等性能。互穿网络聚合物与简单的共混聚合物、接枝共聚物和嵌段共聚物不同的是不溶于溶剂中,仅可能溶胀并且可抑制蠕变和流动,是具有良好的实际应用与发展前途的新材料。

当前 IPN 技术已称为聚合物材料改性的一种重要手段和有前途的方法,在塑料与橡胶改性、皮革改性、压敏渗透膜、黏合剂、离子交换树脂、阻尼减震等方面得到了应用,尤其是 IPN 技术在宇航工业上的应用前景。美国 Hsine 等人提出新型的双氰半-IPN,它兼有热固性和热塑性树脂的优点,在较苛刻的条件下仍能保持良好的刚度和强度,是一种很有潜力的宇航用复合材料的基体树脂。

总之 IPN 原材料来源广、成本低、性能优异,所以发展前景十分宽阔,有待于大力研究与开发。

4. 其他改性方法

对原有聚合物进行改性是当前聚合物材料实现高性能化的最好途径。除了上述改性方法外,科学家们还研究了一些其他方法。

(1) 增容和反应性增容 为改善聚合物共混后的相容性,可采用加入增容剂的方法。增容剂的加入使共混的聚合物组分间黏结力增大,形成稳定的宏观均匀、微观多相的结构,得到具有优良性能的制品。

反应性增容是指在熔融混炼过程中,原料聚合物通过化学反应就地形成接枝共聚物或嵌段共聚物,或同时发生交联反应,改善共混体系相容性的技术。这种方法因具有操作简单,增容效果明显和生产成本低等优点,目前已成为引人注目的发展方向。

常用于反应性增容技术的反应类型有:酰胺化、酰亚胺化、酯化、氨解、酯交换、开环反应和离子键合等。

(2) 动态硫化法 动态硫化法是在硫化剂的存在下,使塑料和橡胶在高温下熔融混炼,使橡胶在细微分散的同时进行高度交联。该法适用于制造热塑性弹性体,目前已用该技术,利用聚丙烯和 EPDM 制造热塑性弹性体。

(3) 增强材料 纤维增强及填充改性是制造复合材料的主要方法,尤以纤维增强最重要。增强塑料能显著地提高材料的机械强度和耐热性,填充改性对改善成型加工性,提高制品的机械性能及降低成本有着显著效果。表 8-3-02 与表 8-3-03 列出了未增强与增强的工程塑料的物理性能,可见增强后的复合材料的性能得到了很大的改善与提高。

表 8-3-02 未增强工程塑料的物理性能

种类	相对密度	拉伸强度 MPa	弯曲弹性模型 GPa	缺口冲击强度 $J\cdot m^{-1}$	热变形温度 ℃ 1.82 MPa	成型收缩率 %
PA	1.12~1.14	68.6~78.5	2.75	49.0	60	1.4~1.5
POM	1.41	60.8~71.6	2.55	49.0~78.4	110	1.5~2.5
PBTP	1.31	56.9	2.45	39.2~58.8	65	1.5~2.5
PC	1.20	64.7	2.75	794.3	140	0.5~0.7
ABS	1.06~1.08	52.0	2.45	68.6	80~110	0.5

表 8-3-03 增强工程塑料的物理性能

复合材料		相对密度	拉伸强度 MPa	弯曲弹性模型 GPa	缺口冲击强度 $J\cdot m^{-1}$	热变形温度 ℃ 1.82 MPa	成型收缩率 %
基体	*w*(GF 添加剂) %						
PA	30	1.35	176.5	7.85~9.81	107.8	200	0.4
POM	30	1.63	137.3	8.83~9.81	39.2	163	0.5
PBTP	30	1.53	132.4	8.83~9.81	107.8	205	0.3
PC	30	1.43	127.5	7.85	176.5	149	0.2
ABS	20~40	1.30	58.8~127.5	6.86~9.81	39.2~63.7	120	0.3~0.8

塑剂、润滑剂、分子量调节剂等助剂。因此本体聚合主要特点是产物纯净，工艺过程、设备简单，适于制备透明和电性能好的板材、型材等制品。不足之处是反应体系黏度大，产生凝胶效应，自动加速，如不及时散热，轻则造成局部过热，使相对分子质量分布变宽，影响到聚合物的强度；重则温度失控，引起爆聚。

在高分子合成工业中采用本体聚合方法的主要产品列于表 8-4-03。可以采用间歇法和连续法生产，生产中反应热的排除是关键。

表 8-4-03 本体聚合法生产的主要聚合物及聚合条件

主要品种	聚合条件			
	t/℃	p/Pa	反应时间/h	转化率/%
聚甲基丙烯酸甲酯(PMMA)	30～100		8～24(更长)	>95
丙烯腈-丁二烯-苯乙烯共聚物(ABS)	170～180	常压	1～5	50～80
聚苯乙烯	80～200	负压$(1.33\sim9.33)\times10^3$	12～18(间歇) 2～8(连续)	>95
抗冲聚苯乙烯	80～200	负压$(1.33\sim9.33)\times10^3$	6～8	>95
聚乙烯(LDPE)	150～350	$6.9\times10^6\sim3.4\times10^8$	20 s～2 min	
聚醋酸乙烯酯	70～80			
聚氯乙烯	40～70		8～12	80～90
苯乙烯-丙烯腈共聚物(SAN)	100～200		1	40～70

(1) 本体聚合工艺　针对本体聚合法聚合热难以散发的问题，为此一般多采用两段聚合：第一阶段保持较低转化率，10%～35%不等，黏度较低，可在普通聚合釜中进行；第二阶段转化率和黏度较高，则在特殊设计的反应器内聚合，或者采用分段聚合，逐步升温，提高转化率。聚合结束后，物料进入脱挥装置，将残留单体降低到合理含量(<0.3%)，保证质量。

本体聚合的后处理主要是排除残存在聚合物中的单体。常采用的方法是将熔融的聚合物在真空中脱除单体和易挥发物，所用设备为螺杆或真空脱气机。现在也有用泡沫脱气法，将聚合物在压力下加热使之熔融，然后突然减压使聚合物呈泡沫状，有利于单体的逸出。

本体聚合流程方块图，见图 8-4-01。

(2) 本体聚合反应器　工业上为解决聚合反应热的难题，在设计反应器的形状、大小时要考虑传热面积等。自由基聚合本体聚合所用的反应器有以下几种。

① 模型式反应器　主要适宜于本体浇铸聚合以制备板材、管、棒材等。模型的形状与尺寸大小根据制品的要求而定，同时要考虑到聚合时的传热问题。

② 釜式反应器　带有搅拌装置的聚合釜，由于后期物料是高黏度流体多采用螺带式(如单螺带或双螺带)搅拌釜，操作方式可以是间歇也可是连续操作。也有根据聚合过程中黏度的变化采用数个聚合釜串联、分段聚合的连续操作方式。

③ 本体连续聚合釜　连续聚合反应器有管式和塔式反应器两种。一般的管式反应器为空

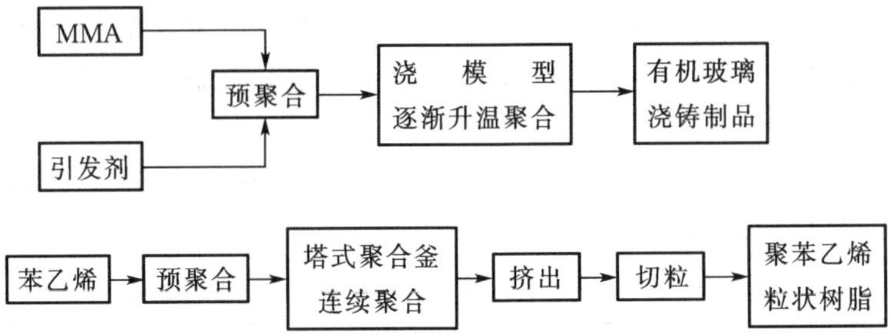

图 8-4-01　本体聚合流程方块图

管,物料在管式反应器中呈层流状态流动;有的管式反应器在管内装有固定式混合器。

塔式反应器相当于放大的管式反应器,无搅拌装置,物料在塔中呈柱塞状流动。

2. 溶液聚合

单体和引发剂溶于适当溶剂中进行的聚合方法称作溶液聚合法。溶液聚合体系黏度低,因此混合和传热较易,温度容易控制,较少凝胶效应,可以避免局部过热。

由于溶液聚合过程中使用溶剂,单体浓度较低,聚合速率较慢,设备生产能力与利用率下降。同时易发生溶剂链转移反应,使聚合物相对分子质量下降。如生产固体产品,则须进行后处理,溶剂的回收费用高,难以除净聚合物中残留溶剂。因此工业上溶液聚合多用于聚合物溶液直接使用的场合,如涂料、胶黏剂、浸渍剂、分散剂、增稠剂等。

溶液聚合流程方块图,如图 8-4-02 所示。

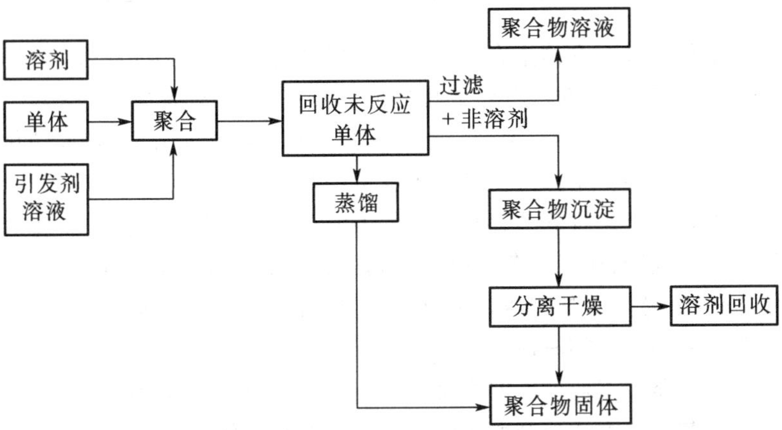

图 8-4-02　溶液聚合流程方块图

(1) 溶剂的选择　溶剂的选择在溶剂聚合中是很重要的,因此在自由基溶液聚合中选择溶剂时要注意:

溶剂对引发剂的诱导分解作用,以及对链自由基的链转移反应。其次是溶剂对凝胶效应的影响,选用聚合物的良溶剂时,为均相聚合,如浓度不高,可不出现凝胶效应,接近正常动力学规律。选用沉淀剂时,则成为沉淀聚合,凝胶效应显著。不良溶剂的影响则介于两者之间。有凝胶效应时,反应自动加速,相对分子质量也增大。

根据溶剂对聚合物溶解性能和聚合产品的用途选择适当的溶剂。常用的有机溶剂有醇、酯、酮、苯、甲苯等。

离子聚合选用溶剂时首先要考虑到溶剂的溶剂化能力,其次再考虑到链转移反应。

(2) 溶液聚合工艺 溶液聚合根据溶剂的性质和反应温度选用合适的引发剂。

溶液聚合反应温度通常在溶剂的回流温度下进行,所以大多选用低沸点溶剂。反应在釜式反应器中半连续操作。直接使用的聚合物溶液,在结束反应前应尽量减少单体含量,或采用化学方法或蒸馏方法将残留单体除去。

改变引发剂用量,单体与溶剂的用量比,添加分子量调节剂等方法来控制产物的相对分子质量。

工业上采用自由基溶液聚合的单体主要品种,列于表 8-4-04。

表 8-4-04 采用溶液聚合生产的主要品种及聚合条件

单体	溶剂	引发剂	聚合温度/℃	聚合液用途
丙烯腈加 第二、三单体	硫氰化钠水溶液 水	AIBN 氧化还原体系	70~80 40~50	纺丝液 粉料,配制纺丝液
醋酸乙烯酯	甲醇	AIBA	50	醇解成聚乙烯醇
丙烯酸酯类	醋酸乙酯加芳烃	BPO	沸腾回流	涂料,黏结剂
丙烯酰胺	水	过硫酸铵	沸腾回流	絮凝剂

(3) 离子型溶液聚合 离子聚合和配位聚合的引发剂容易被水、醇、氧、二氧化碳等含氧化合物所破坏,因此多采用有机溶剂进行溶液聚合。

根据聚合物在溶剂中的溶解能力,可分为均相溶液聚合和沉淀(或淤浆)聚合。一些络合引发剂可溶于溶剂中,另一些则不溶,构成微非均相体系,见表8-4-05。

表 8-4-05 离子型溶液聚合示例

聚合物	引发剂	溶剂	溶解情况		聚合方法 习惯名称
			引发剂	聚合物	
聚乙烯	$TiCl_4-Al(C_2H_5)_3$	烷烃	不溶	沉淀	淤浆聚合
聚丙烯	$TiCl_3-Al(C_2H_5)_2Cl$	烷烃	不溶	沉淀	淤浆聚合
顺丁橡胶	Ni 盐$-AlR_3-BF_3 \cdot OEt_2$	烷烃或芳烃	不溶	均相	溶液聚合
异戊橡胶	LiC_4H_9	烷烃	溶	均相	溶液聚合
乙丙橡胶	$VOCl_3-Al(C_2H_5)_2Cl$	烷烃	溶	均相	溶液聚合

3. 悬浮聚合

悬浮聚合是单体以小液滴状悬浮在水中的聚合方法。单体中溶有引发剂，一个小液滴就相当于一个小本体聚合单元，反应机理与本体聚合相同。从单体液滴转变为聚合物固体粒子，中间经过聚合物-单体黏性粒子阶段，为了防止粒子黏并，须加分散剂，在粒子表面形成保护层。因此，悬浮聚合体系一般由单体、油溶性引发剂、水、分散剂四个基本组分构成。

悬浮聚合产物的颗粒粒径一般在 0.05~0.2 mm。其形状、大小随搅拌强度和分散剂的性质而定。

悬浮聚合体系黏度低，传热和温度容易控制、产品相对分子质量及其分布比较稳定；产品相对分子质量比溶液聚合的高，杂质含量比乳液聚合的少；后处理工序比乳液聚合简单，生产成本也低，粒状树脂可直接成型。悬浮聚合的主要缺点是产物中带有少量分散剂残留物。

悬浮聚合方法广泛应用于工业生产，其生产品种见表 8-4-06。

表 8-4-06　悬浮聚合法生产的合成树脂主要品种

主要品种	分散剂类别	聚合条件			
		t/℃	p/kPa	时间/h	转化率/%
聚氯乙烯	保护胶	45~55		6~9	85~90
ABS	保护胶	100~120	350	8~16	99
聚苯乙烯	无机分散剂	110~170	~304	5~9	>95
交联聚苯乙烯白球	保护胶	30~98	常压	3~6	>95
聚甲基丙烯酸甲酯	保护胶	75~95	常压	6~8	>95
聚醋酸乙烯酯	保护胶	70	常压	2	>95
苯乙烯-丙烯腈共聚物		60~150	~304	5	
聚偏二氯乙烯	保护胶	60	常压	30~60	85~90

(1) 成粒机理与分散作用

① 成粒机理　悬浮聚合的单体苯乙烯、氯乙烯等在水中溶解度很小，基本与水不相溶，只是浮在水面呈两层。在搅拌器强烈的剪切作用下，单体液层分散成液滴。单体分散成稳态小液滴的过程示意如图 8-4-03。

加有分散剂的悬浮聚合体系，当转化率达 20%~70%时，液滴进入发黏阶段，如果不搅拌仍有黏结成块的危险，因此在悬浮聚合中，搅拌和分散剂是两个重要因素。

② 分散剂及其作用　工业生产用的分散剂主要有保护胶类分散剂和无机粉末状分散剂两大类。

保护胶类分散剂都是水溶性高分子化合物。有明胶、蛋白质、淀粉、纤维素衍生物、藻酸钠等天然高分子化合物，部分水解的聚乙烯醇、聚丙烯酸及其盐、磺化聚苯乙烯、马来酸酐-苯乙烯共聚物等合成高分子化合物。目前多采用质量比较稳定的合成高分子，并且两种以上分散剂复合使用。这类分散剂的作用机理是吸附在液滴表面，形成一层保护膜，起着保护胶体的作用。

碳酸盐、磷酸盐、滑石粉、高岭土等无机粉末状分散剂的作用机理是细粉末吸附在液滴表面

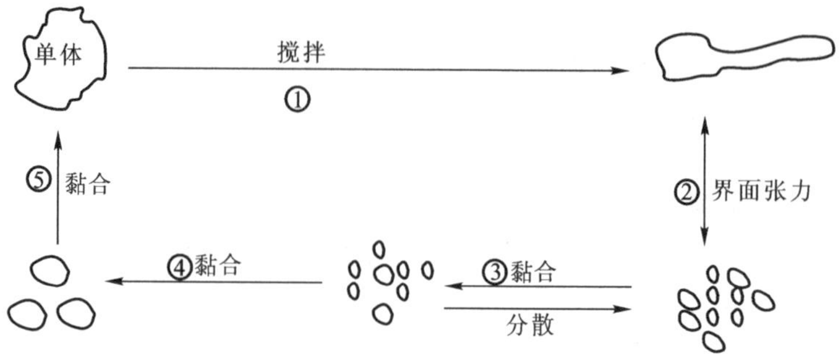

图 8-4-03 悬浮单体液滴分散过程示意图

起着机械隔离作用。无机分散剂较适合于高温聚合。另外,悬浮聚合反应结束以后,无机粉末状分散剂易用稀酸洗脱,因而所得聚合物所含杂质较少。

分散剂种类的选择与用量的确定随聚合物种类和颗粒要求而定。有时在悬浮聚合体系还加入少量的助分散剂,如十二烷基硫酸钠、聚醚等。分散剂的用量为单体总量的 0.1%左右,助分散剂量是单体总量的 0.01%~0.03%。

(2) 悬浮聚合工艺 悬浮聚合法的典型生产工艺过程是将单体、水、引发剂、分散剂等加入反应釜中,加热,并采取适当的手段使之保持在一定温度下进行聚合反应,反应结束后回收未反应单体,离心脱水,干燥得产品。

悬浮聚合所使用的单体或单体混合物应为液体,要求单体纯度>99.98%。

在工业生产中,引发剂、分子量调节剂分别加入反应釜中。引发剂用量为单体总量的 0.1%~1%。

去离子水、分散剂、助分散剂、pH 调节剂等组成水相。水相与单体之比一般在 m(水相):m(单体)=(75:25)~(50:50)范围内。

各种单体的悬浮聚合过程都采用间歇法操作。悬浮聚合生产工艺流程,如图 8-4-04 所示。

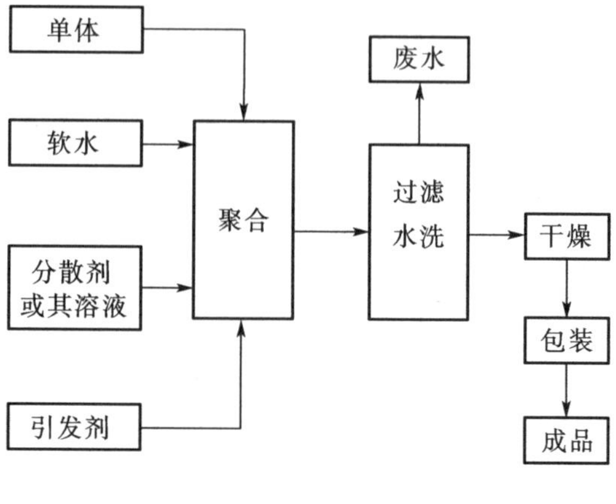

图 8-4-04 悬浮聚合方块流程图

4. 乳液聚合

乳液聚合是指单体在乳化剂和机械搅拌作用下，在分散介质中分散成乳状液而进行的聚合反应。乳液聚合的基本配方一般是由单体、分散介质、引发剂、乳化剂四组分构成。经典乳液聚合是油溶性单体，分散介质为水，选用水溶性引发剂。当选用水溶性单体时，则分散介质为有机溶剂，引发剂是油溶性的，则称为反相乳液聚合。

乳液聚合在工业生产上应用广泛，很多合成树脂、合成橡胶都是采用乳液聚合方法合成的(详见表 8-4-07)，因此乳液聚合方法在高分子合成工业中具有重要意义。

表 8-4-07 乳液聚合方法生产的聚合物主要品种

主要品种	乳化剂种类	聚合条件		
		t/℃	反应时间/h	转化率/%
丙烯酸酯类	非离子型	25~90	>2.5	>95
ABS		55~75 常压	1~6	99
聚醋酸乙烯酯	非离子型	80~90	4~5	
聚氯乙烯	阴离子型	45~60		60
聚偏二氯乙烯	阴离子型	30	7~8	95~98
SAN	阴离子型	70~100	1~3	>97
丁苯橡胶	阴离子型	5 或 50	连续	~60
丁腈橡胶	阴离子型	5 或 50	连续	
氯丁橡胶	阴离子型	~40	连续	60~90

乳液聚合最大的特点是可同时提高聚合速率与相对分子质量，同时还具备以下优点：

① 以水为分散介质，价廉安全、体系黏度低、易传热、反应温度容易控制。

② 聚合速率快、相对分子质量高，可以在较低的温度下聚合。

③ 适宜于直接使用胶乳的场合，如乳胶漆、黏结剂等的生产。

另外，乳液聚合也存在不足之处，即产品中留有乳化剂等物质，影响产物的电性能；需要得到固体产品时，乳液需经过凝聚(破乳)、洗涤、脱水、干燥等工序，生产成本较高。

(1) 乳液聚合机理

① 乳化作用和乳化剂　单体在水中借助于乳化剂分散成乳液状态，这种使互不相溶的两相，即油(单体)-水转变为相当稳定难以分层的乳液，这个过程称为乳化。乳化剂在乳液体系能起乳化作用，是因为乳化剂分子是由亲水的极性基团和亲油的非极性基团构成的。

乳化剂溶在水中浓度很低时，乳化剂以分子状态溶解于水中，当浓度达到一定值后，乳化剂分子形成胶束，乳化剂开始形成胶束时的浓度为临界胶束浓度，简称 CMC，此时的浓度约为 w(乳化剂) = 0.01%~0.03%。在大多数乳液聚合中，乳化剂的浓度[约 w(乳化剂) = 2%~3%]总超过 CMC 值 1~3 个数量级，所以大部分乳化剂处于胶束状态。胶束的数目和大小取决于乳化剂的量。在典型的乳液聚合中，胶束的浓度为 10^{17}~10^{18}个(胶束)/cm^3。

乳化剂的作用是降低表面张力，使单体分散成细小的液滴；在液滴表面形成保护层，防止凝聚,使乳液保持稳定;增溶作用,使部分单体溶于胶束内。这三方面总合起来就是乳化作用。

乳化剂有阳离子型、阴离子型、两性型和非离子型四类。用于乳液聚合的大多是阴离子型和非离子型的乳化剂。

极性基团是阴离子的为阴离子乳化剂,如十二烷基硫酸钠($C_{12}H_{25}SO_4Na$)、松香皂等。它在碱性溶液中比较稳定。

非离子乳化剂在水中不能解离为正、负离子,其典型代表是环氧乙烷聚合物或环氧乙烷和环氧丙烷嵌段共聚物、聚乙烯醇等是具有非离子型特性的乳化剂。在乳液聚合过程中不能单独使用,常用作辅助乳化剂,加入少量,可改善乳液稳定性、乳胶粒的粒径和粒径分布。

② 聚合机理　乳液聚合机理也经链引发、链增长、链终止反应。在乳液聚合过程中,聚合体系的基本组分分别以不同的状态存在,其变化情况是:

1) 聚合过程相态变化　聚合反应开始前,单体与乳化剂分别以下列三种相态存在:a. 水相中;极少量的单体和少量的乳化剂,大部分引发剂;b. 单体液滴,由大部分单体分散成的液滴,表面吸附着乳化剂分子,形成稳定的乳液;c. 胶束,大部分乳化剂分子聚集而成,一般每个胶束由50~100 个乳化剂分子组成,其中一部分为含有单体的增溶胶束。

在水相中的引发剂分解产生的自由基扩散进入胶束内,引发胶束中溶有的单体进行聚合。随着聚合的进行,水相单体不断进入胶束,补充消耗的单体,单体液滴中的单体又溶解到水相,形成一个动态平衡。由此可见胶束是进行乳液聚合的反应场所,单体液滴是提供单体的仓库。

在聚合反应初期,反应体系中存在有三种粒子,即单体液滴、发生聚合反应的胶束——称作乳胶粒和没有反应的胶束。随反应进行,胶束数减少,直至消失,乳胶粒数逐渐增加到稳定。反应进入聚合中期,乳胶粒数稳定,单体液滴数减少。到反应后期,单体液滴全部消失,乳胶粒不断增大,体系中只有聚合物乳胶粒。这就是在聚合过程中体系组成的变化。

2) 成核机理　胶束进行聚合后形成聚合物乳胶粒的过程,又称为成核作用。

乳液聚合粒子成核作用的机理由两个同步过程进行。一是自由基(包括引发剂分解生成的初级自由基和溶液聚合的短链自由基)由水相扩散进入胶束,引发增长,这个过程为胶束成核。另一个过程是溶液聚合生成的短链自由基在水相中沉淀出来,沉淀粒子从水相和单体液滴上吸附了乳化剂分子而变得稳定,接着又扩散入单体,形成与胶束成核同样的粒子,这个过程叫均相成核。胶束成核作用和均相成核作用的相对程度将随着单体的水溶解度和表面活性剂的浓度而变化。水溶性较高的单体和表面活性剂浓度低有利于均相成核;水溶性低的单体和高的表面活性剂浓度则有利于胶束成核。对有一定水溶性的醋酸乙烯酯,均相成核作用是粒子形成的主要机理,而对亲油性较强的苯乙烯,主要是胶束成核机理。

3) 聚合过程　典型的乳液聚合根据乳胶粒数的变化可将聚合过程分为三个阶段,即聚合物乳胶粒子形成阶段、聚合物乳胶粒子与单体液滴共存阶段和单体液滴消失及聚合物乳胶粒子内单体聚合阶段。三个阶段变化示意如图8-4-05。

(a)阶段——乳胶粒生成期,即成核期　从开始引发直到胶束消失,整个阶段聚合速率递增,转化率可达 2%~15%。

(b)阶段——恒速阶段　自胶束消失开始到单体液滴消失止。胶束消失,乳胶粒数恒定,体积增大,乳胶粒内单体浓度恒定,乳液聚合速率恒定,转化率达 50%左右,单体液滴消失。

(c)阶段——降速期　单体液滴消失后,乳胶粒内继续进行引发、增长、终止,直到乳胶粒内

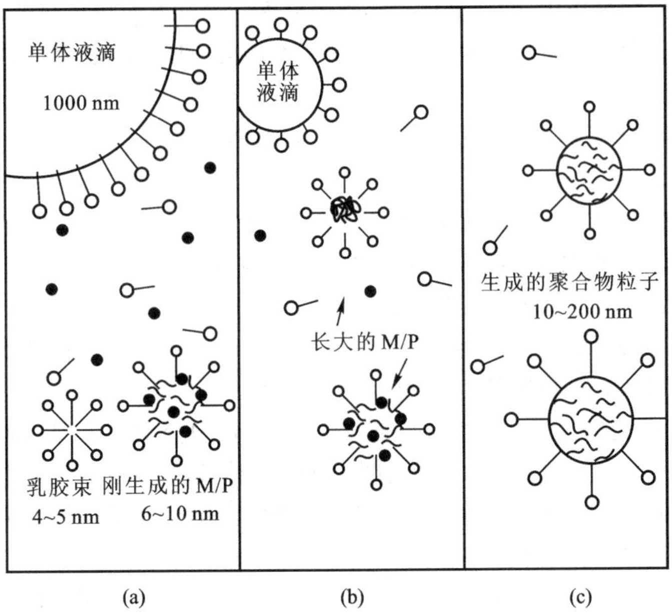

图 8-4-05 乳液聚合阶段示意图

●—单体分子;○—乳化剂分子;~—聚合物

单体完全转化。乳胶粒数不变,体积增大,最后粒径可达 50~200 nm。聚合速率随乳胶粒内单体浓度的减少而下降。

(2) 乳液聚合工艺 乳液聚合法是高分子合成工业的重要生产方法之一,主要生产合成橡胶、合成树脂、黏合剂和涂料用胶乳等。工业上用乳液聚合方法生产的产品有固体块状物、固体粉状物和流体状胶乳,如丁苯橡胶、氯丁橡胶、聚氯乙烯糊用树脂及丙烯酸酯类胶乳。

乳液聚合法的生产工艺流程,如图 8-4-06 所示。

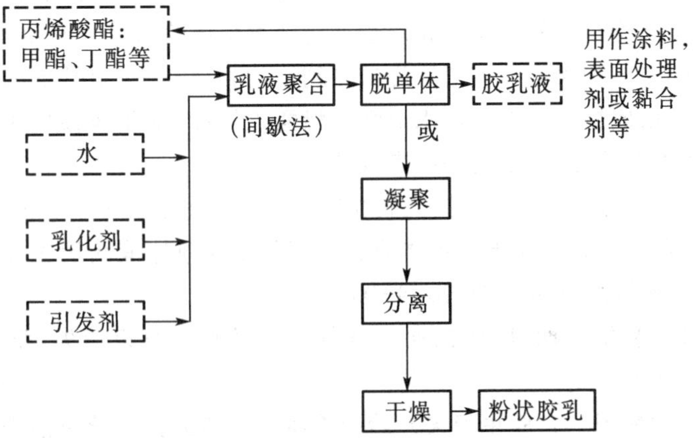

图 8-4-06 乳液聚合生产工艺流程图

在乳液聚合工艺配方中除以上组分外,还加入缓冲剂、分子量调节剂、电解质、链终止剂、防老剂等添加剂。

乳液聚合过程是按配方分别向聚合釜内投入水、单体、乳化剂及其他助剂,然后升温反应。乳液聚合实施方法,可分为间歇法、半连续法和连续法;间歇法、半连续法在单釜内进行聚合反应,而连续法则采用多釜串联的方式进行聚合反应,通常由4~12个釜组成一组生产线。

胶乳用作涂料、黏合剂等就可直接使用,不必再处理;必要时须调整含固量,可采用稀释或浓缩的方法。如要得到粉状胶乳,可采用喷雾干燥的方式。将胶乳连续送入喷雾干燥塔,喷入热空气与雾化的胶乳接触,经干燥成为粉状颗粒。

另外还可用凝聚法进行后处理,简单的方法是在胶乳中加入破乳剂将聚合物分离出后,再进行洗涤、干燥即得分散性的胶乳粉末。凝聚法因能去除大部分乳化剂,产物纯度高于喷雾干燥法。

(3) 乳液聚合的发展　近几年内典型的乳液聚合法在理论上获得了很大进展,由 Harkins, Smith 和 Ewart 等人建立了乳液聚合机理和动力学模型,同时也有很多学者提出了壳层或核壳层模型等一些有参考价值的理论。同时在乳液聚合技术方面也在不断发展和创新,出现了许多新的乳液聚合方法。例如水溶性单体的反相乳液聚合、核壳乳液聚合、无皂乳液聚合、乳液定向聚合、乳液辐射聚合、乳液接枝共聚合及种子乳液聚合等,为乳液聚合技术领域提供了丰富的新内容,使乳液聚合在高分子合成工业应用更为广泛。采用无皂乳液聚合法可以得到粒子规整的单分散聚合物;核壳乳液聚合法可以通过调整核、壳两部分的化学组成、相对分子质量及玻璃化温度来达到产物所需的性能要求。这些为开发性能优越的新产品提供了更多的渠道。

二、缩聚方法

缩聚反应聚合方法通常有:熔融缩聚、溶液缩聚和界面缩聚,另外还有固相缩聚和乳液缩聚等。不同缩聚方法体系的相态和反应区域的特征,见表8-4-08。

表 8-4-08　缩聚体系的相态和反应区域

缩聚体系的相态	反应进行区域的特征	缩合聚合方法
单相 多相	均相 均相 复相	熔融缩聚、溶液缩聚、固相缩聚、乳液缩聚, 有聚合物析出的溶液缩聚、界面缩聚

采用不同的缩聚方法和不同的反应条件,产物的相对分子质量大小及其分布、产物结构都会有所不同。因此选择聚合方法时要考虑到各缩聚方法的特点及适用范围,表8-4-09列出了各种缩聚方法工艺的比较。

表 8-4-09 各种缩聚方法实施工艺比较

	熔融缩聚	溶液缩聚	界面缩聚	固相缩聚
优点	生产工艺过程简单，生产成本较低。可连续法生产直接纺丝。聚合设备的生产能力高	溶剂存在下可降低反应温度避免单体和产物分解，反应平稳易控制。可与产生的小分子共沸或与之反应而脱除。聚合物溶液可直接用作产品	反应条件缓和，反应是不可逆的。对两种单体的配比要求不严格	反应温度低于熔融缩聚温度，反应条件缓和
缺点	反应温度高，要求单体和缩聚物在反应温度下不分解，单体配比要求严格，反应物料黏度高，小分子不易脱除。局部过热可能产生副反应，对聚合设备密封性要求高	溶剂可能有毒、易燃，提高了成本。增加了缩聚物分离、精制、溶剂回收等工序。生产高相对分子质量产品时须将溶剂蒸出后进行熔融缩聚	必须使用高活性单体，如酰氯。需要大量溶剂，产品不易精制	原料需充分混合，要求达一定细度，反应速率低，小分子不易扩散脱除
适用范围	广泛用于大品种缩聚物，如聚酯、聚酰胺的生产	适用于单体或缩聚物熔融后易分解的产品生产，主要是芳香族聚合物、芳杂环聚合物等的生产	适用于气-液相、液-液相界面缩聚和芳香族酰氯生产芳酰胺等特种性能聚合物	适用于提高已生产的缩聚物如聚酯、聚酰胺等的相对分子质量以及难溶的芳族聚合物的生产

1. 熔融缩聚

一种在单体和聚合物的熔点以上进行的聚合方法，体系中只有单体和少量的催化剂，产物纯净，聚合热不大。对于平衡缩聚，则须减压，及时脱除副产物。预聚阶段，产物相对分子质量和黏度不高，混合和副产物的脱除并不困难。只在后期（反应程度>97%～98%），对设备传热和传质才有更高的要求。熔融聚合法用得很广，许多重要工业产品如聚酯、聚酰胺、酚醛树脂和不饱和聚酯等都是采用熔融聚合法生产的。

缩聚物的生产工艺可分为原料配制、缩聚反应、后处理等工序。采用间歇操作和连续操作两种方式。连续法工艺，为多釜串联缩聚。近来有采用内装多个圆环式搅拌器的卧式分室缩聚釜，近几年还发明了高黏度的自清搅拌装置。如图 8-4-07、图 8-4-08 所示。

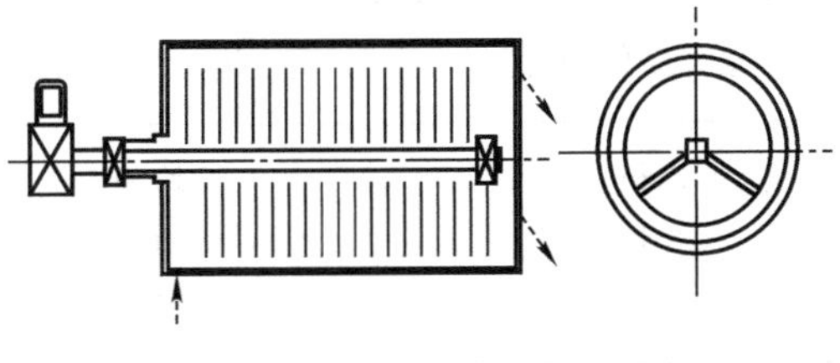

图 8-4-07 卧式分室缩聚反应釜示意图

2. 溶液缩聚

单体加适当的催化剂在溶剂中进行的缩聚反应称为溶液缩聚，所用的单体一般活性较高，聚合温度可以较低，副反应也较少。如属平衡缩聚，则可通过蒸馏或加碱成盐除去副产物。溶液聚合的缺点是要回收溶剂，聚合物中残余溶剂的脱挥也比较困难。是当前工业生产缩聚物的重要方法，随着耐高温缩聚物的发展，溶液缩聚法的重要性日益增加。一些新型的耐高温材料，如聚砜、聚酰亚胺等，大多采用溶液缩聚法制备。

溶液缩聚法根据反应温度可分为高温溶液缩聚和低温溶液缩聚。按缩聚产物在溶剂中的溶解性分为均相溶液缩聚和非均相溶液缩聚。在溶液缩聚中溶剂的选择很关键,选择溶剂时要注意选择对单体、聚合物的溶解性好的溶剂,使反应在均相中进行。同时应有利于反应在设定的温度下平稳地进行,如在溶剂的沸点下反应,则反应温度容易控制。

溶液缩聚生产工艺流程如图 8-4-09 所示。

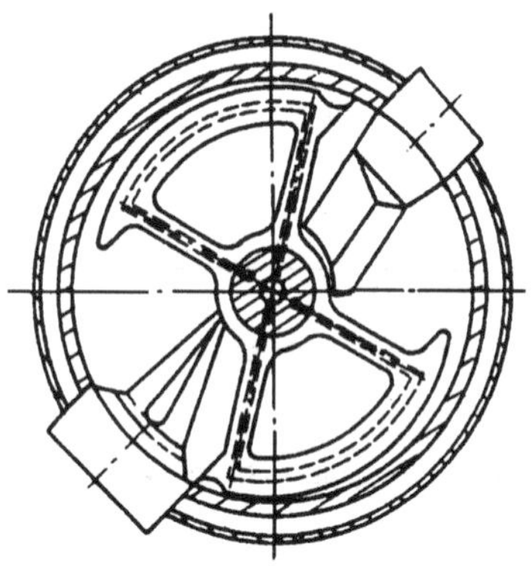

图 8-4-08 高黏度自清反应装置示意图

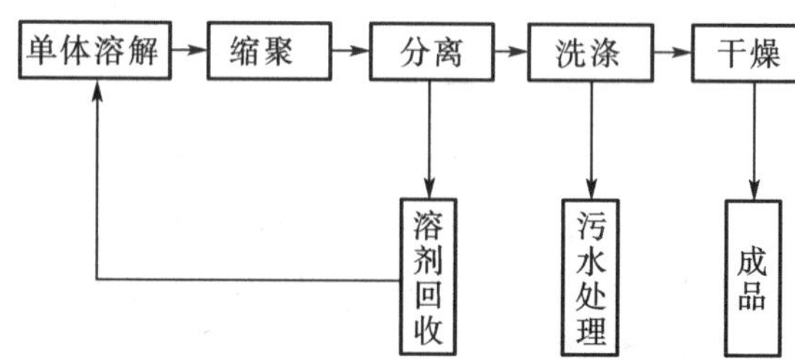

图 8-4-09 溶液缩聚生产工艺流程图

3. 界面缩聚

两单体分别溶于两互不相溶的溶剂中,在两相界面上进行的缩聚反应称为界面缩聚。界面缩聚限用活性高的单体,室温下就能聚合,具有缩聚温度较低、不必严格等基团数比、相对分子质量较高等优点。

界面缩聚是从 1958 年发展起来的一种新型的缩聚方法,它广泛应用于实验室及小规模范围合成聚酰胺、聚脲、含磷缩聚物及其他耐高温的缩聚物。目前光气法制备聚碳酸酯采用的聚合方法就是界面缩聚法。近来,静态界面缩聚法的应用也有发展,用来包埋酶、催化剂、染料、离子交换树脂及杀虫剂等,有的已可工业化生产。

(1) 界面缩聚的特点

① 界面缩聚是在两相界面层进行的复相反应,具有明显的表面反应的特性。

② 界面缩聚是扩散控制的过程,过程的总速率决定于扩散速率,而反应速率快。

③ 界面缩聚是不可逆反应。

④ 界面缩聚反应条件缓和,可在室温或数十摄氏度条件下进行反应。

⑤ 界面缩聚对有机溶剂的选择很重要,将影响产物的相对分子质量。大部分缩聚反应在界面的有机溶剂一侧进行。要求所选的有机溶剂可以使高相对分子质量聚合物沉淀析出。

(2) 界面缩聚工艺 界面缩聚生产工艺主要是间歇操作,在搅拌下的液-液界面缩聚,其主要工艺条件及特点列于表 8-4-10。

表 8-4-10 界面缩聚主要工艺条件及特点

工艺条件	反应时间	5 min 至数小时
	反应温度	0~100 ℃
	反应压力	101.3 kPa
	搅拌要求	低速到高速
聚合物特征	结构	变化范围小
	相对分子质量范围	低到高
	共聚物	稍受限制
产品回收	聚合物分离	需加入沉淀剂,经过滤、洗涤、干燥等处理过程
	聚合物收率	低至高收率
	副产物及溶剂	需要进行回收或处理

界面缩聚物相对分子质量和收率的影响因素有:原料的纯度、配比,反应区域中两种单体的摩尔比而不是整个体系中两种单体的摩尔比。

界面缩聚的后处理方法一般用水洗法除去盐,进行洗涤多次后,将树脂与溶剂分离。

4. 固相缩聚

在聚合物玻璃化温度以上、熔点以下进行的缩聚反应为固相缩聚。在高分子合成工业中,固相缩聚方法主要用于结晶单体或某些预聚物进行固相缩聚。

固相缩聚的反应速率较慢,表观活化能大,一般在 110~331 kJ/mol。固相缩聚是扩散控制过程。固相缩聚物的相对分子质量也同样受到单体的配料比、单官能化合物和反应程度的影响,相对分子质量高但分布稍宽。

固相缩聚目前尚处于研究阶段,但已显示出在理论与实际上的重大意义。固相缩聚法可制得高相对分子质量、高纯度的聚合物。对于熔点很高或熔点以上易分解的单体的缩聚及其耐高温聚合物的制备,特别是无机缩聚物的制备,固相缩聚法是非常合适的。

8-5 高分子合成工艺

一、聚乙烯

聚乙烯(PE)树脂是通用合成树脂中产量最大的品种,主要包括低密度聚乙烯(LDPE)、线型低密度聚乙烯(LLDPE)、高密度聚乙烯(HDPE)以及一些具有特殊性能的产品,其特点是价格便宜,性能较好,可广泛地应用于工业、农业、包装以及日常工业中,在塑料工业中占有举足轻重的地位。预计到 2008 年,世界聚乙烯树脂的总生产能力将达到约 8 175 万吨,消费量将达到约 7 108万吨。

聚乙烯分子结构通式是$\left[\!-CH_2-CH_2-\right]_n$,聚合度大约在 400~50 000 左右。各类聚乙烯的密度与结晶度见表 8-5-01。

表 8-5-01 各类聚乙烯的密度与结晶度

PE 类别	$\rho/(g\cdot cm^{-3})$	结晶度/%
HDPE	0.940~0.970	85~95
LLDPE	0.915~0.935	55~65
LDPE	0.910~0.940	45~65

除此之外，还有一类分子结构与 HDPE 相同，相对分子质量在 100 万~400 万的超高相对分子质量聚乙烯(UHMWPE)，密度略低于 HDPE。其耐磨性佳，抗冲击性强，而且在低温时抗冲击强度仍保持较高数值，自润滑性好等。UHMWPE 可以取代碳钢、不锈钢、青铜等，用于纺织、造纸、食品机械、运输、陶瓷、煤炭等领域。

1. 合成工艺

(1) 低密度聚乙烯 LDPE　低密度聚乙烯 LDPE 是以氧或过氧化物为引发剂，在 200 ℃，150~200 MPa 高压下通过自由基聚合反应制得的。LPDE 的数均相对分子质量约在$(2.5\sim5.0)\times10^4$范围内，重均相对分子质量在 10^5 以上。在高温下聚合，易发生链转移反应，形成支链，使分子链不易密集，因而密度较低、结晶度低、熔点也较低(103~110 ℃)，但熔体流动性好，适于制造薄膜。

① 聚合工艺

单体：乙烯的纯度要求应>99.95%，其中只含有微量的甲烷与乙烷。乙烯高压聚合过程中单程转化率仅为 15%~30%，所以大量的单体乙烯要循环使用。

引发剂：工业上常用过氧化二叔丁基、过氧化十二烷酰、过氧化苯甲酸叔丁酯、过氧化3,5,5-三甲基乙酰、过氧化碳酸二丁酯等为引发剂。

分子量调节剂：常用烷烃、烯烃、氢、丙酮和丙醛等调节相对分子质量。

其他助剂：1) 抗氧剂——4-甲基-2,6-二叔丁基苯酚；2) 润滑剂——油酸酰胺或硬脂酸铵、油酸铵、亚麻仁油酸铵三者的混合物；3) 开口剂——高分散性的硅胶($m SiO_2\cdot n H_2O$)、铝胶($m' Al_2O_3\cdot n' H_2O$)或其混合物；4) 抗静电剂——用含有氨基或羟基等极性基团而又溶于聚乙烯中，不挥发的聚合物为抗静电剂，如环氧乙烷与长链脂肪族或脂肪醇的聚合物。

以上助剂的种类与用量根据生产牌号和用途选择加于聚乙烯树脂低压分离器中，通常是将助剂配制成浓度约 $w=10\%$的白油(脂肪族烷烃)溶液或分散液，用泵计量送入低压分离器或于二次选粒时加入。

聚合条件：反应温度在 130~350 ℃范围内，反应压力一般在 122~320 MPa，聚合停留时间 15~120 s，取决于反应器的类型。

② 工艺流程　LPDE 的生产流程，如图 8-5-01 所示。将混有引发剂、分子量调节剂的乙烯单体压入反应器进行聚合，反应物料经适当冷却后入高压分离器，将未反应的单体与聚合物分离后作循环使用。聚乙烯树脂在低压分离器中与抗氧剂等混合后，经挤出切粒、离心干燥成一次产品。再次进行基础切粒、离心干燥得到二次成品，经包装出厂为聚乙烯商品。

③ 聚合设备　目前工业生产采用的乙烯高压聚合反应器有两种类型：

一种是管式反应器，是内径为 2.5～7.5 cm 的细长型高压合金钢管，直径与长度之比是 1/250～1/40 000，目前最长的管式反应器长 1 500 m 或更长些。开发大型管式反应器是生产 LDPE 的趋势。

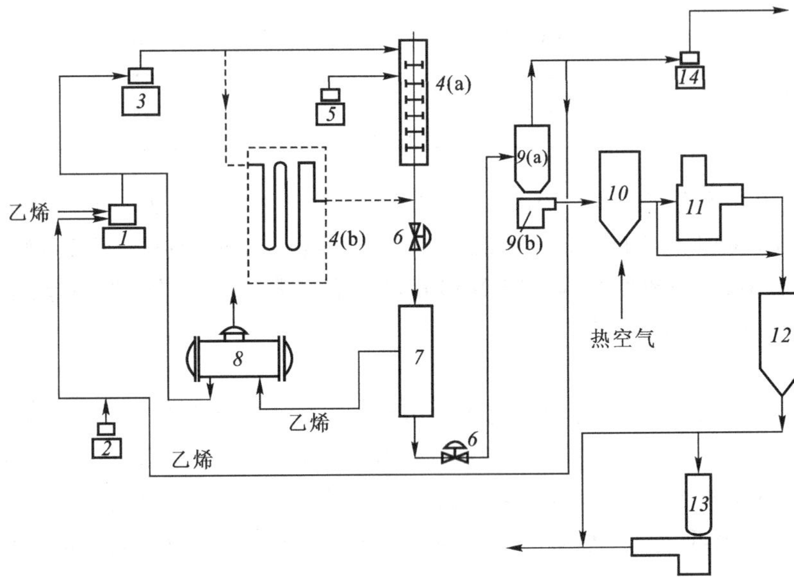

图 8-5-01 LDPE 生产流程图

1. 一次压缩机；*2.* 分子量调节剂泵；*3.* 二次高压压缩机；*4*(a). 釜式聚合反应器；*4*(b). 管式聚合反应器；*5.* 催化剂泵；*6.* 减压阀；*7.* 高压分离器；*8.* 废热锅炉；*9*(a). 低压分离器；*9*(b). 挤出切粒机；*10.* 干燥器；*11.* 密炼机；*12.* 混合机；*13.* 混合物造粒机；*14.* 压缩机

管式反应器一般分为两段，第一段为聚合引发段，需加热到引发剂或氧分解引发聚合的温度。第二段为冷却段，但温度不能低于 130 ℃，以防止聚乙烯凝固。

釜式反应器根据其外形有细长型和矮胖型两种。细长型聚合釜的内径与长度之比为 1/4～1/20，而矮胖型内径与长度之比为 1/2～1/4。LDPE 反应器已进一步大型化，英国 ICI 公司的反应器有 1 000 L，而法国 CdF 公司的反应釜容积达 1 600 L，是世界上最大的 LDPE 反应釜之一。

(2) 高密度聚乙烯 HDPE　HDPE 是由乙烯在常压或压力为几兆帕时，在一定的温度下，以络合负离子为引发剂的作用下聚合而成的。有时加入少量的α-烯烃为共聚单体，调节 HDPE 的密度与活性。HDPE 大分子中具有较少的由共聚合单体引入的短支链，结晶度较高。

HDPE 聚合引发剂有 Ziegler-Natta 型和氧化铬型。聚合反应按反应形态有以下三种：

① 液相淤浆法　单体溶于溶剂，聚合物不溶于溶剂，而以淤浆形式存在的聚合方法为淤浆法。选用己烷、庚烷为溶剂，又称稀释剂。反应温度在聚合物的熔点以下进行，一般是 60～80 ℃，压力 0～0.4 MPa，大多用 Ziegler-Natta 型引发剂，乙烯、稀释剂、引发剂在釜中聚合，生成淤浆状聚合物。经闪蒸除去未反应的乙烯，加入引发剂的失活剂，再经水洗、离心分离即得到聚合物 HDPE。

② 溶液法 乙烯和聚乙烯都能溶解于溶剂呈均相反应体系。以 C_6 烷烃为溶剂，反应温度也在聚合物的熔点以上，通常是 180 ℃，压力 5~6 MPa；以 AlR_3-TiCl_4-RMG 为引发剂，聚合时间约 10 min。反应结束后经闪蒸除去乙烯，加入稀释剂降低黏度，离心分离除去引发剂、浓缩、冷却析出聚合物。

荷兰的 DSM 溶液法制 HDPE 工艺，常用改进的高效 Ziegler 型引发剂，活性可达 12.5×10^4 g(PE)/g(Ti)。溶液法制得的 HDPE 密度为 0.92~0.970 g/cm^3。

③ 气相法 气相法工艺无溶剂或稀释剂，工艺过程中不需要闪蒸分离、回收等工序，降低了投资，也不存在环境污染问题。

气相法选用高纯度的乙烯和少量共聚单体聚合，聚合物颗粒悬浮在气相中。在 0.7~2.0 MPa，80~100 ℃，以氢为分子量调节剂，聚合 6 h。乙烯循环的量约为聚合物的 50 倍。

产品的特性通过调节反应条件控制，由共聚单体控制密度，氢浓度和反应温度控制熔融指数。

气相法近年来发展较快，美国阿莫科公司、法国石油公司都用该法生产。

气相聚合通常在流化床反应器中粉状聚乙烯粒子在乙烯中进行流态化聚合反应。图 8-5-02 是气相聚合反应器结构示意图。

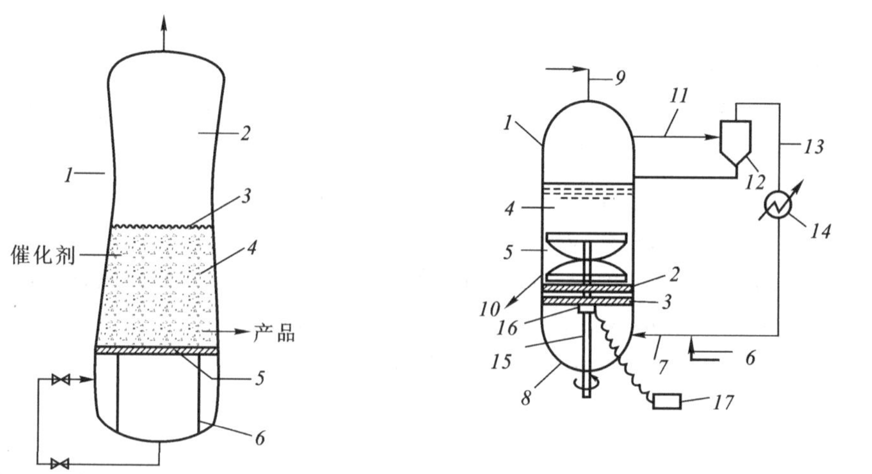

鼓形流化床聚合反应器结构简图

(a)

出光石化公司气相聚合反应器结构示意图

(b)

图 8-5-02 气相聚合反应器结构示意图

(a) *1.* 流化床聚合反应器；*2.* 流化床上部；*3.* 流化面；*4.* 流化部分；*5.* 气体分布板；*6.* 挡板

(b) *1.* 聚合釜釜体；*2.* 固定分布板；*3.* 活动分布板；*4.* 聚合室；*5.* 搅拌叶；*6.* 原料气体；*7.* 原料气导入管；*8.* 储气室；*9.* 催化剂导入管；*10.* 排出管；*11.* 气体排出管；*12.* 旋风分离器；*13.* 气体返回管；*14.* 冷却器；*15.* 搅拌轴；*16.* 转动传递夹具；*17.* 控制器

(3) 线型低密度聚乙烯 LLDPE 用低压法合成的密度为 0.914~0.931 g/cm^3 的聚乙烯就是线型低密度聚乙烯 LLDPE。

LLDPE 是以乙烯和 α-烯烃为原料，过渡金属为引发剂，用低压法生产的，实际上它是乙烯和 α-烯烃的共聚物。共聚合的 α-烯烃有丙烯、1-丁烯、1-己烯、1-辛烯，常用的是 1-丁烯。LLDPE的合成方法有以下四种。

① 气相法 采用含铬和钛的氟化物载于二氧化硅上的多元引发剂，于沸腾床反应器中，反应压力 0.7~2.1 MPa，温度 85~95 ℃，氢气作分子量调节剂，反应得到乙烯和 1-丁烯共聚物。该法是所采用的聚合方法中最成熟的方法。

② 低压溶液法 压力 0.21~4.1 MPa，温度 80~250 ℃，使用 Ziegler 引发剂，在支链烷烃中使乙烯和 1-辛烯共聚合，制得 LLDPE。

③ 中压溶液法 压力 10.3 MPa，温度 150~310 ℃，使用钛系引发剂，在环己烷溶液中用氢气调节相对分子质量，由乙烯和 1-丁烯共聚制得 LLDPE。

④ 液相淤浆法 使用釜式反应器，钛系引发剂，异丁烷为稀释剂，反应压力 2.3 MPa，温度 85 ℃，乙烯和 1-丁烯共聚而得。

LLDPE 在结构、结晶度、密度等方面介于 HDPE 与 LDPE 之间，比 HDPE 短支链多，而长支链比 LDPE 少，可以看成是线型结构。

(4) 茂金属引发剂在聚烯烃中的应用 在聚烯烃的合成工业中使用茂金属均相引发剂是聚烯烃工业的革命。应用于烯烃聚合中的茂金属化合物，最普遍的金属元素是 Ti，Zr，Hf 过渡金属元素以及 Sr，Tm，Yb，Lu 等稀土元素。引发乙烯聚合活性达 4×10^7 g(PE)/[g(Zr)·h]，高于传统的 Ziegler-Natta 引发剂。

用茂金属引发剂对原有聚烯烃工艺技术的适应性强，可以用高压法、溶液法、气相法、淤浆法和悬浮法。

茂金属聚乙烯(MPE)工业化发展很快，除领先的 Exxon 公司、Dow 化学公司外，三井油化，Mobil，UCC，BP，BASF 等公司相继采用茂金属引发剂生产 MPE。Dow 化学公司开发成功的 Insite 技术，自 1993 年用 5.7 万 t/a 溶液聚合装置生产 MLLDPE 后，生产能力已翻番。用该技术生产了具有高强度、高韧性、透明性、加工性能好等优点的聚烯烃塑性体(POP)。英国 BP 公司用混合引发剂体系生产双峰分布、超韧、高强度的 MLLDPE。

(5) 生产工艺研究新进展 长期以来，在聚乙烯生产工艺技术领域，一直是多种工艺并存，各展其长。目前并存的液相法工艺中压法工艺、低压冷却法工艺和低压绝热工艺。应用最为广泛的浆液法工艺是环管工艺和搅拌釜工艺。近年来，在各工艺技术并存的同时，新技术不断涌现。其中冷凝及超冷凝技术、不造粒技术、共聚技术、双峰技术、超临界烯烃聚合技术。

冷凝及超冷凝技术是 UCC，Exxon 化学和 BP 公司开发的，是指在一般的气相法 PE 流化床反应器工艺的基础上，使反应的聚合热由循环气体的温升和冷凝液体的蒸发潜热共同带出反应器，从而提高反应器的时空产率和循环气撤热的一种技术。

随着催化剂技术的进步，现在已出现了直接由聚合釜中制得无需进一步造粒的球形 PE 树脂的技术。直接生产不需造粒树脂，不但能省去大量耗能的挤出造粒等步骤，而且从反应器中得到的低结晶产品不发生形态变化，这样有利于缩短加工周期，节省加工能量。

采用熔融共混、反应器串联、在单一反应器中使用双金属催化剂或混合催化剂等方法可以得到相对分子质量分布曲线呈现两个峰值的聚乙烯树脂，双峰树脂可以在获得优越物理性能的同时改善其加工性能。这些新技术以及反应器新配置等新技术的开发，极大地促进了世界聚乙烯工业的发展。

2. 应用与改性

(1) 性能与应用　聚乙烯是非极性聚合物,具有优良的耐酸、碱及耐极性化学物质腐蚀的性质。绝缘性能、耐低温性能优良。由于聚乙烯的密度、相对分子质量不同,其应用范围也不同。

一般 LDPE 柔性较好,适宜制包装薄膜、农用薄膜、软板、合成纸、热封材料、泡沫塑料和电线绝缘包皮等。

HDPE 主要是作日用容器、医药瓶等消耗性容器与玩具。发展趋势是制作薄壁容器和多层共挤出中空制品。还有日用杂品、容器类,工业用品如自行车、汽车零件的注射成型制品、高强度超薄膜、拉伸带、管材等。

LLDPE 可用于农膜、重包装薄膜、复合薄膜、一般包装用薄膜、食油包装容器等制品,还可作挤出管材、电缆、电线包覆物、保护或绝缘层、吹塑制品等。

(2) 乙烯改性聚合物　聚乙烯综合性能优良,原料来源丰富,成本较低,使其在众多塑料中独占鳌头。但 PE 也存在着软化点低、强度不高、耐大气老化性能差、易应力开裂、不易染色、阻隔性不足等缺点。为此,采用聚乙烯的共混改性的方法(见表 8-5-02),克服以上缺点,以拓宽 PE 的应用范围。

表 8-5-02　聚乙烯共混改性概况

共混改性目的	改性用的聚合物
改善 HDPE 或 LDPE 的综合性能	相互掺混或分别加入 LLDPE 及共同加入 LLDPE 组成的三元共聚物
改善 PE 的冲击性	热塑性弹性体或橡胶类物质
改善 PE 的印刷性	聚丙烯酸酯类、氯化聚乙烯、乙烯-醋酸乙烯酯共聚物
改善 PE 对油类的阻隔性	聚酰胺
改善 PE 的发泡成型性	聚异丁烯,乙烯-醋酸乙烯酯共聚物
改善 LLDPE 加工成型性	LDPE,HDPE,LLDPE 或低聚物类加工性改进剂

聚乙烯的共聚物有采用本体、乳液、悬浮等方法合成的用作聚氯乙烯抗冲改性剂的氯化聚乙烯;还有与丙烯及少量有二烯结构的第三单体共聚的乙丙橡胶、EVA(乙烯-醋酸乙烯酯共聚物)、乙烯-甲基丙烯酸共聚物等。

二、聚酯纤维

聚酯是主链上有—C(O)O—酯基团的杂链聚合物。聚酯种类很多,包括脂族和芳族、饱和和不饱和、线型和体型。主要用作纤维和工程塑料,线型聚酯大多用于合成纤维,合成纤维是以合成树脂为原料经纺丝加工而成的。与天然纤维相比合成纤维具有强度高,弹性好,吸水性低,保暖性、耐磨性好,耐酸碱,不被虫蛀,染色性能好等优点,因此发展很快。目前世界上生产合成纤维已有几十种(见表 8-5-03)。其中最主要的是聚酯、聚酰胺、聚丙烯腈纤维。

表 8-5-03 合成纤维的品种及分类

杂链纤维	碳链纤维
聚酯类	聚丙烯腈类
聚酰胺类	聚乙烯醇类
聚氨酯弹性纤维	聚烯烃类
聚脲、聚甲醛	含氯类
聚酰亚胺	含氟类
聚苯丙咪唑	碳纤维

聚酯纤维是由对苯二甲酸与乙二醇缩聚反应制得聚对苯二甲酸乙二醇酯(简称 PET),经熔融纺丝制成的合成纤维。聚酯纤维由于性能优越,自 1953 年实现工业化生产以来,发展很快,目前是合成纤维中产量最大的品种。我国称为涤纶。

PET 树脂的合成主要采用熔融缩聚,相对分子质量控制采用原料非等摩尔比的方法,通过排出体系中小分子副产物乙二醇的量达到控制相对分子质量的目的。

1. 合成工艺

PET 树脂的合成工艺路线有三种,即酯交换法、直接酯化法(也称直接缩聚法)和环氧乙烷法。

(1) 酯交换法 酯交换法是传统生产方法,由于对苯二甲酸(TPA)纯度不高,又不易提纯,不能由直接缩聚合制备 PET。为便于对苯二甲酸二甲酯精制提纯,采用由甲酯化、酯交换、终缩聚三步形成 PET。

甲酯化 对苯二甲酸与稍过量甲醇反应,先酯化成对苯二甲酸二甲酯。蒸出水分、多余甲醇、苯甲酸甲酯等低沸物,再经精馏,即得纯的对苯二甲酸二甲酯。

酯交换 190~200 ℃下,以醋酸镉和三氧化锑作催化剂,使对苯二甲酸二甲酯与乙二醇(摩尔比约 1:2.4)进行酯交换反应,形成聚酯低聚物。馏出甲醇,使酯交换充分。

终缩聚 在高于涤纶熔点下,如 283 ℃,以三氧化锑为催化剂,使对苯二甲酸乙二醇酯自缩聚或酯交换,借减压和高温,不断馏出副产物乙二醇,逐步提高聚合度。

① 聚合工艺

聚合原料:对苯二甲酸、甲醇、乙二醇。

催化剂:酯交换催化剂常用的是 Zn,Co,Mn 等的醋酸盐,用量约为对苯二甲酸二甲酯量的 0.01%~0.05%。缩聚反应的催化剂是 Sb_2O_3,用量为对苯二甲酸二甲酯量的 0.03%左右。近年来也有采用溶解性好的醋酸锑或热降解作用小的锗化合物作催化剂。

稳定剂:为了防止涤纶树脂降解,常加入稳定剂,常用的稳定剂有磷酸三甲酯(TMP)、磷酸三苯酯(TPP)和亚磷酸三苯酯。因亚磷酸三苯酯还具有抗氧化作用,故其效果最佳。

扩链剂:在缩聚后期,当乙二醇不易排出时,加入草酸二苯酯作为扩链剂,反应生成的苯酚易于排除,有利于大分子链的增长。

消光剂:TiO_2 改进反光色调,并具有增白作用,加入量为 PET 量的 $w(TiO_2)=0.5\%$。

着色剂:采用耐温型的酞菁蓝、炭黑等作为着色剂。

聚合条件:酯交换阶段反应温度控制在 180 ℃以上,酯交换结束时可 200 ℃以上。缩聚反应时在 270~280 ℃。反应温度高、反应速率快、达到高相对分子质量的时间较短，但高温下热降解比较严重。因此在生产中必须根据具体的工艺条件和要求的相对分子质量来确定最合适的反应温度和反应时间。

另外，由于聚酯化反应是可逆反应，平衡常数又小，为了使反应向产物 PET 方向进行，必须尽量除去小分子副产物乙二醇，这就是在反应过程中要抽高真空，一般在缩聚反应的后阶段，要求反应压力低到 0.1 kPa。

② 工艺流程　酯交换法有间歇操作和连续操作两种，其工艺流程，见图8-5-03 与图 8-5-04。

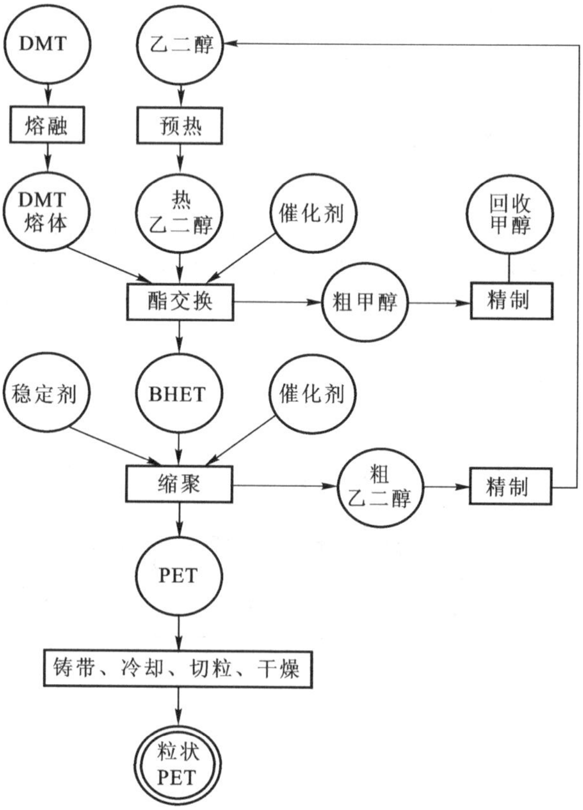

图 8-5-03　涤纶树脂酯交换法间歇生产流程示意图

间歇法比较简单，由一个酯化（或酯交换）反应器及一个缩聚反应器组成；而连续法，则由多个反应器串联而成，最终产品 PET 可连续不断地送去铸带、切粒或直接纺丝。

连续熔融缩聚工艺近年来发展很快。其优点是生产能力大、产品质量稳定、自动化程度高。

（2）直接酯化法　对苯二甲酸的精制问题得到解决后，以纯净的对苯二甲酸与乙二醇直接进行酯化后再缩聚反应制取 PET 树脂，故称直接酯化法。该法省去了 DMT 的合成工序，原料较省、设备能力高，因此具有投资少、成本低的优点。现日益受到工业生产的重视，其工艺流程示意图，如图 8-5-05。

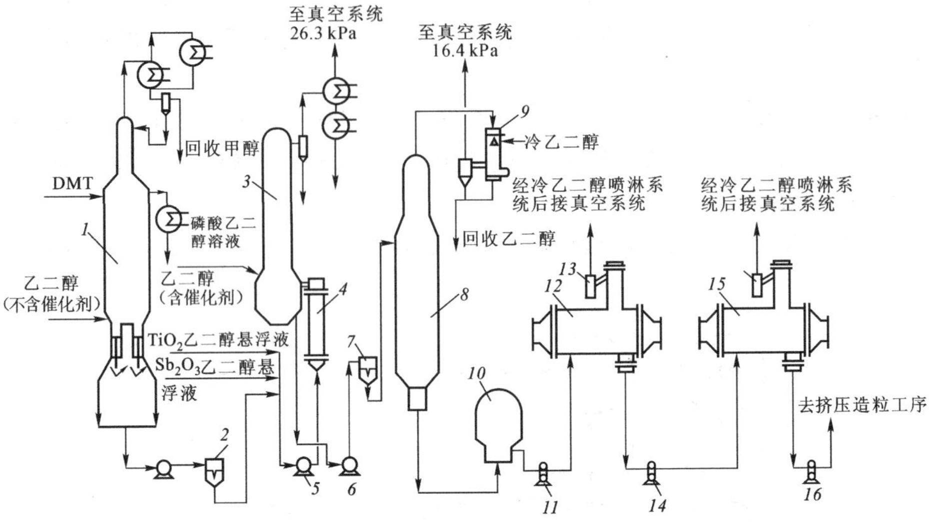

图 8-5-04 涤纶树脂酯交换法连续生产流程图

1. 酯交换塔；*2*，*7.* 过滤器；*3.* 脱乙二醇塔；*4.* 加热器；*5*，*6*，*11*，*14*，*16.* 泵；
8. 预聚塔；*9.* 洗涤器；*10.* 中间接受罐；*12*，*15.* 缩聚釜；*13.* 低聚物收集罐

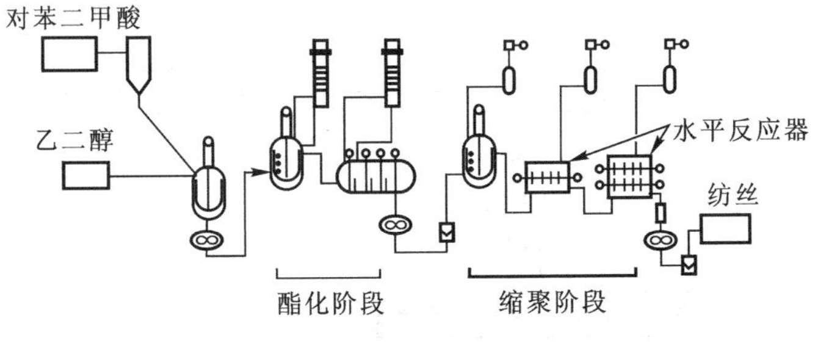

图 8-5-05 直接法生产涤纶流程示意图

(3) 环氧乙烷法(EO 法) 该法是 20 世纪 70 年代开发的一条新工艺路线，是由对苯二甲酸与环氧乙烷直接酯化得到对苯二甲酸乙二醇酯、再缩聚的方法。

目前，环氧乙烷法按所用的介质分有水法、有机溶剂法和无溶剂法等。水法因容易生成醚键，对苯二甲酸乙二醇酯易水解，影响产品质量及收率低，基本上很少采用。

有机溶剂法采用甲苯、二甲苯、丙酮、四氯乙烷等溶剂能溶解对苯二甲酸乙二醇酯，而对苯二甲酸不溶解。溶剂的加入使反应体系的扩散状态改善、物料接触均匀，但也有使反应速率和设备利用率下降的不足。

无溶剂法反应速率大，对苯二甲酸乙二醇酯收率高。

2. 应用与改性

(1) PET 的性能与应用 PET 树脂是涤纶纤维的主要原料之一，PET 纤维涤纶具有强度高，耐热性高，弹性耐皱性好，良好的耐光性、耐腐蚀性、耐磨性及吸水性低等优点，纤维柔软有弹性、

织物耐穿、包形性好、易洗易干，是理想的纺织材料。可用作纯织物，或与羊毛、棉花等纤维混纺，大量应用于衣着织物；也可做电绝缘材料、轮胎帘子线、渔网、绳索等应用于工农业生产。

PET 也可用来生产薄膜、聚酯瓶，作为工程塑料使用，也可作录音带和录像带的基材。增强的 PET 可应用于汽车及机械设备的零部件。

（2）PET 的改性　PET 作为纤维有染色性与手感柔软性差、吸水性太低等不足。作为塑料使用有结晶速率过慢、不能适应通用的塑料加工成型技术，加之其冲击强度不够。

为改善涤纶纤维性能上的不足，可通过共聚改性或合成新单体的方法改变 PET 的化学结构，降低大分子的规整性和结晶性。也可采用与其他聚合物共熔纺丝改变纤维性能的方法。目前改性的 PET 纤维种类较多，见表 8-5-04。

表 8-5-04　共聚改性的 PET 纤维

第三单体	性能特点	商品名
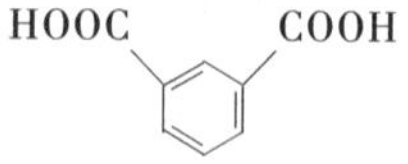	易染色，抗起球，耐气候	维克纶（vycron）
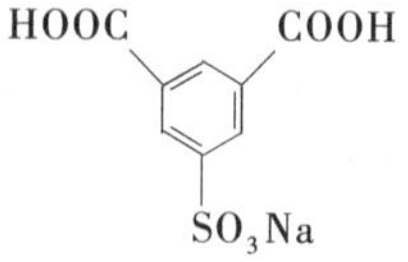	易染色，抗起球	达克伦（T-64）
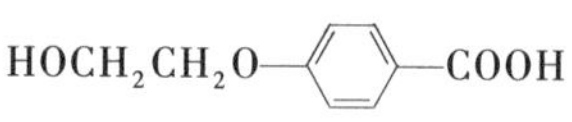	易染色	格黑兰（grilene）
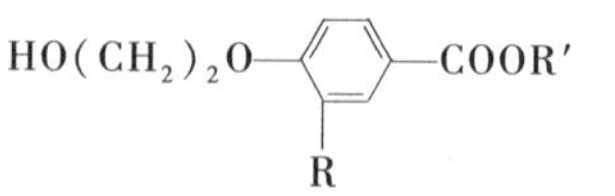	易染色，抗起球，柔软，耐光	
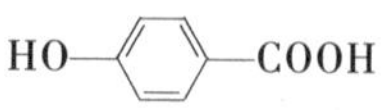	易染色	

另外，还可利用接枝、嵌段共聚的方法来改性，如接入丙烯腈、甲基丙烯酸，引入聚氧乙烯等改善 PET 的吸湿性和染色性。

聚酯类树脂也可作为工程塑料，除了 PET 外，还有聚对苯二甲酸丁二醇酯（简称 PBT）。PBT 的生产方法与 PET 基本相同。PBT 具有较好的物理力学性能，耐热性、电性能和耐化学腐蚀性能，PBT 主要是以玻璃纤维增强的品种应用于工程塑料领域中，可用作电子电器、机械设备的部件、汽车及精密仪器的零部件等，以取代铜、锌、铝和铸铁等金属材料。

PET 与 PBT 共混物的性能优于其各自的性能，可解决 PET 的结晶速率慢，不易成型的缺点。两者共混物具有优良的化学稳定性、热稳定性和耐磨性，又有强度高、刚性好、光泽度好的特点，且可降低成本、价格便宜，故常用于制造各种家用电器的把手、车灯罩等制品。玻璃纤维增强的共混物用途更广泛。

另外还可将 PET 或 PBT 与乙烯共聚物、丁基橡胶等弹性体或 PC 等共混，所得共混物性能优越，有的可作聚合物合金。

三、聚酰胺

主链上含有酰胺基(—CONH)的聚合物统称为聚酰胺。聚酰胺强韧、结晶性好，是合成纤维的主要品种之一，产量仅次于涤纶纤维，此外聚酰胺也是高强度的热塑性工程塑料。聚酰胺纤维是世界上最早工业化生产的合成纤维，有尼龙-66、尼龙-1010、尼龙-6 等品种。因为有—CONH 基团，长链分子间形成氢键，可形成强度高、耐磨、坚韧的纤维。通常用作纤维的尼龙-6 相对分子质量为 1.4 万~2 万，尼龙-66 的相对分子质量是 2 万~3 万。尼龙-6(我国称锦纶)和尼龙-66 是聚酰胺纤维中产量最大的品种。

1. 尼龙-66 的合成工艺

尼龙-66 是由己二酸与己二胺通过缩聚反应而得到的，是聚酰胺的最重要品种。酰胺化速率较快，不用催化剂；平衡常数大，反应前期不必考虑平衡移动。相对分子质量控制采用原料等摩尔比，加入单官能团化合物或某一原料过量的方法，以达到所要求的相对分子质量。

(1) 聚合工艺

单体：己二酸与己二胺。由于两单体提纯较困难，采用将己二酸与己二胺中和形成尼龙-66 盐，为保证原料的等摩尔比，配成 w(尼龙-66 盐)= 50%的尼龙-66 盐水溶液。

稳定剂：常用醋酸、己二酸为相对分子质量稳定剂，加入量视聚合物相对分子质量而定。

聚合条件：尼龙-66 的聚合过程分为前期的尼龙-66 盐水溶液聚合及后期的熔融缩聚。在水溶液中反应时需要足够的反应温度，反应开始要加热、加压。后期必须在高真空下进行反应，目的是排除水提高相对分子质量。

(2) 工艺流程　尼龙-66 的生产有间歇法和连续法两种。间歇法比较成熟、设备简单、适于小批量生产，但操作麻烦、生产率低，目前已逐步被连续法替代。

连续法是先配制 w(尼龙-66 盐)= 50%的尼龙-66 盐水溶液，进入热交换器，浓缩尼龙-66 盐水溶液到 w(尼龙-66 盐)= 90%~95%，先在 215 ℃进行水溶液聚合，然后逐渐升温到 265~270 ℃，此时反应程度约为 80%左右。经闪蒸器后进入后缩聚反应釜在 270~275 ℃下进行熔融缩聚，不断排气，降到常压。最后在约 40 kPa 的压力下反应一段时间结束反应，出料送往铸带或直接纺丝。连续法工艺流程，如图 8-5-06 所示。尼龙-66 的聚合装置是由几个形式不同的反应器串联而成的。

2. 尼龙-6 合成工艺

尼龙-6 是由己内酰胺开环聚合得到的，其产量仅次于尼龙-66。己内酰胺可以酸、碱、水为引发剂进行阳离子、阴离子和逐步聚合。工业生产上以水为引发剂进行水解聚合反应，生产尼龙-6 纤维，其机理是逐步聚合。

(1) 聚合工艺

单体：己内酰胺，聚合前必须提纯。

引发剂：水，工业上称活化剂，用量为己内酰胺量的 1%~3%。生产中还加入质量分数为 1%~2%的 ω-氨基己酸盐或尼龙-66 盐，使聚合周期缩短 1/4 左右。

稳定剂：己二酸或醋酸。用量视相对分子质量而定，一般加入量为己内酰胺量的 0.15%~0.4%。

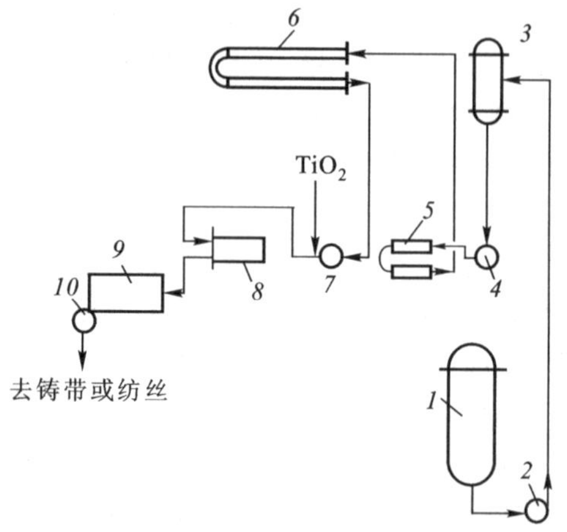

图 8-5-06 尼龙-66 盐连续熔融缩聚工艺过程示意图

1. w(尼龙-66 盐)= 50%的尼龙-66 盐水溶液贮罐;*2.* 泵;*3.* 蒸发器;*4.* 柱塞泵;*5.* 管式预热器;*6.* U 形管式反应器;*7*,*10.* 齿轮泵;*8.* 闪蒸器;*9.* 后缩聚器

聚合条件:温度影响聚合度与反应速率。工业生产上采用三段加热,第一段控制在 230~240 ℃,主要使己内酰胺开环;第二段温度为 260~265 ℃,使反应加速;第三段为使反应在较低温度下达到平衡,减少低相对分子质量物质的含量,温度在 240~250 ℃。

(2) 工艺流程 尼龙-6 纤维是由己内酰胺经熔融缩聚反应得到尼龙-6 树脂,接着直接进行熔融纺丝而成。工业中采用的是常压连续聚合熔融纺丝工艺。

尼龙-6 的聚合设备是聚合管,常称为 VK 管。直形 VK 管为内衬不锈钢的直形圆筒体,外层有加热夹套,一般分为三至五段可分别加热。

3. 应用与改性

(1) 聚酰胺的性能与应用 聚酰胺纤维性能优良,应用范围广,原料资源广泛易得,所以自开发后迅速工业化。产量逐年增大,品种也不断增加,现在除了尼龙-6、尼龙-66、尼龙-1010、尼龙-11 等品种外,还开发了高强度耐高热的芳族聚酰胺特种纤维,芳香族聚酰胺纤维是一种高技术含量、高附加值的特种纤维,具有十分优异的力学性能、稳定的化学性能和理想的机械性能。在聚酰胺主链中引入苯环,成为半芳族或全芳族聚酰胺,可进一步提高耐热性和刚性。如聚对苯二甲酰己二胺(尼龙 6T)、聚对苯二甲酰对苯二胺(PPD-T)、聚对苯二甲酰间苯二胺(芳纶 1313)纤维。

聚酰胺纤维强度高、弹性好,又具有优良的耐冲击性、耐疲劳性,耐磨性特好;不霉、耐腐蚀、染色性好。因此聚酰胺纤维可以纯纤维或混纺纤维用作衣着及家用织物,可制袜子、衣服、地毯、牙刷、衣刷等民用品;也可用作工业布、渔网、传动带、轮胎帘子线等。特种纤维可供军工、宇航作高级轮胎的帘子线、宇航服、特种帆布和绳索等。

聚酰胺作为塑料具有优良的机械性能、耐磨性、优异的冲击韧性及耐化学性。大多用于齿轮等精密度要求高、尺寸稳定性好的零件的材料。聚酰胺工程塑料广泛应用于制作机械、化工电气绝缘等各工业部门的零部件。现今汽车工业是聚酰胺的最大用户,其次是电子电气工业;同时又广泛用于包装、家具、建材、运动和休闲用品、生活用品、玩具等行业。

(2) 聚酰胺的改性 聚酰胺(PA)作为纤维、塑料使用有很多优点,但也存在一些不足,如热变形温度低、吸水性较大等。为此采用共聚、接枝等化学方法改善纤维的吸湿性、耐光性和耐热性。用改变纺丝工艺及纤维状,可复制复合纤维、异形纤维等物理方法进行改性,改善纤维的伸缩性。用玻璃纤维、石棉纤维、碳纤维等开发的增强尼龙,使尼龙的强度提高一倍,热变形温度升到 200 ℃。

采用共混改性是改善尼龙性能的有效方法。目前采用反应性增容技术,开发了一系列聚酰胺合金,其主要品种有 PA/PE,PA/ABS,PA/PPO,PA/聚芳酯,PA/聚硅树脂等尼龙合金。PA 与聚乙烯、聚丙烯等聚烯烃、烯烃共聚物、弹性体等共混,可以提高 PA 的冲击强度、韧性,降低吸湿性,主要用于汽车、机器零件和电子、电气、运动器械等方面。将高性能的工程塑料 PPO、聚芳酯掺混入尼龙中,可提高尼龙的耐热性,改善综合性能,这类共混物可制作汽车外壳及内装制品的生产。另外将不同种的尼龙相互共混得到的共混物可以平衡各种尼龙的特性,扩展尼龙的应用范围。近几年采用茂金属聚烯烃如聚烯烃弹性体(POE)增韧改性 PA 比用弹性体改性更方便,可调范围更大。值得提及的是 PA/纳米复合材料是目前产量最大的工业化聚合物系纳米复合材料,纳米粒子填充量小,改性产品的密度几乎与基础晶级相同,其优越性是显而易见的。

四、 丁苯橡胶

合成橡胶是在一定温度范围内具有弹性、可以替代天然橡胶的聚合物。合成橡胶的品种很多,从性能与用途分有通用和特种合成橡胶两大类。性能与天然橡胶相近,物理机械性能和加工性能好,能广泛用作橡胶制品的称为通用橡胶。而具有特殊性能,专门用作耐热、耐寒、耐油等方面的橡胶为特种橡胶。

丁苯橡胶是由丁二烯与苯乙烯两单体共聚合而得到的弹性体。通过乳液聚合(自由基聚合)或溶液聚合(阴离子聚合)进行生产,得到乳聚丁苯橡胶(E-SBR)和溶聚丁苯橡胶、(S-SBR)。两种橡胶的区别列于表 8-5-05。

表 8-5-05 SBR 的聚合法与结构

	E-SBR(乳聚 SBR)	S-SBR(溶聚 SBR)
聚合手段	水中乳聚合法	烃溶剂中溶液聚合法
聚合反应	自由基聚合	阴离子聚合
微观结构控制		苯乙烯含量(组成比≈0~90%),从无规共聚到嵌段可以控制
苯乙烯含量	苯乙烯含量(组成比≈0~50%)	
苯乙烯分布	苯乙烯为无规共聚	
丁二烯部分的微观结构	随聚合温度变化范围很窄(丁二烯中乙烯基含量≈15%~18%)	随醚等极性化合物的添加,变化范围很宽(丁二烯中乙烯基含量≈10%~80%)

续表

	E-SBR(乳聚 SBR)	S-SBR(溶聚 SBR)
化学改性	使用叔单体(如:不饱和羧酸)	可用末端反应(如:Si,Sn 等偶合。末端官能基加成)
支化	多	可以控制(3-6 支化偶合等)
相对分子质量分布	宽幅($M_w/M_n \approx 3$ 以上)	可以控制($M_w/M_n \approx 1.0 \sim 2.5$)

S-SBR 利用阴离子聚合法的特征而使结构容易控制,目前苯乙烯含量、丁二烯中乙烯基含量、相对分子质量分布和支化结构得到了控制的各种 S-SBR,已作为商品出现于市场。另外,利用末端活性的反应性官能团导入技术开发出的改性 SBR,也已投放市场。

丁苯橡胶中的丁二烯链节,其结构形式有顺式-1,4、反式-1,4 和 1,2-丁二烯三种。丁苯橡胶的主体结构不规整,不易结晶,是无定形聚合物。

丁苯橡胶的品种繁多,高温丁苯、低温丁苯、低温乳液丁苯、高苯乙烯丁苯、羧基丁苯等乳液丁苯,还有烷基锂溶液丁苯、高反式 1,4-丁苯等品种,其中以低温乳液丁苯和烷基锂丁苯橡胶最为重要。

1. 低温丁苯橡胶的合成

丁苯橡胶一般采用乳液聚合方法生产。以过硫酸钾为引发剂在 50 ℃下进行自由基乳液聚合方法合成的丁苯橡胶称为高温丁苯橡胶。而采用氧化还原引发体系在 5 ℃进行乳液聚合得到的丁苯橡胶为低温丁苯橡胶。乳液低温丁苯橡胶产量约占整个乳液法丁苯橡胶生产量的 80%。

(1) 聚合工艺

单体:丁二烯和苯乙烯,纯度>99%。m(丁二烯):m(苯乙烯)=(72:28)~(70:30)。

反应介质:水,要求水中钙、镁离子含量<10 mg · L^{-1}。

引发体系:氧化还原体系,常用异丙苯过氧化氢、过硫酸钾为氧化剂,亚铁盐作还原剂,再加入 EDTA 钠盐作螯合剂,雕白块(甲醛合次硫酸氢钠)为还原剂。

乳化剂:油酸皂和歧化松香皂。

分子量调节剂:正十二烷基硫醇或叔十二烷基硫醇。

终止剂:二甲基二硫代氨基甲酸钠及多硫化钠。

其他:pH 调节剂、乳液稳定剂等。

聚合条件:反应温度 5 ℃,聚合压力$(4\sim5)\times10^2$ kPa,转化率约 60%。

(2) 工艺流程　丁苯橡胶的生产采用连续乳液聚合法,反应在多个串联釜内连续进行。生产中乳胶胶粒的粒径与在聚合釜内的停留时间有关,串联的聚合釜越多,停留时间分布函数越窄,使乳胶粒径分布狭窄,因此生产上用 8~12 个釜串联。

(3) 橡胶的加工工艺　由乳液聚合合成的丁苯胶乳还需进行加工,才能成为橡胶制品。橡胶加工工艺可分为生胶塑炼、胶料的混炼、混炼胶的加工成型及硫化四个工序。

生胶在机械力、化学作用及热的作用下,使大分子链断裂,相对分子质量下降,从而增加可塑性的工艺过程为塑炼,常用机械塑炼法。

生胶和各种配合剂混合均匀的过程称为混炼,得到的均匀混合物称混炼胶或胶料。在开炼机和密炼机中混炼，也有连续混炼机。

混炼胶经过压延、压型加工成一定形状半成品。将此半成品在特定的温度和压力下反应一段时间（称为硫化时间），使处于塑性状态的橡胶转变为一定形状的弹性橡胶制品。这过程就是硫化过程。硫化是橡胶制品生产中的最后一个过程，硫化过程发生化学交联反应。

2. 溶液丁苯橡胶的合成

以烷基锂为引发剂在有机溶剂中进行溶液聚合合成的弹性体共聚物称作溶液聚合丁苯橡胶（S-SBR），简称溶聚丁苯。有连续聚合法和分批聚合法两种。

溶聚丁苯的聚合机理是阴离子聚合机理，具有活性聚合的特点。

聚合工艺：

引发剂：烷基锂，如加入少量烷氧基碱金属化合物，能使苯乙烯的相对活性增加，同时得到无规共聚物。

溶剂：烃类溶剂，一般是环己烷。

终止剂：加入醇、胺类化合物终止反应。

无规剂：添加四氢呋喃、醚类、叔丁氧基钾和亚磷酸酯等，可得到无规共聚物，这些物质工业上称为无规剂。

聚合条件：调节聚合反应条件，主要是反应温度（约 -70 ~ -55 ℃）的不同，可以合成无规型和嵌段型两种类型的溶液丁苯橡胶。无规丁苯中丁二烯链节的结构形式主要是 1,2-结构型的。1,2-链节的含量在 8% ~ 15%的为低1,2-结构型，含量在 30% ~ 50%的为中 1,2-结构型，含量在 50% ~ 80%的为高 1,2-结构型。工业生产要得到无规型的溶液丁苯必须加入无规剂，为制备星型结构的聚合物，在反应末期加入偶联剂。

3. 性能与应用

（1）乳液丁苯　乳液丁苯橡胶是一种通用型橡胶，具有优良的弹性，良好的介电性，对氧和热的稳定性优于天然橡胶。加入炭黑补强剂后，弹性、耐磨性、耐老化性等均可超过天然橡胶。所以乳液丁苯橡胶可替代天然橡胶，用途广泛。主要应用于汽车轮胎及各种橡胶制品。

（2）溶液丁苯　溶液丁苯橡胶的弹性、耐磨性、耐寒性、永久变形和动态性能等方面都优于乳液丁苯，但溶液丁苯的成本高。

通用型溶液丁苯 80%用于轮胎，20%用于制鞋和工业橡胶制品，嵌段型、星型的溶液丁苯橡胶主要用于制鞋和工业橡胶制品。

习题

1. 举例说明和区别线型和体型结构、热塑性和热固性聚合物、无定形和结晶聚合物。

2. 以过氧化二苯甲酰作引发剂，在 60 ℃进行苯乙烯聚合动力学研究，数据如下：

（1）60 ℃苯乙烯的密度为 0.887 g/mL；

（2）引发剂用量为单体质量的 0.109%；

（3）$R_p = 0.255\times10^{-4}$ mol/（L · s）；

（4）聚合度 = 2 460；

（5）$f = 0.80$；

（6）自由基寿命 $t = 0.82$ s。

试求 k_d，k_p，k_t，建立三个常数的数量级概念。比较[M]和[M^*]的大小，比较 R_i，R_p，R_t 的大小。

3. 比较本体、悬浮、溶液和乳液聚合的配方、基本组分和优缺点。乳液聚合和均相聚合各有什么特点？与沉淀聚合有何相似之处？

4. 写出并描述下列缩聚反应所形成的聚酯的结构。

(1) HO—R—COOH；

(2) HOOC—R—COOH+HO—R′—OH；

(3) HO—R—COOH+HO—R″(—OH)—OH；

(4) HO—R—COOH+HO—R″(—OH)—OH+HO—R″—OH。

(2)，(3)，(4)三例中聚合物的结构与反应物质相对量有无关系？如有关系，请说明差别。

5. 由己二胺和己二酸合成聚酰胺，相对分子质量约 15 000，反应程度 99.5%，试计算原料比。产物端基是什么？对相对分子质量为 19 000 的聚合物，作同样计算。

参考文献

[1] 潘祖仁.高分子化学.2 版.北京:化学工业出版社,1997.

[2] 赵德仁,张慰盛.高聚物合成工艺学.2 版.北京:化学工业出版社,1997.

[3] 吴培熙,张留诚.聚合物共混改性.北京:中国轻工业出版社,1996.

[4] 潘祖仁,于在璋.自由基聚合.北京:化学工业出版社,1983.

[5] 王凯,孙建中.工业聚合反应装置.北京:中国石化出版社,1997.

[6] 张留诚,李佐邦.缩合聚合.北京:化学工业出版社,1986.

[7] 潘祖仁,翁志学,黄志明.悬浮聚合.北京:化学工业出版社,1997.

[8] 胡金生,曹同玉,刘庆普.乳液聚合.北京:化学工业出版社,1997.

[9] 张留诚,刘玉龙.互穿网络聚合物.北京:烃加工出版社,1990.

[10] 邓云祥,刘振云,冯开才.高分子化学、物理和应用基础.北京:高等教育出版社,1997.

[11] 黄澄华.展望高分子材料在世纪转换年代的发展和作用.化工进展, 1995(3):1.

[12] 孙文源.热塑性互穿聚合物网络的技术进展.高分子材料科学与工程,1992(5) :6.

[13] 杨桂生.复合型热塑性工程塑料的进展.工程塑料应用,1995,23(3):1.

[14] Sperling L H.Polym Eng Sci,1985,25(9):517.

[15] Millar J R.J Chem Sci,1960(263):1311.

[16] 张留诚,闫卫东,王家喜.高分子材料进展.北京:化学工业出版社,2005.

读者意见反馈

为收集对教材的意见建议，进一步完善教材编写并做好服务工作，读者可将对本教材的意见建议通过如下渠道反馈至我社。

咨询电话　400-810-0598

反馈邮箱　hepsci@pub.hep.cn

通信地址　北京市朝阳区惠新东街4号富盛大厦1座

　　　　　高等教育出版社理科事业部

邮政编码　100029